Anwendung von Isotopen in der Organischen Chemie und Biochemie

Band II

Herausgeber der Reihe:
Dr.-Ing. Hermann Determann, Hamburg
Dipl.-Ing. Werner Malmberg, Hamburg

Autor dieses Bandes:
Oberingenieur Wilhelm Franke, Hamburg

Mit 51 Bildern

Neubearbeitung des in vier Auflagen erschienenen früheren
„Werkstattbuches" 99, Pristl, F.: Arbeitsvorbereitung, I. Teil.

ISBN-13:978-3-642-80805-0   e-ISBN-13:978-3-642-80804-3
DOI: 10.1007/978-3-642-80804-3

H. Simon (Hrsg.)

P. Rauschenbach · H.-L. Schmidt
H. Simon · R. Tykva · M. Wenzel

Messung von radioaktiven und stabilen Isotopen

Mit 87 Abbildungen

Springer-Verlag
Berlin · Heidelberg · New York 1974

ISBN-13:978-3-642-80805-0   e-ISBN-13:978-3-642-80804-3
DOI: 10.1007/978-3-642-80804-3

Library of Congress Catalog Card Number 73-18745.

Gesamtherstellung: W. F. Mayr, Miesbach/Oberbayern.

Vorwort

Radioaktive und stabile Isotope gehören zu den wichtigsten Forschungswerkzeugen der organischen Chemie und der Biochemie. Die mit ihrer Hilfe in den letzten Jahrzehnten gewonnenen Erkenntnisse können kaum überschätzt werden. Aber auch in Zukunft wird die Isotopen-Anwendung nichts von ihrer Bedeutung verlieren. Von der Archäologie bis zur Zahnheilkunde gibt es kaum ein naturwissenschaftliches bzw. medizinisches Spezialfach, in dem nicht auch mit Isotopen gearbeitet wird. Solche Arbeiten sind stets mit Messungen verbunden. Ihre Ausführungen entscheiden, ob die großen Möglichkeiten der Isotopentechnik zu richtigen oder zu quantitativ oder gar qualitativ falschen Ergebnissen führen. Die Gefahr, falsche Ergebnisse zu erhalten, ist besonders groß beim Umgang mit weichen β-Strahlern und stabilen Isotopen. Hier beeinflussen viele Parameter, die mit dem Isotopengehalt gar nichts zu tun haben, das Meßergebnis. Entscheidend ist häufig die Präparation der Proben. Ob sie richtig oder falsch geschehen ist, sieht man dem Meßergebnis nicht an, zumal ein großes oder zumindest teures Gerät oft sehr überzeugend eine mitunter vielstellige Zahl anzeigt und große Genauigkeit vortäuschen kann. Die Problematik der Isotopen-Analyse, insbesondere die von radioaktiven Isotopen, liegt darin, daß es so einfach ist, ein Meßgerät zum Ansprechen zu bringen.

Das Buch soll auch dem weniger Versierten Kriterien für die optimale Auswahl beim Kauf der meist teuren Geräte an die Hand geben.

Isotopen-Analysen sind nach verschiedenen Prinzipien möglich. Für jedes von ihnen gibt es wieder zahlreiche Variationen. Sehr selten aber gibt es »die beste Methode«. Fast immer hängt die optimale Methode von der Fragestellung ab. Hier soll das vorliegende Buch Anleitung und Entscheidungshilfe sein. Die zahlreichen Möglichkeiten und Methoden werden deshalb nicht nur aufgezeigt, sondern wenn möglich auch problemorientiert gewertet. Solche Wertungen sind zwangsläufig mehr oder weniger subjektiv. Die Autoren haben die darin liegende Gefahr auf sich genommen, weil sie keine neutrale Literaturübersicht geben wollen, sondern eine *Anleitung zum praktischen Handeln*, verbunden mit den Fakten, die für das Verständnis notwendig sind.

Schließlich soll gezeigt werden, welche Erfahrungen mit den verschiedenen Methoden bereits gemacht worden sind. Von den explizit wiedergegebenen Vorschriften sind die Autoren, meist aus eigener Erfahrung, überzeugt, daß sie funktionieren und empfehlenswert sind. Das heißt natürlich nicht, daß dies für andere Verfahren nicht auch zutrifft.

Die sicher etwas ungewöhnliche Besprechung von radioaktiven und stabilen Isotopen in einem Band schien sinnvoll, da in der Forschung, in der die Isotopentechnik ein Werkzeug neben anderen ist, stets die zu lösende Aufgabe im Vordergrund steht. Ob die Aufgabe dann durch die Anwendung radioaktiver oder stabiler Isotope bearbeitet werden kann, ist von sekundärer Bedeutung.

Häufig entscheiden die von der Analytik gesetzten Grenzen über Durchführbarkeit, Aufwand und Sicherheit der Aussage von Experimenten. Auch für die in diesem Zusammenhang auftauchenden Fragen soll das Buch eine Hilfe sein.

Die Autoren danken allen, die am Zustandekommen des Manuskripts mitgeholfen haben. Nicht zuletzt gilt ihr Dank ihren Familien für das Verständnis, das sie für die Arbeit während so vieler Stunden an Abenden und Wochenenden aufbrachten. Der Herausgeber dankt seiner Frau für Schreibarbeiten und andere vielfältige Hilfe.

Herausgeber und Autoren

Inhaltsverzeichnis

G. Radiochromatographie 225
M. Wenzel, Freie Universität Berlin

H. Analyse von stabil-isotop markierten Verbindungen 291

H.-L. SCHMIDT, Institut für Chemie und landwirtschaftliche Technologie Weihenstephan, Technische Universität München

Adressenliste der Autoren

Dr. rer. nat. PETER RAUSCHENBACH
Organisch-Chemisches Laboratorium der Technischen Universität
München
D-8000 München 2, Arcisstr. 21

Prof. Dr. rer. nat. HANS-LUDWIG SCHMIDT
Lehrstuhl und Institut für Chemie und landwirtschaftliche Technologie
der Technischen Universität München
D-8050 Freising-Weihenstephan

Prof. Dr. rer. nat. HELMUT SIMON
Organisch-Chemisches Laboratorium der Technischen Universität
München
D-8000 München 2, Arcisstr. 21

Dr. RICHARD TYKVA, Csc.
Tschechoslowakische Akademie der Wissenschaften
Institut für Organische Chemie und Biochemie
Praha 6, Flemingovo nam. 2, ČSSR

Prof. Dr. rer. nat. MARTIN WENZEL
Freie Universität Berlin, Fachbereich 22 – Pharmazie
D-1000 Berlin 33, Königin-Luise-Str. 2/4

A. Einleitung

H. Simon und P. Rauschenbach, Technische Universität München

Isotope werden in der Chemie seit rund 60 Jahren benutzt. Ihre Verwendung als Indikatoren läßt sich in drei Gruppen[1] einteilen:

1. Isotope als analytisches Hilfsmittel.
2. Isotope zur Kennzeichnung des Weges eines Atoms oder einer Atomgruppe im chemischen Geschehen.
3. Untersuchungen, die von Isotopen-Effekten Gebrauch machen.

Bevor man mit Isotopen arbeitet, muß der gesamte Weg und die Analytik der markierten Ausgangs- und Endprodukte genau durchdacht werden. Folgende Schritte sind nötig:

1. Beschaffung der markierten Verbindung und ihre Reinigung (auch bei gekauften Verbindungen, insbes. wenn seit ihrer Darstellung Monate oder gar Jahre verstrichen sind, muß auf Reinheit geprüft werden). Bei Wasserstoff-markierten Verbindungen kann es nötig sein, festzustellen, ob die Position der Markierung den Angaben und den Erwartungen entspricht; bei der Darstellung Wasserstoff-markierter Verbindungen werden die Wasserstoff-Isotope oft in andere Molekülpositionen eingebaut, als man vermutet.
2. Bestimmung der spezifischen Radioaktivität (bzw. des Atomprozent-Überschusses eines stabilen Isotops) des Ausgangsprodukts.
3. Ausführung der Reaktion bzw. Applikation der markierten Verbindung.
4. Bestimmung des Isotopengehalts der Umsetzungsprodukte.
5. Bestimmung der Isotopenverteilung, um auf den Reaktionsmechanismus schließen zu können. Gelegentlich kann auf den Abbau verzichtet werden. Bei Verwendung stabiler Isotope kann häufig durch physikalische Methoden (IR, NMR- oder Massenspektrometrie) die nötige Information erhalten werden.

---

1 Vgl. die Bibliographie S. 13.

Wird ein analytisches Problem bearbeitet, so fällt Schritt 5 weg, da meist nur die eingesetzte Verbindung bzw. ihr Derivat isoliert und der Isotopengehalt bestimmt werden muß.

1. Begriffe und Definitionen

Ein Präparat hat die Radioaktivität von *1 Curie* (Ci), wenn in der Sekunde $3,7000 \cdot 10^{10}$ Atomkernzerfälle (dps)[2] stattfinden. Untereinheiten sind:

das Millicurie (mCi) $= 3,7 \cdot 10^7$ dps,
Mikrocurie (μCi) $= 3,7 \cdot 10^4$ dps und das
Nanocurie oder Millimikrocurie (mμCi) $= 37$ dps.

Da die Minute eine für die Messung günstigere Zeiteinheit ist, verwendet man meist dpm. 1 mCi entspricht $2,20 \cdot 10^9$ dpm.

Unter spezifischer Radioaktivität versteht man die Anzahl Curie (oder Untereinheiten) pro Gramm oder pro Mol (oder Untereinheiten) in einer Verbindung. Angaben wie dpm/mMol oder cpm/mMol sind üblich.

Die Energie der ausgesandten Strahlung wird in Millionen- oder Kilo-Elektronenvolt (MeV, KeV) angegeben. Hier interessieren β^-- und β^+-Strahlung (positive oder negative Elektronen) und γ-Strahlung (von einem Atomkern ausgesandte elektromagnetische Strahlung). Zu Elektronenstrahlung kann es auch durch Konversionselektronen kommen. Dabei wird der Energieunterschied zwischen zwei Kernzuständen nicht als γ-Strahlung ausgesandt, sondern auf ein Elektron der Atomhülle übertragen, das dadurch freigesetzt wird. Im Gegensatz zur β-Strahlung (vgl. unten) sind diese Elektronen monoenergetisch. Als Symbol verwendet man e^-. Unter dem Konversionskoeffizienten versteht man das Verhältnis: Zahl der Konversionselektronen/ Zahl der γ-Quanten.

Zu einer weiteren elektromagnetischen Strahlung kann es durch Elektroneneinfang *(electron capture)* des Kerns aus der Hülle kommen. Dieser Vorgang konkurriert nicht selten mit der β^+-Strahlung. Das Nachfallen von Elektronen aus äußeren Schalen in die Lücke der unteren Schale (meist K-Schale) führt zu einer charakteristischen

---

2 Vgl. Liste der Abkürzungen vor Sachverzeichnis.

Röntgenstrahlung. An deren Stelle kann auch ein Elektron ausgesandt werden (innerer Photoeffekt), dessen kinetische Energie gleich der Energie der charakteristischen Röntgenstrahlung abzüglich der Bindungsenergie des Elektrons ist. Solche Elektronen werden als *Auger-Elektronen* bezeichnet.

Die Zahl der pro Zeiteinheit zerfallenden Atomkerne ist der Zahl der jeweils vorhandenen Kerne proportional:

$$-dN = \lambda \, Ndt \qquad (A, 1)$$

N ist die vorhandene Anzahl von Kernen, dN die Anzahl, die im Zeitintervall dt zerfällt. λ wird Zerfallskonstante genannt.

Von 0 bis t integriert ergibt sich

$$N = N_0 \, e^{-\lambda t} \qquad (A, 2)$$

Ist t gleich der Zeit, nach der die Radioaktivität eines Präparates auf die Hälfte gesunken ist (Halbwertszeit) ($t = T_{1/2}$), so ist N_0 doppelt so groß wie N und folglich gilt

$$\frac{N}{N_0} = \frac{1}{2} = e^{-\lambda T_{1/2}} \qquad (A, 3)$$

Aus der Halbwertszeit läßt sich nach Gl. A, 1 ausrechnen, wieviele Atome eines radioaktiven Isotops beispielsweise 1 mCi darstellen. Kohlenstoff-14 hat eine Halbwertszeit von rund 5700 Jahren = $= 1{,}81 \cdot 10^{11}$ sec. Danach ergibt sich aus

$$\frac{-dN}{dt} = \frac{N\ln 2}{T_{1/2}}; \qquad 3{,}7 \cdot 10^7 = \frac{N \cdot 0{,}693}{1{,}81 \cdot 10^{11}}$$

$N = 9{,}7 \cdot 10^{18}$ Atome ^{14}C.

Das heißt, $9{,}7 \cdot 10^{18}$ Atome ^{14}C sind 1 mCi.

Unter Berücksichtigung der Loschmidtschen Zahl ($6{,}02 \cdot 10^{23}$) und dem Atomgewicht 14 ergeben sich für 1 mCi ^{14}C 0,22 mg.

β-Strahler mit einer Maximalenergie von mehr als 1 MeV rechnet man zu den *harten* Strahlern (z. B. ^{32}P mit 1,7 MeV oder ^{24}Na mit 1,4 MeV Energie der β-Strahlung).

Unter Strahlern *mittlerer Energie* versteht man solche mit Energien von 0,2–1,0 MeV (z. B. ^{131}J mit 0,6 MeV).

Als *weiche* Strahler bezeichnet man Strahler mit Maximalenergien von weniger als 0,2 MeV (^{14}C mit 0,15 MeV, ^{35}S mit 0,17 MeV oder ^{3}H = T mit 0,018 MeV).

Elektronen von 1 MeV besitzen bereits 94% der Lichtgeschwindigkeit.

Die Durchdringungsfähigkeit von Elektronen kann innerhalb eines gewissen Bereichs durch eine Exponentialfunktion halbquantitativ beschrieben werden:

$$A_d = A_0\, e^{-\mu d} \qquad\qquad (A, 4)$$

A_d ist die gemessene Aktivität, nachdem die Strahlung die Schichtdicke d eines Absorbers durchdrungen hat, A_0 ist die Aktivität pro Zeit und Flächeneinheit ohne Absorber. μ ist der Absorptionskoeffizient. Es ist üblich, die Schichtdicke nicht in Längeneinheiten anzugeben, sondern in mg/cm^2, da die chemische Natur des Absorptionsmaterials nur von geringem Einfluß auf den numerischen Wert von μ ist. Aluminium ist ein Standard-Absorbermaterial. Bei Kenntnis des Absorptionskoeffizienten μ (Dimension cm^2/mg) kann man die Durchdringungsfähigkeit schätzen.

Für Tritium kann man mit $\mu = 23$ cm^2/mg eine Halbwertsdicke[3] ($d_{1/2}$) von etwa 0,03 mg/cm^2 berechnen, was einer Schichtdicke von ca. 0,00001 cm Al entspricht. Dazu formt man Gleichung A, 4 um in

$$\frac{A_{1/2}}{A_0} = \frac{1}{2} = e^{-\mu d_{1/2}} \qquad\qquad (A, 5)$$

Für Glimmer (häufig als Fenster für Zählrohre verwendet) ergibt sich, da die dünnwandigsten Zählrohre etwa 1 mg/cm^2 Schichtdicke haben, daß dies bereits das 30 bis 40fache der Halbwertsdicke ist.

Tab. A, 1. Absorption der β-Teilchen einiger Isotope (* = geschätzt).

Isotop	E_{max} (MeV)	μ (cm^2/mg)	Reichweite meist in Al (mg/cm^2)	Gefund. Halbwertsdicke in Al (cm)
T	0,018	23	0,23	$1{,}1 \cdot 10^{-5}$
[14]C	0,159	0,25	20	0,0011*
[24]Na	1,40	0,008	620	0,032
[32]P	1,69	0,006	820	0,04
[35]S	0,167	0,22	21	0,001
[42]K	3,57	0,003	1400	0,10
[131]J	0,6	0,03	210	0,0085*

Andererseits zeigt der μ-Wert für $^{32}P = 0{,}0063$, daß 1 mm dickes Glas erst die doppelte Halbwertsdicke besitzt, also noch ein beachtlicher Teil der Strahlung hindurchtritt.

---

3   = Schichtdicke, die von der Hälfte der Strahlung noch durchdrungen wird.

1.1. Absorption, Ionisation, Anregung und Bremsstrahlung von β-Strahlung

Trifft ein Teilchen auf ein Hüllenelektron eines Atomes, so kann dieses Elektron herausgeschlagen werden. Ist dessen kinetische Energie größer als die Ionisierungsenergie, so kann eine sekundäre Ionisierung eintreten. Ist das nicht der Fall, so kann ein Hüllenelektron in einen angeregten Zustand versetzt werden, das unter Aussendung von Photonen dann in den Grundzustand zurückfällt.

Bremsstrahlung kann entstehen, wenn ein β-Teilchen das Kraftfeld eines Atomkerns passiert. Die durch Ablenkung und Anziehung bewirkte Geschwindigkeitsänderung führt zur Aussendung eines Photons (Bremsstrahlung). Das Verhältnis des Energieverlusts durch Ionisation bzw. Anregung oder Bremsstrahlung hängt vom Absorbermaterial und der β-Energie ab. Mit sehr hoher Energie ($E > 7$ MeV) und hoher Ordnungszahl des Absorbermaterials werden die Energieverluste durch Strahlung entscheidend.

Die Absorption von Positronen (β^+) ist mit der von Elektronen identisch, doch hat die aufgrund der Vereinigung mit einem Elektron auftretende γ-Strahlung von 0,51 MeV eine sehr viel größere Durchdringungsfähigkeit.

1.2. γ- und Röntgen-Strahlung, Mechanismen der Absorption

γ-Strahlen treten mit der durchdrungenen Materie in sehr geringem Maße in Wechselwirkung. Die Halbwertsdicke für eine 0,5 MeV γ-Strahlung beträgt in Wasser 7,8 cm, in Beton 3,0 cm und in Blei 0,42 cm (vgl. dagegen Tab. A, 1). Die Absorption von γ-Strahlung hängt im Gegensatz zur β-Strahlung in hohem Maße von der chemischen Natur des Absorbers ab. In erster Näherung ist die spezifische Ionisation (Zahl der pro Wegeinheit erzeugten Ionenpaare) für γ-Strahlung nur 1/100 derjenigen der β-Strahlung.

Es gibt drei Absorptionsmechanismen:

1. Photoeffekt,
2. Compton-Effekt und
3. Paarbildung.

In welchem Maße sie an der Absorption beteiligt sind, hängt von der Energie der Strahlung und der Natur des Absorbers ab.

Der Gesamtabsorptionskoeffizient μ stellt hier die Summe der drei Absorptionskoeffizienten dar. Für die Schwächung von γ-Quanten gleicher Energie gilt streng das Exponentialgesetz der Gl. A, 4. Dabei ist A_d die Aktivität nach Durchgang der Strahlung durch Materie von d g/cm², μ ist der Massenabsorptionskoeffizient mit der Dimension cm²/g (man beachte g anstelle mg!).

1.3. Häufig verwendete radioaktive Isotope

Tab. A, 2 gibt eine Übersicht. Die Spalten 4 und 5 unterrichten über die Energien der ausgesandten Strahlung. Spalte 6 gibt das Gewicht der radioaktiven Isotope in elementarer Form pro mCi an. Aus den letzten Spalten ist der Kernprozeß zu ersehen, nach dem die Isotope meist gewonnen werden und die chemische Verbindung, in der das Isotop zunächst festgelegt wird.

Tab. A, 3 gibt eine Übersicht über Meßmethoden.

Da Tritium um Größenordnungen billiger ist als ^{14}C und T-markierte Verbindungen meist einfacher darzustellen sind, wird es häufig anstelle von ^{14}C benutzt. Tritium dient dann anstelle von ^{14}C zur Markierung einer Atomgruppe. Besondere Vorteile des Tritiums sind, daß spezifische Aktivitäten bis 29 Ci/mTom erhalten werden können. Die extrem weiche Strahlung gibt ein hervorragendes Auflösungsvermögen bei der Autoradiographie.

Von den radioaktiven Isotopen des Kohlenstoffs hat nur ^{14}C eine brauchbare Halbwertszeit. Obwohl ^{14}C durch Neutronenbestrahlung von ^{14}N gewonnen wird, fällt er in der Praxis nie trägerfrei an. Es können jedoch Bariumcarbonat-Präparate von 30 bis 40 mCi/mM bezogen werden.

Fluor-18 spielt insbesondere für die Aktivierungsanalyse von ^{18}O und in speziellen Fällen für ^{6}Li und ^{16}O eine Rolle.

Das relativ kurzlebige Natrium-24 ist immer mit Natrium-23 verdünnt. ^{24}Na sendet harte β- und γ-Strahlung aus.

Magnesium-28 ist relativ schwer zugänglich. Der β^--Zerfall führt zum angeregten ^{28}Al. Dessen Anregungszustände gehen in einer γ-Kaskade auf den Grundzustand von ^{28}Al ($T_{1/2} = 2{,}3$ min) über. Dieses geht über einen β^--Zerfall zum 2^+-Zustand von ^{28}Si über, der mit einer 1,78 MeV-Linie auf den Grundzustand übergeht. In der γ-Kaskade der angeregten ^{28}Al-Zustände tritt eine 31 KeV-Linie zu 100% auf. Diese niederenergetische Linie ist für die Traceranwendung ideal.

Tab. A, 2. Eigenschaften und Herstellungsmethoden einiger in der organischen Chemie und Biochemie verwendeten radioaktiven Nuklide.

Element	Symbol	Halbwertszeit	Max. β-Energie in MeV bzw. Strahlenart	γ-Energie MeV	Gew. je mCi in mg Reinisotop[a]	Wichtigster Herst.-Prozeß	Verbindung
Wasserstoff	^{3}H = T	12,26 a	0,018	kein	$1.03 \cdot 10^{-4}$	^{6}Li (n, α) ^{3}H	^{3}H$_2$0; ^{3}H$_2$
Kohlenstoff	^{14}C	5760 a	0,159	kein	0,22	^{14}N (n, p) ^{14}C	Ba^{14}CO$_3$
Fluor	^{18}F	1,83 h	β^+ 0,65 (97%) 3% EC	0,51 vom β^+	$1,05 \cdot 10^{-8}$	^{19}F (n, 2n) ^{18}F	
Natrium	^{24}Na	15,5 h	1,39	2,76; 1,38	$1,13 \cdot 10^{-7}$	^{23}Na (n, γ) ^{24}Na	
Magnesium	^{28}Mg	21,4 h	0,42	0,032–1,35; 4% KE	$1,91 \cdot 10^{-7}$		
Phosphor	^{32}P	14,3 d	1,70	kein	$3,6 \cdot 10^{-6}$	^{31}P (n, γ)^{32}P	Phosphat
Phosphor	^{33}P	25 d	0,25	kein	$6,32 \cdot 10^{-6}$	^{33}S (n, p)^{33}P	
Schwefel	^{35}S	86,35 d	0,167	kein	$2,32 \cdot 10^{-5}$	^{35}Cl (n, p)^{35}S	Sulfat
Chlor	^{36}Cl	$3 \cdot 10^5$ a	0,714 (93,3%) 1,7% EC	kein	30,2	^{35}Cl (n, γ)^{36}Cl	HCl; NaCl
Kalium	^{42}K	12,4 h	3,58; 2,04	1,51; 0,32	$1,6 \cdot 10^{-7}$	^{41}K (n, γ)^{42}K	KCl
Calcium	^{45}Ca	165 d	0,25	kein	$62 \cdot 10^{-6}$	^{44}Ca (n, γ)^{45}Ca	CaCO$_3$ CaCl$_2$
Chrom	^{51}Cr	27,8 d	EC	0,323 ($\approx$ 9%) 0,005 Röntgenstrahlen	$1,09 \cdot 10^{-5}$	^{50}Cr (n, γ)^{51}Cr	Cr; Cr$_2$O$_3$
Eisen	^{55}Fe	2,7 a	EC	0,0059	$4,15 \cdot 10^{-4}$	^{54}Fe (n, γ)^{55}Fe ^{55}Mn (p, n)^{55}Fe	Fe; Fe$_2$O$_3$; FeCl$_3$
	^{59}Fe	45 d	0,13.1,56 0,27 (46%) 0,46 (53%)	0,14–1,29 1,1 (57%) 1,29 (43%)	$2,03 \cdot 10^{-5}$	^{58}Fe (n, γ)^{59}Fe	
Cobalt	^{60}Co	5,26 a	0,31 (100%) 1,48 ($\approx$ 0,01%)	1,17 (100%) 1,33 (100%)	$8,82 \cdot 10^{-4}$	^{59}Co (n, γ)^{60}Co	Co; Co$_2$O$_3$
Zink	^{65}Zn	245 d	β^+ 0,325 (1,7%) EC 98,3%	0,51 von β^+ 1,11 (49%)	$1,22 \cdot 10^{-4}$	^{64}Zn (n, γ)^{65}Zn	Zn; ZnO
Brom	^{82}Br	35,9 h	0,465	0,547–1,48	$9,5 \cdot 10^{-7}$	^{81}Br (n, γ)^{82}Br	NH$_4$Br
Jod	^{125}J	60 d	EC, KE	0,035	$5,74 \cdot 10^{-5}$		
Jod	^{131}J	8,04 d	0,25–0,815	0,08–0,72	$8,1 \cdot 10^{-6}$	Uranspaltprodukt	KJ

[a]) Vgl. S. 3

Tab. A, 3. Analysenverfahren für einige radioaktive Nuklide.

Nuklid	Meßmethodik[a]	Zählausbeute (%)	Zitate und Bemerkungen
^{3}H $=$ T	Ionisationskammer	vgl. B, 2.1.; Tab. C, 1 und D, 2.1.	vgl. Lit. des betr. Abschnitts
	Gas-Füllzählrohr (Proportionalbereich)	100 im aktiven Volumen	vgl. Lit. des betr. Abschnitts
	Flüssig-Szintillations-Zähler	55–60 max., sehr von Lösung abhängig	vgl. Lit. des betr. Abschnitts
	Durchfluß-Zählrohr (besonders bei Radio-Chromatographie angewandt)	vgl. Tab. C, 1; D, 1; F, 2.2. und G, 2.2. bzw. G, 5.	vgl. Lit. des betr. Abschnitts
^{14}C	Ionisationskammer		vgl. Lit. des betr. Abschnitts
	Geiger-Müller-Zähler (Endfensterzähler)	Von Fensterdicke und Geometrie abhängig	vgl. Lit. des betr. Abschnitts
	Flüssig-Szintillations-Zähler	90–95	vgl. Lit. des betr. Abschnitts
	Durchfluß-Zähler (besonders bei Radio-Chromatographie angewandt)	Bei unendlich dünner Schicht ca. 35–45	vgl. Lit. des betr. Abschnitts und vorgenannte Angaben bei T
^{18}F	Geiger-Müller-Zähler (Endfenster-Zähler)		1a \} 5
	Festkörper-Szintillationszähler		2, 3, 4
^{24}Na	Geiger-Müller-Zähler		6
	Festkörper-Szintillations-Zähler		7
	Čerenkov (Flüssig-Szintillation)		8, 9
^{28}Mg	Festkörper-Szintillations-Zähler		10,11
	Halbleiterdetektor		1
^{32}P	Geiger-Müller-Zähler (Endfenster oder Durchfluß)	Abhängig von Fensterdicke 60	12 G. M. (allgemein) 15 13, 14
	Flüssig-Szintillations-Zähler	100	16, 17
	Čerenkov (Flüssig-Szintillation)	max 80	8, 9, 18, 19, 20
^{33}P	Geiger-Müller-Zähler	vgl. ^{45}Ca	
	Flüssig-Szintillations-Zähler		

Tab. A, 3. (Fortsetzung).

^{35}S	Ionisationskammer Geiger-Müller-Zähler (Endfenster-Zähler) Flüssig-Szintillations-Zähler Durchfluß-Zähler (besonders bei Radio-Chromatographie angewandt)	von Fensterdicke und Geometrie abhängig 90–95 Bei unendlich dünner Schicht 35-45	} vgl. Lit. der betr. Abschnitte
^{36}Cl	Geiger-Müller-Zähler Flüssig-Szintillations-Zähler Čerenkov (Flüssig-Szintillation)	 100 13	21, 22 23, 24 25, 26
^{42}K	Alle Zählrohrtypen für feste und flüssige Proben Festkörper-Szintillationszähler Čerenkov (Flüssig-Szintillations-Zähler)	 60 75	 5, 27, 28 25, 29, 30
^{45}Ca	Geiger-Müller-Zähler Flüssig-Szintillations-Zähler	Von Fensterdicke und Geometrie abhängig 95–100	21, 32, 33 17, 34–43
^{51}Cr	Flüssig-Szintillations-Zähler als EDTA- Komplex Festkörper-Szintillations-Zähler	 5	43a 44, 45
^{55}Fe	Flüssig-Szintillations-Zähler Flüssig-Szintillations-Zähler	20 max. 90	46; (Zählausbeute geschlossen aufgrund 46a von l. c. 49)
$^{55}Fe/$ ^{59}Fe	Durchfluß-Zähler	^{55}Fe: 2 ^{59}Fe: 28	47
$^{55}Fe/$ ^{59}Fe	Festkörper-Szintillations-Zähler	^{55}Fe: 5 ^{59}Fe:31	48
$^{55}Fe/$ ^{59}Fe	Flüssig-Szintillations-Zähler	^{55}Fe: 27 ^{59}Fe: 82	49–53
$^{55}Fe/$ ^{59}Fe	Geiger-Müller-Zähler	^{55}Fe: 0,5–1,5 ^{59}Fe ca. 15	54

Tab. A, 3. (Fortsetzung).

^{60}Co	Geiger-Müller-Zähler	50	55
	Festkörper-Szintillations-Zähler	30	44, 56
	Flüssig-Szintillations-Zähler	95	57
^{65}Zn	Festkörper-Szintillations-Zähler	13	58
^{82}Br	Festkörper-Szintillations-Zähler Flüssig-Szintillations-Zähler		Aufgrund der β-Energie ist bei der Flüssig-Szintillations-Zählung mit einer Zählausbeute bis zu 95–100% zu rechnen
^{125}I	Festkörper und Flüssig-Szintillations-Zähler	50	59, 60, 60a, b
^{131}I	Geiger-Müller-Zähler	10	60b, 61, 55, 14
	Festkörper-Szintillations-Zähler	40	44, 62, 63
	Flüssig-Szintillations-Zähler	95	64, 65, 66

[a] In dieser Spalte sind in der Literatur beschriebene Beispiele für die Messung der einzelnen Nuklide angegeben. Selbstverständlich lassen sich z. B. auch alle nichtflüchtigen Nuklide, die sich mit einem Geiger-Müller-Zähler registrieren lassen, auch mit einem Durchfluß-Proportional-Zähler messen.

Kürzlich war es erstmals möglich, Untersuchungen am isolierten Herzmuskel mit $^{28}Mg^{++}$ durchzuführen. Die Magnesium-Aufnahme des Papillarmuskels des Meerschweinchens wurde durch Messung der Intensität der 31 KeV-Linie des ^{28}Mg bestimmt [1].

Falls Phosphor-32 durch schnelle Neutronen nach $^{32}S(n, p)$ ^{32}P dargestellt wird, kann es trägerfrei erhalten werden. ^{32}P enthält etwa 1% ^{33}P aus $^{33}S(n, p)$ ^{33}P. Da dessen Halbwertszeit 25 Tage beträgt, reichert er sich in alten ^{32}P-Präparaten an (für Doppeltracerversuche interessant). Schwefel-35 gehört wie ^{14}C zu den weichen Strahlern. Da er trägerfrei erhalten werden kann und eine relative kurze Halbwertszeit besitzt, sind sehr hohe spezifische Aktivitäten verfügbar.

Chlor-36 kann aufgrund seiner langen Halbwertszeit nur in relativ geringen spezifischen Aktivitäten (0,1–1 mCi/g) erhalten werden.

Kalium-42 ist das hauptsächlich verwendete Kaliumisotop.

Calcium-45 kann trägerfrei dargestellt werden. Wegen seiner relativ weichen β-Strahlung wird eine Meßtechnik angewandt, die der von ^{14}C bzw. ^{35}S ähnlich ist.

Chrom-51 dient z. B. zur Markierung roter Blutkörperchen.

Eisen-59 ist wegen seiner wesentlich härteren β- und γ-Strahlung sehr viel einfacher zu messen als ^{55}Fe. Bei Doppelindikatorversuchen sind jedoch beide von Interesse. Im Reaktor entstehen beide Isotope nebeneinander aus ^{54}Fe bzw. ^{58}Fe durch n, γ-Prozesse.

^{60}Co dient für Stoffwechseluntersuchungen.

^{65}Zn ist das gebräuchlichste Zinkisotop. Es kann in einer spezifischen Radioaktivität von ca. 4 bis 5 mCi/g erhalten werden.

Brom-82 ist das aus einer großen Reihe von Bromisotopen am besten geeignete für Indikatorexperimente. Der β-Zerfall ist von drei γ-Quanten begleitet.

Jod-125 hat in den letzten Jahren an Bedeutung gewonnen.

Jod-131 zerfällt recht kompliziert. Es treten vier β-Energien und noch mehr γ-Quanten verschiedener Energie auf.

1.4. Literatur und Bibliographie

1. STAMPFL, A.: Diplomarbeit, Technische Universität München 1972.
1a. HEIN, J. W., J. BONNER, F. BRUDEVOLD, F. A. SMITH, H. C. HODGE: Nature **178**, 1295 (1956).
2. MYERS, H. M., J. G. HAMILTON, H. BECKS: J. Dent. Res. **31**, 743 (1952).
3. WALLACE-DURBIN, P.: J. Dent. Res. **33**, 789 (1954).
4. ANBAR, M., P. NETA: Israel Atom. Energy Comm. IA-825 (1963).
5. BERNSTEIN, R. B., J. J. KATZ: Nucleonics **11 (10)**, 46 (1953).

6. VEALL, N.: Brit. J. Radiol. **21**, 347 (1948).

7. MICHEL, W. S., G. L. BROWNELL, J. MEALEY: Nucleonics **14 (11)** (1956).

8. HOFFMANN, W.: Radiochim. Acta **4**, 117 (1965).

9. BRAUNSBERG, H., A. GUYVER: Anal. Biochem. **10**, 86 (1965).

10. BARNES, B. A., G. L. BROWNELL: Proc. 2nd Intern. Ccnf. Peaceful Uses Atomic Energy, Genf 1958, **Vol. 26**, 204, Genf: United Nations 1958.

11. AIKAWA, J.: Proc. 2nd Intern. Conf. Peaceful Uses Atomic Energy, Genf 1958, **Vol. 24**, 148, Genf: United Nations 1958.

12. COMAR, C. L.: Nucleonics **3 (3)**, 32 (1948).

13. TABERN, D. L., T. N. LAHR: Science **119**, 739 (1954).

14. MARTIN, J. K.: Anal. Biochem. **22**, 238 (1968).

15. NAGARAJ, G., CH. SRIRAMAMURTY, N. C. GOPALACHARI: Int. J. Appl. Radiat. Isotop. **21**, 563 (1970).

16. DE WACHTER, R., W. FIERS: Arch. Int. Physiol. Biochem. **74**, 915 (1966).

17. LERCH, P., M. COSANDEY: Atomlight, **52**, 1 (1966).

18. HAVILAND, R. T., L. L. BIEBER: Anal. Biochem. **33**, 323 (1970).

19. CLAUSEN, T.: Anal. Biochem. **22**, 70 (1968).

20. VEMMER, H., J. O. GUETTE: Atompraxis **10**, 475 (1964).

21. BOLT, G. H., B. G. M. PIETERS: Anal. Chim. Acta **31**, 64 (1964).

22. BORKOWSKI, C. J.: Anal. Chem. **21**, 348 (1949).

23. GUINN, V. P.: Liquid Scintillation Counting, S. 167, Herausgeb.: C. G. BELL, F. N. HAYES, London: Pergamon Press, 1958.

24. SMITH, G. N.: Anal. Biochem. **17**, 24 (1966).

25. PARKER, R. P.: Health Phys. **18**, 175 (1970).

26. LÄUCHLI, A.: Int. J. Appl. Radiat. Isotop. **20**, 265 (1969).

27. MRAZ, F. R., H. PATRICK: Proc. Soc. Exp. Biol. **94**, 409 (1957).

28. BOLING, E. A.: Int. J. Appl. Radiat. Isotop. **5**, 293 (1959).

29. JOHNSON, J. E., J. M. HARTSUCK: Health Phys. **16**, 755 (1969).

30. GARRAHAN, P. J., J. M. GLYNN: J. Physiol. (London) **186**, 55P (1966).

31. FRANCOIS, B.: Int. J. Appl. Radiat. Isotop. **18**, 525 (1967).

32. COMAR, C. L., S. L. HANSARD, S. L. HOOD, M. P. PLUMLEE, B. F. BARRENTINE: Nucleonics **8 (3)**, 19 (1951).

33. NORRIS, W. P., B. J. LAWRENCE: Anal. Chem. **25**, 956 (1953).

34. LUTWAK, L.: Anal. Chem. **31**, 340 (1959).

35. OXBY, C. B., P. A. KIRBY: Int. J. Appl. Radiat. Isotop. **19**, 151 (1968).

36. CRAMER, C. F., B. H. ROSS: Int. J. Appl. Radiat. Isotop. **21**, 237 (1970).

37. TURPIN, R. A., J. E. BETHUNE: Anal. Chem. **39**, 362 (1967).

38. HUTCHINSON, F.: Int. J. Appl. Radiat. Isotop. **18**, 136 (1967).

39. KUMAR, M. A.: Int. J. Appl. Radiat. Isotop. **17**, 556 (1966).

40. HARDCASTLE, J. E., R. J. HANNAPEL, W. H. FULLER: Int. J. Appl. Radiat. Isotop. **18**, 193 (1967).

41. CARR, T. E. F., B. J. PARSONS: Radioisotope Sample Meas. Tech. Med. Biol. Proc. Symp. IAEA Vienna, S. 457, 1965.

42. HUMPHREYS, E. R.: Int J. Appl. Radiat. Isotop. **16**, 345 (1965).

43. VEMMER, H., J. O. GUETTE: Z. Tierphysiol. Tierernähr. Futtermittelk. **18**, 346 (1963).

43a. SHEPPARD, G., C. G. MARLOW: Int. J. Appl. Radiat. Isotop. **22**, 125 (1971).

44. BASKIN, R., H. L. DEMOREST, S. SANDHAUS: Nucleonics **12 (8)**, 46 (1954).

45. GRAY, S. J., K. STERLING: J. Clin. Invest. **29**, 1604 (1950).

46. PERRY, S. W., G. T. WARNER: Int. J. Appl. Radiat. Isotop. **14**, 397 (1963).

46a. HORROCKS, D. L.: Int. J. Appl. Radiat. Isotop. **22**, 258 (1971).

47. DAVIS, B. K., J. A. KOEPKE: J. Nucl. Med. **5**, 209 (1964).

48. HARWOOD, J. A., M. R. H. TAYLOR: Phys. Med. Biol. **11,** 589 (1966).
49. EAKINS, J. D.. D. A. BROWN: Int. J. Appl. Radiat. Isotop. **17,** 391 (1966).
50. GRABER, S. E., L. C. MCKEE, R. M. HEYSSEL: J. Lab. Clin. Med. **69,** 170 (1967).
51. CAMPBELL, C. B., L. W. POWELL: J. Clin. Pathol. **23,** 304 (1970).
52. LEFFINGWELL, T. P., G. S. MELVILLE, R. W. RIESS: J. Lab. Clin. Med. **53,** 622 (1959).
53. WAGNER, A.: Int. J. Appl. Radiat. Isotop. **24,** 548 (1973).
54. PEACOOK, W. C., R. D. EVANS, J. W. IRVINE, W. N. GOOD, A. F. KIP, S. WEISS, J. G. GIBSON: J. Clin. Invest. **25,** 605 (1946).
55. LABBE, R. F.: Analyzer **6 (2),** 15 (1965).
56. PFAU, A., H. C. HEINRICH: Atompraxis **5,** 14, 100, 160 (1959).
57. ERDTMANN, G.: Radiochim. Acta **2,** 215 (1964).
58. WAKELEY, J. C. N., B. MOFFATT, A. CROOK, J. R. MALLARD: Int. J. Appl. Radiat. Isotop. **7,** 225 (1960).
59. STEPHAN, H.: Isotopenpraxis **2,** 161 (1966).
60. OSBORN, R. H., T. H. SIMPSON: J. Chromatogr. **35,** 436 (1968).
60a. ASHCROFT, J.: Anal. Biochem. **37,** 268 (1968).
60b. BRANSOME, jr., E. D., S. E. SHARPE, III: Anal. Biochem. **49,** 343 (1972).
61. BRUNER, H. D., J. D. PERKINSON: Nucleonics **10 (10),** 57 (1952).
62. WEISBURGER, J. H., H. J. LIPNER: Nucleonics **12 (5),** 21 (1954).
63. COMAR, C. L., B. F. TRUM, U. S. G. KUHN, R. H. WASSERMAN, M. M. NOLD, J. C. SCHOOLEY: Science **126,** 16 (1957).
64. POLESKY, H. F., N. D. SELIGSON: Anal. Biochem. **10,** 347 (1965).
65. ZADUBAN, M., N. STOLLAROVA, S. PALAGYI: Radiochem. Radioanal. Lett. **3,** 129 (1970).
66. ZADUBAN, M., N. STOLLAROVA, S. PALAGYI: J. Radioanal. Chem. **5,** 91 (1970).

Bibliographie einer Reihe von Büchern über Isotope, Radioaktivität und ihre Anwendung

ARONOFF, S.: Techniques of Radiobiochemistry. Ames: The Iowa State College Press, 1956.
BURR, JR., J. G.: Tracer Applications for the Study of Organic Reactions, New York, London: Interscience Publ. 1957.
MURRAY, III, A., D. L. WILLIAMS: Organic Syntheses with Isotopes Teil I und II, New York, London: Interscience Publ. 1958.
BRODA, E.: Radioactive Isotopes in Biochemistry. Amsterdam-London-New York-Princeton: Elsevier Publishing Comp. 1960.
BRODSKY, A. E.: Isotopenchemie. Berlin: Akademie Verl. 1961.
CATCH, J. R.: Carbon-14 Compounds. London: Butterworths 1961.
SCHWIEGK, H., F. TURBA, (Herausgeber): Künstliche radioaktive Isotope in Physiologie, Diagnostik und Therapie, 2. Aufl., Bd. I und II, Berlin-Göttingen-Heidelberg: Springer 1961.
HERBER, R. H., (Herausgeber): Inorganic Isotopic Syntheses. New York: W. A. Benjamin 1962.
International Atomic Energy Agency. Tritium in the Physical and Biological Sciences. Proceedings of a Symposium, Wien 3.–10. Mai, 2 Bände, 1962.
WENZEL, M., P. E. SCHULZE: Tritium-Markierung, Darstellung, Messung und Anwendung nach Wilzbach ^{3}H-markierter Verbindungen. Berlin: W. de Gruyter 1962.

Radioactive Dating, Proceedings of the Symposium on Radioactive Dating. International Atomic Energy Agency and Joint Commission on Applied Radioactivity (ICSU), Wien, 1963.

International Atomic Energy Agency. Medical Radioisotope Scanning. Proceedings of a Symposium, 20.–24. April 1964, 2 Bände.

KIEFER, H., R. MAUSHART: Strahlenschutzmeßtechnik. Karlsruhe: G. Braun 1964.

International Atomic Energy Agency. Radioisotope Measurement Techniques in Medicine and Biology. Proceedings of a Symposium. Wien 24.–28. Mai, 1965.

EVANS, E. A.: Tritium and its Compounds. London: Butterworth 1966.

SCHÜTTE, H. R.: Radioaktive Isotope in der organischen Chemie und Biochemie. Weinheim/Bergstr.: Vlg. Chemie 1966.

WILSON, B. J. (Herausgeber): The Radiochemical Manual 2. Edition. Amersham: The Radiochemical Centre 1966.

FEINENDEGEN, L. E.: Tritium-Labeled Molecules in Biology and Medicine. New York-London: Academic Press 1967.

SIMON, H., H. G. FLOSS: Bestimmung der Isotopenverteilung in markierten Verbindungen. Berlin-Heidelberg-New York: Springer 1967.

RAAEN, V. F., G. A. ROPP, H. P. RAAEN: Carbon-14. New York: McGraw-Hill Book Comp. 1968.

BIRKENFELD, H., G. HAASE, H. ZAHN: Massenspektrometrische Isotopenanalyse. Berlin: VEB Deutscher Vlg. d. Wissenschaften 1969.

LIESER, K. H.: Einführung in die Kernchemie. Weinheim/Bergstr.: Vlg. Chemie 1969.

BÄCHMANN, K.: Messung radioaktiver Nuklide. Weinheim/Bergstr.: Vlg. Chemie 1970.

COLLINS, C. J., N. S. BOWMAN (Herausgeber): Isotope Effects in Chemical Reactions. New York-Toronto-London-Melbourne: van Nostrand Reinhold Comp. 1970.

WERNER, G., H. A. FISCHER: Autoradiographie. Berlin: W. de Gruyter 1971.

THOMAS, A. F.: Deuterium Labeling in Organic Chemistry. New York: Appleton-Century-Crofts 1971.

WANG, Y. (Herausgeber): Handbook of Radioactive Nuclides. Cleveland-Ohio: The Chemical Rubber Co. 1969.

TÖLGYESSY, J., S. VARGA (Herausgeber): Nuclear Analytical Chemistry II; Radioactive Indicators in Chemical Analysis. Baltimore, London, Tokio: University Park Press.

B. Allgemeines und Prinzipien der Radioaktivitätsmessung

H. Simon und P. Rauschenbach, Technische Universität München

Die physikalischen Grundlagen der Meßmethoden[1] beruhen auf Ionisierung (Ionisationskammern, Proportional- und Geiger-Müller-Zählrohre, Halbleiter-Detektoren) und auf Szintillation. Die Methoden der Autoradiographie werden hier nicht behandelt (Bibliographie s. S. 14 und G, 2.4.). Die »Čerenkov-Zähler« spielen für β-Strahler mit Maximalenergien $\geq 1{,}0$ MeV eine Rolle (vgl. B, 4.3.). In neuerer Zeit wird die Čerenkov-Strahlung für β-Aktivitäts-Messungen in wäßriger Lösung verwendet.

1. Absolut- und Relativmessung von Radioaktivität

Daß Zählanordnungen nie absolut oder frei von Nulleffekten registrieren, ist für die Tracertechnik meist unerheblich, da Relativmessungen genügen. Um sie ausführen zu können, muß aber unter jeweils genau gleichen Bedingungen oder bei genau bekannter Zählausbeute gemessen werden. Vergleicht man die Impulsrate eines Präparats mit der eines Standardpräparats unter identischen Bedingungen, so ist auch dies eine relative Messung. Da es für Nuklide kurzer Halbwertzeiten keine Standardpräparate gibt, behilft man sich mit Standardpräparaten von Nukliden längerer Halbwertzeiten, aber möglichst ähnlicher Energie.

---

1 Monographien über Prinzipien und Nuklearelektronik siehe l. c. [1–5] und Bibliographie S. 13.

Um die physikalischen Vorgänge in den auf Ionisation beruhenden Zählern zu übersehen, stellt man sich diese als Kondensatoren vor und betrachtet die sich abspielenden Vorgänge bei ständig steigender Spannung. Den Zusammenhang zwischen der Spannung und der am Zähldraht gesammelten Ladung bei verschiedener Primärionisation zeigt Abb. B, 1. Dabei soll Kurve 1 die Ionisation sein, die von einem α-Teilchen herrührt (starke Primärionisation) und Kurve 2 die Ionisation von einem β-Teilchen.

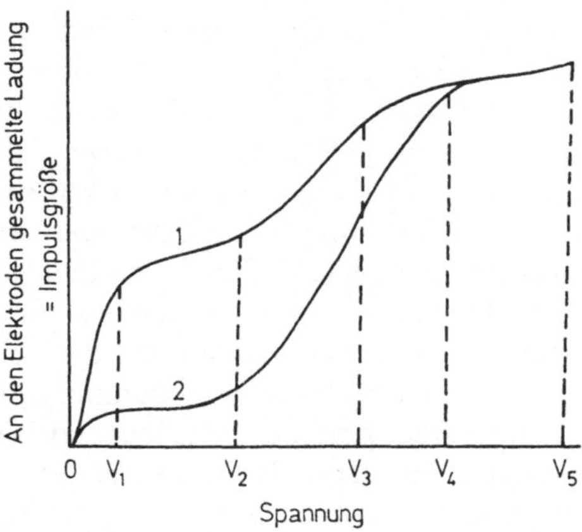

Abb. B, 1. Zusammenhang zwischen Spannung und der Größe der an den Elektroden ankommenden Ladungen. Kurve 1 α-Teilchen, Kurve 2 β-Teilchen.

Ist die angelegte Spannung sehr gering, so werden sich einige der Ionen, die durch das in die Ionisationskammer oder Zählrohr einfliegende Partikelchen erzeugt wurden, wieder rekombinieren. Es läuft also nur ein Teil der Primärionen an den Zähldraht bzw. an den Zählrohrmantel. Dies entspricht dem Bereich O bis V_1. Wird die Spannung erhöht, so kommt man zu einem Punkt, an dem die Primärionen so schnell gesammelt werden, daß keine Rekombination mehr stattfinden kann. Auch eine weitere Spannungssteigerung erhöht die am Draht ankommende Ladung nicht mehr. Diese Situation herrscht in einer Ionisationskammer im Bereich der Sättigung (Bereich V_1 bis V_2); die Verstärkung ist gleich Null. Unter der Verstärkung versteht man, daß die primären Ionen durch das sie beschleunigende elektrische Feld soviel Energie gewinnen, daß sie ihrerseits neue Ionen erzeugen können.

Im Bereich V_2 bis V_3 findet eine proportionale Verstärkung der primären Ionisation statt, da die Elektronen bei ihren Zusammenstößen mit dem Gasmolekül neue Ionenpaare bilden. Ein solcher

Prozeß kann sich für ein einzelnes Elektron vielfach wiederholen. Der Spannungsimpuls V wird vergrößert nach

$$V = A \cdot n \cdot e/C \qquad\qquad (B, 1)$$

A = Verstärkungsfaktor
n = Zahl der primär gebildeten Ionenpaare
e = Elementarladung
C = Kapazität

Der Verstärkungsfaktor ist definiert als die Anzahl aller zusätzlichen Elektronen, die von dem primären Elektron und dessen Sekundärelektronen gebildet werden. Der Verstärkungsfaktor hängt von den Dimensionen und der Gasart im Innern des Zählrohrs ab, er steigt sehr rasch mit der Spannung. (Da die Ionisierung der Energie der Teilchen proportional ist, ist eine Energiespektrometrie möglich.)

Dem Proportionalbereich folgt im allgemeinen ein sogenannter beschränkter Proportionalbereich V_3 bis V_4, an den sich der Auslöse- oder Geiger-Müller-Bereich V_4 bis V_5 anschließt. In diesem Gebiet sind, im Gegensatz zum Proportionalbereich, die Impulse bei konstanter Spannung fast gleich groß und unabhängig von der Größe der Primärionisation; d. h. jetzt besteht zwischen den Kurven 1 und 2 kein Unterschied mehr. Der Grund für das veränderte Verhalten liegt im Auftreten von Photonen, die im Bereich des gesamten Zählrohres Photoelektronen bilden und die ihrerseits wieder Ausgangspunkte für neue Entladungsvorgänge sind. Steigert man die Spannung über den Auslösebereich hinaus, so kommt es zu einer kontinuierlichen Entladung.

2. Ionisationskammern und Zählrohre

2.1. Ionisationskammern

α- und β-Teilchen erzeugen im Gasraum einer Ionisationskammer Elektronen und positiv geladene Atom- oder Molekülionen. Werden diese gesammelt, so ist der erzeugte Strom der Strahlung proportional. Die Elektroden sind die Kammerwand und ein zentrisch eingeführter, gut gegen die Wand isolierter Stab. In Abhängigkeit von der Geometrie, der Art der Gasfüllung und dem Gasdruck beträgt die Spannung zwischen den die Ladung sammelnden Elektroden hundert bis tausend Volt. Die Spannung muß so hoch gewählt werden, daß die Kammer im Gebiet der Sättigung arbeitet, d. h., daß keine Ionen durch Rekombination verlorengehen. Der in der Ionisationskammer erzeugte Gleichstrom kann auf verschiedene Weise gemessen werden. Große Vorteile bieten die Schwingkondensator-Meßverstärker (Vibrating Reed-Electrometer). Durch sie werden die mitunter sehr kleinen Gleichströme in Wechselströme überführt, die dann verstärkt werden. Es lassen sich noch Ströme von 10^{-17} Ampere, d. h. 63 Elektronen/sec, nachweisen.

Die Messung erfolgt in praxi nach zwei Methoden:

a) mit Ableitewiderstand (high-resistance-leak method),
b) mit Hilfe der Aufademethode (rate-of-charge method).

Methode a) verwendet man für hohe Radioaktivitäten oder zur kontinuierlichen Messung eines Gasstroms. Bei der Ableitewiderstand-Methode wird am Meßverstärker der durch den Ionisationsstrom am Widerstand entstehende Spannungsabfall gemessen. Nach dem Ohmschen Gesetz kann hieraus der Ionisationsstrom berechnet werden, da R bekannt ist und die Spannung V am Instrument abgelesen werden kann.

Die Meßwerte können ohne Schreiber oder Zeitmesser ermittelt werden. Die Genauigkeit der Messungen hängt von der Güte der Widerstände ab. Es werden Widerstände bis 10^{13} Ohm verwendet.

Bei der Aufademethode, die sich zur Messung kleiner Aktivitäten gut eignet, mißt man mit Stoppuhr oder Schreiber die Aufadezeit eines Kondensators. Es ergibt sich für ^{14}C ein theoretischer Wert von $2,47 \cdot 10^{-5}$ µCi pro mV/min in Luft. Die Stromausbeute einer Ionisationskammer hängt von der Gasfüllung ab, da die Energie für die Ionisation verschiedener Gase unterschiedlich ist. In H_2 werden 43, in Luft 35,5, in Ar 27,5 und in n-Propan 26 eV für 1 Ionenpaar benötigt. Über den Nulleffekt von Ionisationskammern siehe D, 1; über Wechselstrom-Ionisationskammern siehe l. c. [6].

2.2. Zählrohre

Zählrohre können im Proportionalbereich oder im Auslöse- oder Geiger-Müller-Bereich betrieben werden (vgl. Abb. B, 1). Die an die Zählrohre angelegte Spannung wird so gewählt, daß die Messungen im Konstanz- oder Plateaubereich des Zählrohres liegen. Dazu bringt man ein radioaktives Präparat an das Zählrohr und erhöht die angelegte Spannung, ausgehend von einigen hundert Volt, beispielsweise um jeweils 50 Volt. Zunächst spricht das Zählrohr auf die radioaktive Probe nicht an. Bei einer bestimmten Mindestspannung (Einsatzspannung) beginnt das Zählrohr zu arbeiten. Mit weiterer Spannungssteigerung nimmt die Zählrate sehr schnell zu. Daran schließt sich ein Bereich an, in dem die Zählrate kaum von der Spannung abhängt. Im allgemeinen ist ein Zählrohr um so besser, je länger dieses Plateau ist und je geringer die Steigung der Zählrate ist. Gute Zählrohre zeigen eine Steigung von weniger als 2% der Zählrate pro 100 Volt Spannungserhöhung.

2.2.1. Zählrohre zur Messung von β-Strahlung

Man unterscheidet Fensterzählrohre, Durchflußzählrohre, Flüssigkeits- und Gaszählrohre. Eine häufig verwendete Form ist das »Glockenzählrohr«. Der Zylinder ist auf der einen Seite meist durch ein dünnwandiges Glimmerfenster verschlossen. Üblich sind Glimmerfenster, die bei einem Durchmesser von 2–2,5 cm nur noch ein Flächengewicht von 1–1,5 mg/cm² besitzen. Der Draht reicht mit seiner Spitze bis an das Fenster heran. Als Gasfüllung werden meist Neon oder Argon mit einem Druck < 1 atm verwendet. Der Draht ist positiv geladen, der Zylindermantel hat Erdpotential.

Arbeitet das Zählrohr im Auslöse-Bereich, so erzeugt Strahlung im ganzen Bereich des Zähldrahtes Elektronen, die ihrerseits wieder Entladungslawinen auslösen. In diesem Zustand hat das Zählrohr eine »Totzeit«. Damit die Dauerentladung »gelöscht« wird, kann nach TROST [7] z. B. ein geringer Zusatz von mehratomigen organischen Dämpfen (z. B. etwa Alkohol), der Gasfüllung zugesetzt werden. Viele »selbstlöschende« Zählrohre enthalten Argon (90 Torr) und Alkoholdampf (10 Torr). »Halogen-Zählrohre« können beispielsweise folgende Füllungen besitzen: 4 Teile Argon und 1 Teil Chlor (Partialdruck 0,25 Torr) und Neon (Partialdruck 50–600 Torr). Solche Zählrohre sind den Edelgas-Alkohol-gefüllten Zählrohren in mehrerer Hinsicht überlegen und zeigen überdies zwischen —50 und +100° C keine Temperaturabhängigkeit. Wenn das Zählrohrmaterial durch Halogen nicht angegriffen wird, ist ihre Lebensdauer fast unbeschränkt.

Weiche β-Strahlung wird im Zählrohrfenster und in der Luftschicht zwischen Substanzprobe und Fenster in erheblichem Maße absorbiert. Außerdem ist die Zählausbeute aufgrund der Geometrie geringer. Die Zählausbeute beträgt bei Fensterzählrohren häufig nur 5–15%. Tritium kann so überhaupt nicht gemessen werden. (vgl. D, 1)

Durchflußzählrohre (flow counter) sind den Fensterzählrohren überlegen. Die Substanzprobe wird direkt in das wirksame Volumen gebracht. Durch das Zählrohr und über die Substanz strömt ein Zählgas, das die Luft verdrängt. Falls keine Selbstabsorption eintritt, ist die Zählausbeute aufgrund der Geometrie von 2π ca. 50%. Durch Rückstreuung der Strahlung von der Präparatenunterlage kann die Ausbeute noch höher sein.

Als Zählgase werden häufig Methan oder Mischungen von Edelgasen mit Kohlenwasserstoffen verwendet. Durchflußzähler werden meist im Proportionalbereich betrieben, da sie dadurch zuverlässiger und störungsfreier als im Geiger-Müller-Bereich arbeiten. Mit dem sogenannten Q-Gas[2] kann das Zählrohr etwa bei der gleichen Spannung betrieben werden wie ein mit Argon gefülltes, abgeschlossenes Rohr gleicher Größe (vgl. auch E, 4).

Besondere Bedeutung, insbes. für Strahlenschutz und sonstige Überwachungsaufgaben, haben die Großflächenproportionalzählrohre. Übersicht, Entwicklung und Charakteristika wurden von KIEFER [8] gegeben. Es ist mit ihnen möglich, α- und β-Strahler getrennt zu messen. Sie besitzen optimale Meßgeometrie und eine an die Probe anpaßbare Meßfläche. Außerdem sind Messungen mit und ohne Fenster möglich. Da der eigentliche Zähler nur aus auf verschiedenen Potentialen liegenden Parallelgittern besteht, sind die verschiedensten geometrischen Detektorformen möglich.

Eine weitere bedeutende Steigerung der Zählausbeute, hauptsächlich bei weichen β-Strahlern, kann mit Hilfe von Gaszählrohren erreicht werden, wenn es gelingt, die zu messende Aktivität gasförmig in das Zählrohr zu bringen. Zur Messung von ^{14}C hat man z. B. Kohlendioxid, Methan, Äthan und Acetylen verwendet. Obwohl CO_2 beispielsweise gegenüber Methan einige ungünstige Eigenschaften als Zählgas hat, kann man mit CO_2 doch sehr gute Ergebnisse erzielen (vgl. D, 2 und E, 4). Tritium wird meist als Wasserstoffgas zusammen mit Methan gemessen. Im Gaszählrohr wird der volle Raumwinkel von 4π ausgenutzt und es tritt keine Selbstabsorption auf (vgl. D, 1). Es können große Mengen Material geringer Aktivität gemessen werden (vgl. C, 3). Heute kommt den Gaszählrohren für spezielle Fälle wie Radio-Gaschromatographie (vgl. G, 5), Altersbestimmungen und Fragestellungen, bei denen extrem geringe Radioaktivität zu messen ist, immer noch erhebliche Bedeutung zu (vgl. E, 3 und 4).

Falls man die Radioaktivität von Flüssigkeiten zu messen hat, deren Flüchtigkeit vernachlässigbar ist, können sie in kleinen Schälchen (ebenso wie feste Substanzproben) vermessen werden. Um etwa die

---

2 Mischung von 98,7% Helium und 1,3% Butan.

Radioaktivität in strömenden Flüssigkeiten zu bestimmen, kann man sie durch eine Spirale leiten, die direkt in das empfindliche Volumen des Zählrohres eingebaut ist. Auch »Tauchzählrohre« sind bekannt. Sie bestehen zum Teil aus sehr dünnwandigem Glas. Die Zählausbeute hängt sehr stark von der Eintauchtiefe und auch etwas vom verwendeten Behälter ab. Bei Flüssigkeiten oder Lösungen hat man es für β-Strahlung meistens mit »unendlich dicken« Schichten zu tun (vgl. D, 1).

Ist β- und γ-Strahlung gleichzeitig zu messen, so rühren die Impulszahlen zu einem weit größeren Teil von der γ-Strahlung her, als dies bei der Messung von festen Proben der Fall ist. Die ausgesandten γ-Quanten haben in der Flüssigkeit in hohem Maße die Möglichkeit, Photoelektronen zu bilden, die dann in das empfindliche Volumen des Zählrohres gelangen. Daher kann die Zahl der gemessenen Impulse bei $(\beta + \gamma)$-Strahlern mit zunehmender Dichte auch ansteigen, im Gegensatz zu den reinen β-Strahlern.

2.2.2. Zählrohre zur Messung von γ-Strahlung

Aufgrund des von der β-Strahlung verschiedenen Absorptionsmechanismus für γ-Strahlung ist die Zählausbeute für γ-Strahlung meist wesentlich kleiner. Um eine Absorption der γ-Strahlung im wirksamen Volumen des Zählrohres zu erreichen, müssen Metalle hoher Ordnungszahl als Wand- oder Fenstermaterial verwendet werden.

Im allgemeinen wird von 100 das Zählrohr treffenden γ-Strahlen nur etwa 1 γ-Quant registriert. Weder Geiger-Müller- noch Proportionalzählrohre sind für die Messung von γ-Strahlung gut geeignet. Die Nachweiswahrscheinlichkeit ist in recht verwickelter Weise von der Energie der γ-Strahlung, dem Material und der Dicke des Zählrohrmantels abhängig.

3. Halbleiterdetektoren

R. Tykva, Tschechoslowakische Akademie der Wissenschaften, Prag

In den letzten Jahren haben Halbleiterdetektoren Bedeutung gewonnen [9–15]. Ihre Entwicklung ist noch nicht abgeschlossen. Aufgrund ihrer guten Energieauflösung, dem weiten Bereich ihrer

Proportionalität zwischen Energie und auftretendem Impuls sowie geringer Totzeiten werden sie zunehmend zur Zählung und Spektroskopie von α, β, γ, Röntgen- und Neutronenstrahlung angewandt.

Man kann den Mechanismus des Halbleiterdetektors wie folgt beschreiben: Ein n- und p-leitender Halbleiter werden zusammengebracht. Da beim ersteren (Kristall aus vierwertigen Atomen, wie Germanium, dotiert mit fünfwertigen Atomen, wie Arsen oder Antimon) Überschußelektronen und beim letzteren (Dotierung mit dreiwertigen Atomen, wie Aluminium oder Gallium) positive Löcher vorhanden sind, entsteht, ausgehend von der Kontaktfläche, eine Raumladung. Durch Anlegen einer Spannung wird die Sperrschicht (Raumladungszone) je nach Spannungsrichtung vergrößert oder verkleinert. Ein in die Raumladungszone eindringendes Teilchen bildet durch Ionisation Paare von Elektronen und Löchern. Die angelegte Spannung sammelt die Ladungsträger und der Spannungsimpuls kann an einem äußeren Arbeitswiderstand abgegriffen werden. Gegenüber einer Ionisationskammer lassen sich folgende Unterschiede feststellen: In Gasen werden Elektronen und positiv geladene Atombzw. Molekülionen gebildet. Im Halbleiter entstehen Elektronen und positive Löcher. Elektronen und positive Löcher wandern viel rascher als Elektronen und die trägen Molekülionen. Dadurch haben die Halbleiter sehr geringe Auflösungszeiten. Die Ionisierungsenergie ist in Halbleiterdetektoren mit ca. 3 eV etwa $^1/_{10}$ der der üblichen Zählgase. Sie ist auch unabhängig von der Teilchenart und Teilchenenergie. Bei vollständiger Absorption der Strahlung ist die gesammelte Ladung proportional der Energie des einfallenden Teilchens oder γ-Quants, wodurch Spektrometrie möglich ist. Diese zeigt wegen der ca. 10fach höheren Ladungsmenge gegenüber Gasen eine wesentlich bessere statistische Auflösung.

Nachteile der Halbleiterdetektoren sind: Die Ausgangsimpulse sind so klein, daß weiche β-Strahler (insbes. Tritium) nur mit sehr geringer Zählausbeute registriert werden können. Das Zählverhalten ändert sich nach längerer Bestrahlung. Besonders leistungsfähige Detektoren, z. B. Lithium-gedriftete Germaniumdioden, müssen während des Betriebes mit flüssigem Stickstoff gekühlt werden.

Hauptsächlich werden Silicium- und Germanium-Detektoren verwendet. Neben dem erwähnten pn-Typ steht der pin- oder nip-Typ (i = intrinsic; hier im Sinne von eigenleitend). Bei diesem ist die Raumladungszone durch die hochohmige Zwischenschicht weiter ausgedehnt. Dieser Typ wird hauptsächlich für die γ-Spektroskopie verwendet.

Die pn-Typen kann man unterteilen in Detektoren mit einer Oberflächengrenzschicht (Oberflächensperrschicht-Zähler) und pn-

Zähler, bei denen z. B. in p-leitendes Silicium Phosphor in Form von Phosphorpentoxid eindiffundiert ist. Durch die Gegendotierung entsteht eine dünne n-leitende Schicht. Gegenüber den Oberflächengrenzschicht-Zählern liegen ihre Vorteile hauptsächlich in einer größeren mechanischen, chemischen und thermischen Beständigkeit. Ihre Herstellung ist jedoch schwieriger und ihr Registriervermögen ist für niederenergetische β-Strahlung durch die Dicke der unempfindlichen Eintrittsschicht, die der eigentlichen Sperrschicht vorgelagert ist, gering.

Für weiche β-Strahler werden hauptsächlich Si-Oberflächengrenzschicht-Zähler verwendet. Bei ihnen hat man auf einem n-Siliciumtyp eine sehr dünne p-Silicium-Schicht erzeugt und auf diese eine Goldschicht aufgedampft. Sie dient als Eintrittselektrode. Die andere Elektrode befindet sich an der entgegengesetzten n-Silicium-Seite (vgl. Abb. B, 2). Die Sperrschichttiefe wird bei gegebenem spezifischem Widerstand des n-Siliciums durch das angelegte Feld bestimmt. Den Zusammenhang zwischen Spannung, Sperrschichttiefe, Konzentration an Verunreinigungen und dem spezifischen Widerstand kann man aus Nomogrammen entnehmen [15a]. Es lassen sich Schichten von etwa 2 mm erreichen. Diese genügen zur Absorption von Elektronen mit 1,15 MeV.

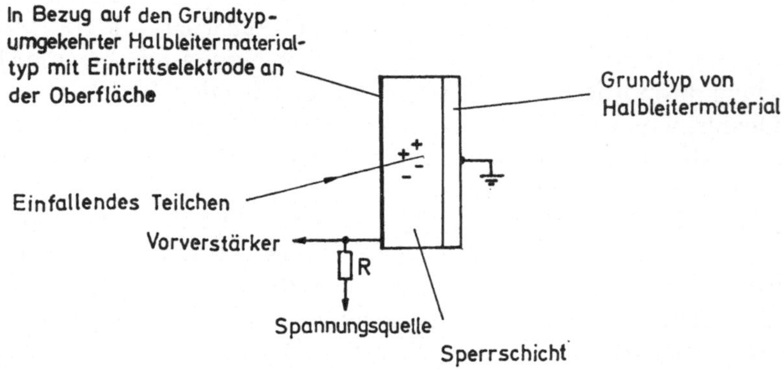

Abb. B, 2. Schema eines Halbleiterdetektors

Für Korpuskularstrahlen, Röntgenstrahlen sowie γ-Strahlen bis 100 keV verwendet man hauptsächlich Si-Detektoren. Lithiumgedriftete Ge-Detektoren werden vorwiegend für höherenergetische γ-Strahlung und für Probleme, bei denen es auf hohes Energieauflösungsvermögen ankommt, benutzt. Dieses liegt bis zu zwei Größenordnungen höher als das eines NaJ (Tl)-Kristalls.

Die Anwendung von Halbleiterdetektoren für Papier- oder Dünn-schichtchromatographie sowie für histologische Präparate hat in den letzten Jahren hauptsächlich TYKVA studiert [16–25]. Für die Messung von β-Strahlern entsprechen sie Endfenster-Zählrohren für Festproben. Die Problematik der Messung fester Materialien vgl. D, 1. Halbleiter-detektoren zeigen für Tritium keine in praxi befriedigenden Zähl-ausbeuten (vgl. Tab. B. 1).

Tab. B, 1. Mit kommerziellen Si-Oberflächen-Grenzschicht-Zählern mit einem pn-Übergang erzielte Nulleffekte und Zählausbeuten für ^{14}C und T [16, 19]

Nuklid	Kanal keV	Nulleffekt[a] cpm	Zählausbeute %
^{14}C	13–156	0,4	20,7
	13–18	<0,1	2,9
	18–156	0,4	17,6
T	11[b]–18	<0,1	0,39
	13–18	<0,1	0,27
	18–156	0,4	0,002

[a] Standard-Abweichung $< \pm 10\%$
[b] bei –78° C, sonst alle Messungen bei 20° C

Die wesentlichen Vorteile sind ein sehr hohes Energieauflösungs-vermögen. Nach l.c. [21] können ^{14}C und ^{35}S unterschieden werden, was bei der Messung von ^{14}C- und ^{35}S-markierten Thio-Derivaten von Purinen und Pyrimidinen ausgenutzt wurde. In Gegenwart von ^{14}C ließen sich mit einem Oberflächen-Grenzschicht-Zähler noch 0,5 nCi ^{35}S nachweisen [23]. Das empfindliche Volumen kann sehr klein gehalten werden, da die Oberfläche des Zählers der Größe des Meßobjekts bis herunter zu wenigen Millimetern angepaßt werden kann und die Dicke der für die Absorption der Teilchen notwendigen Grenzschicht für ^{14}C nur 120 μm betragen muß. Dadurch kommen Nulleffekte < 1 cpm bei Raumtemperatur zustande (vgl. Tab. B, 1). Das Detektorrauschen und damit der Nulleffekt kann durch Kühlung weiter vermindert werden [16, 18, 19]. Über die Verringerung des Detektorrauschens durch einen Schutzring siehe l. c. [26–28].

Maßgeschneiderte Detektoren wurden besonders für diagnostische Zwecke (Messung von ^{32}P u.a. in Körperhöhlen) angewandt [29–36].

Aussichtsreich scheint die Methode der Semikonduktographie zu sein [16, 17, 20, 24, 25]. Dieser Begriff wurde in Analogie zur Szinti-graphie bzw. Autoradiographie gewählt. So lassen sich Dünnschicht-platten zweidimensional bei einer Auflösung bis zu 1 mm^2 herunter abtasten. Dabei werden z. B. 5,6% der ^{14}C-Zerfälle bei einem Null-effekt von ca. 0,2 cpm erfaßt. Durch diese Technik lassen sich so kleine Objekte wie Dünnschnitte eines Mäuseembryos auf ihre ^{14}C-Verteilung untersuchen. Die Arbeitsweise, zusammen mit der kompletten Apparatur, ihre Bedienung und Vergleiche mit anderen Methoden sowie Farbaufnahmevorrichtung zur Auflösung der Höhe der Radioaktivität wurde ausführlich von TYKVA beschrieben [16]. Vgl. auch Abschn. G, 7 und F, 2.2.

4. Szintillationszähler

4.1. Allgemeines über Szintillationszähler

Treffen elektrisch geladene Elementarteilchen auf Phosphore, so entsteht ein Lichtblitz. Das ist das Prinzip der Szintillationszählung, das zum Studium von Kernprozessen bereits zum Beginn unseres Jahrhunderts herangezogen wurde. Die Lichtblitze treffen auf Photokathoden von Sekundär-Elektronen-Vervielfachern (SEV, Photomultiplier) und erzeugen Elektronen, die auf weitere (bis zu 13) Elektroden prallen und dabei Sekundärelektronen auslösen. Der lawinenartig ablaufende Vorgang verstärkt den Anfangsimpuls auf das 10^5 bis 10^8fache, wodurch er elektronisch weiter verarbeitet werden kann. Mit der Entwicklung der SEV ging das Auffinden neuer und sehr effektiver Szintillationssubstanzen einher.

Das Prinzip eines Flüssig-Szintillationszählers ist in Abb. B, 3 gegeben. Einer bestimmten im Szintillator absorbierten Elektronenenergie entspricht eine analoge Impulshöhe am Ausgang des Sekundär-Elektronen-Vervielfachers. Daher sind bei konstanter Spannung am Elektronenvervielfacher die Impulshöhen einem bestimmten Energiespektrum der in dem Szintillator absorbierten β-Teilchen proportional. Bei geeigneter Verstärkung und Impuls-Diskriminierung (d. h. Ausblenden bestimmter Energiebereiche mittels einer unteren und oberen Energie-Schwelle) können in den nachfolgenden Zähler nur jene Impulse gelangen, deren Amplituden nach Verstärkung am Eingang des Impulshöhenanalysators zwischen dieser oberen und unteren Schwelle liegen. Diesen Energiebereich bezeichnet man deshalb als »Kanal« oder »Fenster«. Impulse, deren Höhe größer oder

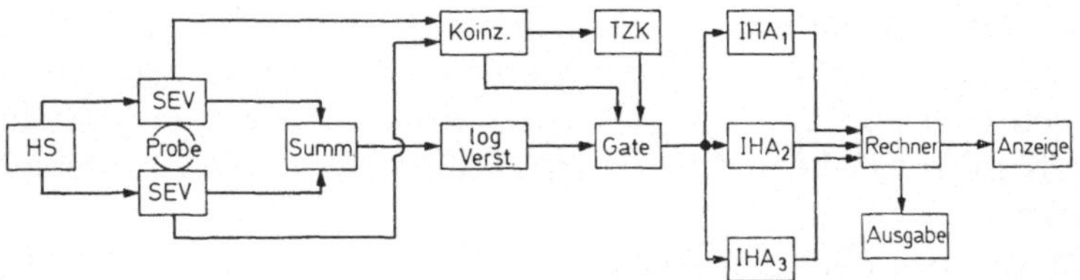

Abb. B, 3. Blockschaltbild eines Flüssig-Szintillations-Zählers. HS = Hochspannung; SEV = Sekundär-Elektronen-Vervielfacher (Photovervielfacher = Photomultiplier); Summ = Impulssummation; Koinz. = Koinzidenzstufe; log Verst. = = logarithmischer Verstärker; Gate = Element zur Erkennung koinzidenter und nicht in der Totzeit liegender Impulse; TZK = Element zur Totzeitkorrektur (life timer); IHA$_{1-3}$ = 3 Impulshöhenanalysatoren bestehend aus einem unteren und oberen Diskriminator (= 3 Kanäle).

kleiner ist, werden nicht registriert (Abb. B, 4). Man spricht von integraler Messung, wenn eine Begrenzung des Meßkanals durch einen oberen Diskriminator nicht vorhanden ist.

Szintillationszähler besitzen mehrere Vorteile: geringe Totzeitverluste (höhere Impulsratenauflösung), geringe Nulleffekte durch Pulshöhendiskriminierung und hohe Nachweisempfindlichkeit vor allem bei niederenergetischen Strahlern. Unterscheiden sich zwei Strahler

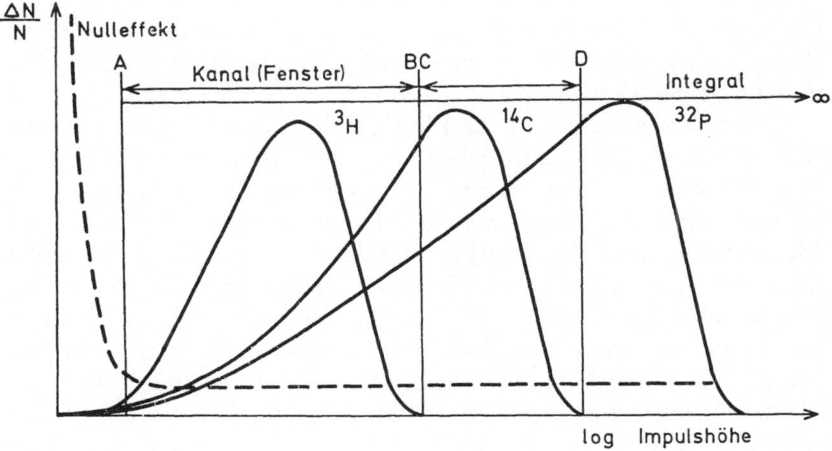

Abb. B, 4. Relative Häufigkeit Δ N/N der β-Zerfälle von Nukliden verschiedener Energie z. B. T, ^{14}C und ^{32}P in Abhängigkeit von der Energie (logarithmisch). Im Energiebereich (Kanal, Fenster) zwischen den Diskriminatoren A und B werden alle Impulse von Tritium, daneben aber auch solche von ^{14}C und ^{32}P registriert. Im Kanal B–C werden Impulse von ^{14}C und ^{32}P und oberhalb des Diskriminators C nur solche von ^{32}P registriert. Der Diskriminator A eliminiert vor allem Rauschimpulse, von denen ein besonders großer Anteil im extrem niederenergetischen Bereich liegt.

in der Maximalenergie mehr als um den Faktor 4 bis 6, so können sie aufgrund der Pulshöhendiskriminierung gleichzeitig gemessen werden (vgl. F, 2.1.2). Vor allem bei den energiearmen β-Strahlern (wie Kohlenstoff-14 und besonders Tritium) sind diese Vorteile entscheidend.

Da die Szintillationsausbeute proportional der Energie der anregenden Strahlungspartikel ist, ist die Möglichkeit zur Impulsspektrometrie gegeben.

Über die Szintillations-Zählung existiert eine Reihe von Monographien und Übersichtsartikel [37–46a].

4.2. Messung mit flüssigen Szintillatoren

Ein Strahler kann sich entweder außerhalb (external sample counting) oder innerhalb (internal sample counting) des Szintillators befinden. Die erstgenannte Methode spielt z. B. für die Messung einiger γ-Strahler (wie ^{125}J) mit Szintillationsspektrometern, die sonst hauptsächlich für β-Strahler verwendet werden, eine Rolle. Zurückgehend auf ASHCROFT [47] sind abgeschmolzene Zählgläschen im Handel[3], die einen Tetrabutylzinn/Toluol-Szintillator enthalten, in die die Probe, gelöst oder fest, in einem Plastikröhrchen befindlich, eingestellt werden kann.

Wesentlich wichtiger ist die Flüssig-Szintillationszählung von Materialien, die im Szintillator gelöst oder suspendiert sind: Ein Flüssig-Szintillator setzt sich aus einem Lösungsmittel (bzw. Lösungsmittelgemisch) und den darin gelösten, fluoreszierenden Verbindungen (dem eigentlichen Szintillator) zusammen. Die Prozesse, die von einer im Szintillator gelösten radioaktiven Substanz über das Aussenden von Strahlungspartikeln letztlich zur Emission von Photonen führen, sind komplexer Natur. Nach HORROCKS [46] lassen sich fünf Vorgänge bei der Wechselwirkung von einem geladenen Teilchen mit der Szintillator-Lösung bis zur Lichtausstrahlung formulieren:

a) Absorption der Teilchenenergie durch Anregung eines Lösungsmittelmoleküls

b) Transfer der Anregungsenergie innerhalb der Lösung zwischen gleichen Molekülen

---

3 Gamma-Vials der Fa. Koch-Light Laboratories, England; in Deutschland vertreten durch W. Zinsser, D-6000, Frankfurt 1.

c) Übertragung der Anregungsenergie von einem Lösungsmittelmolekül auf gelöste Moleküle
d) Löschung der Anregungsenergie und
e) Lichtemission

Zunächst wird ein Teil der Energie des Teilchens (E) von Lösungsmittelmolekülen (S) aufgenommen. Für die Anregung *eines* Moleküls gilt, daß von der Gesamtenergie E ein Teil E–E' absorbiert wird. Vom angeregten Molekül sind drei
Wege der Energieübertragung vorstellbar: 1. Die Energie gelangt von einem angeregten Lösungsmittelmolekül (S*) zu einem gleichen Molekül (Transfer). 2. Die
Energie wird in der Lösung auf ein anderes Molekül (L) übertragen, das keine
Fluoreszenz- oder Übertragungseigenschaften besitzt. Die Energie wird in Form
von Wärme an die Lösung abgegeben. Diesen Vorgang nennt man Löschung.
3. Die Energie wird auf ein zur Fluoreszenz befähigtes Molekül (F_1) übertragen.
Dessen Anregungsenergie kann als Licht (hv) abgegeben werden oder auf den
gleichen, vorstehend beschriebenen Schritten weitergeleitet werden, wobei ein
zweiter Fluoreszenzstoff (F_2) angeregt wird, der dann ebenfalls Photonen, jedoch
langwelliger, emittiert. Nicht nur im Falle von Löschung, sondern auch bei den
anderen Energieübertragungsschritten, gehen Teile der Anregungsenergie (e)
verloren.

Folgende Gleichungen sollen das veranschaulichen:

$$S \ + E \rightarrow S^* + E' \qquad \text{Absorption}$$
$$S^* + S \rightarrow S \ + S^* \qquad \text{Transfer}$$
$$S^* + L \rightarrow S \ + L \ + e_L \qquad \text{Löschung}$$
$$S^* + F_1 \rightarrow S \ + F_1^* + e_1 \qquad \text{Übertragung}$$
$$F_1^* \rightarrow F_1 + hv \qquad \text{Emission}$$
$$F_1^* + F_1 \rightarrow F_1 + F_1^* \qquad \text{Transfer}$$
$$F_1^* + L \rightarrow F_1 + L \ + e_L \qquad \text{Löschung}$$
$$h \cdot v + F_2 \rightarrow F_2^* \qquad \text{Anregung}$$
$$F_1^* + F_2 \rightarrow F_1 + F_2^* + e_2 \qquad \text{Übertragung}$$
$$F_2^* \rightarrow F_2 + hv' \qquad \text{Emission}$$
$$F_2^* + L \rightarrow F_2 + L \ + e_L \qquad \text{Löschung}$$

Als Folge dieses vielstufigen Energieübertragungsprozesses wird
nur ein sehr geringer Teil der Energie der radioaktiven Strahlung in
Licht umgewandelt. Man rechnet, daß zur Erzeugung eines Photons
(im Bereich von 400 nm) eine Energie von ca. 100 eV benötigt wird;
das entspricht jedoch nur einer Energieausbeute von 5%. Deshalb
ist es wichtig, vor allem bei niederenergetischen Strahlern die Szintillatorzusammensetzung bezüglich der Photonenausbeute optimal zu
halten. Die Auswahl der Szintillatoren und der Lösungsmittel sowie
der eventuell mögliche Ausschluß von Lösch-Substanzen ist für die
Flüssig-Szintillations-Zählung von großer Bedeutung.

4.2.1. Lösungsmittel

Obwohl das Lösungsmittel an dem Photoeffekt nicht direkt beteiligt ist, bestimmt es entscheidend die Qualität eines Flüssig-Szintillators. Nach den heutigen Vorstellungen beruht die Impuls-Löschung fast ausschließlich auf einer Störung der Energieübertragung auf der Stufe des Lösungsmittels.

Nach HAYES et al. [48] werden die Lösungsmittel, die die Energieübertragung beeinträchtigen, in »Verdünner« (diluter) und »Löscher« (quencher) eingeteilt. »Verdünner« beeinflussen in steigenden Mengen einen optimalen Flüssig-Szintillator nur gering in seiner Zählwirksamkeit. Lösungsmittel, die schon in geringer Konzentration die Zählausbeute stark erniedrigen, werden als »Löscher« bezeichnet.

Die günstigsten Eigenschaften als Lösungsmittel besitzen nach KALLMANN und FURST [49–52] aromatische Kohlenwasserstoffe oder aromatische Äther. Diese sind jedoch sehr wenig zur Messung hydrophiler Proben geeignet. DAVIDSON und FEIGELSON [53] haben deshalb Lösungsmittel, die schon aus den Arbeiten von KALLMANN und FURST [49–52] und von HAYES et al. [48, 54] als »Verdünner« und »Löscher« bekannt waren, nochmals untersucht. Den von ihnen ausgewählten Lösungsmitteln wurde in üblichen Zählgläschen eine konstant gehaltene Menge von Diphenyloxazol (3 g/l) und Standardradioaktivität zugesetzt. Diese Proben wurden dann im Vergleich zu identischen Bezugslösungen in Toluol vermessen. Die mit Toluol verglichene Zählrate ergab den sog. »Toluolindex« (vgl. Tab. B, 2). Für die Testlösungen wurde die Hochspannungsverstärkung auf die maximale Zählrate nachgeregelt.

Tab. B, 2 zeigt einen repräsentativen Ausschnitt. Es lassen sich einige wichtige Zusammenhänge erkennen. Für hydrophile Proben ist 1,4-Dioxan eine vor allem auch relativ preiswerte Substanz, die in ihrer Wirksamkeit auch bis heute noch nicht durch ein anderes Lösungsmittel übertroffen wurde (vgl. D, 3.1.1.1.3.).

In der Praxis verwendete Lösungsmittelgemische stellen einen Kompromiß zwischen Lösungsvermögen für das Probenmaterial und Zählwirksamkeit dar. Wie Abschnitt B, 4.2.3. zeigt, kann die Zählausbeute in einem Lösungsmittelgemisch durch geeignete Wahl der Szintillator-Substanzen und ihrer Konzentration erheblich beeinflußt werden. Die Zählwirksamkeit von Lösungsmitteln hängt stark von ihrer chemischen Reinheit ab. So erniedrigen Peroxide in Äthern die Zählausbeute erheblich. Dies ist besonders bei der Verwendung von Dioxan zu beachten.

Tabelle B, 2. Auf Toluol bezogene relative Zählausbeute verschiedener Lösungsmittel bei einer Konzentration von 3,0 g Diphenyloxazol pro Liter bei optimaler Verstärkung.

Verbindung	Hochspannung (V)	Wirksamkeit (%)
Toluol	970	100
Anisol	1040	100
Xylol (Isomerengemisch)	1040	97
1,3-Dimethoxybenzol	1110	81
n-Heptan	1180	70
1,4-Dioxan	1180	70
1,2-Dimethoxyäthan	1180	60
Benzylalkohol	1180	38
Diäthylenglykoldiäthyläther	1250[a])	32
Aceton	1250	12
Tetrahydropyran	1250	6
Äthyläther	1250	4
1,1-Diäthoxyäthan	1250	3
Tetrahydrofuran	1250	2
1,3-Dioxolan	1250	0
Äthylalkohol	1250	0
Diäthylenglykolmonoäthyläther	1250	0
Diäthylenglykol	1250	0
Äthylenglykol	1250	0
2,5-Diäthoxytetrahydrofuran	1250	0
N,N-Dimethylformamid	1250	0
Diäthylamin	1250	0
2-Äthylhexansäure	1250	0
Tri-n-butylphosphat	1250	0

[a]) Der Wert von 1 250 V ist die maximal mögliche Spannungsverstärkung.

Dioxan muß daher vor Licht geschützt und unter Schutzatmosphäre aufbewahrt werden. Zur Reinigung von Dioxan siehe D, 3.1.1.1.3.

Die Lösungsmittel müssen aus fossilen Kohlenstoffquellen stammen: Bei einer ^{14}C-Aktivität von ca. 20 dpm/g des recenten Kohlenstoffs (1972) werden die Messungen gering radioaktiver Proben durch den hohen Nulleffekt beeinträchtigt.

4.2.2. Probengefäße

Meist werden zylindrische Gefäße von annähernd 20 ml aus Glas, Polyäthylen bzw. Polypropylen oder Nylon verwendet. Wegen der natürlichen Radioaktivität von ^{40}K muß für Glasfläschchen ein kaliumarmes Glas verwendet werden. Polyäthylen-Gefäße werden wegen ihrer besseren Zählwirksamkeit vor allem für Tritiumproben empfohlen [55]. Sie sind frei von natürlicher Radioaktivität und wesentlich preiswerter als Glasfläschchen. Ihre beträchtliche Durchlässigkeit (Diffusion) für Toluol schließt sie jedoch bei Meßzeiten über 24 Stunden aus. Wie SCHWERDTEL [56, 57] zeigen konnte, beruht die verbesserte Zählausbeute in Polyäthylen-Fläschchen vor allem auf ihrer rauhen Oberfläche. Rauht man nämlich die glatte Oberfläche von Glasfläschchen auf, so erhält man auch hier annähernd die gleiche Zählausbeute, wie mit dem Kunststoff-Fläschchen.

Nylon-Fläschchen sind gegen Toluol undurchlässig. Durch bestimmte Alkohol-Wasser-Gemische können aber auch Nylon-Zählgläschen erweicht werden. Polyäthylen-Zählgefäße sind so billig, daß sie nach einmaliger Benutzung verworfen werden. Die kostspieligeren Glasfläschchen werden nach entspr. Reinigung meist erneut benutzt. Für Gläschen, deren T- bzw. C^{14}-Kontamination nicht über 10000 cpm liegt, beschreiben DROSDOWSKY et al. [58] eine Apparatur zur serienmäßigen Säuberung. Wegen der Schwierigkeit einer wirksamen Dekontamination erscheint die Reinigung von Kunststoff-Zählgefäßen wenig sinnvoll. Dies gilt nicht für Teflon-Fläschchen, die die Vorteile von Glas- und Polyäthylen- bzw. Nylon-Fläschchen vereinen [59].

4.2.3. Szintillator-Substanzen

REYNOLDS et al. [60] entdeckten, daß eine Lösung von p-Terphenyl in Xylol oder Benzol bei Bestrahlung mit ^{60}Co ein im Vergleich zu organischen Kristallen bemerkenswertes Szintillationsvermögen besitzt. Daraufhin wurde nach weiteren szintillationswirksamen Soluten gesucht. Vor allem Arbeiten von FURST und KALLMANN [49–51] haben wesentliche Kenntnisse gebracht.

Neben den praktischen Gesichtspunkten, wie Haltbarkeit, Löslichkeit und Preis muß ein Szintillator eine genügend kurze Abklingzeit und geringe Selbstlöschung haben. Außerdem sind die Lage des Fluoreszenzspektrums und die Impulshöhe bzw. Photonenausbeute von Bedeutung (vgl. Tab. B, 3). Da mehrere gut lösliche Szintillatoren kürzerwellig emittieren, als es dem Empfindlichkeitsmaximum des SEV entspricht, benutzt man zusätzliche, meist weniger gut lösliche Szintillatoren, deren Emissionsmaximum sich mit dem Empfindlichkeitsmaximum des SEV deckt. Im ersten Fall spricht man von primären Szintillatoren, im zweiten von sekundären oder auch Wellenlängenwandlern (wave length shifter). Dabei ist das Fluoreszenzlicht des primären das Anregungslicht für den sekundären Szintillator (vgl. B, 4.2.). Außerdem kann ein Teil der Anregungsenergie des Lösungsmittels direkt (d. h. strahlungslos) auf den sekundären Szintillator übergehen.

Außer durch das Absorptions- und Fluoreszenzspektrum wird ein Szintillator durch die relative Impulshöhe, die durch die relative Photonenausbeute bestimmt wird, charakterisiert. Zur Bestimmung der relativen Impulshöhe wird unter identischen Bedingungen die Impulshöhe eines Szintillationssystems mit der eines Standardsystems verglichen. Da die relative Impulshöhe von der spektralen Empfindlichkeit des SEV abhängt, können nur Ergebnisse verglichen werden, die mit dem gleichen SEV gewonnen wurden. Aber nicht nur die Empfindlichkeit des SEV sondern auch die im Spektrometer verwendete »Optik«, d. h. das Reflektormaterial (Titandioxid oder Aluminium) und/oder Lichtleiter (meist ®Plexiglas) beeinflussen die Impulshöhe beträchtlich. Nach OTT [61] können zwei SEV vom gleichen Typ, die jedoch in ihrer spektralen Empfindlichkeit etwas differierten, bei verschiedenen Reflektormaterialien (Aluminium gegenüber Titandioxid) für das gleiche Szintillationssystem relative Impulshöhenunterschiede von mehr als 100% zeigen.

Meist werden SEV verwendet, die bereits bei Wellenlängen < 400 nm hochempfindlich sind. Bei ihnen sind sekundäre Szintillatoren ohne Einfluß auf die Zählausbeute [62]. BUSH et al. [63] jedoch führen derartige Ergebnisse allein auf unterschiedliche Reflektormaterialien zurück. Offensichtlich ist die relative Impulshöhe eine ungünstige Größe zur Bewertung eines Szintillators. Um dieser Schwierigkeit zu begegnen, dehnten KOWALSKI et al. [62] Arbeiten von SWANK et al. [64] und BUCK et al. [65] auf ihre Untersuchungen aus und verwenden zur besseren Beurteilung von Szintillatoren den Begriff der relativen Photonenausbeute. Zwischen relativer Impulshöhe (RIH) und relativer Photonenausbeute (RPA) gilt folgende Beziehung:

$$RIH = RPA \cdot f_{rel} \tag{B, 2}$$

Dabei ist f_{rel} ein relativer Faktor, der die Anpassung des Szintillator-Spektrums an das spektrale Ansprechvermögen des SEV (relative spectral response matching factor) berücksichtigt. Zur Bestimmung von f_{rel} werden folgende Größen benötigt: Vom Szintillator muß seine durchschnittliche Wellenlänge λ bekannt sein, die Wellenlänge, die das integrierte Spektrum halbiert. Das Ansprechvermögen des SEV wird durch sein POPOP/p-Terphenyl-Verhältnis (vgl. Tab. B, 3) beschrieben. Das ist das Verhältnis der Impulshöhen einer Lösung von p-Terphenyl in Toluol mit und ohne POPOP-Zusatz als sekundärer Szintillator (5 g p-Terphenyl und 0,5 g POPOP, bzw. 5 g p-Terphenyl pro Liter Toluol). Bei neueren SEV liegt das POPOP/p-Terphenyl-Verhältnis bei 1, bei älteren Geräten können Werte von 1,30 erreicht werden. Je näher dieses Verhältnis bei 1 liegt, desto weiter liegt die Empfindlichkeit des SEV im kurzwelligen Bereich. Aus Messungen von SWANK et al. [64] und BUCK et al. [65] ist für einige Szintillatoren die relative Photonenausbeute bekannt. Aus dieser und der entsprechenden relativen Impulshöhe läßt sich f_{rel} errechnen und über λ des betreffenden Solutes auftragen. In Abb. B, 5 ist dies dargestellt, wobei das POPOP/p-Terphenyl-Verhältnis (unterschiedliches Ansprechvermögen) als Parameter der Kurvenscharen dient. Nach Abb. B, 5 lassen sich für unbekannte Szintillatoren f_{rel} und damit die relative Photonenausbeute ermitteln (vgl. KOWALSKI et al. [62]).

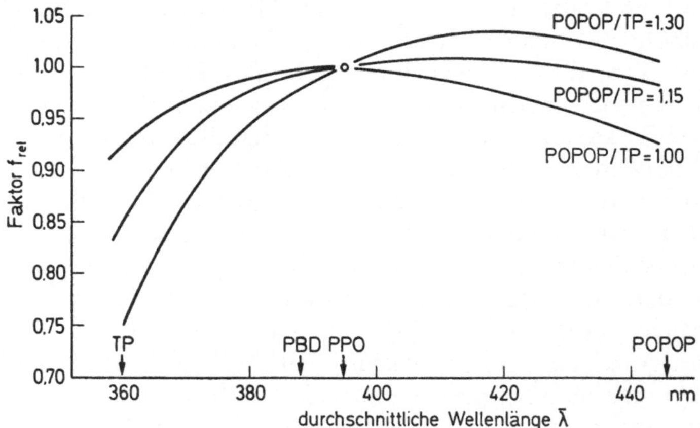

Abb. B, 5. Ansprechvermögen verschiedener Sekundär-Elektronen-Vervielfacher in Abhängigkeit von der durchschnittlichen Wellenlänge ($\overline{\lambda}$) des Szintillators (vgl. Text).

Das Bewertungsverfahren zeigt einen Fehler von ca. $\pm$ 5%; es stellt wohl das objektivste Verfahren dar. In Tab. B, 3 sind diese Werte aufgenommen.

Die Beurteilung von Szintillatoren ist daher nur in Bezug auf ein Gerät, d. h. einen gegebenen SEV und die Optik möglich. D. h. es ist nicht sinnvoll, unabhängig vom verwendeten Gerät, nach dem »besten« Szintillator zu fragen.

Nach guten Szintillatoren haben bereits HAYES et al. [66, 67] gesucht. Sie fanden, daß neben den Oligophenylverbindungen (p-Terphenyl, Quaterphenyl) 2,5-Diphenyl-oxazol (PPO), mehrgliedrige Oxazole und 1, 3, 4-Oxdiazole für Szintillationssysteme gut geeignet sind. Man untersuchte weitere 102 primäre [68] und 24 sekundäre [69] Szintillatoren und fand gewisse Zusammenhänge zwischen Struktur und Szintillationsverhalten, mußte jedoch feststellen, daß größere Verallgemeinerungen unmöglich sind. Meist ist eine Verknüpfung von vier Ringen in einem Molekül günstiger als eine von nur drei Ringen, da dadurch ein längerwelliges Spektrum erzielt wird. Verbindungen mit 4 oder 5 Ringen sind aber nur dann hinreichend löslich, wenn sie heterocyclische Ringsysteme, z. B. Oxazol, aufweisen. Geeignete Ringsysteme sind Benzol, Naphthalin, Furan, Pyrrol, Oxazol, 1, 3, 4-Oxadiazol, Pyridin, Indol und Benzoxazol. Unbrauchbar sind Thiophen[4], Thiazol, 1, 3, 4-Thiadiazol, Pyrazin, Pyridazin und Benzothiazol. Als Substituenten bewährten sich Methyl- und Methoxygruppen, nicht aber Brom-, Jod-, Nitro- und phenolische Hydroxyl-Gruppen. Die nach HAYES et al. [66–69] am meisten verwendeten Szintillatoren sind 2,5-Diphenyloxazol (PPO) als primärer und p-Bis-5-phenyl-oxazolyl(2)-benzol (POPOP) als sekundärer. Diese Verbindungen stellen einen Kompromiß zwischen Szintillationsvermögen, Löslichkeit, Haltbarkeit und Kosten dar. Das in seinen Fluoreszenzeigenschaften hervorragende und auch recht preiswerte p-Terphenyl schied wegen seiner ungünstigen Löslichkeit, vor allem in gekühlten Lösungen, aus. Neuerdings stehen SEV zur Verfügung, bei denen auch ohne Kühlung hinreichend niedrige Nulleffekte erzielt wurden. Die Anwendung von p-Terphenyl kann daher beim Arbeiten mit Raumtemperatur-Systemen wieder interessant werden.

Die Löslichkeit des sekundären Szintillators POPOP wurde durch Methylierung verbessert. Dimethyl-POPOP (p-Bis-[4-methyl-5-phenyloxazolyl(2)]-benzol), von HAYES empfohlen [70] verdrängte rasch POPOP. BUSH und HANSEN [63] zeigten jedoch, daß Dimethyl-POPOP in wesentlich höheren Konzentrationen anzuwenden ist, wenn die auf POPOP bezogene gleiche Zählausbeute erreicht werden soll. Damit ist aber der Vorteil der verbesserten Löslichkeit so gut wie aufgehoben.

Wie schwierig die Bewertung verschiedener sekundärer Szintillatoren sein kann, zeigt BUSH [71] an POPOP, Dimethyl-POPOP und Bis-MSB (p-Bis-(o-methyl-styryl)benzol). Bei einer gegebenen Konzentration an primärem Szintillator (4 g PPO/l Toluol) und bei jeweils optimaler Konzentration an sekundärem Szintillator ergibt sich für die Zählausbeute: Bis-MSB > Dimethyl-POPOP > > POPOP [71]. Der Gewinn durch Bis-MSB gegenüber POPOP beträgt für Tritium relativ ca. 10%. Erhöht man die PPO-Konzentration auf 30 g/l bei gleichen Konzentrationen der sekundären Szintillatoren, so ändern sich die relativen

---

4 Eine Ausnahme davon ist 2,5-Bis-[5'-tert. butyl-benzoxazolyl-(2')]-thiophen (BBOT, BUSH et al. [63]).

Zählausbeuten: POPOP > Bis-MSB > Dimethyl-POPOP. Der Hauptvorteil von Bis-MSB liegt in seiner guten Löslichkeit [71]. KOBAYASHI [72] fand für Bis-MSB in mehreren Zählsystemen bei vergleichbaren Dimethyl-POPOP-Konzentrationen eine relative Zählausbeuteverbesserung für Tritium und Kohlenstoff-14 bis maximal 13%.

WIRTH [73] verglich die Löslichkeit von Szintillatoren aus der Reihe der Oligophenyle. Dabei fand er Möglichkeiten zur Erhöhung der Löslichkeit von schwerlöslichen Substanzen mit gutem Szintillationsvermögen. Bibuq, (4,4'''-Bis-(2-butyloctyloxy)-p-quaterphenyl), ist ein nach den Wirth'schen Solubilisierungsprinzipien synthetisierter primärer Szintillator mit sehr guten Eigenschaften. SCHAUMLÖFFEL et al. [74] fanden für die Verbindung im Vergleich zu einer Lösung von 4 g PPO und 100 mg POPOP/l Toluol eine Zählausbeuteverbesserung für Tritium von ca. 12%. MAURER [75] beobachtete jedoch, daß Bibuq in Dioxan-Lösungen bei + 11° C schon bei einer Konzentration von 8 g/l auszufallen beginnt.

Aufgrund einer vergleichenden Untersuchung von KOWALSKI et al. [62] verdienen folgende drei Szintillatoren besondere Beachtung: 2,5-Bis-[5'-tert. butylbenzoxazolyl(2')]-thiophen (BBOT), 2-(4'-tert. Butylphenyl)-5-(4''-biphenylyl)-1,3,4-oxadiazol (Butyl-PBD) und 2-(4'-Biphenylyl)-6-phenylbenzoxazol (PBBO).

BBOT wird als primärer Szintillator empfohlen, der aufgrund seiner längerwelligen Emission keinen Zusatz von sekundärem Szintillator benötigt, falls der SEV ein Empfindlichkeitsmaximum über 400 nm besitzt. Dies bestätigen schon Beobachtungen von BUSH et al. [63], die BBOT bei Spektrometern mit einer »Titandioxid-Optik«, die erst über 400 nm ihr volles Reflexionsvermögen erreicht, für wirksamer als PPO fanden. Nach diesen Autoren bewirkt jedoch ein Zusatz von sekundärem Szintillator (z. B. POPOP) zu PPO grundsätzlich eine höhere Zählwirksamkeit als die alleinige Verwendung von BBOT. Lösungen, die allein Butyl-PBD enthielten, waren den PPO/Dimethyl-POPOP-Szintillatoren vor allem bei einer höheren Konzentration an Löschern überlegen [76]. Aufgrund des verwendeten Gerätetyps muß der SEV ein Empfindlichkeitsmaximum > 400 nm besessen haben. Unter Berücksichtigung von λ_{max} von Butyl-PBD (360 nm) sollte deshalb eine optimale Zählausbeute nur zusammen mit einem sekundären Szintillator erreicht werden. SCALES [76] beobachtete jedoch bei einem Zusatz von Dimethyl-POPOP zu Butyl-PBD keine Zählausbeuteverbesserung. Demgegenüber sind die von KOWALSKI et al. [62] an Butyl-PBD gewonnenen Ergebnisse eindeutiger, da sie auf die relative Photonenausbeute bezogen sind. Danach sollte diese Verbindung wegen ihrer relativen Photonenausbeute von 1,20–1,25 und ihrer sehr guten Löslichkeit ein sehr wirksamer Szintillator sein. Lösungen von Butyl-PBD besitzen wegen ihrer erhöhten optimalen Konzentration den weiteren Vorzug, gegen Löschung bei vergleichbaren Löscher-Konzentrationen wesentlich unempfindlicher zu sein, als es die bisher verwendeten Szintillatoren sind. So beträgt die optimale Konzentration von PPO 4 g/l, dagegen für Butyl-PBD 7 g/l. Um die Zählausbeute auf die Hälfte ihres ursprünglichen Wertes durch Tetrachlorkohlenstoff als Löscher zu erniedrigen, bedarf es bei Szintillationssystemen mit Butyl-PBD der 2–3-fachen Löschermenge gegenüber PPO-Systemen [62].

PBBO ist ein wirksamerer Wellenlängenwandler als Dimethyl-POPOP [62], da es eine um ca. 5% höhere relative Impulshöhe besitzt; dies ist besonders bei älteren Geräten vorteilhaft. Die optimale Wirkung dieser Substanz soll in Kombination mit dem primären Szintillator Butyl-PBD erreicht werden.

Eine Übersicht über die gebräuchlichsten Szintillatoren vermittelt Tab. B, 3. Die erste Gruppe (Nr. 1–6) umfaßt primäre und die zweite (Nr. 7–10) sekundäre Szintillatoren. Neben Löslichkeit und optimaler

Tab. B, 3. Eigenschaften einiger wichtiger primärer (Nr. 1–6) und sekundärer (Nr. 7–10) Szintillatoren.

Nr.	Verbindung	Kurzbe-zeichnung[a]	Löslich-keit[b] g/l	Opt. Konz.[b] g/l	Fluor-eszenz λmax[b] nm	relative Impulshöhe[c]	relative Photonen-ausbeute[b]	Ref.
1	p-Terphenyl	Ø₃	7,4 (20°)	7,4 (Sättigung)	345 (Cyclohexan)	0,98[d]	1,30	(62)
2	2-Phenyl-5-(4-bi-phenyl)-1, 3, 4-oxadiazol	PBD	13 (25°)	10	361	1,30[d]	1,25–1,30	(62)
3	2,5-Diphenyloxazol	PPO	228 (0°)	4	363	1,01[d]	1,01	(62)
4	2,5-Bis-[5'-tert. butyl-benzoxazolyl(2')]-thiophen	BBOT	28 (0°)	6	435	1,08[d]	0,91	(62)
5	2-(4'-tert. Butyl-phenyl)-5-(4''-bi-phenylyl)-1, 3, 4-oxa-diazol	Butyl-PBD	61 (0°)	7	366	1,15[d]	1,20–1,25	(62)
6	4,4'''-Bis-(2-butyl-octyloxy)-p-quarter-phenyl	Bibuq	63 (20°)	16	382	1,41[e]	–	(73, 74)
7	p-Bis-5-phenyl-oxazolyl(2)-benzol	POPOP	1 (25°)	–	420	1,32[e][f]	–	(69)
8	p-Bis-[4-methyl-5--phenyloxazolyl(2)]--benzol	Dimethyl-POPOP	2,4 (0°)	–	430	1,03[d][g]	–	(62)

Tab. B, 3. (Fortsetzung).

9	p-Bis-(o-methyl-styryl)-benzol	Bis-MSB	2 (4°)	–	416	–	–	(71)
10	2-(4'-Biphenylyl)--6-phenyl-benzoxazol	PBBO	2,2 (0°)	Sättigg.	395	1,07[d)g)	–	(62)

[a)] Als Abkürzungen für Szintillatoren werden häufig die Anfangsbuchstaben von chemischen Gruppen verwendet:

P für Phenyl-
O für Oxazol-
D für Oxdiazol-
und B für Biphenyl- bzw. Benz-

Diese Abkürzungen werden jedoch keineswegs konsequent angewandt, so steht BO sowohl für *Benzoxazol-* wie auch für *Biphenyloxazol.*

[b)] in Toluol

[c)] bezogen auf eine Lösung von 3 g PPO/l Toluol = 1,00

[d)] Sekundär-Elektronen-Vervielfacher mit einem POPOP/$\emptyset_3$-Verhältnis = 1,30

[e)] Sekundär-Elektronen-Vervielfacher mit unbekanntem POPOP/$\emptyset_3$-Verhältnis

[f)] 0,5 g und 4 g PPO/l Toluol

[g)] 0,5 g und 5 g PPO/l Toluol

Konzentration (Konzentration, bei der die größtmögliche Lichtausbeute erhalten wird) wird die Wellenlänge maximaler Fluoreszenzintensität (λ_{max}) angegeben. Optimale Konzentration und Lage dieser Wellenlänge sind allerdings von der Wahl des Lösungsmittels stark abhängig. Außerdem sind die Werte für die relative Impulshöhe bzw. Photonenausbeute angegeben. Soweit möglich, wurden hier nur Angaben herangezogen, die an Geräten mit definierten SEV-Eigenschaften gewonnen wurden.

Eine generelle Empfehlung von bestimmten Substanzen ist nicht möglich. Der Anwender muß die Auswahl nach Empfindlichkeit des SEV, Löschempfindlichkeit, Preiswürdigkeit etc. vornehmen.

4.2.4. Löscheffekte, Phosphoreszenz und Chemolumineszenz

Die Methode der Flüssig-Szintillations-Messung wird durch Löscheffekte erheblich beeinträchtigt. Bereits ein geringer Prozentsatz an löschender Verbindung vermag ein Szintillations-System vollständig zu blockieren. Ohne Kenntnis der verschiedenen Löschwirkungen ist eine quantitative Flüssig-Szintillations-Messung nicht möglich.

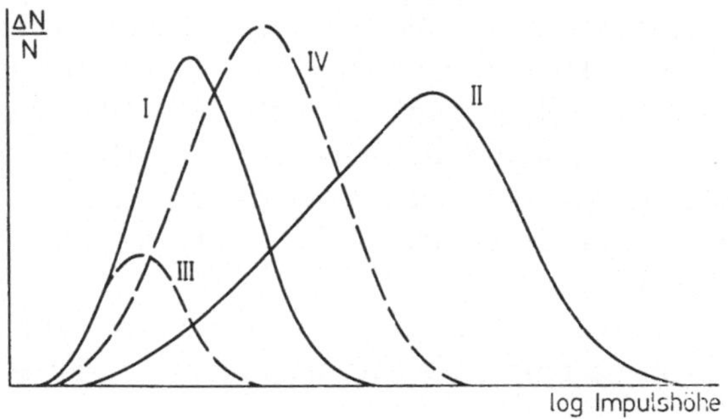

Abb. B, 6. Impulshöhenspektren einer ungelöschten T-(I) bzw. ^{14}C-Probe (II) sowie einer gelöschten T-(III) bzw. ^{14}C-Probe (IV). Die Ordinate gibt die relative Häufigkeit der einzelnen Impulshöhen und die Abszisse deren Logarithmus an. Zur Aufnahme wurden die logarithmisch nachverstärkten Ausgangsimpulse der Sekundär-Elektronen-Vervielfacher einem Vielkanalanalysator (512 Kanäle) zugeführt. Die Zählausbeute der ungelöschten T-Probe betrug 53%, die der ^{14}C-Probe 94%. 10 ml Szintillatorlösung (5,0 g 2.5-Diphenyloxazol und 0,5 g p-Bis-[4-methyl-5-phenyloxazolyl(2)]-benzol pro ltr. Toluol). Die gelöschten Proben enthielten zusätzlich 90 µl Tetrachlorkohlenstoff. Die Zählausbeuten betrugen 16% für T und 82% für ^{14}C.

Abb. B, 6 zeigt die Impulshöhenspektren ungelöschter und gelöschter T- und ^{14}C-Proben. Ein Zusatz von 0,9% Tetrachlorkohlenstoff vermindert die Zählausbeute der T-Probe um mehr als drei Viertel und die von ^{14}C nur um ca. 13%. Bei der gelöschten T-Probe liefert die Hauptmenge der β-Zerfälle keine Photonenbildung mehr. Bei dem höher energetischen ^{14}C wird nur die mittlere Energie der Photonenintensitäten stark vermindert. Die meisten β-Zerfälle führen jedoch immer noch zu einer für das Ansprechen der SEV genügenden Photonenzahl.

Man unterscheidet Farblöschung und chemische Löschung. In einem Szintillations-System gelöste Farbstoffe, die in dem Wellenlängenbereich der Szintillator-Emission absorbieren, erniedrigen die Zählausbeute. Diese auf Extinktion des Szintillator-Lichtes beruhende Erscheinung wird Farblöschung (colour quenching) genannt.

Durch farbige Verbindungen tritt Löschwirkung erst bei Absorption unter 500 nm auf [77]. Beziehungen zwischen Löschung und Farbstoffkonzentration gelten nur für ein bestimmtes Isotop und Szintillations-System.

HERBERG [78] empfiehlt, für farbgelöschte Systeme die Zählausbeutebestimmung durch Extinktionsmessungen zu bestimmen. Nach seinen Angaben ist die reziproke Extinktion bei 400 nm eine lineare Funktion der relativen Zählausbeute. Dadurch können Löscheffekte unterschiedlich intensiv gefärbter Lösungen mittels Standardkurven korrigiert werden. Eine ähnliche Beziehung wurde von IWAKURA et al. [79] und von DE BERSAQUES [80] gefunden. Diese Methode ist nicht ausführbar, wenn der Farbstoff oder eine andere Komponente des Systems außer der Farblöschung noch chemische Löschung aufweist [80]. Auch Ross [77] betont, daß nur für rein farbgelöschte Systeme eine Korrektur der Zählausbeute durch optische Messungen möglich sei. Seine Meßmethoden gestatten die getrennte Bestimmung von Farb- und chemischer Löschung.

Im Gegensatz zu anderen Löschphänomenen kann man Farblöschung durch geeignete Entfärbungsmethoden ausschalten (vgl. D, 3.1.2.2.1.).

Bei der chemischen Löschung (chemical quenching) wird die Bildung von Photonen innerhalb eines Szintillations-Systems auf der Stufe der energieübertragenden Prozesse verringert. Zwei Arten chemischer Löschung sind zu unterscheiden: Innere und äußere Löschung. Bei der ersteren kann Anregungsenergie von jedem angeregten Stoff auf zwei Wegen weitergegeben werden (vgl. B, 4.2.). Selbst in »idealen« Systemen wird der weitaus überwiegende Teil der Energie letztlich in Form von Wärme abgegeben (innere Löschung, internal quenching) und nur ein geringer Teil in Form von Licht.

Löschung auf der Stufe des Lösungsmittels wird als Eigenlöschung (self quenching), Löschung auf der Stufe des Szintillators als »Konzentrationslöschung« (concentration quenching) des Szintillators bezeichnet. Bei Erhöhung der Szintillator-Konzentration (vgl. B, 4.2.3.) durchläuft die Photonenausbeute ein Maximum. Das ist wichtig, da für die Szintillator-Konzentration jedes Szintillations-System einen Optimalwert hat. Auch die Analysenprobe selbst kann Löschung bewirken. Man unterscheidet dabei zwischen Lösungsmittel- und Szintillator-Löschung. Dabei übertrifft nach KALLMANN et al. [81] die Löschung des Lösungsmittels die des Szintillators um das ca. Zehnfache.

Häufig wirkt der bei einer Probenpräparation ohne besondere Vorkehrungen immer gegenwärtige Sauerstoff als starker Löscher. Bereits eine Sauerstoff-Konzentration von 10^{-3} Mol/l kann die Anregung des Lösungsmittels (Xylol) auf die Hälfte erniedrigen [81]. Sauerstoff löscht auch indirekt, da er mit vielen Lösungsmitteln, besonders Äthern (wie Dioxan) störende Peroxide bildet. Eine Reihe von Methoden zur Entfernung von Sauerstoff aus Szintillations-Lösungen ist bekannt (vgl. D, 3.1.2.3.1.).

Zur Beurteilung löschender Substanzen verwendet man den Wert der Halbwertskonzentration $(C_{1/2})$, bei der die Zählausbeute eines ungelöschten Systems auf die Hälfte erniedrigt ist. Dabei bleibt zu beachten, daß Zahlenangaben außer vom benutzten Gerät, vor allem von Strahler und Szintillator abhängen.

Tab. B, 4. Klassifizierung des Löschvermögens von funktionellen Gruppen aliphatischer Verbindungen [82]

Verdünner	schwache Löscher	starke Löscher
R–H	R–COOH	R–SH
R–F	R–NH$_2$	R–OCOCO–R
R–O–R	R–CH = CH–R	R–CO–R
(RO)$_3$PO	R–Br	R–COX
R–CN	R–S–R	R–NH–R
R–OH		R–CHO
R–COOR		R$_2$N–R
R–Cl		R–J
		R–NO$_2$

Beim Vergleich zwischen chemischer Struktur und Löschintensität fanden KERR et al. [82], daß bei gleicher funktioneller Gruppe aromatische Verbindungen stärker löschen als aliphatische. Auch für die Löschwirkung von funktionellen Gruppen konnten sie [82] Zusammenhänge finden. Bei aliphatischen Verbindungen lassen sich die funktionellen Gruppen in drei Klassen einteilen: In Verdünner, schwache und starke Löscher (vgl. Tab. B, 4). Nach KERR et al. [82] steigt die Löschwirkung exponentiell mit der Konzentration des Löschers. Die entsprechende, nur für integrale Zählweise (vgl. B, 4.1.) geltende Gleichung lautet:

$$N/N_0 = e^{-qC} \tag{B, 3}$$

N/N_0 ist das Verhältnis der Zählraten von gelöschter und ungelöschter Probe. C ist die Löscherkonzentration und q eine für eine Substanz charakteristische Größe (Löscherkonstante). Eine Darstellung von ln N gegen C ergibt eine Gerade. Die Löscherkonstante läßt sich aus Gleichung B, 3 bei Kenntnis der Halbwertskonzentration $C_{1/2}$ nach $q = \dfrac{0{,}693}{C_{1/2}}$ errechnen. (Über die Anwendung dieser Gesetzmäßigkeiten zur Bestimmung der Zählausbeuten vgl. D, 3.2.6.). Bei steigender Probenkonzentration konkurriert die Zunahme der Probenzählrate mit der Zunahme der Löschwirkung, es kommt zur Ausbildung eines Maximalwertes. Differenziert man Gleichung B, 3 und berücksichtigt, daß $\dfrac{N}{C} = S$, d. h. die spezifische Radioaktivität ist, so ergibt sich

$$S = \frac{N}{C} = S_0\, e^{-qC}.$$

Setzt man $\dfrac{dN}{dC} = 0$, so erhält man C_{max}.

$$\frac{dN}{dC} = S_0\,(1 - qC)\, e^{-qC} = 0, \text{ daraus folgt}$$

$$C_{max} = \frac{1}{q} \text{ und mit } q = \frac{0{,}693}{C_{1/2}}$$

$$C_{max} = 1{,}44 \cdot C_{1/2}$$

Bei bekannter Halbwertskonzentration kann damit die günstigste Probenkonzentration errechnet werden.

Phosphoreszenz- und Chemolumineszenzerscheinungen sind ebenso unerwünscht wie Löscheffekte. Durch sie werden Probenaktivitäten vorgetäuscht. Meist erkennt man dies daran, daß diese Pseudoradioaktivität mit der Zeit abnimmt.

Phosphoreszenz wird häufig durch Photoaktivierung der Glaswand von Zählgläschen infolge Einwirkung kurzwelligen Lichtes (direktes Sonnenlicht, aber auch sog. Tageslicht-Lampen) hervorgerufen.

Nach DAVIDSON et al. [53] besitzt diese Phosphoreszenz, verglichen mit der des Szintillators, eine sehr lange Abklingzeit. Wenige Minuten direkte Sonnenlicht-bestrahlung des leeren Zählgläschens erzeugen mehrere Tausend »cpm«, wenn das Gefäß unmittelbar darauf unter ^{14}C-Zählbedingungen gemessen wird. Die Phos-phoreszenz des Glases hat zwei Komponenten, eine klingt mit einer Halbwertszeit von Minuten, die andere mit der Halbwertszeit in der Größenordnung einer Stunde ab. Daher können besonders stark photoaktivierte Gläschen einige Tage »aktiv« bleiben. Durch Vermeidung einer direkten Lichteinwirkung während der Probenmanipulationen werden derartige Phosphoreszenzen wirksam unterbunden. Nach Ansicht vorgenannter Autoren existiert keine Photoaktivierung der Szin-tillations-Gemische, da ihre Abklingzeit im Nanosekundenbereich liegt. (Wegen evtl. Photolyse ist es jedoch ratsam, Szintillations-Systeme lichtgeschützt aufzu-bewahren.) Da Phosphoreszenz ein Ein-Photonen-Prozeß ist, beruhen die mittels eines Koinzidenzzählers gemessenen Impulse auf Zufallskoinzidenzen. Eine Pseudo-radioaktivität von ca. tausend cpm bei Koinzidenzschaltung entspricht einer von einigen hunderttausend cpm bei Einzelschaltung der Sekundär-Elektronen-Vervielfacher. Letztere Zählrate unterscheidet sich deutlich vom Nulleffekt eines nicht koinzidenten SEV. Das ist eine weitere Möglichkeit zur Erkennung von Phosphoreszenz-Effekten.

Ein anderes Problem ist die Erkennung von Chemolumineszenzen, die durch photochemische Vorgänge im Szintillations-Gemisch her-vorgerufen werden. Bekannt sind vor allem Nachleuchterscheinun-gen, die durch Auflösungsagentien *(solubilizer)* (meist quarternäre Ammoniumbasen) (vgl. D, 3.1.2.2.1.) im alkalischen Bereich bedingt werden. Derartige Effekte wurden von HERBERG [83] und KALBHEN [84] beobachtet.

Durch eine entsprechende elektronische Schaltung ist es möglich, durch Zufallskoinzidenzen (Chemolumineszenz und Phosphoreszenz) vorgetäuschte Radioaktivität von durch Radioaktivität erzeugten Impulsraten zu unterscheiden (BF 5000 Betaszint, Fa. Labor Prof. Berthold, D-7547 Wildbad).

4.3. Messung durch Čerenkov-Strahlung[5]

Mit kommerziellen Flüssigkeitszintillations-Zählern lassen sich ohne jede Änderung β-Strahler mit einer Maximalenergie $\geq$ 1,0 MeV durch den Čerenkov-Effekt messen. Insbesondere wegen des Fehlens chemi-

---

5 Bei der Besprechung dieser Analysenverfahren wird auf die sonst übliche Zweiteilung zwischen mehr prinzipiellen Dingen im Teil B und den praktischen Gesichtspunkten in Teil D verzichtet, da viele praktische Aspekte für Čerenkov-Strahlung und Flüssigkeitszintillations-Zählung sehr ähnlich sind. Letztere sind jedoch sehr ausführlich unter D, 3 beschrieben.

scher Löschung können sich daraus gegenüber der Flüssigszintillations-Zählung Vorteile ergeben. Solange keine Farblöschung eintritt, ist man in der Wahl der Lösungsmittel weitgehend unabhängig.

Läuft ein Elektron rascher als Lichtquanten durch ein Medium, so wird eine elektromagnetische Strahlung emittiert. Dies wurde von FRANK und TAMM theoretisch und von ČERENKOV praktisch bereits 1937 gezeigt [85]. Das abgestrahlte Licht zeigt zur Laufrichtung des Elektrons einen Winkel ρ. Zwischen ihm, dem Verhältnis der Elektronengeschwindigkeit v zu der des Lichts c im Vakuum und dem Brechungsindex n des Mediums gilt folgende Beziehung:

$$\cos \rho = \frac{c}{v\,n} \qquad\qquad (B, 4)$$

Danach ist die Energieschwelle für das Auftreten von Čerenkov-Strahlung um so geringer, je größer der Brechungsindex ist. Die Energie des Elektrons, die in Čerenkov-Strahlung umgewandelt wird, liegt unter 1%. PARKER und ELRICK [86] berechneten die Zahl der Photonen der Čerenkov-Strahlung in Wasser für einige β-Strahler. Sie betragen im Durchschnitt für ^{36}Cl 7 Photonen, für ^{24}Na 30 und für ^{32}P 40 pro β-Zerfall. Das Impulshöhenspektrum der Čerenkov-Strahlung von ^{32}P ist dem von Tritium in einem ungelöschten Flüssigszintillations-System sehr ähnlich.

Ansonsten bestehen jedoch gravierende Unterschiede. Wie gesagt, ist das Čerenkov-Licht gerichtet und der Winkel variiert mit der Energie. Das von einem Szintillator ausgesandte Licht ist isotrop. Das Maximum des Emissionsspektrums eines Szintillatorsystems ist dem Wirkungsspektrum des SEV angepaßt. Das Čerenkov-Licht dagegen wird über einen weiten Spektralbereich emittiert. Daher bewirkt die gleiche Zahl primärer Photonen nicht die gleiche Nachweisempfindlichkeit. Die gerichtete Aussendung des Čerenkov-Lichts kann eine stärkere Abhängigkeit der Zählausbeute vom Probenvolumen bewirken. Der Richtungseffekt des primären Lichts und seine Wirksamkeit auf die Sekundär-Elektronen-Vervielfacher können verbessert werden, falls das ultraviolette Primärlicht zunächst absorbiert und isotrop reemittiert wird. So verwendeten HABERER und KÖLLE [87] geeignete Fluoreszenz-Materialien, wie das Natriumsalz von 1-Naphthylamin-4-sulfonsäure in Konzentrationen von 0,01–0,1 M. Dabei ist die relative Zählausbeuteverbesserung um so höher, je schwächer der β-Strahler ist. Später wurden 2-Naphthylamin-6,8-disulfonsäure (100 mg/l) und 7-Naphthylamin-1.3-disulfonsäure (5 mM für β-Strahler < 1 MeV und 2,5 mM für höher energetische β-Strahler) vorgeschlagen [88, 89]. Dadurch läßt sich Verdoppelung der Zählausbeuten bei ^{32}P erzielen. Es existieren systematische Untersuchungen in der neueren

Literatur [90–92] über Spektralkurven von Čerenkov-Licht, Lösungs-mittel, Fluoreszenz-Materialien etc.

Schließlich hängt die Zählausbeute auch von den Sekundär-Elek-tronen-Vervielfachern ab. Nach [86] lassen sich unter optimalen Be-dingungen in wäßriger Lösung ohne Fluoreszenz-Zusätze folgende Zählausbeuten für β-Strahler erzielen: ^{36}Cl 5,3%, ^{32}P 43%, ^{40}K 34% und ^{42}K 76%.

Auch der Brechungsindex der Lösung (n) beeinflußt die Zähl-ausbeute. Bei ^{36}Cl bewirkt eine Zunahme von n um 0,01 eine Zähl-ausbeuteerhöhung von relativ 10%.

Da die Čerenkov-Strahlung keine chemische Löschung zeigt, be-steht im Vergleich zur Flüssig-Szintillations-Zählung eine große Freiheit in der Auswahl der Lösungsmittel und die Probenprä-paration ist einfach (vgl. B, 4.2. und D, 3). JOHNSON [93] verglich die Zählausbeute von ^{32}P in verschiedenen Lösungsmitteln. Dabei zeigte ein Gemisch von Chloroform/Isopropanol eine fast ebenso gute Zählausbeute wie Heptan. Auch ziemlich hohe Konzentra-tionen von Salpetersäure, Schwefelsäure und Kalilauge sind tole-rierbar [94]. Von großem Einfluß ist bei der Čerenkov-Messung aller-dings die Farblöschung. Über Entfärbung und Probenumwandlung sowie die Methoden der Zählausbeute-Bestimmung vgl. D, 3. Über Erfahrungen mit der Probenkanal-Verhältnis-Methode (vgl. D, 3.2.2.2.) bei der Čerenkov-Bestimmung von ^{42}K berichtete MOIR [95].

PALMER [96] ermittelte die spezifische Radioaktivität von ^{32}P durch kolorimetrische Phosphatanalyse und Zählung durch den Čerenkov-Effekt nach vorheriger Entfärbung mit starkem Alkali.

Die Nulleffekte sind bei der Čerenkov-Messung häufig nur halb so groß wie der bei Flüssigszintillations-Zählung.

4.4. Messung von γ-Strahlern mit festen Szintillatoren

Feste Szintillatoren werden hauptsächlich für γ-Strahler verwendet [37, 97]. Die Energie der γ-Strahlung ist zu hoch, um Szintillatoren direkt anregen zu können. Bei der Absorption der γ-Quanten ent-stehen schnelle Elektronen, die Lichtquanten hervorrufen. Von den drei Absorptionsmechanismen der γ-Strahlung (vgl. A, 1.2.) ist der Photoeffekt bei Natriumjodid für Energien unterhalb 0,27 MeV die vorherrschende Wechselwirkung zwischen γ-Strahlung und Kristall (vgl. Abb. B. 7). Oberhalb 0,27 MeV tritt zunehmend der Compton-effekt auf und bei mehr als 2 MeV ist die Paarbildung der entscheidende Prozeß.

Abb. B, 7 zeigt die Verhältnisse in Natriumjodid. Der reziproke Wert des totalen Absorptionskoeffizienten entspricht jener Schichtdicke, bei der die ursprüngliche Strahlungsintensität durch die drei Absorptionsprozesse auf das 1/e-fache abgefallen ist. Abb. B, 7 erlaubt eine grobe Abschätzung der benötigten Kristallgrößen für die Messung eines bestimmten γ-Strahlers.

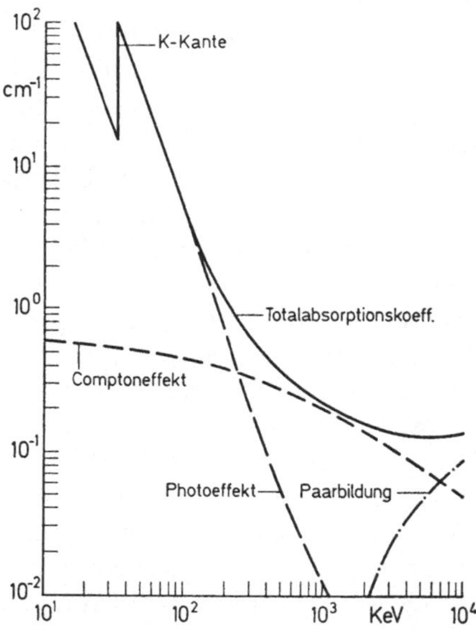

Abb. B, 7. Die einzelnen Absorptionskoeffizienten (Ordinate) in Abhängigkeit von der γ-Energie (Abszisse) für NaJ(Tl).

Da bei durch γ-Strahlung erzeugten Elektronen die Szintillationsanregung nur einer der möglichen Prozesse ihrer Abbremsung ist (vgl. B, 4.2.), wird nur ein Teil ihrer Energie in Lichtquanten umgewandelt. Bei mit Thallium dotiertem Natriumjodid (NaJ(Tl)) rechnet man mit einem Wirkungsgrad von 12–14%. Bei Energien > 50 KeV ist die Zahl der ausgelösten Quanten proportional der Elektronenenergie. Bei niederen Energien machen sich dann zunehmende Löscheffekte bemerkbar (vgl. B, 4.2.4.). Als feste Szintillatoren können NaJ(Tl) und CsJ(Tl) verwendet werden. Organische Szintillatoren wie Anthracen, trans-Stilben und Terphenyl werden wegen ihrer geringen Total-Absorption nur dann verwendet, wenn man mit Hilfe ihrer kurzen Abklingzeit höhere Auflösungszeiten anstrebt.

4.4.1. Impulshöhenverteilung, γ-Spektroskopie und Auflösungsvermögen

Die Intensität der Szintillation ist der Energie proportional, die die γ-Quanten an den Szintillator abgeben. Bei einem γ-Spektrum hängt die von der Meßanordnung gelieferte Impulshöhenverteilung letztlich von der Lichtausbeute im festen Szintillator, von der optischen Anpassung des Szintillators an die Photokathode und deren Wirkungsgrad, sowie von der Verstärkung der an der Photokathode des SEV ausgelösten Impulse und von der elektronischen Nachverstärkung ab (vgl. auch Abb. B, 3). Zur Erfassung dieser dem γ-Spektrum nur analogen Impulshöhenverteilung kann man mit zwei Diskriminatoren einen Kanal (»Fenster«) bilden (vgl. Abb. B, 4) und untersuchen, welche Impulse in diesen Kanal fallen. Durch kontinuierliches Verschieben dieses Kanals und Auszählen der Impulse bzw. Aufzeichnen auf einem mit einem Ratemeter verbundenen Schreiber kommt man zu der gesuchten Impulshöhenverteilung. Wesentlich rascher aber werden solche Messungen in Vielkanalanalysatoren vorgenommen, bei denen der interessierende Energiebereich in viele Kanäle (z. B. 512) eingeteilt ist. In ihnen werden die Impulse nach ihrer Größe sortiert und registriert. Die in den einzelnen Kanälen gespeicherten Impulse können ausgedruckt oder ausgezeichnet werden.

Zur Eichung nimmt man das Spektrum eines Nuklids oder Nuklidgemischs auf, das γ-Linien bekannter Energie – möglichst verteilt über den gesamten interessierenden Energiebereich – zeigt. Eine γ-Linie ergibt bei Totalabsorption im Szintillator einen mehr oder weniger schmalen Peak im Impulshöhenspektrum. Die Unschärfe dieser Linie beschreibt man durch ihre Halbwertsbreite $\triangle E\gamma$ (Breite des Peaks bei halber Höhe). Die relative Halbwertsbreite $\triangle E\gamma \cdot 100/E\gamma$ definiert die Auflösung und damit die Qualität eines γ-Spektrometers, unabhängig davon, ob $E\gamma$ absolut oder nur relativ durch eine willkürliche Kanallage festgelegt ist. Je geringer die Halbwertsbreite, desto besser das Auflösungsvermögen. Dabei ist $\triangle E\gamma$ selbst wieder nach Gl. B, 5 von der γ-Energie ($E\gamma$) abhängig:

$$\triangle E\gamma = A + \frac{B}{\sqrt{E\gamma}} \tag{B, 5}$$

Hierbei bedeuten A und B von der Meßanordnung abhängige Konstanten. Danach wird mit zunehmender γ-Energie die Auflösung einer gegebenen Apparatur immer besser.

Zu Vergleichszwecken benutzt man häufig die prozentuale Halbwertsbreite der 661 KeV-Linie des $^{131}Ba^*$, dem Tochterprodukt von ^{137}Cs.

Anordnungen mit großen Szintillator-Kristallen haben ein schlechteres Auflösungsvermögen als kleinere, da bei ihnen der Szintillations-Wirkungsgrad örtlich etwas schwankt und die Sammlung der Lichtquanten auf der Photokathode vom Austrittsort des Lichts abhängt. Auch der Wirkungsgrad großflächiger Photokathoden ist nicht völlig gleich. Bestrahlt man nur den zentralen Teil des Szintillators (Kollimatoren), so erhält man ein besseres Auflösungsvermögen als in Bohrloch- oder Ringschalenanordnung (vgl. B, 4.4.2.). Nach der oben gegebenen Definition für das Auflösungsvermögen erreicht man bei nicht zu großen Kristallen eine Auflösung von 8–10% und in Bohrloch- bzw. Ringschalenanordnung selten besser als 12%.

4.4.2. Einfluß verschiedener Parameter auf die Gestalt des Spektrums

Man unterscheidet im wesentlichen vier Grundtypen von Meßanordnungen: Endfensteranordnung mit und ohne Kollimator, Bohrloch- und Ringschalenanordnung [98]. Das Aussehen des Spektrums eines Nuklids hängt von der verwendeten geometrischen Anordnung ab. Insbesondere wird das Verhältnis der Totalabsorptionslinie zum Compton-Kontinuum beeinflußt. Da Aussagen über die Energie der zu untersuchenden Strahlung hauptsächlich aufgrund von Totalabsorptionslinien gemacht werden, ist es günstig, möglichst große Szintillatoren zu verwenden und nur deren Zentrum der Strahlung auszusetzen (Kollimieren der Strahlung). Mit hoher Wahrscheinlichkeit werden dann die im bestrahlten Teil des Szintillators ausgelösten Compton-Quanten im Szintillator völlig absorbiert, so daß letztlich die gesamte γ-Energie, wenn auch schrittweise, absorbiert wird.

Messungen mit Kollimatoren erfordern wegen des ungünstigen Raumwinkels relativ große Aktivitäten (10–100 µCi bei 100% γ-Aussendung). Bei kleineren Aktivitäten wird man die Bohrloch- oder Ringschalen-Anordnung verwenden.

Bohrloch-Detektoren verwendet man speziell bei kleinen Substanzmengen geringer Aktivität. Das Bohrloch erlaubt eine Anordnung im Zentrum des Kristalls. Ringschalen bevorzugt man bei großen Substanzmengen geringer Aktivität, wobei die Probe um den Kristall angeordnet ist [98].

Das Compton-Kontinuum von Spektren, das mit Kollimatoren aufgenommen wurde, verläuft fast eben und zeigt nur einen geringen Rückstreupeak[6]. Dagegen steigt das Compton-Kontinuum von

---

6 Unscharfer Peak, der der Energie des beim Compton-Effekts um 180° gestreuten γ-Quants entspricht.

Spektren, die in Bohrloch- oder Ringschalen-Anordnung aufgenommen wurden, gegen niedere Energien stark an.

Wegen der einfachen Probenpräparation bei Tracer-Untersuchungen mit γ-Strahlern wird auf eine gesonderte Abhandlung im Abschnitt D (Probenpräparation) verzichtet. Im allgemeinen genügt es, die Meßprobe ohne besondere Behandlung auf einem Probenschälchen (festes Material) oder in passenden Reagenzgläsern (Flüssigkeiten) in die Meßanordnung einzubringen.

5. Literatur

1. FÜNFER, E., H. NEUERT: Zählrohre und Szintillationszähler. Karlsruhe: G. Braun, 2. Auflage 1959.
2. NEUERT, H.: Kernphysikalische Meßverfahren. Karlsruhe: G. Braun 1966.
3. STERNHEIMER, R. M.: Fundamental Principles and Methods of Particle Detection-Interaction of Radiation with Matter. Methods Exptl. Phys.-Nuclear Phys. **5,** (1961).
4. WEINZIERL, P., M. DROSG: Lehrbuch der Nuklear-Elektronik. Wien-New York: Springer 1967.
5. KOWALSKI, E.: Nuclear Electronics. New York: Springer 1970.
6. STEUTZ, R. H., R. L. TREINEN: U.S. At. Energy Comm. GEMP-90 (1965).
7. TROST, A.: Z. Phys. **105,** 399 (1937).
8. KIEFER, H.: Das Großflächenproportional-Zählrohr Kernforschungszentrum Karlsruhe, Bericht Nr. 411, 1966.
9. DEARNALEY, G., D. C. NORTHROP: Semiconductor Counters for Nuclear Radiations, 2. Aufl. London: Spon 1966.
10. Halbleiterdetektoren in Strahlenschutz und Strahlenmeßtechnik, Sammlung der Vorträge, Gesellschaft für Strahlenforsch., Neuherberg 1967.
11. TAVENDALE, A. J.: Ann. Rev. Nucl. Sci. **17,** 73 (1967).
12. Semiconductor Detectors, (Hrsg.: Bertolini, G., Coche, A.). Amsterdam: North-Holland Publ. Comp., 1968.
13. EWAN, G. T.: Progr. Nucl. Tech. Instrum. **3,** 67 (1968).
14. Proceedings of a Conference on Semiconductor Nuclear-Particle Detectors and Circuits, (Hrsg.: Brown, W. L., Higinbotham, W. A., Miller, G. L., Chase, R. L.), Nucl. Sci. Ser. Rep. 44. Washington, D. C.: Natl. Acad. Sci. 1969.
15. DEME, S.: Semiconductor Detectors for Nuclear Radiation Measurement. Budapest: Akademiai Kiado 1971.
15a. BLANKENSHIP, J. L., C. J. BORKOWSKI: I. R. E. Trans. Nucl. Sci. NS-7, 191 (1960).
16. TYKVA, R.: Advances in Physical and Biological Radiation Detectors, S.211, IAEA, Wien 1971.
17. TYKVA, R.: Tschechoslow. Patent 147 198 (1972).

18. Tykva, R.: Symposium über die Bestimmung geringer Radioaktivitäten, Sammlung der Vorträge, S. 51, Fakultät für Naturwissensch., Comenius Universität, Bratislava 1972.
19. Tykva, R., L. Kokta, V. Pánek: Radiochem. Radioanal. Letters **10**, 71 (1972).
20. Tykva, R., I. Votruba: Anal. Biochem. **50**, 18 (1972).
21. Tykva, R., J. Křesťaň, J. Šeda, B. Pavlů, J. Fiala: Report No. P09-121-003-15.04/2, Tschechoslow. Akad. Wissensch., Inst. org. Chem. u. Biochemie, Prag 1972.
22. Tykva, R.: Final Report of the IAEA Contract No. 1019/RB, Prag und Wien 1973.
23. Tykva, R., V. Pánek: Radiochem. Radioanal. Letters **14**, 109 (1973).
24. Tykva, R.: XIII. International Radiological Congress, Session XIV, Madrid 1973, Excerpta Medica, Int. Congress Series **301**, 455 (1973).
25. Tykva, R., I. Votruba: J. Chromat., im Druck.
26. Goulding, F. S., W. Hansen: Nucl. Instrum. Methods **12**, 249 (1961).
27. Belcarz, E., J. Chwaszczewska, M. Slapa, M. Szymczak, J. Tys: Nucl. Instrum. Methods **77**, 21 (1970).
28. Keil, G.: Nucl. Instrum. Methods **78**, 213 (1970).
29. Horwitz, N. H., J. E. Lofstrom, E. R. Powsner: Radiology **81**, 132 (1963).
30. Parker, R. P.: Brit. J. Radiol. **36**, 781 (1963).
31. Otto, D. L., N. H. Horwitz, R. S. Kurtzman, J. E. Lofstrom: Amer. J. Roent. **91**, 784 (1964).
32. Friedland, S. S., H. S. Katzenstein, M. R. Zatzick: Nucleonics **23**, (2), 56 (1965).
33. Baily, N. A., J. W. Hilbert: Phys. Med. Biol. **10**, 41 (1965).
34. Pfeiff, H.: Halbleiterdetektoren in Strahlenmeßtechnik, S. 126, Gesellschaft für Strahlenforsch., Neuherberg 1967.
35. Dearnaley, G.: Contemp. Phys. **8**, 607 (1967).
36. Morley, B. J., R. P. Parker: Phys. Med. Biol. **12**, 511 (1967).
37. Birks, J. B.: The Theory and Practic of Scintillation Counting. Oxford: Pergamon Press 1964.
38. Schram, E., R. Lombaert: Organic Scintillation Detectors. Amsterdam, London, New York, Elsevier Publ. Co. 1963.
39. Bell, C. G., F. N. Hayes, (Hrsg.): Liquid Scintillation. New York, Oxford, Paris: Pergamon Press 1958.
40. Daub, G. H., F. N. Hayes, E. Sullivan, (Hrsg.): Proceedings of the University of New Mexico Conference on Organic Scintillation Detectors, 1960; TID 7612 (Washington: U. S. Atomic Energy Commission) 1961.
41. Bransome, E. D., jr., (Hrsg.): The Current Status of Liquid Scintillation Counting, Grune u. Stratton, 1970.
42. Horrocks, D. L., C. T. Peng, (Hrsg.): Organic Scintillators and Liquid Scintillation Counting. New York-London: Academic Press. 1971.
43. Horrocks, D. L.: In Survey of Progress Chemistry, Vol. 5. Hrsg. Scott, A. F. (1969).
44. Kobayashi, Y., D. V. Maudsley: In: Methods of Biochemical Analysis. Vol. 17, S. 55, Hrsg. Glick, D. New York-London-Sydney-Toronto: Interscience Publishers, J. Wiley Sons 1969.
45. Horrocks, D. L., (Hrsg.): Organic Scintillators, Molecular Crystals, Vol. 4. New York: Gordon and Breach 1968.
46. Horrocks, D. L.: In Progress in Nuclear Energy, Ser. IX, Vol. 7, S. 21, Elion, H. A. u. Stewart, D. C. (Hrsg.). Oxford, N. Y.: Pergamon Press, 1966.

46a. Liquid Scintillation Counting, Vol. 1, (Hrsg.): A. Dyer, Vol. 2, Hrsg. M. A. Crook, P. Johnson, B. Scales. London: Heyden & Son 1971.
47. ASHCROFT, J.: Anal. Biochem. **37,** 268 (1970).
48. HAYES, F. N., B. S., ROGERS, P. C. SANDERS: Nucleonics **13 (1),** 46 (1955).
49. KALLMANN, H., M. FURST: Phys. Rev. **79,** 857 (1950).
50. KALLMANN, H., M. FURST: Phys. Rev. **81,** 853 (1951).
51. FURST, M., H. KALLMANN: Phys. Rev. **85,** 816 (1952).
52. KALLMANN, H., M. FURST: Nucleonics **8 (3),** 32 (1951).
53. DAVIDSON, J. D., P. FEIGELSON: Int. J. Appl. Radiat. Isotop. **2,** 1 (1957).
54. HAYES, F. N., B. S. ROGERS, P. SANDERS, R. L. SCHUCH, D. L. WILLIAMS: Los Alamos Sci. Lab. Rpt. LA – 1639 (1953).
55. RAPKIN, E., L. E. PACKARD: Proceedings of the University of New Mexico Conference on Organic Scintillation Detectors, TID 7612, S. 216 (1961).
56. SCHWERDTEL, E.: Int. J. Appl. Radiat, Isotop. **17,** 479 (1966).
57. GORDON, B. E., R. M. CURTIS: Anal. Chem. **40,** 1486 (1968).
58. DROSDOWSKY, M., N. EGOROFF: Anal. Biochem. **17,** 365 (1967).
59. CALF, G. E.: Int. J. Appl. Radiat. Isotop. **20,** 611 (1969).
60. REYNOLDS, G. T., F. B. HARRISON, G. SALVINI: Phys. Rev. **78,** 488 (1950).
61. OTT, D. G.: In: Liquid Scintillation Counting, S. 101, Hrsg. Bell, C. G., Hayes, F. N. New York: Pergamon Press, 1958.
62. KOWALSKI, E., R. ANLIKER, K. SCHMID: Int. J. Appl. Radiat. Isotop. **18,** 307 (1967).
63. BUSH, E. T., D. L. HANSEN: Radioisotope Sample Measurement Techn. Med. Biol., IAEA, Vienna, S. 395, 1965.
64. SWANK, R. K., W. L. BUCK, F. N. HAYES, D. G. OTTO: Rev. Sci. Instrum. **29,** 279 (1958).
65. BUCK, W. L., R. K. SWANK: Rev. Sci. Instrum. **29,** 252 (1958).
66. HAYES, F. N., B. S. ROGERS, P. SANDERS, R. L. SCHUCH, D. L. WILLIAMS: Los Alamos Sci. Lab. Rept. LA–1639 (1953).
67. HAYES, F. N., R. D. HIEBERT, R. L. SCHUCH: Science **116,** 140 (1952).
68. HAYES, F. N., D. G. OTT, V. N. KERR, B. S. ROGERS: Nucleonics **13 (12),** 38 (1955).
69. HAYES, F. N., D. G. OTT, V. N. KERR: Nucleonics **14 (1),** 42 (1956).
70. Zitat 67 in Solutes and Solvents for Liquid Scintillation Counting, Hayes, F. N., Technical Bulletin Nr. 1, Packard Instr.
71. BUSH, E. T.: Anal. Chem. **38,** 1241 (1966).
72. KOBAYASHI, Y.: Anal. Chem. **38,** 1240 (1966).
73. WIRTH, H. O.: Internat. Lumineszenz Symposium, Sept. 1965, München. München: K. Thiemig, S. 141, 1966.
74. SCHAUMLÖFFEL, E., E. H. GRAUL: Atompraxis **13,** 2 (1967).
75. MAURER, H. R.: Hoppe-Seyler's Z. Physiol. Chem. **349,** 115 (1968).
76. SCALES, B.: Int. J. Appl. Radiat. Isotop. **18,** 1 (1967).
77. ROSS, H. H.: Radioisotope Sample Measurement Techn. Med. Biol., IAEA, Vienna, S. 409, 1965.
78. HERBERG, R. J.: Anal. Chem. **32,** 1468 (1960).
79. IWAKURA, T., Y. KASIDA: Radioisotope Sample Measurement Techn. Med. Biol., IAEA, Vienna, S. 447, 1965.
80. DE BERSAQUES, J.: Int. J. Appl. Radiat. Isotop. **14,** 173 (1963).
81. KALLMANN, H., M. FURST: In: Liquid Scintillation Counting, S. 3, Hrsg. Bell, C. G. u. Hayes, F. N. New York: Pergamon Press, 1958.
82. KERR, V. N., F. N. HAYES, D. G. OTT: Int. J. Appl. Radiat. Isotop. **1,** 284 (1957).

83. HERBERG, R. J.: Science **128,** 199 (1958).
84. KALBHEN, D. A.: Int. J. Appl. Radiat. Isotop. **18,** 655 (1967).
85. JELLY, J. v.: Čerenkov Radiation and its Applications. London: Pergamon Press, 1958.
86. PARKER, R. P., R. H. ELRICK: In: l. c. 41., S. 110.
87. HABERER, K., W. KÖLLE: Atompraxis **11,** 664 (1965).
88. ELRICK, R. H., R. P. PARKER: Int. J. Appl. Radiat. Isotop. **17,** 361 (1966).
89. LÄUCHLI, A.: Int. J. Appl. Radiat. Isotop. **20,** 265 (1969).
90. ROSS, H. H.: In: l. c. 42. S. 757.
91. ROSS, H. H.: Anal. Chem. **41,** 1260 (1969).
92. COLOMER, J., M. COUNSIGNE, G. METZGER: In: l. c. 46a, Vol. 2, S. 181.
93. JOHNSON, M. K.: Anal. Biochem. **29,** 348 (1969).
94. CLAUSEN, T.: Anal. Biochem. **22,** 70 (1968).
95. MOIR, A. T. B.: Int. J. Appl. Radiat. Isotop. **22,** 213 (1971).
96. PALMER, F. B. ST. C.: Anal. Biochem. **31,** 493 (1969).
97. SHAFROTH, S. M., (Hrsg.): Szintillation Spectroscopy of γ-Radiation. London-New York-Paris: Gordon and Breach Science Publ. Vol. II (in Vorb.).
98. JORDAN, K.: Atomwirtschaft, **1958,** 496.

C. Parameter, die auf Genauigkeit und Reproduzierbarkeit von Einfluß sind. Fehlerbetrachtung

P. Rauschenbach, Technische Universität München

1. Der radioaktive Zerfall als statistischer Vorgang

Die Verteilung der beobachteten Meßwerte x um ihren wahren Wert m' gehorcht bei vielen physikalischen Messungen einer Normalverteilung. Die Wahrscheinlichkeit dP eine kontinuierlich veränderliche Größe x im Bereich von x bis x $+$ dx zu beobachten, wird nach Gl. (C, 1) beschrieben

$$dP = \frac{1}{s\sqrt{2\pi}}\, e^{-(x-m')^2/2s^2}\, dx \qquad (C, 1)$$

Hierbei ist s die Standard-Abweichung (mittlerer statistischer Fehler), die die Breite der Verteilungskurve beschreibt und somit ein Maß für die Genauigkeit des Beobachtungsverfahrens darstellt [1, 2]. Bei der Standardabweichung liegen 69,3% aller Beobachtungen in dem Fehlerintervall dx; 31,7% liegen noch darüber. Ein Diagramm von dP/dx = f(x) ergibt die bekannte Gauß'sche Glockenkurve (Abb. C, 1).

Alle Grafiken und Nomogramme dieses Abschnittes nach [1].

Die Standardabweichung s von n Messungen von x errechnet sich nach Gl. (C, 2)

$$s = \pm \sqrt{\frac{\sum\limits_{i=1}^{n} (x_i - m)^2}{n - 1}} \qquad (C, 2)[1]$$

---

1 Im folgenden wird der Fehlerbereich ohne Vorzeichen angegeben.

dabei ist m der beobachtete Mittelwert:

$$m = \frac{\sum\limits_{i=1}^{n} x_i}{n} \tag{C, 3}$$

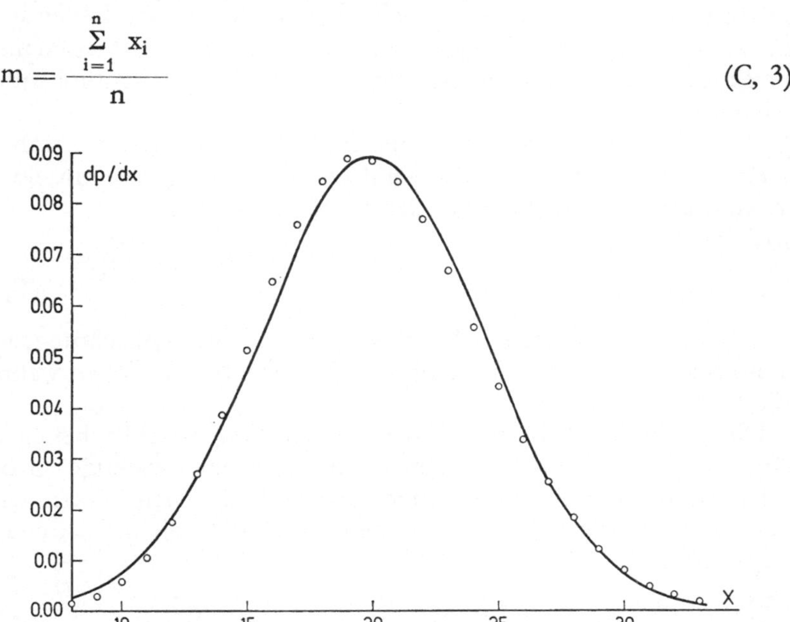

Abb. C, 1. Annäherung der Poisson-Verteilung (ooo) an eine Gauß- oder Normalverteilung (———) für einen wahren Wert von 20 (nach l. c. [1]).

Häufig werden noch andere Größen f zur Beschreibung des Meßfehlers verwendet. Die entsprechenden Fehlerintervalle für diese Fehler als Vielfaches der Standardabweichung, $f = k \cdot s$, sind nachstehend zusammengestellt.

Fehlerintervall als Faktor k von s	Wahrscheinlichkeit (%) mit der ein Meßwert im Fehlerintervall liegt
0,6745	50,0 = wahrscheinlicher Fehler
1,0000	69,3 = Standard-Abweichung
1,645	90,0 = 90% — Fehler
1,960	95,0 = 95% — Fehler
2,000	95,45 = 2 s – Fehler
2,576	99,0 = 99% – Fehler
3,000	99,73 = 3 s – Fehler
3,291	99,90 = 99,9% – Fehler

Zum Beispiel bedeutet, daß bei der einfachen Standard-Abweichung ($\pm$ 1,00 s) rund 69% aller beobachteten Meßwerte in diesem Intervall liegen und bei einer 1,96-fachen Standard-Abweichung $(\pm 1,96\,s)$ 95% aller beobachteten Meßwerte in diesem Intervall anzutreffen sind. In den folgenden Betrachtungen wird mit der Standard-Abweichung s als Bezugsfehler gearbeitet. Andere Fehler sind durch Multiplikation mit dem Faktor k zu errechnen.

Die Abweichung des beobachteten Mittelwerts m vom wahren Wert m' bezeichnet man als Standard-Abweichung des Mittelwertes s_M (mittlerer statistischer Fehler des Mittelwertes).
s_M ist gegeben durch

$$s_M = s/\sqrt{n} \qquad\qquad (C, 4)$$

Diese Beziehung besagt: Je größer die Zahl der Beobachtungen n, desto kleiner die Abweichung des Mittelwertes m vom wahren Wert m'.

Die Wahrscheinlichkeit, mit der man eine Impulszahl x bei einem Durchschnittswert m beobachten kann, ist eine wichtige Größe bei allen Radioaktivitätsmessungen. Diese Wahrscheinlichkeit wird nun nicht durch eine Normal- sondern durch die Poisson-Verteilung beschrieben (Gl. C, 5).

$$P_x = \frac{m^x}{x!}\, e^{-m} \qquad\qquad (C, 5)$$

Sie gilt für alle radioaktiven Zerfallsvorgänge unabhängig von der Zerfallsart und -energie. Ein wesentlicher Unterschied zur Normalverteilung besteht darin, daß sowohl x als auch m ganze Zahlen darstellen [1, 2].

Je größer die durchschnittliche Impulszahl m ist, um so mehr nähert sich die Poisson-Verteilung einer speziellen Normalverteilung (C, 6) (vgl. Abb. C, 1):

$$dP = \frac{1}{\sqrt{2\pi\,m}}\, e^{-(x-m)^2/2m}\, dx \qquad\qquad (C, 6)$$

Ein Vergleich von Gl. C, 1 mit Gl. C, 6 zeigt, daß

$$s_m = \sqrt{m} \qquad\qquad (C, 7)$$

Gleichung C, 7 gilt nur mit hinreichender Genauigkeit, wenn $m \geqq 100$. Dann kann jedoch von einer einzigen Radioaktivitätsmessung sofort deren Standardabweichung angegeben werden. Denn für die Fehlerbetrachtung ist der Unterschied unerheblich, ob die Standard-Abweichung von der Einzelmessung x_i oder vom Mittelwert m errechnet wird. Deshalb gilt

$$s_m \approx s_{xi} = \sqrt{x_i} \qquad\qquad (C, 7a)$$

Beispiel: Zwei Messungen zeigen 10^4 Impulse bzw. 10^6 Impulse. Die Standardabweichungen betragen dann $\pm 10^2$ bzw. $\pm 10^3$ Impulse.

Häufig wird bei der Fehlerbeschreibung vom relativen Fehler (s_{rel}) Gebrauch gemacht: $s_{rel} = s_m/m_x \approx s_{xi}/x_i$
Aufgrund von Gl C, 7 und 7a erhält man

$$s_{rel} = \frac{1}{\sqrt{m}} \approx \frac{1}{\sqrt{x_i}} \qquad\qquad (C, 8).$$

D. h., daß die Messung 10^4 Impulse mit einer relativen Standardabweichung von $\pm 0,01$ ($= 1\%$) und die 10^6 Impulse mit einer von $\pm 0,001$ ($= 0,1\%$) behaftet ist.

Abb. C, 2 ist eine Darstellung von Gl. C, 8 (in %), wobei verschiedene Fehlerwahrscheinlichkeiten $k \cdot s$ (vgl. Zusammenstellung der Meßfehler von S.54) berücksichtigt sind.

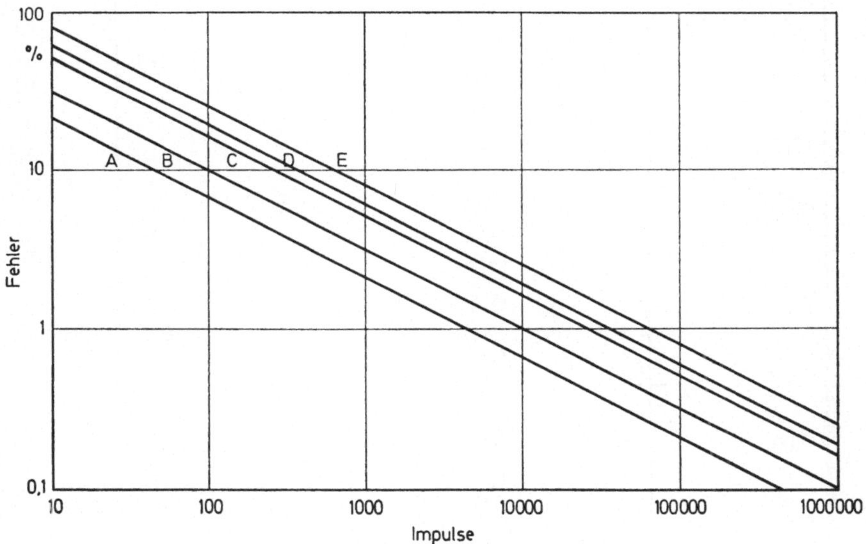

Abb. C, 2. Der Fehler von Impuls-Messungen (nach l. c. [1]); A Wahrscheinlicher Fehler; B Standard-Abweichung; C 90%-Fehler; D 95%-Fehler; E 99%-Fehler (vgl. S. 54).

Für die Ermittlung des prozentualen Fehlers (analog Abb. C, 2) in Wahrscheinlichkeitsgrenzen von 50% bis 0,001% und einer Impulszahl von 10 bis 1 000 000 kann auch mit dem Nomogramm in Abb. C, 3 gearbeitet werden.

Anwendung des Nomogramms (Abb. C, 3): Wie groß ist der 1s-Fehler einer Messung von 5000 Impulsen? Man verbinde durch eine Gerade den Punkt der linken Skala, der der Gesamt-Impulszahl (durch Multiplikation der Impulsrate mit der Meßzeit) entspricht, mit dem Punkt der rechten Skala, der dem gesuchten Fehler entspricht. Der Schnittpunkt mit der mittleren Skala ergibt den prozentualen Fehler zu $\pm$ 1,4%.

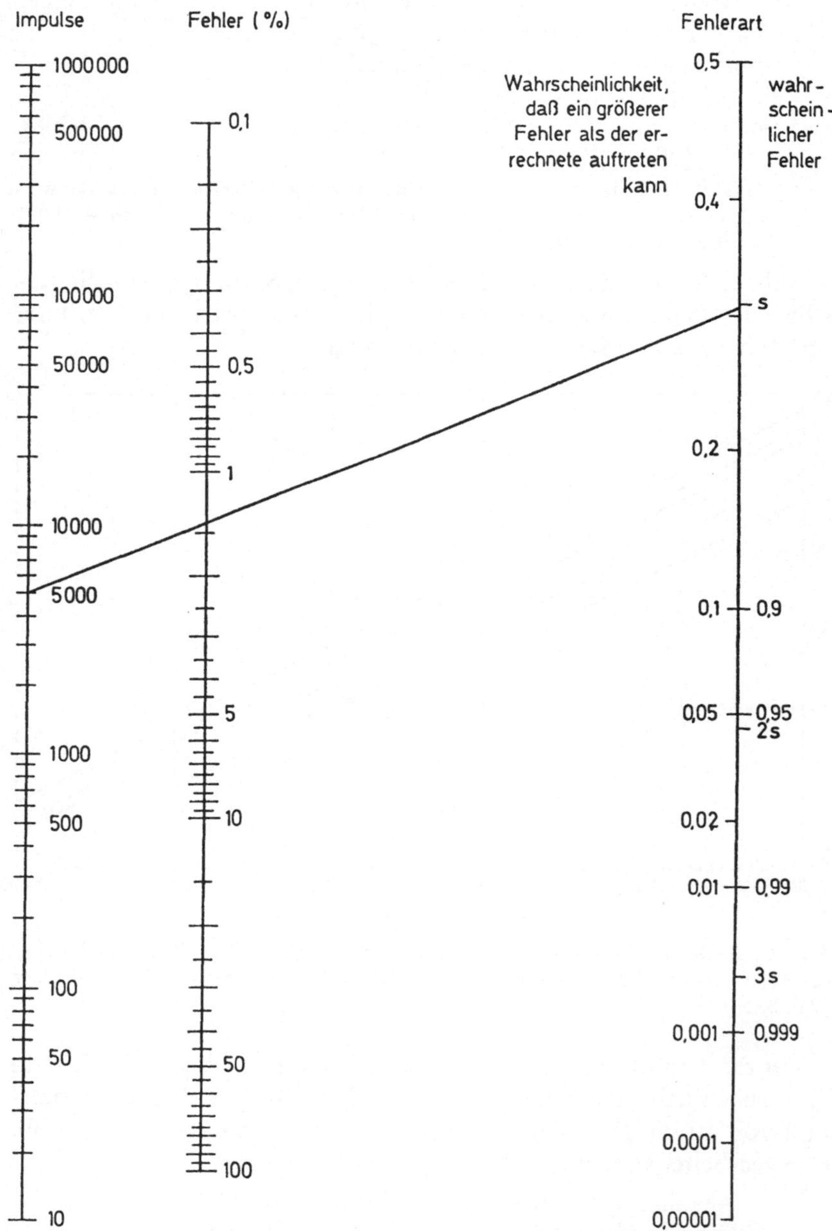

Abb. C, 3. Fehler von Impuls-Messungen für beliebige Fehlerwahrscheinlichkeiten [1] (Erklärung siehe Text).

Werden n Impuls-Messungen x_i beobachtet und gemittelt, ist die Standard-Abweichung des Mittelwertes s_M (vgl. Gl. C, 4):

$$s_M = \frac{s_m}{\sqrt{n}} = \sqrt{\frac{m}{n}} = \frac{1}{n} \sqrt{\sum_{i=1}^{n} x_i} \qquad (C, 7b)$$

2. Einfluß von Probenaktivität, Nulleffekt und Meßzeit auf den Fehler der Nettozählrate

Meistens wird bei Radioaktivitätsmessungen das Ergebnis als Zählrate formuliert. Die Probenzählrate (Gesamtzählrate) G, die man beim Messen irgendeines radioaktiven Präparats erhält, resultiert aus der Nettozählrate (eigentliche Radioaktivität der Probe) N und der Nulleffekt-Zählrate (Background) B.

$$G = N + B$$

Zur Angabe der Standardabweichung der Probenzählrate benötigt man die Zeit t_G, mit der das Präparat gemessen wurde. Es gilt dann

$$s_G = \sqrt{\frac{G}{t_G}} \quad \text{bzw.} \quad s_{rel, G} = \frac{1}{\sqrt{G \cdot t_G}} \qquad (C, 9a \text{ und } b)$$

Allgemein gilt für Standard-Abweichung $s\bar{x}_i$ einer Impulsraten-Messung $\bar{x}_i$ (cpm) mit einer Meßzeit t (Min.) ($\bar{x}_i = \frac{x_i}{t}$):

$$s\bar{x}_i = \frac{s_{xi}}{t} = \frac{\sqrt{x_i}}{t} = \sqrt{\frac{\bar{x}_i}{t}} \text{ (cpm)} \qquad (C, 9c)$$

Für n Impulsraten-Messungen $\bar{x}_i$ mit der (immer gleichen) Meßzeit t (Min.) gilt für die Standard-Abweichung des Mittelwertes $s_{\bar{M}}$ (vgl. Gl. C, 4):

$$s_{\bar{M}} = \frac{s_{\bar{m}}}{\sqrt{n}} = \sqrt{\frac{\bar{m}}{n \cdot t}} = \frac{1}{n} \sqrt{\frac{\sum_{i=1}^{n} \bar{x}_i}{t}} \qquad (C, 9d)$$

Analog gilt für die Standard-Abweichung der Nulleffekt-Zählrate, deren Schwankungen der gleichen Statistik gehorchen wie die der Probe selbst, wenn die Zählzeit des Nulleffekts t_B beträgt:

$$s_B = \sqrt{\frac{B}{t_B}} \quad \text{bzw.} \quad s_{\text{rel,B}} = \frac{1}{\sqrt{B \cdot t_B}} \qquad \text{(C, 10a und b)}$$

Zur Fehlerermittlung des Nulleffekts kann deshalb auch Abb. C, 2 und 3 verwendet werden.

Von Bedeutung ist nun, wie sich der Fehler s_N der Probenaktivität N aus den Fehlern der Gesamtzählrate G und dem Nulleffekt B zusammensetzt.

Für die Fehlerfortpflanzung der Fehler in Summen und Differenzen gilt

$$s_{(\pm a \pm b \pm \ldots \pm n)} = \sqrt{s_a^2 + s_b^2 + \ldots + s_n^2} \qquad \text{(C, 11)}$$

Da $N = G - B$, erhält man für die Standard-Abweichung der Nettozählrate

$$s_N = \sqrt{\frac{G}{t_G} + \frac{B}{t_B}} \quad \text{bzw.} \quad s_{\text{rel,N}} = \frac{\sqrt{\dfrac{G}{t_G} + \dfrac{B}{t_B}}}{G - B} \qquad \text{(C, 12a und b)}$$

Falls die Meßzeiten zur Bestimmung der Probenzählrate und der Nulleffekt-Zählrate gleich lang sind, gilt $t_G = t_B = t$ und Gl. C, 12a und b vereinfachen sich zu

$$s_N = \sqrt{\frac{G + B}{t}} \quad \text{bzw.} \quad s_{\text{rel,N}} = \frac{\sqrt{\dfrac{G + B}{t}}}{G - B} \qquad \text{(C 13a und b)}$$

Beispiel: Eine Probe mit einer durchschnittlichen Zählrate von 700 cpm wurde 10 Minuten lang gemessen. Der Nulleffekt ergab bei einer 5 Minuten Messung eine durchschnittliche Zählrate von 55 cpm. Wie groß ist die Standard-Abweichung und der 95%-Fehler (absolut und relativ) der Nettozählrate?

$G/t_G = 700/10 = 70$, $\quad B/t_B = 11$, $\quad N = G - B = 645$

Standard-Abweichung:

$s = \sqrt{70 + 11} = \pm 9$; $\quad N = 645 \pm 9$ cpm

$s_{\text{rel}} = \pm 9/645 = \pm 0{,}014$, d. h. die Messung erfolgte mit einer prozentualen Standard-Abweichung von $\pm 1{,}4\%$

95%-Fehler: $f_{0,95} = 1{,}96 \, s = \pm 17{,}6$

$$N = 645 \pm 17{,}6 \text{ cpm}$$

$f_{\text{rel, } 0,95} = \pm 17{,}6/645 = \pm 0{,}027$, d. h. die Messung hatte einen 95%-Fehler von $\pm 2{,}7\%$.

Die Fehler von Nettozählraten können auch mit Nomogrammen der Abb. C, 4, 5 und 6 erhalten werden. Die Nomogramme geben den 90%- bzw. 95%-Fehler in cpm der Nettozählrate an, sofern der Null-

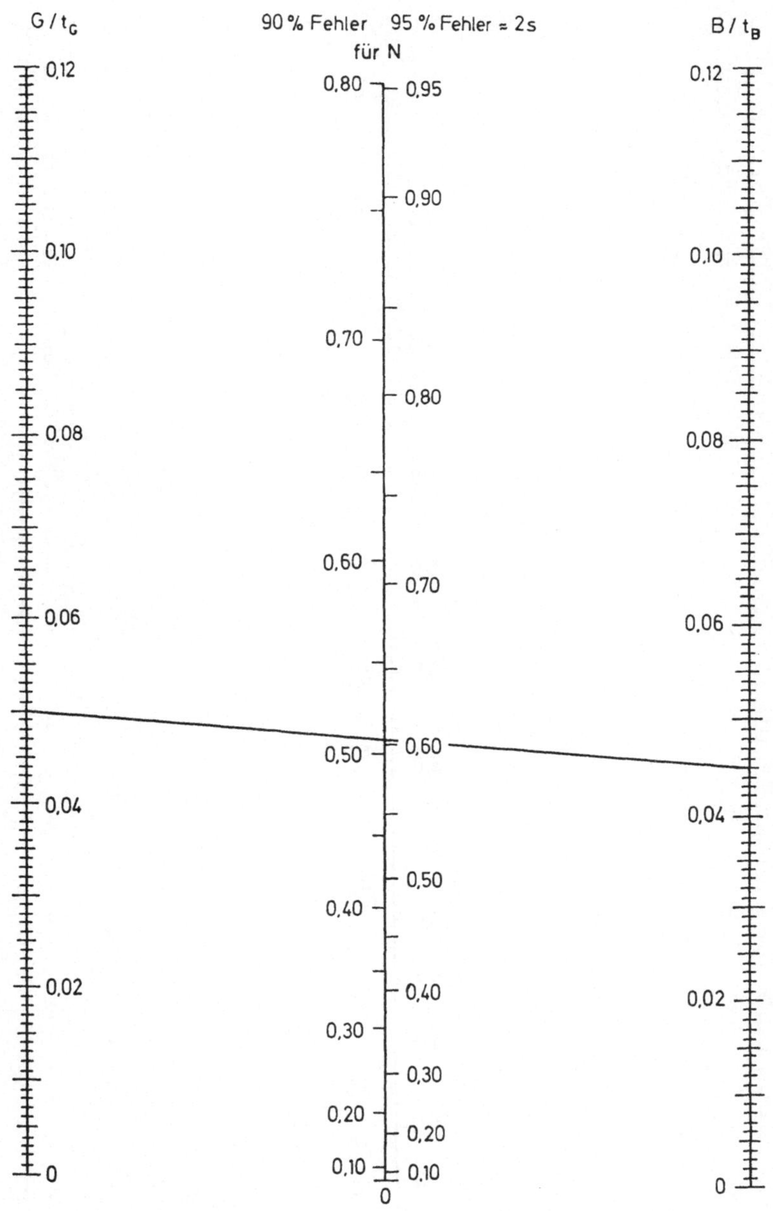

Abb. C, 4. 90 und 95% (≈ 2 s)-Fehler (cpm) für Nettozählraten N bei Proben-
und Nulleffektszählraten z. B. < 1,2 cpm und 10 Minuten Meßzeit [1] (Erklärung
siehe Text).

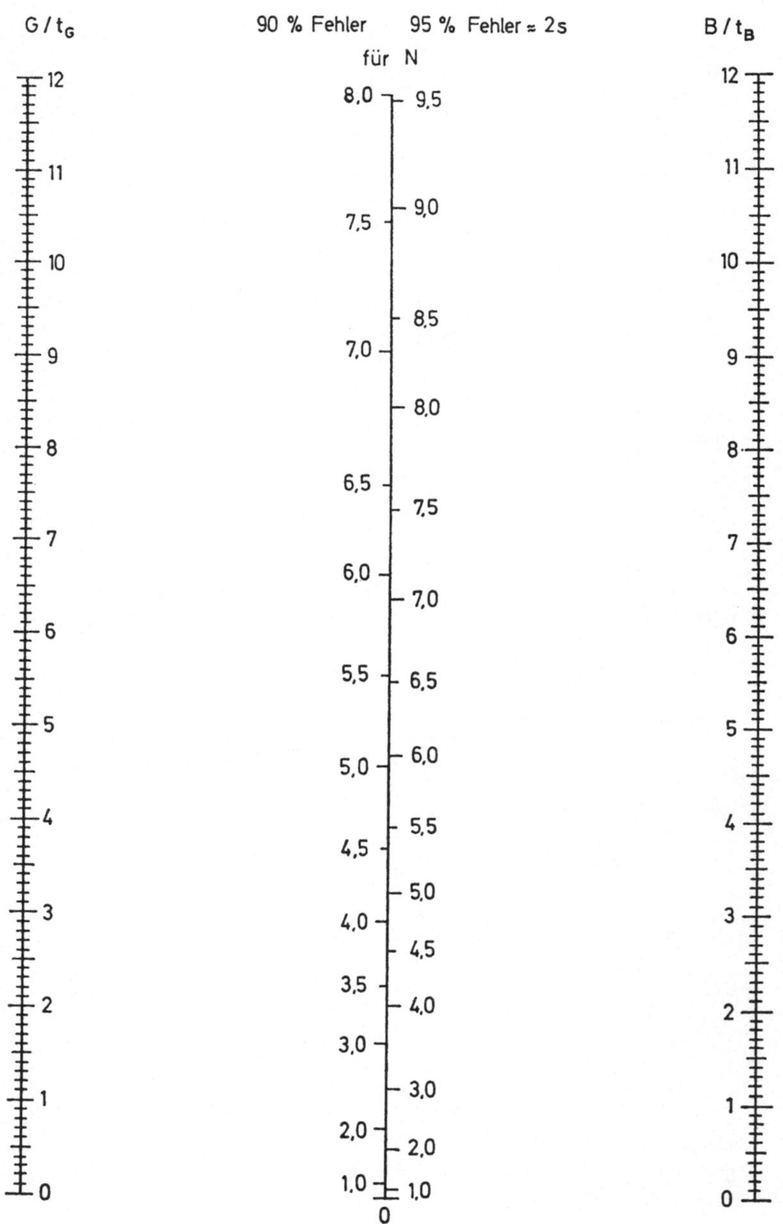

Abb. C, 5. 90 und 95% (≈ 2 s)-Fehler (cpm) für Nettozählraten N bei Proben- und Nulleffektszählraten z. B. < 12 cpm und 10 Minuten Meßzeit [1] (Erklärung siehe Text).

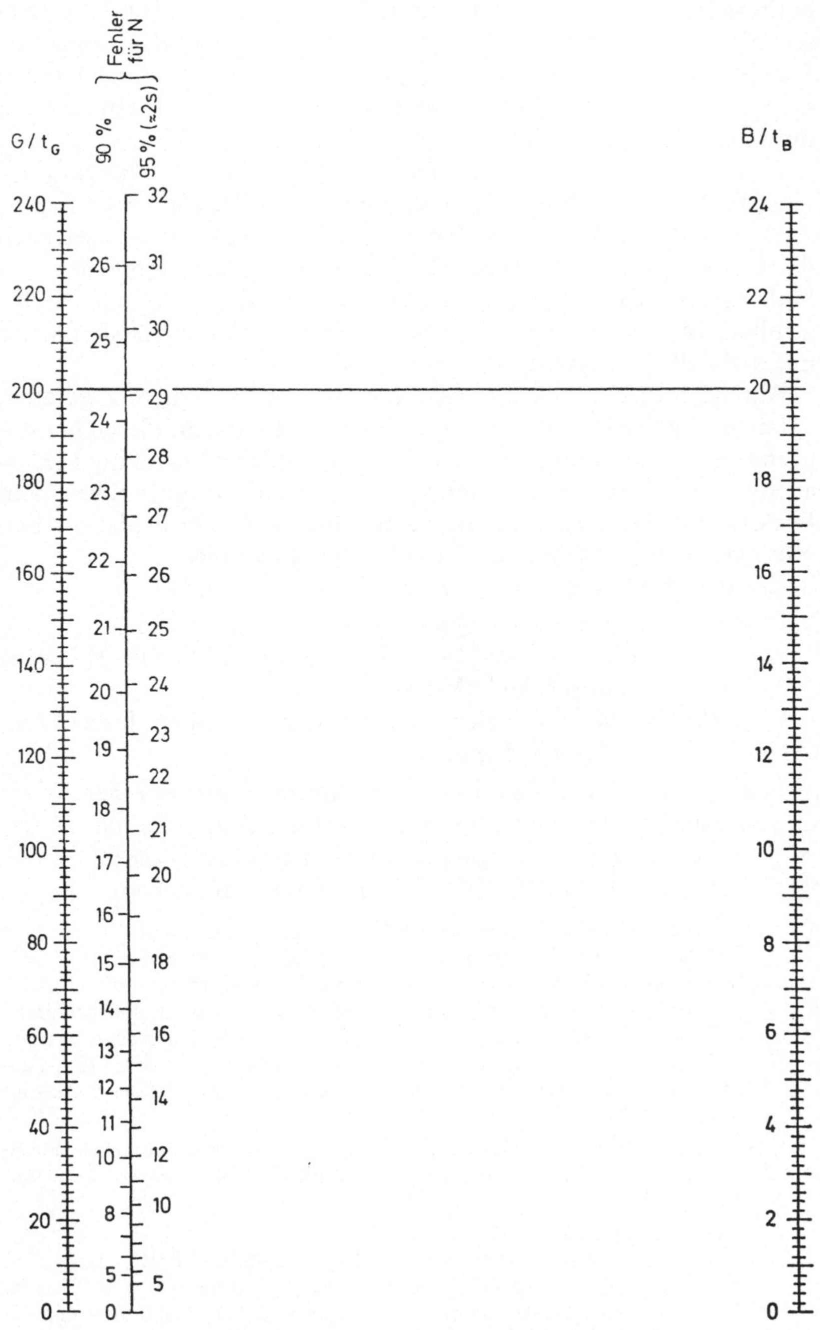

Abb. C, 6. 90 und 95% ($\approx$ 2 s)-Fehler (cpm) für Nettozählraten N bei Proben- und Nulleffektszählraten z. B. < 240 cpm und 10 Minuten Meßzeit [1] (Erklärung siehe Text).

effekt von merklichem Einfluß auf das Endergebnis ist. Da der Unterschied zwischen dem 95%-Fehler ($\triangleq 1,960$ s) und der doppelten Standard-Abweichung ($\triangleq 95,45\%$-Fehler) vernachlässigt werden kann, erhält man deshalb auch unmittelbar die Standard-Abweichung durch Halbierung des 95%-Fehlers.

Aus Abb. C, 4 und 5 sind die Fehler geringer Zählraten (vgl. Abschn. E) zu entnehmen. Abb. C, 4 gilt für Fehler kleiner als 1 cpm; Abb. 5 für Fehler kleiner als 10 cpm. Die Nomogramme können auch dazu dienen, zu entscheiden, ob eine Nettozählrate signifikant von Null verschieden ist: Wenn der 95%-Fehler kleiner als die Netto-Zählrate ist, sieht man im allgemeinen diese Messung als signifikant unterschiedlich zu Null an.

Abb. C, 6 ist ein gleichartiges Nomogramm für höhere Zählraten.

Ist eine Fehler-Ermittlung für die Netto-Zählrate mit diesen Nomogrammen nicht möglich, ist der durch den Nulleffekt bedingte Fehleranteil mit hoher Wahrscheinlichkeit insignifikant gegenüber dem Fehler der Gesamt-Zählrate. In diesen Fällen kann der Fehler mit den Nomogrammen von Abb. C, 2 und 3 bestimmt werden.

Zur Benutzung der Nomogramme (Abb. C, 4, 5 und 6).

Es müssen zuvor folgende Quotienten errechnet werden:

G/t_G, das ist die Gesamtzähl*rate* (also Probe plus Nulleffekt) in cpm dividiert durch deren Meßzeit in Minuten.

B/t_B, das ist die Nulleffektzähl*rate* in cpm dividiert durch Nulleffekt-Meßzeit in Minuten.

Jetzt verbinde man den Punkt der linken Skala, der dem Wert G/t_G entspricht, mit dem Punkt der rechten Skala, der dem Wert B/t_B entspricht. Der Schnittpunkt mit der mittleren Skala ergibt den 90%- (linksseitig) bzw. den 95%-Fehler (rechtsseitig) in cpm.

Beispiel a): Eine Probe wurde 10 Minuten gemessen und ergab eine durchschnittliche Zählrate von 2000 cpm. Die entsprechende Nulleffekt-Probe wurde 2 Minuten gemessen und ergab eine durchschnittliche Zählrate von 40 cpm. Gesucht ist die Standard-Abweichung der Nettozählrate.

Da $G/t_G = 200$ und $B/t_B = 20$, muß Abb. C, 6 herangezogen werden.

Die Verbindungslinie schneidet die Fehlerskala bei rd. 29 cpm (95%-Fehler). Die Standardabweichung der Nettozählrate von 1960 cpm beträgt daher $\pm$ 15 cpm.

Beispiel b): Eine Probe wurde 64 Minuten gemessen und ergab durchschnittlich 3,20 cpm. Die entsprechende Nulleffekt-Messung von 58 Minuten ergab 2,60 cpm.

Gesucht ist der 95%-Fehler.

Da $G/t_G = 3,20/64 = 0,050$ und $B/t_B = 2,60/58 = 0,045$, muß Abb. C, 4 angewandt werden. Man erhält einen 95%-Fehler von $\pm$ 0,605 cpm. Dieser Fehler ist größer als die zu vergleichende Nettozählrate von 0,60, weshalb das Ergebnis als nicht signifikant unterschiedlich von Null anzusehen ist.

2.1. Meßzeitoptimierung

Besonders für die Radioaktivitätsmessung gering aktiven Materials (vgl. E) ist es sinnvoll, die insgesamt zur Verfügung stehende Meßzeit T $(= t_G + t_B)$ optimal zwischen der Probenmeßzeit t_G und der Nulleffekt-Meßzeit t_B aufzuteilen. Für eine derartige Meßzeit-Aufteilung wird der Gesamt-Fehler (im Endresultat) kleiner sein als für irgendeine andere Aufteilung. In anderen Worten, die Gesamt-Meßzeit zur Erzielung eines beliebig gegebenen Gesamt-Meßfehlers ist dann minimal, wenn die Meßzeit die oben erwähnte Aufteilung erfährt.

Dies ist der Fall, wenn

$$\frac{ds_N}{dt_B} = 0, \text{ wobei } s_N \text{ durch Gl. C, 12a gegeben ist.}$$

Es gilt dann, weil $t_G = T - t_B$:

$$\frac{d \sqrt{\dfrac{G}{T-t_B} + \dfrac{B}{t_B}}}{dt_B} = 0$$

Durch Differentiation und Umformung erhält man

$$t_B = \frac{T}{1 + \sqrt{\dfrac{G}{B}}} \quad \text{bzw.} \quad t_G = \frac{T}{1 + \sqrt{\dfrac{B}{G}}} \qquad \text{(C, 14a und b)}$$

oder

$$\frac{t_G}{t_B} = \sqrt{\frac{G}{B}} \qquad \text{(C, 15)}$$

Der durch den Nulleffekt vergrößerte Fehler ist also dann minimal, wenn das Verhältnis der Meßzeit von Probe zu Nulleffekt gleich der Quadratwurzel aus dem Verhältnis der durchschnittlichen Zählraten von Probe zu Nulleffekt ist.

Diese Meßzeit-Aufteilung kann der Graphik von Abb. C, 7 entnommen werden.

Beispiel: Die ungefähre Gesamtzählrate einer Probe beträgt 400 cpm, der dazugehörige Nulleffekt ca. 25 cpm. Abb. C, 7 entnimmt man, daß die Probe viermal so lang wie der Nulleffekt zu zählen ist, um den geringsten Fehler zu erzielen. Wenn für die Gesamt-Meßzeit 20 Minuten verfügbar sind, dann sollte die Probe 16 Minuten und der Nulleffekt 4 Minuten gemessen werden.

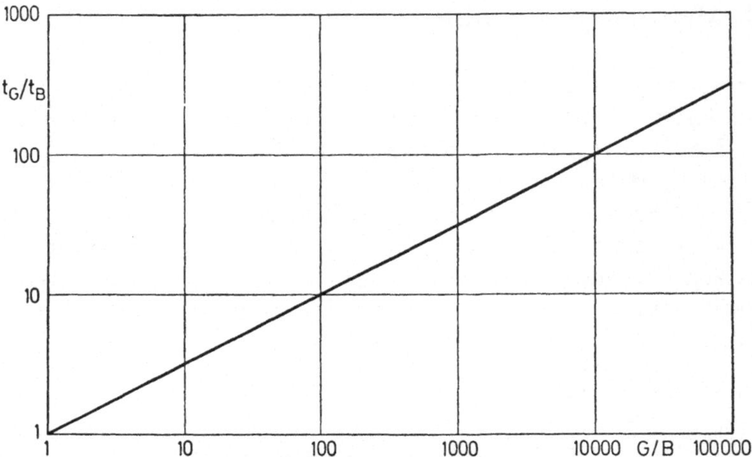

Abb. C, 7. Optimale Meßzeitaufteilung zwischen Proben- und Nulleffekt-Messung (nach l. c. [1]).

Substituiert man t_B von Gl. C, 14a in Gl. C, 12a, so erhält man nach Umformen die minimal mögliche Standard-Abweichung $s_{N,\,min}$ einer Nettozählrate, unter der Bedingung der optimalen Meßzeit-Aufteilung:

$$s_{N,\,min} = \frac{\sqrt{G} + \sqrt{B}}{\sqrt{T}} \qquad (C,\,16a)$$

Für die relative Mindest-Standard-Abweichung der Nettozählrate $s_{rel,\,N,\,min}$ erhält man wegen

$$\frac{s_{N,\,min}}{G-B} = s_{rel,\,N,\,min} \quad \text{und} \quad \frac{\sqrt{G} + \sqrt{B}}{G-B} = \frac{1}{\sqrt{G}-\sqrt{B}}$$

$$s_{rel,\,N,\,min} = \frac{1}{\sqrt{T}\,(\sqrt{G}-\sqrt{B})} \qquad (C,\,16b)$$

Sehr häufig interessiert die Mindest-Meßzeit, um einen bestimmten Meßfehler nicht zu überschreiten. Die Zählraten von Probe und Nulleffekt seien jeweils annähernd bekannt.

Zwei Fälle sollen betrachtet werden:

a) die Meßzeit von Probe und Nulleffekt ist gleich groß ($t_G = t_B = t$. Dieser Fall ist von Bedeutung bei automatisierten Geräten, bei denen für Meß- und Nulleffektsproben *eine* Meßzeit vorgewählt wird).

Dann gilt nach Gl. C, 13a bzw. b für die Mindest-Meßzeit t:

$$t = \frac{G + B}{s_N^2} \quad \text{bzw.} \quad t = \frac{G + B}{(s_{rel,\,N})^2\,(G{-}B)^2} \qquad \text{(C, 17a und b)}$$

Man beachte, daß in Gleichung C, 17 für t jeweils nur die Meßzeit für Probe oder Nulleffekt einzusetzen ist. Die Gesamt-Meßzeit T beträgt deshalb 2t.

> Beispiel: Wie groß ist die Gesamt-Meßzeit, um eine Probe von 150 cpm, bei einem Nulleffekt von 50 cpm, mit einer Standard-Abweichung der Nettozählrate von 2% zu bestimmen? Proben- und Nulleffekt-Meßzeit werden gleich lang gewählt. Setzt man in Gleichung C, 17b für $G = 150$ cpm, $B = 50$ cpm und $s_{rel,\,N} = 0{,}02$, so erhält man für $t = 50$ Min. Die Gesamt-Meßzeit beträgt deshalb 100 Min.

b) für den Fall, daß die Gesamt-Meßzeit T optimal zwischen Proben- und Nulleffekt-Messung (vgl. Gl. C, 15) aufgeteilt wird, gilt nach Gl. C, 12a und 15 für die Mindest-Proben- bzw. Mindest-Nulleffekt-Meßzeit

$$t_G = \frac{G + \sqrt{B \cdot G}}{S_N^2} \quad \text{bzw.} \quad t_B = \frac{B + \sqrt{B \cdot G}}{S_N^2} \qquad \text{(C, 18a und b)}$$

und wegen $t_B + t_G = T$

$$T = \frac{(\sqrt{G} + \sqrt{B})^2}{S_N^2} \quad \text{bzw.} \quad T = \frac{(\sqrt{G} + \sqrt{B})^2}{(S_{rel,\,N})^2 \cdot (G{-}B)^2} \qquad \text{(C, 19a u. b)}$$

Verwendet man die Angaben des vorgenannten Beispiels, so erhält man nach Gleichung C, 19b für T einen Wert von 93,3 Minuten.

Die Meßzeit-Ersparnis beträgt ca. 7%.

Aus Gl. C. 14a bzw. b errechnet sich t_G zu 59,2 bzw. t_B zu 34,2 Minuten.

Daß der Meßzeit-Gewinn in dem hier gewählten Beispiel nur 7% beträgt, liegt daran, daß sich Proben- und Nulleffekt-Zählrate nur um den Faktor 3 unterscheiden. Bei einem 9fachen Unterschied beträgt der Meßzeit-Gewinn bereits 20%. Er kann maximal 50% erreichen und zwar dann, wenn der Nulleffekt gegenüber der Probenzählrate vernachlässigbar ist.

3. Grenzempfindlichkeit und Gütezahl[2]

Mit den vorgenannten Beziehungen kann auch die Frage nach der noch nachweisbaren Mindest-Radioaktivität beantwortet werden. Bei dieser Betrachtung wird von einem vorgegebenen Nulleffekt, Meß-Fehler (Standard-Abweichung) und einer begrenzten Meßzeit ausgegangen. Letztere ist wiederum optimal zwischen Probe und Nulleffekt aufgeteilt.

Zu diesem Zweck wird Gleichung C, 16b nach $G - B = N$ aufgelöst, man erhält dann

$$N = \frac{\sqrt{G} + \sqrt{B}}{s_{rel,N}\sqrt{T}},$$

außerdem gilt nach Gl. C, 16b

$$\sqrt{G} = \frac{1}{s_{rel,N}\sqrt{T}} + \sqrt{B},$$

Substitution von $\sqrt{G}$ ergibt für N_{min}

$$N_{min} = \frac{1 + 2 \cdot s_{rel,N} \cdot \sqrt{BT}}{s^2_{rel,N} \cdot T} \tag{C, 20}$$

Diese Beziehung gibt nur die Mindest-*Zähl*rate N_{Min}, bei den im Quotienten vorgegebenen Bedingungen. Dividiert man Gleichung C, 20 durch die Zählausbeute E der betreffenden Meßanordnung, so erhält man, da $N/E = A$ (Zerfallsrate), die nachweisbare Mindest-Radioaktivität:

$$A_{min} = \frac{1 + 2 \cdot s_{rel,A} \cdot \sqrt{BT}}{E \cdot s^2_{rel,A} \cdot T} \tag{C, 21}$$

Beispiel: Für eine Messung steht eine Meßzeit T von insgesamt 100 Min. und ein Detektorsystem mit einer Zählausbeute E von 0,5 (= 50%) und einem Nulleffekt B von 4 cpm zur Verfügung. Für eine vorgegebene relative Standard-Abweichung s_{rel} von 0,01 (= 1%) errechnet sich nach Gl. C, 21 eine nachweisbare Mindest-Radioaktivität von 280 dpm.

In Gleichung C, 21 wird nichts darüber ausgesagt, in welcher spezifischen Mindest-Aktivität $sA_{Min.}$ vorliegen muß. Diese Größe wird durch die Maximal-Menge (M_{max}), die die betreffende Meßanordnung je Probe aufzunehmen vermag, bestimmt, d. h. $sA_{min} = A_{min}/M_{max}$ Es gilt dann für sA_{min}:

$$sA_{min} = \frac{1 + 2 \cdot s_{rel,A} \cdot \sqrt{BT}}{M_{max} \cdot E \cdot s^2_{rel,A} \cdot T} \tag{C, 22}$$

---

2 Fehlerbetrachtung beim Messen mehrfach markierter Proben siehe (F, 2.1.2.3.).

sA_{min} gibt die Grenzempfindlichkeit einer Meßanordnung an. In Tab. C, 1 ist für einige Meßverfahren die Grenzempfindlichkeit von T- bzw. ^{14}C-markiertem Probenmaterial zusammengestellt. Die Gesamt-Meßzeit T und die relative Standard-Abweichung sind dabei mit 100 Min. bzw. 0,10 ($= 10\%$) vorgegeben.

Tab. C, 1. Nachweisbare Mindest-Radioaktivität A_{min} und Grenzempfindlichkeit sA_{min} für einige Meßanordnungen.

Detektor	Meßprobe[a]	M_{max}[b] (g)	Zähl-aus-beute (%)	Null-effekt (cpm)	A_{min}[c] (dpm)	sA_{min}[d] (dpm/g)
Proportional Gasfüll-Zählrohr	$^{14}CO_2$	0,67	95	5[f]	5,8	8,6
(500 ml, Nb.)	HT/CH_3T[e]	0,54	95	5[f]	5,8	11
Flüssig-Szintillations-Zähler (20 ml Meß-fläschchen)	$^{14}CO_2$[g]	0,43	88	30	14	32
	HOT[h]	5,0	14	15	63	13
	^{14}C-Benzol (U)[i]	40	95	35	14	0,33
	T-Benzol (U)[i]	20	55	19	18	0,88
2 Zoll-Durch-fluß-Zähler	$Ba^{14}CO_3$	$3,0 \cdot 10^{-4}$[k]	50[m]	1[f]	6,0	$2 \cdot 10^4$
		$6,1 \cdot 10^{-2}$[l]	$8,8$[l,m]	1[f]	34	$5,6 \cdot 10^2$

[a] Durch Umwandlung aus einem Material der Verhältnisformel $(CH_2O)_n$ erhalten.

[b] Maximale Detektor-Kapazität in Gramm Standard-Material vgl. a).

[c] Vgl. Gl. C, 21 für eine Gesamt-Meßzeit T von 100 Minuten und einer relativen Standard-Abweichung von $\pm$ 10% ($A_{min} = (1 + 2\sqrt{\overline{B}})/E$).

[d] Vgl. Gl. C, 22 und c).

[e] Katalytische reduktive Pyrolyse nach [4]. Danach entsteht ein ca. 1:4-Gemisch von H_2/CH_4.

[f] Unter Blei- und Antikoinzidenz-Abschirmung. (Kommerzielle Geräte, über weitere Nulleffektserniedrigung siehe Abschn. E.)

[g] Absorbiert in Phenyläthylamin (18 Vol. %)-haltigem Szintillator (vgl. D, 3.1.1.1.4.) entspr. 14,2 mMol CO_2.

[h] Gelöst in Dioxan-Szintillator (vgl. D, 3.1.1.1.4.) entspr. 167 mMol Wasser.

[i] Entspr. 225 mMol, als Szintillator-Lösungsmittel direkt verwendet.

[k] Für unendlich dünne Schicht (0,1 mg/cm²).

[l] Für Schichtdicke von 20 mg/cm² (Absorptions-Koeffizient 0,285 cm²/mg entspr. einem Selbstabsorptions-Faktor von 0,175 und damit einer Zählausbeute von 8,8%).

[m] Idealisierte Zählausbeute von 50% aufgrund von 2 π-Geometrie und unendlich dünner Schicht ohne Berücksichtigung eines Rückstreu-Effekts und von Absorptions-Effekten zwischen Probe und Detektor. Nulleffekt = 1 cpm (z. B. Omniguard-Meßplatz, Fa. Tracerlab, D-5000 Köln).

Die niedrige Grenzempfindlichkeit der Flüssig-Szintillations-Spektroskopie beruht nicht zuletzt auf der relativ großen Probenkapazität dieser Methode. Häufig ist jedoch die Substanzmenge limitiert, so daß dann auch andere Meßverfahren empfindlicher sein können, weil die Probenkapazität nicht ausgenutzt werden kann und daher ohne Einfluß ist.

Um Meßanordnungen miteinander vergleichen zu können, ist es jedoch üblich, sog. Geräte-Gütezahlen (Geräte-GZ) (figure of merit) heranzuziehen. Diese Gütezahl ist proportional dem reziproken Wert der relativen Standard-Abweichung, sie ist um so größer, je besser die Meßanordnung ist ($GZ = f[1/s_{rel, A}]$). Nach Gl. C, 16a bzw. b gilt:

$$\frac{1}{s_{rel, N}} = \frac{N\sqrt{T}}{\sqrt{G} + \sqrt{B}}$$

Berücksichtigt man, daß $N = A \cdot E = sA \cdot M \cdot E$ und $G = N + B$, so ergibt sich

$$GZ = \text{proportional} \ \frac{1}{s_{rel, A}} = \frac{sA \cdot M \cdot E \cdot \sqrt{T}}{\sqrt{sA \cdot M \cdot E + B} + \sqrt{B}} \qquad \text{(C, 23)}$$

Gl. C, 23 hat allgemeine Gültigkeit, jedoch sind zwei spezielle Fälle von besonderem Interesse:

a) $N = sA \cdot M \cdot E > B$, d. h. es werden höher aktive Proben gemessen, bei denen der Nulleffekt vernachlässigt werden kann.

Gl. C, 23 vereinfacht sich zu

$$\frac{1}{s_{rel, A}} \approx sA \cdot M \cdot E \cdot T \qquad \text{(C, 23a)}$$

Da beim Vergleich zweier Instrumente die Meßzeit T und die spezifische Aktivität sA der Probe konstant gehalten werden, ist das Instrument zu bevorzugen, das das größte Produkt ($M \cdot E$) aus Probenmenge und Zählausbeute aufweist. Können die zu vergleichenden Geräte die gleiche Probenmenge aufnehmen, entscheidet lediglich die höhere Zählausbeute E. Dies gilt auch, falls Probemengen anfallen, die kleiner sind als das geringere Fassungsvermögen eines der verglichenen Geräte.

b) $N = sA \cdot M \cdot E < B$, d. h. es handelt sich um Proben, bei denen die Netto-Zählrate kleiner als der Nulleffekt ist.

Nach Gl. C, 23 gilt dann

$$\frac{1}{s_{rel, A}} \approx \frac{sA \cdot M \cdot E \cdot \sqrt{T}}{2\sqrt{B}} \qquad \text{(C, 23b)}$$

Bei einem Gerätevergleich entfällt, wie oben ausgeführt, sA und T, so daß der größte Wert von $M^2 \cdot E^2/B$ das empfindlichste Gerät charakterisiert. Bei identischer Probenmenge wird die Gütezahl nur von E^2/B bestimmt.

4. Fehler von Ratemeter-Messungen

Ein Ratemeter zeigt eine gemittelte Zählrate über eine Zeitperiode, die zu einem gewissen Ausmaß in die verflossene Zeit zurückreicht, wobei länger zurückliegende Zeiten einen geringeren Einfluß haben als kürzer zurückliegende. Wenn das Ratemeter sein Gleichgewicht erreicht hat, errechnet sich die Standard-Abweichung seiner einzelnen Ablesung nach [3]

$$s = \sqrt{\frac{G}{120 \cdot RC}} \ (cpm) \tag{C, 24}$$

Dabei ist G die Zählrate in cpm und RC die Zeitkonstante des Ratemeters in Sekunden (R ist der Widerstand in Ohm und C die Kapazität in Farad der Integrationsschaltung).

Die Impuls-Verarbeitungszeit eines Ratemeters ist daher 2 RC und zwar in dem Sinn, daß eine Messung an einem Impulszähler von dieser Dauer und mit derselben Zählrate die gleiche Standard-Abweichung ergibt.

Wird eine Aufzeichnung über eine Zeit T (Min.) gemittelt, die sehr viel größer als RC ist, so ergibt sich als Standard-Abweichung des Mittelwertes

$$s_M = \frac{s}{\sqrt{T/120 \cdot RC}} = \sqrt{\frac{G}{T}} \tag{C, 25}$$

Aus Gl. C, 25 erhält man unter Berücksichtigung von $T = n \cdot t$ die für Gl. C, 9d analoge Beziehung.

Ratemeter-Messungen sind insbesondere bei radiochromatographischen Verfahren von Interesse (vgl. G, 2.2.5.).

5. Ermittlung von Störeffekten an Meßanordnungen aufgrund nicht-statistischer Ergebnisse

Wie bereits erläutert, unterliegen die Schwankungen von Radio-aktivitäts-Messungen der Poisson-Verteilung (vgl. C, 1). Dies setzt jedoch das einwandfreie Funktionieren der Meßanordnung voraus, d. h. es dürfen keine Geräte-bedingten Störimpulse auftreten bzw. will-kürlich vom Gerät Probenimpulse unterdrückt werden.

Störungen der Meßanordnung lassen sich einfach durch Vergleich der beobachteten Meßwert-Verteilung mit der erwarteten Verteilung bestimmen. Dazu gibt es verschiedene Möglichkeiten, die sich in ihrer Beweiskraft unterscheiden.

Nach einem relativ groben Test werden 10 Messungen mit gleicher Meßzeit aufgenommen, der Mittelwert gebildet und aus ihm die Quadratwurzel gezogen. Letztere entspricht der Standardabweichung (vgl. C, 1), weshalb von den 10 Beobachtungen 7 innerhalb, der Rest außerhalb dieser Abweichung liegen sollen. Dieses Verfahren zeigt jedoch nur grobe Störungen des Geräts an. Schlüssiger ist ein von JARETT [1] empfohlenes Verfahren, bei dem zwei Messungen bewertet werden. Hierbei werden Verteilungs-Anormalitäten dadurch ermittelt, daß man die Standard-Abweichung s_Δ der Differenz zweier Messungen G_1 und G_2 von einer Probe bestimmt und mit der Differenz der beiden Probenmessungen $(G_1\text{–}G_2)$ vergleicht. s_Δ erhält man (vgl. Gl. C, 12a) aus $s_\Delta = \sqrt{G_1/t_1 + G_2/t_2}$ und daraus den Quotienten $q = (G_1\text{–}G_2)/s_\Delta$.

Aus Tab. C, 2 läßt sich für q die Wahrscheinlichkeit P entnehmen, daß sich G_1 von G_2 um die beobachtete Differenz (oder mehr) unter-

Tab. C, 2. Wahrscheinlichkeit P für die Beobachtung von $q = (G_1 - G_2)/s_\Delta$ für $q > 1$ ($q < 1$ besitzt nur eine sehr geringe statistische Signifikanz und ist deshalb in der Tabelle nicht mit aufgenommen) (nach [1]).

q	P	q	P	q	P
1.0	0.159	2.0	0.023	3.0	0.00135
1.1	0.136	2.1	0.018	3.1	0.00097
1.2	0.115	2.2	0.014	3.2	0.00068
1.3	0.097	2.3	0.011	3.3	0.00048
1.4	0.081	2.4	0.008	3.4	0.00034
1.5	0.067	2.5	0.006	3.5	0.00023
1.6	0.055	2.6	0.005	3.6	0.00016
1.7	0.045	2.7	0.003	3.7	0.00011
1.8	0.036	2.8	0.003	3.8	0.00007
1.9	0.020	2.9	0.002	3.9	0.00005

scheidet, vorausgesetzt, die Schwankungen in der Zählrate beruhen nur auf der Zufälligkeit des Zerfallsprozesses (vgl. untenstehendes Beispiel).

Ist die Wahrscheinlichkeit unter 0,1, hat man eine korrekte statistische Verteilung anzuzweifeln; für Werte unter 0,05 existiert mit hoher Wahrscheinlichkeit eine zu große Schwankung, während es unter 0,01 fast sicher ist, daß die Verteilung nicht mit der des Zerfallsprozesses übereinstimmt und eine Beeinflussung durch das Gerät bzw. die Meßanordnung vorliegt.

> Beispiel: Zu Beginn eines Versuches wurde eine Meßprobe 4 Minuten gezählt und eine Zählrate von 5925 cpm beobachtet. Bei vernachlässigbarer Zerfallskorrektur wurde am Versuchsende die Probe zur Kontrolle nochmals für 2 Minuten gemessen und 6075 cpm erhalten. Ist diese Schwankung aufgrund der Statistik des Zerfallsprozesses erlaubt, oder handelt es sich um eine Gerätestörung?
>
> $$s_\Delta = \sqrt{5925/4 + 6075/2} = 68, \quad G_1 - G_2 = 150$$
> $$q = 150/68 = 2,2$$

Tab. C, 2 entnimmt man für P einen Wert von 0,014. D. h. von 1000 hat man nur 14mal die Chance, daß diese Abweichung auftreten kann; entsprechend der vorher getroffenen (mehr oder weniger willkürlichen) Vereinbarung läßt sich das Gerät noch nicht eindeutig anzweifeln, aber das Ergebnis legt diese Vermutung sehr nahe.

Dieses Beispiel zeigt, daß es notwendig sein kann, über einen schärferen Test auf die Gerätezuverlässigkeit zu verfügen. Die größere Schlüssigkeit eines derartigen Tests bedingt aber eine höhere Anzahl von Kontrollmessungen.

Hierfür eignet sich besonders der χ^2-Test. Dabei wird die Wahrscheinlichkeit P bestimmt, mit der wiederholte Impulsmessungen einer Probe zwischen definierte Schwankungsgrenzen fallen. Anders ausgedrückt, es wird festgestellt, wie weit eine unterstellte Verteilung (hier immer Poisson-Verteilung) mit der tatsächlich vorliegenden übereinstimmt. Der Test besitzt eine besonders hohe Aussagekraft, wenn 20 oder mehr Kontrollmessungen ausgewertet werden. Die Berechnung erfolgt bei erwarteter Poisson-Verteilung nach Gl. C, 25a bzw. b

$$\chi^2 = \frac{\sum\limits_{i=1}^{n} (x_i - m)^2}{m} \quad \text{(für Impuls-Messungen)} \qquad \text{(C, 25a)}$$

$$\chi^2 = \frac{t \sum\limits_{i=1}^{n} (\bar{x}_i - \bar{m})^2}{\bar{m}} \quad \text{(für cpm-Messungen einer Meßzeit t)} \qquad \text{(C, 25b)}$$

Tab. C, 3. Zusammenhang zwischen Zahl der Messungen und Wahrscheinlichkeit für die vermutete Poissonverteilung aufgrund des χ^2-Wertes (nach [1]).

Zahl der Messungen	Wahrscheinlichkeit						
	0.99	0.95	0.90	0.50	0.10	0.05	0.01
2	0.00157	0.00393	0.0158	0.455	2.706	3.841	6.635
3	0.0201	0.103	0.211	1.386	4.605	5.991	9.210
4	0.115	0.352	0.584	2.366	6.251	7.815	11.345
5	0.297	0.711	1.064	3.357	7.779	9.488	13.277
6	0.554	1.145	1.610	4.351	9.236	11.070	15.086
7	0.872	1.635	2.204	5.348	10.645	12.592	16.812
8	1.239	2.167	2.833	6.346	12.017	14.067	18.475
9	1.646	2.733	3.490	7.344	13.362	15.507	20.090
10	2.088	3.325	4.168	8.343	14.684	16.919	21.666
11	2.558	3.940	4.865	9.342	15.987	18.307	23.209
12	3.053	4.575	5.578	10.341	17.275	19.675	24.725
13	3.571	5.226	6.304	11.340	18.549	21.026	26.217
14	4.107	5.892	7.042	12.340	19.812	22.362	27.688
15	4.660	6.571	7.790	13.339	21.064	23.685	29.141
16	5.229	7.261	8.547	14.339	22.307	24.996	30.578
17	5.812	7.962	9.312	15.338	23.542	26.296	32.000
18	6.408	8.672	10.085	16.338	24.769	27.587	33.409
19	7.015	9.390	10.865	17.338	25.989	28.869	34.805
20	7.633	10.117	11.651	18.338	27.204	30.144	36.191
21	8.260	10.851	12.443	19.337	28.412	31.410	37.566
22	8.897	11.591	13.240	20.337	29.615	32.671	38.932
23	9.542	12.338	14.041	21.337	30.813	33.924	40.289
24	10.196	13.091	14.848	22.337	32.007	35.172	41.638
25	10.856	13.848	15.659	23.337	33.196	36.415	42.980
26	11.524	14.611	16.473	24.337	34.382	37.382	44.314
27	12.198	15.379	17.292	25.336	35.563	38.885	45.642
28	12.879	16.151	18.114	26.336	36.741	40.113	46.963
29	13.565	16.928	18.939	27.336	37.916	41.337	48.278
30	14.256	17.708	19.768	28.336	39.087	42.557	49.588

In Tab. C, 3 ist der Zusammenhang zwischen Zahl der Messungen, χ^2-Werten und die dazu gehörenden Wahrscheinlichkeiten angegeben[3]. Ihre Anwendung zeigt untenstehendes Beispiel.

---

3 Allgemein muß man für diesen Test die Zahl der Freiheitsgrade F kennen, um aus Tabellen (z. B. documenta Geigy, Wissenschaftliche Tabellen) die Wahrscheinlichkeit entnehmen zu können, inwieweit die verglichenen Verteilungen miteinander übereinstimmen. Für die Poissonverteilung errechnet sich F aus $F = n - 1$ und entspricht der um eins verringerten Anzahl von Kontrollmessungen. Dies ist in Tab. C, 3 bereits berücksichtigt.

Bei vollständiger Übereinstimmung von beobachteter und Poisson-Verteilung hat die ermittelte Wahrscheinlichkeit den Wert von 0,50. Abweichungen zu kleineren Werten indizieren höhere Variabilitäten, z. B. bedingt durch Geräte-Instabilität. Werte größer als 0,5 weisen auf einen Variabilitätsmangel, wie er z. B. durch einen konstanten Rauschpegel, der sich in Form scheinbarer Impulse auswirkt, bedingt werden kann. Werte zwischen 0,1 und 0,9 für P entsprechen einer sehr wahrscheinlichen Übereinstimmung der verglichenen Verteilungen, während für $0,02 > P > 0,98$ eine Übereinstimmung äußerst unwahrscheinlich ist. Hier darf mit Sicherheit eine Geräte-Störung angenommen werden.

> Beispiel: Folgende 10 Zählratenbestimmungen mit einer Meßzeit von 2 Minuten wurden registriert:
>
> | | | | | |
> |---|---|---|---|---|
> | 6064 | 5964 | 5980 | 6020 | 5887 |
> | 6018 | 6064 | 6078 | 6094 | 5984 |
>
> Darf das Meßgerät als zuverlässig betrachtet werden?
>
> Entsprechend Gl. C, 24b erhält man als Mittelwert m = 6015 cpm. Die Summe der quadrierten Differenzen zwischen Einzel- und Mittelwert ergibt 36016 ($\Sigma\,[\overline{x} - \overline{m}]^2$). Danach ist χ^2 gleich 12,0.
>
> Tab. C, 3 entnimmt man für 10 Messungen eine Wahrscheinlichkeit zwischen 0,50 und 0,10, da 12,0 zwischen 8,343 und 14,684 liegt. Das Ergebnis zeigt, daß das Gerät mit hoher Wahrscheinlichkeit statistisch rein arbeitet.

Empfohlen wird auch noch der nachfolgend beschriebene Test [5], da er mit relativ geringem Rechenaufwand verbunden ist. Danach wird eine Reihe von Kontroll-Messungen n in der anfallenden Reihenfolge in eine festgelegte Zahl K von Gruppen eingeteilt. Aus jeder Gruppe wird der Höchst- (G_{max}) und Mindestwert (G_{min}) festgestellt und eine Kennzahl u nach Gl. C, 26

$$u = A - \frac{B\,\sqrt{G_{max} + G_{min}}}{G_{max} - G_{min}} \qquad (C,\,26)$$

errechnet. A und B werden durch n und K festgelegt und sind in Tab. C, 4 zusammengestellt.

Aus dem Absolutwert von u gewinnt man folgende Interpretationen:

u	
< 1	Gerät mit hoher Wahrscheinlichkeit einwandfrei
1 bis 2	Gerät wahrscheinlich einwandfrei
2 bis 2,5	Gerätefunktion zweifelhaft. Wiederholungs-Test ratsam
2,5 bis 3	Gerätefunktion zweifelhaft. Zwei Wiederholungs-Tests ratsam
> 3	Gerät mit hoher Wahrscheinlichkeit gestört

Tab. C, 4. Gesamtzahl der Meßwerte n, Gruppenanzahl K und Konstanten A und B entsprechend Gl. C, 26

n	K	A	B
30	5	7,60	30,6
40	5	8,82	41,1
50	5	9,90	51,5
60	6	10,87	61,5
	5	10,87	59,3
70	5	11,75	72,5
	7	11,75	71,0
	10	11,75	67,7
80	5	12,56	82,6
	8	12,56	80,1
	10	12,56	77,3

In der Originalarbeit [5] werden A und B auch für höhere Meßwert-Gesamtzahlen angegeben.

6. Erkennung eines zu hohen Fehlers einer Einzelmessung

Auch bei einwandfrei arbeitendem Gerät kann man jedoch aufgrund der Statistik der Meßwertverteilung Meßwerte erhalten, deren Abweichungen vom Mittelwert zu extrem sind. Besonders bei der Bestimmung der Genauigkeit einer Meßmethode (Gl. C, 2) oder des Mittelwertes (Gl. C, 4) dürfen solche Werte ausgesondert werden, da sie sonst gegenüber den anderen Werten eine ungerechtfertigt hohe Wichtung erfahren. Ein Kriterium zur Aussonderung derart suspekter Werte bietet das sog. Chauvenet-Kriterium. Es beruht darauf, daß anhand der Anzahl n der Beobachtungen jeder Wert zurückgewiesen werden darf, dessen Wahrscheinlichkeit in der Meßwert-Verteilung kleiner als $1/2$ n ist.

Im konkreten Fall von Impulsmessungen ermittelt man das Verhältnis von beobachteter Abweichung $(x_i - m)$ zur Standard-Abweichung s. Ist $y = (x_i - m)/s$ (Ordinate in Abb. C, 8) größer als der in Abhängigkeit von n Beobachtungen (Abszisse) in einem Kurvenzug dargestellte Grenzwert, so darf x_i verworfen werden. Nach Gleichung C, 7 ist $s = \sqrt{m}$. Auf Impulsratenmessungen mit der (gleichen) Meßzeit t angewandt gilt für $y = (\bar{x}_i - \bar{m})/s$ und für $s = \sqrt{\bar{m}/t}$. Zur Berechnung von m bzw. $\bar{m}$ ist der suspekte Wert miteinzubeziehen.

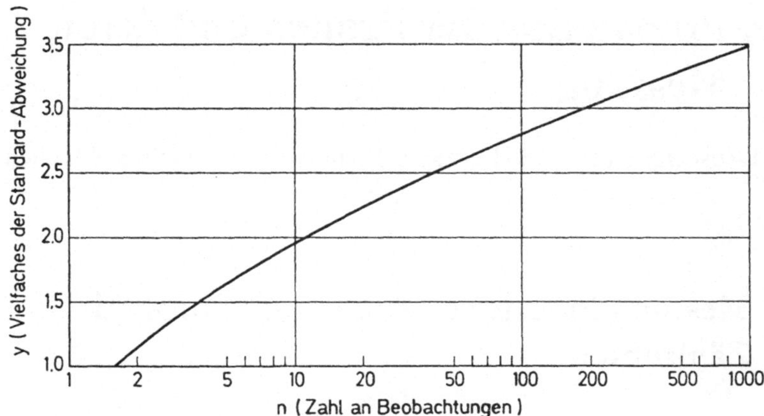

Abb. C, 8. Chauvenet-Kriterium (vgl. Text, nach l. c. [1]).

Beispiel: 5 Zählratebestimmungen mit einer Meßzeit von 2 Minuten der gleichen Probe ergaben:

    2046   2105   2011   2072   2016

Sollte der Wert 2105 cpm verworfen werden? Der Mittelwert der Zählrate $\bar{m}$ beträgt 2050 cpm, seine Standard-Abweichung $\sqrt{2050/2} = 32$ cpm und somit $y = (2105{-}2050)/32 = 1{,}72$. Nach Abb. C, 8 beträgt für $n = 5$ Beobachtungen der Grenzwert 1,65 und ist somit kleiner als das errechnete Verhältnis. Der Meßwert 2105 cpm sollte deshalb verworfen werden. Dadurch errechnet sich ein neuer Mittelwert aus den verbleibenden vier Meßwerten von 2036 cpm.

7. Literatur

1. Jarett, A. A.: AECU-262 (Mon P-126) Technical Information Division, ORE, Oak Ridge, Tenn., 1950.
2. Evans, R. D.: The Atomic Nucleus, Kap. 26 u. 27. New York: Mc Graw Hill Book Comp. 1955.
3. Nuclear Chicago Technical Bulletin Nr. 12, Des Plaines, Ill., 1962.
4. Jordan, P., Ph. A. Lykourézos: Helv. Chim. Acta 48, 581 (1965).
5. Plesch, R.: Analysentechn. Mitteilungen Nr. 10, Fa. Siemens AG, Mai 1972.

D. Präparation der Proben und deren Messung

P. Rauschenbach und H. Simon, Technische Universität München

1. Messung in fester oder flüssiger Form mit Zählrohren

Bringt man ein festes Präparat, z. B. $Ba^{35}SO_4$ oder $Ba^{14}CO_3$ unter ein Endfensterzählrohr, so ist die gemessene Impulszahl G eine Funktion folgender Faktoren [1–8]:

$$G = A \cdot a \cdot s \cdot g \cdot b \cdot e + B \qquad\qquad (D, 1)$$

Dabei bedeutet A = Zerfallsrate der Probe
  a = Absorptionsfaktor
  s = Selbstabsorptionsfaktor
  g = Geometriefaktor
  b = Rückstreufaktor
  e = Ansprechwahrscheinlichkeit des Detektors
  B = Nulleffekt der Meßanordnung

Diese Faktoren sollen anschließend einzeln besprochen werden. Der Meßwert G ist außerdem aufgrund der statistischen Natur des radioaktiven Zerfalls mit einem gewissen Fehler behaftet (vgl. C, 1).

Absorptionsfaktor und Selbstabsorptionsfaktor
Über die Absorption der β-Strahlung vgl. A, 1.2.1.1. Bei der Verwendung von Fensterzählrohren kommt es zur Absorption durch die zwischen dem Präparat und dem Zählrohr befindliche Luft, durch das Fenster des Zählrohres und schließlich durch das Material selbst (Selbstabsorption), wenn es in solchen Schichtdicken gemessen wird, daß die β-Strahlung aus den unteren Schichten die darüberliegenden nicht mehr durchdringen kann.

Die Verminderung der Zählausbeute durch Absorption im Zählrohrfenster und in der Luftschicht ist bei weichen β-Strahlern beacht-
lich. So werden von einem Material, das in einer Schichtdicke von
6 mg/cm² durchdrungen werden muß, 80% der Strahlung von ¹⁴C,
dagegen nur 2% der β-Strahlung des ³²P absorbiert (Abb. D, 1).
Dünnwandige Zählrohre besitzen meist Glimmerfenster von 1 bis
2 mg/cm².

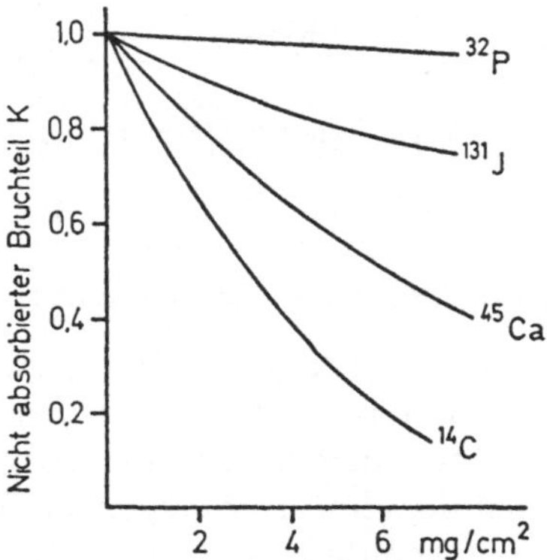

Abb. D, 1. Selbstabsorptionskurven verschiedener β-Strahler nach Gleason et al.
[1] bei konstanter Gesamtaktivität.

Ein Luftzwischenraum von 1 mm Schichtdicke entspricht etwa
0,1 mg/cm². Daher bedingen einige Millimeter Luft bei weichen
Strahlern schon einen ins Gewicht fallenden Verlust durch Absorption.

Abstandsvergrößerungen bewirken neben erhöhter Absorption
hauptsächlich eine Verschlechterung des Geometriefaktors.

Die Selbstabsorption wird wie folgt bestimmt:

> Bringt man von einem Präparat eines β-Strahlers eine immer größere
> Menge auf eine konstante Fläche und mißt mit einem Zählrohr die Impulse,
> so erhält man die in Abb. D, 2. dargestellte Kurve, wenn man die gemessene
> Radioaktivität gegen die Schichtdicke in mg/cm² aufträgt. Zunächst nimmt
> die gemessene Impulszahl linear mit der Schichtdicke zu. Sodann fallen
> aber mit steigender Schichtdicke immer mehr β-Strahlen durch Absorption
> in den überliegenden Schichten aus, die Kurve steigt wesentlich schwächer
> an und strebt je nach der Energie des Isotops mehr oder weniger bald
> einem Sättigungswert zu. Die Kurve verläuft dann horizontal, wenn eine
> Schichtdicke erreicht ist, die auch von den energiereichsten Strahlen der
> untersten Schicht nicht mehr durchdrungen werden kann, weil die effek-
> tive Schichtdicke durch weiteres Hinzufügen von radioaktivem Material
> nicht mehr verändert wird.

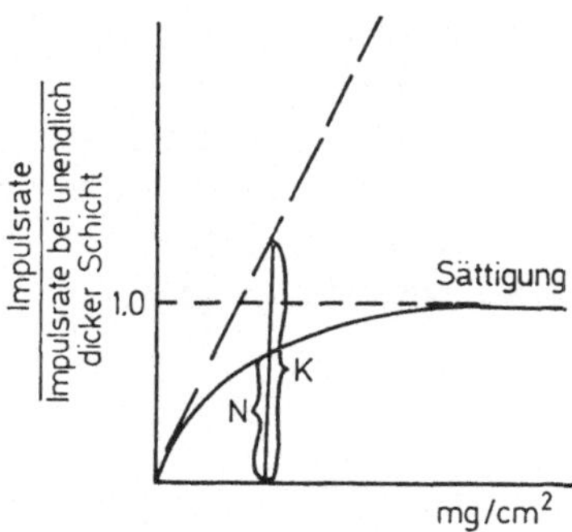

Abb. D, 2. Selbstabsorptionskurve eines β-Strahlers bei konstanter spezifischer Radioaktivität.

Man unterscheidet bei der Kurve drei Bereiche:

1. den linear ansteigenden Teil; da dieser Teil bei weichen β-Strahlern, wie bei ¹⁴C oder ³⁵S, nur bei sehr dünnen Schichtdicken auftritt, spricht man oft auch von »unendlich dünner« Schicht,
2. den Bereich zwischen dem linear ansteigenden Teil und dem Sättigungswert (mittlere Schichtdicke),
3. die sog. »unendlich dicke« Schicht.

Sollen Messungen verschiedener Präparate ein und desselben Isotops verglichen werden (wobei völlig gleiche Beschaffenheit, d. h. gleiche Verbindung, gleiche Kristallgröße und Form des Präparates vorausgesetzt wird), so ergibt sich folgendes:

Bei der Messung in »unendlich dicker« Schicht können die gemessenen Impulszahlen direkt verglichen werden, d. h., sie sind der spezifischen Aktivität proportional. Bei der Messung in »unendlich dünner« Schicht sind die beobachteten Impulszahlen der aufgebrachten Menge proportional.

Sollen Präparate mittlerer Schichtdicke verglichen werden, so ist jeder Meßwert zu korrigieren. Dabei wird die Konstanz aller anderen Korrekturfaktoren von Gleichung D, 1 und der Flächengröße vorausgesetzt.

Die Berechnung der Selbstabsorption mit Hilfe empirischer Konstanten wurde verschiedentlich versucht, doch sind die Resultate unbefriedigend [2–5].

Wesentlich geeigneter ist die experimentelle Bestimmung einer Selbstabsorptionskurve. Graphisch sind zwei Darstellungen möglich:

1. Nach der Methode konstanter *Gesamtaktivität* werden Proben zunehmender Schichtdicke, aber gleichbleibender Gesamtaktivität, präpariert. Homogene Vermischung erhält man in der Regel nur, wenn die radioaktive

und nicht-markierte Substanz gemeinsam gelöst und auskristallisiert werden. Trägt man von solchen Proben die gemessene Aktivität gegen das Flächengewicht auf, so erhält man eine Kurve entsprechend Abb. D, 1. Zur Umrechnung auf unendlich dünne Schichten ist die gemessene Impulszahl durch das K, das dem Flächengewicht entspricht, zu dividieren.

2. Nach der Methode konstanter *spezifischer* Radioaktivität werden Proben zunehmender Schichtdicke mit konstanter spezifischer Radioaktivität gemessen. Trägt man die Impulsraten als Bruchteil des bei unendlich dicker Schicht gemessenen Wertes gegen das Flächengewicht auf, so erhält man eine Kurve entsprechend Abb. D, 2. Zur Umrechnung einer Probenaktivität auf »unendlich dünne« Schicht wird durch das Verhältnis N/K dividiert.

Die Schwierigkeit dieses Verfahrens liegt in der Ermittlung der Tangente, die die Eichkurve im Koordinatenursprung berührt. Für genaue Messungen muß eine sehr exakte, mindestens 25 Punkte umfassende Selbstabsorptionskurve ermittelt werden. Es kann vorkommen, daß die Selbstabsorptionskurven auch in »unendlich dünner« Schicht nicht mehr linear sind [6].

Beispiel: Der Selbstabsorptionsfaktor eines $Ba^{14}CO_3$-Präparates sei für eine Schichtdicke von 1,5 mg/cm² N/K = 0,71. Es werden 1475 cpm gemessen. Die Korrektur ergibt 1475/0,71 = 2080. Ein anderes Präparat mit einer Schichtdicke von 1 mg/cm² ergibt 540 cpm. Der Korrekturfaktor beträgt $\frac{540}{0,9}$ = 600 cpm. Die Aktivität der beiden Präparate steht folglich im Verhältnis von $\frac{2080}{1,5}$: 600 = 2,31 : 1.

Selbstverständlich kann man auch im Bereich mittlerer Schichtdicke mit stets gleichen Dicken arbeiten und diese direkt vergleichen. Das ist jedoch sehr umständlich, da es schwierig ist, immer genau gleich dicke Schichten zu präparieren.

Bei der Messung in »unendlich dünner« Schicht ist die noch zulässige Dicke um so kleiner, je weicher die β-Strahlung ist. Eine solche »unendlich dünne« Schicht soll höchstens

$$d_{max} = \frac{1}{50} \, D_{1/2} \text{ als Schichtdicke haben.}$$

$$D_{1/2} = \frac{0,693}{\mu} = \text{Halbwertsdicke (vgl. Gl. A, 4 und 5).}$$

Für ^{14}C oder ^{35}S hat man eine »unendlich dünne« Schicht bei 0.05–0.06 mg/cm². Bei Tritium beträgt die Halbwertsdicke nur ca. 0.07 mg/cm². Vgl. Abb. D, 3.

In welchen Bereichen der Absorptionskurve man mißt, hängt vom einzelnen Fall ab. Folgende Gesichtspunkte spielen eine Rolle:

1. Aktivität der Präparate,

2. verfügbare Substanzmenge,

3. die Frage nach der besten Methode zur Herstellung der Präparate und evtl.

4. ob eine Verdünnung möglich ist oder nicht.

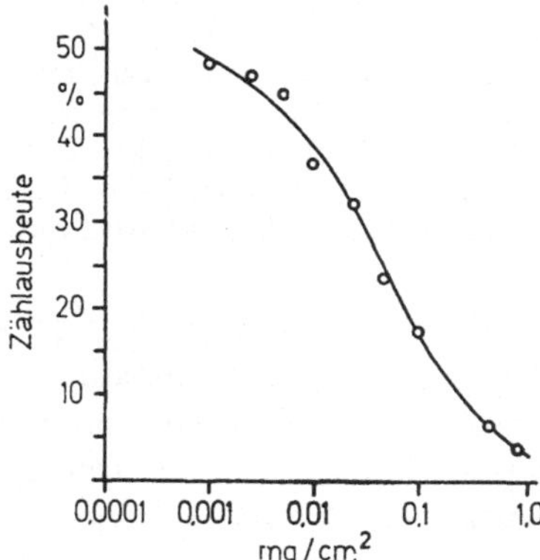

Abb. D, 3. Zählausbeute von Tritium als Funktion der Schichtdicke nach l. c. [9].

Ist die Aktivität der Präparate hoch und läßt sich beispielsweise durch Auflösen der Substanz und Eindunsten eines aliquoten Teils der Lösung auf einem Meßtellerchen leicht ein dünner Film erzielen, bei dem auch die dicksten Stellen noch als »unendlich dünn« betrachtet werden können, so ist diese Methode relativ praktisch und schnell auszuführen. Ist dagegen die spezifische Aktivität der Präparate klein, aber die Gewichtsmenge groß, so wird man in »unendlich dicker« Schicht messen. Reicht die Materialmenge für eine »dicke Schicht« nicht aus, so kann man sie mit nicht-markierter Substanz gleicher Zusammensetzung verdünnen. Das setzt jedoch einen Mindestbetrag an Radioaktivität des Präparates voraus, da durch das nicht-markierte Material die Selbstabsorption steigt.

Da man nur Relativmessungen ausführt, genügt für das verwendete Material und die Meßanordnung eine Selbstabsorptionskurve. Es gibt jedoch keine quantitativ allgemein gültige Selbstabsorptionskurve beispielsweise für ^{14}C-Bariumcarbonat oder ^{45}Ca-Calciumoxalat. Verschiedene Endfensterzählrohre und Durchflußzählrohre zeigen verschiedene Selbstabsorptionskurven. Ihr Verlauf hängt auch von der Flächengröße des Präparates, vom Abstand zum Zählrohr und vom Verhältnis der Größe des Präparates zur Zählrohröffnung ab. Wird z. B. ein und dasselbe Bariumcarbonat bzw. ein und dieselbe Glucose nur etwas verschieden in die Meßschälchen eingebracht, so daß sich die kleineren und größeren Partikel bei den Präparationen etwas trennen, ergeben sich bei der gleichen Meßanordnung verschiedene Selbstabsorptionskurven [6].

Der Geometriefaktor

Unter dem Geometriefaktor g in Gleichung D, 1 versteht man das Verhältnis des ausnutzbaren Raumwinkels zum Gesamtraumwinkel 4π. Einfache Verhältnisse erhält man nur mit einer punktförmigen Strahlungsquelle, die keine Selbstabsorption zeigt und sich auf einer sehr dünnen Unterlage befindet, so daß Rückstreuung ausgeschlossen ist. Die in der Praxis meist vorkommenden kreisförmigen, ebenen Präparate haben stets einen kleineren Raumwinkel als 2π (entspricht einem Geometriefaktor von 0,5). GLEASON et al. [1] und COOK et al. [7] haben die Verhältnisse rechnerisch behandelt und die Ergebnisse in Kurven niedergelegt. Experimentell kann der Geometriefaktor meist leicht konstant gehalten werden.

Der Rückstreufaktor

Unter Rückstreuung *(back-scattering* oder *reflection)* versteht man jenen Teil der Strahlen, der zwar das Präparat in der zum Zählrohr entgegengesetzten Richtung verläßt, aber an der Präparatenunterlage reflektiert wird und so doch noch in das Zählrohr gelangt. Der Rückstreufaktor gibt an, um welchen Faktor sich die Zählwirksamkeit verbessert. Seine Größe hängt beim gleichen Material der Unterlage von der Meßanordnung, der Energie der β-Strahlung und der Dicke der Unterlage ab. Da die rückgestreuten Elektronen im Mittel energieärmer sind als die nicht gestreuten, ändert sich die Energieverteilung der in das Zählrohr gelangenden β-Teilchen und damit die Selbstabsorptionskurve. Der Rückstreufaktor steigt mit der Ordnungszahl des Materials [8].

Ansprechwahrscheinlichkeit

Unter der Ansprech- oder Nachweiswahrscheinlichkeit versteht man die Wahrscheinlichkeit, mit der ein α-, β- oder γ-Strahl, der in das empfindliche Volumen des Zählrohres eindringt, registriert wird. Das Ansprechen des Zählrohres kann aus verschiedenen Gründen unterbleiben:

1. Ein Teilchen folgt einem vorausgegangenen so rasch nach, daß das Auflösungsvermögen des Zählrohres nicht zu einer getrennten Registrierung ausreicht (Totzeitverlust). Bei der Verwendung von Geiger-Müller-Zählrohren können schon bei weniger als 10000 cpm merkliche Verluste eintreten.

2. Das einfliegende Teilchen oder γ-Quant erzeugt z. B. im Proportionalzähler so wenig Ionen, daß die Impulsgröße zur Registrierung nicht ausreicht. Demgegenüber genügt bei einem im Auslösebereich betriebenen Zählrohr bereits ein einzelnes Ionenpaar zur Registrierung.

Nulleffekt

Jedes Nachweisgerät für radioaktive Strahlung registriert eine gewisse Zahl von Impulsen, auch ohne daß man ein radioaktives Präparat in die Meßanordnung gebracht hat. Dies ist der Nulleffekt oder Leerwert des Gerätes. Die Aktivitätsmessung eines Präparates besteht daher immer aus zwei Messungen. Man mißt erstens den Nulleffekt und zieht diesen von der Meßrate des Präparates ab. Wie in E, 3 gezeigt, sind für den Nulleffekt die allgegenwärtige Verunreinigung jeden Materials mit radioaktiven Stoffen und die kosmische Höhenstrahlung verantwortlich. Dazu können noch andere Ursachen wie z. B. Röntgen- oder UV-Lampen kommen. Besonders Zählrohre aus Glas oder mit lichtdurchlässigen Fenstern sind in hohem Maße photoelektrisch und empfindlich für sichtbares Licht. Naturgemäß haben von den auf Ionisation beruhenden Nachweisverfahren die Geiger-Müller-Zählrohre den größten Nulleffekt, da bei ihnen die Bildung eines einzigen Ionenpaares einen Impuls auslöst. Da die Proportionalzähler keine gleichgroßen Impulse liefern, kann man beim Messen von härteren Strahlern die Ansprechschwelle des dem Zählrohr angeschlossenen Registriergerätes so hoch wählen, daß kleinere Impulse des Nulleffektes nicht erfaßt werden. Allgemein hängt der Nullwert von Zählrohren und Ionisationskammern von ihrer Größe ab. Eine gute Ionisationskammer zeigt nicht mehr als 10^{-4} α-Teilchen pro Quadratzentimeter und pro Minute als Kontamination der Baumaterialien. α-Teilchen von 3–5 MeV erzeugen ca. 10^5, β-Strahlen von 100–200 keV ca. 10^3 und ein Quant aus der Höhenstrahlung ca. 300 Ionen pro 10 cm Weg im Füllgas. Verwendet man bei der Auflademethode (vgl. B, 2.1) einen Schreiber, so kann man α-Teilchen deutlich sehen und eine Korrektur vornehmen. Der durch nicht vollkommene Isolierung bewirkte Nullstrom beträgt bei einer 250 ml Kammer ca. $5 \cdot 10^{-16}$ A, in besonders günstigen Fällen ca. $5 \cdot 10^{-17}$ A.

Der Nulleffekt aus der Umgebungsstrahlung kann durch mechanische Abschirmung durch Blei oder andere Schwermetalle, die Höhenstrahlung dagegen nur durch elektronische Maßnahmen vermindert werden (vgl. E, 3). Über den Einfluß des Nulleffekts auf die Genauigkeit des Zählergebnisses vgl. C, 2.

Es ist zweckmäßig, den Nulleffekt vor und nach und evtl. auch zwischen den Messungen einer größeren Probenserie zu bestimmen. Eine Änderung des Nulleffektes kann sich nämlich durch den sog. »warming up« Effekt ergeben. Man versteht darunter, daß ein Zählrohr, nachdem es der Wirkung einer radioaktiven Probe ausgesetzt war, einen höheren Nullwert zeigen kann. Besonders Zählrohre aus Glas mit Graphitkathode neigen dazu. Daneben können Ionisationskammern und Füllzählrohre einen »Memory« Effekt zeigen, d. h. daß nach der Vermessung von hochaktiven Proben ein wesentlich erhöhter Nulleffekt auftritt. Dies beobachtet man besonders bei neuen Kammern und Zählrohren durch Adsorption des radioaktiven Gases an den Wänden. Um eine solche Adsorption zu vermeiden, macht man von der ganz allgemein gültigen Methode Gebrauch, die Oberflächen von Geräten zuerst mit nicht radioaktiven Proben gleicher chemischer Zusammensetzung zu behandeln.

Beispielsweise werden die Messingkathoden von Füll-Zählrohren und Zählkammern, die mit radioaktivem CO_2 gefüllt werden sollen, zunächst mit verdünnter Salpetersäure (0,05 M) gut gereinigt. Sodann wird das zusammengebaute Gerät auf Hochvakuum ausgepumpt, schließlich mit inaktivem Kohlendioxid gefüllt und einige Stunden stehen gelassen. Anschließend pumpt man das inaktive Gas aus, und der derart stabilisierte Zähler zeigt für CO_2 kaum mehr einen »Memory« Effekt.

1.1. T-, ^{14}C-, ^{35}S- und ^{45}Ca-markierte Proben

Die Messung von Tritium in fester Form [9–17] ist nur mit fensterlosen Durchflußzählrohren möglich. Abb. D, 3 zeigt die Zählausbeute für Tritium in Abhängigkeit von der Schichtdicke. Mit 0,7 mg/cm² wird »unendlich dicke« Schicht erreicht. Die Zählausbeute beträgt ca. 4%. Die Standardabweichung kann für sehr sorgfältig präparierte Proben < 2% sein. Proben mit einer Aktivität von 0,01 μCi sind noch meßbar. Bei Verwendung unendlich dünner Schichten von 0,001 mg/cm² kann die Zählausbeute bis 50% betragen. Jedoch ist die Reproduzierbarkeit solcher Messungen nicht gut, da es schwierig ist, völlig gleichmäßige dünne Filme herzustellen.

Isbell et al. [9, 10] geben detaillierte Vorschriften für die Präparation nichtflüchtiger wasserlöslicher Materialien. Dazu werden die Substanzen in Wasser gelöst, das ein Dickungsmittel wie Natrium-O-(carboxymethyl)-cellulose enthält. Die Lösung wird in gering vertiefte Probentellerchen gebracht und getrocknet (vgl. Vorschrift).

Die Lösungen werden wie folgt hergestellt:

1 g O-(Carboxymethyl)-cellulose oder 1 g Natriumalginat werden zusammen mit ca. 0,5–1,0 g Glucose und 10 mg Eosin in 100 ml Wasser aufgelöst. Durch den Eosinzusatz kann die Gleichmäßigkeit der Filme besser beurteilt werden. Die zugesetzte Glucose wirkt als Weichmacher und Ballast. Bei der Messung größerer Mengen organischen Materials geringerer spez. Aktivität kann der Glucosezusatz wegfallen.

Die T-markierten Substanzen werden gewogen und in einem bekannten Volumen der oben beschriebenen Lösungen aufgelöst. 0,5 ml einer solchen Lösung können auf 10 cm² eines unmittelbar vorher entfetteten Metallblättchens aufgebracht und unter einer Infrarotlampe getrocknet werden. Zur Wägekonstanz bringt man die Proben in einen Exsiccator über eine gesättigte Caliumacetatlösung. Anschließend wird unter einem Durchflußzählrohr (vgl. B, 2.2.) gemessen. Elektrische Aufladungserscheinungen können behoben werden, wenn man die Probe nochmal für einige Zeit in den Exsiccator bringt.

Die Darstellung fester Meßproben aus alkoholischen Lösungen wird u. a. von Rydberg [17] beschrieben, der ebenso wie Isbell et al. [9, 10] das Problem eingehend behandelt.

Es wurden verschiedene Verfahren angegeben, wodurch auch die T-Aktivität von Wasser nach einer entsprechenden Umsetzung bestimmt werden kann. Um eine grobe Bestimmung auszuführen, kann man beispielsweise eine bekannte Menge T-haltiges Wasser mit einer bekannten Menge Ammonchlorid austauschen, das Wasser abdampfen und den Rückstand messen [11]. Andere Autoren schlagen vor, das beispielsweise durch Verbrennung organischer Substanzen erhaltene Wasser mit der Grignardverbindung von Octadecylhalogenid umzusetzen und dann das 1-T-Octadecan in fester Form zu messen [12].

Mit diesen Methoden läßt sich jedoch kaum ein umfangreiches Arbeitsprogramm mit Tritium durchführen.

Für ¹⁴C werden als Meßformen meist Bariumcarbonat, für ³⁵S Barium- oder Benzidinsulfat und für ⁴⁵Ca Calciumoxalat verwendet. Es läßt sich für die Kohlenstoffmessung auch Calciumcarbonat verwenden, was bei geringen Radioaktivitäten von Vorteil ist, da die Selbstabsorption, bezogen auf die gleiche Kohlenstoffmenge, geringer ist [18]. Neben den Carbonaten lassen sich alle Verbindungen vergleichend messen, die man identisch in reproduzierbare Präparate-Form überführen kann. Verschiedene Verbindungen lassen sich nur mit recht mäßiger Genauigkeit vergleichend messen. Um bessere Genauigkeiten zu erzielen, muß man daher organische ¹⁴C- oder ³⁵S-haltige Verbindungen verbrennen, um sie dann in Form von Bariumcarbonat oder Bariumsulfat vermessen zu können. Die verschiedenen Formen der Oxidation organischer ¹⁴C-haltiger Substanzen zu Kohlendioxid sind unter D, 3.1.2.2.2., D, 3.1.2.3. und E, 4 beschrieben.

Man kann bei der Darstellung von Bariumcarbonat nach zwei Richtungen arbeiten:

1. Man bestimmt die Gesamtaktivität des gebildeten Bariumcarbonats. Dazu muß das gebildete Bariumcarbonat quantitativ erfaßt und bestimmt werden. Die Methode muß nicht blindwertfrei sein, da das Produkt aus spezifischer Aktivität und Gewicht konstant ist.

2. Man bestimmt nur die spezifische Aktivität des gebildeten Bariumcarbonats. Dazu muß die Methode blindwertfrei oder zumindest mit einem völlig konstanten und bekannten Blindwert arbeiten. Das Bariumcarbonat braucht dabei allerdings nicht quantitativ erfaßt zu werden.

Wird bei blindwertfreiem Arbeiten das Bariumcarbonat gleichzeitig quantitativ erfaßt, so kann neben der Radioaktivität auch der Kohlenstoffgehalt des Ausgangsmaterials bestimmt werden. Bei der Verbrennung von reinen Substanzen hat man so gleichzeitig eine Kontrolle für den ordnungsgemäßen Ablauf der Analyse.

Das Kohlendioxid kann auf drei Wegen bestimmt werden.

1. Manometrisch, indem man den Druck des Kohlendioxids in einem bekannten Volumen mißt. Dieses Verfahren ist besonders dann geeignet, wenn man anschließend das Kohlendioxid allein oder vermischt mit anderen Gasen in einer Ionisationskammer oder in einem Gaszählrohr zur Messung bringt [19].

2. Titrimetrische Bestimmung. Dazu wird das Kohlendioxid in einer bekannten Menge Alkalilauge absorbiert, anschließend als Bariumcarbonat ausgefällt und der Überschuß an Lauge gegen Phenolphthalein zurücktitriert. Das Bariumcarbonat kann anschließend zur Herstellung einer Meßprobe verwendet werden. Die Titration kann bei Einhaltung entsprechender Vorsichtsmaßregeln auch erfolgen, bevor das Bariumcarbonat ausgefällt ist.

3. Gravimetrische Bestimmung. Man sammelt das gebildete Bariumcarbonat quantitativ und wiegt es.

Erfolgt die Verbrennung unvollständig, so stellt das entstehende Kohlendioxid meist keine repräsentative Mischung dar, da die einzelnen Kohlenstoffatome eines Moleküls unterschiedlich rasch zu Kohlendioxid oxidiert werden. Bei nicht vollständiger Verbrennung können daher beträchtliche Fehler entstehen. Es ist deshalb auch nicht zu empfehlen, das Kohlendioxid direkt in Bariumhydroxidlösung einzuleiten, da häufig ein Niederschlag entsteht, der in seiner Radioaktivität nicht homogen ist.

Das zweite Verfahren erfordert eine weitgehend carbonatfreie, d. h. blindwertfreie Natronlauge. Ihre Herstellung ist in l. c. [20, 21] beschrieben.

Zur Absorption des durch eine Naßverbrennung (vgl. D, 3.1.2.2.2.) oder Trockenverbrennung (vgl. D, 3.1.2.3.) entstandenen Kohlendioxids hat sich eine auf S. 18 in SIMON und FLOSS S. 14 angegebene Apparatur und Arbeitsweise sehr bewährt.

GÖTTE et al. [22] machen von der »Kolbenmethode« Gebrauch (vgl. D, 3.1.2.3.1.). Allerdings kommt es dabei zu einer starken Verdünnung des aus der Substanz entstehenden Kohlendioxids, und deshalb ist es für schwach aktive Präparate nicht geeignet. Außerdem muß das gebildete CO_2 quantitativ erfaßt werden. Zur Darstellung von Bariumcarbonatmeßproben wurde eine große Anzahl von Verfahren vorgeschlagen. Die hier beschriebene Methode bewährte sich gut. Abb. D, 4 zeigt die notwendige Vorrichtung.

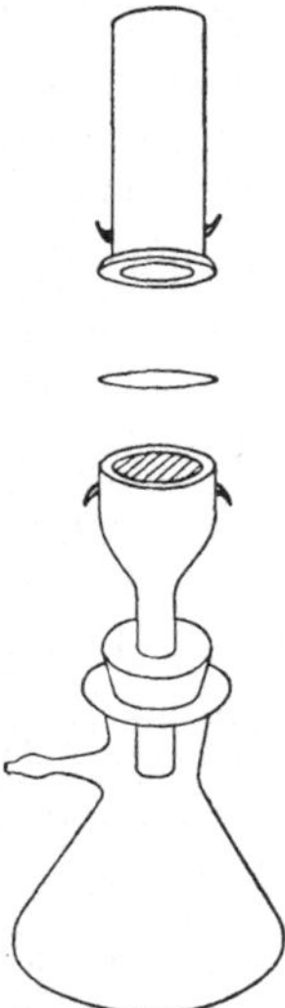

Abb. D, 4. Vorrichtung zum Plattieren von Bariumcarbonat, Benzidinsulfat oder anderen Fällungen. Einzelheiten siehe Text.

Das Oberteil einer Glassinternutsche (G 2) wird abgesprengt und anschließend plangeschliffen. Der Durchmesser richtet sich nach dem Durchmesser des Zählrohres, unter dem die Proben gemessen werden sollen. Auf die Glassinterfläche legt man ein passendes Rundfilter und hält es mit einem Kamin, der ebenfalls unten plangeschliffen ist. Es ist günstig, wenn der untere innere Teil des Kamins ganz schwach konisch ist, d. h., der Durchmesser am unteren Ende soll ca. 1–1,5 mm weiter sein als der Durchmesser 5 mm vom Ende entfernt. Mit zwei Federn wird die Vorrichtung fest zusammengehalten. Die Bariumcarbonatfällung wird hierdurch abgesaugt. Sobald das letzte Wasser der Suspension abgelaufen ist, muß mit heißem, CO_2-freiem Wasser nachgespült werden. Dabei darf jedoch die glatte Oberfläche des Bariumcarbonats nicht wieder zerstört werden! Es ist günstig, dem Waschwasser eine ganz geringe Menge eines wasserlöslichen Leims zuzusetzen, da dann die Bariumcarbonatproben eine höhere mechanische Festigkeit aufweisen. Das Präparat wird mit dem Filtrierpapier von der Nutsche mit einer Rasierklinge abgehoben, auf eine Metallunterlage gebracht, der überstehende Papierrand mit einem Ring festgehalten und anschließend unter einer Infrarotlampe vorsichtig getrocknet. Dabei soll die Temperatur nicht zu hoch sein, da sich die Präparate sonst werfen und springen. Durch das Filterpapier dauert es meist einige Zeit, bis eine gute Wägekonstanz erreicht wird.

Häufig werden auch ca. 1,5 mm dicke Glassinterscheiben benutzt, auf denen der Niederschlag direkt abgesaugt werden kann [23]. Eine andere Möglichkeit besteht darin, die abgesaugten oder abzentrifugierten und gewaschenen Niederschläge in kleine käufliche Metallnäpfchen zu überführen. Auch hier ist es empfehlenswert, der Lösung, aus der der Bariumcarbonatniederschlag gewonnen wird, etwas von einer oberflächenaktiven Substanz zuzusetzen, da dadurch das Hochkriechen des feuchten Bariumcarbonats vermieden wird.

Eine weitere Möglichkeit besteht darin, die Bariumcarbonatniederschläge gleich in passende Behälter abzuzentrifugieren [24]. Schließlich ist es auch möglich, Preßlinge herzustellen, wie es bei der Aufnahme von IR-Spektren fester Substanzen geschieht [25].

2. Messung in der Gasphase nach Proben-Umwandlung

Die Messung von T und/oder ^{14}C in Form entsprechender Verbindungen in der Gasphase hat den Vorteil hoher Zählausbeute und Genauigkeit. Der Aufwand der Probenpräparation ist im allgemeinen höher als für die Szintillations-Zählung, aber geringer als für eine genaue Messung in fester Form, insbesondere falls die Proben hierfür verbrannt werden müssen (vgl. D, 1). Bei der Messung in der Gasphase fallen die aus der Formel D, 1 erkennbaren Schwierigkeiten der Messung in fester Form weg, da die Faktoren als solche wegfallen oder zwangsläufig konstant sind. Auch eine Reihe von Schwierigkeiten, (vgl. B, 4.2.4. und D, 3.2.) die mit der Szintillations-Zählung verbunden sein können, treten bei der Messung in der Gasphase nicht auf. Falls die Zahl der anfallenden Proben nicht zu groß ist, hohe Genauigkeit verlangt wird und insbesondere nur gering aktive Proben vorliegen, kann auch heute die Gaszählung noch das optimale Verfahren darstellen (vgl. Tab. C, 1 und Abschn. E, 3.2.1. und E, 4).

2.1. Tritium-markierte Proben

Bei allen mit Stoffumwandlungen verbundenen Verfahren zur T-Analyse müssen insbesondere zwei Fehlerquellen berücksichtigt werden. Erfolgen Verbrennungen oder andere Umwandlungen nicht zu 100%, so kann es aufgrund von Isotopeneffekten zu An- oder Abreicherungen von Tritium kommen. Die zweite Schwierigkeit besteht in Memory-Effekten. D. h., daß eine Apparatur, in der T-haltige Substanzen verbrannt werden, bei der nächsten Verbrennung von nichtmarkiertem Material ein Zählgas liefert, das z. B. noch 5–10% der Radioaktivität der vorhergehenden Probe zeigt. Da sich die spezifischen Aktivitäten von Analysenproben häufig um mehrere Zehnerpotenzen unterscheiden, können leicht Fehler von mehreren hundert Prozent auftreten. Besonders ungünstige Bedingungen entstehen, wenn T-haltiger Wasserdampf mit Glasoberflächen zusammentrifft oder T-enthaltende Kohlenwasserstoffe mit Fetten, wie sie zum Schmieren von Schliffen verwendet werden. Beim Methan ist dieser Effekt noch vernachlässigbar, wird jedoch bei T-markiertem Butan schon recht stark. Da T-haltiger Wasserdampf neben einem hohen Memory-Effekt in den Zählrohren auch bei geringen Partialdrucken sehr schlechte Plateaus ergibt, sind alle Verfahren, die Wasserdampf als Füllgas für die Zählrohre verwenden [26–28], für genaue T-Bestimmungen ohne Bedeutung. Kaum günstiger dürften die Verhältnisse liegen, wenn die Zählrohre bei erhöhter Temperatur betrieben [29–31] werden.

Zur Tritiumanalyse in der Gasphase [19, 32–40] sind Zweistufenverfahren, bei denen der Wasserstoff der Substanz zunächst durch Oxidation in Wasser überführt wird und dieses dann reduziert oder zu einem Kohlenwasserstoff umgesetzt wird, in der Regel ungünstig. Bei der Umsetzung von Wasser mit einem Carbid oder einer Grignard-Verbindung geht außerdem etwa die Hälfte der Tritiumaktivität verloren, da Metallhydroxyde entstehen. Diese Verfahren haben alle die Nachteile von Memory- und Isotopeneffekten. Außerdem sind sie meist umständlich und zeitraubend. Die Nachteile der Zweistufenverfahren werden bei einer ursprünglich von WILZBACH et al. [33] angegebenen Methode umgangen. Sie ist genau, frei von Memory-Effekten, in der Durchführung einfach und mit geringen Ausnahmen für alle Substanzklassen anwendbar. Das durch *eine* Reaktion anfallende Zählgas wurde von WILZBACH in Ionisationskammern gemessen. Es ist jedoch auch sehr gut für Proportionalzählrohre geeignet [19, 34–37]. Bei der Durchführung mehrerer tausend Analysen im eigenen Laboratorium zeigte es sich, daß die Reproduzierbarkeit besser als 1% sein kann. Bei einem besonders einfachen Manipulations-Verfahren beträgt die Zählausbeute für 100 ml Zählrohre 40–45% und für 150 ml Zählrohre 55%. Zählausbeuten über 90% können erreicht werden, wenn das in den Ampullen entstehende Gas, z. B. durch eine Toepler-Pumpe quantitativ in das Zählrohr gebracht wird. LARSSON [37a] beschreibt eine Mikromethode, bei der eine kleine Ampulle direkt im Zählrohr geöffnet wird.

Das Wilzbach-Verfahren liefert bei Verwendung von Zählrohren etwas zu geringe bzw. schwankende Werte, falls Substanzen analysiert werden, deren Gehalt an NH_2-Gruppen 4–6% überschreitet. Ammoniumsalze lassen sich nach dieser Methode nicht analysieren. In diesen Fällen ist ein abgeändertes Verfahren anzuwenden (vgl. l. c. [34]). Neben T-haltigen Substanzen können auch ^{14}C-haltige bzw. doppelmarkierte durch dieses Verfahren in die Gasphase überführt werden [35–38].

Zahlreiche weitere Verfahren sind in der Literatur angegeben [37–40]. Siehe auch Abschn. E, 4. Über Fehlerquellen bei der Messung in Gaszählrohren haben JORDAN und LYKOURÉZOS [37, 38] intensiv gearbeitet.

Besonders haben sich Metallzählrohre, die im Proportionalbereich betrieben werden, bewährt. Gegenüber Zählrohren aus Glas sind sie mechanisch stabiler, unempfindlich gegen Quecksilberdampf, zeigen bessere Isolation bei hohen Spannungen und liefern lange und wenig ansteigende Plateaus [34]. Erfahrungsgemäß sind Zählrohre mit 0,1 mm Draht günstiger als solche mit 0,05 mm Draht (vgl. B, 2).

Ionisationskammern [41–44] zeichnen sich besonders dadurch aus, daß alle Gase und Dämpfe, die die Kammerwände chemisch nicht angreifen oder keinen leitenden Film auf dem Isolator bilden, gemessen werden können. Da die Reinheit der verwendeten Meßgase nicht kritisch ist, können Gasmischungen aus irgendwelchen chemischen Umsetzungen direkt durch die Ionisationskammern geleitet werden. Dies ist besonders bei Stoffwechseluntersuchungen von Interesse, da ausgeatmete Luft von Versuchstieren oder CO_2 von Gewebe oder anderen Zellen, denen irgendwelche markierten Präparate appliziert wurden, direkt durch eine Ionisationskammer geleitet und über Stunden oder Tage kontinuierlich gemessen werden können [41–44]. Ein weiterer Vorteil der Ionisationskammermethode ist ihr über 8 Größenordnungen gehender Meßbereich. Nachteilig, insbesondere bei der Messung sehr geringer Aktivitäten, ist die hohe Empfindlichkeit der Isolatoren. Eine evakuierte und wieder gefüllte Ionisationskammer benötigt häufig eine Stunde, bis sie einen konstanten Meßwert liefert. Auch die eigentliche Messung und deren Auswertung ist aufwendiger als die bei Gaszählrohren (vgl. B, 2). Eine Ionisationskammer mit guten Isolatoren kostet wesentlich mehr als ein Gaszählrohr.

Für die Gasphasen-Messung von T und/oder ^{14}C wird folgendes benötigt:

Bombenrohre aus Supremax- oder Pyrexglas 1720 (Herstellung s. S. 91), Porzellan- bzw. Quarzschiffchen (4 × 5 × 24 mm) oder Wägeröhrchen lang, Mikrowaage, Gebläse, Vakuumsystem, bestehend aus: Vakuum-

Apparatur, Vakuum-Meßgerät und Vakuumpumpen (Wasserstrahlpumpe mit Quecksilber-Diffusionspumpe oder eine zweistufige Ölpumpe), Ofen (Muffelofen, geeignet für eine Arbeitstemperatur von 650°). Weiterhin sind erforderlich Kaliumperchlorat (p. a.), Kupferoxid, Vanadinpentoxid, Dewar-Gefäße, flüssiger Stickstoff, Trockeneis (nur notwendig, falls der prozentuale H-Wert der Probe bestimmt werden soll), Methan oder Äthan[1] in Stahlflasche mit Feinregulierventil, Strahlungsmeßgeräte, Gasfüllzählrohre (verschiedene Volumina), eventuell Ionisationskammern mit Meßverstärker.

Anfertigung der Bombenrohre

Die Bombenrohre werden aus Supremax- oder Pyrexglas angefertigt. Der äußere Durchmesser der Rohre soll 10 bis 12 mm betragen und die Wandstärke etwa 1–1,5 mm. Man schneidet die Rohre in Längen von ca. 36 cm und reinigt sie mit Chromschwefelsäure. Vor einem Gebläse werden sie in der Mitte etwa 25 cm ausgezogen. Die Verengung wird mit einer kleinen Flamme so abgezogen, daß an jeder Bombe ein etwa 3 cm langes Stück bleibt. Dieses wird zu einem sichelförmigen Haken (break tip) (Abb. D, 5) gebogen. Unmittelbar vor der Einwaage kann man die Rohre einige Minuten im Muffelofen erhitzen, um Spuren von Staub zu entfernen. Dies ist jedoch nur im Falle der quantitativen Kohlenstoffbestimmung notwendig.

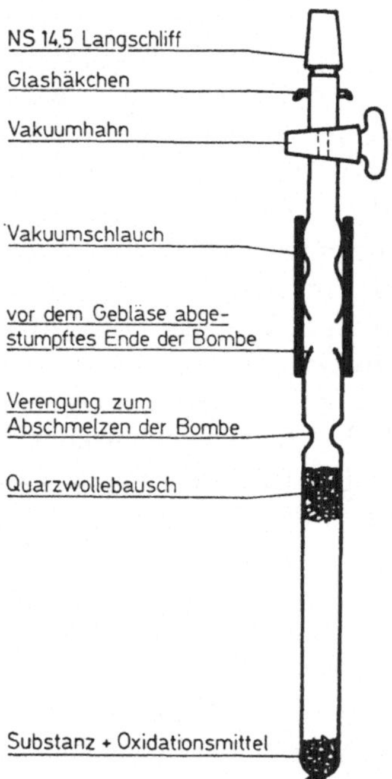

Abb. D, 5. Ampulle zur Umwandlung von festen Substanzen in die Gasphase mit Vorrichtung zum Evakuieren.

---

1 Da Äthanbomben flüssige Phase enthalten, kann man mit einer Äthanbombe sehr viel länger arbeiten!

Arbeitsweise für T-Analyse [19, 34]

In das oben beschriebene Bombenrohr kommen ca. 2,5 g amalgamiertes Zink. (Zu 200 g grießförmigem Zink kommen ca. 1,5 g Sublimat in 100 ml 2N Schwefelsäure. Nach häufigerem Umschütteln dekantiert man nach ca. 1 Std. die Lösung und wäscht das Zink 8mal mit 100 ml dest. Wasser und noch 2mal mit Methanol. Darauf trocknet man im Vakuumexsiccator.)

Weiter gibt man ca. 150 mg Nickeloxid (Nickel Oxyde-Black Powder Item 1.2792; J. T. Baker Chemical Co., Philipsburg) in das Rohr. Reproduzierbare Ergebnisse konnten nur mit diesem Nickeloxid erhalten werden. Schließlich kommt das Wägeschiffchen mit Substanz und eine Wasserampulle mit ca. 15–20 mg Wasser hinzu. Das Glasrohr wird etwa 5 cm vom oberen Rand verengt (vgl. Abb. D. 5), evakuiert und abgeschmolzen. Die Bombe wird geschüttelt, um die Wasserampulle zu zerbrechen und ca. 40 Min. auf 650° erhitzt. Die Bombe soll so in den Ofen hineingelegt werden, daß das Zink nicht in der leicht brechbaren Spitze liegt, da diese sonst verstopft werden kann.

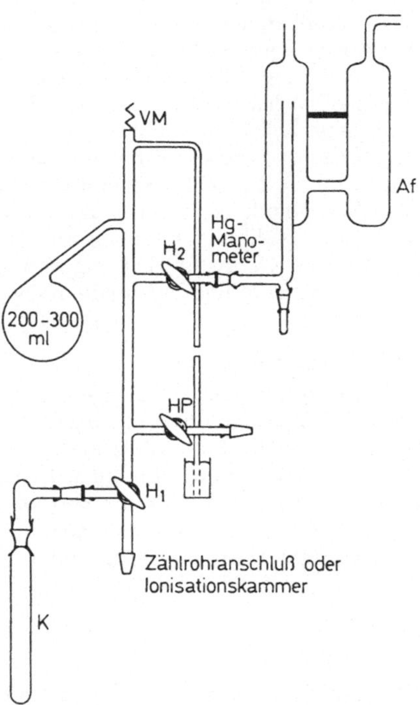

Abb. D, 6. Vakuumapparatur zur Füllung von Gaszählrohren oder Ionisationskammern zur Tritiumanalyse.

Die zum Überführen des Zählgases in ein Zählrohr[2] oder Ionisationskammer notwendige Apparatur ist aus Abb. D, 6 zu ersehen. Ein Arbeitsvakuum

---

2 Hergestellt von Fa. Lab. Prof. Berthold D-7547 Wildbad/Schwarzwald (vgl. [34]).

von $3 \cdot 10^{-2}$ Torr ist ausreichend. Die Druckverhältnisse in der Apparatur werden durch das Quecksilbermanometer und durch eine Vakuummeßzelle angezeigt. Die zu öffnende Bombe kommt mit der abbrechbaren Spitze nach oben in Teil K. Das Zählrohr ist angeschlossen. H 2 ist geschlossen. Die Apparatur mit dem Zählrohr wird durch HP evakuiert und auf Dichtigkeit geprüft. (Falls bei der vorhergehenden Analyse eine wesentlich höhere Aktivität im Zählrohr war, spült man zweckmäßig das Zählrohr noch einmal mit Methan aus.) Zum Überführen des Gases in das Zählrohr wird H 1 (ein Dreiwegehahn) so gestellt, daß nur Verbindung zwischen K und dem Zählrohr besteht. K wird mit mäßigem Schwung um den waagrechten Schliff gedreht. Dabei zerbricht die dünne Spitze (dies muß eventuell wiederholt werden). Jetzt wird über Af Methan in die Apparatur eingeschleust. Dazu läßt man einen kräftigen Methanstrom fließen und öffnet H 2 so langsam, daß das Paraffinöl in der Blase von Af, die nicht direkt mit der Methanbombe verbunden ist, nicht bis unter das Verbindungsrohr sinkt. Sobald H 2 ganz geöffnet ist und das Methan trotzdem über Af entweicht, ist die Apparatur gefüllt. Das Fortschreiten der Füllung kann auch am Quecksilbermanometer beobachtet werden. Bei weiterlaufendem Methanstrom wird jetzt der Dreiwegehahn H 1 langsam gedreht, so daß die Verbindung zu K unterbrochen und die Verbindung zum oberen Teil der Apparatur hergestellt wird. Dabei ist auch wieder auf den Ölstand in Af zu achten. Sobald das Zählrohr gefüllt ist (am Quecksilbermanometer zu beobachten), wird der Hahn am Zählrohr geschlossen, der Methanstrom abgedreht, H 2 geschlossen und sodann der Dreiwegehahn H 1 so gedreht, daß Verbindung zwischen K und dem oberen Teil der Apparatur besteht. Das Zählrohr wird abgenommen und kann nach 15 Minuten Liegen an den Vorverstärker angeschlossen und vermessen werden. Soll ein Zählrohr zur Nulleffektsbestimmung gefüllt werden, geht man analog vor.

Bestimmung des T-Gehaltes in Wasser

Das Wasser wird in eine Ampulle eingewogen, diese zugeschmolzen und zusammen mit 1–2 g Zink in eine Bombe gebracht. Die evakuierte Bombe wird verschlossen und durch heftiges Schütteln die Wasserampulle zerbrochen. Anschließend erhitzt man für 20 Min. auf 650°C und öffnet die Bombe wie vorstehend beschrieben. Die T-Aktivität von Wasserproben kann auf $\pm$ 0,3% reproduziert werden, falls die Zählraten so hoch sind, daß die statistischen Schwankungen vernachlässigbar sind.

2.2. ^{14}C- und ^{14}T/C-doppelmarkierte Substanzen

Einwaage der Substanz und deren Oxidation

Falls die Substanz nur aus den Elementen C, H und O besteht, kommt in die Bombe gut getrocknetes Caliumperchlorat (p. a.) (pro 10 mg etwa 80 mg $KClO_4$). Anschließend wird mit einem langstieligen Wägeröhrchen oder mit einem Porzellan- bzw. Quarzschiffchen die Substanz eingewogen und möglichst weit in die Bombe hineingeschoben. Es können in die normalen Bomben 3–40 mg Substanz gebracht werden. Bei Einwaagen über

25 mg ist es jedoch günstig, nur etwa 200 mg Kaliumperchlorat zuzugeben und außerdem unabhängig von der Zusammensetzung der Substanz noch 600–800 mg Kupferoxid. Anschließend wird die Bombe wie S. 92 beschrieben verschlossen. Eine geeignete Apparatur s. l. c. [19].

Falls die Einwaagen kleiner als 8 mg sind, kann das Evakuieren der Bombe unterbleiben. Flüchtige Substanzen werden in Ampullen eingewogen.

Anwesenheit von Elementen außer C, H und O

Enthält die Substanz N, S, Halogen oder P, so bringt man in die Bombe außer dem Kaliumperchlorat noch 50 bis 60 mg feines ausgeglühtes Kupferoxid. Sollen Alkali- oder Erdalkalisalze organischer Säuren oder Carbonate bzw. Cyanide analysiert werden, so wiegt man die Substanz in ein Supremaxglasröhrchen von etwa 4–5 cm Länge ein, anschließend gibt man etwa die 20fache Gewichtsmenge Vanadinpentoxid (p. a.) dazu und mischt mit einem kleinen Glasstäbchen gut durch. Das Glasstäbchen bleibt in dem Reagenzglas und wird mit diesem in die Glasbombe gebracht. Das Vanadinpentoxid schmilzt beim anschließenden Erhitzen und treibt das CO_2 aus dem bereits vorhandenen Carbonat oder aus dem Carbonat, das sich aus CO_2 und den Basen bildet. Vor dem Verschließen der Bombe gibt man bei organischen Verbindungen Kaliumperchlorat und, falls nötig, noch Kupferoxid dazu. Aus Carbonaten kann das CO_2 auch durch conc. Phosphorsäure in einem Doppelschenkelrohr, das direkt an die Apparatur angeschlossen wird, ausgetrieben werden.

Sollen nicht flüchtige Substanzen aus verdünnten Lösungen analysiert werden, so gibt man die Lösungen in die Bombe. Ein rasches Eindampfen läßt sich erreichen, indem man die Bombe möglichst tief in ein Bad stellt, dessen Temperatur gleich dem Siedepunkt des Lösungsmittels ist. Möglichst nahe auf die Flüssigkeitsoberfläche richtet man einen Gasstrom (Preßluft, Stickstoff, Kohlendioxid usw.). Handelt es sich um unwägbare Substanzen, wie sie beispielsweise in Form von Eluaten von Papierchromatogrammen vorliegen können, so gibt man einige mg einer nichtradioaktiven Substanz zu, um Trägerkohlendioxid zu erhalten. Kleine Papierstücke von Papierchromatogrammen können auch als solche verbrannt werden.

Für die Radioaktivitätsanalyse mit gleichzeitiger Kohlenstoff- und/oder Wasserstoffanalyse ist in l. c. [19] ein bewährtes Verfahren beschrieben.

Doppelmarkierte Verbindungen

Zur quantitativen Überführung des gesamten Kohlenstoffs in gasförmige Produkte haben sich gegenüber der in l. c. [19] beschriebenen Methode folgende Variationen als notwendig erwiesen [36]: Substanzmenge bis 25 mg. Wassermenge 25 mg. 100 mg Nickeloxid und 3 g Zink (J. T. Baker Chemical Co., Phillipsburg; andere Zinksorten ergaben keine zuverlässigen Ergebnisse). Im Gegensatz zur Tritium-Analyse kommen die geschlossenen Bomben in den kalten Muffelofen, dieser wird in ca. 30–40 Min. auf 640° aufgeheizt und 75 Min. bei dieser Temperatur belassen. Weitere Möglichkeiten siehe (F, 2.1.2.).

Ein bewährtes Verfahren zur Naßverbrennung ^{14}C-markierter Substanzen und Messung in Gaszählrohren stammt von RUTSCHMANN und SCHÖNIGER [45].

2.3. Literatur

1. GLEASON, G. J., J. D. TAYLOR, D. L. TABERN: Nucleonics **8 (5)**, 12 (1951).
2. HENDLER, R. W.: Science **130**, 772 (1959).
3. KATZ, J.: Science **131**, 1886 (1960) und Erwiderung von Hendler, Science **131**, 1887 (1960).
4. PODDAR, R. K.: Nucleonics **15 (1)**, 82 (1957).
5. WOOD, K. G.: Ecology **52**, 491 (1971).
6. RIEDEL, O.: Angew. Chem. **67**, 643 (1955).
7. COOK, G. B., J. F. DUNCAN, M. A. HEWITT: Nucleonics **8 (1)**, 24 (1951).
8. YANKWICH, P. E., J. WEIGL: Science **107**, 651 (1948).
9. ISBELL, H. S., H. L. FRUSH, R. A. PETERSON: J. Res. Nat. Bureau Stand. **63 A**, 171 (1959).
10. ISBELL, H. S., H. L. FRUSH, N. B. HOLT: J. Res. Nat. Bureau Stand. **64 A**, 363 (1960).
11. JENKINS, W. A.: Anal. Chem. **25**, 1477 (1953).
12. MURAMATSU, M., T. SASAKI: Science **131**, 302 (1960).
13. EIDINOFF, M. L., J. E. KNOLL: Science **112**, 250 (1950).
14. GRAY, I., S. I. KEDA, A. A. BENSON, D. KRITSCHEVSKY: Rev. Sci. Instrum. **21**, 1022 (1950).
15. JENKINS, W. A., D. M. YOST: J. Chem. Phys. **20**, 538 (1952).
16. JACKSON, F. L., H. W. LAMPE: Anal. Chem. **28**, 1735 (1956).
17. RYDBERG, J.: Acta Chem. Scand. **12**, 399 (1958).
18. LITTLE, E. C.: Nature **184**, 900 (1959).
19. SIMON, H., F. BERTHOLD: Atomwirtschaft **7**, 498 (1962).
20. CALVIN, M., C. HEIDELBERGER, J. C. REID, B. M. TOLBERT, P. F. YANKWICH: Isotopic Carbon, New York: J. Wiley & Sons, 1949.
21. TREADWELL, F. P., W. T. HALL: Analytical Chemistry, Bd. 2, 9. Aufl., New York: J. WILEY & SONS, 1942.
22. GÖTTE, H., R. KRETZ, H. BADDENHAUSEN: Angew. Chem. **69**, 561 (1957).
23. PINAJIAN, J. J., J. M. CROSS: Anal. Chem. **23**, 1056 (1951).
24. PAOLETTI, P., R. PAOLETTI: Atompraxis **3**, 222 (1957).
25. BURR, W. W., J. A. MARCIA: Anal. Chem. **27**, 571 (1955).
26. CAMERON, J. F.: Nature **176**, 1264 (1955).
27. BUTLER, E. B.: Nature **176**, 1262 (1955).
28. PACE, N., L. KLINE, H. K. SCHACHMANN, M. J. HARFENIST: J. Biol. Chem. **168**, 459 (1947).
29. WOLFGANG, R., C. F. MACKAY: Nucleonics **16**, (10) 69 (1958).
30. HYNE, J. B., R. F. WOLFGANG: J. Phys. Chem. **64**, 699 (1960).
31. MERRITT, W. F.: Anal. Chem. **30**, 1745 (1958).
32. GLASCOCK, R. F.: Isotopic Gas Analysis for Biochemists, New York: Academic Press, 1954. (Gibt die Literatur bis zum Zeitpunkt des Erscheinens.)
33. WILZBACH, K. E., A. R. VAN DYKEN, L. KAPLAN: Anal. Chem. **26**, 880 (1954).
34. SIMON, H., H. DANIEL, J. F. KLEBE: Angew. Chem. **71**, 303 (1959).
35. JORDAN, P., PH. A. LYKOURÉZOS: Int. J. Appl. Radiat. Isotop. **16**, 631 (1965); Helv. Chim. Acta **48**, 581 (1965).
36. SIMON, H., H. GÜNTHER, M. KELLNER, R. TYKVA, F. BERTHOLD, W. KOLBE: Z. Anal. Chem. **243**, 148 (1968).
37. KOCH, H., J. NAEDER: Proc. Conf. Appl. Phys. Chem. Methods Chem. Anal., Budapest 487, 1966.
37a. LARSON, S.: Anal. Biochem. **50**, 245 (1972).

38. LYKOURÉZOS, PH. A.: NASA Accession No. N 66–36350, Rept. No. 3676 (71 Seiten); C. A. **66,** 121360p (1966).
39. TYKVA, R.: Collect. Czech. Chem. Commun. **29,** 680 (1964).
40. SCHARPENSEEL, H. W.: Angew. Chem. **71,** 640 (1959).
41. DAVIDSON, W. D., A. D. SCHWABE, J. C. THOMPSON: Anal. Biochem. **26,** 341 (1968).
42. WANG, C.H., D. L. WILLIS: Radiotracer Methodology in Biological Science, New Jersey: Prentice Hall, Englewood Cliffs, 1965.
43. TOLBERT, B. M.: Ionization Chamber Assay of Radioactive Gases, University of Calif. Radiation Laboratory UCRL 3499, 1956 und 1960.
44. Symposium on Ionization Chamber Measurements of Radioactivity and Radiation, sponsored by Atomic Ass. Inc. and Appl. Physics 1960.
45. RUTSCHMANN, J., W. SCHÖNIGER: Helv. Chim. Acta, **40,** 428 (1957).

3. Flüssig-Szintillations-Messung

Bei der Präparation von Proben für die Flüssig-Szintillations-Messung sind zwei Prinzipien zu unterscheiden. Die Probe wird unverändert (D, 3.1.1.) oder nach Umwandlung (D, 3.1.2.) gemessen. Innerhalb der beiden Gruppen existieren weitere, oft sehr unterschiedliche Präparationstechniken. Bei der Direktmessung ist eine Bestimmung in homogenen oder heterogenen Systemen möglich. Die Probenumwandlung kann in Lösung oder durch trockene Oxidation erfolgen. Für die gleiche Probe stehen oft mehrere Präparationsverfahren zur Verfügung. Bei der Auswahl sollten notwendige Genauigkeit, Praktikabilität und Kosten optimal aufeinander abgestimmt sein. Meist ergeben durch Oxidation des Analysenmaterials vereinheitlichte Proben in homogenen Meßsystemen die größte Meßgenauigkeit und Zuverlässigkeit.

Die Arbeitsvorschriften finden sich verstreut in der Literatur oder sind oft in Form recht subjektiver Zusammenstellungen in Firmenschriften[1–5] publiziert worden (vgl. Tab. D, 5).

---

1 Technical Bulletin; Packard Instr., Fortsetzungsreihe.
2 Preparation of Samples for Liquid Scintillation Counting; Nuclear Chicago.
3 Sample Preparation for Liquid Scintillation Counting; Intertechnique, Fortsetzungsreihe.
4 Sample Preparation for Liquid Scintillation Counting; The Radiochemical Centre Amersham.
5 Probenpräparation und Messung; BF Vertriebs-GmbH für Meßtechnik, D-7500 Karlsruhe 41.

Tab. D, 5. Übersicht zur Probenpräparation für Flüssig-Szintillations-Messungen.

Probe	Präparationsart	Literatur
A. Gase:		
HT, ^{85}Kr	Direkt[a])	9
$^{14}CO_2$	Direkt[a])	10
	Absorption[e])	37, 38, 98, 100–108, 110–114, 116–123
	Spezielle Umwandlung	124
$^{14}CO_2$ als $Ba^{14}CO_3$	Suspension[c])	56, 58, 61–63
B. Flüssigkeiten:		
Allgemein (T, ^{14}C) (auch biologische)	Solubilisierung[f])	72, 136, 137
	Sauerstoff-Kolben-Verfahren[h])	109, 115, 166–169, 172, 174, 175, 184, 186
	Sauerstoff-Strom-Verf.[i])	197, 198
	Oxidation im Bombenrohr[k])	202
Wasser u. wäßrige Lösungen (T, ^{14}C)	Direkt[a])	16–22, 24–26, 28, 29, 33–35
	Emulsion[b])	45–54, 55a
	Suspension[c])	70, 71
Speziell:		
Blut (T, ^{14}C)	Direkt[a])	7, 31
	Solubilisierung[f])	142
	Naß-Oxidation[g])	163 h,
Serum (T, ^{14}C)	Direkt[a])	16
	Solubilisierung[f])	130, 143
Urin (T, ^{14}C)	Direkt[a])	16, 18, 19, 30, 33
	Solubilisierung[f])	134
Plasma (T, ^{14}C)	Direkt[a])	19, 33
	Emulsion[b])	46
	Solubilisierung[f])	130, 134, 138, 143
Wurzel-Material	Heterogen[d])	91
Wasser-lösliches biolog. Material (T, ^{14}C)	Direkt[a])	23, 27
C. Gewebe:		
Allgemein (T, ^{14}C)	Emulsion[b])	46, 55b
	Suspension[c])	64
	Solubilisierung[f]) und Suspension[c])	72, 131, 132, 136, 137, 140, 141, 143–147, 150, 160
	Naß-Oxidation[g])	163b, 163d, 163f, 164
	Sauerstoff-Kolben-Verfahren[h])	167–172, 174, 175, 182–184, 186
	Sauerstoff-Strom-Verf.[i])	191–198
	Oxidation im Bombenrohr[k])	199–204

Tab. D, 5. (Fortsetzung).

Probe	Präparationsart	Literatur
Speziell		
Muskel, Herz, Niere, Leber, Milz, Lunge (T, ^{14}C)	Solubilisierung[f]	31
Zell-Material (T)	Heterogen[d]	92
	Oxidation im Bombenrohr[k]	92
Bakterien-Zellen (T, ^{14}C)	Solubilisierung[f]	151, 153
Bakterien-Fraktionen (T, ^{14}C)	Solubilisierung[f]	133
Haut, Insekten-Cuticula (T, ^{14}C)	Naß-Oxidation[g]	163e
Knochen (^{14}C)	Sauerstoff-Kolben-Verfahren[h]	173
Wolle (T, ^{14}C, ^{35}S)	Heterogen[d]	85
D. Organ.-chem. Verbindungen:		
Allgemein (T, ^{14}C)	Naß-Oxidation[g]	161–163, 163a
	Sauerstoff-Kolben-Verfahren[h]	109, 115, 166–168, 171, 174, 175, 182–184, 186
	Sauerstoff-Strom-Verf.[i]	187, 190, 191, 195–198
	Oxidation im Bombenrohr[k]	202, 204
Speziell:		
Aminosäuren (^{14}C)	Solubilisierung[f]	127, 128
Benzin (T)	Direkt[a]	8
Carotinoide (T, ^{14}C)	Direkt[a] (nach Entfärbg.)	32a, 32b
Chlorophyll (T, ^{14}C)	Direkt[a] (nach Entfärbg.)	32a
Fette (^{14}C)	Direkt[a]	6
	Naß-Oxidation[g]	160b, 161
Häm (^{14}C)	Solubilisierung[f]	154
Lactat (^{14}C)	Naß-Oxidation[g]	3–5
Nukleinsäuren (T)	Direkt[a]	11
	Heterogen[d]	85
	Solubilisierung[f]	148
Pestizide (^{14}C)	Naß-Oxidation[g]	161b
Polyacrylamid-Gel	Naß-Oxidation[g]	164a
Polymere (T)	Suspension[c]	69
Proteine (^{14}C)	Emulsion[b]	55
	Naß-Oxidation[g]	160b, 161
	Solubilisierung[f]	127, 128, 149
	Heterogen[d]	67[m]
	als Suspension[c] oder Solubilisierung[f]	

Tab. D, 5. (Fortsetzung).

Probe	Präparationsart	Literatur
Protein (T) in Acrylamid-Gel	Solubilisierung[f]	139
Steroide (T, ^{14}C)	Direkt[a]	1,2
Stilben (T)	Direkt[a]	14
Thymidin (T)	Direkt[a]	12
Zuckerdiphosphate	Direkt[a]	13

E. Papier- und Dünnschicht-Chromatogramm-Material: (T, ^{14}C) (vgl. G, 2)

	Heterogen[d]	40, 75–83, 88, 89, 97, 149
	Sauerstoff-Kolben-Verf.[h]	109, 115, 184, 186
	Sauerstoff-Strom-Verf.[i]	187, 195–197

F. Adsorption der markierten Verbindung an Träger-Material (T, ^{14}C)

	Heterogen[d]	39, 84, 85, 87, 93–95.

Die Fußnoten verweisen auf die entsprechenden Abschnitte.

[a] D, 3.1.1.	[e] D, 3.1.2.1.	[i] D, 3.1.2.3.2.
[b] D, 3.1.1.2.1.	[f] D, 3.1.2.2.1.	[k] D, 3.1.2.3.3.
[c] D, 3.1.1.2.2.	[g] D, 3.1.2.2.2.	[l] D, 3.1.2.4.
[d] D, 3.1.1.2.3.	[h] D, 3.1.2.3.1.	[m] vergleichende Arbeit

3.1. Probenpräparation

3.1.1. Direkt-Messung (ohne Probenumwandlung)

3.1.1.1. *Homogene Meßsysteme*

3.1.1.1.1. Messung ohne Lösungsvermittler

Die wirksamsten Szintillator-Lösungsmittel sind aromatische Kohlenwasserstoffe (vgl. B, 4.2.1.). In ihnen ist jedoch nur eine begrenzte Zahl von Verbindungen löslich. Weiter führt bei vielen gut löslichen Proben die Löschung zu so niedrigen Zählausbeuten, daß keine zuverlässigen Messungen mehr möglich sind (vgl. B, 4.2.4.).

T- oder ^{14}C-markierte Steroide [1, 2] sowie Dimedonderivate von Aldehyden [3, 4], letztere in Konzentrationen bis zu 40 mg/10 ml Toluol-Szintillator [5], durch Lipase gebildete Lipidmetabolite [6], Wilzbach-markierte Benzine und deren Umwandlungsprodukte [7], können direkt ohne merkliche Löschung gemessen werden (vgl. auch Tab. D, 5).

HOUTMAN [8] extrahierte verschiedene Substanzklassen mit verschiedenen Szintillatoren direkt aus Blut.

Auch Gasproben können mit einem gewissen apparativen Aufwand durch Einpressen direkt im Szintillator gemessen werden. Nach CURTIS et al. [9] bestimmt man T in Helium und ^{85}Kr in Xenon durch Einströmen des Probengases in vorher evakuierte Plastik-Fläschchen. Anschließend wird mit Toluol-Szintillator unter Ausnutzung des Unterdrucks aufgefüllt. Auch $^{14}CO_2$ kann nach HORROCKS [10] direkt gemessen werden, wenn man das Totvolumen über dem Szintillator im Zählgläschen klein hält. In abgeschmolzenen Meßproben können 5 ml CO_2 unter Normalbedingungen pro ml Szintillatorlösung gemessen werden (vgl. D, 3.1.2.1.).

3.1.1.1.2. Messung mit Lösungsvermittlern

Aufgrund der oft nur geringen Probenlöslichkeit in aromatischen Kohlenwasserstoffen macht man von Lösungsvermittlern Gebrauch. Dies ist jedoch stets mit einer Zählausbeuteverringerung verbunden. Bei derartigen Präparationen muß deshalb außer der Probenlöschung auch das Löschvermögen des Lösungsvermittlers beachtet werden. Der Messung wäßriger Proben durch Lösungsvermittler wird wegen der besonderen Bedeutung und der Komplexität ein spezieller Abschnitt (vgl. D, 3.1.1.1.3.) gewidmet.

Besonders bei einheitlichen, häufig wiederkehrenden Substanzen ist eine gezielte Suche nach geeigneten Lösungsvermittlern gerechtfertigt. Leider kann dafür kein allgemein gültiges Verfahren angegeben werden. Folgende Beispiele sollen für die Methode repräsentativ sein:

TREWAVAS [11] konnte markierte Nukleinsäuren nach Umwandlung in deren Cetyltrimethylammoniumsalze direkt mit einem Szintillator messen, der Methylcellosolve und Methanol als Lösungsvermittler enthielt. T-Thymidin aus Desoxyribonucleinsäure läßt sich nach MAIN et al. [12] in Äthanol auflösen und in einen Toluol-Szintillator einbringen. Auf gleiche Weise konnte GINSBURG [13] die ^{3}H-Aktivität von Guanosindiphosphat-hexosen bestimmen.

3.1.1.1.3. Messung von Wasser und wäßrigen Lösungen

Die Radioaktivitätsbestimmung in wäßrigen Lösungen, wie z. B. in Plasma, Serum, Urin oder anderen Körperflüssigkeiten, ist von besonderer Bedeutung. Die wirksamsten Szintillator-Gemische sind jedoch nicht mit Wasser mischbar. FARMER und BERSTEIN [14] waren die ersten, die mit Dioxan ein Lösungsmittel fanden, das Wasser aufnimmt und trotzdem auch für Tritium eine brauchbare Zählausbeute aufweist. HAYES und GOULD [2] verwendeten ein Äthanol-Toluol-Gemisch, um Tritium-markiertes Wasser zu messen. FURST et al. [15] beobachteten nach Zugabe von Naphthalin zu Dioxan-Wasser-Gemischen eine beträchtliche Zählausbeute-Erhöhung, was von LANGHAM zur Messung von Körperflüssigkeiten ausgenutzt wurde [16]. Sowohl Dioxan/Naphthalin wie Äthanol bzw. Methanol/Toluol, haben sich für wäßrige Proben bewährt. Dioxan-Systeme vermögen jedoch größere Wassermengen aufzunehmen. Je mehr Äthanol bzw. Dioxan dem Toluol zugemischt wird, desto höher ist die Wasserkapazität und um so geringer die Zählausbeute.

ZIEGLER [17] optimierte das Äthanol/Toluol- und BUTLER [18] das Dioxan/Naphthalin-System nach dem Kriterium der Gütezahl, wonach das das optimale Proben-Szintillator-Verhältnis ist, das bei minimaler Meßzeit den kleinsten Fehler bedingt. Diese Gütezahl ist das Maximum aus Zählausbeute und Wassergehalt des Szintillatorsystems.

Nach ZIEGLER [17] wird zunächst die minimal notwendige Äthanolmenge ermittelt, die eine bestimmte Wassermenge in einem vorgegebenen Gesamtvolumen des Szintillators in Lösung hält. In Abb. D, 7 ist die Wassermenge, gelöst in einem Gesamtvolumen von 100 ml ternärem Gemisch, über dem Minimal-Verhältnis Äthanol/Wasser aufgetragen. Dann werden für eine Reihe derart definierter Ternäre die T-Zählausbeuten ermittelt und das Produkt aus Zählausbeute und Wassergehalt über dem Wassergehalt aufgetragen. Das Produkt durchläuft ein Maximum.

Allgemein ist die Lage des Maximums von den verwendeten Lösungsmitteln, Szintillatoren, vom Nuklid und dem Wirkungsgrad der Meßanordnung abhängig. Das Messen mit optimierten Lösungen erfordert eine bestimmte Mindestprobenmenge. Ist diese nicht verfügbar, so sollte die größtmögliche Probenmenge in der dann für sie günstigsten Szintillatorzusammensetzung (Abb. D, 7) gemessen werden. Die Existenz eines optimalen Gemischs impliziert nicht, daß kleinere Probenmengen auf die optimale Menge verdünnt werden sollen.

Von BAXTER et al. [19] stammt eine vergleichende Untersuchung verschiedener Szintillator-Gemische, die Dioxan, Methanol, Äthanol, Toluol, Cellosolve und Methylcellosolve als Lösungsmittel enthalten. In dieser Arbeit ist besonders deutlich der Temperatureinfluß auf die Effektivität der verschiedenen Lösungen dargestellt. Nach KINARD [20] ist eine Kombination von Dioxan mit Äthanol/Toluol dem reinen Äthanol/Toluol-System überlegen.

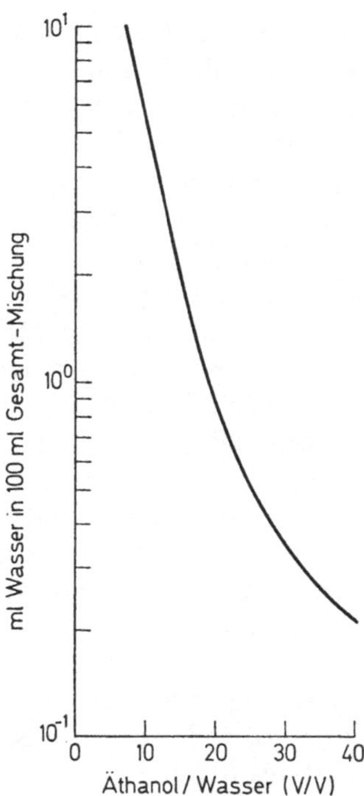

Abb. D, 7. Geringstes Verhältnis Alkohol/Wasser, das notwendig ist, um eine vorgegebene Wassermenge (Ordinate) noch in einem Gesamtvolumen von 100 ml mit Toluol homogen mischen zu können. Z. B. werden ca. 20 ml Äthanol benötigt, um 1 ml Wasser mit 79 ml Toluol homogen zu mischen nach l. c. [17].

Beim Arbeiten mit gekühlten Probenwechslern kann aus »reinen« Dioxan-Gemischen letzteres (Fp.-Dioxan = 11° C) auskristallisieren. Solche Proben weisen jedoch unreproduzierbare Zählausbeuten auf. Man versetzt deshalb Dioxan-Szintillatoren mit Gefrierpunkt-erniedrigenden Zusätzen, wie Glykol [21] oder Cellosolve-Abkömmlingen [19, 22, 23]. Nach unserer Erfahrung ist für die Messung wäßriger Proben der von BRAY [21] vorgeschlagene Szintillator recht universell anwendbar. Ein Nachteil aller Äther, also auch des Dioxans, besteht außer in ihrer Löschwirkung in ihrer Neigung zur Peroxidbildung die zu Chemolumineszenzen führt (Vgl. B, 4.2.4.). Von Charge zu Charge können bei handelsüblichem Dioxan oder anderen Äthern beträchtliche Schwankungen beobachtet werden [24, 25]. Von BOYCE et al. [24] wurden außerdem bei ungereinigtem, vermutlich Formaldehyd-haltigem Dioxan starke Chemolumineszenzen festgestellt. S. 104 wird eine einfache und wirksame Dioxan-Reinigungsvorschrift angegeben.

Außer der vorstehend beschriebenen Anwendung von nicht cyclischen aliphatischen Äthern mit Dioxan sind Szintillator-Lösungen beschrieben worden, in denen erstere als einziges Hydrophil im Löschungsgemisch angewendet werden [26, 27].

Seit der Entwicklung verbesserter Sekundär-Elektronen-Vervielfacher ist eine Gerätekühlung zur Verminderung des Nulleffekts nicht mehr unbedingt erforderlich. Dioxan-Systeme ohne Zusatz der löschenden Gefrierschutz-Verbindungen haben deshalb wieder an Bedeutung gewonnen. Danach fanden HALL et al. [28], daß ein Dioxan-Naphthalin-Gemisch bei Raumtemperatur einem Gemisch von Äthanol-Toluol weit überlegen ist. PINAUD et al. [29] untersuchten das System Dioxan-Toluol-Naphthalin, jedoch werden keine Gütezahlen angegeben.

Die meisten biologischen Flüssigkeiten sind gefärbt. Die dadurch bedingte Löschung kann die Radioaktivitätsbestimmung unmöglich machen. Deshalb müssen gefärbte Proben vorbehandelt werden. LANGHAM et al. [16] entfärben Serum- und Urinproben durch Enteiweißung mit Trichloressigsäure, während OKITA et al. [30] bei Urin durch Aktiv-Kohle-Behandlung zum gleichen Ziel kommen. Dabei muß jedoch gewährleistet sein, daß die Aktiv-Kohle außer den Farbstoffen nicht auch radioaktives Material adsorbiert. Bei einer näheren Untersuchung der verschiedenen Protein-Fällungsmittel fand BRAY [21], daß Perchlorsäure und 20%ige Trichloressigsäure eine zu große Eigenlöschung bedingen; er empfiehlt die Anwendung 5%iger oder noch geringer konzentrierter Trichloressigsäure. Am vorteilhaftesten ist jedoch eine Enteiweißung durch Hitze-Denaturierung. Zur Entfärbung wurde Wasserstoffperoxid- (HERBERG [31, 31a]) und Natriumborhydrid-Zugabe (FALES [32]) empfohlen. In diesem Fall müssen jedoch die Proben zur Vermeidung von Chemolumineszenzen vor ihrer Messung mit Essig- oder Salzsäure angesäuert werden. Durch Carotinoide oder durch Chlorophyll bedingte Verfärbungen beseitigen SHNEOUR et al. [32a] durch Behandlung mit Chlorwasser. Ein kleiner Überschuß an Chlorwasser soll nicht störend wirken. Nach WALTER et al. [32b] lassen sich Carotinoid-Pigmente auch durch Behandlung mit Benzoylperoxid und Einwirkung von Licht entfernen. Hierbei wird jedoch empfohlen, die Proben vor der Messung ca. 3 Stunden stehen zu lassen.

Für die Bestimmung von Tritium in Wasser ist es vorteilhaft, das Wasser durch Azeotrop-Destillation (WERBIN et al. [33], DARUSCHY [34]) oder durch Gefriertrocknung (VAUGHAN et al. [35]) aus der Gesamtprobe zu entfernen. Gut bewährt hat sich eine auf S. 102 in SIMON und FLOSS (s. Bibliographie S. 13) beschriebene Apparatur zur Gefriertrocknung. Die Lösung wird in einem Schenkel eingefroren, sodann evakuiert und anschließend der leere Schenkel gekühlt. Dazu kann man die Vorrichtung einfach auf den Rand eines mit Kühlmittel gefüllten Dewar-Gefäßes setzen.

3.1.1.1.4. Häufig verwendete Szintillatorsysteme

a) Toluol als alleiniges Lösungsmittel

Nach unserer Erfahrung ist technisches Toluol (Fa. Aral AG) ohne weitere Reinigung völlig ausreichend. Dies sollte jedoch bei Verwendung anderer technischer Produkte von Fall zu Fall geprüft werden.

Bewährt hat sich: 5,0 g PPO, 0,5 g POPOP (bzw. das besser lösliche Dimethyl-POPOP) per ltr. Toluol. Es empfiehlt sich, zunächst das schwerer lösliche POPOP aufzulösen. Verschiedene Firmen bieten Fertiggemische der obigen Szintillatoren oder Lösungskonzentrate an. Zu Fragen der Szintillatorsubstanzen in speziellen Fällen vgl. B, 4.2.3.

b) Systeme mit Lösungsvermittlern insbesondere für wäßrige Proben

α) Nach BRAY [21]: In ein Meßgefäß gibt man ca. 600 ml peroxidfreies Dioxan, löst darin 60 g Naphthalin, 4,0 g PPO, 0,2 g POPOP, gibt 100 ml Methanol sowie 20 ml Äthylenglykol zu und füllt mit Dioxan auf 1 ltr. auf.

Dieses Gemisch vermag bei $+5°$ C bis zu 15% Wasser aufzunehmen. Mit modernen Geräten werden bei dieser Konzentration für Tritium ca. 17% und für ^{14}C ca. 70% Zählausbeute erhalten.

Trocknung und Peroxid-Entfernung von handelsüblichem Dioxan [36]:

Aluminiumoxid nach Woelm, basisch, Aktivitätsstufe I wird in ein Chromatographierohr gefüllt. Auf diese Säule wird das Dioxan gegeben. Ein Gewichtsteil Aluminiumoxid reinigt ca. ein Volumenteil Dioxan. Es kann bis zur Erschöpfung der Säule gearbeitet werden. Im Dioxan-Eluat wird kontinuierlich auf Peroxidfreiheit geprüft. (0,3–0,5 g Titandioxid werden mit 25 ml konz. Schwefelsäure versetzt und kurz auf 60–70° C erwärmt. Nachdem sich die Lösung durch Absetzen der Suspension geklärt hat, wird vorsichtig dekantiert und 1:10 mit Wasser verdünnt. Beim Mischen dieses Reagenzes mit Dioxan werden Peroxide durch Orange-Färbung angezeigt.) Das verbrauchte Aluminiumoxid läßt sich nach Auslüften bei 200° (12 Std.) reaktivieren.

Das Dioxan wird anschließend zur Entfernung von Restwasser mit Natrium-Metall (in Stücken) 3–4 Std. am Rückfluß erhitzt und dann abdestilliert. Es ist lichtgeschützt unter Stickstoff aufzubewahren.

β) Nach PINAUD et al. [29]: Das Gemisch besteht aus 900 ml peroxidfreiem Dioxan (vgl. oben), 100 ml Toluol, 100 g Naphthalin, 5,0 g PPO und 0,5 g Dimethyl-POPOP. Bei 10% Wasser zeigt das System eine Zählausbeute von 30% für ^{3}H im Vergleich zu 23% Zählausbeute im BRAY-System.

γ) System Methanol/2-Phenyläthylamin/Toluol [37]: Es werden 180 ml 2-Phenyläthylamin (unter Stickstoff destilliert), 250 ml Methanol mit Toluol (tech.) (vgl. [38]) auf 1 ltr. gebracht und darin 5,0 g PPO und 0,5 g Dimethyl-POPOP gelöst. Bei 10° nimmt dieses System bis zu $3,2\%$ Wasser auf. Die Zählausbeute für T beträgt 23% unabhängig vom Wassergehalt. Für ^{14}C beträgt die Zählausbeute 85%. Der Vorteil dieses Systems beruht u. a. darauf, daß saure Verbindungen besser gelöst und neutralisiert werden oder z. B. Silbersalze von organischen Säuren durch Komplexbildung in Lösung gehen. Außerdem ist das System gut zur direkten CO_2-Absorption geeignet (vgl. D. 3.1.2.1.).

3.1.1.2. *Heterogene Meßsysteme*

Die Schwierigkeiten bei der Messung wäßriger oder unlöslicher Proben führten zu Versuchen, derartige Proben ungelöst im Szintillator zu messen. Wasser und andere nichtmischbare flüssige Verbindungen lassen sich mit Emulgatoren in Emulsionen oder mit Gelbildnern in Suspensionen überführen. Nicht zu grobkörnige pulvrige Substanzen können ebenfalls als Suspensionen gemessen werden. Dies gilt auch für Dünnschicht- und Papierchromatogramme, Filterpapier- und Glasfaser-Proben (vgl. auch G. 2.3.). Dabei wird jedoch meist auf die Verwendung von Gelbildner verzichtet.

Einfachheit in der Probenhandhabung ist sicher der Hauptvorteil dieser Präparationstechnik. Die Reproduzierbarkeit wird jedoch durch viele Parameter beeinflußt. Das gilt besonders für T-markierte Proben. Ein unterschiedlicher Dispersionsgrad verändert die Selbstabsorption der Strahlung. Die Zählausbeute hängt weiter vom Verteilungskoeffizienten der markierten Verbindung zwischen Szintillator und den anderen Phasen ab. Die Stabilität einer Emulsion oder Suspension ist sehr von den Konzentrations- und Temperatur-Verhältnissen abhängig. BRANSOME et al. [39, 39a] beobachteten sowohl an Glasfaser- und Cellulosenitrat-Filtern, als auch bei Papier- und Dünnschicht-Chromatographie-Trägern eine Impulshöhenverschiebung (vgl. B, 4.2.4.), die einerseits von der von der Molekülgröße abhängigen Eindringfähigkeit der markierten Verbindung und andererseits von der Absorptionsfähigkeit und der Teilchengröße des Gelbildners stark abhängt.

Mit der Proben-Kanal-Verhältnis-Methode (vgl. D, 3.2.2.2.) läßt sich zwar für ^{14}C eine derartige Beeinflussung der Zählausbeute durch Eichkurven erfassen, für T-Proben, und damit auch bei Doppelmarkierung, ist die Methode jedoch nicht anwendbar. BRANSOME et al. [39a] betonen für die Messung heterogener Proben die Notwendigkeit der immer gleichen Anordnung des Inhalts der Zählgläschen zu den Sekundär-Elektronen-Vervielfachern. Eine Eichung mittels externen Standards (vgl. D, 3.2.3.) ist für T-Proben nicht anwendbar. HOUX [40] stellte fest, daß die Anordnung des externen Standards zur Probe einen Einfluß auf die Reproduzierbarkeit der Meßergebnisse hat.

Ob Löschkorrektur durch externe Standardisierung möglich ist, kann durch den Doppel-Verhältnis-Test (double ratio technique) bestimmt werden [41]. Dieser Test erfordert die Präparation verschieden stark gelöschter Standards mit möglichst ähnlicher Zusammensetzung wie die Meßproben. Der Löschbereich der Standards hat dem der Proben zu entsprechen. Die Zählausbeute jedes Standards bzw. jeder Probe wird sowohl durch das Proben-Kanal-Verhältnis als auch durch das externe Standard-Kanal-Verhältnis (vgl. D, 3.2.2.2. und D, 3.2.3.2.) beschrieben. Das heißt, jede Probe wird durch ein Wertepaar von Proben-Kanal-Verhältnis und externes Standard-Kanal-Verhältnis charakterisiert. In Abhängigkeit von der Löschung erhält man eine Eichkurve (vgl. Abb. D, 8). Incompatible Probenpräparationen werden durch Abweichungen von dieser Eichkurve erkannt. GLASS [42] beschreibt den Einsatz eines Computers für den Doppel-Verhältnis-Test.

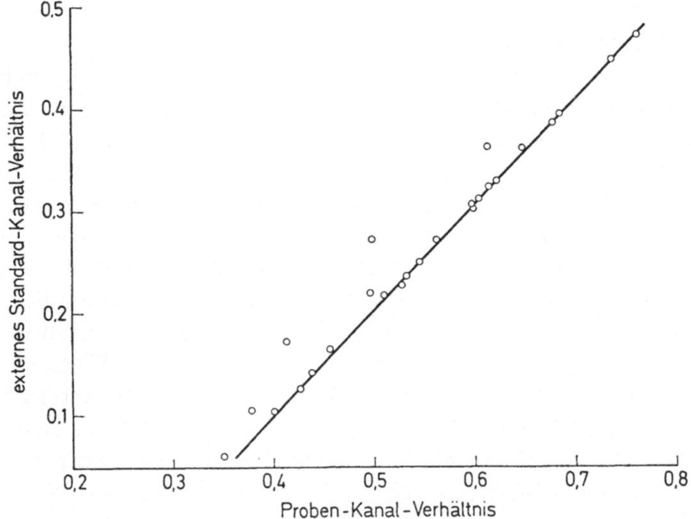

Abb. D, 8. Auftragung des externen Standard-Kanal-Verhältnisses gegen das Probenkanalverhältnis (vgl. Text).

3.1.1.2.1. Emulsionen

Dazu werden flüssige, mit dem Szintillator nicht mischbare Proben mittels eines Emulgators in eine Proben-Szintillator-Emulsion überführt. Dabei soll der Emulgator die Zähleigenschaften weitgehend unbeeinflußt lassen und stabile Emulsionen bilden. RADIN [43], benutzte zur Emulsion von wäßrigen Lösungen in Toluol-Szintillator Tween-80[5a] und Span-80[6]. Diese Emulsionen sind zu instabil, deshalb wird mit Glycerin und einem Gelbildner (feinpulverisiertes Thixcin[7]) stabilisiert. Ebenfalls mit Thixcin stabilisiert SHAPIRA [44] durch Ultra-

---

5a Polyoxyalkylenderivat von Sorbitan-monooleat.
6 Sorbitan-monooleat.
7 Hydroxystearin-Derivat, Baker Castor Oil Corp., New York.

schallbehandlung erzeugte Wasser-Toluol-Emulsionen. Bei beiden Verfahren [43, 44] lassen sich nur geringe Mengen wäßriger Lösungen ($< 5\%$) beständig emulgieren. Nach RADIN [43] und ERDTMANN [45] sind diese Verfahren zur Tritiummessung nicht geeignet.

Nach MAEDE et al. [46] scheint Triton[8] unter Einhaltung gewisser Bedingungen geeignet, die Messung von wäßrigen Lösungen, Körperflüssigkeiten und homogenisiertem Gewebematerial zu vereinfachen. Deshalb ist Triton Objekt zahlreicher Untersuchungen [47–55a] gewesen.

Ein Gemisch von Toluol/Triton X-100 (2:1 v/v) mit 0,5% PPO und 0,01% POPOP vermag Wasser zwischen 4 und 12% v/v als klare Lösung aufzunehmen (TURNER [54]). Außerhalb dieser Grenzen bilden sich getrübte Lösungen, oberhalb von 17% Wasser durchscheinende Wasser-in-Öl-Emulsionen (Meßtemperatur ca. $+4°$ C). Die Meßeigenschaften des Triton-Szintillators für T und ^{14}C in dem Bereich zwischen 4 und 12% Wasser sind mit denen des BRAY-Szintillators (vgl. D, 3.1.1.1.3.) vergleichbar. In den Emulsionen (Wassergehalt zwischen 17 und 50%) beträgt die Zählausbeute für Tritium etwas über 20% und wird nur gering vom Wassergehalt beeinflußt. Die Konstanz der Zählausbeute der Emulsionen läßt sich durch die Annahme von annähernd gleichmäßig verteilten Mikro-Wassertropfen erklären. Daraus würde eine gleichmäßige Selbstabsorption resultieren.

Triton-Systeme mit einem Wassergehalt über 17% besitzen eine größere Gütezahl (% $H_2O \times$ ZA) als die besten homogenen Systeme, wie z. B. das nach BRAY (vgl. D, 3.1.1.1.3.). In diesem Bereich wurden sie deshalb zur Bestimmung niedriger T-Aktivitäten in Wasser (WILLIAMS [50, 50a]) verwendet. Ein weiterer Vorteil liegt in der Emulgierbarkeit von relativ konzentrierten Salzlösungen und biologischen Flüssigkeiten. Von TURNER [51] wird die Messung von Zuckern, Zuckerphosphaten und Aminosäuren in mineralsauren, alkalischen und gepufferten Lösungen angegeben. Fox [52] beschreibt die Messung von trichloressigsauren und perchlorsauren Extrakten (jeweils 5% Säure) sowie von 2 M Natriumchlorid- und 8 M Harnstoff-Lösungen. MADSEN [55] mißt ^{14}C-markiertes Protein: 20 mg werden in 1 ml 1 N Natronlauge gelöst, die Lösung wird in 15 ml Triton-Szintillator eingetragen und dort mit Salzsäure neutralisiert.

Das Arbeiten mit Triton X-100 erfordert das Einhalten einer ganzen Reihe von Bedingungen, um exakte Ergebnisse zu erhalten. BENSON [48], VAN DER LAARSE [49] und MLINKO et al. [50a] haben Triton-Szintillatoren kritisch bewertet. Schon kleine Änderungen der

---

8 Isooctyl-phenyloxy-polyäthoxy-äthanol, Handelsname der Rohm and Haas, Philadelphia, Pa., USA.

Zusammensetzung des Meßsystems können das optische Verhalten erheblich beeinflussen. Die Eichung mittels innerem Standard sollte mit zwei Standardsubstanzen vorgenommen werden. Dazu muß die eine Verbindung in der wäßrigen, die andere in der toluolischen Phase löslich sein. Für die Messung von Tritium-markierten Substanzen in wäßriger Lösung empfiehlt es sich, mit Tritium-markiertem Wasser und Hexadecan als Standards zu eichen. Nur bei Übereinstimmung der beiden Eichungen ist ein unterschiedlicher Verteilungsgrad der Probe zwischen Wasser und organischer Phase ohne Einfluß auf das Meßergebnis. Nach unserer Erfahrung ist die Kalibrierung mittels externem Standard fragwürdig. Die Löschkorrekturkurven, erhalten mit Tritium-markiertem Wasser oder Hexadecan, sind nicht kongruent und weisen Unstetigkeiten auf. Temperaturkonstanz beim Messen der Proben ist für die Stabilität der Emulsionen wie auch für die Konstanz der Zählausbeute wichtig. GREENE et al. [53] erhielten an ein und derselben Tritium-markierten Probe eine Zählausbeute von ca. 18% bei 0° C und ca. 10% bei Raumtemperatur. Triton kann von Charge zu Charge Unterschiede im Zählverhalten aufweisen [53]. Die beobachtete Chemolumineszenz spricht für Peroxide, die mit basischem Ionenaustauscher beseitigt werden können. Die Messungen sollen im sauren pH-Bereich durchgeführt werden, da sich in vorbehandeltem Triton wieder Verbindungen bilden, die im alkalischen Milieu Chemolumineszenzen auslösen. Die Stabilität gereinigten Tritons wird durch Aufbewahren in Kälte und Dunkelheit unter Stickstoff wesentlich erhöht.

Insta-Gel[9] ist ein dem Triton-Toluol(1:2)-Szintillator sehr ähnliches kommerzielles Produkt. Bei jedoch vorher nicht solubilisierten heterogenen Tritium-Proben wurden durch unvollständige Extraktion Selbstabsorptionsverluste bis zu 60% beobachtet [55b]. Dies dürfte auch bei anderen Emulgatoren zu befürchten sein.

3.1.1.2.2. Suspensionen

Messung in Suspensionen ist für Verbindungen von Bedeutung, die in Szintillatoren unlöslich sind und nicht oder nur schwierig durch Solubilisierung oder Verbrennung in eine meßbare Form überführt werden können. Beispiele sind ^{14}C-Bariumcarbonat, ^{35}S-Bariumsulfat, Knochenasche und Bodenmaterial. Eine weitere Anwendung ist die Messung chemisch stark löschender farbloser Substanzen, indem man ein Szintillatorsystem benutzt, in dem sie völlig unlöslich sind. Der Löscher befindet sich dadurch in einer anderen Phase als der Szintilla-

---

9 Fa. Packard Instr., Downers Grove, Ill. USA.

tor und kann nicht mit ihm interferieren. Selbstabsorption innerhalb des suspendierten Materials hat gegenüber der Emulsions-Messung jedoch immer dann einen besonders großen Einfluß auf die Zählausbeute, wenn die Teilchengröße mit der Reichweite der ß-Strahlung vergleichbar wird.

TURNER [56] untersuchte an ^{14}C-Glucose den Einfluß der Teilchengröße auf die Selbstabsorption. Bezieht man die bei suspendiertem Material gefundene Zählrate auf die Zählrate einer homogenen Glucose-Szintillatorlösung, so beträgt der Verlust durch Selbstabsorption je nach Dispersionsgrad 10–50%. (Vgl. jedoch die anderen Verhältnisse bei Bariumcarbonat S. 110). Reproduzierbare Ergebnisse erhält man nur mit gesiebtem Material. Dadurch geht jedoch viel von der Einfachheit der Probenpräparation verloren. Die Bestimmung der Zählausbeute der Meßlösung mittels eines Standards ist nur dann exakt durchführbar, wenn Meßprobe und Standard absolut identisch sind (vgl. BLOOM [57]). Da außerdem auch bei suspendierten Proben noch Farblöschung auftreten kann, hat die Methode der Suspensionsmessung, insbesondere für die Tritium-Analyse, nur beschränkten Wert.

Bei den ersten Messungen unlöslicher Substanzen wurde die Suspension des feinverteilten Materials im Szintillator vor jeder Messung erneut aufgeschüttelt und die Werte aus mehreren Messungen gemittelt. Man verfolgte auch die zeitliche Impulsabnahme infolge Sedimentation und extrapolierte auf die Zeit Null (vgl. HAYES et al. [58]). FUNT [59] stabilisierte derartige instabile Suspensionen durch Aluminiumstearat als Gelbildner. Ein weiterer Gelbildner wurde von WHITE et al. [60] in Thixcin[10] gefunden. Diese Verbindungen wurden jedoch durch die einfacher zu handhabende amorphe Kieselsäure verdrängt. Diese besitzt eine extrem kleine Teilchengröße (Schüttdichte 0,04 g/ml) und vermag mit Szintillator ein stabiles thixotropes Gel zu bilden. OTT et al. [61], die diesen Gelbildner (Cab-O-Sil[11]) zuerst zur Suspensionsmessung von ^{14}C-BaCO$_3$ heranzogen, erhielten bei einer Kieselgel-Konzentration von 3–5% nach einfachem Schütteln von Probe, Gel und Szintillator feste durchscheinende Gele. Bis zu 2 g vermahlene Festsubstanz können in 20 ml eines derartigen Gels suspendiert werden, ohne daß eine Sedimentation eintritt. Ähnliche Eigenschaften wie Cab-O-Sil zeigt Aerosil[12], das von CLULEY [62] ebenfalls zur Messung von ^{14}C-BaCO$_3$ angewendet wurde. Die Suspensionszählung von BaCO$_3$ ist der Planchetten-Zählung deutlich

---

10 Hydroxystearin-Derivat, Baker Castor Oil Corp., New York.
11 Kieselgel, G. L. Cabot Inc., Boston, Massachusetts.
12 Degussa, Frankfurt/Main.

überlegen. CLULEY [62] erhielt für ^{14}C-$BaCO_3$ eine von der Proben-menge abhängige Zählausbeute, die zwischen 85 und 65% von der in einer homogenen Lösung erzielbaren Zählausbeute betrug. Wie TURNER [56] zeigte, weisen Probenpräparationen von $BaCO_3$, un-abhängig von der Teilchengröße, eine konstante Selbstabsorption auf. Das heißt, daß bei konstanter Bariumcarbonat-Menge in der Probe die Selbstabsorptionsverluste und damit auch die Zählausbeute konstant und unabhängig von der $BaCO_3$-Fälltechnik sind. Erklärbar ist dieses überraschende Verhalten, wenn man annimmt, daß die $BaCO_3$-Partikelchen sehr feinteilig sind und auch gröbere Körner vollständig vom Szintillator durchdrungen werden. Der einzelne $BaCO_3$-Kristall scheint für die Lichtstrahlung vollständig durch-lässig zu sein. Für BaCO ist deshalb ein Vermahlen und eine Sieb-fraktionierung vor der Messung nicht erforderlich. Ultraschallbe-handeltes ^{14}C-$BaCO_3$ kann nach ALFRED [63] sogar ohne Suspensions-mittel direkt im Szintillator gemessen werden, die Sedimentation ist jedoch nur für Mengen unter 10 mg vernachlässigbar.

Aufgrund der scheinbar einfachen Probenpräparation bei der Messung in Suspension ist sie für sehr verschiedene Materialien ange-wendet worden. Für die Tritium-Messung in Gewebe, Blut und Faeces (HANDLER [64]) wird die Probe mit wasserfreiem Natrium-sulfat verrieben; auf Schwierigkeiten bei der Standardisierung dieser Meßtechnik wird jedoch hingewiesen [65, 66]. Die ^{14}C-Bestimmung in Protein wird von ABELL et al. [67], die ^{14}C-Aufnahme in Algen bei der Photosynthese von SCHINDLER [68] beschrieben. Tritium in Polymeren wurde (HOFFMANN [69]) ebenfalls nach dieser Technik be-stimmt. Zur Messung von Dünnschicht-chromatographischen Zonen T- oder ^{14}C-markierter Substanzen mit Hilfe der Gelsuspension vgl. D. 3.1.1.2.3.

Die Anwendung von Cab-O-Sil bzw. Aerosil zur Erzeugung sta-biler Gele erstreckt sich nicht nur auf festes Probenmaterial. Man er-hält Meßproben vergleichbarer Eigenschaften, wenn die Verteilung flüssiger, mit dem Szintillator nicht mischbarer Substanzen, durch Gelbildner unterstützt wird. GORDON et al. [70] beschreiben die Be-stimmung von T und ^{14}C in wäßrigen Proben sowie von lyophili-sierter Milch durch Suspendierung mit Cab-O-Sil. Natriumcarbonat-lösung, erhalten durch Absorption von $^{14}CO_2$ in Natronlauge, kann direkt in einem Äthanol-Toluol-Szintillator suspendiert werden [71]. TYE et al. [72] suspendieren aufgeschlossenes Probenmaterial (Ge-webe in verdünnter Natronlauge, Faeces in verdünnter Salzsäure) in einem Dioxan-Szintillator.

Schließlich sei erwähnt, daß durch Suspension von Meßgut in Kieselgel sog. Gefäßwandverluste unterbunden werden können. Derartige Gefäßwandverluste treten in hochverdünnten Lösungen durch Adsorption des Gelösten an der Gefäßwand auf. Die emittierte Strahlung kann nur in 2π-Geometrie mit dem Szintillator in Wechselwirkung treten. BLANCHARD et al. [73] vermeiden so bedingte Zählverluste von nur in ppm-Konzentrationen vorliegenden Substanzen, indem sie vor der Probenzugabe dem Szintillator Cab-O-Sil zusetzen. Die radioaktiven Verbindungen adsorbieren dadurch fast ausschließlich am Kieselgel, das gegenüber der Gefäßwand jedoch 4π-Zähleigenschaften ermöglicht.

3.1.1.2.3. Andere heterogene Materialien wie Papierstreifen, Dünnschicht- und Glasfaserproben

Papier- und Dünnschichtchromatographie stellen ausgezeichnete Trennverfahren für eine große Zahl von Verbindungen dar (vgl. G, 1. und 2.). Es liegt nahe, Fraktionen des Chromatogramms direkt, also ohne besondere Elution, mit einem Flüssig-Szintillator zu messen, zumal die Flüssig-Szintillations-Zählung, insbesondere für Tritium, gegenüber den »klassischen« Meßverfahren (Geiger-Müller-, Endfenster- und Durchfluß-Zählrohr) eine wesentlich höhere Nachweisempfindlichkeit besitzt. Das Verfahren ist einfach in der Probenpräparation, da die zu untersuchenden Zonen nach Ausschneiden (Papier) oder Abkratzen (Dünnschicht) und Einbringen in ein Zählfläschchen lediglich noch mit einem Szintillator übergossen zu werden brauchen. Die Probe ist damit meßfertig. Die Verhältnisse sind jedoch nur dann einigermaßen definiert, wenn die Substanz entweder völlig löslich oder völlig unlöslich ist.

Die Zählausbeute ist um so höher, je mehr Substanz sich in dem Szintillator löst bzw. je besser der Szintillator in das Trägermaterial eindringen kann. Für aufgetrennte Substanzen ein und desselben Chromatogramms können verschiedene Zählausbeuten vorliegen, wenn die Verteilung zwischen Träger und Szintillator verschieden ist.

Erste Versuche stammen von ROUCAYROL et al. [74], die radioaktivmarkierte Papierstreifen in Szintillator tränkten und diese direkt auf einen Sekundär-Elektronen-Vervielfacher legten. WANG et al. [75] und GEIGER et al. [76] verbesserten die Methode, indem sie T- oder ^{14}C-markierte Papierchromatogramm-Abschnitte in mit Szintillator gefüllte Zählfläschchen einstellten. DAVIDSON et al. [77, 78] benutzten die gleiche Technik zur Messung von ^{35}S-markierten Elektropherogrammen.

Der Einfachheit der Probenpräparation steht jedoch die eingeschränkte Meßgenauigkeit gegenüber. Die Schwierigkeiten, auf die zuerst LOFTFIELD [79] hinwies, beruhen auf Selbstabsorption (vgl. die vorhergehenden beiden Abschnitte), Geometrie der Anordnung, Löslichkeit und der dadurch bedingten unsicheren Zählausbeute-Bestimmung der Probe [39, 39a]. Die Selbstabsorption wird hierbei vor allem durch die Stärke des Trägermaterials, durch die Verteilung der Probe und durch die Eindringtiefe des Szintillators in dem Träger beeinflußt. Mit Abnahme der β-Energie des Radionuklids wird, ähnlich den bereits beschriebenen heterogenen Probensystemen, der Zählratenverlust größer. Deshalb ist die Anwendung dieses Verfahrens für T-markierte Proben problematisch.

Inwieweit bei stärkeren β-Strahlern ($>$ 100 KeV) die geometrische Anordnung die Zählwirksamkeit beeinflußt, ist ein noch ungeklärtes Problem. Bei Papierchromatogrammen muß zur Reproduzierbarkeit stets die gleiche Art der Trocknung und die gleiche Geometrie des Papiers im Zählfläschchen gegeben sein. Bei auf dem Boden des Zählgläschens liegenden Proben soll immer die gleiche Seite nach oben liegen. Wegen dieser Unsicherheiten empfehlen PHILIP et al. [79a] die Verbrennung der einzelnen Chromatogramm-Abschnitte (vgl. D, 3.1.2.3.).

Zur Durchführung quantitativer Messungen empfiehlt WILLENBRINK [80], einen Probenstreifen mit bekannter Radioaktivität nach dessen Messung durch einen gleichgestalteten nichtmarkierten Streifen zu ersetzen und dadurch die Zählausbeute in der Lösung und im Streifen zu ermitteln.

TAKAHASHI et al. [81], CAYEN et al. [82] und DE BERSAQUES [83] lösen die markierten Verbindungen aus dem Träger durch Verwendung geeigneter Extraktionsmittel. Zur Extraktion verwenden TAKAHASHI et al. [81] einen Solubilisator (Hyamine 10-X, vgl. D, 3.1.2.2.1.), während CAYEN et al. [82] Methanol benutzen. Die zurechtgeschnittenen Chromatogramme werden im Zählgläschen mit dem Extraktionsmittel übergossen und anschließend mit dem Szintillator versetzt. DE BERSAQUES [83] wandte das Extraktionsverfahren auf tritiiertes Adenosin an. Salzsaure bzw. wäßrige Extraktion löst Adenosin vollständig von Papier, Hyamine- bzw. Methanol-Toluol dagegen nur sehr mangelhaft. Wenn gesichert ist, daß die nachzuweisenden Verbindungen vollständig im Szintillator gelöst sind, können alle Zählausbeutebestimmungen (vgl. D, 3.2.) angewandt werden.

Die Möglichkeit zur Messung von Papierchromatogramm-Streifen führte dazu, Probenlösungen direkt auf Filtrierpapier aufzutragen und nach Trocknung zu messen. Auch radioaktive Fällungen lassen sich nach Filtration unmittelbar auf Papier- oder Millipore-Filtern analysieren. Diese Technik bekam neue Impulse durch die Verwendung von Glasfaserpapier. Nach GILL [84] hängt die Zählausbeute tritiierter Verbindungen auf Filter stark von der Natur des Trägermaterials ab. Allgemein zeigen markierte Substanzen auf Glasfaser-Papier höhere und konstantere Zählausbeuten als auf Cellulose-Papier. Bei nicht vollständig löslichen Substanzen hängt die Zählausbeute auf Cellulose, insbesondere bei Tritium, auch noch von der Molekülgröße ab. Man vermutet, daß das Eindringen der tritiierten Verbindungen in amorphe Regionen der Cellulose-Faser dies verursacht, vgl. auch FURLONG et al. [85] und DAVIES et al. [86]. An Glasfaser-Papier werden die Substanzen ausschließlich an der Oberfläche festgehalten. Für die Meßprobe entfallen deshalb Selbstabsorptionseffekte und Unterschiede in der Erreichbarkeit durch den Szintillator innerhalb des Trägermaterials. Zur Verbesserung der Absorptionseigenschaften kann die Glasfaser mit Kieselgel imprägniert werden. Diese Imprägnierung ist jedoch ohne Einfluß auf die vorgenannten günstigen Eigenschaften. Eine allgemeine Arbeitsvorschrift für die Verwendung von Glasfaserpapier geben PINTER et al. [87]. Dabei wird besonders auf die Möglichkeit, bis zu 25 Glasfaser-Scheiben (12 mm Durchmesser) übereinander in einem Zählgläschen zu messen, hingewiesen. Nach SNYDER [88, 88a] können Zonen von Dünnschicht-Chromatogrammen mittels eines Abkratz-Automaten [vgl. 88b] durch Suspension mit Kieselgel direkt gemessen werden. Je nach Substanzeigenschaft wird ein lipophiler bzw. hydrophiler Szintillator zum Herauslösen der zu analysierenden Substanzen angewandt [88].

SHAW et al. [89] lösen die Zonen von Kieselgel-Dünnschichtchromatogrammen in Flußsäure auf und messen anschließend direkt in einem Triton-Toluol-Szintillator (vgl. D, 3.1.1.2.1.). Kieselgel-Mengen bis zu 250 mg in 10 ml Szintillator sollen die Wiederfindungsrate nicht beeinflussen. Die Zählausbeuten betragen für Tritium 33% und für Kohlenstoff-14 88%.

Die Bestimmung von Tritium, Kohlenstoff-14 und Schwefel-35 in Wolle ist nach DOWNES et al. [90] ohne Verwendung von Emulgatoren oder Gelbildnern möglich. Die Wollprobe wird im Zählfläschchen lediglich mit Szintillator versetzt und ist danach sofort meßbar.

Auf gleiche Weise ermittelten NISSEN et al. [91] die Radioaktivität in Gerstenkeimlingen. FALLOT et al. [92] untersuchten den Tritium-Einbau an in vitro gezüchteten Zellen. Dazu fixierten sie die Zellen an Deckplättchen, die dann in Szintillator eingetaucht wurden. Allgemein können anionische Substrate und/oder Produkte chemischer Reaktionen an DEAE-Cellulose gebunden und getrennt werden. So fixierte SHERMAN [93] Hexosephosphate an Ionenaustauscherpapier, das er dann direkt analysierte. Auf diese Weise ist eine Schnellbestimmung von Enzymaktivitäten möglich.

GUPTA [94] verwendete Glas-Mikrofaser-Träger, die er nach Auftragen und Trocknen der Probe in einem Plastiksack mit wenigen Tropfen Szintillator befeuchtete. Der Sack wird zugeschweißt und in einem Plastikfläschchen gemessen. Diese Methode wurde von GUPTA [95] als Mikromethode weiterentwickelt, wobei Szintillator-beschichtete Glasfaserscheiben verwendet werden. Nach Auftragen der Probe wird nur noch mit Toluol befeuchtet. Proben von 1–10 µl benötigen 10–100 µl Toluol und weisen eine Zählausbeute von 25% für Tritium und 85% für Kohlenstoff-14 bei einem Nulleffekt von 5–8 cpm auf. Das Verfahren verzichtet auf Glas-Zählfläschchen und verbraucht nur sehr geringe Mengen an Szintillator und Lösungsmittel.

Zur Messung von KOH-befeuchtetem Filterpapier, wie es zur Kohlendioxidabsorption bei Warburgversuchen u. a. verwendet wird, vgl. D, 3.1.2.1.

3.1.1.2.4. Häufig verwendete Szintillatorsysteme

a) Insta-Gel[13] zur Emulsionsmessung

Insta-Gel ist ein fertiges Detergenz-Szintillator-Gemisch, das bis zu 50% an wäßriger Probe in Form einer Emulsion aufnimmt. Dazu wird die Probe in ein Zählgläschen pipettiert und mit der entsprechenden Menge an Insta-Gel (vgl. nachfolgende Zusammenstellung) gelinde geschüttelt. Es soll bei konstanter Temperatur gemessen werden. Insta-Gel besitzt eine »Mischungslücke« zwischen 13 und 25% Wasser bei ca. 20° C. Nachstehend sind die Konzentrationsbereiche nach [96] in Abhängigkeit von der Probenart angegeben:

Probe	%-Kapazität (20° C)
Wasser bzw. Salzlösungen (bis 2% Salzgehalt)	0–13% und 25–50%
Serum, Plasma, Urin	0–9%

Für Blut, Gewebehomogenate, Erythrocyten werden spezielle Arbeitsvorschriften von [96] mitgeteilt.

Nach unseren Erfahrungen sind Gele mit 40% Wasser über mehrere Tage haltbar.

b) Silicagel zur Suspensionsmessung (vgl. l. c. [62])

0,1–0,5 g Bariumcarbonat oder ein anderes Material, z. B. auch ausgekratzte Zonen von Dünnschichtplatten, werden in einem Mörser fein zerrieben, mit 400 mg feinem Silicagel (Cab-0-Sil oder Aerosil) im Zählgläschen vermischt, mit 10 ml Szintillator (vgl. S. 104) versetzt und für einige Minuten heftig geschüttelt. Die Proben sollen sich erst nach einigen Tagen absetzen.

Zur Problematik für T-Messungen vgl. D, 3.1.1.2.2. und D, 3.1.1.2.3.

---

13 Fa. Packard Instr., Downers Grove, Ill. USA.

c) Proben von Schichtchromatographie-Platten (vgl. l. c. [97])

Falls das markierte Material aus dem Träger herauslösbar ist, arbeitet man zur Desaktivierung des Trägermaterials mit wasserhaltigen bzw. mit anderen hydrophile Komponenten enthaltenden Szintillatoren. Andernfalls mißt man in Suspension.

α) Szintillatorlösungen zur Elution der Proben. Dioxan-Wasser-Gemisch: 7 g PPO, 0,3 g Dimethyl-POPOP und 100 g Naphthalin werden mit Dioxan auf 1 ltr. verdünnt und 200 ml Wasser zugefügt.

Toluol-Naphthalin-Methylcellosolve-Gemisch: 4 g BBOT (oder ein entsprechender anderer Szintillator vgl. S. 104) und 80 g Naphthalin werden in 600 ml Toluol und 400 ml Methylcellosolve gelöst und mit Wasser im Verhältnis 30:1 (v/v) versetzt.

β) Szintillatorlösung zur Suspensionsmessung. Das System ist oben, unter b, beschrieben.

d) ^{14}C-markierte Verbindungen auf Glasfaser-Papier (vgl. l. c. [87])

Aus einem Chromatogramm auf Glasfaser-Papier werden mit einem Korkbohrer (z. B. 12 mm Durchmesser) die gewünschten Zonen ausgestanzt. Bis zu 25 derartiger Scheibchen lassen sich in einem Zählgläschen messen. Man erhält eine Linearität der Impulsrate im Bereich von 100 bis 40 000 cpm. Die Scheibchen verursachen *keine* Löschung oder Lichtabsorption und haben keinen Einfluß auf den Nulleffekt. Das radioaktive Material muß nicht in eluierter Form vorliegen. Als Szintillatoren werden verwendet:

Stark polar: Szintillator nach BRAY [21], vgl. S. 104. Wenig polar: 3 g PPO, 0,1 g POPOP und 300 ml Äthanol werden in 700 ml Toluol gelöst.

3.1.2. Messung nach Probenumwandlung

Wegen Löschung und mangelnder Löslichkeit können nur wenige Materialien direkt vergleichbar gemessen werden. Deshalb sucht man seit dem Aufkommen der Flüssig-Szintillations-Meßtechnik nach einfachen Verfahren, die unterschiedliches Analysenmaterial in eine einheitliche Meßform umwandeln. Dafür gibt es verschiedene Möglichkeiten.

Von Solubilisierung (D, 3.1.2.2.1.) spricht man, wenn ein Lösungsvermittler (solubilizer) das Lösen der Probe im Szintillator ermöglicht. Hierzu gehört auch die Solubilisation von Wasser oder verdünnten wäßrigen Lösungen.

Unter Naß-Oxidation (vgl. D, 3.1.2.2.2.) wird der Aufschluß der Probe in flüssiger Phase verstanden. Gewünschte Endprodukte dieser Umwandlung sind Wasser, Kohlendioxid, Schwefeldi- bzw. -trioxid. Diese Verbindungen können leicht in szintillationsgünstigen Lösungsmitteln absorbiert werden.

Die gleichen Verbindungen erhält man bei trockener Verbrennung (vgl. D, 3.1.2.3.). Außerdem ist eine Reihe spezieller Umwandlungs-Methoden bekannt, wie sie z. B. zur Messung niedrig aktiver Proben benötigt werden (vgl. Abschn. E).

3.1.2.1. *Absorption gasförmiger Proben*

Kohlendioxid fällt z. B. bei respiratorischen Versuchen als Stoffwechselendprodukt oder bei Inkubationen von Substraten mit Geweben oder Enzymen, beim Ansäuern von Carbonaten oder chemischen Reaktionen an. Hierher gehört auch die Bestimmung von $^{35}SO_2$ und $H_2{}^{35}S$. Über die Absorption des bei der nassen bzw. trockenen Verbrennung anfallenden Kohlendioxids vgl. (D, 3.1.2.2.2. und D, 3.1.2.3.). Die Szintillationsmessung gasförmiger Proben setzt das Einbringen der Probe in einem Absorptionsmittel voraus, das mit dem Flüssigszintillator mischbar ist.

PASSMAN et al. [98] führten Hyamine-10-X[14], ein quartäres Amin mit relativ hohem Molekulargewicht, zur CO_2-Absorption ein. Die Base wird als ca. 1 N methanolische Lösung verwendet. EISENBERG [99] absorbierte damit in Warburg-Gefäßen CO_2, das aus Carbonaten durch Ansäuern erhalten wurde. 3 ml Hyaminehydroxid-Lösung können bis zu 2 mMol CO_2 aufnehmen. Ein Aliquot von 2 ml wird nach Beendigung der Absorption mit 14 ml Toluol-Szintillator (auf PPO-Basis) gemischt und gemessen.

Nach RADIN [43] ist die Zählausbeute unabhängig von der absorbierten CO_2-Menge, jedoch abhängig von der im System befindlichen Aminmenge, da die Base ein Löscher ist. Die Erniedrigung der Zählausbeute mit Erhöhung des Anteils an Hyamine-Lösung im Szintillator beruht im wesentlichen auf der Erhöhung der Methanolkonzentration. Hyamine wurde auch zur Auflösung von anderen sauren Substanzen (vgl. RADIN [43]) und zur Solubilisierung von biologischen Materialien (vgl. D, 3.1.2.2.1.) verwendet.

SNYDER and GODFREY [100] oxidierten Fettsäuren in Warburg-Gefäßen. Das entstehende CO_2 wird in Hyaminehydroxid enthaltenden kleinen Bechern absorbiert, die dann als Ganzes in das Zählgläschen überführt werden. CUPPY et al. [101] verwenden an Stelle von Warburg-Gefäßen normale Erlenmeyerkolben. Später ersetzten NEVILLE et al. [102] das Glas-Absorptionsgefäß durch Gefäße aus Plastik (vgl. S. 119), die sich durch niedrigere Nulleffekte auszeichnen.

Mitunter wurden bei respiratorischen Versuchen mit Kleintieren [103] oder sonstigen mit CO_2-Entwicklung verbundenen Reaktionen [104, 105] Szintillations-Zählfläschchen mit Absorptionsmittel verwendet. Derartige radiorespirometrische Versuche sind ausführlich von WANG [106] und anderen [106a] beschrieben worden.

---

14 Hyamine-10-X von Rohm and Haas Co., Philadelphia, Pa. ist (Diisobutyl-cresoxyäthoxyäthyl)-dimethylbenzylammoniumhydroxid.

CO_2-Absorption durch Diffusion in Hyamine in Warburgkölbchen kann zur Gelierung des Absorptionsmittels führen. Um dies zu vermeiden, verwendete KOBAYASHI [107] wäßriges Hyamine-hydroxid, das durch Abdestillieren des Methanols und Aufnehmen in Wasser erhalten wurde.

Hyamine ist teuer und kann wegen des hohen Molekulargewichts nur wenig CO_2 binden. Primene 81-R[15] [108] ist zwar preisgünstig, nach KELLY et al. [109] absorbiert es Kohlendioxid jedoch nicht quantitativ. Häufig wird das preisgünstige Äthanolamin [110] zur quantitativen Absorption von CO_2 verwendet (vgl. jedoch l. c. [111]). Es wird in Methanol oder Äthylenglykolmonomethyläther gelöst, da das mit CO_2 gebildete Carbonat in Toluol allein unlöslich ist. Ein Verhältnis 1:2 v/v von Äthanolamin zu Äthylenglykolmonomethyläther wird für die Absorptionslösung empfohlen. Dieses Gemisch wird mit dem fünffachen Volumen einer Lösung Äthylenglykolmonomethyläther/Toluol 1:2 v/v gemischt (5,5 g PPO/ltr.), um eine optimale Meßlösung zu ergeben. Die Zählrate wird von der absorbierten CO_2-Menge nicht beeinflußt.

ARONSON und VAN SLYKE [111a] beschreiben die rasche Überführung von CO_2 aus van Slyke-Apparaturen in Zählfläschchen nach mengenmäßiger Bestimmung des CO_2. Neben Hyamine wird auch das günstigere Phenyläthylamin verwendet (vgl. weiter unten).

$^{14}CO_2$ aus $BaCO_3$ kann durch Ansäuern mit verd. HCl nach KORNBLATT et al. [112] in eine Äthanolamin-Lösung überführt werden. Eine Versuchsanordnung zur Absorption von respiratorischem CO_2 im Zählgläschen beschreibt BAGGIOLINI [113, 114] (vgl. S. 121).

Hierbei wird mit einer Lösung von Äthanolamin in Methanol (20/80, v/v) (vgl. Kolbenverbrennung D, 3.1.2.3.1. und [115]) absorbiert.

Zur Bestimmung von Blut-CO_2 [116] kann man im Deckel eines Zählgläschens einen mit Äthanolamin befeuchteten Wattebausch einkleben. Die Probe befindet sich im Zählgläschen, durch Zusatz von Schwefelsäure wird CO_2 ausgetrieben und von der Base gebunden. Der Deckel mit der Watte wird entfernt und auf ein Szintillator enthaltendes Zählgläschen geschraubt. Durch Schütteln wird das Äthanolamin und das Carbonat in die flüssige Phase überführt.

β-Phenyläthylamin löscht weniger als Äthanolamin und Hyamine. Es ist zwar nicht ganz so preiswert wie Äthanolamin, doch bei weitem billiger als Hyamine. Eine Hyamine-Lösung mit einer CO_2-Kapazität

---

15 Handelsname von Rohm and Haas Co., Philadelphia, Pa. für ein Gemisch ähnlicher Amine mit einem durchschnittlichen Molekulargewicht von 191. Eine primäre Aminogruppe ist mit einem tertiären C-Atom verknüpft.

von 2 mMol zeigt eine Zählausbeute von 30%, Phenyläthylamin dagegen eine von 60% bei gleicher CO_2-Kapazität [38]. Eine Phenyläthylamin-Lösung mit einer Kapazität von 5 mMol und einem Gesamtvolumen von 10 ml weist eine Zählausbeute von 50% auf, während die einer gleich beschaffenen Hyamine-Probe nahe bei Null liegt. 1 Mol CO_2 benötigt 2 Mol Base, dabei entsteht Phenyläthylammonium-phenyläthyl-carbaminat. Dieses ist nur sehr gering in Toluol löslich, dagegen sehr gut in Methanol. Methanol wird deshalb als Lösungsvermittler benötigt. Die gebildete Carbaminat-Menge beeinflußt kaum die Zählausbeute. WOELLER [38] empfiehlt ein Mol-Verhältnis 1:3 von CO_2 zu Base, die Absorptionslösung hat folgende Zusammensetzung:

> 270 ml redestilliertes β-Phenyläthylamin und 270 ml Methanol werden mit Toluol auf 1 ltr. Gesamtvolumen gebracht. Die Lösung enthält 5 g PPO und 0,1 g POPOP per Liter.

Nach unserer Meinung ist Phenyläthylamin zur Absorption von CO_2 das Mittel der Wahl. Seine Anwendung zur $^{14}CO_2$-Bestimmung in Atemluft wird von YEH et al. [117] und zur Blut-CO_2-Messung von WEYMAN et al. [118] beschrieben.

Zur CO_2-Absorption sind auch wäßrige Alkalilösungen verwendet und direkt gemessen worden, da bei metabolischen Versuchen Dämpfe von organischen Absorptionsmitteln und insbesondere Lösungsmitteln in das biologische System gelangen und dort zu Störungen führen können. Darauf wiesen besonders DUNCOMBE et al. [111] in einer Hyamine, Äthanolamin, Phenyläthylamin und Alkalilauge bewertenden Untersuchung hin.

Meist wird CO_2 z. B. in Warburg-Gefäßen an einem alkali-befeuchteten Filtrierpapierstreifen absorbiert (CHIRIBOGA et al. [119], BUHLER [120], DOWDLE et al. [121] und YARDLEY [122]). Nach dem Versuch wird der Streifen in ein Zählgläschen gestellt und mit einem Wasser aufnehmenden Szintillator (vgl. D, 3.1.1.1.3.) versetzt. Nach der Emulsionstechnik bestimmten HINKS et al. [123] Blut-CO_2, indem sie Inkubation und Absorption mit $Ba(OH)_2$ in einem Zählgläschen ausführten. Nicht verbrauchtes $Ba(OH)_2$ wird nach beendeter Absorption mit Salzsäure titriert (Berechnung der CO_2-Menge), während man die $BaCO_3$-Suspension mit einem Komplexbildner (Äthylendiamintetraessigsäure) auflöst. Diese Lösung läßt sich dann mit Triton-Toluol-Szintillator (vgl. D, 3.1.1.2.1.) messen.

Beim Schmidt-Abbau von organischen Säuren (vgl. Bibliographie S. 14, SIMON, FLOSS) entstehendes CO_2 setzen LIN et al. [124] durch Grignard-Reaktion zu ^{14}C-Benzoesäure um. Diese Verbindung kann mit sehr hoher Zählausbeute äußerst genau gemessen werden. Die Methode ist sehr aufwendig, erscheint jedoch besonders für gering aktive Proben sehr geeignet. Ein besonderer Vorteil ist die leichte und zuverlässige Reinigung (Umkristallisation, Sublimation) der Benzoesäure.

Die Analyse von Schwefeldioxid interessiert im Zusammenhang mit der Radioaktivitätsbestimmung in ^{35}S-markierten Materialien (vgl. D, 3.1.2.3.).

Zur Messung von SO_2 in der Luft absorbieren URONE et al. [125] SO_2 entweder mit einer wäßrigen Tetrachloromercurat- oder mit einer Wasserstoffperoxid/Schwefelsäure-Lösung, die dann in einem Dioxan-Naphthalin-Szintillator gemessen werden können. ^{35}S-markierter Schwefelwasserstoff, der durch Radiolyse von Thiosulfat entstanden war, wurde von MAHADEVAPPA et al. [126] in Hyamine aufgefangen und in einem Toluol-Szintillator gelöst.

Methodik zur Absorption gasförmiger Proben

1. $^{14}CO_2$-Absorption durch Diffusion (Normal- und Mikro-Maßstab)

Zur Absorption des Kohlendioxids wird der auf S. 104 beschriebene Phenäthylamin-Methanol-Toluol-Szintillator verwendet. 1 ml dieser Lösung vermag ca. 0,7 mMol CO_2 aufzunehmen. Um bei vorgegebenem Volumen des Absorptionsgefäßes die CO_2-Kapazität zu erhöhen, kann auch zunächst mit dem Absorbens allein gearbeitet werden. Das Szintillator-Gemisch wird in diesem Fall erst im Zählgläschen durch nachträgliches Mischen von Absorbens (Phenäthylamin/Methanol 42/58, v/v) mit dem Szintillator (9,1 g PPO und 0,9 g Dimethyl-POPOP auf 1 ltr. Toluol) hergestellt. 3,0 ml der methanolischen Phenäthylaminlösung binden maximal 5,2 mMol CO_2. Zu der Absorptionslösung gibt man das 1,5fache Volumen der angegebenen toluolischen Szintillatorlösung. Man hat damit die selben Verhältnisse wie S. 104 beschrieben. Es können selbstverständlich auch andere Absorbentien verwendet werden.

Als Reaktionsgefäße für die CO_2-entwickelnde Reaktion dienen nach NEVILLE et al. [102] 50 ml Erlenmeyer-Kolben mit Gewinde[16]), die mit Schraubkappen[16] und Gummiseptum[17] verschließbar sind (Abb. D, 9). Durch dieses Septum können Lösungen zum Starten und/oder Stoppen der Reaktion bzw. Austreiben des CO_2 injiziert werden. In das Reaktions-Gefäß läßt sich eine Halterung (z. B. Polyäthylen) einhängen, die beim Arbeiten mit Erlenmeyer-Kolben zur Aufnahme eines kleinen Bechers (Glas oder Polyäthylen) mit der Absorptionsflüssigkeit dient. Nach Beendigung des Versuchs wird der Becher mit der Absorptionsflüssigkeit in ein Zählgläschen überführt und mit Szintillator auf das gewünschte Volumen gebracht.

Für Reaktionen im Mikromaßstab kann auch im Zählgläschen direkt gearbeitet werden. Dabei dient der Halter selbst (ohne Becher) als Reaktionsgefäß (Abb. D. 9), während sich die Absorptionsflüssigkeit im Zählgläschen befindet. Ist die Reaktion und die Absorption des Kohlendioxids (nach ca. 3 Std.) beendet, wird der Halter entfernt und die Absorptionslösung im Zählfläschchen mit Szintillator auf das gewünschte Volumen

---

16 Quickfit Laborglas, Gewinde SQ 28, Schraubkappen QC 28/21.
17 Vulkollan der Fa. C. Freudenberg, D-694 Weinheim/Bergstr.

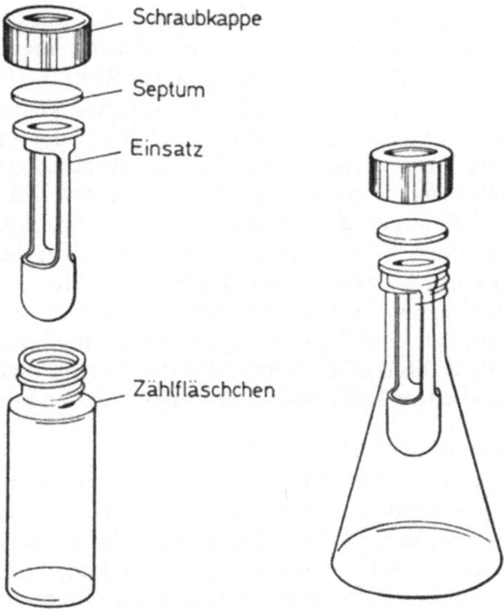

Abb. D, 9. Vorrichtung zur Kohlendioxid-Absorption in Zählfläschchen bzw. Erlenmeyer-Kolben. Anwendung siehe Text.

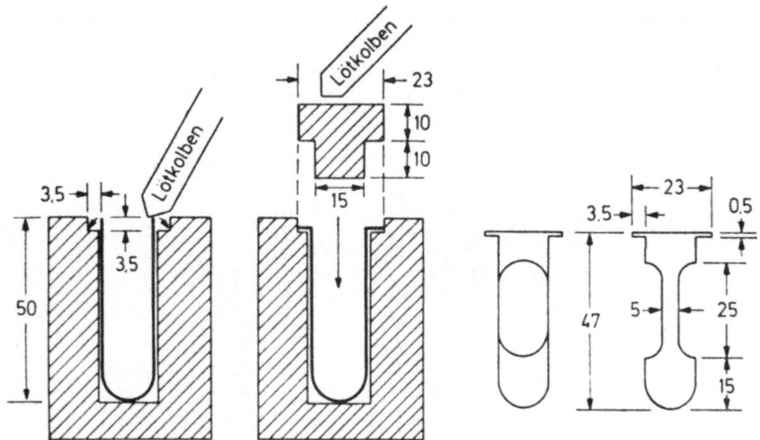

Abb. D, 10. Herstellung von Einsätzen für Zählfläschchen bzw. Erlenmeyer-Kolben zur Gasabsorption.

aufgefüllt. Der Halter kann aus Plastik-Zentrifugengläschen (16 mm Außendurchmesser, 50 mm lang, 0,5 mm Wandstärke) wie folgt hergestellt werden (Abb. D. 10):

Eine Form aus Duraluminium mit einer 50 mm tiefen Bohrung von 16 mm Durchmesser nimmt die Zentrifugengläser auf. Die 16 mm Bohrung ist oben 3,5 mm tief auf 23 mm erweitert. Dadurch entsteht nach Einsetzen des Zentrifugenglases ein 3,3 mm Überstand, der mit einem warmen Löt-kolben zu einem Kragen von 90° nach außen umgebördelt wird. Ein Duraluminium-Stopfen (oberer Durchmesser 23 mm, 10 mm lang, unterer Durchmesser 15 mm, 10 mm lang) wird aufgesteckt und mit einem Löt-kolben erwärmt. Durch Anpressen des erwärmten Stopfens entsteht ein 0,5 mm starker Kragen von 3,5 mm Weite. Mit einem Messer werden nun in das Zentrifugenglas 15 mm über dem Boden zwei 25 mm lange, gegen-überliegende Öffnungen geschnitten, so daß zwei ca. 5 mm breite Streifen stehenbleiben. Beim Arbeiten im Erlenmeyer-Kolben dient der untere Teil zur Aufnahme des Absorptionsgefäßes bzw. des Reaktions-Mediums, falls man im Zählgläschen arbeitet. Der Halter wird in die entsprechenden Ge-fäße eingesetzt, mit dem Septum versehen und durch Schraubkappen ver-schlossen. Für Zählgläschen wird dazu der Deckel nach Entfernung des vorhandenen Dichtungsmaterials konzentrisch ca. 8 mm aufgebohrt.

2. Absorption von $^{14}CO_2$ aus strömenden Gasen

Die Absorption von $^{14}CO_2$ aus Ganztierversuchen oder Perfusions-Experimenten isolierter Organe läßt sich nach BAGGIOLINI [113] direkt im Zählgläschen vornehmen. Der Deckel des Gläschens ist mit einem Gas-Ein- und Auslaß-System versehen (vgl. Abb. D. 11) und das Zählgläschen kann dadurch unmittelbar an die Versuchsanordnung angeschlossen wer-den. In dem Deckel D eines Zählgläschens (M) (22 oder 24 mm Gewinde) werden symmetrisch zwei Bohrungen von 4,0 bzw. 4,4 mm Durchmesser im Abstand von 6 mm angebracht. In die Bohrlöcher werden 2 Polyamid-ansatzstücke (A)[18] für Infusionsnadeln mit Epoxid-Kleber eingekittet. Das konische Ende zeigt einmal nach außen und einmal nach innen. An letzte-rem wird eine 50 mm lange Injektionsnadel (N) aufgesteckt, die als Ein-leitrohr dient. Anstelle der vorgesehenen Dichtung wird im Deckel (D) eine entsprechend zweifach gebohrte 1,5 mm dicke Scheibe (S) aus weichem Gummi eingeklebt.

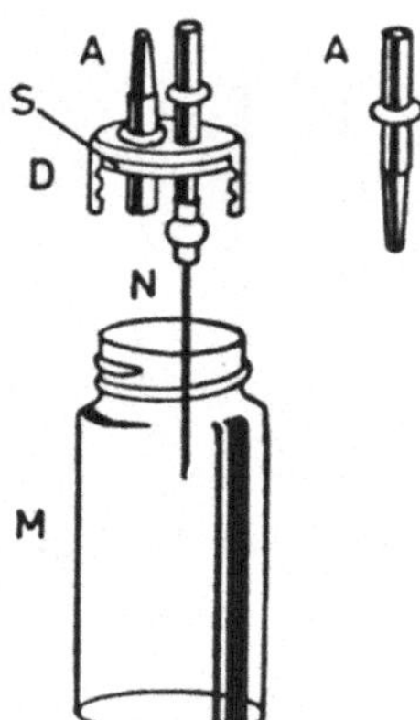

Abb. D, 11. Vorrichtung zur kontinuierlichen Absorption von Gasen in Zähl-fläschchen (vgl. Text).

---

18 Teile eines Infusionsbestecks SRK.

In das Zählgläschen wird das Absorptionsmittel z. B. 11 ml Äthanolamin/ Methanol (v/v 20/80) oder das auf Phenyläthylamin basierende Absorbens vgl. S. 104) gefüllt und der Rand zur besseren Abdichtung dünn mit Vaseline bestrichen.

Bei Verwendung von Äthanolamin als Absorptionsmittel lassen sich aus einem Gasstrom von 70–90 ml/min mit 3% Kohlendioxid während 15 min mehr als 99,5% des CO_2 binden. Nach 60 min werden immer noch 98% gebunden. Es sollte bei längeren Versuchen ein zweites Fläschchen nachgeschaltet werden. Das durchströmende Gas muß mittels einer Kühl- oder Schwefelsäurefalle von Wasserdampf befreit werden. Bei Verwendung von leichtflüchtigen Lösungsmitteln zur Lösung des Absorbens kann der Verdampfungsverlust durch Sättigung des Gasstroms aus einer unmittelbar vorgeschalteten Falle des gleichen Lösungsmittelgemischs (ohne Absorbens) so verringert werden, daß etwaige Verluste keinen Einfluß auf die Zählausbeute haben. Nach Versuchsende werden 10 ml Szintillator (z. B. 4 g PPO, 0,1 g POPOP auf 1 ltr. Toluol) zugegeben.

3.1.2.2. *Umwandlung in flüssiger Phase*

3.1.2.2.1. Solubilisierung

Im Unterschied zur Auflösung von Probengut (vgl. D, 3.1.1.1.) wird bei der Solubilisierung die Probenstruktur durch Einwirkung alkalischer oder saurer Reagentien soweit abgebaut oder verändert, daß eine (nahezu) homogene Lösung erhalten wird (vgl. auch Tab. D,5). Derart aufgeschlossenes Material kann entweder direkt in einem Szintillator gemessen werden oder muß zusätzlich durch einen Lösungsvermittler mit der Szintillator-Lösung mischbar gemacht werden.

Bei den im folgenden diskutierten Solubilisatoren handelt es sich um organische Basen, Alkalien, Säuren, Formamid und Enzyme. Außer auf die Solubilisierung wird auf die Überführung des Aufschlusses in den Szintillator eingegangen. Das Solubilisieren läßt sich durch Erwärmen beträchtlich beschleunigen. Dabei können jedoch Radioaktivitätsverluste durch Verflüchtigung von markiertem Material und stärkere Verfärbungen der aufzuschließenden Lösung auftreten. Deshalb ist es häufig von Vorteil, durch Homogenisieren (Vermahlen oder Ultraschallbehandlung) den Auflösungsprozeß zu beschleunigen, so daß ein zusätzliches Erwärmen sich erübrigt.

Als basische Solubilisatoren werden quaternäre organische Ammoniumbasen bevorzugt. Hyamine-hydroxid (vgl. auch S. 116) und Digestin[19] benötigen Methanol als Lösungsmittel, das erheblich zur

---

19 Fa. Merck, Darmstadt.

Löschung dieser Reagentien beiträgt. Bessere Solubilisatoren sind deshalb in Toluol löslich (NCS[20], Soluene[21]).

Hyamine ist von VAUGHAN, STEINBERG et al. [127, 128] zum Auflösen von Proteinen verwendet worden, ein Verfahren, das von RADIN [43] und RAPKIN [129] ausführlich für Proteine, Aminosäuren, Plasma und Serum untersucht wurde. HERBERG [31] verwendet die Base zum Solubilisieren von Blut, Herz, Niere, Leber, Milz, Lunge und Muskelgewebe bei der Bestimmung von T, ^{14}C und ^{35}S. Weitere Anwendungsbeispiele sind für Serum [130], für Gewebe [131, 132] und für Bakterien-Fragmente [133] angegeben. ABELL et al. [67] vergleichen Messungen von Proben nach Solubilisieren durch Hyamine mit direkt auf Filterpapier adsorbierten oder mit Silica-Gel suspendierten Proben (vgl. D, 3.1.1.2.). Danach hat jede Technik gewisse Vorteile und Einschränkungen. Das Plattieren von Proteinen auf Filterpapier läßt sich anwenden, wenn genügend Material vorhanden ist. Plattieren und anschließendes Herunterlösen von Millipore-Filtern ist schnell, jedoch ist die Auswahl an Lösungsmitteln begrenzt. Unlösliche Protein-Proben können bequem durch Silica-Gel-Suspension gemessen werden. Alle von ABELL et al. [67] untersuchten Proben können aber durch Hyamine-Behandlung aufgeschlossen und in Lösung gebracht werden. Ohne jede Vorbehandlung (Homogenisieren, Erwärmen) können nach WHYMAN [134] Plasma- und Urinproben in Hyamine gemessen werden, wenn man das Gemisch mit Triton X-100 (vgl. D, 3.1.1.2.1.) in einem Toluol-Szintillator emulgiert.

Ebenfalls in methanolischer Lösung liegt Digestin vor. Es wird von SCHAUMLÖFFEL et al. [135] zum Solubilisieren von Leber, Lunge, Milz, Niere und Muskelgewebe verwendet. Digestin soll bei T-markierten Materialien höhere Zählausbeuten als Hyamine ermöglichen.

Protosol[22] ist [136] ein weiteres Produkt, das ähnliche Eigenschaften wie die vorgenannten Reagentien besitzen soll.

Sehr eingehend wird von HANSEN et al. [137] über NCS berichtet. Das Reagenz wird auf verschiedene T- oder ^{14}C-markierte biologische Materialien (RNS, Glykogen, Collagen, Fibrinogen, Saccharose, Aminosäuren, Leber, Muskel, Blut und Plasma) angewendet. Danach weist NCS fast durchwegs höhere Zählausbeuten, größere Gütezahlen und kürzere Auflösungszeiten als Hyamine auf. BELANGER et al. [138] berichten jedoch, daß bei Verwendung von NCS und BBOT (vgl. B, 4.2.3.) als Szintillator im Verlauf von 48 Std. die Zählausbeute auf Null absinkt.

---

20 Nuclear Chicago Corp., Des Plaines, Ill.
21 Packard Instr., Downers Grove, Ill.
22 New England Nuclear Chemicals GmbH, D-6072 Dreieichenhain, Siemensstr. 1.

NCS ist auch zur Bestimmung der Tritium-Aktivität von an Acrylamid getrennten Proteinen angewandt worden. Nach CAIN et al. [139] vermag Ammoniak das Acrylamidgel soweit aufzulösen, daß anschließend mit NCS und Szintillator meßbare Lösungen erhalten werden.

Zum vollständigen Auflösen von Tritium-markiertem Trockengewebe (Hirn und Leber) empfehlen CRAMER et al. [140] in einer vergleichenden Untersuchung von Hyamine, Digestin und NCS das Erwärmen des dicht verschlossenen Proben/Solubilisator-Gemisches. Danach weisen zwar NCS und Digestin gegenüber Hyamine bessere Zählausbeuten auf, jedoch lassen sich störende Effekte, wie Verfärbung der Probe und Reaktion mit dem Szintillator nicht vollständig ausschließen. Zur Solubilisierung muß bei allen Reagentien erwärmt werden; merkliche Unterschiede im Solubilisierungs-Vermögen, wie auch in der Kapazität, können nicht beobachtet werden.

> SOLUENE [141] wird als 0,5 N toluolische Lösung benutzt und ist im Unterschied zu anderen Solubilisatoren auf der Grundlage organischer Basen eine einheitliche chemische Verbindung. LAURENCOT et al. [142] verwenden Soluene zur Solubilisierung von Blut. Eine Alternative zum Solubilisieren mit quarternären Ammoniumbasen ist das Solubilisieren mit Alkali. Nach GJONE et al. [143] kann in 5 N Kalilauge Gewebe und Plasma durch Erwärmen aufgeschlossen werden. Ein Aliquot (ca. 0,2 ml) wird anschließend mit 18 ml Methanol-Toluol-Szintillator gemischt. HERBERG [31] verwendet anstatt wäßriger, äthanolische Kalilauge, wobei in Dioxan-Naphthalin-Toluol-Szintillator gemessen wird. Nach PETROFF et al. [144] schließt 2 N methanolische Kalilauge Gewebe wesentlich rascher als Hyamine auf. Danach können bis zu 60 mg Feuchtgewebe/ml 2 N KOH solubilisiert werden; in einem Ansatz maximal 500 mg. Jedoch empfiehlt es sich, nur 0,5 ml Aufschlußlösung mit 14,5 ml Szintillator (850 ml Toluol, 150 ml Butylcellosolve, 8 g PPO und 110 mg POPOP) zu mischen.

Die Aminosäure-Einbaurate in Zell-Protein bestimmen WANNEMACHER et al. [145] im Gewebeextrakt nach KOH-Hydrolyse. Die Proben werden nach der Hydrolyse mit Hyamine versetzt, wodurch nach Schütteln klare Lösungen erhalten werden. Die Messung erfolgt in einem Dioxan-Naphthalin-Szintillator (vgl. D, 3.1.1.1.3.).

Nach MIYAZAKI et al. [146] können bis zu 200 mg markiertes Gewebe mit äthanolischer Kalilauge direkt im Zählgläschen aufgeschlossen werden. Mittels Äthylenglykol als Lösungsvermittler wird in Bray-Szintillator (vgl. S. 104) gemessen. Zum Aufschluß Tritium-markierten Gewebes verwenden GALASSI et al. [147] wäßrige Natronlauge. Proben bis zu 80 mg werden direkt im Zählgläschen mit 0,2 N Lauge bei 130° im Sandbad behandelt. Proben von 80 bis 160 mg sollen mit 2,0 N Lauge aufgeschlossen werden. Als Lösungsvermittler wird beim Aufschluß mit 0,2 N Lauge der saure Lösungsvermittler BBS-2[23] und für solche mit 2 N Lauge BBS-3[23] (geeignet für hohe Salzkonzentrationen) verwendet. Im letzteren Fall soll zuvor mit wenig konzentrierter Essigsäure neutralisiert werden. Über Tritiumverluste werden keine Angaben gemacht. Dagegen wenden Tye et al. [72] den Gewebeaufschluß in wäßriger Lauge nur auf ^{14}C-Material an. Außerdem erhalten sie nach der Behandlung mit Lauge keine völlig homogenen Lösungen, weshalb die Aufschlüsse mit Kieselgel nach Mischen mit einem Dioxan-Naphthalin-Toluol-Szintillator stabilisiert werden. Durch Alkali unvollständig aufgeschlossene Proben weisen nach Hansen et al. [137] Schwierigkeiten bei der exakten Zählausbeutebestimmung auf.

Je nach Probenmaterial ist auch ein Aufschluß mit sauren Reagenzien durchführbar. Behandlung mit verdünnter Salzsäure empfehlen Tye et al. [72] zur ^{14}C-Bestimmung in Faeces, während Hattori et al. [148] damit T-markierte Nukleinsäuren lösen. Nach letzteren werden bis zu 10 mg Hefe-RNS und bis zu 2,5 mg DNS in ein Zählgläschen eingewogen und mit 0,5 ml Wasser, sowie mit 0,04 ml konzentrierter Salzsäure versetzt, ca. 24 Std. bei 50° C im sorgfältig verschlossenen Zählgläschen belassen und anschließend mit 0,1 ml Hyamine sowie 10 ml Dioxan-Naphthalin-Szintillator versetzt.

Nach Bartley et al. [149] lösen sich Proteine in 88%iger Ameisensäure wesentlich schneller auf als in Hyamine; im Vergleich zu diesem Reagenz werden jedoch schlechtere Zählausbeuten erreicht. Von Vorteil ist andererseits, daß für eine Bestimmung der spezifischen Radioaktivität auch die Ermittlung der Proteinkonzentration aus derselben Aufschlußlösung erfolgen kann. Bei größerer Konzentration an Ameisensäure bzw. an Hyamine im Szintillator ändert sich das Verhältnis der Zählausbeuten zugunsten der Ameisensäure; deshalb ist für kleinere Probenmengen Hyamine und für größere die Säure vorzuziehen.

Mit Formamid lösen Kinnory et al. [150] Gewebehomogenate, Lipide, Proteine, RNS und DNS auf, Neujahr et al. [151] ganze Bakterienzellen und Lagerstedt et al. [152] Agarblöcke.

Auch enzymatischer Abbau biologischer Strukturen ist zum Solubilisieren geeignet. Hash [153] hat Zellwände von Bacillus megaterium und Takahashi et al. [133] haben andere Bakterienfragmente durch Lysozym bzw. Trypsin hydrolysiert.

Solubilisatoren können die Proben verfärben bzw. Chemilumineszenz erzeugen.

Durch chromogene Strukturen bedingte Farblöschung (vgl. B, 4.2.4.) kann die Zählausbeute so wesentlich erniedrigen, daß eine sinnvolle

---

23   Fa. Beckman Instruments. D-8000 München 45, Frankfurter Ring 115.

Messung unmöglich wird. Es hat daher nicht an Versuchen gefehlt, diese Verfärbung durch Nachbehandlung mit geeigneten Reagenzien zu beseitigen.

HERBERG [31], MURTY et al. [154] und MIYAZAKI et al. [146] entfärben alkalisch aufgeschlossene Lösungen durch Wasserstoffperoxid. Dieses Reagens wird nach HANSEN et al. [137] besser durch Benzoylperoxid ersetzt. Benzoylperoxid wird in gesättigter Toluol-Lösung angewendet, wobei es sich empfiehlt [137], die Probenentfärbung *vor* dem eigentlichen Aufschluß vorzunehmen. (Über Chemilumineszenz unter Einwirkung von Peroxiden vgl. im folgenden.) Während des Aufschlusses muß das Benzoylperoxid verbraucht werden, um spätere Wechselwirkung mit den Szintillatorsubstanzen auszuschließen. Nach FALES [32] ist eine Entfärbung auch mit Natriumborhydrid in äthanolischer Lösung möglich. Nach der Behandlung sollen diese Proben mit Essig- oder Salzsäure angesäuert werden.

Alkalische Aufschlüsse, die in Äther-haltige Szintillatoren überführt werden, weisen häufig Chemilumineszenzen auf (KALBHEN [155]). Die Ursache dafür ist der Zerfall der durch Einwirkung von Sauerstoff gebildeten Ätherperoxide. Szintillator-Solventien, wie Dioxan und alle Glykoläther (Cellosolve, Diglym), sollten deshalb für alkalische Aufschlüsse nicht verwendet werden. Auch Hyamine enthält pro Molekül zwei Ätherfunktionen, worauf die beobachteten Chemilumineszenzen (HERBERG [156], KALBHEN [157] und DULCINO et al. [132]) zurückzuführen sein dürften.

Die Gefahr des Auftretens von Chemilumineszenzen ist beim Arbeiten mit Entfärbungsmitteln auf Peroxid-Basis besonders hoch. Nach WINKELMAN et al. [158] hängt die Chemilumineszenz von der Kombination von Solubilisator und Entfärbungsmittel ab. Am stärksten luminesziert ein NCS-Benzoylperoxid-Gemisch. Um Chemilumineszenz zu vermeiden, wird empfohlen: Alkalische Aufschlüsse sollten nicht mit Peroxid-Entfärbungsmitteln behandelt werden. Beim Arbeiten mit Äther-haltigen Szintillatoren sollten alkalische Aufschlüsse mit Säuren (Ameisen-, Essig-, Salzsäure) neutralisiert oder schwach angesäuert werden. Dabei wird jedoch die Zählausbeute erniedrigt (HERBERG [156], KALBHEN [155]). Der Zusatz von Di-t-butyl-4-hydroxytoluol (BHT), als Antioxidans zur Lumineszenz-Unterdrückung von HOUTMAN [7] empfohlen, wird in seiner Wirksamkeit von KALBHEN [159] nicht bestätigt. Dagegen ist nach GALASSI et al. [147] die Zugabe von einigen Tropfen einer 10%igen Ascorbinsäurelösung sehr effektiv.

Vorschrift zur Proben-Solubilisierung

Am ausführlichsten scheint das Solubilisieren mit NCS untersucht zu sein [vgl. lit. cit. 66, 137, 159a]. Auf andere Solubilisatoren ist im vorstehenden Abschnitt hingewiesen.

Probe: Gewebe (trocken oder feucht), Gewebe-Homogenate (1 Gew.-Teil Gewebe zu 4 Gew.-Teilen physiol. Kochsalzlösung), Körper- bzw. Organflüssigkeit.

Szintillator-Konzentration: Die Endkonzentration im Toluol-Aufschluß-Gemisch soll 6 g PPO und 50 mg POPOP pro Liter betragen.

A. Trocken-Material:
1. Das Material wird in ein Glas-Zählfläschchen eingewogen (Tab. D, 1).
2. Man befeuchte das Material mit Wasser, wie in Tab. D, 1 angegeben. Dabei ist die zugefügte Wassermenge kritisch. Zu wenig Wasser verzögert den Aufschluß oder unterbindet dessen Vollständigkeit, zuviel führt zu Phasentrennung bei der Verdünnung des Aufschlusses mit Toluol.
3. Zugabe von NCS nach Tab. D, 1.
4. Aufschluß der Probe bis keine Probenpartikelchen mehr zu sehen sind. Reaktion kann erforderlichenfalls im Wasserbad durch Erwärmen bis zu 50° C beschleunigt werden.
5. Verdünnen mit einer PPO/POPOP/Toluol-Lösung, so daß als Endkonzentration 6 g PPO und 50 mg POPOP je Liter resultiert.
6. Vor der Messung sollen sich die Proben mindestens 30 min der Meßtemperatur des Gerätes angleichen.

B. Gewebehomogenate und Flüssigkeiten
Vorschrift wie bei A, nur daß das Anfeuchten (Pkt. 2) entfällt. Vgl. Tab. D, 1.

C. Feuchtgewebe
Zur Beschleunigung des Aufschlusses sollte das Gewebe vermahlen oder macerisiert sein. Gefärbtes Gewebe kann zur Verbesserung der Zählausbeute mit Benzoylperoxid entfärbt werden. Dazu wird je nach Probenmenge eine entsprechende Menge einer gesättigten toluolischen Benzoylperoxid-Lösung (frisch präpariert) zugegeben.
Von hier ab ist nach Punkt 3 der Vorschrift A zu verfahren.

D. Blut
1. Blut in Glas-Zählfläschchen einwiegen (vgl. Tab. D, 1).
2. Zur Entfärbung werden zu je 0,1 ml Blut 0,35 ml einer gesättigten, toluolischen Benzoylperoxid-Lösung (frisch bereitet) gegeben.
3. Zugabe von NCS nach Tab. D, 1.
4. Erwärmen 30 min. bei 50° C.
5. und 6.) wie unter A.

3.1.2.2.2. Naß-Oxidation

Unter Naß-Oxidation soll ein Probenaufschluß durch flüssige, oxidativ wirkende Reagentien verstanden werden. Dadurch erhält man eine in einem Szintillator homogen aufnehmbare Probe. Diejenigen, die zu einem restlosen Abbau der organischen Matrix zu Wasser, Kohlendioxid und anderen Oxiden führen [160], werden

Tab. D, 1. Optimale[a]) Mengen an Probe, NCS und Wasser für eine mit PPO/POPOP/Toluol auf 20 ml verdünnte Meßprobe.

Probe	Form	opt. Proben-gewicht (mg)	Volumen Wasser	(ml) NCS
RNS		280	0,3	2,7
Glykogen		600	1,4	8,0
Collagen		420	0,7	4,0
Fibrinogen		160	0,7	4,0
Saccharose	Trocken vgl. (A)	670	0,5	6,7
Tyrosin		120	0,2	2,7
Histidin		160	0,3	2,7
Methionin		720	1,4	8,0
Glycin		300	0,8	6,7
T-Muskel		280		7,6
^{14}C-Muskel	Homogenat bzw.	560		15,3
T-Leber	Flüssig	125		4,2
^{14}C-Leber	vgl. (B)	280		9,3
T-Plasma		1200		8,0
T-Muskel		950		5,0
^{14}C-Muskel	Feucht Vermahlen	2300		11,5
T-Leber	vgl. (C)	75		0,7
^{14}C-Leber		220		1,9
T-Blut	vgl. (D)	180		1,8
^{14}C-Blut		450		4,5

[a]) Optimal entspricht maximaler Gütezahl. Geringere Probenmengen erfordern entsprechend weniger NCS und sollten mit PPO/POPOP/Toluol auf 20 ml verdünnt werden, um höhere Zählausbeuten zu erzielen.

fast ausschließlich zur Bestimmung von Kohlenstoff-14 und Schwefel-35 verwendet (vollständige Oxidation). Daneben existieren eine Reihe von Vorschriften, bei denen das organische Material nur teilweise zu kleineren Bruchstücken zerlegt wird (partielle Oxidation). Nicht behandelt werden in diesem Abschnitt Methoden, die durch gezielte Reagentienauswahl zu einer Zerlegung in definierte Bruchstücke führen. Dazu sei auf [160a] verwiesen.

Vollständige Oxidation

Nach VAN SLYKE et al. [160b, 161] lassen sich mit einem Gemisch von rauchender Schwefelsäure, Perjodat und Chromat eine sehr große Zahl organischer Verbindungen und biologischer Materialien vollständig zu Wasser und Kohlendioxid zerlegen. Bei der Oxidation von Fetten (unvollständige Verbrennung) oder sehr leicht flüchtigen Substanzen können Verluste auftreten [161a].

JEFFAY et al. [110] oxidierten verschiedene organische ^{14}C-Verbindungen und SMITH et al. [161b] bestimmten den Gehalt ^{14}C-markierter Pestizide in Gewebehomogenaten, Gewebeschnitten, Extrakten etc. nach VAN SLYKE.

EDWARDS et al. [162] konstruierten für die van Slyke-Oxidation eine spezielle Apparatur, in der Verbrennung und Absorption zugleich erfolgt.

^{14}C-markierte, wasserlösliche Verbindungen können mit Kaliumpersulfat unter Silberionen-Katalyse quantitativ zu Kohlendioxid oxidiert werden (vgl. CALVIN et al. [163]). Dabei wird das erhaltene Kohlendioxid mit einem inerten Trägergasstrom in die Absorptionslösung überführt. Von KATZ et al. [163a] ist diese Technik in Verbrennungs-Diffusions-Gefäße übertragen worden, wobei in einem separaten Gefäß das Kohlendioxid in Natronlauge aufgenommen wird. Die Absorption durch Diffusion dauert länger als die durch Trägergas, verlangt jedoch weniger Kontrolle.

Von BARTLEY et al. [149] wird als Absorbens eine Lösung von Äthanolamin in Cellosolve empfohlen.

Tritium in biologischen Materialien bestimmt BELCHER [163b] durch Oxidation mit einem Gemisch von Salpeter- und Perchlorsäure. Das Tritium-haltige Wasser wird abdestilliert, mit Ammoniak neutralisiert und in einem Äthanol-Toluol-Szintillator gemessen.

Schwefel-35 läßt sich nach JEFFAY et al. [163c] ebenfalls mit einem Salpetersäure-Perchlorsäuregemisch, unter Zugabe von Magnesiumnitrat, in biologischen Materialien, wie Gewebe, Extrakte und Körperflüssigkeiten in Magnesiumsulfat überführen, das in Glycerin gelöst und mit Äthanol verdünnt wird. Dieses Gemisch ergibt mit einem N,N-Dimethylformamid-Toluol-Szintillator eine meßfähige Lösung. Das Verfahren kann zur Bestimmung von Kohlenstoff-14 und Schwefel-35 doppelmarkierten Proben benutzt werden. Dabei wird nach JEFFAY et al. [163d] in einem Teil der Probe, wie gerade beschrieben, Schwefel-35 in Magnesiumsulfat überführt und gemessen, ein anderer Teil wird durch van Slyke-Oxidation in Kohlendioxid [110] umgewandelt. Das Magnesiumsulfat enthält keinen Kohlenstoff und das Kohlendioxid ist frei von Schwefelverbindungen [163d].

Partielle Oxidation

O'BRIEN [163e] verwendet zur Messung von Tritium und Kohlenstoff-14 in Haut und in Insekten-Cuticula den oxidativen Aufschluß mit Salpetersäure. Ungefähr 30 mg Probe (Naßgewicht) können in 2–5 Min. in 1 ml farbloser 100%iger Salpetersäure bei ca. 70° C aufgeschlossen werden. Anschließend wird sofort mit 9 ml Wasser verdünnt. Ein 1 ml Aliquot davon, 18 ml Szintillator (Dioxan/Äthylenglykol 5:1, v/v mit 50 g Naphthalin, 10 g PPO und 500 mg Dimethyl-POPOP per Liter Gemisch) und 1 ml 1,5 M Tris–Base[24] werden zur Messung verwendet.

Nach ELDEFRAWI [163f] wird Kohlenstoff-14 zu 100% wieder-gefunden, Tritium dagegen je nach Probengröße nur zu maximal 80%.

Eine verlustfreie Oxidation zur Schwefel-35-Bestimmung in Haut, Milz, Blut, Faeces und Knochen durch Salpetersäure-Wasserstoff-peroxid beschreiben HORESOVSKY et al. [163 g].

Ein Aufschluß zur Bestimmung von Tritium, Kohlenstoff-14 und Schwefel-35 in biologischen Materialien durch Perchlorsäure und Wasserstoffperoxid nach MAHIN et al. [163h, 164] ist S. 131 angegeben.

Der oxidative Abbau von Polyacrylamid-Gelen kann mit Wasser-stoffperoxid bewirkt werden [147,164a].

Obwohl Chemilumineszenzen bei saurem Aufschluß weniger auf-treten, ist es trotzdem ratsam, überschüssige, durch Erwärmen zer-störbare Oxidantien (insbesondere Wasserstoffperoxid) durch Ver-längerung der Aufschlußzeiten zu eliminieren. KALBHEN et al. [159] beobachteten in Triton X-100 bzw. Insta-Gel enthaltenden Szin-tillatoren (vgl. D, 3.1.1.2.1.) kräftige Chemilumineszenzen. Die Inten-sitäten waren vom Oxidationsgemisch abhängig und nahmen in Triton-Szintillatoren in der Reihenfolge Perchlorsäure/Salpetersäure/ Perchlorsäure/Wasserstoffperoxid [163h, 164] und Salpetersäure, Wasserstoffperoxid ab. In Insta-Gel-Szintillatoren zeigte das Per-chlorsäure/Wasserstoffperoxid-Gemisch die stärksten Lumineszenzen. Von KALBHEN et al. [159] wird zur Vermeidung dieser Effekte die Verwendung von voralkalisierten Emulgator-Szintillatoren empfoh-len, wodurch ein pH von 5–6 im Meßsystem erreicht wird.

Vorschriften zur Naßoxidation

1. Vollständige Naß-Oxidation ^{14}C-markierter Proben (van Slyke-Methode)
Nach VAN SLYKE et al. [161] können Proben, die bis zu 15 mg Kohlen-stoff enthalten, mit den in Tab. D, 2 genannten Gemischen zu CO_2 oxidiert werden.
Die Oxidation wird in Erlenmeyerkolben, wie sie S. 119 beschrieben sind, durchgeführt. In Anlehnung an EDWARDS et al. [162] wird dazu die Probe in den Kolben eingewogen, mit der entsprechenden Menge an Reagenz versetzt und nach Verschließen der Kolben in einem Trocken-schrank bei 110° C für 1,5 Stunden erhitzt. Danach läßt man abkühlen und injiziert eine zur Aufnahme des entstandenen Kohlendioxids ausreichende Menge Absorbens in den kleinen im Halter befindlichen Becher (vgl. Abb. D, 9). Die Absorption benötigt ca. 3 Std., danach überführt man den Becher (Absorptionsgefäß) in ein Zählgläschen und versetzt mit Szintillator. Größere Chloridmengen können die Vollständigkeit der Oxidation stören [162].

---

24 Tris = Tri(hydroxymethyl)aminomethan.

Tab. D, 2. Reagentien zur van Slyke-Oxidation in Abhängigkeit von Probenmaterial und Kohlenstoffgehalt.

Probenmaterial	Flüssig-Reagenz	Fest-Reagenz
A. Alle Verbindungen außer Kohlenhydraten und anderen Polyhydroxyverbindungen	Rauchende Schwefelsäure mit 20% SO_3: Phosphorsäure ($\rho = 1{,}72$) (2:1) (v:v). Das Gemisch enthält 1 g Kaliumjodat per 100 ml	Kaliumjodat: Kaliumdichromat (2:1)
B. Kohlenhydrate und andere Polyhydroxyverbindungen	Schwefelsäure ($\rho = 1{,}84$): Phosphorsäure ($\rho = 1{,}72$) (1:1) (v:v). Das Gemisch enthält 1,5 g Kaliumjodat per 100 ml	Kaliumjodat: Kaliumdichromat (10:1)

Kohlenstoffmenge in der Probe A oder B (mg)	Benötigte Menge an Flüssig-Reagenz (ml)	Fest-Reagenz (g)
0,2–0,7	2	0,15
1,0–3,5	2	0,30
4,0–15	5	1,00

2. Vollständige Naß-Oxidation ^{14}C-markierter Proben (Persulfat-Methode)

Als Reaktionsgefäße werden starkwandige Erlenmeyer-Kolben mit Halterungen verwendet (vgl. Abb. D, 9).

Das Verfahren lehnt sich an die von BARTLEY et al. [149] und von CALVIN et al. [163] angegebenen an: Die *wasserlösliche* Probe, die auch auf Chromatographie-Papier aufgetragen sein kann, wird in 20 ml Wasser zusammen mit 200 mg Kaliumperoxidisulfat je mg Kohlenstoff in das Reaktionsgefäß gegeben. Die Lösung enthält zur Beschleunigung der Oxidation 1 ml 4%ige Silbernitratlösung. Der Erlenmeyer-Kolben, der die Halterung samt (leerem) Becherchen enthält, wird mit der Schraubkappe nebst Gummiseptum gut verschlossen und durch eine Injektionsnadel evakuiert (vgl. Abb. D, 9). Nach Herausziehen der Nadel aus dem Septum wird der Kolben 1 Std. auf einem siedenden Wasserbad erhitzt; nach Abkühlen wird die Absorptionsflüssigkeit (vgl. D, 3.1.1.1.4.) in das Becherchen injiziert und 1 Std. geschüttelt. Das Absorbens samt Becherchen wird in ein Zählgläschen überführt und mit Szintillator auf das gewünschte Volumen aufgefüllt.

3. Partielle Naß-Oxidation von T-, [14]C- und ^{35}S-markierten Proben [164]

Ein 0,2 ml Aliquot (bei Flüssigkeiten) oder bis zu 100 mg Gewebe werden in einem Zählfläschchen mit 0,2 ml 60%iger Perchlorsäure vermischt und sodann mit 0,4 ml 30%igem Wasserstoffperoxid versetzt. Die z. B. mit einer Vulkollan-Einlage im Deckel dicht verschlossenen Fläschchen (die Schraubkappen herkömmlicher Zählfläschchen gewährleisten nicht immer gasdichten Verschluß!) werden 30 bis 60 Min. in einen Trockenschrank von 70 bis 80° C gestellt, wobei der Auflösungsprozeß durch gelegentliches Schütteln beschleunigt werden kann.

Das Ende des Aufschlusses ist erreicht, wenn der Fläschcheninhalt klar und farblos ist. Geringfügiger Niederschlag (insbesondere beim Aufschluß tierischen Gewebes mit hohem Fettgehalt) stört nicht, da er im Gesamt-System löslich ist und nicht die Zählausbeute beeinflußt.

Nach dem Abkühlen der Proben werden 6 ml Cellosolve und 10 ml Toluol (6 g PPO/l enthaltend) zugegeben. Ein Zusatz von POPOP ist nicht möglich, da die saure Lösung mit POPOP zu einer Gelbfärbung führt, die eine starke Farblöschung bewirkt. Bei Verwendung eines gekühlten Spektrometers sollen die Proben vor der Messung 30–45 Min. zur Temperierung verbleiben.

Bei der Bestimmung von Tritium nach diesem Verfahren wurden Chemilumineszenzen beobachtet, die aber während der Einstellung des Temperaturgleichgewichts vor der Messung völlig abklangen. Das gilt allerdings nach MAHIN et al. [164] nur für den Cellosolve-Toluol-Szintillator.

Eine maximale Gütezahl wird mit diesem Szintillator erreicht, wenn das wäßrige Gesamtvolumen pro Fläschchen ca. 2 ml beträgt. Dieses Volumen entspricht 0,5 ml einer Blut- oder Plasmaprobe bzw. 500 mg Gewebe. Größere Probenmengen vergrößern die Explosionsgefahr.

Die Anwendbarkeit der Methode veranschaulicht Tab. D, 3.

Tab. D, 3. Partielle Naß-Oxidation von T-, ^{14}C- und ^{35}S-markiertem Material nach [164].

Material	Oxidierbarkeit
Flüssigkeiten: Plasma, Vollblut, Urin	ausgezeichnet
Gewebe: Leber, Niere, Milz, Hirn, Darm, Muskel, Erythrocyten, Faeces, Haar, Lymphocyten	sehr gut
Feste biologische Materialien: Knochen, Zähne, Chitin	gut, gelegentlich etwas länger als Gewebe
Feste nichtbiologische Materialien: Millipore-Filter, Chromatographiepapier	sehr gut
Silika-Gel (Dünnschicht), Ionenaustauscherharz	nicht aufschließbar

3.1.2.3. *Trockene Oxidation*

Bei der trockenen Oxidation werden die Proben durch Verbrennung in einer Sauerstoffatmosphäre vollständig in flüchtige Oxidationsprodukte überführt. Bei organischen Verbindungen fallen je nach Markierung als Endprodukte der Verbrennung markiertes Wasser, Kohlendioxid oder auch Schwefeldioxid an. Durch die restlose Oxidation wird eine vollständige Uniformierung des Probenmaterials erzielt. Probleme der Löslichkeit, Löschung und der Chemilumineszenz werden dadurch vermieden. Zeitbedarf und/oder apparativer Aufwand sind die Nachteile dieser Präparationstechnik. In letzter Zeit wurden weitgehend automatisierte Apparaturen entwickelt.

Drei Prinzipien zur Verbrennung in Sauerstoffatmosphäre können unterschieden werden:
1. Verbrennung im Sauerstoff-Kolben;
2. Verbrennung im Sauerstoff-durchströmten Rohr;
3. Verbrennung im Bombenrohr bzw. in der Parr-Bombe.

3.1.2.3.1. Sauerstoff-Kolben-Verfahren

Die Methode beruht auf der von SCHÖNIGER [165] entwickelten Kolbenverbrennung zur Bestimmung von Halogen und Schwefel in organischen Materialien (vgl. auch [160]). Fast gleichzeitig und völlig unabhängig voneinander wurde von KELLY et al. [109] und von KALBERER und RUTSCHMANN [115] das Verfahren auf die T-, ^{14}C- und ^{35}S-Bestimmung mit Hilfe der Flüssig-Szintillations-Messung angewandt.

Dazu wird auf Filterpapier eingewogenes trockenes Probenmaterial in einem vorher mit Sauerstoff-gefüllten Kolben verbrannt. Das Filterpapier dient dabei zugleich als Halte- und Brennmaterial. Anschließend werden die Verbrennungsprodukte in passenden Absorbentien aufgenommen und nach Zumischen von Szintillator gemessen.

Das Verfahren ist zur Vereinfachung des Arbeitsaufwandes und zur Verbesserung der Nachweisempfindlichkeit vielfach modifiziert worden. Die Veränderungen betreffen die Gefäßform, wodurch vor allem die Absorptionstechnik beeinflußt wird, die Art der Zündung und die Wahl der Absorbentien.

So verwenden KELLY et al. [109] Saugflaschen, an deren Stutzen ein Trichter mit Stopfen zum nachträglichen Zugeben des Absorptionsmittels angebracht ist. Die Zündung der Probe erfolgt entweder durch einen Glühdraht oder durch Tesla-Funken. Als Absorbens wird für Tritiumwasser Äthanol und für ^{14}C-Kohlendioxid Hyamine, jeweils in Toluol-Szintillator aufgenommen, verwendet.

KALBERER und RUTSCHMANN [115] arbeiten dagegen mit Rundkolben, die am Boden einen Finger zur Aufnahme des Absorbens haben. Das Absorbens wird bereits vor der Verbrennung vorgelegt und durch ein Trockeneis-Bad gekühlt. Nach der Verbrennung, die durch Zündung einer Papierlunte eingeleitet wird, läßt man auftauen, schüttelt und entnimmt ein Aliquot zur Messung. Tritiumwasser wird mit Methanol und ^{14}C-Kohlendioxid mit Äthanolamin, gelöst in Methanol, aufgenommen.

OLIVERIO et al. [166] benutzen Saugflaschen, auf deren Saugstutzen ein mit einer Klemme verschlossener Silikonschlauch steckt. Dieser Schlauch dient zur Injektion der Absorptionslösung. Gezündet wird durch Infra-Rot-Licht. ^{14}C-Kohlendioxid wird mit einer Phenäthylamin-Lösung nach WOELLER [38] (vgl. D, 3.1.2.1.) absorbiert.

DOBBS [167] verwendet als Verbrennungsgefäße Dreihals-Rund-kolben. Die Sauerstoff-Spülung erfolgt durch den Probenhalter. Das Spülgas entweicht über die zweite Kolbenöffnung, während die dritte Öffnung mit einer Serum-Kappe verschlossen ist, durch die nach der Verbrennung die Absorptionslösung injiziert wird. Diese Versuchs-anordnung wurde von DOBBS [168] durch Verwendung von Schraub-kappen-Verbindungsteilen in ihrer Flexibilität verbessert.

HEMPEL [169] hat mit einer Apparatur nach KELLY et al. [105] T/^{14}C-doppelmarkiertes Material verbrannt. Als Absorbens diente ein Gemisch aus Äthanolamin mit Äthanol-Toluol-Szintillator, das jedoch täglich frisch zubereitet werden soll, da es sich schnell gelb färbt. (Nach eigenen Erfahrungen ist dies bei Verwendung destillierter Lösungs-mittel, die lichtgeschützt aufbewahrt werden, nicht notwendig.)

RONCUCCI et al. [170] beschreiben die gleichzeitige T/^{35}S-Bestim-mung. Als Absorbens dient Phenäthylamin im Gemisch mit einem Methanol-Dioxan-Szintillator.

CONWAY et al. [171] haben die üblichen Platin-Probenhalter mit solchen aus Nichrome-Material verglichen und festgestellt, daß Nichrome zwar im Gebrauch dunkel wird, aber keinen nachteiligen Einfluß auf die Genauigkeit hat. Im Gegensatz zu Platin besitzt es eine höhere mechanische Festigkeit.

V$_2$A-Probenhalter lassen sich ebenfalls benutzen, falls die Substan-zen kein Halogen oder Schwefel enthalten.

Zur Erfassung des Tritiums flüchtiger markierter Verbindungen in feuchtem biologischem Material (z. B. Tritium-Wasser) empfiehlt FEINE [172], das Material im geschlossenen, Sauerstoff-gefüllten Kol-ben, mit einem Spiegelbrenner bis zur vollständigen Verbrennung zu erhitzen. Zur ^{14}C-Bestimmung in Knochen verwendet KELLY [173] einen beheizbaren Probenhalter, auf dem das Material bis zur völligen Oxidation geröstet wird. Über die Verbrennung in Sauerstoff-gefüllten, wegwerfbaren Plastiksäcken berichten GUPTA [173a] und LEWIS [173b].

Eine weitere Abwandlung hat die Sauerstoff-Kolben-Methode durch GUPTA [174] erfahren. Mit T, ^{14}C oder ^{35}S markierte Proben-mengen unter 4 mg können direkt im Zählgläschen verbrannt werden. Die Probe befindet sich auf einem in das Zählgläschen eingestellten Probenhalter und wird, nachdem das Zählgläschen mit Sauerstoff gefüllt und verschraubt ist, durch den Lichtstrahl einer Projektor-lampe gezündet. Das Gläschen wird mit seinem Boden in flüssigen Stickstoff getaucht und nach Öffnen mit einem Toluol-Dioxan-Ätha-nol-Naphthalin-Szintillator zur Aufnahme von Tritium-Wasser be-schickt. Zur Absorption ^{14}C- bzw. ^{35}S-markierter Verbrennungspro-dukte wird vor der Sauerstoff-Spülung eine mit Phenäthylamin getränkte Glasfaserscheibe dem Zählgläschen beigefügt. Hinsichtlich einiger technischer Verbesserungen ist diese Mikro-Verbrennung speziell für die T-Bestimmung in organischem Material von MAURER [175] modifiziert worden. Diese Änderungen erstrecken sich vor allem auf den Probenhalter und auf Größe und Form des Filterpapiers.

Da nach der Verbrennung noch Sauerstoff zurückbleibt, löst sich dieser im zugegebenen Szintillator. Sauerstoff ist ein starker Löscher ([176, 177] vgl. B, 4.2.4.) und eine erhebliche Beeinflussung der Zählausbeute durch Sauerstoff wurde häufiger beschrieben ([37, 167, 169, 178–180]; vgl. auch D, 3.2.3.2.). Die Sauerstoffkonzentration im Szintillator und damit der Löscheffekt hängt u. a. vom Sauerstoff-Verbrauch während der Verbrennung und der Art der Überführung des Szintillators aus dem Kolben in das Zählgläschen ab. Besonders nachteilig ist dabei der von Probe zu Probe unterschiedliche Sauerstoffgehalt im Szintillator, sowie die über Stunden dauernde Äquilibrierung bei dichtschließenden Zählgläschen. Dagegen kann eine Äquilibrierung in undichten Gläschen ein bis zwei Tage dauern [178]. Bei einer Standardisierung derartiger Proben durch Zugabe von innerem Standard [37, 169] ändert sich beim Öffnen des Gläschens die Sauerstofftension über der Probe und damit ihr Löschgrad. Dies führt zur fehlerhaften Berechnung der Zerfallsrate. In Abb. D, 12 ist die Veränderung der Zählausbeute durch die Äquilibrierung des im Szintillator gelösten Sauerstoffs mit dem Partialdruck der Gasphase nach [37] dargestellt.

Zur Vermeidung des Sauerstoffeinflusses wird Spülen der fertigen Meßprobe mit Luft empfohlen [178, 181]. Auch eine Ultraschallbehandlung [181] entfernt gelösten Sauerstoff. Dieses wenig praktische

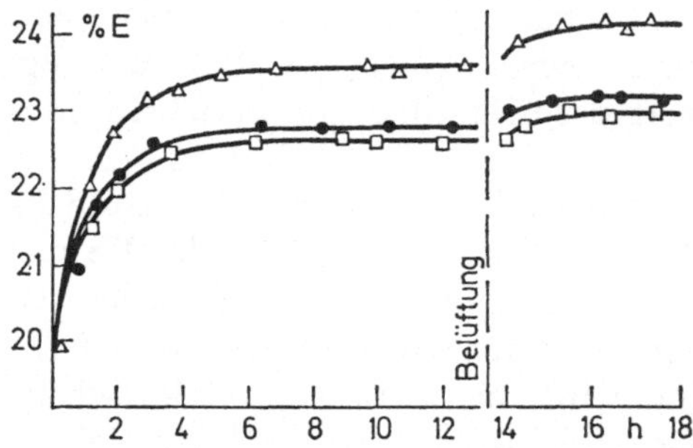

Abb. D, 12. Zeitlicher Verlauf der prozentualen Zählausbeute (% E) einer T-markierten Probe nach Kolbenverbrennung und Überführung eines Aliquots in ein Zählfläschchen. Nach ca. 13 Std. wurden die Fläschchen zur simulierten Zugabe von internem Standard aufgeschraubt und wieder verschlossen. In dieser kurzen Zeit ändert sich der Sauerstoffgehalt, wie die Zählausbeute-Kurve durch einen deutlichen Knick zeigt [37].

Verfahren läßt sich durch externe Standardisierung der Proben umgehen ([37], vgl. D, 3.2.3.2.).

HUEBNER et al. [182] verhindern die Sauerstofflöschung durch Ausfrieren der Verbrennungsprodukte und Überkondensieren der Verbrennungsprodukte in das Zählgläschen mit Hilfe einer Vakuumapparatur. Dieses Verfahren erlaubt zugleich bei $T/^{14}C$-doppelmar-
kierten Proben eine Trennung von HTO und $^{14}CO_2$ durch fraktionierte Vakuum-Destillation.

Der Trend zur Automatisierung aufwendiger Methoden hat zur
Entwicklung halbautomatischer Sauerstoff-Kolben-Apparaturen geführt. Einer der ersten Versuche stammt von OBER et al. [183], die
Fingerkolben [115] auf einem um eine vertikale und horizontale
Achse drehbaren Teller anordneten. Drehung um die vertikale Achse
läßt die Kolben zur Zündung an einer Projektorlampe vorbeilaufen,
während die Drehung um die Längsachse die Absorption beschleunigt. Nachteilig ist sicherlich, daß das Verfahren nicht auf die Anwendung von Kühlmitteln verzichtet. Außerdem werden für die
T- und ^{14}C-Analyse verschiedene Absorbens-Szintillatorgemische
verwendet. Ein neuerdings entwickelter Analysenautomat[25] besitzt
diese Nachteile nicht mehr [184]. (Vgl. die Beschreibung am Ende
des Abschnitts.)

HÜLSEN [185] beschreibt eine vollautomatische Probenverbren-
nungsanlage, allerdings ohne Angabe von Zählausbeute, Wieder-
findungsraten und Beleganalysen.

Von WEGNER et al. [186] ist ein Automat[25] zur »In-Zählfläschchen-
Verbrennung« entwickelt worden. Wie eigene Versuche mit dieser
Apparatur zeigten, werden im Einwaagebereich bis zu ca. 5 mg bei
vielen Materialien zuverlässige Ergebnisse erhalten. Manche Substanzen erfordern jedoch geringere Einwaagen, um Rußbildung zu
vermeiden.

Methoden zur Kolbenverbrennung T- und/oder ^{14}C-markierter
Proben [183a]:

A. Manuelle Technik

Reagentien:
Filterpapierträger[26] (vgl. Abb. D, 13).
Filterschleimtabletten[27], in Abschnitten bis zu 200 mg.
Szintillator-Absorber-Gemisch: 2-Phenyläthylamin-Methanol-Toluol-
Szintillator (18:25:57/v:v), je 5,0 g PPO und 0,5 g Dimethyl-POPOP
pro Liter (vgl. D, 3.1.1.1.). Zur ^{35}S-Analyse oder bei S-haltigen Verbin-
dungen sind diesem Gemisch 4% Wasser zuzufügen.

---

25   BF-Vertriebs-GmbH für Meßtechnik. D-7500 Karlsruhe-Durlach.
26   Best.-Nr. 589/2, Fa. Schleicher und Schüll, D-3354 Dassel, Krs. Einbeck.
27   Best.-Nr. 292, Anschrift wie vor.

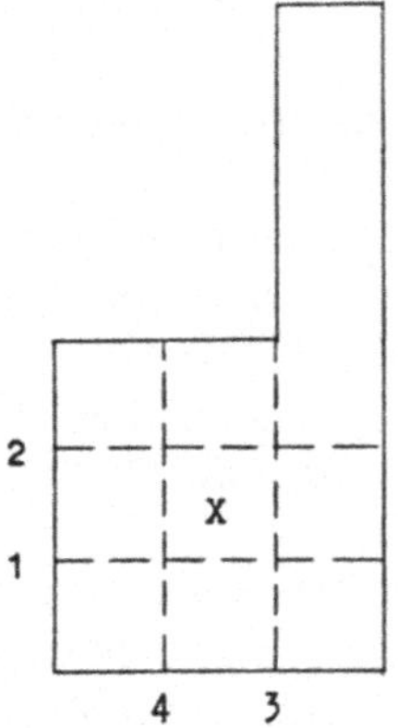

Abb. D, 13. Filterpapierträger zum Einwickeln von Analysenproben. Die Faltung erfolgt entlang der gestrichelten Linien in der angegebenen Reihenfolge. (Natürliche Größe.)

Geräte:
Sauerstoff-Gasflasche
Dosiersystem (vgl. S. 140 und Abb. D, 14 und 15).
Probenhalter mit Injektionsseptum (vgl. S. 138 und Abb. D, 16).
500 ml- bzw. 1000 ml-Erlenmeyer-Kolben mit NS 29 für Probenmengen bis zu 50 mg bzw. bis zu 100 mg bei ca. 120 mg Papierträger.
Vollpipetten 10 oder 15 ml.
Peleus-Ball oder entsprechende Pipettier-Hilfe.
Vulkollan-Septen[28], 20 mm ⌀, 1 mm stark.

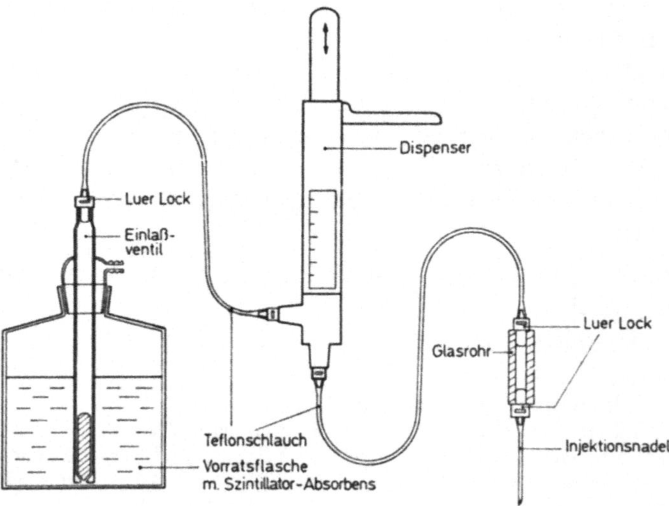

Abb. D, 14. Dosiersystem bestehend aus Vorratsflasche mit Einlaßventil, Dispenser und Injektionshandstück. Die Teile sind mit Teflonschläuchen durch Luer-Lock verbunden. Die Luer-Lock-Bauteile (vgl. Text) sind durch Epoxid-Kleber mit dem Glas verbunden.

---

28 Vulkollan, Bez. 80 Au/507, Fa. C. Freudenberg, D-6940 Weinheim/Bergstr.

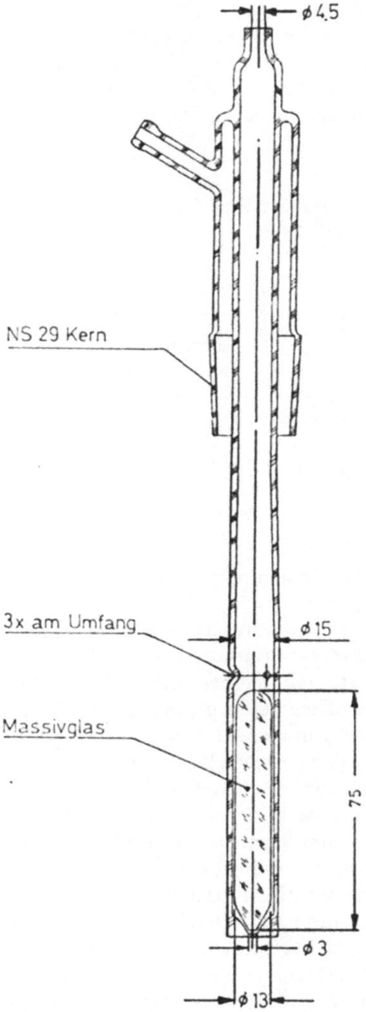

Abb. D, 15. Einlaßventil mit eingeschliffenem Massivglaskörper, durch NS 29 auf Vorratsflasche aufsteckbar und Ansätze für CO_2-Schutzrohr und Luer-Lock.

Aufbau des Probenhalters (vgl. Abb. D, 16)

Der Halter besteht aus einem Kernschliff NS 29 mit Verlängerung. An diese Verlängerung wird ein Glasstab angesetzt, in den wiederum ein Probenträger (Platin[29] oder V_2A) eingeschmolzen ist. Für Schwefel- bzw. Halogen-haltige Verbindungen sind Platin-Probenträger erfor-

---

29 Fertige Probenträger erhältlich bei W. C. Heraeus GmbH, D-6450 Hanau, Abt. Metalle.

derlich. Die Schliff-Verlängerung ist zur besseren Spülbarkeit der Proben-halter-Innenseite mit dem Szintillator-Absorbens bis zum Schliff und bis zum angesetzten Glasstab teilweise abgeschnitten (Abb. D, 16). An die andere Seite des Schliffes ist ein Gewinderohr[30] angesetzt. Mit der dazugehörigen Schraubkappe kann das Vulkollan-Septum dicht verschraubt werden.

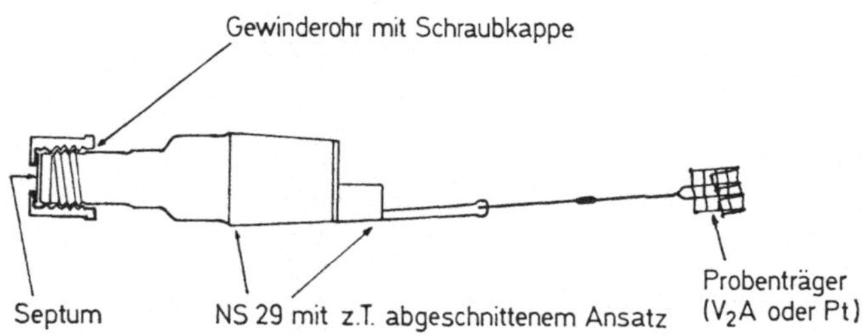

Abb. D, 16. Probenhalter (vgl. Text).

Probe und deren Präparation:

Zuerst wird der Probenhalter mit Septum und Schraubkappe dicht verschraubt.

Festsubstanzen, wie organische Verbindungen, getrocknetes Organmaterial, Papierchromatogrammabschnitte etc. werden in die Mitte (x) auf das vorgefaltete Filterpapier (Abb. D, 13) eingewogen, eingewickelt und so am Probenhalter befestigt, daß später die Lunte bequem gezündet werden kann. (Das Einwickeln erfolgt durch Faltung in der Reihenfolge der Ziffern entlang den gestrichelten Linien.)

Lösungen, wie Körperflüssigkeiten, Säuleneluate etc. werden als Aliquot (bis zu 500 μl) auf eine Filterschleimtablette aufgetragen, mittels Infrarot oder im Trockenschrank getrocknet und zusammen mit einer Lunte am Probenhalter befestigt. Bei Proben mit flüchtiger Radioaktivität ist darauf zu achten, daß zwischen Auftragen und Verbrennung der Probe keine Radioaktivitäts-Verluste auftreten. Eine Filterschleimtablette vermag maximal die Hälfte ihres Eigengewichts von wäßriger Lösung aufzunehmen und kann ohne Trocknung verbrannt werden. Da die Filterschleimtabletten bis zu 200 mg wiegen dürfen, können bis 100 μl Lösung aufgebracht werden.

Die weitere Verarbeitung der Proben verläuft gleichartig. Nach Füllen der Erlenmeyer-Kolben mit Sauerstoff wird die Lunte gezündet und der Probenhalter sofort auf den Kolben aufgesteckt und mit einer Klemme gesichert. (Zur besseren Dichtung können die Schliffe etwas mit wäßriger Glycerinlösung eingepinselt werden.) Nach erfolgter Verbrennung müssen aus Sicherheitsgründen die Kolben unbedingt drei Minuten abkühlen, sodann injiziert man das Szintillator-Absorber-Gemisch aus dem Dosier-System und schüttelt die Kolben 10mal über Kopf, wobei ihre gesamte Innenfläche benetzt werden muß. Nach 10 Min. überführt man ein

---

30 Gewinderohr, Best.-Nr. 2483701 mit Kappe, Best.-Nr. 2922706, bei Jenaer Glaswerk Schott u. Gen., D-6500 Mainz.

Aliquot von 15 ml in ein Zählfläschchen. Die Messung der Proben im Spektrometer erfolgt nach Temperaturausgleich.

Die Genauigkeit kann durch Berücksichtigung der Sauerstofflöschung des Szintillator-Absorbens nach einer der Löschkorrektur-Methoden noch erhöht werden. Vgl. (D, 3.2.3.1.2. und l. c. 37).

Beschreibung des Dosiersystems (Abb. D, 14)

Das Dosiersystem besteht aus einem modifizierten Dispenser der Fa. Brand[31], einer Vorratsflasche mit dem Einlaßventil (Abb. D, 15), Schlauchanpassungen für Einlaßventil und einem Verbindungsstück, das eine Injektionsnadel trägt. Einlaßventil und Dispenser sowie Dispenser und Verbindungsstück sind mit Teflonschläuchen[31] verbunden.

Die einzelnen Teile gestalten sich wie folgt:

Aus dem Dispenser ist das Einlaß-Ventil herausgenommen und durch einen Blindkörper (Ventilgehäuse ohne Kugel und Feder) ersetzt. Dafür befindet sich in der den Szintillator enthaltenden Flasche ein Glaskegel-Ventil (Abb. D, 15). An die seitliche Öffnung des Ventils ist ein Gasschutz-Rohr aufgesteckt. Zum Anschluß des Teflonschlauchs ist in das freie Ende ein Luer-Lock-Verbindungsstück[32] mit Epoxid-Harz eingeklebt. Die Schliffverbindung am Einlaß-Ventil wird mit einer Teflonmanschette gedichtet.

Das Injektions-Handstück aus dickwandigem Glasrohr besitzt beidseitig einen Luer-Lock-Anschluß[32]. An ihm wird eine Injektionsnadel (3–4 cm, Durchmesser 1,0 mm) bzw. der vom Dispenser herkommende Teflonschlauch angeschlossen.

Sollen bei den Analysen 15 ml Aliquote pipettiert werden, so muß man mit einem durch den Hersteller[33] auf 17,5–18,0 ml erweiterten, fix eingestellten, Dispenser arbeiten. (Man kann aber auch mit einem beliebig einstellbaren Dispenser[31] (Maximal-Volumen 15 ml) dosieren. In diesem Fall empfiehlt sich eine Einstellung auf ca. 13 ml, man pipettiert dann 10 ml Aliquote. Diese Volumina verschlechtern jedoch das Aliquotverhältnis (10 zu 13 ml gegenüber 15 zu 18 ml) und verringern die Aufnahmekapazität der Verbrennungsprodukte.) Das Abgabevolumen muß in jedem Fall durch Wägung geeicht werden. Die relative Standardabweichung des gesamten hier beschriebenen Dosiersystems wurde zu 0,2–0,3% ermittelt. Sowohl der Absolutwert der dosierten Menge wie deren Standardabweichung zeigten über mehr als ein Jahr keine Veränderungen. Der Aliquotverlust wird durch Vergleich des Gewichts der abgegebenen Menge des Dispensers mit dem Gewicht der Menge, die durch die Pipette aus dem Kolben entnommen wird, ermittelt.

---

31   Fa. Brand, Laborgeräte, D-6980 Wertheim.
32   Verbindungsstück Nr. 86530, Fa. Hamilton, vertreten durch Fa. G. Schmidt D-2000 Hamburg 65, Heegbarg 18.
33   Sonderfertigung vgl. Fußnote 31.

B. Analysenautomat Pyroszint [184]

Die Prinzipien der vorgenannten manuellen Technik wurden bei der Entwicklung eines weitgehend automatisierten Gerätes[34] angewendet. Der Arbeitsablauf gestaltet sich wie folgt: Die auf einem Magazin befindlichen Kolben werden automatisch mit Sauerstoff gefüllt und mit einem die Probe enthaltenden Träger von Hand verschlossen. Selbsttätig erfolgt danach Zündung und nach kurzer Abkühlzeit Injektion des Szintillator-Absorbens-Gemisches. Auf einer Schüttelvorrichtung wird die quantitative Absorption in wenigen Minuten erreicht. Nach Überführung in ein Zählgläschen ist die Probe meßfertig.

Hinsichtlich der Art des Probenmaterials vgl. das manuelle Verfahren. In einem Gewichtsbereich von 4–100 mg konnten mit den nachgenannten Verbindungen folgende Resultate erzielt werden: (In Klammern ist die prozentuale Standardabweichung der Zerfallsrate bzw. die prozentuale Standardabweichung des Isotopenverhältnisses von jeweils 15–20 Analysen angegeben; bei den doppelmarkierten Verbindungen steht nach der Nuklidangabe das ungefähre Verhältnis der Zerfallsraten.) T-Nicotinsäure (1,1), ^{14}C-Nicotinsäure (1,4), T-p-Nitranilin (1,9), T-Leber (2,0), ^{14}C-Faeces (2,2), T, ^{14}C (5:1)-Nicotinsäure (1,5), T, ^{14}C (1:2)-Nicotinsäure (3,2), T, ^{14}C (8:1)-Glucosazon (2,5) und T, ^{14}C (1:2,5)-Glucosazon (5,9). Die Wiederfindung war von der Probenmenge unabhängig bei Tritium 94% und bei ^{14}C 96%. Während des 35 Minuten dauernden Cyclus können jeweils 8 neue Proben zur Analyse vorbereitet und eingewogen werden.

3.1.2.3.2. Sauerstoff-Strom-Verfahren

Zur Verbrennung T- oder ^{14}C-markierter Proben sind Verfahren entwickelt worden, die nach dem Prinzip der quantitativen Kohlenstoff-Wasserstoffanalyse (Pregl-Rohr) arbeiten [160]. Nach PEETS et al. [187] wird die in ein Verbrennungsschiffchen eingewogene Substanz im Sauerstoffstrom in einem Rohr erhitzt. Außerdem werden mit diesem Trägerstrom unvollständig verbrannte Produkte (z. B. CO) über einen im selben Rohr befindlichen Katalysator geführt, der die Oxidation vervollständigt. Nach [187] wird T-markiertes (Verbrennungs)-Wasser durch Ausfrieren mit einer Trockeneis-Falle separiert, während ^{14}C-markiertes Kohlendioxid in einer organischen Base (vgl. Abschn. D, 3.1.2.1.) aufgefangen wird. Ein wesentlicher Vorteil dieser Technik ist die Möglichkeit, größere Probenmengen (bis zu 2 g) verbrennen zu können [188]. Da man jedoch neuerdings bemüht ist,

---

34 Pyroszint, BF-Vertriebs-GmbH für Meßtechnik, D-7500 Karlsruhe-Durlach.

die separierten Verbrennungsprodukte direkt in das Zählfläschchen zu überführen, wird das Verfahren durch die CO_2-Kapazität und die Löschung, die durch die Base und den Lösungsvermittler (z. B. Methanol) bewirkt wird, begrenzt. Dadurch läßt sich CO_2 von maximal 250 mg Substanz[35] aufnehmen. Ein prinzipieller Nachteil des Verfahrens ist das Auftreten von Memory-Effekten. Um sie zu vermeiden, wird das Spülen der Apparatur mit Wasserdampf zwischen den einzelnen Proben empfohlen.

Nach eigenen Versuchen ist der Memory-Effekt abhängig von der Art der Probe und klingt nur sehr langsam ab, wie man durch Verbrennung nichtmarkierten Materials feststellen kann. Selbst nach drei »Leerverbrennungen« von nichtmarkiertem Material stellt sich noch nicht der ursprüngliche Nulleffekt wieder ein. Die Wiederfindung ist ebenfalls Substanz- und zusätzlich Mengen-abhängig. Die Wiederfindung bei der Analyse von T- bzw. ^{14}C-Nicotinsäure bei Einwaagen von 10 bis zu 200 mg verminderte sich von 94 auf 88%. Die Trennung von T und ^{14}C ist nicht quantitativ. Von T bzw. ^{14}C sind bis zu 1% wechselweise als Kontamination bei dem anderen Nuklid. Bei stark von 1 abweichenden Isotopenverhältnissen kann dies zu erheblichen Fehlern führen.

Zur Verbrennung von Lebensmitteln (bis 120 g) zur Tritiumbestimmung wird von MLINKO et al. [50a, 188a] eine sehr detailliert durchgearbeitete Methode beschrieben.

Das Sauerstoff-Strom-Verfahren ist vielfach modifiziert worden [189–194]. KAINZ et al. [191], die die Verbrennung in einem Düsensystem durchführten, konnten zeigen, daß die Gestalt dieser Düsen von entscheidendem Einfluß auf die vollständige Oxidation des Analysenmaterials ist. DOBBS et al. [192] verbrennen frisch entnommenes, T-markiertes Gewebe in einem radiofrequent angeregten Sauerstoffstrom von niedrigem Druck. Es existieren Apparaturen, bei denen Tritium und/oder ^{14}C-markiertes Material automatisch analysiert werden kann, wobei gleichzeitig die Radionuklide getrennt werden. PETERSON et al. [195, 196] verwenden dazu die eingangs erwähnte Verbrennungsrohrtechnik, während bei KAARTINEN et al. [197, 198] eine Art offener Sauerstoffkolben den Verbrennungsraum darstellt. Eine katalytische Nachverbrennung findet nicht statt.

Besonders detailliert beschriebene Verfahren finden sich bei KAINZ et al. [191], sowie PETERSON et al. [195, 196]. Die von KAARTINEN

---

35 Unter Zugrundelegung eines Äthanolamin/Methylcellosolve/Toluol-Szintillators (z. B. [110]) mit 1,1 ml Base/20 ml Zählfläschchen-Inhalt ergibt sich eine maximale Kapazität von ca. 9 mMol CO_2. (1,0 ml Äthanolamin $\triangleq$ 16 mMol Base, 2 Mol Base reagieren mit 1 Mol CO_2.) 9 mMol CO_2 entsprechen bei einem durchschnittlichen C-Gehalt von 40% maximal 250 mg Material.

et al. [197, 198] entwickelte Apparatur ist im Handel[36] erhältlich; ebenso die auf PETERSON [195, 196] zurückgehende[37].

Die Verbrennungen im Kolben bzw. im Sauerstoff-durchströmten Rohr haben Vor- und Nachteile. Sie sind in Tab. D, 4 zusammengestellt.

Tab. D, 4. Vergleich der Sauerstoff-Kolben- und Sauerstoff-Strom-Methode.

	Vorteile	Nachteile
Verbrennung im Sauerstoffkolben z. B. »Pyroszint«	Keine Memory-Effekte. Höhere Genauigkeit bei Proben, die sich sowohl in chemischer Zusammensetzung wie Radioaktivität stark unterscheiden. Reproduzierbarkeit der Verbrennung weniger von Probengröße abhängig. Eventuelle unvollständige Verbrennung kann meist beobachtet werden. Geringer apparativer Aufwand.	Keine Trennung von T und ^{14}C. Dieser Nachteil kann durch geeignete Kanaleinstellung am Spektrometer umgangen werden, falls dpm-Verhältnis T/^{14}C nicht $< 0,5$. Für jede Verbrennung muß ein Kolben gespült werden. Zahl der Analysen pro Zeiteinheit kann unter bestimmten Bedingungen geringer sein.
Verbrennung im Sauerstoffstrom z. B. »Oxymat« oder »Tritium-Carbon-Oxidizer«	Größere Probenzahl pro Zeiteinheit (Voraussetzung hierfür siehe Text). Keine Spülarbeit von Verbrennungskolben. Trennung von T und ^{14}C (Gültigkeit vgl. Text).	Memory-Effekte von 0,6–1 %. Verbrennung von chemisch unterschiedlichen Materialien evtl. mit verschiedener Ausbeute. Verfahren weniger gut beobachtbar. Fehlerhaftes Arbeiten der Apparatur nur durch Testanalysen feststellbar. Größerer apparativer Aufwand.

3.1.2.3.3. Oxidation im Bombenrohr oder in der Metallbombe

Mit dem Aufkommen der Szintillationszählung sind auch Versuche unternommen worden, organische Materialien im geschlossenen Rohr oder in der Metallbombe zu verbrennen. Wenngleich auch hier, wie bei den bereits besprochenen Verfahren, Wasser und Kohlendioxid als Verbrennungs-Endprodukte erhalten werden, so gestaltet sich doch das Überführen dieser Produkte in die Meßprobe als besonders aufwendig.

---

36 Fa. Packard Instr., Downers Grove, Ill., USA.
37 Fa. Intertechnique, F-78 Plaisir.

Während JACOBSON et al. [199] und STEEL [200] die Verbrennung der Probe mit Cu/CuO in abgeschmolzenen Boro-Silikat-Glasrohren durchführen, verwenden SHEPPARD et al. [201], MAC FARLANE et al. [202], BURNS et al. [203] und FORD [204] zur Oxidation mit komprimiertem Sauerstoff gefüllte Metallbomben. Die Überführung von Wasser und Kohlensäure erfolgt meist durch Vakuumsysteme und Kühlfallen. Dabei kann HTO und $^{14}CO_2$ bei doppelmarkierten Proben destillativ getrennt werden [201, 202]. Zur Aufnahme dieser Verbindungen im Szintillator werden Gemische verwendet, wie sie im Abschn. D, 3.1.1.1 und D, 3.1.2.1. beschrieben worden sind.

3.1.2.4. *Spezielle Umwandlungsverfahren*

Aus einer größeren Zahl sehr spezieller Präparationsmethoden werden nachstehend zwei genannt:

Gefärbte organische Verbindungen lassen sich zuweilen durch elektrochemische Reduktion in eine farblose Form überführen. Dieses Prinzip wenden NAGASE et al. [205] auch zur Entfärbung biochemischen Materials an. Es ist fraglich, ob dabei mitunter nicht bestimmte Atomgruppierungen verlorengehen.

Zur Bestimmung der ^{14}C-Aktivität in der Carboxylgruppe von markierten organischen Säuren wird bevorzugt der Schmidt-Abbau dieser Säuren herangezogen [160a]. Durch Behandlung der Säure mit Alkaliazid und konz. Schwefelsäure entsteht aus der Carboxylgruppe Kohlendioxid, aus dem Säurerest das nächstniedere Amin. Das gebildete $^{14}CO_2$ ist infolge eines hohen Reagenzienüberschusses durch andere Verbindungen (SO_2, SO_3 usw.) kontaminiert und nicht direkt in einem Szintillator meßbar. Deshalb und zur Verbesserung der Zählausbeuten wandeln LIN et al. [124] dieses CO_2 mittels Phenylmagnesiumbromid (Grignard-Reaktion) in Benzoesäure um. Die nicht flüchtige Benzoesäure läßt sich leicht reinigen und ist in Szintillatorsystemen in relativ hohen Konzentrationen mit guter Zählausbeute meßbar. Das Gesamtverfahren wird jedoch sicherlich nur ca. 50% Ausbeute an reiner Benzoesäure ergeben.

3.2. Bestimmung der Zählausbeute (Löschkorrektur)

Die Bestimmung von absoluten Zerfallsraten durch das verhältnismäßig einfache Verfahren der Flüssig-Szintillations-Spektrometrie wird durch Löschvorgänge (vgl. B, 4.2.4.) erheblich beeinträchtigt.

Verfahren zu ihrer Bestimmung werden als Löschkorrekturmethoden bezeichnet. Sie dienen der Ermittlung der Zählausbeute einer Meßprobe.

Nachfolgend sind die wichtigsten Verfahren mit ihren Vor- und Nachteilen besprochen.

Man wird das Verfahren anwenden, das bei vertretbarem apparativem und zeitlichem Aufwand die geforderte Genauigkeit in der Zählausbeute-Bestimmung liefert.

3.2.1. Interne Standardisierung

Nach HAYES [206] und DAVIDSON et al. [207] wird zur Ermittlung der Löschkorrektur nach erfolgter Probenmessung das gleiche Radionuklid als Standard in bekannter Menge (A_{IS}) der Probe zugesetzt und nochmals gezählt. Für die Zerfallsrate der Probe gilt

$$A_P = \frac{G-B}{IS-G} \cdot A_{IS} \tag{D, 2}$$

wobei G bzw. B die Zählrate der Probe bzw. des Nulleffekts und IS die Zählrate nach Standard-Zusatz ist.

Dieses Verfahren ist universell anwendbar. Letztlich basieren die anderen Löschkorrekturverfahren auf einer Eichung mit internem Standard. Voraussetzung bei dem Verfahren ist jedoch, daß der Standardzusatz den Meßzustand der Probe nicht verändert. Der Standard darf deshalb selbst nicht löschen und die zugesetzte Menge sollte so klein gehalten werden, daß die Probenzusammensetzung vor und nach Zugabe des Standards als gleich angesehen werden kann. Der Meßzustand der Probe kann sich während der Standardzugabe infolge Gasaustausch bei nicht Luft-gesättigten Szintillatorlösungen verändern [37].

Eine sorgfältige Fehleranalyse aller Parameter der vorgenannten Gleichung ist von HERBERG [208] durchgeführt worden. Besonders wichtig ist danach, das Verhältnis von IS zu G nicht unter einen Wert von ca. 10 absinken zu lassen. Da der Probe nur geringe Substanzmengen zugesetzt werden sollen, muß die spezifische Radioaktivität des internen Standards entsprechend hoch sein.

An Standard-Verbindungen werden von verschiedenen Herstellern[38, 39] angeboten: T- bzw. ^{14}C-markiertes Hexadecan, Toluol und

38 Radiochemical Centre Amersham, England, vertreten durch Amersham-Buchler, D-3300 Braunschweig, Frankfurter Str. 294.

39 New England Nuclear Chemicals GmbH, D-6072 Dreieichenhain, Siemensstr. 1.

HTO. Hexadecan (Fp.: $+$ 18° C) besitzt gegenüber den anderen erwähnten Verbindungen eine vernachlässigbar geringe Flüchtigkeit und kann deshalb auch eingewogen werden. Für diese Standards werden Kalibrierungsfehler (Standardabweichung) von ca. 1–2% angegeben. Der Fehler der Standards geht, solange man bei der gleichen Herstellungscharge bleibt, nicht in die Ergebnisse der Bestimmungen ein, da diese relativ sind.

Die Wahl des Standards richtet sich in erster Linie nach der Verträglichkeit mit der Probe. Da Hexadecan, wie auch Toluol, stark hydrophob sind, werden sie sich in mehrphasigen Probenlösungen (vgl. D, 3.1.1.2) bevorzugt in der hydrophoben Phase befinden [57].

Der daraus resultierende Fehler läßt sich durch Eichung mit sowohl hydrophobem als auch hydrophilem Standard ausschließen. Die hydrophile Standardverbindung soll dabei chemisch identisch mit der zu messenden Probe sein, d. h. sie muß meist erst als sekundärer Standard durch Anschließen an einen bekannten Standard hergestellt werden.

Zum Anschließen eines Standards an einen anderen, wie überhaupt zur besonders genauen internen Standardisierung, wird das Verfahren von MOGHISSI et al. [209] empfohlen. Dabei erhält man für die Proben identische Meßbedingungen, indem zunächst ein Probenpaar gemessen wird. Einer Probe wird anschließend radioaktiver Standard und der anderen diese Standard-Substanz in nicht-radioaktiver Form, jedoch gleicher Menge, zugesetzt und nochmals gemessen. Alle Messungen sollten unmittelbar nacheinander erfolgen, um eine eventuell auftretende Gerätedrift unwirksam zu machen.

Zur routinemäßigen und genauen Dosierung flüssiger Standards haben sich Hamilton Constant Rate CR 700 Spritzen[40] oder Spritzen mit Mikrometerschraube [210] bewährt. Eigene Erfahrungen führten zur Bevorzugung der Dosierung mit Mikrometer und Präzidenz-Spritzen[41]. Die Dosiergenauigkeit liegt bei beiden Systemen bei 0,2–0,3% (Standardabweichung). Demgegenüber scheint eine Kombination von Hamilton Repeating Dispenser[40] mit gasdichten Spritzen nur eine Genauigkeit von 1,0% zu ergeben [211].

Den Einfluß zunehmender Proben-Löschung auf die Genauigkeit der Eichmethode haben ROGERS et al. [212] untersucht. Danach wird bis zu einer relativen Zählausbeute-Erniedrigung von 80% die Genauigkeit nicht beeinträchtigt. Die Methode wird jedoch bei stark gelöschten und zugleich hochaktiven Proben deshalb unpraktikabel, weil dann zu hohe Standardmengen eingesetzt werden müssen.

40　Fa. Hamilton, vertreten durch Fa. G. Schmidt, D-2000 Hamburg 65, Heegbarg 18.

41　Fa. B. Braun Apparatebau, D-3508 Melsungen.

Nachteile der internen Standardisierung sind der große Zeitaufwand und die aufwendige Manipulation der Probe. Außerdem ist die Probe nachher Standard-kontaminiert, wodurch Kontrollmessungen oder eine eventuelle Wiedergewinnung der Probe unmöglich bzw. erschwert werden. Bei mehrfach markierten Substanzen wird das Verfahren noch aufwendiger, da dann entsprechend den vorhandenen Radionukliden mehrfach standardisiert werden muß. Zur Genauigkeit der Methode im Vergleich zur Probenkanalverhältnis- und zur externen Standard-Methode vgl. [37, 212] und S. 151 u. 153.

3.2.2. Löschkorrektur-Verfahren aufgrund der Verschiebung des Proben-Impuls-Spektrums

Das Impulshöhenspektrum einer Meßprobe entspricht in gewisser Näherung dem β-Zerfalls-Spektrum (vgl. B, 4.2.). Es werden jedoch erst ab einem bestimmten Energiewert Impulse vom Detektor registriert, die im niedrigen Energiebereich von Rauschimpulsen des Detektors überlagert werden. Um ein optimales Signal-Rauschverhältnis zu erhalten, setzt man 2 Diskriminatoren. Der »untere« schneidet alle Impulse (vorwiegend Rauschen des Detektors) ab, die einen bestimmten Energiewert unterschreiten. Der »obere« Diskriminator eliminiert alle Leerwert-Impulse, die eine höhere Energie als die Maximalenergie des Probennuklids haben (Abb. B, 4). Durch entsprechende Wahl der Verstärkung und/oder des Diskriminatorenpaares erhält man einen energetisch definierten Kanal (Fenster), mit dem man einen bestimmten Teil des Impulsspektrums erfaßt.

Durch Löschung (vgl. B, 4.2.4.) wird die Energieverteilung der Impulse zu niedrigeren Werten hin verschoben. Das Probenspektrum wandert aus dem von den Diskriminatoren gebildeten Kanal (Abb. B, 6 und D, 17). Die anschließend erwähnten Verfahren nutzen diese Verschiebung des Spektrums zur Löschkorrektur aus.

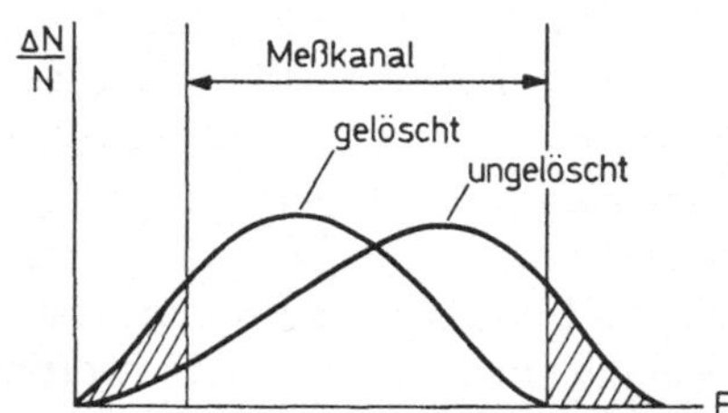

Abb. D, 17. Durch zwei Diskriminatoren begrenztes Impulsspektrum. Bei der Verschiebung des Spektrums durch Löschung nach niederen Energiebereichen wandert im niederenergetischen Bereich ein gleich großer Impulsanteil heraus, wie im oberen Energiebereich hinein (Balance-Punkt-Einstellung).

3.2.2.1. *Löschkompensation*

Schon 1954 wurde erkannt [213], daß man die Diskriminatoren so einstellen kann, daß bei Löschung der Verlust an Impulsen, bedingt durch Unterschreiten des niederenergetischen Diskriminators, gerade durch den Gewinn an Impulsen kompensiert werden kann, der aus dem Unterschreiten des oberen Diskriminators resultiert (Abb. D, 17). Dadurch bleiben die Flächen unter den, die Spektren begrenzenden Kurvenzügen von gelöschter und ungelöschter Probe gleich. Dies gilt nur für einen begrenzten Löschbereich (vgl. weiter unten). Trotz Löschung besitzen die Proben daher eine konstante Zählausbeute (Balance-Punkt). Diese Löschkompensation ist jedoch nur anwendbar auf Radionuklide, deren Maximal-Energie gleich oder größer 150 bis 200 keV (^{14}C, ^{35}S, ^{32}P) ist. Da bei diesem Verfahren das Impulsspektrum beschnitten werden muß, ist zwangsläufig ein Verlust an Zählausbeute damit verbunden. Das Verfahren läßt sich nur auf einzelmarkierte Proben anwenden.

Je nach der Verstärkungsart des verwendeten Meßgeräts haben sich verschiedene Verfahren eingeführt.

Bei Verstärkern mit linearer Kennlinie arbeitet man häufig in Balance-Punkt-Einstellung (balance point adjustment). Diese erhält man, indem man bei vorgegebener Diskriminatoreinstellung die Zählrate in Abhängigkeit von der Verstärker-Spannung (gain) aufnimmt. Man erhält einen Maximalwert bei einer bestimmten Spannung. Diese entspricht dem Balance-Punkt. Erfahrungsgemäß werden von dieser Einstellung Löschunterschiede von ca. $\pm 5\%$ aufgefangen. Unter Löschunterschieden versteht man dabei die relative Änderung der Zählraten von Proben, die in einem nicht begrenzten Kanal gemessen werden.

Ebenfalls bei linearer Verstärkung arbeitet das Flach-Spektrum-Verfahren. Nach WANG [104] wird durch erhöhte Verstärkung erreicht, daß das Impulsspektrum im vorgegebenen Meßkanal einen möglichst flachen Verlauf aufweist. Es herrschen dann ähnliche Verhältnisse wie bei der Balance-Punkt-Einstellung. Es können Löschunterschiede von ca. $\pm 5\%$ kompensiert werden. KAINZ et al. [214] verwenden diese Technik, um die unterschiedliche Löschung, bedingt durch Oxide des Stickstoffs und Schwefels, von ^{14}C- und ^{35}S-Proben nach Verbrennung zu kompensieren.

Bei Geräten mit logarithmischer Verstärker-Kennlinie erzielt man eine instrumentelle Löschkompensation wie folgt[42] (vgl. Abb. D, 18):

---

42 Diese Methode wurde der Anleitung für das Flüssig-Szintillations-Spektrometer SL 40, Fa. Intertechnique, F-78 Plaisir, entnommen.

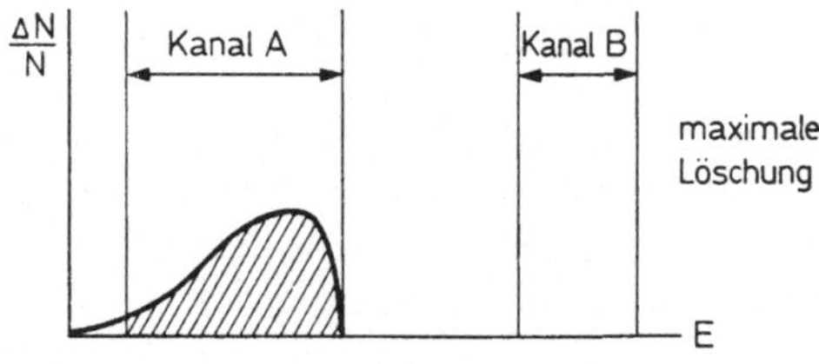

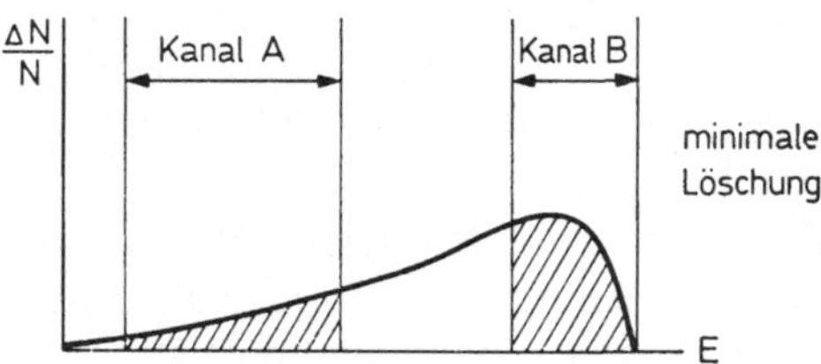

Abb. D, 18. Diskriminatorwahl bei logarithmisch verstärkten Szintillations-Spektrometern analog der Balance-Punkt-Einstellung. Vgl. Text.

Man geht von einem Standardsatz (vgl. S. 157) an Meßproben aus, die zwar alle die genau gleiche Menge an Radioaktivität, jedoch steigende Mengen an Löscher enthalten. Die Löschung braucht nicht größer als die der meist gelöschten Meßprobe zu sein. Für die meistgelöschte Probe werden die Diskriminatoren von Meßkanal A derart eingestellt, daß die Lage des oberen Diskriminators genau dem Ende des Impulsspektrums entspricht. Die Lage des unteren Diskriminators soll eine genügend hohe Zählausbeute erlauben. Mit der geringst gelöschten Probe sucht man das obere Ende des Impulsspektrums und stellt darauf den oberen Diskriminator des Meßkanals B ein. Der untere Diskriminator von Kanal B wird so eingestellt, daß die Bedingung erfüllt ist: Impulse in Kanal B plus Impulse in Kanal A der geringst gelöschten Probe ist gleich den Impulsen der meist gelöschten Probe im Kanal A allein. Der untere Diskriminator von Kanal B liegt daher zwischen oberem Diskriminator von A und B (Abb. D, 18). Proben mit zwischen den Extremen liegender Löschung ergeben mit guter Annäherung gleiche Zählausbeuten. Mit diesem Verfahren läßt sich bei ^{14}C eine relative Zählausbeute-Erniedrigung von ca. 30% kompensieren, wenn man auf eine Zählausbeute von 95% für die ungelöschte Probe bezieht.

3.2.2.2. *Proben-Kanalverhältnis-Methode*

Diese Methode ist eine Erweiterung der Löschkorrektur durch Löschkompensation (vgl. vorstehenden Abschnitt). Das Verfahren, das zuerst von BAILLIE [215] angewandt wurde, bestimmt das Ausmaß der Löschung, d. h. die Zählausbeute, aus dem Impulsraten-Verhältnis zweier Ausschnitte (Kanäle) des Probenspektrums. (In Abb. D, 19 z. B. der Quotient der Impulsraten von Kanal AB und Kanal AC). Mit einem Satz gelöschter Standardproben (vgl. S. 157) bestimmt man das Kanalverhältnis der einzelnen Proben und erhält aus den Wertepaaren von Zählausbeute und dem Kanalverhältnis eine Eichfunktion, anhand der dann unbekannte Proben lösch-korrigiert werden können [23, 216].

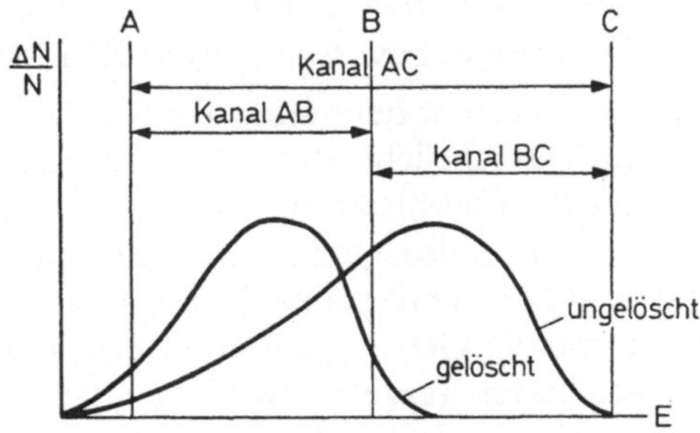

Abb. D, 19. Diskriminatorwahl zur Proben-Kanalverhältnis-Methode nach BUSH [217] vgl. Text.

Eine ausführliche Untersuchung zur Anwendbarkeit dieser Methode wird von BUSH [217] gegeben. Insbesondere wird dabei auf die optimale Wahl der Meßkanäle in Abhängigkeit vom Verlauf der Eichkurven eingegangen. Je nachdem, ob eine Löschkorrektur für Tritium oder für ^{14}C erforderlich ist, werden verschieden eingestellte Meßkanäle verwendet. Zunächst werden am Gerät drei Kanäle eingestellt, wobei sich an einen niederenergetischen Kanal mit einem unteren Diskriminator A und einem oberen B unmittelbar ein höherenergetischer Kanal, reichend von B bis C, anschließt. Der dritte Kanal umfaßt die beiden benachbarten und reicht daher von A bis C (vgl. Abb. D, 19). Dieser Kanal A bis C dient zur eigentlichen Probenmessung, d. h. bei der Eichung zur Zählausbeutebestimmung. Nach [217] wird für die Löschkorrektur von Tritium ein Kanalverhältnis (B bis C)/(A bis B) empfohlen. Mit dieser Einstellung erhält man eine maximale Änderung des Quotienten in Abhängigkeit von der Löschung. Zugleich resultieren nahezu lineare Eichfunktionen. Diese Einstellung ergibt aber für ^{14}C-Proben stark gekrümmte Kurven, die zur genauen Festlegung mehr Eichproben verlangen als eine nahezu lineare Funktion. Man erhält nach [217] für ^{14}C-Proben günstigere Kurven, wenn das Verhältnis (A bis B)/(A bis C) gebildet wird. Eine Begründung dieses empirischen Befundes wird von PENG [218] gegeben, der sich außerdem mit einer theoretischen Betrachtung zur Berechnung des Probenkanalverhältnisses befaßt hat [219].

Die Methode der Löschkorrektur nach dem Probenkanal-Verhältnis hat jedoch verschiedene Nachteile. Schon BAILLIE [215] wies darauf hin, daß für chemische oder Farb-gelöschte Proben unterschiedliche Löschkorrekturfunktionen erhalten werden. Mit einem Ansteigen der Löschung werden diese Unterschiede zunehmend stärker. Bei undefinierten Proben, wie sie biologisches Material darstellen, ist der Anteil an chemischer und Farb-Löschung unbekannt und die Ergebnisse sind deshalb mit einer gewissen Unsicherheit behaftet.

Als weiterer Nachteil kommt bei gering aktiven und/oder stark gelöschten Proben eine beträchtliche statistische Ungenauigkeit in der Bestimmung des Kanalverhältnisses hinzu. Selbst wenn im impulsärmeren Meßkanal 10^3 Impulse gezählt werden, beträgt der Fehler bereits schon über 3–4% (Standardabweichung). Um bei den vorgenannten Proben akzeptable Genauigkeiten zu erhalten, müßte daher mit extrem langen Meßzeiten gezählt werden.

ROGERS et al. [212] haben die Genauigkeit der beschriebenen Methode mit der des inneren Standards verglichen und fanden, daß das Verfahren für Proben mit einer relativen Zählausbeute-Erniedrigung von bis zu 50% annähernd einen konstanten Meßfehler aufweist, der hauptsächlich durch die Zählstatistik bestimmt ist. Mit stärkerer Löschung wird die Methode zunehmend ungenauer, da selbst bei ausreichend zuverlässiger Zählstatistik ein geringer Quotienten-Fehler einen großen relativen Fehler der kleinen Zählausbeute-Werte bedingt. Hier liegen die Verhältnisse ganz analog wie bei der Löschkorrekturbestimmung durch das externe Standard-Kanal-Verhältnis (vgl. D, 3.2.3.2.). Von Vorteil ist, daß das Verfahren auch auf doppelmarkierte Proben [220, 221] angewendet werden kann (vgl. Abschn. F). Da die Meßprobe selbst keinerlei Veränderung erfährt, sind spätere Kontrollmessungen möglich oder das Probenmaterial kann wieder aus der Probe zurückgewonnen werden. Weiterhin bietet das Verfahren die Möglichkeit zur automatisierten Zerfallsraten-Bestimmung (vgl. D, 3.2.3.2.1. und D, 3.3. bzw. l. c. [222]). Das Anfertigen von Eichproben für Löschkorrekturkurven ist unter D, 3.2.3.2. beschrieben.

Abschließend sei auf die Kombination von Probenkanal- und externer Standard-Kanal-Verhältnis-Methode [41] zur Kontrolle von Probenpräparationen, insbesondere bei heterogenen Proben (Abschn. D, 3.1.1.2.), hingewiesen.

3.2.2.3. *Verstärkungsverhältnis-Methode*

Dieses Verfahren beschreibt den Löschzustand einer Probe durch das Impulsraten-Verhältnis, ermittelt aus den Impulsraten bei zwei verschiedenen Verstärker-Spannungen in ein und demselben Meßkanal [223]. Es ist somit das zur Probenkanal-Verhältnis-Methode (vgl. D, 3.2.2.2.) (2 unterschiedliche Kanäle bei gleicher Verstärkung) inverse Verfahren. Aus diesem Grund gelten die gleichen Vorzüge und Nachteile, wobei zu letzteren noch die Forderung nach einer besonders hohen Konstanz der beiden Verstärkerspannungen hinzukommt. Das Verfahren wird relativ selten zur Löschkorrektur herangezogen.

3.2.3. Externe Standardisierung

Hierzu sind alle die Verfahren zu rechnen, bei denen eine Referenz-Impulsrate durch eine nicht im Szintillator gelöste Standard-Radioaktivität erzeugt wird. Die Änderung dieser Impulsrate infolge Löschung wird zur Erfassung des Löschgrades herangezogen. Durch einen ausreichenden Radioaktivitäts-Pegel des externen Standards ist man für die Löschkorrektur unabhängig von der Zählstatistik der Probe selbst.

3.2.3.1. *Verfahren basierend auf der Zählrate des externen Standards*

Diese Verfahren konnten sich wegen einiger Nachteile gegenüber der externen Standard-Kanal-Verhältnismethode wenig durchsetzen (vgl. D, 3.2.3.2.).

3.2.3.1.1. Standard im Zählfläschchen angeordnet

KAUFMAN et al. [25] bestimmten den Löschgrad Tritium-markierter Proben, indem sie die durch Löschung bedingte Verminderung der Impulsrate einer ^{57}Co-Quelle ermittelten. Der Standard war auf der Spitze eines Platindrahts angebracht und zur Vermeidung einer Probenkontamination mit Gold überzogen. Taucht dieser, z. B. an einem Zählgläschen-Deckel befestigte Standard, in eine Probe ein, so werden zusätzlich zu den Probenimpulsen durch die Konversions-Elektronen des ^{57}Co Impulse im Szintillator erzeugt. Diese werden in Abhängigkeit von der Löschkonzentration entsprechend abgeschwächt.

Von DOBBS [224] wurde ein »efficiency stick« konstruiert, der als Standardstrahler ^{14}C in Form von $BaCO_3$ aufgeschmolzen auf einen Glasstab, enthält. Auch hier wird die Löschung durch Eintauchen des

Standards nach der Probenmessung erfaßt. Von Horrocks [225] sind zum gleichen Zweck eine Reihe Röntgen-(^{241}Am und ^{110}Ag) und Gamma-strahlender (^{137}Cs und ^{22}Na) Nuklide herangezogen worden.

Wenngleich dieses Verfahren Kontrollmessungen der Probe nach Entfernen des Standards ermöglicht, und keine Probleme bezüglich der Zählstatistik bei der Standardisierung bestehen, besitzt die Methode Nachteile: Sie ist Arbeits-intensiv und kaum automatisierbar. Außerdem müssen die Proben zweimal gezählt werden, wodurch Fehler, bedingt durch eine Gerätedrift, eingeschleppt werden können. Vor allem aber sind die Eichkurven stark vom Szintillator-Volumen und von einer exakten Positionierung des Standards abhängig. Bei kurzlebigen Standard-Nukliden ist zusätzlich eine laufende Zerfalls-korrektur erforderlich.

3.2.3.1.2. Standard außerhalb des Zählfläschchens angeordnet

Um die aufwendige Manipulation des Einbringens des externen Standards in das Zählfläschchen zu umgehen (vgl. vorigen Abschnitt), ordneten Fleishman et al. [226] und Higashimura [227] den Standard-Strahler außerhalb des Zählfläschchens an. Schrodt et al. [228] automatisierten die Methode durch pneumatisches Zu- und Wegführen des Standards. Eine Messung der Probe mit dem Standard ist kurz vor oder nach der eigentlichen Probenmessung möglich, wodurch Fehler durch Geräte-Drift stark vermindert werden. Nach Schrodt et al. [228] besitzt ^{226}Ra, das sich im Zerfallsgleichgewicht befindet, gegenüber anderen Nukliden außer der längeren Halbwertszeit noch den Vorteil eines günstigeren Verlaufs des Compton-Spektrums. Die große Halbwertszeit erübrigt die Zerfallskorrektur von Eichfunktionen. Durch das Vorhandensein mehrerer γ-Strahler im Gleichgewichts-Gemisch von ^{226}Ra sollen geradlinige Eichfunktionen resultieren, weil das ^{226}Ra-Gleichgewichts-Gemisch durch seinen breiten Bereich der γ-Energien ein langsam bis 2 MeV ansteigendes Compton-Spektrum erzeugt [228]. Dagegen haben monoenergetische γ-Strahler wie z. B. ^{133}Ba aus ^{137}Cs ein steil ansteigendes Compton-Spektrum. Die Methode ist automatisierbar, jedoch stark vom Szintillator-Volumen und von einer reproduzierbaren Anordnung Standard zu Probe abhängig [228]. Trotzdem ist das Verfahren häufig verwendet worden [229, 230, 231, 232], wurde aber auch verschiedentlich kritisiert [212, 233]. Rogers et al. [212] stellten fest, daß die externe Standard-Zählraten-Methode wegen der großen Geometrie- und Volumenabhängigkeit die größten Fehler im Vergleich zur Proben-Kanal-Verhältnis- und zur internen Standard-Methode aufweist. Man hat deshalb die externe Standardisierung mit der Proben-Kanal-Verhältnis-Methode verknüpft (vgl. D, 3.2.3.2.).

3.2.3.2. *Externe Standard-Kanalverhältnis-Methode*

Die aus der Zählrate des externen Standards in einem Kanal ermittelte Löschkorrektur wird durch alle Einflüsse verfälscht, die die externe Zählrate verändern. Wird dagegen die Zählrate des externen Standards in zwei Kanälen registriert, so ist das Verhältnis der Zählraten weitgehend unabhängig von Geometrie- und Volumenschwankungen, sowie Abnahme der Zerfallsrate des externen Standardnuklids (vgl. vorstehenden Abschnitt). Unterschiede im Absolut-Betrag der Zählrate des externen Standards eliminieren sich weitgehend, da sie bei der Verhältnisbildung herausfallen. Abgesehen von einer Gerätedrift ist damit das externe Standard-Kanal-Verhältnis (ESKV) weitgehend nur vom Löschzustand der Probe abhängig.

Der Quotient der zwei Impulsraten ändert sich infolge Löschung, da auch das durch den externen Standard generierte Impulsspektrum durch Löschung verschoben wird. Dieses Verfahren ist der Proben-Kanal-Verhältnis-Methode (vgl. Abb. D, 19) analog. Mittels Eichproben, die eine bekannte Radioaktivitätsmenge und steigende Mengen an Löschern enthalten, erhält man eine definierte Beziehung (Eichkurven) zwischen Zählausbeute und ESKV. Bei einem von der Löschung abhängigen Leerwert kann diese ebenfalls durch eine Funktion Leerwert/ESKV beschrieben werden [234].

Zur Messung des ESKV wird vor oder nach der eigentlichen Probenmessung eine statistisch ausreichende Impulszahl des externen Standards registriert. Wenn sich dem externen Standard-Spektrum Bereiche des Probenspektrums überlagern, sind diese Probenimpulse vor der Quotientenbildung von den Standard-Impulsen zu subtrahieren. Unter diesen Umständen ist eine dritte Messung, Ermittlung des Impulsanteils der Probe in den externen Standard-Kanälen, erforderlich. Für den Fall, daß sowohl externe Standard-Impulse wie auch ein Teil der Probenimpulse im gleichen Kanal registriert werden, kann durch Überladung (Koinzidenzverlust) der Meßkanäle infolge hoher Probenaktivitäten ein beträchtlicher Fehler bei der Bestimmung des ESKV-Wertes wie auch der Probenzählrate selbst resultieren [235].

Bis jetzt besteht anscheinend noch keine Klarheit darüber, welche Geräte-Einstellungen und Bedingungen vorzunehmen sind, um für die dpm-Ermittlung optimale Löschkorrektur-Funktionen zu erhalten. Eine Löschkorrektur-Funktion wird für ein gegebenes Meßgerät u. a. durch folgende Parameter bestimmt: Lage der Diskriminatoren der beiden externen Standard-Kanäle, Art des externen Standard-Nuklids und Geometrie der Meßprobe sowie ihre relative Lage zum externen Standard. Zur Zeit befinden sich auf dem Markt Geräte mit ^{137}Cs, ^{133}Ba oder ^{226}Ra/^{241}Am als externes Standard-Nuklid. Sehr wahrscheinlich hängen die Funktionen auch vom Reflektor (Material und Form) in der Zähl-Kammer und vom Sekundär-Elektronen-Vervielfacher ab. Das ist beim Vergleich verschiedener Gerätetypen zu beachten. Für optimale Löschkorrekturen müssen folgende Voraussetzungen gelten:

1. Sie sollen über einen möglichst weiten Bereich die Zählausbeute sowohl bei Farb- wie bei chemischer Löschung übereinstimmend beschreiben. Diese Bedingung wird jedoch mit zunehmender Löschung immer schlechter erfüllt. Meist muß mit unterschiedlichen, jeweils für chemische Löschung oder für Farblöschung geltenden, Löschkorrektur-Funktionen gearbeitet werden.

2. Die Fehlerübertragung vom ESKV auf die Zählausbeute soll möglichst gering sein. Die relative Standardabweichung der Zählausbeute, $(s_{rel})_E$, ist eine Funktion der absoluten Standardabweichung des ESKV, s_{ESKV}, des Richtungsfaktors m in der Löschkorrektur-Funktion bei dem betrachteten ESKV und des Betrags der Zählausbeute E (als Bruchteil von 1) [37].

$$\pm (s_{rel})_E = \frac{\pm s_{ESKV} \cdot m}{E} \tag{D, 3}$$

Für die Standardabweichung der Zerfallsrate gilt letztlich, da dpm = N/E

$$\pm (s_{rel})_{dpm} = \pm \left[(s_{rel})^2_N + \frac{(s_{ESKV} \cdot m)^2}{E} \right]^{1/2} \tag{D, 4}$$

Von den zwei Termen der Gleichung (D, 4) ist der Fehler der Netto-Impulsrate $(s_{rel})_N$ durch die Probenaktivität und die zur Verfügung stehende Meßzeit festgelegt. Der Fehler des zweiten Terms kann bei entsprechendem Aufwand klein gehalten werden. Geht man davon aus, daß die Zählausbeute durch das für die Probe erforderliche Szintillatorsystem bestimmt ist, so kann der Zählausbeute-Fehler vor allem durch Optimierung der Lage der externen Standard-Kanäle minimalisiert werden. Ihre Lage beeinflußt sowohl die Standardabweichung des ESKV wie auch den Richtungsfaktor der Löschkorrekturfunktion. Im allgemeinen erfolgt die Einstellung der externen Standard-Kanäle durch den Geräte-Hersteller. Inwieweit es sich dabei um eine optimierte Einstellung handelt, wird nach unserem Wissen von den Geräte-Firmen nicht angegeben.

Für Fehler in den Zählausbeuten von Proben, die im Sauerstoffgefüllten Kolben (vgl. D, 3.1.2.3.1.) verbrannt und extern standardisiert wurden [37], ergab sich eine gute Übereinstimmung zwischen den nach Gleichung (D, 3) berechneten und den praktisch gefundenen Standardabweichungen (vgl. Tab. D, 6).

Tab. D, 6. Vergleich berechneter und praktisch gefundener Fehler verschiedener Zählausbeuten, die durch ESKV-Löschkorrektur-Funktionen erhalten wurden [37]. ($s_{ESKV} = \pm\, 0{,}016$ und m konstant über den hier betrachteten ESKV-Bereich.)

Kanal/Nuklid	$E^{a)}$	m	$\pm\, (s_{rel})_E$ ber. Gl. (D, 3)	$\pm\, (s_{rel})_E$ gef.
0–350[b]) T	0,25	0,21	0,014	0,013
0–520[b]) ^{14}C	0,86	0,064	0,0012	0,0050
0–200[c]) T	0,15	0,11	0,010	0,009
330–520[c]) ^{14}C	0,50	0,30	0,009	0,016

[a]) E ist die mittlere Zählausbeute im betrachteten Bereich.
[b]) für einzelmarkierte Proben.
[c]) für doppelmarkierte Proben.

Der für die Zerfallsrate resultierende Gesamt-Fehler von sehr unterschiedlichem Probenmaterial, erhalten nach externer Standardisierung, lag hierbei sogar unter oder vergleichbar zu dem durch interne Standardisierung gefundenen [37].

Die wesentlichsten Vorteile der ESKV-Methode beruhen auf der Automatisierbarkeit der Löschkorrektur, auf der Anwendbarkeit für mehrfach markierte Proben [236, 222] und auf jederzeit durchführbaren Kontrollmessungen. Bei der automatischen Standardisierung können durch Rechner die Rohergebnisse in Zerfallsraten umgerechnet werden. Die Einheit Spektrometer/Rechner muß dafür außer der normalen Probenmessung folgende Operationen ermöglichen: Leerwert-Abzug nach der Probenmessung, Berechnung des ESKV, Speichern der Löschkorrektur-Funktion(en), Ermittlung der Zählausbeute(n) und Verrechnung mit der dazugehörigen Netto-Impulsrate. Bei mehrfachmarkierten Proben müssen die entsprechenden Gleichungssysteme speicherbar sein. Zusätzlich sollten noch Fehlerberechnungen rechnerseitig ausgeführt werden (vgl. D, 3.2.3.2.1. und D, 3.2.3.3.).

Das Verfahren der ESKV-Methode wird durch einige Nachteile limitiert. Da für verschiedene Löscher verschiedene Löschkorrektur-Funktionen existieren, wird man in der Regel gezwungen sein, mehrere Löschkorrektur-Funktionen aufzunehmen. Das Verfahren hängt von der Qualität des Zählfläschchen-Materials ab [237]. Obwohl wesentlich geringer als bei der externen Standardisierung mittels der Zählrate, zeigt die ESKV-Methode eine gewisse Volumenabhängigkeit. Nur in einem Bereich von ca. 8–15 ml Zählfläschchen-Inhalt und einer Volumenschwankung von nicht mehr als $\pm\, 15\%$ ist der ESKV-Wert unabhängig vom Volumen. Der höhere apparative Aufwand, es werden zwei Meßkanäle zur Messung des externen Standards benötigt, bedingt einen höheren finanziellen. Trotzdem dürfte das Verfahren das zur Zeit am häufigsten benutzte sein. Im folgenden wird die Anfertigung von Eichproben beschrieben, wie sie zum Aufstellen für Löschkorrekturfunktionen benötigt werden. Die Probenzahl je Eichsatz richtet sich nach dem zu beschreibenden Löschumfang und der erforderlichen Genauigkeit.

Als Beispiel diene die Löschung von Toluol-Szintillator (vgl. D, 3.1.1.1.) 5,0 g 2,5-Diphenyloxazol, (PPO) und 0,5 mg p-Bis-[4-methyl-5-phenyloxazolyl-(2)]-benzol, (Dimethyl-POPOP), auf 1 Ltr. Toluol) durch Tetrachlorkohlenstoff. T- bzw. ^{14}C-markiertes Hexadecan (vgl. Fußnoten S. 145) dient als Standardsubstanz, wobei eine Zerfallsrate von 10^5 dpm-T bzw. 2.10^4 dpm-^{14}C je Probe empfehlenswert ist. Der Löschumfang, bezogen auf die T-Standard-Reihe, soll zwischen ca. 55% (ungelöscht) und 10% Zählausbeute liegen und durch insgesamt sieben Standard-Proben festgelegt sein. Das Proben-Volumen betrage 15 ml.

Stamm-Szintillator

Es werden 500 ml des oben beschriebenen Toluol-Szintillators benötigt.

Tritium-Standards

In einem 100 ml Meßkolben werden ca. 2 µCi T-Hexadecan genau eingewogen, mit Stamm-Szintillator aufgefüllt und davon in 10 Zählgläschen 5 ml (entsprechend ca. $2,2 \cdot 10^5$ dpm) abpipettiert.

Kohlenstoff-14 Standards

In einem 100 ml Meßkolben werden, wie für die Tritium-Standards beschrieben, ca. 0,5 µCi ^{14}C-Hexadecan abgewogen und die gleiche Zahl von 5 ml Aliquoten (entsprechend ca. $5,5 \cdot 10^4$ dpm) in Zählgläschen pipettiert.

Pipettier-Kontrolle

Die T- und ^{14}C-Standards werden bei einer Impulsvorwahl von 10^5 Impulsen gezählt. Proben mit einer Abweichung von mehr als $\pm 1\%$ vom Mittel aller 10 Proben werden verworfen.

Löscherzugabe:

In die so überprüften Standards gibt man nach folgendem Probenschema

Nr.	1	2	3	4	5	6	7
x µl CCl$_4$	0	20	40	60	90	130	200

10 ml Stamm-Szintillator. Beträgt, z. B. bei der Präparation anderweitig gelöschter Standards, der Löscherzusatz mehr als 10% des Gesamtvolumens, so sollte das beim Auffüllen mit Szintillator, (10-x) ml, berücksichtigt werden.

Für die Messung doppelmarkierter Proben empfiehlt sich ein zu den einzelmarkierten Standards identischer doppelmarkierter Standard-Satz zur Kontrolle: Zunächst präpariert man, wie beschrieben, mit der T-Hexadecan-Szintillator-Lösung weitere 10 T-Proben zu 5 ml, deren Pipettiergenauigkeit zu kontrollieren ist. In diese Proben werden dann jeweils 5 ml von der ^{14}C-Hexadecan-Szintillator-Lösung pipettiert. Anschließend erfolgt wiederum die Überprüfung der Pipettierung, wobei vorteilhafterweise in einem Tritium-diskriminierten ^{14}C-Meßkanal (vgl. F, 2.1.2.2.) zu messen ist. Danach erfolgt die Zugabe des Löschers (s. o.) und das Auffüllen mit 5 ml [bzw. (5–x) ml] Stamm-Szintillator.

Mit den einzelmarkierten Standard-Sätzen können nunmehr die Löschkorrektur-Funktionen für einzel- und für doppelmarkierte Proben aufgenommen werden. Hierfür ist noch die Präparation und die Messung einer Nulleffekt-Probe erforderlich. Für die Analyse von Probenaktivitäten, die mit dem Nulleffekt vergleichbar sind, sollte auch eine eventuelle Abhängigkeit des Nulleffekts von der Löscherkonzentration überprüft werden.

Trägt man die Werte der Zählausbeute gegen die externen Standard-Kanal-Verhältnisse auf, so erhält man eine Eichkurve. Die rechnerische Behandlung dieser Funktionen zur automatischen dpm-Ausgabe durch die Rechnereinheit des Szintillations-Spektrometers ist aus den Bedienungsanleitungen zu ersehen.

Über die Anwendung der verschiedenen internen Standardsubstanzen (Hexadecan, Toluol, HTO etc.) für das zu eichende Szintillatorsystem vgl. D, 3.2.1. Um eine möglichst optimale Übereinstimmung zwischen der Eichung und den eigentlichen Probenmessungen zu erzielen, sollte das Probenvolumen nicht mehr als $\pm 15\%$ vom Volumen der Standards innerhalb eines Bereichs von 8 bis 18 ml abweichen.

3.2.3.2.1. Rechnerische Weiterverarbeitung der Meßwerte

Eine Reihe von Spektrometern arbeitet mit on-line Rechnern oder mit einer Ergebnisausgabe auf Lochstreifen, die einen off-line Betrieb ermöglicht. Bei Spektrometern mit on-line Rechnern wird in den allermeisten Fällen dem Anwender die nötige soft-ware und die Anleitung zu deren Bedienung beim Erwerb des Gerätes mitgeliefert. In einer grundlegenden Arbeit zeigen CAROLL et al. [238, 238a], daß mittels Rechner eine statistische Analyse der Roh-Ergebnisse, eine optimierte Anpassung der Löschkorrekturkurven an die Eichwerte, eine Zerfallsratenbestimmung für einfach- oder doppelmarkierte Proben nach der externen Standard- (oder auch Proben-) Kanalverhältnis-Methode und außerdem eine Fehleranalyse der errechneten Zerfallsrate(n) möglich ist.

Für den off-line Betrieb sind zur Verarbeitung von Roh-Ergebnissen verschiedene spezielle Rechenprogramme entwickelt worden. Und zwar zunächst nur für die Zerfallsraten-Bestimmung ein- und/oder mehrfach markierter Proben, wenn die Löschkorrekturfunktionen gegeben sind [239–242]. Zusätzlich wurde später in den Programmen die Möglichkeit zu einer optimierten Anpassung der Löschkorrektur-funktion an die gemessenen Eichwerte geschaffen [243–245]. Ein Rechenprogramm zur Erkennung chemisch- oder farbgelöschter Proben und deren Zerfallsratenberechnung wird von LANG [246] beschrieben. Zur Probenmessung nach der Doppel-Verhältnis-Methode (vgl. D, 3.1.1.2.) ist ein Rechenprogramm von GLASS [42] ausgearbeitet worden.

3.2.4. Nachverstärkungs-Methode

Bei der Messung von β-Strahlern im Energiebereich von $E_{max} >$ 100 keV und mit erheblicher Einschränkung auch für Tritium kann der durch Löschung bedingte Zählratenverlust durch Erhöhung der Verstärkerspannung am Detektor kompensiert werden. Nach JORDAN et al. [247] wird die Spannungserhöhung durch die Zählrate eines externen γ- oder α-Strahlers festgelegt, indem solange die Spannung vergrößert wird, bis der ursprüngliche Wert, gemessen an einer ungelöschten Probe, wieder erreicht wird.

Ein von der Fa. Beckman Instruments angewandtes Verfahren der automatischen Löschkompensation (AQC) arbeitet nach einem ähnlichen Prinzip, die erforderliche Nachverstärkung wird hierbei durch den ESKV-Wert bestimmt. Die Methode soll gewisse Vorzüge bei der Messung doppelmarkierter Proben zur Verbesserung der Zählausbeute des höherenergetischen Nuklids besitzen. Häufig mißt man dieses Nuklid in einem Meß-Kanal, der das niederenergetische Nuklid restlos diskriminiert (vgl. F, 2.1.2.), wobei jedoch die Zählausbeute verringert wird. Sind die Proben zusätzlich stark gelöscht, dann kann die so noch weiter erniedrigte Zählausbeute und damit die Statistik durch Nachverstärkung verbessert werden. Letztlich resultiert eine erhöhte Trennschärfe bei doppelmarkierten Proben.

3.2.5. Koinzidenz-Methoden

Nach GUINN [248] ist es möglich, aus dem Zählraten-Verhältnis von koinzident zu einzelgeschalteten Sekundär-Elektronen-Vervielfachern direkt die Zerfallsrate zu errechnen. Denn bei einer vorgegebenen Einstellung beträgt die Zählausbeute der beiden, einzeln geschalteten, Vervielfacher E_1 bzw. E_2, weshalb sich bei einer Absolutaktivität von A eine Impulsrate cpm_1 bzw. cpm_2 aus $A \cdot E_1$ bzw. $A \cdot E_2$ ergibt. Schaltet man jedoch die beiden Vervielfacher in Koinzidenz, so resultiert eine Impulsrate cpm_c aus $A \cdot E_1 \cdot E_2$. Division von cpm_c/cpm_1 bzw. cpm_c/cpm_2 ergibt E_2 bzw. E_1. Wird das Verhältnis $cpm_1 \cdot cpm_2/cpm_c$ gebildet, so erhält man direkt die Zerfallsrate A. Da die Berechnung der Zählausbeute bzw. der Zerfallsrate nur mit Netto-Impulsraten (nach Leerwert-Abzug) durchführbar ist, müssen sich diese mindestens in der Größenordnung des Leerwertes bewegen. Dieser beträgt jedoch bei einzelgeschalteten Vervielfachern auch bei modernen Geräten einige tausend Impulse/Min., so daß das Verfahren bei Probenaktivitäten $\leq$ Leerwert nicht anwendbar ist. Nach HELF et al. [249] kann die Zerfallsrate erst bei einer 10000 cpm übersteigenden Probenzählrate mit einer Genauigkeit von $\pm 2\%$ ermittelt werden. Wenn eine Leerwert-Unterdrückung durch Trennung über die Impulsform von Probe bzw. Leerwert möglich wird, kann diese Methode zur Löschkorrektur wieder größeres Interesse finden. KOLAROV et al. [249a] behaupten, daß auch die dpm-Ermittlung von Tritium auf dieser Basis möglich ist. Das Koinzidenz-Prinzip ist von SCHWERDTEL [250] weiter entwickelt worden. Es basiert auf dem Zählraten-Vergleich von dreifach koinzidenter ($cpm_{3\text{-fach}}$) zu zweifach koinzidenter Impulsrate ($cpm_{2\text{-fach}}$). Bei völlig gleicher Ansprechwahrscheinlichkeit der drei Vervielfacher gilt $E = cpm_{3\text{-fach}}/cpm_{2\text{-fach}}$, da $cpm_{3\text{-fach}} = A \cdot E^3$ und $cpm_{2\text{-fach}} = A \cdot E^2$. Diese Voraussetzung wird jedoch nicht erfüllt. Deshalb muß mit Eichkurven gearbeitet werden, die man sich mittels standardisierter Proben erstellt. Zwei Nachteile haben bislang das Verfahren an einer breiteren Anwendung gehindert. Erstens ist der apparative Aufwand wegen des dritten Vervielfachers und der damit verbundenen zusätzlichen Koinzidenzschaltung höher. Zweitens resultieren mit gelöschten Proben oder mit Nukliden niedriger Zerfallsenergien bei dreifacher Koinzidenz zu geringe Zählausbeuten.

3.2.6. Verdünnungs-Methode

KALLMANN et al. [251] wie auch KERR et al. [252] beobachteten, daß bei Löschung (vgl. B, 4.2.4.) eine lineare Beziehung zwischen der Löscherkonzentration und dem Logarithmus der Zählausbeute besteht. Andererseits kann nach DAVIDSON et al. [207] Löschung daran erkannt werden, daß die Zählrate einer gelöschten Probe nach Zugabe des reinen Szintillators und erneuter Messung ansteigt.

PENG [253–255] entwickelte aus diesen Beobachtungen ein Löschkorrektur-Verfahren, das auf einer grafischen Auswertung beruht. Zwischen der in einem bestimmten Szintillatorvolumen (v) beobachteten Zählrate N (cpm/v) bei einer Probenkonzentration c (g/v) und ihrer spezifischen Radioaktivität S_o (dpm/g) besteht folgende Beziehung

$$N = S_o \cdot c \cdot e^{-qc} \tag{D, 5}$$

q wird als Löschkonstante bezeichnet und hängt von der chemischen Natur des Löschers ab.

Formt man die Beziehung um, indem für $N/c = S$, die scheinbare spezifische Aktivität (cpm/g) eingeführt wird, so gilt nach Logarithmieren

$$\lg S = \lg \frac{N}{c} = \lg S_o - q \cdot c \tag{D, 6}$$

Das heißt, der Logarithmus von S gegen c aufgetragen, ergibt bei Extrapolation von c gegen Null die wahre spezifische Radioaktivität S_0.

Das Verfahren wurde von PENG als Extrapolations-Methode bezeichnet, wird aber hier Verdünnungsmethode genannt, um eine Verwechslung mit den in der Kernphysik üblichen Extrapolationsverfahren zur Absolut-Bestimmung eines β-Strahlers (Integration des differentiellen Impulshöhenspektrums, Extrapolation gegen die Energie Null) zu vermeiden.

Nach PENG [255] genügen zur Bestimmung von S_0 zwei Meßpunkte. Werden mehr als zwei Meßpunkte herangezogen, so soll nach [255] das Verfahren genauer als die interne Standardisierung sein. Einige Löscher, z. B. p-Nitranilin und Azobenzol, gehorchen nicht dem angegebenen Exponentialgesetz. Die Zählrate fällt dann, insbesondere bei höheren Konzentrationen, weniger stark ab [254]. Abgesehen von diesem Nachteil und trotz der relativ großen erzielbaren Genauigkeit ist das Verfahren wegen der erforderlichen Mehrfachmessungen an einer Probe für viele Untersuchungen zu aufwendig. Das Verfahren kann auf doppelmarkiertes Material angewandt werden [256].

Für den Fall einer großen Zahl gleich zusammengesetzter Proben kann man mit einer einmal aufgestellten Eichfunktion die Löschkorrektur vornehmen [130, 131]. Die Probenkonzentration kann auch durch zusätzliches Verdünnen mit Szintillator variiert werden [81]. Hierbei wird ebenfalls gegen die Konzentration Null extrapoliert.

3.3. Datenverarbeitung

Die Radioaktivitäts-Analyse durch Flüssig-Szintillations-Spektrometrie ergibt zunächst für jede Meßprobe nur Rohergebnisse. Während ältere Geräte lediglich die Probennummer, Meßzeit und die in dieser Zeitspanne registrierten Impulse in den einzelnen Meßkanälen ausdruckten, geben jetzt fast alle Geräte die Zählrate (cpm) an. Meist kann auch ein vorher festgelegter Leerwert als Konstante am Gerät eingestellt werden; das Endergebnis liegt dann als Netto-Zählrate vor. Die Ergebnisdarstellung wird in vielen Fällen durch Angabe der prozentualen Standardabweichung der Impulsrate aufgrund der Zählstatistik vervollständigt.

Um Proben verschiedener Zählausbeute miteinander vergleichen zu können, müssen diese Rohergebnisse aufgearbeitet werden. Man benötigt im allgemeinen das Endergebnis als Zerfallsrate (dpm) bzw. als spezifische Radioaktivität (dpm/Menge).

Die Umwandlung der Rohergebnisse in Zerfallsraten erfolgt nach Eichfunktionen auf rechnerischem Weg und es liegt nahe, das durch Rechner zu automatisieren. Rechner sind besonders geeignet, wenn von den zur dpm-Bestimmung im Abschnitt D, 3.2. angegebenen Verfahren das Proben bzw. Externe-Standard-Kanalverhältnis benützt wird. Hierfür müssen Polynome, meist von zweiter bis vierter Ordnung gespeichert werden können. Bei einem Drei-Kanal-Gerät sind das drei Polynome. Bei Doppelmarkierungen (F, 2.1.2.) erhöht sich diese Zahl auf vier. Außerdem muß der Rechner in der Lage sein, die zur Zerfallsraten-Bestimmung bei Doppelmarkierungen nötigen Gleichungssysteme aufzunehmen.

Es sind verschiedene Spektrometer-Rechner-Kombinationen auf dem Markt. Im einfachsten Falle errechnet man aus den Ergebnissen von Eichmessungen separat Löschkorrekturfunktionen. Der mit dem Gerät verbundene Rechner ist lediglich in der Lage, die Konstanten der Löschkorrekturfunktion aufzunehmen. Günstiger ist es jedoch, wenn mit dem Rechner die Löschkorrekturfunktionen aus den Eichmessungen erstellt werden können. Im vorteilhaftesten Fall programmiert sich der Rechner aufgrund von vorangegangenen Eichmessungen selbst. Dadurch wird es möglich, für jedes Durchlaufen einer Meßserie durch vorangestellte Eichproben, die für die folgenden Proben notwendige Löschkorrekturfunktion aufzustellen und anschließend für die dpm-Ermittlung zu verwenden.

Die Frage, welcher Rechner zur Rohergebnis-Verarbeitung verwendet werden soll, kann nicht generell zugunsten eines bestimmten Rechnertyps oder einer Gerätekonfiguration beantwortet werden. Zur Anwendung gelangen

    a) Tischrechner

    b) Kleincomputer (fest verdrahtet oder frei programmierbar) und

    c) Groß-Rechenanlagen.

Folgendes ist zu unterscheiden:

    a) Tischrechner können »on-line« und »off-line« betrieben werden. Ersteres erlaubt eine unmittelbare Endergebnisausgabe. Ein Beispiel für den »off-line« Betrieb von Tischrechnern geben GROWER und BRANSOME [243, 257]. Löschkorrekturfunktionen werden durch lineare Analyse der kleinsten Fehlerquadrate oder durch Regressionsanalyse zweiter Ordnung ermittelt. Mit den Löschkorrekturfunktionen werden Zerfallsraten von einfach- und doppelmarkierten Proben errechnet. Die Bedienung von Tischrechnern ist leicht vom Anwender zu erlernen, so daß eigene, individuell zugeschnittene Programme selbst angefertigt werden können. Im allgemeinen wird vom Hersteller ohnedies die notwendige »soft-ware« angeboten. Für den »on-line« Betrieb sind die nötigen Informationen aus den Betriebsanleitungen ersichtlich. Die Kosten eines Tischrechners sind, verglichen mit denen eines Spektrometers bzw. eines Computers, niedrig. Außerdem bieten sie die Möglichkeit, anderweitig im Labor anfallende Rechenprobleme zu lösen. Diesen Vorzügen steht die beschränkte Rechenkapazität gegenüber. Die Erfahrung hat jedoch gezeigt, daß die oben beschriebenen mathematischen Probleme mit Rechnern einer Kapazität von ca. 400 Befehlsschritten und 40 Konstanten zu behandeln sind. Eine gewisse Sonderstellung nehmen Geräte der Fa. Packard Instruments Co. Inc. ein. Aufgrund der elektronisch vorgenommenen Löschkorrektur können nach Eichmessungen am Gerät selbst Zählausbeutewerte eingestellt werden, mit denen automatisch die Zerfallsraten ermittelt werden.

b) Kleincomputer nehmen eine Zwischenstellung zwischen Tischrechnern und größeren Rechenanlagen ein. Ihre umfangreicheren Möglichkeiten stellen jedoch auch höhere Anforderungen an den Bedienenden. Deshalb ist gerade bei dieser Rechnerart auf eine besonders einfache Programmiersprache zu achten. Die anfallenden Daten werden meist on-line verarbeitet, doch ist auch ein off-line Betrieb möglich, da diese Geräte im allgemeinen über entsprechende Ein- und Ausgabe-Einheiten verfügen.

Bei Geräte-Versionen mit installiertem und festverdrahtetem Rechner ist dieser für den Anwender nicht zugänglich und kann daher für anderweitige Arbeiten nicht benutzt werden. Ein solcher Rechner ist rationell, wenn er ständig vom Szintillationszähler beansprucht wird.

Bei festverdrahteten Rechnern ist die Art der Rechenprogramme festgelegt. Selbst bei nicht voll ausgenutzter Kapazität können neue Programme später vom Anwender nicht mehr eingegeben werden.

c) Der erheblich begrenzten Rechenkapazität von Tischrechnern bzw. Kleincomputern steht die wesentlich höhere Leistungsfähigkeit von Großrechnern gegenüber. Inwieweit es überhaupt erforderlich ist, eine Datenverarbeitung von Spektrometerergebnissen an derartigen Großrechnern vorzunehmen, muß fallweise entschieden werden. Bezüglich der Ergebnisdrucker am Spektrometer genügen einfache Ausgabe-Geräte, da nur Zwischenergebnisse auszugeben sind. Da im allgemeinen off-line gearbeitet wird, stehen die Endergebnisse nicht unmittelbar zur Verfügung. Außerdem nimmt mit zunehmender Komplexizität der Rechner die rasche Anpassungsfähigkeit an veränderte Meßbedingungen ab. Weiterhin ist der Anwender, falls er nicht selbst über die nötigen Kenntnisse verfügt, von einem Programmierer abhängig. Das Arbeiten mit Computern wurde häufiger beschrieben

[42, 238, 238a, 241, 245, 258, 259]. CRAMER et al. [260] berücksichtigen bei ihren Programmen neben langlebigen Nukliden auch den Radioaktivitätsabfall kurzlebiger Nuklide.

3.4. Literatur

1. STITCH, S. R.: Biochemistry **73**, 287 (1959).
2. HAYES, F. N., R. G. GOULD: Science **117**, 480 (1953).
3. LEUNISSEN, R. L. A., D. A. PIATNEK-LEUNISSEN: Anal. Biochem. **15**, 409 (1966).
4. JONES, G. B., R. A. BUCKLEY: Anal. Biochem. **17**, 162 (1966).
5. RAUSCHENBACH, P.: Dissertation, TH München, 1964.
6. CHINO, H., L. I. GILBERT: Anal. Biochem. **10**, 395 (1965).
7. WHISMAN, M. L., B. H. ECCLESTON, F. E. ARMSTRONG: Anal. Chem. **32**, 484 (1960).
8. HOUTMAN, A. C.: Int. J. Appl. Radiat. Isotop. **16**, 65 (1965).
9. CURTIS, M. L., S. L. NESS, L. L. BENTZ: Anal. Chem. **38**, 636 (1966).
10. HORROCKS, D. L.: Int. J. Appl. Radiat. Isotop. **19**, 859 (1968).
11. TREWAVAS, A.: Anal. Biochem. **21**, 324 (1967).
12. MAIN, R. K., E. R. WALWICK: Biochem. Biophys. Res. Comm. **4**, 52 (1961).
13. GINSBURG, V.: J. Biol. Chem. **235**, 2196 (1960).
14. FARMER, E. C., I. A. BERSTEIN: Science **117**, 279 (1953).
15. FURST, M., H. KALLMANN, F. H. BROWN: Nucleonics **13**(4), 58 (1955).
16. LANGHAM, W. H., W. J. EVERSOLE, F. N. HAYES, T. T. TRUJILLO: Labor. Clin. Med. **47**, 819 (1956).
17. ZIEGLER, C. A., D. J. CHLECK, J. BRINKERHOFF: Anal. Chem. **29**, 1774 (1957).
18. BUTLER, F. E.: Anal. Chem. **53**, 409 (1961).
19. BAXTER, J. A., L. E. FANNING, H. A. SWARTZ: Int. J. Appl. Radiat. Isotop. **15**, 415 (1964).
20. KINARD, F. E.: Rev. Sci. Instrum. **28**, 293 (1957).
21. BRAY, G. A.: Anal. Biochem. **1**, 279 (1960).
22. LOEWUS, F. A.: Int. J. Appl. Radiat. Isotop. **12**, 6 (1961).
23. BRUNO, G. A., J. E. CHRISTIAN: Anal. Chem. **33**, 1216 (1961).
24. BOYCE, I. S., J. F. CAMERON: Proc. Symp. Tritium Phys. Biol. Sci., I. A. E. A., Vienna **1**, 231 (1962).
25. KAUFMAN, W. J., A. NIR, G. PARKS, R. M. HOURS: Proc. Symp. Tritium Phys. Biol. Sci., I. A. E. A., Vienna **1**, 249 (1962).
26. LEVIN, L.: Anal. Chem. **34**, 1402 (1962).
27. PROCKOP, D. J., P. S. EBERT: Anal. Biochem. **6**, 263 (1963).
28. HALL, T. C., C. J. WEISER: Anal. Biochem. **17**, 294 (1966).
29. PINAUD, N., P. SERRES, L. COMMANAY, J. L. TEYSSIER: Int. J. Appl. Radiat. Isotop. **19**, 369 (1968).
30. OKITA, G. T., J. SPRATT, G. V. LEROY: Nucleonics **14**(3), 76 (1956).
31. HERBERG, R. J.: Anal. Chem. **32**, 42 (1960).
31a. SCALES, B.: Anal. Biochem. **5**, 489 (1963).
32. FALES, H. M.: Atomlight **25**, 8 (1963).

32a. SHNEOUR, E. A., S. ARONOFF, M. R. KIRK: Int. J. Appl. Radiat. Isotop. **13,** 623 (1962).

32b. WALTER jr., W. M., A. E. PURCELL: Anal. Biochem. **16,** 466 (1966).

33. WERBIN, H., I. L. CHAIKOFF, M. R. IMADA: Proc. Soc. Exp. Biol. Med. **102,** 8 (1959).

34. DARUSCHY, P.: Atompraxis **11,** 273 (1965).

35. VAUGHAN, B. E., E. A. BOLING: J. Lab. Clin. Med. **57,** 159 (1961).

36. HESSE, G., S. 477, K. SIGWART: S. 815 in Methoden der organischen Chemie (Houben-Weyl), Bd. I/1; Herausgeb.: MÜLLER, E., Stuttgart: Thieme und 1958 Woelm-Mitteilungen AL 7, Vorschrift 1, Fa. Woelm, D-3440 Eschwege.

37. RAUSCHENBACH, P., H. SIMON: Z. Anal. Chem. **255,** 337 (1971).

38. WOELLER, F. H.: Anal. Biochem. **2,** 508 (1961).

39. BRANSOME, jr. E. D., M. F. GROWER: Organic Scintillators and Liquid Scintillation Counting, S. 683, Herausgeb.: HORROCKS, D. L., C. T. PENG, New York–London: Academic Press, 1971.

39a. BRANSOME, jr. E. D., M. F. GROWER: Anal. Biochem. **38,** 401 (1970).

40. HOUX, N. W. H.: Anal. Biochem. **30,** 302 (1969).

41. BUSH, E. T.: Int. J. Appl. Radiat. Isotop. **19,** 447 (1968).

42. GLASS, D. S.: Organic Scintillators and Liquid Scintillation Counting, S. 803, Herausgeb.: HORROCKS, D. L., C. T. PENG, New York–London: Academic Press, 1971.

43. RADIN, N. S.: Liquid Scintillation Counting, S. 108, Herausgeb.: BELL, C. G., F. N. HAYES, New York: Pergamon Press, 1958.

44. SHAPIRA, J., W. H. PERKINS: Science, **131,** 414 (1960).

45. ERDTMANN, G., G. HERRMANN: Radiochim. Acta **1,** 98 (1963).

46. MEADE, R. C., R. A. STIGLITZ: Int. J. Appl. Radiat. Isotop. **13,** 11 (1962).

47. PATTERSON, M. S., R. C. GREENE: Anal. Chem. **37,** 854 (1965).

48. BENSON, R. H.: Anal. Chem. **38,** 1353 (1966).

49. VAN DER LAARSE, J. D.: Int. J. Appl. Radiat. Isotop. **18,** 485 (1967).

50. WILLIAMS, P. H.: Int. J. Appl. Radiat. Isotop. **19,** 377 (1968).

50a. MLINKO, S., E. FISCHER, J. F. DIEHL: Z. Anal. Chem. (im Druck).

51. TURNER, J. C.: Int. J. Appl. Radiat. Isotop. **19,** 557 (1968).

52. FOX, B. W.: Int. J. Appl. Radiat. Isotop. **19,** 717 (1968).

53. GREENE, R. C., M. S. PATTERSON, A. H. ESTES: Anal. Chem. **40,** 2035 (1968).

54. TURNER, J. C.: Int. J. Appl. Radiat. Isotop. **20,** 499 (1969).

55. MADSEN, N. P.: Anal. Biochem. **29,** 542 (1969).

55a. LUPICA, S. B.: Int. J. Appl. Radiat. Isotop. **21,** 487 (1970).

55b. BOHNE, F.: Int. J. Appl. Radiat. Isotop. **22,** 384 (1971).

56. TURNER, J. C.: Int. J. Appl. Radiat. Isotop. **20,** 761 (1969).

57. BLOOM, B.: Anal. Biochem. **6,** 359 (1963).

58. HAYES, F. N., B. S. ROGERS, W. H. LANGHAM: Nucleonics **14(3),** 48 (1956).

59. FUNT, B. L.: Nucleonics **14(8),** 83 (1956).

60. WHITE, C. G., S. HELF: Nucleonics **14(10),** 46 (1956).

61. OTT, D. G., C. R. RICHMOND, T. T. TRUJILLO, H. FOREMAN: Nucleononics **17(9),** 106 (1959).

62. CLULEY, H. J.: Analyst **87,** 170 (1962).

63. ALFRED, J. B.: Anal. Chem. **39,** 547 (1967).

64. HANDLER, J. A.: Analyst **88,** 47 (1963).

65. PARMENTIER, J. H., F. E. L. TEN HAAF: Int. J. Appl. Radiat. Isotop. **20,** 305 (1969).

66. ZIMMERMANN, M. E.: Preparation of Samples for Liquid Scintillation Counting, Nuclear-Chicago Corporation.

67. ABELL, C. W., F. I. DIRKS, A. S. DELK, L. A. LOEB: Anal. Biochem. **11,** 170 (1965).
68. SCHINDLER, D. W.: Nature **211,** 844 (1966).
69. HOFFMANN, W.: Radiochim. Acta **1,** 216 (1963).
70. GORDON, C.F., A. L. WOLFE: Anal. Chem. **32,** 574 (1960).
71. HARLAN, J. W.: Atomlight **19,** 8 (1961).
72. TYE, R., J. D. ENGEL: Anal. Chem. **37,** 1225 (1965).
73. BLANCHARD, F. A., I. T. TAKAHASHI: Anal. Chem. **33,** 975 (1961).
74. ROUCAYROL, J., E. OBERHAUSER, R. SCHUSSLER: Nucleonics **15(11),** 104 (1957).
75. WANG, C. H., D. E. JONES: Biochem. Biophys. Res. Comm. **1,** 203 (1959).
76. GEIGER, J. W., L. D. WRIGHT: Biochem. Biophys. Res. Comm. **2,** 282 (1960).
77. DAVIDSON, E. A., J. G. RILEY: J. Biol. Chem. **235,** 3367 (1960).
78. DAVIDSON, E. A., J. G. RILEY: Biochim. Biophys. Acta **42,** 566 (1960).
79. LOFTFIELD, R. B.: Atomlight **13,** 1 (1960).
79a. PHILIPS, R., W. J. WATERFIELD: Chromatogr. **40,** 309 (1969).
80. WILLENBRINK, J.: Int. J. Appl. Radiat. Isotop. **14,** 237 (1963).
81. TAKAHASHI, H., T. HATTORI, B. MARUO: Anal. Biochem. **2,** 447 (1961).
82. CAYEN, M. N., P. A. ANASTASSIADIS: Anal. Biochem. **15,** 84 (1966).
83. DE BERSAQUES, J.: Int. J. Appl. Radiat. Isotop. **19,** 166 (1968).
84. GILL, D. M.: Int. J. Appl. Radiat. Isotop. **18,** 393 (1967).
85. FURLONG, N. B., N. L. WILLIAMS, D. P. WILLIS: Biochim. Biophys. Acta **103,** 341 (1965).
86. DAVIES, J. W., T. C. HALL: Anal. Biochem. **27,** 77 (1969).
87. PINTER, K. G., J. G. HAMILTON, O. N. MILLER: Anal. Biochem. **5,** 458 (1963).
88. SNYDER, F.: Anal. Biochem. **9,** 183 (1964).
88a. SNYDER, F.: Atomlight **58,** 1 (1967).
88b. KASANG, G., G. GÖLDNER, N. WEISS: J. Chromatogr. **59,** 393 (1971).
89. SHAW, W. A., W. R. HARLAN, A. M. BENETT: Organic Scintillators and Liquid Scintillation Counting, S.1063, Herausgeb.: HORROCKS, D. L., C. T. PENG, New York, London: Academic Press, 1971.
90. DOWNES, A. M., A. R. TILL: Nature **197,** 449 (1963).
91. NISSEN, P., A. A. BENSON: Int. J. Appl. Radiat. Isotop. **15,** 505 (1964).
92. FALLOT, P., A. GIRGIS, M. LAINE-BÖSZÖRMENYI, J. VIEUCHANGE: Int. J. Appl. Radiat. Isotop. **16,** 349 (1965).
93. SHERMAN, J. R.: Anal. Biochem. **5,** 548 (1963).
94. GUPTA, G. N.: Anal. Chem. **39,** 1911 (1967).
95. GUPTA, G. N.: Organic Scintillators and Liquid Scintillation Countings, S.747 u. 753, Herausgeb.: HORROCKS, D. L., C. T. PENG, New York, London: Academic Press 1971.
96. Beschreibung von Insta-Gel zur Emulsionsmessung, Downers Grove, Ill. USA: Packard Instr.
97. SNYDER, F.: The Current Status of Liquid Scintillation Counting, S.248, Herausgeb.: BRANSOME, jr. E. D., New York: Grune and Stratton 1970.
98. PASSMANN, J. M., N. S. RADIN, J. A. D. COOPER: Anal. Chem. **28,** 484 (1956).
99. EISENBERG, jr. F.: Liquid Scintillation Counting, S.123, Herausgeb.: BELL, C. G., F. N. HAYES, New York: Pergamon Press, 1958.
100. SNYDER, F., P. GODFREY: J. Lipid Res. **2,** 195 (1961).
101. CUPPY, D., L. CREVASSE: Anal. Biochem. **5,** 462 (1963).
102. NEVILLE, E. D., D. D. FELLER: Anal. Biochem. **11,** 144 (1965).
103. GODFREY, P., F. SNYDER: Anal. Biochem. **4,** 310 (1962).

104. Slater, G. G., E. Geller, A. Yuwiler: Anal. Chem. **36,** 1888 (1964).
105. Roberts, E., D. G. Simonsen, B. Sisken: Adv. Tracer Methodology, Vol. 2, S. 93, Herausgeb.: Rothchild, S., New York: Plenum Press, 1965.
106. Wang, Ch. H.: Atomlight **21, 1** (1962).
106a. Wang, C. H., D. L. Willis: Radioactive Tracer Technique in Biology, Englewood Cliffs, N. J., and London: Prentice Hall International (1965).
107. Kobayashi, Y.: Anal. Biochem. **5,** 284 (1963).
108. Oppermann, R. A., R. F. Nystrom, W. O. Nelson, R. E. Brown: Int. J. Appl. Radiat. Isotop. **7,** 38 (1959).
109. Kelly, R. G., E. A. Peets, S. Gordon, D. A. Buyske: Anal. Biochem. **2,** 267 (1961).
110. Jeffay, H., J. Alvarez: Anal. Chem. **33,** 612 (1961).
111. Duncombe, W. G., T. J. Rising: Anal. Biochem. **30,** 275 (1969).
111a. Aronson, R. B., D. D. van Slyke: Anal. Biochem. **41,** 173 (1971).
112. Kornblatt, J. A., P. Bernath, J. Katz: Int. J. Appl. Radiat. Isotop. **15,** 191 (1964).
113. Baggiolini, M.: Experientia **21,** 731 (1965).
114. Baggiolini, M., M. H. Bickel: Anal. Biochem. **14,** 290 (1966).
115. Kalberer, F., J. Rutschmann: Helv. Chim. Acta **44,** 1956 (1961).
116. Hagenfeldt, L.: Clin. Chim. Acta **18,** 320 (1967).
117. Yeh, S. Y., J. H. Cavanaugh, L. A. Woods: J. Pharm. Sci. **55,** 1212 (1966).
118. Weyman, A. K., J. C. Williams, A. A. Plentl: Anal. Biochem. **19,** 441 (1967).
119. Chiriboga, J., D. N. Roy: Nature **193,** 684 (1962).
120. Buhler, D. R.: Anal. Biochem. **4,** 413 (1962).
121. Dowdle, E. B., G. D. Sweeney: S. Afr. J. Lab. Clin. Med. **9,** 1 (1963).
122. Yardley, H. J.: Nature **204,** 281 (1964).
123. Hinks, N. T., S. C. Mill, B. P. Setchell: Anal. Biochem. **17,** 551 (1966).
124. Lin, T., H. Pohlit: Anal. Biochem. **28,** 150 (1969).
125. Urone, P., J. B. Evans, C. M. Noyes: Anal. Chem. **37,** 1104 (1965).
126. Mahadevappa, D. S., R. L. Eager: Current Sci. (India) **34,** 15 (1965).
127. Vaughan, M., D. Steinberg, J. Logan: Science **126,** 446 (1957).
128. Steinberg, D., M. Vaughan, C. B. Anfinsen, J. D. Gorry, J. Logan: Liquid Scintillation Counting S. 230, Herausgeb.: Bell, C., F. N. Hayes, New York: Pergamon Press, 1958.
129. Rapkin, E.: Packard Technical Bulletin Nr. 3, La Grange, Ill.: Packard Instrument Comp. Inc., Revised June 1961.
130. Toporek, M.: Intern. J. Appl. Radiat. Isotop. **8,** 229 (1960).
131. Halvorsen, K.: Proc. Symp. Tritium Phys. Biol. Sci., I.A.E.A. Vienna **1,** 313 (1962).
132. Dulcino, J., R. Bosco, W. G. Verly, J. R. Maisin: Clin. Chim. Acta **8,** 58 (1963).
133. Takahashi, H., T. Hattori, B. Maruo: Anal. Chem. **35,** 1982 (1963).
134. Whyman, A. E.: Int. J. Appl. Radiat. Isotop. **21,** 81 (1970).
135. Schaumlöffel, E., E. H. Graul: Atompraxis **13,** 260 (1967).
136. Firmenschrift über Protosol, Technical Data, New England, Nuclear Pilot Chemicals Division, Boston, Mass., 1970.
137. Hansen, D. L., E. T. Bush: Anal. Biochem. **18,** 320 (1967).
138. Belanger, G. J., L. M. Babineau, R. H. Despointes: Int. J. Appl. Radiat. Isotop. **21,** 437 (1970).
139. Cain, D. F., R. E. Pitney: Anal. Biochem. **22,** 11 (1968).
140. Cramer, H., H. Sprenger: Int. J. Appl. Radiat. Isotop. **20,** 377 (1969).

141. Firmenschrift zur Anwendung von Soluene, Packard Instr., Downers Grove, Ill., USA.
142. LAURENCOT, H. J., J. L. HEMPSTEAD: Organic Scintillators and Liquid Scintillation Counting, S.635, Herausgeb.: HORROCKS, D. L., C. T. PENG, New York, London: Academic Press, 1971.
143. GJONE, E., H. G. VANCE, D. A. TURNER: Int. J. Appl. Radiat. Isotop. **8,** 95 (1960).
144. PETROFF, C. P., H. H. PATT, P. P. NAIR: Int. J. Appl. Radiat. Isotop. **16,** 599 (1965).
145. WANNEMACHER, jr., R. W., W. L. BANKS jr., W. H. WUNNER: Anal. Biochem. **11,** 320 (1965).
146. MIYAZAKI, H., Y. MINAKI, Y. YOSHIMURA: Chem. Pharm. Bull. (Tokyo) **14,** 1298 (1966).
147. McCLENDON, D., M. P. NEARY, M. GALASSI, W. STEPHENS: Organic Scintillators and Liquid Scintillation Counting, S.587, Herausgeb.: HORROCKS, D. L., C. T. PENG, New York, London: Academic Press, 1971.
148. HATTORI, T., H. AOKI, I. MATSUZAKI, B. MARUO, H. TAKAHASHI: Anal. Chem. **37,** 159 (1965).
149. BARTLEY, J. C., S. ABRAHAM: Adv. Tracer Methodology, Vol.3, S.69, Herausgeb.: ROTHCHILD, S., New York: Plenum Press, 1966.
150. KINNORY, D. S., E. L. KANABROCKI, J. GRECO, R. L. VEATCH, E. KAPLAN, Y. T. OESTER: Liquid Scintillation Counting, S.223, Herausgeb.: BELL, C. G., F. N. HAYES, New York: Pergamon Press, 1958.
151. NEUJAHR, H. Y., B. EWALDSSON: Anal. Biochem. **8,** 487 (1964).
152. LAGERSTEDT, H. B., R. LANGSTON: Anal. Biochem. **15,** 448 (1966).
153. HASH, J. H.: Anal. Biochem. **4,** 257 (1962).
154. MURTY, H. S., P. P. NAIR: Anal. Biochem. **31,** 1 (1969).
155. KALBHEN, D. A.: The Current Status of Liquid Scintillation Counting, S.337, Herausgeb.: BRANSOME jr., E. D., New York: Grune and Stratton, 1970.
156. HERBERG, R. J.: Science **128,** 199 (1958).
157. KALBHEN, D. A.: Int. J. Appl. Radiat. Isotop. **18,** 655 (1967).
158. WINKELMAN, J., G. SLATER: Anal. Biochem. **20,** 365 (1967).
159. KALBHEN, D. A., A. REZVANI: Organic Scintillators and Liquid Scintillation Counting, S.149, Herausgeb.: HORROCKS, D. L., C. T. PENG, New York, London: Academic Press, 1971.
159a. NCS-Solubilizer for LSC, Nuclear Chicago, Radiochemical Bulletin Nr.25.
160. BOCK, R.: Aufschlußmethoden der anorganischen und organischen Chemie, Weinheim/Bergstr.: Verlag Chemie, 1972.
160a. SIMON, H., H. G. FLOSS: Bestimmung der Isotopenverteilung in markierten Verbindungen, Berlin: Springer, 1967.
160b. VAN SLYKE, D. D.: Anal. Chem. **26,** 1706 (1954).
161. VAN SLYKE, D. D., J. PLAZIN, J. R. WEISIGER: J. Biol. Chem. **191,** 299 (1951).
161a. SIMON, H., F. BERTHOLD: Atomwirtschaft **7,** 498 (1962).
161b. SMITH, G. N., P. D. LUDWIG, K. C. WRIGHT, W. R. BAURIEDEL: J. Agr. Food Chem. **12,** 172 (1964).
162. EDWARDS, B., J. A. KITCHENER: Int. J. Appl. Radiat. Isotop. **16,** 445 (1965).
163. CALVIN, M., C. HEIDELBERGER, J. C. REID, B. M. TOLBERT, P. F. YANKWICH: Isotopic Carbon, New York: John Wiley Sons, 1949.
163a. KATZ, J., S. ABRAHAM, N. BAKER: Anal. Chem. **26,** 1503 (1954).
163b. BELCHER, E. H.: Phys. in Med. Biol. **5,** 49–56 (1960).
163c. JEFFAY, H., F. O. OLUBAJO, W. R. JEWELL: Anal. Chem. **32,** 306 (1960).

163d.Jeffay, H., J. Alvarez: Anal. Biochem. **2,** 506 (1961).

163e.O'Brien, R. D.: Anal. Biochem. **7,** 251 (1964).

163f. Eldefrawi, M. E.: Anal. Biochem. **17,** 353 (1966).

163g.Horesovsky, O., Z. Franc: Collect. Czech. Chem. Commun. **30(9),** 3218 (1965).

163h.Mahin, D. T., R. T. Lofberg: Anal. Biochem. **16,** 500 (1966).

164. Mahin, D. T., R. T. Lofberg: The Current Status of LCS, S.212, Herausgeb.: Bransome jr., E. D., New York: Grune and Stratton: 1970.

164a.Tishler, P. V., C. J. Epstein: Anal. Biochem. **22,** 89 (1968).

165. Schöniger, W.: Mikrochim. Acta (1955), 123.

166. Oliverio, V. T., C. Denham, J. D. Davidson: Anal. Biochem. **4,** 188 (1962).

167. Dobbs, H. E.: Anal. Chem. **35,** 783 (1963).

168. Dobbs, H. E.: Int. J. Appl. Radiat. Isotop. **17,** 363 (1966).

169. Hempel, K.: Atompraxis **10,** 148 (1964).

170. Roncucci, R., G. Lambelin, M.-J. Simon, W. Soudyn: International Conference on the Use of Radioisotopes in Pharmacology, Geneva, Sept. 20–23, 1967.

171. Conway, W. D., A. J. Grace, J. E. Rogers: Anal. Biochem. **14,** 491 (1966).

172. Feine, U.: Atompraxis **9,** 357 (1963).

173. Kelly, R. G.: Anal. Biochem. **11,** 588 (1965).

173a.Gupta, G. N.: Microchim. J. **13,** 4 (1968).

173b.Lewis, J. D.: Int. J. Appl. Radiat. Isotop. **23,** 39 (1972).

174. Gupta, G. N.: Anal. Chem. **38,** 1356 (1966).

175. Maurer, H. R.: Hoppe-Seyler's Z. Physiol. Chem. **349,** 115 (1968).

176. Kallmann, H., M. Furst: Liquid Scintillation Counting, S.3. Herausgeb.: Bell, C. G., F. N. Hayts, New York: Pergamon Press, 1958.

177. Ishikawa, H., M. Takiue: Organic Scintillators and Liquid Scintillation Counting, S.387, Herausgeb.: Horrocks, D. L., C. T. Peng, New York: Academic Press, 1971.

178. Conway, W. D., A. J. Grace: Anal. Biochem. **9,** 487 (1964).

179. MacDonald, A. M. G.: Analyst **86,** 3 (1961).

180. Malt, R. A., W. L. Miller: Anal. Biochem. **18,** 388 (1967).

181. Bagett, B., T. L. Presson, J. B. Presson, J. C. Coffey: Anal. Biochem. **10,** 367 (1965).

182. Huebner, L. G., W. E. Kisieleski: Atompraxis **16,** 15 (1970).

183. Ober, R. E., A. R. Hansen, D. Mourer, J. Baukema, G. W. Gwynn: Int. J. Appl. Radiat. Isotop. **20,** 703 (1969).

183a.Rauschenbach, P., H. Simon: unveröffentlicht.

184. GIT Fachz. Lab. **15,** 828 (1971).

185. Hülsen, W.: Experientia **26,** 1406 (1970).

186. Wegner, L.A., H. Winkelmann: Atompraxis **16,** 19 (1970).

187. Peets, E. A., J. R. Florini, D. A. Buyske: Anal. Chem. **32,** 1465 (1960).

188. De Vries, H., G. W. Barendsen: Physica **19,** 987 (1953).

188a.Mlinko, S., E. Fischer, J. F. Diehl: Z. Anal. Chem. **261,** 203 (1972).

189. Tamers, M. A., M. Diez: Int. J. Appl. Radiat. Isotop. **15,** 697 (1964).

190. Knoche, H. W., R. M. Bell: Anal. Biochem. **12,** 49 (1965).

191. Kainz, G., E. Wachberger: Microchem. J. **10,** 114 (1966).

192. Dobbs, H. E., G. M. Land: International Conference on the Use of Radioisotopes in Pharmacology-Geneva, Sept. 20–23, 1967.

193. Griffiths, M. H., A. Mallinson: Anal. Biochem. **22,** 465 (1968).

194. Smith, L. W.: Anal. Biochem. **29,** 223 (1969).

195. PETERSON, J. I., F. WAGNER, S. SIEGEL, W. NIXON: Anal. Biochem. **31**, 189 (1969).
196. PETERSON, J. I.: Anal. Biochem. **31**, 204 (1969).
197. KAARTINEN, N.: Technical Bulletin No. 18, April 1969, Packard Instrument Company, Downers Grove, Ill.
198. SHER, D.W., N. KAARTINEN, L. J. EVERETT, V. JUSTES, jr.: Organic Scintillators and LSC S. 849, Herausgeb.: HORROCKS, D. L., C. T. PENG, New York: Academic Press, 1971.
199. JACOBSON, H. I., G. N. GUPTA, C. FERNANDEZ, S. HENNIX, E. V. JENSEN: Arch. Biochem. Biophys. **86**, 89 (1960).
200. STEEL, G. G.: Int. J. Appl. Radiat. Isotop. **9**, 94 (1960).
201. SHEPPARD, H., W. RODEGKER: Anal. Biochem. **4**, 246 (1962).
202. McFARLANE, A. S., K. MURRAY: Anal. Biochem. **6**, 284 (1963).
203. BURNS, H. G., H. J. GLASS: Int. J. Appl. Radiat. Isotop. **14**, 627 (1963).
204. FORD, L. A.: Journal of the AOAC, **53**, 86 (1970).
205. NAGASE, Y., S. BABA, T. IDO: Radioisotopes (Tokyo) **13**, 412 (1964).
206. HAYES, F. N.: Int. J. Appl. Radiat. Isotop. **1**, 46 (1956).
207. DAVIDSON, J. D., P. FEIGELSON: Int. J. Appl. Radiat. Isotop. **2**, 1 (1957).
208. HERBERG, R. J.: Anal. Chem. **35**, 786 (1963).
209. MOGHISSI, A. A., M. W. CARTER: Anal. Chem. **40**, 812 (1968).
210. DOBBS, H. E.: News and Notes (Micromesure N. V.) Nr. 2, S.1, Nov. 1965.
211. THOMAS, R. C., R. W. JUDY, H. HARPOOTLIAN: Anal. Biochem. **13**, 358 (1965).
212. ROGERS, A. W., J. F. MORAN: Anal. Biochem. **16**, 206 (1966).
213. ARNOLD, J. R.: Science **119**, 155 (1954).
214. KAINZ, G., E. WACHBERGER: Z. Anal. Chem. **220**, 15 (1966).
215. BAILLIE, L. A.: Int. J. Appl. Radiat. Isotop. **8**, 1 (1960).
216. BRUNO, G. A., J. E. CHRISTIAN: Anal. Chem. **33**, 650 (1961).
217. BUSH, E. T.: Anal. Chem. **35**, 1024 (1963).
218. PENG, C. T.: Trans. Amer. Nucl. Soc. **8**, 340 (1965).
219. PENG, C. T.: Anal. Chem. **41**, 16, (1969).
220. WELTMAN, J. K., D. W. TALMAGE: Int. J. Appl. Radiat. Isotop. **14**, 541 (1963).
221. HENDLER, R. W.: Anal. Biochem. **7**, 110 (1964).
222. GLASS, D. S.: Int. J. Appl. Radiat. Isotop. **21**, 531 (1970).
223. KACZMARCZYK, N., I. RUGE: Int. J. Appl. Radiat. Isotop. **20**, 283 (1969).
224. DOBBS, H. E.: Nature **200**, 1283 (1963).
225. HORROCKS, D. L.: Nature **202**, 78 (1964).
226. FLEISHMAN, D. G., V. V. GLAZUNOV: Pribory i Tekhnika Eksperimenta No. 3, 55–58 (1962).
227. HIGASHIMURA, T., O. YAMADA, N. NOHARA, T. SHIDEI: Int. J. Appl. Radiat. Isotop. **13**, 308 (1962).
228. SCHRODT, A. G., J. A. GIBBS, R. E. CAVANAUGH: Adv. Tracer Methodology Vol. 2, S. 155, Herausgeb.: ROTHCHILD, S., New York: Plenum Press, 1965.
229. SCHAUMLÖFFEL, E., E. H. GRAUL: Adv. Tracer Methodology Vol. 3, S. 119, Herausgeb.: ROTHCHILD, S., New York: Plenum Press, 1966.
230. HAYES, F. N.: Adv. Tracer Methodology, Vol. 3, S. 95, Herausgeb.: ROTHCHILD, S., New York: Plenum Press, 1966.
231. DE WACHTER, R., W. FIERS: Anal. Biochem. **18**, 351 (1967).
232. AIKMAN, D. P., B. D. PATTERSON, Anal. Biochem. **18**, 185 (1967).
233. SPRINGEL, P. H.: Int. J. Appl. Radiat. Isotop. **20**, 743 (1969).
234. TAKAHASHI, I. T., F. A. BLANCHARD: Anal. Biochem. **29**, 154 (1969).

235. JORDAN, P., P. KÖBERLE: Nucl. Instrum. Methods. **1968,** 68(2), 355.
236. HETENYI, jr. G., J. REYNOLDS: Int. J. Appl. Radiat. Isotop. **18,** 331 (1967).
237. RAUSCHENBACH, P., H. SIMON: Z. Anal. Chem. **256,** 119 (1971).
238. CARROLL, C. O., T. J. HOUSER: Int. J. Appl. Radiat. Isotop. **21,** 261 (1970).
238a.HANSEN, D. L., C. O. CARROLL: Int. J. Appl. Radiat. Isotop. **22,** 677 (1971).
239. WALKENSTEIN, S. S., C. M. GOSNELL, G. HENDERSON, J. PARK: Anal. Biochem. **23,** 345 (1968).
240. O'TOOLE, J. J., J. O. OSBURN: Int. J. Appl. Radiat. Isotop. **19,** 821 (1968).
241. HAISSIG, B. E., A. L. SCHIPPER, jr.: Anal. Chem. **42,** 1456 (1970).
242. LITLE, R. L.: The Current Status of Liquid Scintillation Counting, S.371, Herausgeb.: BRANSOME, jr., E. D., New York, London: Grune and Stratton, 1970.
243. GROWER, M. F., E. D. BRANSOME, jr.: The Current States of Liquid Scintillation Counting, S.356, Herausgeb.: BRANSOME, jr., E. D., New York, London: Grune and Stratton, 1970.
244. WILLIAMS, M. A., G. H. COPE, J. L. JACKSON, P. HILL: Biochem. J. **118,** 379 (1970).
245. FORREY, A. W.: Organic Scintillators and Liquid Scintillation Counting, S.835, Herausgeb.: HORROCKS, D. L., C. T. PENG, New York, London: Academic Press, 1971.
246. LANG, J. F.: Organic Scintillators and Liquid Scintillation Counting, S.823, Herausgeb.: HORROCKS, D. L., C. T. PENG, New York, London: Academic Press, 1971.
247. JORDAN, P., U. KACZMAR, P. KÖBERLE: Nucl. Meth. **60,** 77 (1968).
248. GUINN, V. P.: Liquid Scintillation Counting S.166, Herausgeb.: BELL, G. G., F. N. HAYES, New York, Oxford: Pergamon Press, 1958.
249. HELF, S., C. G. WHITE, R. N. SHELLEY: Anal. Chem. **32,** 238 (1960).
249a.KOLAROV, V., Y. LE GALLIC, R. VATIN: Int. J. Appl. Radiat. Isotop. **21,** 443 (1970).
250. SCHWERDTEL, E.: Atomkernenergie **11,** 324 (1966).
251. KALLMANN, H., M. FURST: Phys. Rev. **79,** 857 (1950).
252. KERR, V. N., F. N. HAYES, D. G. OTT: Int. J. Appl. Radiat. Isotop. **1,** 284 (1957).
253. PENG, C. T.: Liquid Scintillation Counting, S.198, Herausgeb.: BELL, C. G., F. N. HAYES, New York, Oxford: Pergamon Press, 1958.
254. PENG C. T.: Organic Scintillation Detectors. Proc. Univ. New Mexico Conf. 1960, Tid-7612 (Washington: A.E.C.), S.260 (1961).
255. PENG, C. T.: Anal. Chem. **32,** 1292 (1960).
256. PENG, C. T.: Anal. Chem. **36,** 2456 (1964).
257. GROWER, M. F., E. D. BRANSOME, jr.: Anal. Biochem. **31,** 159 (1969).
258. KRICHEVSKY, M. I., S. A. ZAVELER, J. BULKELEY: Anal. Biochem. **22,** 442 (1958).
259. SPRATT, J. L., G. L. LAGE: Int. J. Appl. Radiat. Isotop. **18,** 247 (1967).
260. CRAMER, C. F., M. NICHOLSON, C. MOORE, K. TENG: Int. J. Appl. Radiat. Isotop. **22,** 17 (1971).

E. Die Bestimmung geringer Radioaktivität

R. Tykva, Tschechoslowakische Akademie der Wissenschaften, Prag

1. Fragestellungen, welche die Bestimmung geringer Radioaktivität erfordern

Nicht selten müssen geringe Radioaktivitäten gemessen werden [1–3]. Hier kann man zwei Fälle unterscheiden: Man verfügt über große Materialmengen, deren spezifische Radioaktivität jedoch sehr gering ist. Oder die zur Verfügung stehende Gesamtaktivität ist sehr gering (vgl. C, 3.).

Es wurden auf sehr unterschiedlichen Gebieten spezielle Methoden entwickelt, die allgemeiner angewandt werden können. Auf zahlreichen Arbeitsgebieten müssen geringe Radioaktivitäten gemessen werden. Als Beispiele seien genannt: Tracerarbeiten mit komplizierten chemischen Verbindungen, die mit vertretbarem Aufwand nicht in genügend hoher spezifischer Radioaktivität hergestellt werden können; Biosynthesestudien mit geringer Inkorporation der markierten Vorläufer; Versuche mit Großtieren, bei denen die Strahlenschädigung bzw. bei denen die radioaktive Kontamination möglichst klein gehalten werden soll; Bestimmung von Radiolyseprodukten von gelagerten markierten Substanzen und, besonders wichtig und umfangreich, die für den Strahlenschutz notwendige Überwachung von Arbeitsplätzen, Kleidern, sowie Exkrementen von Laborpersonal. Besonders anspruchsvoll kann die Überprüfung von Baumaterialien für Strahlendetektoren mit geringem Nulleffekt sein. Weitere Gebiete sind die Überwachung von Kernenergieanlagen [4] und die Auswirkungen von Atomexplosionen [5]. Messung des ^{14}C-Gehalts des atmosphärischen Kohlendioxids [6] und von biogenem Pflanzenmaterial [7]. Studien an Meteoriten oder meteorischem Staub und an

Material der Mondoberfläche [8–11a], entweder direkt auf Aktivierungsprodukte durch die kosmische Strahlung oder nach künstlicher Aktivierung. Klinische Radiorespirometrie [12] und sonstige nuklearmedizinische Untersuchungsmethoden [13, 14], das Datieren nach der ^{14}C-Methode [1, 2, 15], bzw. auch andere Datierungsmethoden und deren Anwendungen in der Geologie [16], Glaciologie [17], Hydrologie [18], Verfolgen von Einfangreaktionen im ultrahohen Resonanzbereich [19], etc.

2. Wahl der Bestimmungsmethode

Der Begriff »geringe Radioaktivität« ist relativ. So wies z. B. ein Zählrohr für Sonnenneutrinos 3 Impulse in 18 Tagen auf [20]. In einem Tracerlabor würden 3 Impulse pro Minute bereits als »geringe Radioaktivität« gelten. Daneben ist, wie bereits erwähnt, entscheidend, welche Substanzmengen zur Analyse zur Verfügung stehen. Ist die Substanzmenge sehr klein und weniger die spezifische Radioaktivität, so sind kleindimensionierte Detektoren am besten geeignet. Ist dagegen die Probenmenge groß und eine Anreicherung des radioaktiven Materials nicht möglich, so ist ein entsprechend großer Detektor zu verwenden.

Als Beispiel seien zwei Meßvorrichtungen für $^{14}CO_2$ von TYKVA beschrieben. Ein 62 ml fassendes Gaszählrohr ist von einer 10–18 cm dicken Weicheisenschicht und von einem Kranz von Geiger-Müller-Zählrohren in Antikoinzidenzschaltung umgeben [21]. Der Nulleffekt dieser Anordnung beträgt durchschnittlich 3,8 cpm und sie ist für Tracerarbeiten in Chemie und Biologie geeignet. Die zweite Vorrichtung enthält ein 727 ml fassendes Zählrohr mit einem Nulleffekt von 2,58 cpm, das durch eine Kombination von Radio-Nuklid-freiem Blei, altem Blei, Eisen, einer Schicht zur Streuung sowie zum Einfangen von Neutronen und einem Plastikszintillator in Antikoinzidenzschaltung abgeschirmt ist [21a]. Diese Meßvorrichtung dient zum Datieren von Untergrundwässern in der Hydrogeologie. Die Gesamtmasse der mechanischen Abschirmung der ersten Anordnung beträgt 820 kg, die der zweiten 7500 kg. Beiden Vorrichtungen liegt das gleiche Meßprinzip zugrunde. Die Vorrichtung mit dem 62 ml Zählrohr ist für das Datieren unbrauchbar, die mit dem 727 ml Zählrohr wäre für Messungen in der Tracertechnik unwirtschaftlich und in der Bedienung viel zu umständlich.

Für die Beurteilung einer Zählanordnung sind neben der unterzubringenden Substanzmenge Zählausbeute und Nulleffekt ausschlaggebend (vgl. C, 2 und C, 3). Da in Gl. C, 23b E quadratisch eingeht, ist eine Erhöhung von E wirksamer als eine Verringerung von B.

Ob eine Meßanordnung für ein Problem noch brauchbar ist, hängt neben der Zählausbeute der Meßvorrichtung E und dem Nulleffekt B von der zur Verfügung stehenden Zeit und dem tolerierbaren Fehler ab.

Bei γ-Strahlern spielt noch die sogenannte Photopeak-Wirksamkeit eine Rolle. Durch sie wird das Verhältnis der im Peak ermittelten Impulshäufigkeit zu der in einem weiteren betrachteten Energiebereich gemessenen Impulszahl angegeben. Dieser Parameter ist für monoenergetische Strahlung wichtig, da er etwas über das Auflösungsvermögen und die Trennung des Peaks vom kontinuierlichen, hauptsächlich durch die Comptonstreuung hervorgerufenen Spektrum aussagt.

Besonders kompliziert liegen die Verhältnisse, falls geringe Radioaktivitäten von Gemischen von Strahlern, wie z. B. nach Aktivierungsanalysen, vorliegen [22].

Die Bestimmung geringer Radioaktivitäten ist der Gegenstand zahlreicher Übersichtsarbeiten [1, 2, 23–27].

Durch Stofftrennungen zur Erhöhung der spezifischen Radioaktivität zu kommen, kann mitunter sehr aufwendig sein.

Schließlich sei noch darauf hingewiesen, daß man sich, insbesondere bei biologischen Versuchen, klar sein muß, welcher Aufwand für die Genauigkeit eines Meßwerts sinnvoll ist. Eine, die biologische Schwankungsbreite übersteigende Genauigkeit, liefert keine gesicherte Kenntnis.

3. Allgemeine Gesichtspunkte für ein Laboratorium zur Messung geringer Radioaktivität

3.1. Lokalisierung und Ausstattung

Die Meßräume müssen von den übrigen Räumen, in denen mit Isotopen gearbeitet wird, getrennt sein und völlig eigenes Gerät besitzen. Insbesondere Geräte von Laborräumen, in denen mit offenen

Strahlern höherer Aktivität gearbeitet wird, dürfen niemals, ohne vorherige peinliche Dekontaminierung, in Meßräume für geringe Radioaktivität gebracht werden. Auch neue Bauteile, wie Träger oder die Steinblöcke von Wägetischen etc., sollten kontrolliert werden.

Es ist aus verschiedenen Gründen zweckmäßig, die Meßräume in den Keller oder wenigstens in tief gelegene Gebäudeteile zu legen. Auf Meereshöhe hat die kosmische Strahlung [11, 25, 28], zusammengesetzt aus Nukleonen, Elektronen, Photonen und Mesonen, einen breiten Energiebereich bis über 1 BeV und ihre Dichte beträgt rund 1 Teilchen pro Min. und cm^2. Über Unterschiede, z. B. 40%, in Abhängigkeit vom Ort siehe l. c. [25, 29, 30] und Tab. E, 1. Kellerräume haben u. a. den Vorteil größerer Tragfähigkeit, was für die mitunter

Tab. E, 1. Nulleffekt eines Durchfluß-4-π-Zählrohrs [25] unter verschiedenen Bedingungen.

Meßbedingungen	Nulleffekt, cpm
A + 10 cm Pb	36
B	20
B + 10 cm Pb	7
B + Antikoinzidenz	2,2
B + 10 cm Pb + 5 cm Hg	0,5

A: Die Meßeinrichtung an der Erdoberfläche.
B: Die Meßeinrichtung 25 m unter der Erdoberfläche.

notwendige massive Abschirmung wichtig ist. Auf den Nulleffekt ist neben den Schichtdicken, die die Strahlen zu durchdringen haben, auch ein Streueffekt an umliegendem Terrain von Einfluß. Flache Umgebung und geringe Höhe sind am günstigsten. Wichtig ist auch, insbesondere bei der Montage von Detektoren, Staub fernzuhalten, da sich an ihm radioaktive Partikel (auch Radon) befinden können. Bewährt hat sich, die Montagearbeiten unter einem Polyäthylenzelt mit gefilterter, Radon-freier Luft durchzuführen [31]. Über das Ausschließen von Luftkontamination siehe l. c. [25]. Eine konstante Lufttemperatur und -Feuchtigkeit trägt auch zur Stabilisierung der Meßeinrichtung bei. Für Altersbestimmungen sind auch unter der Erde liegende Bunker [32, 33] oder aufgelassene Gruben [34] gebaut bzw. verwendet worden. In einer Erdtiefe von 40 m wird der Mesonenstrom auf ca. $^1/_{50}$ gegenüber der Erdoberfläche erniedrigt [8]. Der kinetische Energieverlust von Mesonen beträgt pro Meter Wasseräquivalent 200 MeV [35]. Mesonen haben jedoch Energien bis über 100 GeV. Der Ort eines Laboratoriums mit besonders geringem Nulleffekt muß geographisch und geochemisch sorgfältig geprüft werden.

3.1.1. Konstruktionsmaterialien

Alle in einem Meßlabor dauernd befindlichen Materialien sollen eine möglichst geringe Radioaktivität aufweisen. Dies gilt ganz besonders für die eigentlichen Konstruktionsmaterialien des Detektors.

Nachfolgend werden einige Arten der zu beachtenden Radioaktivität besprochen:

Die Gegenwart von langlebigen Radioisotopen der Uran-, Thorium- und Aktiniums-Zerfallsreihen in irgendwelchen Materialien hängt von der geochemischen Herkunft von Erzen und Mineralien bzw. den Arbeitsgängen bei ihrer Verarbeitung ab.

Zink und Messing sind wegen des Vorkommens von Tochtersubstanzen des Radiums in Zinkerzen ungeeignet. Quecksilber dagegen ist aufgrund seines geochemischen Vorkommens und seiner Destillierbarkeit weitgehend frei von Radioaktivität zu erhalten. Aus der Uranzerfallsreihe macht sich vor allem das ^{214}Bi als Tochterprodukt von ^{226}Ra unangenehm bemerkbar. Bei der Thoriumreihe handelt es sich hauptsächlich um das ^{208}Tl (ein Tochterelement von ^{228}Th). Mitunter können auch α-strahlende Tochtersubstanzen von ^{226}Ra und ^{228}Th mit Energien bis zu 8,78 MeV auftreten. Die Energie der aus einzelnen Radionukliden emittierten Teilchen sind z. B. in l. c. [36] ausführlich beschrieben.

Die Radonkonzentration kann in Abhängigkeit von den verwendeten Baumaterialien in Räumen ein Mehrfaches des durchschnittlichen Wertes im Freien sein [37]. In Altbauten kann der Radioaktivitätspegel in verschiedenen Räumen durchaus verschieden sein und bei Neubauten müssen Baumaterialien möglichst geringer Radioaktivität gewählt werden [38].

Besonders wichtig ist die Radioaktivität von Blei. Es kommt auf den Antimongehalt [25] und den von ^{210}Pb an. Eine Verminderung des Antimongehalts einer Bleisorte von 5 auf 0,01% verminderte den Nulleffekt von 204 dpm/g auf 5,2 dpm/g [25]. Blei-210 hat eine Halbwertzeit von ca. 20 Jahren. Es empfiehlt sich, Altblei als Abschirmungsmaterial zu verwenden. Es ist auch praktisch Radioaktivität-freies Blei im Handel erhältlich.

Weitere Radioaktivitätsquellen sind ^{40}K und ^{14}C. ^{40}K ist zu 0,012% im natürlichen Kalium enthalten und bedingt z. B. die Radioaktivität von üblichem Glas. Ein Gramm natürliches Kalium ergibt ca. 1500 dpm mit einem β-Spektrum von 1,33 MeV Maximalenergie und ca. 210 Photonen/Min. mit 1,47 MeV neben einer weichen Röntgenstrahlung aufgrund eines K-Einfangs. Daher sind Kalium-arme Gläser, Quarz oder Kunststoff für Behältnisse und Bauelemente erforderlich. Bei Photo-Elektronenvervielfachern läßt sich natürliche Radioaktivität auch durch geeignete Lichtleiter einschränken. Die Gesamtradioaktivität verschiedener Glassorten kann zwischen 34 und 1200 cpm pro kg liegen [40]. Ihre Radioaktivität wird weiter abnehmen, falls Atombombenexplosionen unterbleiben.

Recenter Kohlenstoff zeigte 1970 ca. 20 dpm/Gramm, ca. $^1/_4$ der 20 dpm rührt von Atombombenexplosionen her. Kohlenstoffhaltige Materialien, die aus Erdöl oder Kohle gewonnen worden sind, zeigen keine ^{14}C-Radioaktivität, da sie Tausende von Halbwertszeiten von ^{14}C (5730 $\pm$ 40 Jahre [41]) aus dem natürlichen Kohlenstoffkreislauf ausgeschieden sind. Eine entsprechend dünne Kunststoffolie aus recentem Kohlenstoff zeigt nach MANOV [42] z. B. ca. 3 dpm/100 cm². Der natürliche ^{14}C-Gehalt kann auch bei der Füllung von Proportional-Zählrohren eine Rolle spielen. Frei von Radioaktivität ist z. B. CO_2 aus Anthrazit [43].

Zu erwähnen ist z. B. noch ^{87}Rb, welches zu 27,9% im natürlichen Rubidium vorhanden ist. In Glimmer kann es bis zu 3% vorkommen.

Weiterhin können Konstruktionsmaterialien mit radioaktivem fallout von Atombombenexplosionen verunreinigt sein. Hier kommen vor allem ^{90}Sr, ^{137}Cs, ^{32}Si und ^{85}Kr in Betracht. Daher ist es mitunter günstig, auf Materialien zurückzugreifen, die vor 1945 gewonnen wurden, da solche signifikant geringere Radioaktivität aufweisen können als neuere Materialien [42]. Die Unterschiede sind auf der nördlichen Hemisphäre besonders ausgeprägt [5]. Dabei sind wieder solche Metalle vorzuziehen, die nicht im Freien dem radioaktiven fallout ausgesetzt waren. Die Radioaktivität durch fallout wurde z. B. von GRINBERG und LE GALLIC [25] auf Blei von Bauten aus dem 18. Jahrhundert festgestellt. Für Kathoden von Gaszählrohren [44] hat sich Kupfer aus alten Rohrleitungen einer Brauerei gut bewährt.

Eine Übersicht über die Radioaktivität verschiedener Metalle gibt Tab. E, 2. Die Verwendung von älterem Material ist auch deshalb günstiger, da in neuerer Zeit Stahl zur Qualitätserhöhung seltene Erden zugesetzt werden, was eine Kontaminierung mit Thorium zur Folge haben kann. Größere Radioaktivitätsmengen können beim Schmelzen von Schrott in die Metalle gelangen. So z. B., wenn Aluminium aus alten Flugzeugen nebst Leuchtfarben der Zifferblätter zusammengeschmolzen wird.

Schließlich können Oberflächen durch Reinigungsmittel mit Radioaktivität kontaminiert werden [45, 46]. Mechanische Verfahren sind in der Regel vorzuziehen. Zur Reinigung dünner Drähte wendet man beispielsweise das Ausglühen im Wasserstoffstrom an.

Um gereinigte und präparierte Materialien bis zur Montage vor radioaktiver Verunreinigung zu schützen, bewahrt man sie zweckmäßig in Polyäthylenfolien auf.

Tab. E, 2. Radioaktivität verschiedener Metallproben gemessen in einem 4 π-Durchfluß-Zählrohr nach WELLER [39]. Die Werte sind auf- oder abgerundet.

No.	Probe	Beschrei-bung	Ge-wicht (g)	Fläche (cm²)	Art der Strahlung pro 100 cm² und h		γ, cpm/kg
					α	β	
1	Aluminium		154	98	43 ± 2	612 ± 44	156 ± 10
2	Kupfer	Pulver	57	101	55 ± 3	1010 ± 146	247 ± 47
3	Gold	99.979%	315	102	24 ± 1	352 ± 3	$-$ [a]
4	Iridium	99.9%	182	103	138 ± 9	2164 ± 64	362 ± 9
5	Nickel	Pulver	68	101	62 ± 3	1010 ± 142	263 ± 41
6	Rhodium	99.94%	199	102	48 ± 1	472 ± 51	1043 ± 10
7	Ruthenium	99.96%	120	20.3	461 ± 15	1037 ± 185	$-$ [a]
8	Silber	99.969%	171	102	13 ± 2	$-$ [a]	$-$ [a]
9	Zinn	rein Pb-frei	1.2	63	158 ± 4	2002 ± 65	
10	Blei	aus Mexiko	847	116	146 ± 3	775 ± 26	$-$ [a]
11	Blei	aus USA	832	116	2290 ± 80	10250 ± 79	64 ± 0.5
12	Blei	aus Peru	845	118	1210 ± 16	6100 ± 52	55 ± 0.3
13	Blei	aus USA	843	117	87 ± 3	539 ± 40	7 ± 0.2
14	Blei	99.999%	842	114	373 ± 10	4440 ± 98	26 ± 0.3

[a])   Keine Radioaktivität über dem Nulleffekt.

Die Bestimmung der Radioaktivität sehr verschiedener Materialien ist in zahlreichen Detail- [47–49] wie auch Übersichtsarbeiten [39, 50, 51] beschrieben. Selbst definiertes Material wie z. B. Quarz oder Elektrolytkupfer kann größenordnungsmäßige Unterschiede der Radioaktivität aufweisen (vgl. Tab. E, 2). Auch der natürlichen Radioaktivität des menschlichen Körpers wurden Arbeiten gewidmet [52].

3.1.2. Elektrische Entstörung der Meßeinrichtung

Für die erfolgreiche Langzeitmessung geringer Radioaktivität müssen an die elektrische Entstörung große Anforderungen gestellt werden. Durch den Fortschritt der Elektronik, wie Verwendung integrierter Schaltkreise und Verminderung von Verbindungskabeln, ist dieses Problem heute leichter lösbar als noch vor 1–2 Jahrzehnten. Dazu können hier nur einige allgemeine Angaben gemacht werden. Häufig sind die Meßräume in einem Labortrakt von anderen Räumen mit zahlreichen elektrischen Geräten umgeben.

Schaltet man bei einer Meßvorrichtung durch einen unteren Diskriminator das Rauschen aus, dann dürfen bei einer einwandfrei entstörten Apparatur Impulse nur noch durch Radioaktivität im Detektor und der Umgebung oder durch die Höhenstrahlung herrühren. Dies läßt sich z. B. überprüfen, indem man an den abgeschirmten Vorverstärkereingang eine Kapazität anschließt, die der Detektorkapazität entspricht und sodann unter genau festgelegten Arbeitsbedingungen über eine entsprechend lange Zeit beobachtet, ob Impulse auftreten oder nicht.

Störimpulse können durch folgende Ursachen zustande kommen:

a) Äußeres elektromagnetisches Feld
b) Störungen im Stromnetz
c) Ableitungsströme oder Überschläge insbesondere im Hochspannungsteil
d) Störungen im Detektor selbst. (Dies ist natürlich mit der oben angegebenen Methode nicht zu überprüfen.)

Äußere elektromagnetische Felder lassen sich meist durch Abschirmung des Vorverstärkereingangs und das Vermeiden von geschlossenen Schleifen, in denen es durch variablen magnetischen Fluß zur Strominduktion kommen kann, ausschalten. Weiterhin ist es ratsam, den Detektor direkt in den Vorverstärker hineinzustecken. Auch aus Kapazitätsgründen ist ein solches Verfahren besonders vorteilhaft. Dies gilt besonders für Detektoren mit niedriger Amplitude der Austrittsimpulse wie Proportionalgas-Zählrohre oder Halbleiterdetektoren (vgl. B, 2, bzw. B, 3). Geiger-Müller-Zählrohre sind hier weniger kritisch. Zur Ausschaltung von Störungen bei Vorverstärkern von Halbleiterdetektoren s. l. c. [55].

Zur Beseitigung von Schleifen kann man meist nur empirisch und schrittweise vorgehen. Es ist zweckmäßig, mit dem am wenigsten empfindlichen Teil – das ist üblicherweise der Zähler – zu beginnen. Danach prüft man weitere Teile der Meßapparatur, bis Störungen entdeckt werden. Dieser, die Störungen bewirkende Teil, muß dann in seiner Schaltung empirisch neu gestaltet werden.

Eine große Rolle spielt die richtige Erdung. Sie muß einen kleinen Ableitwiderstand ($< 0{,}5\ \Omega$) haben und darf nicht mit der Erdung anderer Apparaturen verbunden sein.

Um über das Stromnetz bzw. in Form von Feldern kommende Störungen zu vermeiden, sollten sich keine ständig ein- und ausschaltenden Geräte in der Nachbarschaft der Zählanordnung befinden; insbesondere, wenn diese Schaltfunken aufweisen.

Besonders günstig ist es, eine eigene Netzversorgung über einen eigenen Transformator zu haben [54], es gibt sogar Laboratorien mit ihrem eigenen Netzspannungsgenerator [53]. Jedenfalls empfiehlt es sich vor dem Verteiler einen Stabilisator und einen elektrischen Filter zu haben. Für diesen genügt z. B. eine Hochfrequenz-Drosselspule von ca. 5 mH, die von der Masse in jeder Leistungsphase kapazitiv abgetrennt ist. Befindet sich diese Einrichtung noch in einem feinmaschigen

Faraday-Käfig, so werden auch äußere Felder abgeschirmt. Durch Einbringen eines Widerstandes von weniger als 0,5 Ω in die Erdung werden Rauschimpulse vermieden. Über die Wirksamkeit und Testmöglichkeiten wird von FELBER [54] berichtet.

Erfahrungsgemäß sind Störungen am Tage häufiger als in der Nacht. Langdauernde Messungen sollte man unterteilen, damit Intervalle, in denen durch die nicht-statistischen Schwankungen bedingte Fehler auftreten, eliminiert werden können (vgl. auch C, 5).

HARDY et al. [56] erzielten durch Antikoinzidenzschaltung an einem Halbleiterdetektor, der vorher »Nulleffekte« zwischen 20 und 6000 cpm zeigte, 60 Stunden lang einen Nulleffekt von 20 cpm. Dazu wurde der Zählkanal in eine Dreifach-Antikoinzidenz, bestehend aus einem mit Empfangsantenne ausgestatteten Kanal, einem die Netzstörungen einfangenden Kanal und schließlich einem Schutzring, eingeschaltet.

YAMAKOSHI [57] zählt gleichzeitig mit der zu messenden Probe einen Standard und kann dadurch die Größe eventueller Störungen angeben.

Besonders viele Störungen können durch den Detektor selbst verursacht werden. Falls man von reinen Konstruktionsmängeln absieht, kann es z. B. bei Gaszählrohren durch zu niedrige Austrittsarbeit an der Kathode zum Freiwerden von Photoelektronen kommen. Bei zu hohen Konzentrationen von elektro-negativen Gasen kann es zu Nachimpulsen kommen. Der Einbau von Sekundär-Elektronen-Vervielfachern kann nicht genügend lichtdicht sein. Mitunter muß auch eine längere Zeit verstreichen, bis konstante und stabile Arbeitsbedingungen erreicht sind. So kann es bei Sekundär-Elektronen-Vervielfachern bis zu 2 Tage dauern, bis sie, nach Anlegen der Spannung, stabil sind. Bei fensterlosen Zählrohren kann es bei Präparaten, die eine geringe Oberflächenleitfähigkeit haben, zu Störungen des elektrostatischen Feldes kommen. Dasselbe kann an Fensterzählrohren auftreten, deren Fenster keine leitfähige Schicht an der Innenseite haben.

Falls, wie oben geschildert, eine Meßanordnung ohne Detektor stabil ist und damit auftretende Störungen durch den Detektor bedingt sein müssen, kann man häufig aus der Impulsform auf die Art der Störung schließen.

3.2. Erhöhung der Bestimmungsempfindlichkeit

3.2.1. Erniedrigung des Nulleffekts durch mechanische Abschirmung, Antikoinzidenz- oder Koinzidenzschaltung, Impulshöhen- und Anstiegszeitdiskrimination

Nach Gl. C, 22 wird die Bestimmungsempfindlichkeit einer Meßanordnung durch Zählausbeute und Nulleffekt bestimmt. Zur Erniedrigung des Nulleffekts können folgende Maßnahmen dienen:

1. Mechanische Abschirmung
2. Elektronische Maßnahmen
   a) Umhüllung des Meßdetektors mit in Antikoinzidenz geschalteten Abschirmzählrohren.
   b) Impulsdiskriminierung aufgrund der Amplitude, der Anstiegszeit, bzw. nach der Gesamtform.
   c) Koinzidenzschaltung.

Mechanische Abschirmung

Die mechanische Abschirmung hat hauptsächlich die Aufgabe, die γ-Strahlung der Detektorumgebung und die Weichkomponente der kosmischen Strahlung zu absorbieren. Die durchdringende Komponente der kosmischen Strahlung, die sich an der Erdoberfläche hauptsächlich aus μ-Mesonen zusammensetzt, wird von der mechanischen Abschirmung nur wenig absorbiert. Über die Reichweite von Höhenstrahlung in Beton und Wasser siehe l. c. [25] und über die in Metallen l. c. [58]. Es ist daher nicht sinnvoll, die mechanische Abschirmung über ein gewisses Maß hinaus zu erhöhen. Über die Beziehung zwischen Absorber-Dicke und Absorption des Elektronen- oder Photonenbündels vgl. z. B. l. c. [59, 60]. Über das Unterbringen von mehreren Zählern in einer Abschirmkammer siehe l. c. [61]. Durch 10 cm Blei oder 20 cm Eisen läßt sich der Nulleffekt um ca. $^2/_3$ verringern. Erhöhung dieser Abschirmschichten ergibt keine nennenswerte Verbesserung. Trotz seiner günstigen Eigenschaften wird Quecksilber nur selten benutzt. Es ist zu teuer, und man benötigt ein spezielles Gefäß. Abschirmungen aus Eisen, die die gleiche Wirksamkeit wie Blei haben, sind wesentlich schwerer. Das hauptsächlich verwendete Blei verursacht die charakteristische Röntgenstrahlung von 77 keV. Wird ein Detektor verwendet, der für Strahlung dieser Art empfindlich ist, so empfiehlt sich, nach dem Blei zunächst eine ca. 1 mm dicke Cadmium- und sodann eine Kupferschicht zwischen Blei und Detektor einzubauen [62]. Werden γ-Energien über 100 keV gemessen, ist von der Cadmiumschicht abzuraten, da sie eine Zunahme der Rückstreuung bewirken kann. TANAKA et al. [32] legen zur Verminderung der Rückstreuung eine 5 mm dicke Plexiglasschicht zwischen Eisen und Detektor.

Zur mechanischen Abschirmung von Sekundär-Elektronen-Vervielfachern rechnet man auch die meist aus Plexiglas bestehenden Lichtleiter.

Der durch Neutronen hervorgerufene Anteil am Nulleffekt ist recht gering [30, 65]. Der Einfluß dieser Komponente muß daher erst dann berücksichtigt werden, wenn der Nulleffekt bereits sehr weit gesenkt ist. Bei Gasfüllzählrohren beobachtet man ein Anwachsen des auf Neutronen zurückgehenden Anteils am Nulleffekt mit zunehmendem Druck von Kohlenwasserstoffen [63, 64]. Zur Abschirmung von Neutronen, die entweder in der mechanischen Abschirmung entstanden sind, bzw. diese passiert haben, verwendet man eine 10–20 cm dicke Materialschicht, die einen hohen Anteil an leichten Atomkernen, bzw. großen Querschnitt zum Neutroneneinfang aufweisen. Früher wurde hauptsächlich ein Gemisch von Paraffin mit 33 Gewichtsprozent Borsäure angewandt. Letztere ist sehr wirksam zur Absorption langsamer Neutronen [63, 64]. Heute sind geeignete Materialien im Handel erhältlich[1]. Sie bestehen z. B. aus hochreinem Polyäthylen und borhaltigen Substanzen. Die Materialien sind mechanisch gut zu verarbeiten.

Beim Erreichen extrem niedriger Nulleffekte muß auch das Schwanken der kosmischen Strahlung beachtet werden [11, 66]. So wird z. B. angegeben [62], daß bei einem Szintillationsspektrometer für gering radioaktive Proben der Gesamtnulleffekt über 100 keV nach Unterbringen in einer mechanischen Abschirmung um 0.387 ± 0.023 cpm schwankt, wenn eine Luftdruckänderung um 1 Torr eintritt. Über den Einfluß von Radon in größeren Volumen der mechanischen Abschirmung siehe l. c. [62, 67]. Es kann unter Umständen ratsam sein, mit einem dekontaminierten Stickstoffstrom zu spülen.

Antikoinzidenzschaltung

Die Antikoinzidenzschaltung ist recht allgemein anwendbar. Im Gegensatz zu den Impulshöhen- oder Anstiegsdiskriminatoren kann man sie z. B. auch für Geiger-Müller-Zählrohre anwenden. Ihre Funktion ist, die durchdringende Komponente der Höhenstrahlung, vor allem der μ-Mesonen auszuschalten. Dazu wird der eigentliche Meßdetektor mit einem oder mehreren Abschirmdetektoren umgeben (vgl. Abb. E, 1). Die Anordnung der Abschirmdetektoren wird dabei so gewählt, daß jedes, die mechanische Abschirmung durchdringende

---

1   z. B. ist Neutrostop C2 in der ČSSR ein Handelsprodukt.

Teilchen vor dem Eintritt in den Meßdetektor mindestens noch einen weiteren Detektor passieren muß[2]. Ein Teilchen bewirkt daher praktisch gleichzeitig einen Impuls, sowohl am Ausgang der Abschirmdetektoren, wie an dem des Meßdetektors. Der von den Abschirmdetektoren kommende Impuls wird evtl. umgeformt, sowie verstärkt und in den Antikoinzidenzkreis weitergeleitet. In einem Mischer begegnet er dem Impuls aus dem Meßdetektor. Aufgrund der verschiedenen Polarität heben sich beide Impulse auf. In den Ausgang des Antikoinzidenzkreises gelangen daher nur solche Impulse des Meßdetektors, die nur in diesem auftraten. Außer durch die Probe selbst, können solche Impulse im wesentlichen nur durch radiochemische Verunreinigungen des Meßdetektors, nicht eingefangene Photonen oder μ-Mesonen, oder auch durch schnelle Neutronen, die durch Wechselwirkungsprozesse innerhalb der mechanischen Abschirmung entstanden sind, hervorgerufen werden.

Als Abschirmdetektoren werden Gas-, Szintillations- und vereinzelt auch Halbleiterdetektoren benutzt. Man richtet sich nach der Art des abzuschirmenden Detektortyps und des Energieintervalls der zu registrierenden Strahlung.

Statt der früher hauptsächlich verwendeten Gaszählrohre [21, 64, 68, 69, 70] wurden seit Beginn der sechziger Jahre mehr und mehr Szintillationszähler [31, 71, 73, 74, 75] benutzt.

Als Vorteile gelten:

Der abzuschirmende Detektor läßt sich ziemlich einfach von allen Seiten gut umgeben. Aufgrund der wesentlich höheren Dichte der festen Szintillatoren, im Vergleich zu den Gasen in Gaszählrohren, ist die Zählausbeute für γ-Strahler wesentlich höher. Die Störungen im Abschirmsystem sind leichter zu erkennen.

Bei den Abschirmdetektoren nach dem Szintillationsprinzip werden nur selten flüssige Szintillatoren verwendet [71], einfacher sind Plastikszintillatoren. Durch den kinetischen Energieverlust der μ-Mesonen [72] ist eine 3–5 cm dicke Schicht in der Regel ausreichend. Ein mit einem Plastikszintillator abgeschirmtes Gaszählrohr, das für Untersuchungen in chemischen und biologischen Laboratorien geeignet ist, wurde von Tykva et al. [73, 74] beschrieben. Das Zählrohr wird durch die zylindrische Bohrung in einem 100×100 mm großen Plastikszintillator gebildet. Eine vakuumvergoldete, 1 mm dicke Teflonfolie (Durchmesser 28 mm, Länge 74 mm) stellt die Kathode dar. Der Anodendraht aus Molybdän hat einen Durchmesser von 30 μm. Die mechanische Abschirmung besteht aus 10 cm Blei.

---

2 Kommerziell ist eine solche Anlage z. B. bei der Fa. Labor Prof. Berthold D-7547 Wildbad erhältlich.

Das Zählrohr wurde u. a. in der Radiogaschromatographie (vgl. G, 5) angewandt [75]. Der Nulleffekt des 52,4 ml Zählrohrs beträgt im ^{14}C-Kanal 0,29 $\pm$ 0,03 cpm [74].

Impulshöhendiskrimination

Bei Proportionaldetektoren werden alle Impulse von der Registrierung ausgeschlossen, deren Amplituden außerhalb der von den Kanalgrenzen gegebenen Energiebereiche liegen. Diese Methode wird insbesondere auch bei der Flüssigszintillationszählung angewandt (vgl. D, 3.2.). Die Verschiedenheit der Impulshöhen ist durch die Unterschiede der von den Teilchen in wirksamen Detektorvolumen verlorenen kinetischen Energie bestimmt, d. h., letztlich durch die Zahl der Wechselwirkungsakte zwischen Teilchen und Detektormaterie. Daher ist es z. B. auch möglich, den Einfluß von α-Kontamination in den Baumaterialien von Detektoren einzuschränken, da die α-Strahlung eine verhältnismäßig hohe Energie und ein hohes spezifisches Ionisationsvermögen besitzt. Falls man es beim Nulleffekt nicht mit einem Linienspektrum zu tun hat, erniedrigt sich der Nulleffekt mit abnehmender Kanalbreite.

Diskrimination nach der Anstiegszeit

Die unterschiedliche Primärionisation von Teilchen bewirkt Unterschiede in der Anstiegszeit der Impulse. Analysiert man die Länge der Anstiegszeit der von einem Proportionaldetektor kommenden Impulse, so kann man eine wirksame Diskriminierung erreichen. Man macht hauptsächlich bei Verwendung von Gaszählrohren, bei der Registrierung von Röntgenstrahlung und niederenergetischer γ-Strahlung Gebrauch. Auch die Streuung von Anstiegszeiten kann bei Vorliegen gleicher Amplituden zur Diskriminierung dienen [76]. Über Anwendungen siehe l. c. [14, 76, 77]. Unter bestimmten Bedingungen kann die Diskriminierung nach der Anstiegszeit bei der Verminderung des durch kosmische Strahlung bedingten Nulleffekts fast ebenso wirksam sein, wie die Anwendung einer Antikoinzidenzschaltung [78, 79].

Die weitestgehende Nulleffektserniedrigung läßt sich durch Kombination von Antikoinzidenzschaltung und Diskrimination nach der Anstiegszeit erreichen. Dabei werden »langsame« Impulse mittels der letzteren Methode eliminiert, noch bevor sie in die Antikoinzidenzstufe gelangen.

In Tab. E, 3 ist die Wirkung verschiedener Maßnahmen auf den Nulleffekt bei einem Großraumzähler gezeigt [14]. Zur Diskriminierung im Proportional-Zählrohr durch unterschiedliche Reichweite siehe l. c. [80]. SNELLING [81] beobachtete nach Einschaltung einer

Tab. E, 3. Wirksamkeit verschiedener Abschirmmethoden für die Erniedrigung des Nulleffekts eines Großraum-Zählers [14].

Abschirmmaßnahme	Nulleffekt, cpm	
	Energie oberhalb 8 keV	Energie von 10–24 keV
keine	3000	–
10 cm Blei	725	397
10 cm Blei, innere Antikoinzidenz	110	42
10 cm Blei, vollständige Antikoinzidenz	11,5	3,4
wie oben, jedoch zusätzlich Diskriminierung nach der Impulsanstiegszeit	4,2	2,2
wie oben, jedoch zusätzlich 2 cm Stahl um den Detektor	3,4	1,7

Diskrimination nach der Anstiegszeit bei einem Gas-Proportional-Zählrohr mit Antikoinzidenzanordnung sogar eine Erniedrigung des Nulleffekts um weitere zwei Drittel.

Bei Szintillationsdetektoren kann die Diskriminierung nach der Anstiegszeit zur Unterscheidung der schnellen, vom Sekundärelektronen-Vervielfacher kommenden Impulse, von den durch niederenergetische Röntgenquanten hervorgerufenen langsameren, genutzt werden [82]. So wird berichtet, daß der Nulleffekt eines NaJ(Tl)-Kristalls (127 × 3 mm) im Intervall von 10–25 keV um den Faktor 38, die Zählausbeute für Röntgenstrahlen, jedoch nur um 1,5% reduziert wurde. Ähnliches wird für die Analyse geringer ^{55}Fe-Aktivitäten beschrieben [83].

Die Unterschiede der Nachleuchtdauer von Natriumjodid (0,25 μsec) und die von Caesiumjodid (1,1 μsec) können in Verbindung mit der Diskrimination nach der Anstiegsdauer zur Verminderung des Compton-Kontinuums ausgenützt werden, falls man beide Kristalle unter einem Sekundär-Elektronen-Vervielfacher anordnet [84, 85]. Der Sekundär-Elektronen-Vervielfacher registriert drei Impulskategorien, die sich nach ihrer Anstiegszeit unterscheiden. Da ist eine erste mit z. B. 0,5 μsec von NaJ(Tl) kommend, eine zweite mit 1,5 μsec von CsJ(Tl) kommend und eine dritte innerhalb dieses Intervalls. Die letztere wird durch Comptonwechselwirkung im NaJ(Tl) durch die im Cs(Tl) gestreuten Photonen erzeugt. Es wird über eine Verminderung des Compton-Kontinuums von 40% berichtet [85].

Bei organischen Szintillatoren kann die Diskriminierung der Anstiegszeit auch zur Unterscheidung von α und γ-Strahlern bei gleicher Energie genutzt werden [86]. Weitere Beispiele z. B. bei Germanium-Lithium-Detektoren siehe l. c. [87–89].

Sonstige Maßnahmen für Nulleffekterniedrigung

Für Sekundär-Elektronen-Vervielfacher wird hauptsächlich die Koinzidenzschaltung angewandt. Dabei wird ein Impuls nur registriert, wenn er in beiden Vervielfachern gleichzeitig auftritt. Dadurch wird das starke thermische Rauschen jedes einzelnen Vervielfachers nicht registriert.

Die ebenfalls bei Verwendung von Sekundär-Elektronen-Vervielfachern mögliche Diskriminierung aufgrund der Gesamtimpuls-Form [90] scheint bisher keine nennenswerte Verbreitung gefunden zu haben.

Bei Messungen von Proben geringer Radioaktivität ist es wichtig, nicht nur ständig die eigentliche Meßapparatur zu kontrollieren, sondern auch Fläschchen, Schälchen und sonstige Behältnisse für das radioaktive Material. Bei sehr geringen Nulleffekten kann es zu Änderungen kommen, wenn eine neue Charge von Behältnissen verwendet wird, aber auch innerhalb der gleichen Charge können Änderungen auftreten.

Will man z. B. durch Flüssigszintillations-Messung unterscheiden, ob bestimmte Materialien, wie z. B. Äthanol oder Essigsäure, ganz oder teilweise aus recentem Kohlenstoff, d. h., aus biologischem Material, gewonnen wurden oder aus altem Kohlenstoff, d. h., durch chemische Synthese [7], so ist es zweckmäßig, alle für die Messungen vorgesehenen Fläschchen vorher auf ihren Nulleffekt zu testen.

3.2.2. Erhöhung der spezifischen Radioaktivität vor der Messung

Sieht man von der unterschiedlichen Menge an radioaktivem Material ab, die eine Meßanordnung aufnehmen kann, so ist die sogenannte Gütezahl (vgl. Gleichung C, 22) ein Maß, um verschiedene Meßanordnungen in ihrer Leistungsfähigkeit zu vergleichen. Mit der Erhöhung der Zählausbeute steigt die Gütezahl quadratisch an; eine Verminderung des Nulleffekts bewirkt dagegen nur eine lineare Zunahme der Gütezahl.

Daß die Zählausbeute in praxi mehr oder weniger von 100% abweicht, hat in der Regel zwei Gründe:

a) Das durch den radioaktiven Zerfall erzeugte Teilchen tritt nicht in das wirksame Detektorvolumen ein.

b) Der von dem Teilchen hervorgerufene Effekt ist nicht groß genug, um einen für die Registrierung geeigneten Impuls zu erzeugen.

Über die geometrischen Verhältnisse, Selbstabsorption, Rückstreuung etc. siehe (D, 1). Bei den Siliziumdetektoren ergibt sich auch aus der Rückstreuung von Elektronen an der Detektoroberfläche eine nennenswerte Verminderung der Zählausbeute (vgl. B, 3, 1. c. [91]). Über die Verhältnisse bei der Flüssigszintillationszählung siehe D, 3.2.

Bei einer gegebenen Meßanordnung kann die Zählausbeuteerhöhung häufig aus prinzipiellen Gründen nicht über eine bestimmte Grenze erfolgen. Daher spielen in der Praxis Anreicherungsverfahren zur Erhöhung der spezifischen Radioaktivität für spezielle Fälle eine gewisse Rolle. Im Routinebetrieb des normalen chemischen oder biochemischen Isotopenlabors sind sie jedoch zu aufwendig.

Die Methoden sind meist arbeitsintensiv und langwierig. Folgende Methoden werden praktiziert: Radiochemische Trennung z. B. eines ^{90}Sr-, ^{137}Cs- und ^{147}Pm-Gemischs aus Meerwasser [92], Konzentration durch Gewinnung eines festen Rückstandes [93], katalytischer T-Austausch zwischen Wasser, z. B. Regenwasser und aromatischen Kohlenwasserstoffen, die als Lösungsmittel in der Flüssigszintillation dienen können [94]. Auch die bei Datierungen angewandte Methode [95], z. B. aus Verbrennungsprodukten für die Flüssigszintillations-Zählung T- oder ^{14}C-markiertes Benzol herzustellen, kann hier genannt werden. Für ^{36}Cl ist $SiCl_4$ geeignet (vgl. E, 4, Szintillationsmessung).

Wenn es darum geht, radioaktive Nuklide aus großer Verdünnung mit nicht radioaktiven Nukliden des gleichen Elements anzureichern, müssen Isotopeneffekte ausgenutzt werden. Naturgemäß werden solche Verfahren daher hauptsächlich bei T-markierten Proben angewandt. Proben, die in sehr großen Mengen zur Verfügung stehen, wie z. B. Regenwasser, können der Elektrolyse oder Thermodiffusion unterworfen werden. Nach CAMERON [96] ist eine Erhöhung der T-Konzentration um den Faktor 10 durch Thermodiffusion schneller zu erreichen als durch Elektrolyse. Gleichzeitig ist der Anreicherungsfaktor genauer zu bestimmen. Allerdings sind die dazu nötigen Kolonnen recht groß. Die Elektrolyse wird häufiger angewandt. Dabei wird die Probe erheblich verkleinert, wie z. B. von 250 ml auf 2,5 ml [97]. Sind die zur Verfügung stehenden Proben kleiner, kann die Anreicherung chromatographisch mit Molekularsieben erfolgen [98]. Zur Bestimmung von Tritium in Lebensmitteln wurde eine Apparatur zur Gewinnung von 100 ml Verbrennungswasser entwickelt [99]. Eine gaschromatographische Analyse einer Mischung von H_2, HT und T_2 [100] wurde bei Radiolysestudien bei Markierungsversuchen nach WILZBACH [101] angewandt.

Die ^{14}C-Anreicherung wird meist durch Thermodiffusion von Kohlenmonoxid erreicht [102]. Eine Konzentrierung um den Faktor zwölf ermöglicht eine Datierung nach der ^{14}C-Methode um zusätzliche 20000 Jahre. So konnten unter gewissen Umständen Proben bis zu 70000 Jahren datiert werden [103]. Außerdem sind ^{14}C-Anreicherungen auch bei elektrochemischen [104], bei chromatographischen Trennungen [105–107] und bei Gegenstromelektrolyse [108] beschrieben worden.

4. Die einzelnen Meßverfahren

Gasfüllzählrohre

Zur Messung von ^{14}C und/oder T sowie Edelgasen wie ^{37}Ar und ^{85}Kr ist das Gasfüllzählrohr von wesentlicher Bedeutung. In einer Reihe von Fällen kann die Gasphasen-Messung der Flüssigszintillations-Zählung gleichwertig oder deutlich überlegen sein (vgl. Tab. C, 1). Müssen unlösliche oder stark löschende T-markierte Substanzen für die Flüssigszintillations-Zählung verbrannt oder sonstwie aufgeschlossen werden, so ist die Zählausbeute des anfallenden Meßsystems meist nur ca. 20% (vgl. D, 3.2.). In Gaszählrohren beträgt die Zählausbeute 80–90%. Sie werden zur Bestimmung geringer Radioaktivitäten fast ausschließlich im Proportionalbereich betrieben. Die Vorteile gegenüber dem Geiger-Müller-Bereich sind u. a. folgende: Zur Erniedrigung des Nulleffekts ist Impulshöhendiskrimination möglich (vgl. E, 3.2.1.). In einer Füllung können T und ^{14}C nebeneinander bestimmt werden (vgl. F, 2.2., und l. c. [68, 109–112]). Durch den geringeren Gasverstärkungsfaktor sind Proportionalzählrohre weniger empfindlich gegenüber Verunreinigungen der Gasfüllung, was besonders für Kohlendioxid wichtig ist. Die Arbeitsspannung ist geringer, wodurch relativ hohe Gasdrucke z. B. bis 10 atm [113] gemessen werden können. Höhere Fülldrucke erhöhen jedoch auch die Photonen- und Neutronen-Wechselwirkungsprozesse sowie unter Umständen den Radon-Gehalt. Daher steigt mit zunehmendem Fülldruck auch der Nulleffekt etwas an.

DE VRIES und BARENDSEN [114] zeigten, daß Kohlendioxid in Proportional-Gaszählrohren gemessen werden kann. Dies bedeutete eine wesentliche Verbesserung der ^{14}C-Datierung und der Analyse von ^{14}C überhaupt. Wegen seiner einfachen und schnellen Aufarbeitung wird vielfach auch heute noch Kohlendioxid sowohl für Datierungen wie Tracerarbeiten verwendet [21a, 44, 115]. Um eine größere Kohlenstoffmenge in ein Zählrohr einzubringen, kann man das aus

Carbonaten oder aus Verbrennung organischen Materials stammende Kohlendioxid in Äthan [116] oder Acetylen [117] überführen. Um bei höheren Fülldrucken günstigere Zählrohrcharakteristiken zu erhalten, kann Kohlendioxid auch in Methan umgewandelt werden [118].

Über die Verwendung von Acetylen für die Messung von Kohlenstoff-14 und Tritium siehe [109, 119, 120]. Die Überführung organischen Materials in H_2/CH_4 neben geringen Mengen CO und Spuren weiterer Gase in Glasampullen siehe l. c. [68, 121].

Vorschriften zur Verbrennung organischer Materialien [44, 114], das Studium von Reaktionen, bei denen CO_2 anfällt und das in Gaszählrohren gemessen wird [122–126], sowie der Einfluß von Verunreinigung des Kohlendioxids [114, 127] sind häufiger beschrieben worden (vgl. auch D, 2.). Über die Auswirkung von elektronegativen Gasen, insbesondere bei Füllungen von Zählrohren mit Kohlendioxid siehe l. c. [127, 128].

Es ist empfehlenswert, in das Zählrohr ein metallisiertes Quarzrohr einzulegen [129, 130, 21a], durch welches die α- und β-Kontamination des Metalls des Zählrohrs abgeschirmt wird. Bei Verwendung von Kunststoffen ist darauf zu achten, daß sie nur ein geringes Sorptionsvermögen für Gase besitzen, da es sonst zu langanhaltenden Memoryeffekten kommt. Eine andere Gefahr besteht darin, daß die Kunststoffe Gase abgeben, die Plateau und andere Eigenschaften des Zählrohrs beeinflussen. Darauf macht vor allen Dingen GEYH [130] aufmerksam.

Über das optimale Verhältnis von Länge zu Durchmesser der Zählrohre wurden Untersuchungen angestellt [30]. Es ist zweckmäßig, die Zählrohrwände möglichst dünn zu gestalten. Dadurch sind weniger radioaktive Verunreinigungen in den Wänden enthalten, außerdem ist die Wechselwirkung zwischen μ-Mesonen, γ-Strahlen und Neutronen mit der Wand geringer und damit die Wahrscheinlichkeit von Nulleffektsimpulsen. Abb. E, 1 zeigt verschiedene Anordnungen von Zählrohren und ihren Abschirmungen. Durch optimalen Bau und Abschirmung lassen sich Nulleffekte von ca. 10^{-3} cpm/ml empfindliches Zählrohrvolumen erzielen. Über im Handel befindliche Geräte zur Messung geringer T- und/oder ^{14}C-Aktivitäten bei Tracerarbeiten s. l. c. [68] und für Datierungen l. c. [133].

Durchflußzählrohre

Zur Messung sehr geringer Radioaktivitäten von Fest- oder Flüssigproben sind Anordnungen im Handel[3], deren Glocken-Zählrohre bei zwei Zoll Durchmesser 1 cpm und bei einem Zoll Durchmesser

---

3 z. B. Firma Tracerlab.

0,5 cpm Nulleffekt aufweisen. Über die Problematik der Probenbereitung siehe D, 1. Speziell die Problematik für T-Messungen wurde in l. c. [134] beschrieben.

Szintillations-Messungen

Falls Proben keine Löschung zeigen und gut in Szintillatoren mit hoher Zählwirksamkeit löslich sind, ist die Flüssig-Szintillations-Messung mit käuflichen Geräten auch für geringere ^{14}C bzw. T-Aktivitäten geeignet (vgl. B, 4.2., Tab. C, 1 und D, 3.1.1.). Wegen der hohen Gütezahlen haben daher zusätzliche mechanische und Antikoinzidenz-Abschirmung kaum Eingang in die Praxis gefunden. Die weitere Entwicklung der Photovervielfacher kann noch eine gewisse Verbesserung bringen. Über Gefäße mit niedrigem Nulleffekt siehe B, 4.2.2.

Eine bedeutende Erhöhung der Meßwirksamkeit läßt sich bei der Flüssigszintillations-Zählung erreichen, indem das Benzol als Lösungsmittel für den Szintillator aus dem Kohlenstoff bzw. dem Wasserstoff des zu analysierenden Materials erzeugt wird. Hier sind wesentliche Fortschritte erzielt worden. Benzol kann in weniger als 8 Std. nahezu quantitativ synthetisiert werden. Die chemische Ausbeute beträgt dabei fast 100%. Der Isotopeneffekt ist mit ca. 0,5% vernachlässigbar. Stellt man aus Verbrennungswasser T-markiertes Benzol dar, so tritt ein Isotopeneffekt von − 34% auf [95]. Auch Chlor-36 kann in hoher Wirksamkeit in Form von $SiCl_4$ durch Flüssigszintillations-Zählung gemessen werden. Es läßt sich mit 75% Ausbeute synthetisieren [95].

Zum Messen großflächiger Proben haben sich dünne Plastikszintillator-Folien mit sehr geringem Nulleffekt bewährt [135]. Für den empfindlichen autoradiographischen Nachweis niederenergetischer β-Nuklide vgl. G, 2.4.1. und l. c. [136, 137].

Halbleiterdetektoren

Zum Nachweis geringer Aktivitäten werden bisher Halbleiterdetektoren wenig angewandt, da ihr Nachweis-Wirkungsgrad zu niedrig ist (vgl. B, 3). In speziellen Versuchsanstellungen [138–140] wurden jedoch Germaniumdetektoren zur Spektrometrie geringer γ-Aktivitäten [8, 11a, 141] und Siliziumdetektoren für geringe β-Aktivitäten [142–144] sowie letztere auch zur β-Spektrometrie verwendet [145]. Für einfache γ-Spektren werden Na J (Tl)-Kristalle wegen ihres wesentlich größeren Nachweis-Wirkungsgrads verwendet. Für komplexe γ-Spektren sind Ge(Li)-Detektoren wegen ihres wesentlich höheren Auflösungsvermögens vorzuziehen [146]. Si-Detektoren sind nützlich wegen ihrer sehr geringen Nulleffekte, die durch die niedrige Ordnungszahl des Siliziums und die dünne empfindliche Detektorschicht [91, 147] bedingt sind. Eine Übersicht gibt l. c. [148].

Abb. E, 1. Antikoinzidenz – Anordnungstypen für Gaszählrohre.

Typ Nr.	Beschreibung	Literatur beispielsweise bei	Schema
1	Zählrohr mit einfachem Kranz von GM-Wandzählrohren	[21]	
2	Zählrohr mit zwei Schichten von GM-Zählrohren	[69]	
3	Zählrohr mit innerer Antikoinzidenz von Proportionalzählrohren und mit Kathode aus beiderseitig metallisierter Polystyrolfolie	[64]	
4	Zählrohr mit innerer Antikoinzidenz von Proportionalzählrohren und mit Kathode bestehend aus parallel gespannten Drähten	[131]	
5	Zählrohr, dessen Wand zugleich ein Plastikszintillator ist	[132]	
6	Zählrohr im Innenraum einer aus Plastikszintillator hergestellten Abschirmung	[115]	

5. Literatur

1. Radioactive Dating and Methods of Low-Level Counting. Proceedings of a Symposium, Monaco, March 1967. International Atomic Energy Agency Vienna, 1967.
2. Radioactive Dating. Proceedings of a Symposium, Athens, November 1962. International Atomic Energy Agency, Vienna 1963.
3. TYKVA, R.: Radioaktivitätsmessung in der Biochemie in »Laboratoriumstechnik für Biochemiker« (Hrsg.: KEIL, B., Z. ŠORMOVÁ), Leipzig: Akad. Verlagsges., 1965.

4. ELIASON, J. R.: Battelle Memorial Institute-Pacific Northwest Lab. Rep. No. BNWL – 432 (1967).

5. MÜNNICH, K. O., J. C. VOGEL: Naturwissenschaften **45**, 327 (1958).

6. POVINEC, P., Š. ŠÁRÓ, M. CHUDÝ, M. ŠELIGA: Int. J. Appl. Rad. Isotop. **19**, 877 (1968).

7. SIMON, H., P. RAUSCHENBACH, A. FREY: Z. Lebensm. Unters. Forsch. **136**, 279 (1968).

8. WOGMAN, N. A., R. W. PERKINS, J. H. KAYE: Nucl. Instrum. Methods **74**, 197 (1969).

9. STOENNER, R. W., O. A. SCHAEFFER, R. DAVIS, Jr.: J. Geoph. Res. **65**, 3025 (1960).

10. ALIMOVA, I. A., B. S. BOLTHENKOV, V. N. GARTMANOV, G. E. KOTSCHAROV, B. A. MAMYRIN, V. O. NAJDHONOV: Aparatura dlja ismherenija malych kolitschestv ^{3}H, ^{3}He, ^{37}Ar i wosmoschnosti jejo primenhenija v astrofisitscheskich isledovanijach, Inst. A. F. Joffe, Akademie der Wissensch. UdSSR, Leningrad 1970.

11. JANOSSY, L.: Cosmic Rays, 2. Auflage, Oxford: Clarendon Press, 1950.

11a. TYKVA, R.: Geokhymia (UdSSR), im Druck.

12. BLOMSTRAND, R., G. CARLBERGER: Scand. J. Clin. Lab. Invest. **19**, 313 (1967).

13. PJETUSCHKOV, A. A.: Radiobiologija **8**, 135 (1968).

14. TAYLOR, B. T.: Health Phys. **17**, 59 (1969).

15. LIBBY, W. F.: Radiocarbon Dating, 2. Auflage, University of Chicago Press 1955.

16. HAMILTON, E. I., M. H. DODSON, N. J. SNELLING: Int. J. Appl. Rad. Isotop. **13**, 587 (1962).

17. DANSGAARD, W., H. B. CLAUSEN, A. AARKROG: Tellus **18**, 187 (1966).

18. TYKVA, R.: ^{14}C-Laborbericht No. III-1-4/1.2/1, Fakultät für Naturwissensch. der Karls-Universität, Prag 1966.

19. DEL BIANCO, W., F. LEMIRE: Nucl. Instrum. Methods **61**, 229 (1968).

20. DAVIS, R., Jr.: Phys. Rev. Letters **12**, 303 (1964).

21. TYKVA, R.: Collect. Czech. Chem. Commun. **25**, 1874 (1960).

21a. TYKVA, R.: in »Nachweis sehr geringer Radioaktivitäten und ihrer Anwendungen«, Summer School in der Hohen Tatra 1973, Vortragssammlung S. 149, ÚISJP, Zbraslav bei Prag 1973.

22. LYON, W. S., E. RICCI, H. H. ROSS: Anal. Chem. **42**, 123 R (1970).

23. WATT, D. E., D. RAMSDEN: High Sensitivity Counting Techniques, Oxford: Pergamon Press, 1964.

24. VINOGRADOV, A. P., A. L. DJEWIRZ, E. I. DOBKINA, N. G. MARKOVA, L. G. MARTISCHTSCHENKO: Opredjelinije absolutnowo wosrasta po C s pomoschtschju proporcionalnowo schotschika, Akademie der Wissensch. Moskwa: UdSSR Vlg., 1961.

25. GRINBERG, B., Y. LE GALLIC: Int. J. Appl. Rad. Isotop. **12**, 104 (1962).

26. KOTSCHAROV, G. E., V. O. NAJDHONOV: Prib. tech. eksp. 1966, No. 3, 5.

27. DEMENTJEV, V. A.: Ismerenje malych aktivnostei radioaktivnych preparatov, Atomizdat, Moskwa 1967.

28. MAY, H., L. D. MARINELLI: »The Natural Radiation Environment« (Hrsg. ADAMS, J. A. S., W. M. LOWDER), S. 463, University of Chicago Press 1964.

29. IAEA Techn. Rep. Ser. No. 33, Wien 1964.

30. GFELLER, C., H. OESCHGER: Helv. Phys. Acta **35**, 307 (1962).

31. TYKVA, R.: ^{14}C-Laborbericht No. III-1-4/1.2/4, Fakultät für Naturwissensch. der Karls-Universität, Prag 1971.

32. TANAKA, S., K. SAKAMOTO, J. TAKAGI: Nucl. Instrum. Methods **56,** 319 (1967).
33. WOGMAN, N. A.: Nucl. Instrum. Methods **83,** 277 (1970).
34. DELIBRIAS, G., J. L. RAPAIRE: Proc. Symp. Radioactive Dating and Methods of Low-level Counting, Monte Carlo 1967, IAEA, S. 603, Wien 1967.
35. BARRETT, P. H., L. M. BOLLINGER, G. COCCONI, Y. EISENBERG, K. GREISEN: Rev. Mod. Phys. **24,** 133 (1952).
36. LEDERER, A. M., J. M. HOLLANDER, I. PERLMAN: Table of Isotopes, 6. Ausgabe, New York: Wiley, 1967.
37. PENSKO, J., K. MAMONT, T. WARDASZKO: Nukleonika **14,** 415 (1969).
38. WOLLENBERG, H. A., A. R. SMITH: J. Mater. **3,** 757 (1968).
39. WELLER, R. I.: in »The Natural Radiation Environment« (Hrsg.: ADAMS, J. A. S., W. M. LOWDER), S. 567, University of Chicago Press 1964.
40. LE VINE, H. D., L. CHARLTON, R. T. GRAVESON: USAEC Rep. No. HASL-60, 2. Ausgabe, New York 1962.
41. GODWIN, H.: Nature **195,** 984 (1962).
42. MANOV G. G.: Proc. Symp. Metrology of Radionuclides, Wien 1959, IAEA S. 253, 1960.
43. TYKVA, R., B. PAVLŮ.: Jaderná energie **9,** 358 (1963).
44. TYKVA, R.: Collection Czechoslov. Chem. Communs. **29,** 680 (1964).
45. GEYH, M. A.: 22. Laborbericht, Niedersächsisches Landesamt für Bodenforschung, Hannover 1965.
46. CARMI, I.: Int. J. Appl. Rad. Isotop. **21,** 377 (1970).
47. BEARDEN, J. A.: Rev. Sci. Instrum. **4,** 271 (1933).
48. WAHL, W. H.: Dissertation, Purdue University 1958, Univ. Microfilms No. 58–1818, S. 59.
49. PETRSCHAK, K. A., R. V. SEDLECKII: Prib. tech. eksp. 1960, No. 2, 34.
50. GRUMMITT, W. E., R. M. BROWN, A. J. CRUIKSHANK, I. R. FOWLER: Canad. J. Chem. **34,** 206 (1956).
51. Radioactivity, Recommendations of the International Commission on Radiological Units and Measurements 1962, NBS Handbook 86, US Govern. Print. Of., Washington 1963.
52. SPIERS, F. W., P. R. J. BURCH: in »Advances in Biological and Medical Physics« (Hrsg.: LAWRENCE, J. H., C. A. TOBIAS), 5. Band, S. 425, New York: Academic Press, 1957.
53. BURKE, W. H., Jr.: Rev. Sci. Instrum. **30,** 333 (1959).
54. FELBER, H.: Acta Phys. Austr. **23,** 397 (1966).
55. TYKVA, R.: Advances in Physical and Biological Radiation Detectors, IAEA, Wien, S. 211, 1971.
56. HARDY, J. A., J. J. MC CARROLL: J. Sci. Instrum. **44,** 792 (1967).
57. YAMAKOSHI, K.: Jap. J. Appl. Phys. **7,** 666 (1968).
58. JOSEPH, P. M.: Nucl. Instrum. Methods **75,** 13 (1969).
59. BHABHA, H. J., W. HEITLER: Proc. Roy. Soc. **159A,** 432 (1937).
60. CARLSON, J. F., J. R. OPPENHEIMER: Phys. Rev. **51,** 220 (1937).
61. URQUHART, D. F., D. ALEXIEV: Australian AEC Rep. No. AAEC/TM 287, Sydney 1965.
62. STENBERG, A., I. U. OLSSON: Nucl. Instrum. Methods **61,** 125 (1968).
63. DE VRIES, H.: Nucl. Physics **1,** 477 (1956).
64. HOUTERMANS, F. G., H. OESCHGER: Helv. Phys. Acta **31,** 117 (1958).
65. OESCHGER, H.: Proc. Symp. Radioactive Dating, Athen 1962, IAEA, Wien, S. 13, 1963.
66. PERNEGR, J., V. PETRŽÍLKA. L. TOMÁŠKOVÁ: Kosmické záření, Tschechoslow. Akademie der Wissensch. Verlag, Prag 1953.

67. Gibbs, W. D., H. D. Hodges, M. Bailey: 1968 Research Rep. No. ORAU-107, Oak Ridge Assoc. Univ. Medical Div., S.251.
68. Simon, H., H. Günther, M. Kellner, R. Tykva, F. Berthold, W. Kolbe: Z. Anal. Chem. **243**, 148 (1968).
69. Moscicki, W.: Acta Phys. Polonica **17**, 327 (1958).
70. Putman, J. L.: J. Sci. Instrum. **26**, 198 (1949).
71. Parker, R. P.: Nucl. Instrum. Methods **8**, 339 (1960).
72. Crispin, A., P. J. Hayman: Proc. Phys. Soc. **83**, 1051 (1964).
73. Tykva, R.: Proc. Symp. Radioactive Dating and Methods of Low-level Counting, Monte Carlo 1967, IAEA, Wien, S.589, 1967.
74. Tykva, R., L. Kokta: Nucl. Instrum. Methods **55**, 381 (1967).
75. Tykva, R., H. Simon: Chromatographia **2**, 5 (1969).
76. Mathieson, E., P. W. Sanford: Proc. Int. Symp. Nuclear Electronics, Paris 1963, ENEA, S.65, 1964.
77. Besenmatter, W., M. Drosg, P. Weinzierl: Acta Phys. Austr. **28**, 46 (1968).
78. Gorenstein, P., S. Mickiewicz: Rev. Sci. Instrum. **39**, 816 (1968).
79. Culhane, J. L., J. Herring, P. W. Sanford, G. O'Shea, R. D. Phillips: J. Sci. Instrum. **43**, 908 (1966).
80. Pomanskii, A. A., S. A. Severnyi: Prib. tech. eksp. 1968, No. 3, 51.
81. Snelling, G. F.: UKAEA Rep. No. AERE-R 5749, Harwell 1968.
82. Owen, R. B.: IRE Trans. Nucl. Sci. NS – 9, No. 3, 285 (1962).
83. Landis, D., F. S. Goulding: Nucl. Instrum. Methods **33**, 303 (1965).
84. Laurer, G. R., M. Eisenbud: Proc. Symp. Diagnosis and Treatment of Deposited Radionuclides, Richland 1967, Excerpta Medica Foundation, S.189, 1967.
85. Lam, C. F., R. E. Wainerdi: Trans. Amer. Nucl. Soc. **8**, 340 (1965).
86. Bass, R., W. Kessel, G. Majoni: Nucl. Instrum. Methods **30**, 237 (1964).
87. Strauss, M. G., R. N. Larsen, L. L. Sifter: IEEE Trans. Nucl. Sci. NS-13, No. 3, 265 (1966).
88. Tamm, U., W. Michaelis, P. Coussieu: Nucl. Instrum. Methods **48**, 301 (1967).
89. Swinth, K. L.: Pacific Northwest Lab. Ann. Rep. for 1968, BNWL – 1051, 2.Band, 3.Teil, S.7, Richland 1969.
90. British Patent 1, 141, 424 (1969).
91. Tykva, R., L. Kokta, V. Pánek: Radiochem. Radioanal. Letters **10**, 71 (1972).
92. Dorian, M. L.: USAEC Final Rep. AT(49–11) – 2955, Naval Oceanographic Office, Washington, D. C.
93. Saito, N., T. Nerai, T. Tsujimoto, G. Yoshii, Y. Katsurayama: Kyoto Univ. Rep. No. KURRI – TR – 13, Research Reactor Inst. (1966).
94. Calf, G. E.: Int. J. Appl. Rad. Isotop. **20**, 177 (1969).
95. Tamers, M. A.: Molecular Crystals **4**, 261 (1968).
96. Cameron, J. F.: Proc. Symp. Radioactive Dating and Methods of Low-level Counting, Monte Carlo 1967, IAEA, Wien, S.543, 1967.
97. Östlund, H. G., E. Werner: Proc. Symp. Tritium in Physical and Biological Sciences, Wien 1961, IAEA, 1.Band, S.95, 1962.
98. Crespi, M. B. A., H. Perschke: Int. J. Appl. Rad. Isotop. **15**, 569 (1964).
99. Mlinko, S., E. Fischer, J. F. Diehl: Z. Anal. Chem. **261**, 203 (1972); **268**, 109 (1974).
100. Gant, P. L., K. Yang: Science **129**, 1548 (1959).
101. Wilzbach, K. E.: J. Am. Chem. Soc. **79**, 1013 (1957).
102. de Vries, A. E., A. Haring, W. Slots: Physica **22**, 247 (1956).

103. HARING, A., A. E. DE VRIES, H. DE VRIES: Science **28**, 472 (1958).
104. FREYER, H. D., K. WAGENER: Angew. Chem. Int. Ed. Engl. **6**, 757 (1967).
105. DAVIDSON, C. N., C. K. MANN, R. K. SHELINE: J. Phys. Chem. **67**, 1519 (1963).
106. SIMON, H., D. PALM: Angew. Chemie **78**, 993 (1966).
107. BELLOBONO, I. R.: J. Chromatogr. **34**, 515 (1968).
108. THIEMANN, W.: Z. Naturforsch. **24a**, 830 (1969).
109. TYKVA, R.: Proc. Symp. Radioisotope Sample Measurement Techniques in Medicine and Biology, Wien 1965, IAEA, S. 329, 1965.
110. JORDAN, P.: Nucleonics **23**, No. 11, 46 (1965).
111. TYKVA, R.: Int. J. Appl. Rad. Isotop. **18**, 45 (1967).
112. MIYATANI, D., T. TAKEUCHI: Int. J. Appl. Rad. Isotop. **24**, 553 (1973).
113. BRANNON, H. R., M. S. TAGGART, M. WILLIAMS: Rev. Sci. Instrum. **26**, 269 (1955).
114. DE VRIES, H., G. W. BARENDSEN: Physica **19**, 987 (1953).
115. TYKVA, R.: in »Nachweis sehr geringer Aktivität für Datierungen mit Radiokohlenstoff«, Jahresbericht des Instituts für Geologie 1972, No. P 09-121-003-15/5, Naturwiss. Fakultät, Karls-Universität, Prag.
116. VINOGRADOV, A. P., A. L. DJEWIRZ, E. I. DOBKINA, N. G. MARKOVA, L. G. MARTISCHTSCHENKO: Geokhymia 1956, No. 8, 3.
117. SUESS, H. E.: Science **120**, 5 (1954).
118. OLSON, E. A., N. NICKOLOFF: Proc. Sixth Int. Conf. Radiocarbon and Tritium Dating, Pullman 1965, USAEC Conf. – 650652, S. 41, 1965.
119. PRESTON, R. S., E. PERSON, E. C. DEEVEY: Science **122**, 954 (1955).
120. TYKVA, R., D. GRÜNBERGER: Proc. Symp. Tritium in Physical and Biological Sciences, Wien 1961, IAEA, 1. Teil, S. 353, 1962.
121. JORDAN, P., Ph. A. P. LYKOURÉZOS: Helv. Chim. Acta **48**, 581 (1965).
122. RATUSKÝ, J., R. TYKVA, F. ŠORM: Proc. 2nd Int. Conf. Methods of Preparing and Storing Labelled Compounds, Brussel 1966, EURATOM, Brussel S. 897, 1968.
123. RATUSKÝ, J., R. TYKVA: J. Label. Compounds **5**, 211 (1969).
124. RATUSKÝ, J., R. TYKVA, F. ŠORM: Collect. Czech. Chem. Commun. **32**, 1719 (1967).
125. RATUSKÝ, J., R. TYKVA: J. Label. Compounds **3**, 50 (1967).
126. GRÜNBERGER, D., R. TYKVA: in »2. Tagung der tschechoslow. biochem. Gesellschaft«, Tschechoslowakische Akademie der Wissensch. Verlag, Prag, S. 7, 1960.
127. SRDOČ, D., A. SLIEPČEVIČ: Int. J. Appl. Rad. Isotop. **14**, 481 (1963).
128. TYKVA, R.: Dissertation, Prag 1965.
129. DE VRIES, H., R. STUIVER, I. OLSSON: Nucl. Instrum. Methods **5**, 111 (1959).
130. GEYH, M. A.: Proc. Symp. Radioactive Dating and Methods of Low-level Counting, Monte Carlo 1967, IAEA, Wien, S. 575, 1967.
131. SHEARIN, P. E., R. L. HOOVER: Philos. Mag. **6**, 987 (1961).
132. CURRAN, S. C.: Proc. Symp. Metrology of Radionuclides, Wien 1959, IAEA, S. 353, 1960.
133. RAUERT, W.: Geologica Bavarica **64**, 36 (1971).
134. TYKVA, R., V. PÁNEK: Collect. Czech. Chem. Commun. **31**, 4724 (1966).
135. MITCHELL, M. L., L. A. SARKES: Nucleonics **14**, No. 9, 124 (1956).
136. RANDERATH, K.: Anal. Biochem. **34**, 188 (1970).
137. TYKVA, R., B. PAVLŮ: Collect. Czech. Chem. Commun. **38**, 25 (1973).
138. COOPER, J. A., R. W. PERKINS, L. A. RANCITELLI, N. A. WOGMAN: Trans. Amer. Nucl. Sci. **12**, 65 (1969).

139. GLASOW, P.: Nucl. Instrum. Methods **80,** 141 (1970).
140. CHWASZCZEWSKA, J., W. PRZYBORSKI, J. ROMAN, M. SLAPA: Proc. Symp. Radioactive Dating and Methods of Low-level Counting, Monte Carlo 1967, IAEA, S. 711, Wien 1967.
141. WINIGER, P., O. HUBER, J. HALTER: Helv. Phys. Acta **41,** 645 (1968).
142. JOHNSEN, S. J.: Proc. Symp. Radioactive Dating and Methods of Low-level Counting, Monte Carlo 1967, IAEA, S. 721, Wien 1967.
143. KEIL, G., E. LINDNER: Nucl. Instrum. Methods **104,** 209 (1972).
144. TYKVA, R.: Excerpta Medica, Int. Congress Series **301,** 455 (1973).
145. ALLKOFER, O. C., M. SIMON: Kerntechnik, Isotopentechnik und -Chemie **10,** 378 (1968).
146. MALM, H. L., I. L. FOWLER: IEEE Trans. Nucl. Sci. NS–13, No. 1, 62 (1966).
147. TYKVA, R., V. PÁNEK: Radiochem. Radioanal. Letters **14,** 109 (1973).
148. TYKVA, R.: »Anwendung von Halbleiterdetektoren zum Nachweis geringer Radioaktivität«, Vortragssammlung der Konferenz »Messung geringer Aktivitäten« in der Hohen Tatra 1971, S. 51, herausgegeben bei Naturwiss. Fakultät, Komenský-Universität, Bratislava 1972.

F. Messung mehrfachmarkierter Proben

R. Tykva, Tschechoslowakische Akademie der Wissenschaften, Prag

1. Beispiele für die Verwendung und das Vorkommen mehrerer Radionuklide in einem Versuchssystem

Der Einsatz mehrerer Radionuklide in einem Versuchssystem ist häufig von Interesse. Es lassen sich dadurch mehrere Vorgänge in derselben Versuchsanstellung unter völlig identischen Bedingungen gleichzeitig studieren. Dabei können entweder das gleiche Material oder verschiedene Materialien verschiedenartig markiert sein. Sie können gleichzeitig oder zu verschiedenen Zeiten in das System eingebracht werden. Beispiele der Anwendung verschiedener Nuklidkombinationen zeigt Tab. F, 1.

In der organischen Chemie und Biochemie werden meist T und ^{14}C angewandt. Dabei können jedoch Isotopeneffekte nicht nur während des eigentlichen Experiments, sondern auch bei der Aufbereitung der Probe für die Messung auftreten, so z. B. bei unvollständiger Oxidation, bei chromatographischen Trennungen (vgl. G, 2.1.) etc. Eine der ersten gemeinsamen Anwendungen von T und ^{14}C waren Studien über Hormone der Nebennierenrinde [13]. Wichtige Anwendung fand die Methode bei Fragen der Proteinbiosynthese in Bakterien [14] sowie der Ribonukleinsäure- bzw. Desoxyribonukleinsäure-Biosynthese [15, 16], beim Studium der Photosynthese [17], zur Messung von Regenerationszeiten von Zellen [18]. Auch technische Fragestellungen, wie die Wirksamkeit von Waschmitteln, wurden durch Mehrfach-Markierung untersucht [19]. Daneben sind Bestimmungen von Nanogrammengen von Steroiden [20] oder von Katecholamin [21] zu nennen, wie überhaupt die Methode der doppelten Verdünnungsanalyse. Eine Übersicht der Anwendung der Doppelmarkierung bei metabolischen Vorgängen stammt von

Tab. F, 1. Fragestellungen, bei denen mehrere Radionuklide verwendet wurden.

Angewandte Nuklide	Problem	Literatur
T; ^{51}Cr	Darmabsorption von Vit. B$_{12}$ bzw. Folsäure	1,2
T; ^{82}Br	Bestimmung des Gesamt- und extrazellulären Wassergehalts	3
T; ^{85}Kr	Mischen strömender Gase	4
^{14}C; ^{32}P	Ersatz von Cytidin durch 5-Azacytidin in DNA und RNA	5
T; ^{14}C	Stereochemische Untersuchungen zur Cholesterinbiosynthese	6
T; ^{14}C	Stereospezifität im Aldosteron-Metabolismus	7
T; ^{14}C	Stoffwechsel von Prostaglandinen	8
T; ^{14}C; ^{32}P	Unterscheidung von intra- und extrazellulärem Raum beim Transport von anorganischem Phosphat bei gleichzeitigem Studium der Glykolyse	9
T; ^{14}C; ^{32}P	Studien zur Zelldifferenzierung	10
T; ^{14}C; ^{32}P	Wirkung von 6-Azauridin auf die Biosynthese von Proteinen und Nukleinsäuren	10a
T; ^{14}C; (D)	Untersuchungen zur Chiralität von Methylgruppen	11
^{35}S; ^{51}Cr; ^{125}J	Gleichzeitige Bestimmung von Erythrozytenvolumen, Plasma und extrazellulärer Flüssigkeit	12

EIDINOFF [22] und eine eingehendere Arbeit zur Anwendung von T und ^{14}C nebst kritischer Bewertung der analytischen Methoden von TYKVA [23]. Als weitere Beispiele seien die Arbeiten von LÜTHY et al. [24] sowie CORNFORTH, EGGERER et al. [11] erwähnt. Dabei wurde neben Deuterium und Tritium ^{14}C als Hilfsmarkierung zum Nachweis der Chiralität von Methylgruppen verwendet.

Zur Handhabung und Analyse mehrfach markierter Proben kann man Erkenntnisse aus zahlreichen anderen Gebieten nutzen. Als Beispiele seien genannt: Die Bestimmung von ^{89}Sr, ^{90}Sr, ^{131}J und ^{137}Cs in der Milch [25], die Neutronen-Aktivierungsanalyse zur Erhöhung der Detektionsempfindlichkeit des auf ^{233}Pa aktivierten ^{232}Th bei der Bestimmung von ^{228}Th, ^{230}Th und ^{232}Th in biologischem Material [26], die Bestimmung von Lanthaniden oder Aktiniden bzw. von Produkten des »fall out« [27, 28], die Bestimmung des Elektronen-Gammastrahl-Winkels [29], die gleichzeitige Registrierung von Protonen, α- und β-Teilchen in Raumsonden [30], die Messung von Neutronen und Gamma-Quanten aus Cyclotron-Reaktionen [31] mit Flüssig-Szintillatoren oder die Beobachtung des Neutronen- und Strahlungsflusses aus Po-Be-Quellen mittels Szintillationsdetektoren und Ionisationskammern [32].

2. Prinzipien der Meßverfahren

Zur Bestimmung verschiedener Radionuklide in einer Probe kann man nach vier Methoden verfahren:

1. Trennung der Nuklide vor ihrer Messung.
2. Messung ohne Trennung aufgrund unterschiedlicher Amplituden-spektren, z. B. in Flüssig-Szintillations-Spektrometern [33], Proportional-Gaszählrohren [34, 35] oder Halbleiterdetektoren [35a].
3. Messung aufgrund unterschiedlicher Absorption der Strahlung.
4. Messung aufgrund unterschiedlicher Strahlungsarten wie z. B. β- und γ-Strahlung mit verschiedenen Detektoren.

T, ^{14}C und/oder ^{35}S werden z. B. in Form ihrer Oxide nach Methoden der Elementaranalyse [36] oder anderer Methoden getrennt [37–42] (vgl. auch D, 2.2.1.). T, ^{41}Ar, ^{85}Kr, ^{133}Xe, ^{135}Xe können gaschromatographisch getrennt werden [43]. Von der Trennung wird meist Gebrauch gemacht, wenn keine Meßgeräte für die Amplitudenanalyse zur Verfügung stehen, die Spektren zu ähnlich sind, wie z. B. bei ^{14}C und ^{35}S, oder die Trennung besonders leicht zu bewerkstelligen ist. Über die besonderen Möglichkeiten zur Trennung energetisch sehr ähnlicher radioaktiver Nuklide aufgrund unterschiedlicher Impulshöhenspektren siehe Halbleiterdetektoren (B, 3 und F, 2.2.).

Bei der Analyse aufgrund unterschiedlicher Amplitudenspektren wird die Aufbereitung der Proben meist erleichtert. Die Methode erfordert jedoch eine Meßanordnung, die es erlaubt, Impulse in einem bestimmten Amplituden-Intervall zu registrieren (vgl. F, 2.1.; F, 2.2.). Falls sich die Amplitudenspektren teilweise überdecken, sind genaue Eichungen und umständliche Berechnungen nötig (vgl. F, 2.1.2.2.). Die Berechnungen werden jedoch häufig durch Computer [44–48] durchgeführt.

Die Analyse doppelmarkierter Proben aufgrund der unterschiedlichen Absorption der Strahlung ist in praxi nur brauchbar, wenn die Strahlung des einen Nuklids durch das Absorptionsmittel voll absorbiert wird. Jede Probe wird einmal ohne und einmal mit Absorptionsfolie gemessen. Auf diese Weise lassen sich z. B. T und ^{14}C in einer festen Probe bestimmen, wenn eine Absorptionsschicht von ca. 1 mg/cm^2 verwendet wird (vgl. D, 1.1., F, 2.2. und G. 2.2.4.).

Die Analyse aufgrund verschiedener Strahlungsarten wird mitunter mit der ersten Methode kombiniert. So wurde z. B. bei der Messung von Tritium und des γ-Strahlers ^{51}Cr zuerst die γ-Radioaktivität mit einem Natriumjodid-Kristall bestimmt (wobei die weiche β-Strahlung des T nicht registriert wird) und sodann nach Abtrennung des Chroms [2] Tritium durch Flüssig-Szintillation bestimmt. Die hier angegebenen Prinzipien werden nachfolgend geordnet nach dem Detektionsprinzip näher beschrieben. Die dabei verwendeten Begriffe sind in den vorstehenden Kapiteln beschrieben.

2.1. Flüssig-Szintillations-Zählung

Auch zur Messung doppelmarkierter Proben dürfte die Szintillations-Zählung die am häufigsten angewandte Methode sein. Dabei ist die Messung nach vorhergehender Trennung der verschiedenen Nuklide und die gleichzeitige Messung aufgrund unterschiedlicher Impulshöhenspektren zu unterscheiden. Bei der letztgenannten Methode ist auf optimale Arbeitsbedingungen besonders zu achten. Der rechnerische Aufwand für die dpm-Berechnung kann beträchtlich sein. Verschiedene Möglichkeiten zur dpm-Ermittlung mit Rechnern siehe D, 3.3. und l. c. [44–48].

2.1.1. Messung nach vorangehender Trennung der Radionuklide

Falls die Maximalenergie von β-Nukliden sich nicht um mehr als das Vierfache unterscheidet, muß eine Trennung durchgeführt werden. Dies ist auch empfehlenswert, falls z. B. T und ^{14}C bei nicht oder schwach gelöschten Proben in einem Verhältnis 1:10 oder noch extremer vorliegen. Bei stärker gelöschten Proben ist die Trennung bereits bei weniger extremen Verhältnissen nötig.

Von den verschiedenen Methoden [36, 40–42, 49] sei die von KAINZ und WACHBERGER [36] zur Trennung von T, ^{14}C und ^{35}S näher beschrieben. Die Probe (1–200 mg) wird unter Erhitzen im Stickstoffstrom vergast bzw. gecrackt (Abb. F, 1). Die flüchtigen Produkte treten aus den Düsen in das von Sauerstoff durchströmte Mischrohr. Dieses wird am hinteren Ende erhitzt und die gut mit Sauerstoff gemischten Dämpfe brennen mit intensiver Flamme ab. Verkohlungsrückstände im Verbrennungsschiffchen können anschließend durch Überleiten von Sauerstoff verbrannt werden.

Die Bindung des Schwefels erfolgt an einer 10 cm langen auf über 450° C erhitzten Schicht aus Silberwolle quantitativ als Silbersulfat. Bei einer Gasgeschwindigkeit von 250 ml/min schlägt noch kein Schwefel durch. Über 700° C zersetzt sich das Silbersulfat thermisch unter Abspaltung von SO_3. Eine Retention von HOT oder $^{14}CO_2$ tritt nicht auf. Nach der Absorption wird das markierte Silbersulfat mit Wasser eluiert. Da Silbersulfat in Dioxan-haltigen Szintillationslösungen schwer löslich ist, fällt man die Silberionen mit 1 Tropfen HCl aus. Die freie Säure wird mit Äthanolamin gebunden. Die Messung kann wie üblich erfolgen.

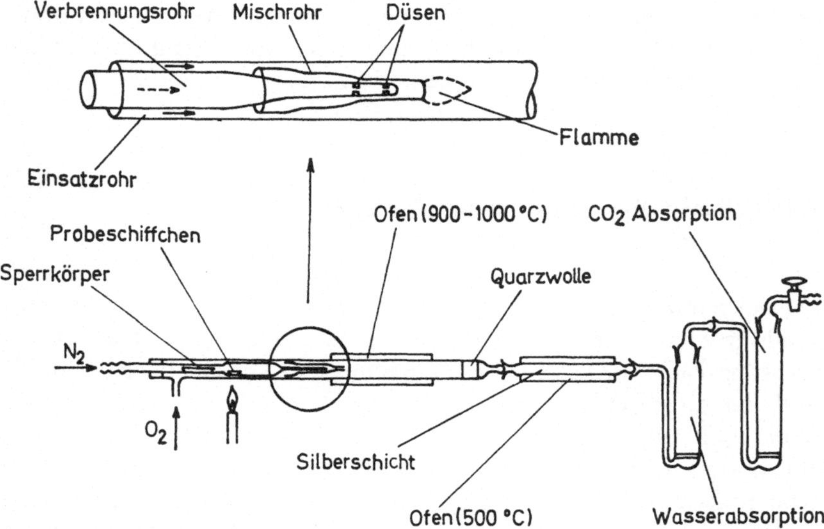

Abb. F, 1. Apparatur zur Verbrennung von mehrfach markierten Verbindungen und Trennung der Nuklide T, ^{14}C und ^{35}S nach l. c. [36].

Das HOT wird in Methanol, das etwas HCl enthält, bei $-20°$ C zurückgehalten. Die Retention von CO_2 beträgt 0,5–1%. Die Salzsäure wird durch Äthanolamin neutralisiert. Das $^{14}CO_2$ wird in einer 12%igen methanolischen Äthanolaminlösung (vgl. S. 117) bei $-20°$ C absorbiert.

Es ist anzunehmen, daß die Methode insbesondere für Tritium mit beträchtlichen Memory-Effekten behaftet ist. Es gibt kommerzielle Verbrennungsautomaten, bei denen Tritium und Kohlenstoff-14 getrennt werden. Der »Oxymat« der Fa. Intertechnique beruht auf dem von PETERSON et al. [40, 41] beschriebenen Verfahren und der »Tritium Carbon Oxidizer« der Fa. Packard Instruments Inc. der von KAARTINEN [42] angegebenen Methode. Beide Verfahren sind nicht frei von Memory-Effekten. Die Tritiumprobe enthält etwas ^{14}C und die ^{14}C-Proben eine geringe Menge Tritium (vgl. D, 3.1.2.3. und Tab. D, 4).

2.1.2. Gleichzeitige Messung aufgrund unterschiedlicher Impulshöhenspektren

2.1.2.1. *Prinzip der Methode*

Für das am häufigsten angewandte Nuklidpaar T und ^{14}C ist die Voraussetzung, daß sich die Maximalenergien mindestens um den

Faktor vier unterscheiden sollen, erfüllt. Ebenso gilt dies für T, ^{14}C und ^{32}P. Die Methode beruht darauf, daß einer bestimmten, in der Szintillationslösung absorbierten Elektronenenergie, eine Impulshöhe an der Anode des Sekundär-Elektronen-Vervielfachers entspricht (vgl. B, 2.3.1.). Da sich β-Spektren immer kontinuierlich von der Energie Null bis zu einer für das Nuklid charakteristischen Maximalenergie erstrecken, wird in dem Kanal, in dem das Nuklid mit der geringeren Maximalenergie gemessen wird, immer auch ein gewisser Anteil aller höherenergetischen Nuklide registriert (vgl. Abb. B, 4).

Doppelmarkierte Proben werden deshalb in zwei Meßkanälen registriert. Aus den Ergebnissen müssen dann rechnerisch die Einzelaktivitäten ermittelt werden.

2.1.2.2. *Berechnung der Zerfallsraten der einzelnen Nuklide von doppelmarkierten Proben*

Entscheidend für die Zerfallsratenbestimmung ist die Messung der Zählausbeuten der einzelnen Nuklide in den verschiedenen Meßkanälen. Dazu können die in Abschnitt D, 3.2. beschriebenen Verfahren verwendet werden.

Besonders sind die externe Standard-Kanalverhältnis-Methode, die Proben-Kanalverhältnis-Methode und die interne Standardisierung geeignet. Über den Einfluß der Löschung auf die Impulshöhenspektren von Tritium und Kohlenstoff-14 in zwei Kanälen informiert Abb. B, 6. Aus den in den verschiedenen Kanälen (i) registrierten Impulszahlen (N) lassen sich die Zerfallsraten (A) für die betreffenden Nuklide (j) nach drei Methoden bestimmen (vgl. auch [33]).

1. In beiden Kanälen werden Impulse beider Nuklide mit jeweils unterschiedlichen Zählausbeuten registriert.

Es gilt:

$$N_1 = {}^1A \cdot {}^1E_1 + {}^2A \cdot {}^2E_1 \qquad\qquad (F, 1)$$
$$N_2 = {}^1A \cdot {}^1E_2 + {}^2A \cdot {}^2E_2 \qquad\qquad (F, 2)$$

dabei ist:

N_i = Netto-Impulsrate in Kanal i

^jA = Zerfallsrate des Nuklid j

^jE_i = Zählausbeute des Nuklid j in Kanal i

Index 1 steht für das niederenergetische und

Index 2 für das höherenergetische Fenster bzw. Nuklid

Daraus erhält man durch entsprechende Umformung:

$$^1A = \frac{N_1 - N_2 \cdot \dfrac{^2E_1}{^2E_2}}{^1E_1 - {}^1E_2 \cdot \dfrac{^2E_1}{^2E_2}} \qquad (F, 3)$$

und

$$^2A = \frac{N_2 - N_1 \cdot \dfrac{^1E_2}{^1E_1}}{^2E_2 - {}^2E_1 \cdot \dfrac{^1E_2}{^1E_1}} \qquad (F, 4)$$

Diese Methode wird im angelsächsischen Schrifttum auch »simultaneous equation method« genannt. Das Verfahren wird nicht häufig angewandt.

2. Oft ist es möglich, das höherenergetische Nuklid 2 in einer Kanaleinstellung 2 zu messen, bei der das niederenergetische Nuklid 1 nicht mehr registriert wird. Deshalb wird dieses Verfahren auch als »screening method« bezeichnet.
Unter diesen Bedingungen gilt $^1E_2 = 0$.
Gleichung (F, 4) vereinfacht sich zu (F, 4′).

$$^2A = \frac{N_2}{^2E_2} \qquad (F, 4′)$$

und für (1) erhält man

$$^1A = \frac{N_1 - N_2 \cdot \dfrac{^2E_1}{^2E_2}}{^1E_1} \qquad (F, 3′)$$

oder (4′) in (3′) eingesetzt

$$^1A = \frac{N_1 - {}^2A \cdot {}^2E_1}{^1E_1} \qquad (F, 3″)$$

Diese beiden Gleichungen (F, 4′, F, 3″) können in Tischrechner eingegeben werden. Es ist das wohl am meisten angewandte Berechnungsverfahren. Eine gewisse Einschränkung erfährt diese Methode bei sehr stark gelöschten Proben.

3. Ein drittes Rechenverfahren knüpft an das ersterwähnte an. Es ist von OKITA et al. [33], wohl etwas unglücklich, als »discriminator ratio method« bezeichnet worden. Mit »ratio« ist hier das Zählraten-

verhältnis des nieder- zum höherenergetischen Kanal für beide Nuklide 1 und 2 gemeint. Mit einzelmarkierten Proben bestimmt man $a = \dfrac{^1N_1}{^1N_2}$ und $b = \dfrac{^2N_1}{^2N_2}$. Durch Verknüpfung und Umformung von Gleichung (F, 5) und (F, 6)

$$N_1 = {}^1N_1 + {}^2N_1 \qquad\qquad (F, 5)$$
$$N_2 = {}^1N_2 + {}^2N_2 \qquad\qquad (F, 6)$$

führt unter Berücksichtigung von

$$^1A = \frac{^1N_2}{^1E_2} \quad \text{und} \quad ^2A = \frac{^2N_1}{^2E_1}$$

$$\text{zu } ^1A = \frac{b \cdot N_2 - N_1}{^1E_2 \cdot (b-a)} \qquad\qquad (F, 7)$$

$$\text{und } ^2A = \frac{b \cdot (N_1 - aN_2)}{^2E_1 \cdot (b-a)} \qquad\qquad (F, 8)$$

Von den vorgenannten Autoren wurden alle drei Verfahren hinsichtlich ihrer Standardabweichungen bei gleichen Meßzeiten verglichen. Danach ergaben sich für das letztgenannte Verfahren die kleinsten, für das zweitgenannte die größten Abweichungen.

Recht interessant ist, daß auch das erste Verfahren ungenauer als das dritte sein soll. Denn beide Verfahren verwenden zur Berechnung die Zählraten beider Nuklide in den gleichen Meßkanälen, und die Bestimmung der Zählausbeute der beiden Nuklide durch Standards ist identisch. Daß Methode 3 den kleinsten Fehler auswies [33], könnte damit zusammenhängen, daß dieses Auswerteverfahren nur mit den zwei Zählausbeuten $^1E_2$ und $^2E_1$ und den Verhältnissen der Zählraten beider Nuklide in beiden Kanälen rechnet. Eventuelle Schwankungen des Gerätes von Probe zu Probe könnten auf die Verhältnisse von geringerem Einfluß sein als auf die Bestimmung der vier Einzelausbeuten $^1E_1$, $^1E_2$, $^2E_1$ und $^2E_2$.

2.1.2.3. *Die Wahl optimaler Arbeitsbedingungen bei der Messung löslicher, wenig gelöschter Proben*

Die optimale Geräteeinstellung für doppelmarkierte Proben hängt in sehr viel stärkerem Maße vom Löschzustand der Probe ab als dies bei einzelmarkierten Proben der Fall ist. Bei schwach aktiven Proben ist zu beachten, daß auch der Nulleffekt vom Löschzustand abhängig sein kann [50]. Es kann sinnvoll sein, bei Proben gleicher Art, die nur in ihrem Löschgrad differieren, wie z. B. unterschiedliche Mengen wäßriger Lösungen, zu jeder Meßprobe so viel Wasser zuzugeben, daß die unterschiedlichen Wassermengen der eigentlichen Analysenprobe nicht mehr ins Gewicht fallen.

In diesem Zusammenhang ist auch das in D, 3.1.1.1.3. näher beschriebene System aus Toluol, Methanol und Phenäthylamin zu erwähnen. Es hat den Vorteil, bis zu 5% Wasser ohne Änderung der Zählausbeute aufzunehmen. Entsprechendes gilt bis zu einem gewissen Grade auch für andere Löscher.

Zur Messung gelöschter Proben kann man zwei Methoden von Verfahren anwenden:

a) Man führt die Messungen unabhängig vom Löschgrad stets bei der gleichen Geräteeinstellung durch und bestimmt gesondert die Zählausbeute der Nuklide in den Kanälen (vgl. F, 2.1.2.2.). Abb. F, 2 gibt ein Beispiel der drei Löschkorrektur-Funktionen, die dafür aufgestellt werden müssen (vgl. D, 3.2.3.2.).

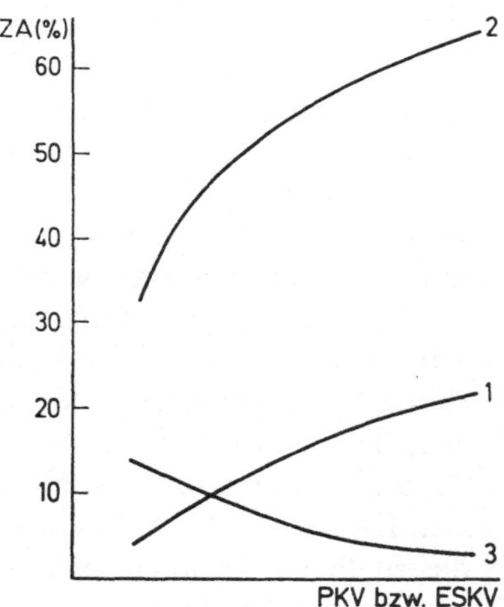

Abb. F, 2. Löschkorrektur-Funktionen zur Zählausbeute-Bestimmung von Tritium in einem eingeengten »Tritiumkanal« (Kurve 1), von einem eingeengten »^{14}C-Kanal« (Kurve 2) und der Zählausbeute von ^{14}C im »Tritiumkanal« (Kurve 3). Die Bestimmung erfolgt bei unterschiedlicher Löscherkonzentration mit Standardsubstanzen nach der Methode des Probenkanalverhältnisses (vgl. D, 3.2.2.2.) oder der Methode des externen Standard-Kanal-Verhältnisses (vgl. D, 3.2.3.2.) und l. c. [54].

b) Für jede Probe werden die optimalen Meßparameter gesucht. Der angestrebte Idealfall ist dabei, daß unabhängig von der Löschung die gleiche Zählausbeute für alle Proben erreicht wird (vgl. D, 3.2.4.). Für T-haltige Proben ist dies jedoch nur für einen geringen Löschumfang wenig gelöschter Proben möglich.

Die rein von der Statistik her bedingte Meßgenauigkeit beider Nuklide hängt von einer ganzen Reihe von Faktoren ab [51], von Form und Lage, der Impulshöhenspektren in den Kanälen, von der Gesamtradioaktivität und dem Verhältnis der Zerfallsraten beider Nuklide, dem Löschgrad, dem Nulleffekt und schließlich von dem Gerät[1] selbst. Ein Verfahren zur Ermittlung optimaler Meßbedingungen für doppelmarkierte Proben wurde von KLEIN und EISLER [52] angegeben. Zugleich stellt es eine objektive Vergleichsmöglichkeit für verschiedene Geräte dar. Die Trennleistung eines Spektrometers wird durch eine Gütezahl (figure of merit) beschrieben. Für *ein* Nuklidpaar und bei *einem* Löschgrad gibt es *eine* optimale Geräteeinstellung, bei der die Gütezahl ein Maximum aufweist. Nach KLEIN und EISLER [52] wird diese Gütezahl durch folgende Gleichung beschrieben:

$$\text{Gütezahl} = \frac{(1+0,1\cdot\frac{{}^1N_2}{{}^1N_1})\ (1+10\cdot\frac{{}^2N_2}{{}^2N_1})}{(1+10\cdot\frac{{}^1N_2}{{}^1N_1})\ (1+0,1\cdot\frac{{}^2N_2}{{}^2N_1})}\cdot\frac{{}^1E_1\cdot{}^2E_2}{1000} \qquad (F,\ 9)$$

Dabei wird vorausgesetzt, daß das Verhältnis der Zerfallsraten beider Nuklide zwischen 0,1 und 10 liegt.

Die Gütezahl wird wie folgt ermittelt:

> Nach Präparation je einer geeichten, einzelmarkierten Probe des zu analysierenden Nuklidpaares wird für jedes Nuklid die Kanalbreite bestimmt, die das gesamte Impulsspektrum erfaßt. Kanal 1 für Nuklid 1 soll von A–B reichen, Kanal 2 für Nuklid 2 von C–D. Nun erniedrigt man B um ca. 10% und erhöht C entsprechend und mißt ${}^1N_1$, ${}^2N_1$, ${}^1N_2$ und ${}^2N_2$.
>
> Nach Errechnung der Impulsratenverhältnisse $\frac{{}^1N_2}{{}^1N_1}$ bzw. $\frac{{}^2N_2}{{}^2N_1}$ und der
>
> Zählausbeuten ${}^1E_1$ bzw. ${}^2E_2$ werden diese Werte in Gleichung (F, 9) eingesetzt. Man erhält danach die Gütezahl in Abhängigkeit von den jeweiligen Einstellungen des Kanals 1 (variable obere Schwelle B) und des Kanals 2 (variable untere Schwelle C). Für ein bestimmtes Wertepaar B und C existiert ein Maximum. Über die Lage von B kann keine Vorhersage getroffen werden, während C etwas unter der Ausgangseinstellung von B (für den vollen Meßkanal A–B) liegt. Es ist deshalb nicht erforderlich, C durch den gesamten Bereich A–B laufen zu lassen (vgl. Abb. B, 4).

Die vorstehend angeführte Optimierung hat zur Grundlage, daß beide Nuklide zu einem gewissen Teil in beiden Meßkanälen registriert

---

1 Hierbei ist nicht an unterschiedliche Gerätekonstanz, sondern an Geräte mit verschiedenen Nachweisempfindlichkeiten gedacht.

werden. Es hat sich jedoch gezeigt, daß die Messung doppelmarkierter Proben unter Bedingungen, bei denen der Kanal des höherenergetischen Nuklids frei von Impulsen des niederenergetischen Nuklids ist, nur zu wenig verringerten Gütezahlen führt. Gleichung (F, 9) vereinfacht sich erheblich ($^1N_2 \rightarrow 0$):

$$\text{Gütezahl} = \frac{(0,1 + \dfrac{^2N_2}{^2N_1})}{(10 + \dfrac{^2N_2}{^2N_1})} \cdot \frac{^1E_1 \cdot {}^2E_2}{10} \qquad (F, 10)$$

Für $^1N_2 \rightarrow 0$ genügt, daß $^1E_2 \leqq 0,5\%$ ist. Damit ist Kanal 2 (C–D) festgelegt. Zur Optimierung wird nunmehr nur die obere Schwelle (B) von Kanal 1 variiert. Für eine Einstellung von B erhält man $^1N_1$, $^2N_1$, $^2N_2$ und daraus $^1E_1$ und $^2E_2$. Damit ist Gleichung (F, 10) bestimmt.

Zur Zeit auf dem Markt befindliche Spektrometer erreichen maximale Gütezahlen von 150 für das Nuklidpaar T/^{14}C. Die theoretisch erreichbare Gütezahl beträgt 426. Sie würde erzielt werden mit einer Idealprobe und einem hypothetischen Ideal-Spektrometer, wodurch die Lichtenergie direkt proportional der β-Energie wäre und die Impulshöhen des Spektrometers direkt der Lichtstrahlung entsprechen würden. Löscheffekte, Lichtverluste und Nulleffekt wären dabei völlig ausgeschaltet.

Bei der Messung doppelmarkierter Proben nach der »screening method« (Methode 2) mit unterschiedlicher Löschung optimiert man das Gerät mit der am wenigsten gelöschten Probe. Andernfalls würde der Anteil von Impulsen des niederenergetischen Nuklids im höherenergetischen Kanal bei abnehmender Löschung zu stark ansteigen. Ist man gezwungen, bei Doppelmarkierung über einen sehr großen Löschbereich zu messen, sollte das Gerät für zwei Probengruppen, eine mit stärkerer Löschung, die andere mit geringerer Löschung, optimiert werden.

Die Methode nach KLEIN und EISLER [52] erfolgt ohne Berücksichtigung des Nulleffektes in den Meßkanälen. Dies ist zulässig, wenn die Proben-Zählrate wesentlich größer als der Nulleffekt ist. Optimierung unter Berücksichtigung des Nulleffektes beschreibt BUSH [51]. Es wird veranschaulicht, wie weit die Meßfehler für beide Nuklide minimal gehalten werden können. Der Einfachheit halber bezieht sich der im folgenden angegebene Rechengang auf zwei Nuklide. Er ist auch für andere Methoden brauchbar, die sich der Bestimmung zweier Nuklide durch Impulshöhenanalyse bedienen. Die Überlegungen gelten analog für drei und mehr Nuklide.

Es gilt auch hier, daß in jedem Kanal jeweils nur für ein Nuklid die Zählausbeute (bis zu einem bestimmten Maximalwert) frei gewählt werden kann. Die Zählausbeute des zweiten Nuklids ist dann festgelegt.

Die Gleichungen (F, 1) und (F, 2) werden um den Nulleffekt B_1 und B_2 erweitert, wodurch die Gesamtzählraten G_1 und G_2 in den Kanälen 1 und 2 erhalten werden:

$$G_1 = {}^1A \cdot {}^1E_1 + {}^2A \cdot {}^2E_1 + B_1 \qquad (F, 1')$$
$$G_2 = {}^1A \cdot {}^1E_2 + {}^2A \cdot {}^2E_2 + B_2 \qquad (F, 2')$$

Nach den gesuchten Größen ^1A und ^2A aufgelöst, ergibt sich:

$$^1A = \frac{G_1 \cdot {}^2E_2 - G_2 \cdot {}^2E_1 - B_1 \cdot {}^2E_2 + B_2 \cdot {}^2E_1}{{}^1E_1 \cdot {}^2E_2 - {}^1E_2 \cdot {}^2E_1} \qquad (F, 11)$$

$$^2A = \frac{G_2 \cdot {}^1E_1 - G_1 \cdot {}^1E_2 - B_2 \cdot {}^1E_1 + B_1 \cdot {}^1E_2}{{}^1E_1 \cdot {}^2E_2 - {}^1E_2 \cdot {}^2E_1} \qquad (F, 12)$$

Um zu den Varianzen von ^1A und ^2A zu gelangen, werden die Varianzen aller unabhängig Variablen analog dem Ausdruck $au + bv + \ldots$ ermittelt. Hierbei sind u, v … unabhängig Variable und a, b … Konstanten. Es gilt für die Gesamtstandardabweichung

$$s^2_{(au+bv+\ldots)} = a^2 s^2_u + b^2 s^2_v + \ldots \qquad (F, 13)$$

Es wird vorausgesetzt, daß die Zählausbeuten $^1E_1$, $^2E_1$ usw. Konstanten sind, deren Werte mit beliebiger Genauigkeit durch die Messung von Standards bestimmt werden können. Es interessieren deshalb nur die Varianzen der Zählrate von G und B. Sie gehorchen den Fehlergesetzen für den radioaktiven Zerfall (vgl. C, 1). Gesucht werden nun die Kanaleinstellungen, welche die relative Standardabweichung $^1s_{rel}$ und $^2s_{rel}$ ($s_{rel} = s/A$) minimalisieren. Dazu muß eine Funktion für s_{rel} in Abhängigkeit von den experimentell bestimmbaren Größen wie Zählausbeuten, Nulleffekt und Nuklidverhältnis gefunden werden. Diese Funktion ist zu minimalisieren.

Da $s^2_G = G/t_G$ und $s^2_B = B/t_B$, erhält man aus Gleichung (F, 11), (F, 12) und (F, 13) (dabei bedeuten t_G = Probenmeßzeit und t_B = Nulleffektmeßzeit):

$$(^1s)^2 = \left[({}^2E_1)^2 \frac{G_2}{t_G} + ({}^2E_2)^2 \frac{G_1}{t_G} + ({}^2E_1)^2 \frac{B_2}{t_B} + ({}^2E_2)^2 \frac{B_1}{t_B} \right] \cdot$$

$$\cdot \left[{}^1E_1 \cdot {}^2E_2 - {}^1E_2 \; {}^2E_1 \right]^{-2} \qquad (F, 14)$$

$$(^2s)^2 = \left[(^1E_1)^2 \frac{G_2}{t_G} + (^1E_2)^2 \frac{G_1}{t_G} + (^1E_1)^2 \frac{B_2}{t_B} + (^1E_2)^2 \frac{B_1}{t_B} \right] \cdot$$

$$\cdot \left[{}^1E_1 \cdot {}^2E_2 - {}^1E_2 \cdot {}^2E_1 \right]^{-2} \qquad\qquad (F, 15)$$

Einsetzen von G_1 und G_2 aus Gleichung (F, 1′) und (F, 2′) unter Berücksichtigung von $^1A = k \cdot {}^2A$ (k ist das Nuklidverhältnis $^1A/{}^2A$) ergibt:

$$(^1s)^2 = \frac{1}{(^1E_1 \cdot {}^2E_2 - {}^1E_2 \cdot {}^2E_1)^2} \cdot \qquad\qquad (F, 16)$$

$$\cdot \left\{ \frac{^2A}{t_G} \left[k \left((^2E_1)^2 \cdot {}^1E_2 + (^2E_2)^2 \cdot {}^1E_1 \right) + (^2E_1)^2 \cdot {}^2E_2 + \right.\right.$$

$$\left.\left. + (^2E_2)^2 \cdot {}^2E_1 \right] + \left((^2E_1)^2 \cdot B_2 + (^2E_2)^2 \cdot B_1 \right) \left(\frac{1}{t_G} + \frac{1}{t_B} \right) \right\}$$

$$(^2s)^2 = \frac{1}{(^1E_1 \cdot {}^2E_2 - {}^1E_2 \cdot {}^2E_1)^2} \cdot \qquad\qquad (F, 17)$$

$$\cdot \left\{ \frac{^2A}{t_G} \left[k \left((^1E_1)^2 \cdot {}^1E_2 + (^1E_2)^2 \cdot {}^1E_1 \right) + (^1E_1)^2 \cdot {}^2E_2 + \right.\right.$$

$$\left.\left. + (^1E_2)^2 \cdot {}^2E_1 \right] + \left((^1E_1)^2 \cdot B_2 + (^1E_2)^2 \cdot B_1 \right) \left(\frac{1}{t_G} + \frac{1}{t_B} \right) \right\}$$

Zur Vereinfachung werden folgende Symbole eingeführt:

$$F_0 = {}^1E_1 \cdot {}^2E_2 - {}^1E_2 \cdot {}^2E_1$$

$$F_1 = (^2E_1)^2 \cdot {}^1E_2 + (^2E_2)^2 \cdot {}^1E_1 \qquad F'_1 = (^1E_1)^2 \cdot {}^1E_2 + (^1E_2)^2 \cdot {}^1E_1$$

$$F_2 = (^2E_1)^2 \cdot {}^2E_2 + (^2E_2)^2 \cdot {}^2E_1 \qquad F'_2 = (^1E_1)^2 \cdot {}^2E_2 + (^1E_2)^2 \cdot {}^2E_1$$

$$F_3 = (^2E_1)^2 \cdot B_2 + (^2E_2)^2 \cdot B_1 \qquad F'_3 = (^1E_1)^2 \cdot B_2 + (^1E_2)^2 \cdot B_1$$

Zur Beziehung zwischen t_G und t_B können zwei Fälle betrachtet werden:

Fall 1 gilt für zwei Situationen:

a) Entweder ist der Nulleffekt gegenüber der Probenzählrate vernachlässigbar oder b) er wird so lange gemessen, daß sein Fehler gegenüber dem der Probe keine Rolle spielt. Für beide Situationen gilt $t_B \gg t_G$. Woraus folgt:

$$1/t_G + 1/t_B \approx 1/t_G$$

Vernachlässigung von $1/t_B$ [Gleichungen (F, 16) und (F, 17)] und multiplizieren von Gleichung (F, 16) mit $t_G k^2/{}^1A^2$ und Gleichung (F, 17) mit $t_G/{}^2A^2$ ergibt:

$$({}^1s_{rel})^2 \cdot t_G = (kF_0 \cdot {}^2A)^{-2} [{}^2A (kF_1 + F_2) + F_3] \tag{F, 18}$$

$$({}^2s_{rel})^2 \cdot t_G = (F_0{}^2 \cdot A)^{-2} [{}^2A (kF'_1 + F'_2) + F'_3] \tag{F, 19}$$

Durch Aufsuchen des Minimums der rechten Gleichungsseiten wird das Minimum für das Produkt aus relativer Varianz und Meßzeit erhalten. Bei vorgegebener Meßzeit ist damit die geringste relative Standardabweichung festgelegt. Das rechnerische Auffinden des Minimums erfordert wegen der sechs Variablen ${}^1E_1$, ${}^2E_1$, B_1, ${}^1E_2$, ${}^2E_2$ und B_2 einen Computer. Der Ausdruck $(s_{rel})^2 \cdot t$ wird auch als Fehlerfunktion bezeichnet. Im Fall 2 soll die Gesamtmeßzeit t derart zwischen Probenmeßzeit (t_G) und Nulleffektmeßzeit (t_B) aufgeteilt werden, daß die Standardabweichung ebenfalls minimal wird. Dieser Fall gilt vor allem für Proben, deren Aktivität sich in der Größenordnung des Nulleffekts bewegt. Aus Gleichung (F, 14) und (F, 15) kann das optimale Meßzeitverhältnis für Proben- und Nulleffektzählung gefunden werden, wenn die Bedingungen $\dfrac{ds}{d_{t_G}} = \dfrac{ds}{d_{t_B}} = 0$ erfüllt sind.

Für das Minimum ${}^1s$ gilt:

$$\frac{t_G}{t_B} = \left[\frac{({}^2E_1)^2 \cdot G_2 + ({}^2E_2)^2 \cdot G_1}{({}^2E_1)^2 \cdot B_2 + ({}^2E_2)^2 \cdot B_1} \right]^{1/2} \tag{F, 20}$$

und für das Minimum von ${}^2s$:

$$\frac{t_G}{t_B} = \left[\frac{({}^1E_1)^2 \cdot G_2 + ({}^1E_2)^2 \cdot G_1}{({}^1E_1)^2 \cdot B_2 + ({}^1E_2)^2 \cdot B_1} \right]^{1/2} \tag{F, 21}$$

Es ist zu beachten, daß die Gleichungen (F, 20) und (F, 21) nicht identisch sind. Deshalb hängt die Wahl der Meßzeit davon ab, ob ${}^1s$ oder ${}^2s$ mit dem geringeren Fehler gemessen werden soll. Setzt man Gleichung (F, 20) in (F, 16) und Gleichung (F, 21) in (F, 17) ein, so erhält man:

$$({}^1s_{rel})^2 \cdot t_G = (k \cdot F_0 \cdot {}^2A)^{-2} \left\{ {}^2A (kF_1 + F_2) + F_3 \cdot \right.$$

$$\left. \cdot \left[1 + \left(1 + \frac{{}^2A [k F_1 + F_2]}{F_3} \right)^{1/2} \right] \right\} \tag{F, 22}$$

$$({}^2s_{rel})^2 \cdot t_G = (F_0 \cdot {}^2A)^{-2} \left\{ {}^2A (k F'_1 + F'_2) + F'_3 \cdot \right.$$

$$\cdot \left[1 + \left(1 + \frac{{}^2A \, [k \, F'_1 + F'_2]}{F'_3} \right)^{1/2} \right] \Bigg\} \qquad \text{(F, 23)}$$

Auch hier gilt das im Anschluß an Gleichung (F, 18) und (F, 19) über das Aufsuchen des Minimums von $(s_{rel})^2 \cdot t$ Ausgeführte.

Bush [51] geht davon aus, daß ${}^1A$ und ${}^2A$ von gleichem Interesse sind und daß deshalb, wenn möglich, solche experimentellen Bedingungen gewählt werden sollten, daß ${}^1s_{rel} = {}^2s_{rel}$. Falls Löschung oder ungünstiger k-Wert einen stark unterschiedlichen Meßfehler für die Nuklide bedingen, wird man versuchen, durch entsprechende Kanaleinstellungen den größeren Fehler zu verkleinern. Sind die Fehler jedoch gleich groß und können auch durch die gleichen Einstellungen nicht gemeinsam verringert werden, wird man eine Kompromiß-Einstellung suchen.

Bei geringen Aktivitäten ist, außer einer Geräte-Optimierung für jede einzelne Probe, der tatsächliche Nulleffekt für jede Probe zu bestimmen. Da der Nulleffekt durch Löschung wie auch durch Chemolumineszenz beeinflußt wird, sollte eine Nulleffekt-Probe identischer Zusammensetzung für jeden verschiedenen Probentyp präpariert werden.

Es liegt nahe, daß mit Erhöhung von k der Wert für ${}^1s_{rel}$ abnehmen und für ${}^2s_{rel}$ zunehmen wird. Deshalb wird es einen bestimmten Wert für k, nämlich k_i geben, bei dem ${}^1s_{rel} = {}^2s_{rel}$. Da, wie üblicherweise, das höherenergetische Isotop im niederenergetischen Kanal eine höhere Zählausbeute aufweist als das niederenergetische Isotop im höherenergetischen Kanal, muß $k_i > 1$ sein.

Für irgendeinen gegebenen Wert von ${}^2E_1$ und ${}^1E_2$ sollten die Quotienten ${}^2E_1/{}^1E_1$ und ${}^1E_2/{}^2E_2$ so klein wie möglich gehalten werden. Löschung bewirkt immer eine Vergrößerung von ${}^2E_1/{}^1E_1$.

Bush [51] untersucht die drei Nuklidpaare $T/{}^{14}C$, $T/{}^{32}P$, ${}^{14}C/{}^{32}P$. Es gilt für optimale Kanaleinstellungen:

Bei älteren Geräten[2] soll sich Kanal 1 (niederenergetisch) in oder etwas über seiner »balance point«-Einstellung (vgl. S. 147) befinden. Das ist leicht erklärlich, da ${}^1E_1$ bei zunehmender Verstärkung über den »balance point« hinaus durch ein recht breites Maximum läuft. Der Quotient ${}^2E_1/{}^1E_1$ fällt jedoch in diesem Bereich stark ab. Im folgenden wird der Betrag, um den ${}^1E_1$ von seinem maximalen Wert (»balance point«-Einstellung) zu seinem optimalen Wert [minimales $(s_{rel})^2 \cdot t$] erniedrigt werden soll, mit $\Delta \, {}^1E_1$ bezeichnet. $\Delta \, {}^1E_1$ erhöht sich mit zunehmendem ${}^1E_1$ und mit fallendem Wert für k. Der Einfluß der Kanalbreite bzw. der Verstärkung auf das Verhältnis G_1/B_1 darf

---

2 Geräte, die für ungelöschte Proben eine T-Zählausbeute $< 50\%$ aufweisen.

jedoch auch nicht außer Betracht gelassen werden. Das gilt analog für den Kanal 2.

Da das Nulleffektspektrum sowohl vom Gerätetyp wie von der Umgebungsstrahlung abhängt, wird von Bush [51] kein Versuch unternommen, eine allgemein gültige Schlußfolgerung für die günstigste Kanalbreite bzw. Verstärkung zu erhalten.

Kanal 2 befindet sich dann in seiner optimalen Einstellung, wenn $^1E_2$ annähernd Null ist und $^2E_2$ maximal ist. Ist die Spektren-Trennung nicht so günstig wie bei dem Paar $T/^{32}P$, liegt die optimale Verstärkung für Kanal 2 etwas unterhalb der »balance-point«-Einstellung. Die günstigsten Meßbedingungen für andere β-Nuklidpaare können durch einen Vergleich ihrer Energiespektren mit den in l. c. [51] untersuchten Paaren abgeschätzt werden.

Die folgenden Betrachtungen beziehen sich speziell auf das am meisten interessierende Probenpaar $T/^{14}C$.

Präfix 1 bzw. 2 bezieht sich auf T bzw. ^{14}C. Drei Proben unterschiedlicher Löschung werden betrachtet: Probe 1 ist ungelöscht, Probe 2 enthält 1 Vol% und Probe 3 33 Vol% Aceton als Löscher.

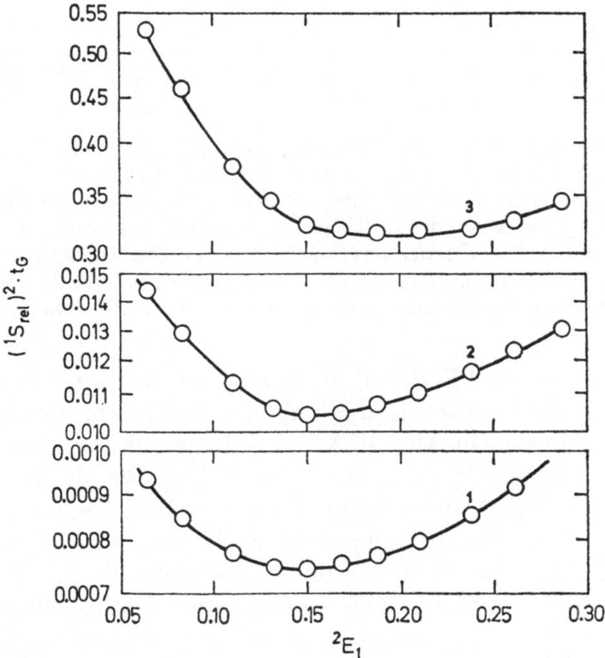

Abb. F, 3. Fehlerfunktion von Tritium für eine ungelöschte $T/^{14}C$-Probe in Abhängigkeit von der ^{14}C-Zählausbeute im T-Kanal ($^2E_1$). Berechnet für dpm-Werte = 100 (obere Kurve), 1000 (mittlere Kurve) und 10000 (untere Kurve) bei einem Isotopenverhältnis von 1 [51].

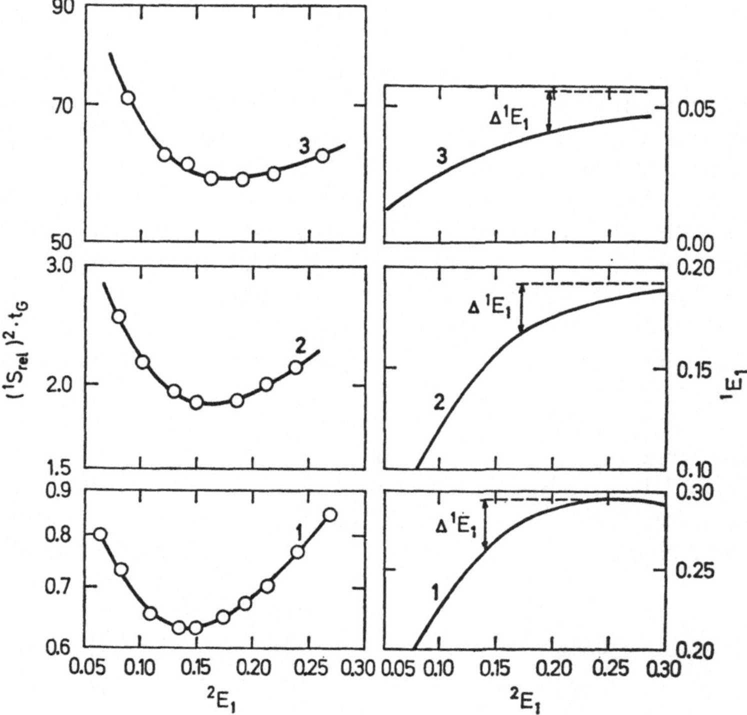

Abb. F, 4. Fehlerfunktion von Tritium für drei mit Aceton (vgl. Text) gelöschte T/^{14}C-Proben von der ^{14}C-Zählausbeute im T-Kanal ($^{2}E_1$). Der ^{14}C-Zählausbeute ist die entsprechende T-Zählausbeute und die für das Fehlerminimum erforderliche Erniedrigung ($\Delta\ ^{1}E_1$) der T-Zählausbeute (durch verschiedene Verstärkung) gegenübergestellt. (Bei Geräten mit fest eingestellter Verstärkung muß die Minimalisierung des Fehlers durch passende Diskriminatorwahl erreicht werden.) Die Angaben beziehen sich auf eine Probe mit 100 dpm T und 1000 dpm ^{14}C [51].

Der Szintillator ist PPO/POPOP/Toluol. Zunächst werden die Ergebnisse für die optimale Einstellung des niederenergetischen Kanals betrachtet. Sie sind in Abb. F, 3 und 4 dargestellt. $^{1}E_1$ ergibt Werte (relativ!) zwischen 7% und 40%. Wählt man für $^{1}E_1$ einen festen Wert von absolut 2% für beliebige Proben, so läuft die Fehlerfunktion $(^{1}s_{rel})^2 \cdot t_G$ nicht über 10% ihres Minimalwertes hinaus. Der Fehler weist ein recht breites Minimum um die optimalen Werte von $^{1}E_1$ und $^{2}E_1$ herum auf. Die Wahl dieser Zählausbeuten ist deshalb nicht allzu kritisch. In Abb. F, 3 und 4 wird $^{2}E_1$ als Abszisse deshalb verwendet, weil dieser Wert eine eindeutige Funktion der Verstärkung in dem Bereich, in dem $^{1}E_1$ durch ein Maximum läuft, darstellt. Da die optimalen Werte von $^{2}E_1$ und $^{1}E_1$ absolut gesehen eine beträchtliche Konstanz über einen weiten Löschbereich zeigen, darf angenommen werden, daß die hier angegebenen Werte nahe bei denen von anderen Meßgeräten gleicher Bauart liegen. $^2E_1$ ist ein geeigneterer Parameter als $^1E_1$ um ein Gerät einzustellen, da nur eine einzige Verstärkung gefunden werden muß[3]. Man hat nur die entsprechende ^{14}C-Standard-Probe in Kanal 1 zu messen, um den optimalen Wert für $^2E_1$ zu erhalten. Wie man in Abb. F, 3 sieht, ist der Wert k von 0,1 recht ungünstig, denn um eine brauchbare Genauigkeit für ^1A zu erzielen, sind lange Meßzeiten erforderlich. Das gilt besonders für stark gelöschte Proben. Für den Fall $k > k_i$ ist der Tritium-Fehler kleiner als der von ^{14}C. Deshalb sollte die Einstellung von Kanal 1 im Hinblick auf eine Minimalisierung von $(^2s_{rel})^2 \cdot t_G$ erfolgen. Wie BUSH [51] jedoch ausführt, ist $(^2s_{rel})^2 \cdot t_G$ über einen weiten Bereich von $^1E_1$ und $^2E_1$ unabhängig. Für $k > k_i$ benötigt man lediglich einen Wert von $^2E_1$ von 16%, damit sowohl $(^1s_{rel})^2$ wie auch $(^2s_{rel})^2$ nahe bei ihren Minima liegen. Die Werte von k_i für die Proben 1, 2 und 3 betragen entsprechend annähernd 2,5; 4 und 10.

Für die optimale Einstellung des höherenergetischen Kanals bei der Messung von $T/^{14}C$ gelten folgende Überlegungen:

Für Proben $k \leqq k_i$ wird $(^1s_{rel})^2 \cdot t_G$ kaum von den Werten $^1E_2$ und $^2E_2$ berührt. Das gilt jedoch nicht für stark gelöschte Proben.

Das Fehlerminimum von $^1E_2$ für alle Proben liegt zwischen 0,3 und 0,9% und die Abweichung einer beliebigen Probe liegt innerhalb von 10% des Minimums, wenn sich $^1E_2$ zwischen 0,5 und 0,6% bewegt.

Abb. F, 5 zeigt die Abhängigkeit zwischen $(^2s_{rel})^2 \cdot t_G$ und $^1E_2$. Der optimale Wert von $^1E_2$ variiert nur gering über dem untersuchten Bereich. Die Werte von $(^2s_{rel})^2 \cdot t_G$ für $k < 10$ sind denen für $k = 10$ sehr ähnlich. Insbesondere bei stark gelöschten Proben wird der Fehler von ^{14}C geringer, wenn man nicht nach der screening-Methode [33] arbeitet, sondern einen gewissen Anteil von Tritium im ^{14}C-Kanal zuläßt (Abb. F, 5 Kurve 2').

Unter Anwendung der screening-Methode (vgl. F, 2.1.2.2.) und der externen Standard-Zählrate (vgl. D, 3.2.3.1.2.) geben DE WACHTER und FIERS [53] Fehlerfunktionen in Abhängigkeit vom Isotopenverhältnis und der Löschung.

Über den Einfluß des Fehlers der Zerfallsratenbestimmung mit Hilfe des externen Standard-Kanal-Verhältnisses und bei Anwendung der screening-Methode [33] (vgl. D, 3.2.3.2.) berichten RAUSCHENBACH und SIMON [54]. Der untersuchte Löschumfang war allerdings relativ eng, so daß die Löschkorrekturkurven nur geringfügig von Geraden abwichen und die Zählraten so hoch waren, daß der Fehleranteil des

---

3 Bei Geräten mit festeingestellter Verstärkung gilt entsprechendes für eine Diskriminatoreinstellung.

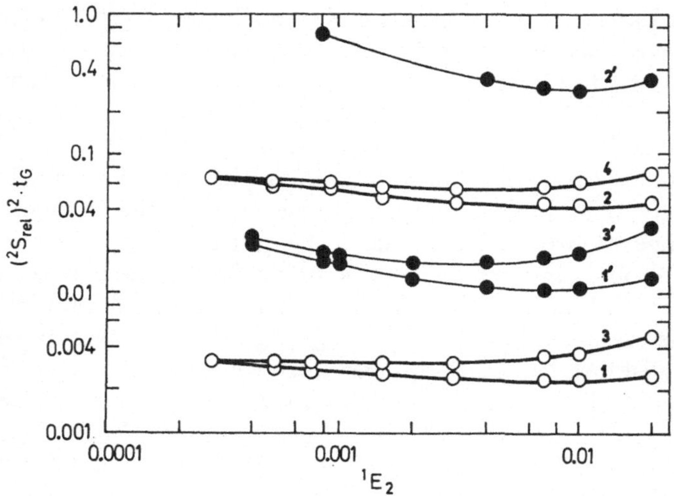

Abb. F, 5. Fehlerfunktion von [14]C für eine ungelöschte und stark gelöschte T/^{14}C-Probe in Abhängigkeit von der Tritium-Zählausbeute im ^{14}C-Kanal und bei verschiedenen ^{14}C-Zählraten sowie Isotopenverhältnissen. –O——O– ungelöschte Proben, –●——●– gelöschte Proben. Kurve 1 und 1′ : k = 10; 1000 dpm [14]C. Kurve 3 und 3′ : k = 50; 1000 dpm [14]C. Kurve 2 und 2′ : k = 10; 100 dpm [14]C. Kurve 4 : k = 50; 100 dpm [14]C.

Nulleffekts vernachlässigt werden konnte. Für den relativen Fehler des niederenergetischen Nuklids gilt:

$$\pm s_{rel_{1A}} = \pm \left\{ (s_{rel_{1E_1}})^2 + \left(\frac{1}{N_1 - N_2 \frac{^2E_1}{^2E_2}} \right)^2 \left[\frac{N_1}{t} + \left(N_2 \frac{^2E_1}{^2E_2} \right)^2 \cdot \right. \right.$$

$$\left. \left. \cdot \left(\frac{1}{N_2 \cdot t} + (s_{rel_{2E_1}})^2 + (s_{rel_{2E_2}})^2 \right) \right] \right\}^{1/2} \tag{F, 24}$$

Die Symbole sind bei den Gleichungen F, 1,2 und F, 13, 14 erläutert. Die Ableitung ist in l. c. [54] gegeben.

Die in Gleichung F, 24 vorkommenden Größen können eingeteilt werden:

1. Fehler der Löschkorrekturmethode, d. h. der Bestimmung der Zählausbeuten für eine gegebene Geräteeinstellung, die durch die Art der Meßproben bedingt ist.

2. Fehler, die durch die individuelle Probe bedingt sind, d. h. von der Höhe und dem Verhältnis der Zerfallsraten der beiden Nuklide.

Werden die Kanallagen nach KLEIN und EISLER [52] festgelegt, so sind die Richtungsfaktoren der Löschkorrekturkurven der beiden Nuklide im niederenergetischen Kanal gegeben und der Fehler der Zerfallsraten des niederenergetischen Nuklids festgelegt. Erfahrungsgemäß hat im niederenergetischen Kanal der Fehler der Zählausbeute des höherenergetischen Nuklids den größten Anteil.

Konkrete Zahlen, nach der screening Methode erhalten, sind in Tab. F, 2 zusammengestellt. Wie man ersieht, steigt der Fehler für Proben mit hoher Radioaktivität bei Werten für $k < 0,2$ sehr stark an. Eine Erhöhung der Meßzeit von 10 auf 100 min. erniedrigt bei $k = 0,1$ (vgl. Tab. F, 2) nur von 13,7 auf 11,3%.

Tab. F, 2. Prozentuale Standardabweichung der Zerfallsraten von T und ^{14}C verschiedener doppelmarkierter Proben berechnet nach Gleichung F, 24. Dabei betragen die Zählausbeuten und deren Fehler für T im T-Kanal $15 \pm 0,15\%$, für ^{14}C im T-Kanal $10 \pm 0,14\%$ und für ^{14}C im ^{14}C-Kanal $50 \pm 0,45\%$. Meßzeit jeweils 10 Min.

dpm T	dpm ^{14}C	dpm T/ dpm ^{14}C	cpm T	cpm ^{14}C	Prozentuale Standardabweichung dpm T nach Gl. F, 24	dpm ^{14}C nach Gl. D, 4
100	10000	0,01	1015	5000	133,9	1,03
1000	10000	0,10	1150	5000	13,7	1,03
10000	50000	0,20	6500	25000	5,97	0,95
10000	25000	0,40	4000	12500	3,29	0,97
100	100	1,00	25	50	11,1	4,57
10000	10000	1,00	2500	5000	1,86	1,03
10000	5000	2,00	2000	2500	1,50	1,12
10000	1000	10,0	1600	500	1,32	1,69
10000	100	100	1510	50	1,29	4,57

2.1.2.4. *Bestimmung unlöslicher oder stark gelöschter Proben*

Im Prinzip gelten die gleichen Überlegungen und Verfahren wie in Abschnitt D, 3.1. ausführlich beschrieben. Besonders günstig ist es, die Proben zu verbrennen. Dabei können Verfahren angewandt werden, die zur Trennung der Isotope führen (vgl. D, 3.1.2.3.2. und F, 2.1.1.). Wird dagegen im Kolben verbrannt und anschließend z. B. Tritium und Kohlenstoff-14 gemeinsam gemessen, so gelten für die Verbrennung die in Abschnitt D, 3.1.2.3.1. angegebenen Gesichtspunkte und Methoden. Wie bereits erwähnt (vgl. D, 3.1.2.3.1.), kann die unterschiedliche Sauerstofflöschung der Szintillations-Lösungen nach Kolbenverbrennung zu beträchtlichen Fehlern führen. Diese können insbesondere bei der Bestimmung doppelmarkierter Proben kaum tragbare Fehler ergeben. Das Verfahren der Verbrennung im Sauerstoffkolben wurde einer Fehleranalyse unterworfen [54] und überprüft, ob die durch unterschiedliche Sauerstofflöschung der Proben bewirkten Zählausbeuteschwankungen durch externe Standardisierung korrigiert werden können und wie groß die Fehler bei dieser Methode sind. Dieses Korrekturverfahren wurde mit der Methode des internen Standards verglichen. Die durch externe Standardisierung erhaltenen dpm-Werte zeigten geringere Standardabweichungen als die arbeitsaufwendigere Methode der internen Standardisierung. Zur Fehleranalyse vgl. S. 155.

Bei der Verbrennung T, ^{14}C-markierter Proben muß das Szintillationssystem soviel Base enthalten, daß das Kohlendioxid quantitativ gebunden wird. Äthanolamin bzw. Hyamine wurden durch das wesentlich weniger löschende Phenäthylamin ersetzt (vgl. D, 3.1.1.1.3.).

2.2. Ionisationsmethoden und Halbleiterdetektoren

Messungen in Gasfüllzählrohren

Auch hier kann man Verfahren unterscheiden, bei denen man die zu verschiedenen Elementen gehörenden radioaktiven Nuklide bei der Überführung in den Gaszustand trennt und solche, bei denen man z. B. T und ^{14}C nebeneinander in der gleichen Zählrohrfüllung mißt.

Beispiele für das erstere Verfahren sind in der Literatur häufiger beschrieben [37, 38, 39], vgl. auch (D, 2.2.). Über die gleichzeitige Bestimmung siehe l. c. [34, 35, 56, 56a]. Man verfährt dabei so, daß die Spannung an den Gaszählrohren nicht bis in die Plateaulage (vgl. B, 2.2.) gesteigert wird, sondern man legt eine geringere Spannung an. Unter diesen Verhältnissen unterscheiden sich die vom β-Zerfall des T und ^{14}C herrührenden Spannungsimpulse im Mittel so stark, daß man mit Hilfe von zwei nachgeschalteten Impulshöhendiskriminatoren in einem nur T und einen gewissen Anteil der vom ^{14}C-Zerfall herrührenden Impulse erhält und in einem zweiten nur ^{14}C-Impulse. Die Unterscheidung ist um so besser, je vollkommener auch die energiereichsten β-Teilchen des ^{14}C-Zerfalls im Gasraum ihre gesamte Energie abgeben. Da diese Bedingung bei den üblichen Zählrohrdimensionen und Methan als Füllgas nicht gut erfüllt ist, wird zweckmäßig Propan als Füllgas verwendet. Eine weitere Verbesserung ließe sich durch Überdruck oder größere Zählrohrdurchmesser erreichen.

Eine Schwierigkeit besteht in der genauen Zuordnung zwischen
Energie und Impulshöhe. Es ist dafür eine ganz bestimmte Gesamt-
verstärkung, die sich aus elektronischer und Gasverstärkung zusammensetzt, erforderlich. Da die Gasverstärkung auch bei gleicher
Spannung von Zählrohr zu Zählrohr schwankt und selbst bei einem
Zählrohr von Füllung zu Füllung verschieden ist, kann man das Verfahren nur realisieren, wenn eine reproduzierbare Einstellung der
Gasverstärkung möglich ist. Diese Reproduzierbarkeit läßt sich durch
einen externen Standard, z. B. der 60 keV-γ-Strahlung des ^{241}Am,
erreichen [35]. Abb. F, 6 zeigt die differentielle Impulshöhenverteilung
des ^{241}Am-Eichstrahlers, des Tritiums, des ^{14}C und des Nulleffekts in
einem Zählrohr mit Propanfüllung. Die relative Lage der Spektren
ändert sich bei gleichartiger Zählrohrfüllung nicht. Bei der Präparation wird das Probengas, von geringen Variationen [35] abgesehen,
wie von WILZBACH [57] bzw. in l. c. [38, 39, 56] angegeben, durch
hydrierende Crackung gewonnen (vgl. D, 2). Die Lage von äußerer
Strahlenquelle und Zählrohr ist dabei nicht kritisch, weil die Einstellung der Hochspannung nach einer Kanalverhältnismethode
erfolgt.

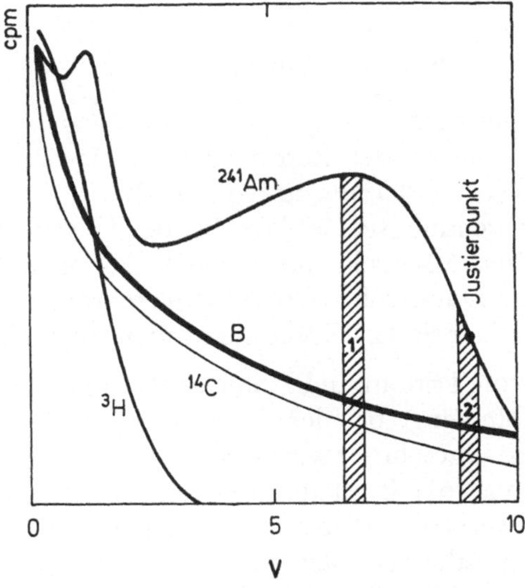

Abb. F, 6. Differentielle Impulshöhenverteilung von Americium-241, Tritium,
Kohlenstoff-14 und des Nulleffekts in einem Gaszählrohr mit Propanfüllung in
Abhängigkeit von der Spannung [35].

Außerdem wurden zwei Methoden zur gleichzeitigen Messung von
T und ^{14}C in Proportional-Füllzählrohren beschrieben. Das von TYKVA

[34] angegebene Verfahren ist dadurch gekennzeichnet, daß die Gasfüllung im Zählrohr stets konstant ist. Das bedeutet, daß nur relativ geringe Probenmengen analysiert werden können. Die Proben werden verbrannt, ^{14}C wird in Form von Kohlendioxid und T, nach Umsatz des Verbrennungswassers mit Calciumcarbid, als Acetylen in das Zählrohr gebracht. Zur Messung wird das Zählrohr mit nicht markiertem Acetylen und Kohlendioxid auf 900 Torr aufgefüllt. Bei dem von JORDAN [56] beschriebenen Verfahren wird die Probe durch hydrierende Crackung in eine Mischung von Wasserstoff und Methan mit Spuren von Äthan umgewandelt. Unterschiede in der Gasfüllung sind zulässig. Um von Füllung zu Füllung eine konstante Zählausbeute zu erhalten, ist es allerdings nötig, für jede Messung durch einen γ-Strahler, der in eine exakt reproduzierbare Lage zu dem Zählrohr gebracht werden muß, den Verstärkungsfaktor einzustellen. Dazu wird die Spannung am Zählrohr so lange variiert, bis eine bestimmte Zählrate durch den γ-Strahler erreicht ist. Wegen der unterschiedlichen Wandstärke verschiedener Zählrohre muß diese Zählrate für jedes Zählrohr gesondert bestimmt werden.

Über die befriedigende Reproduzierbarkeit des Verfahrens und nähere Einzelheiten siehe l. c. [35, 55, 56a, 57a].

Das fensterlose 2 π-Durchflußzählrohr

Wegen der geringen Energie der β-Strahlung von Tritium und Kohlenstoff-14 kommt der Reproduzierbarkeit der Geometrie der Proben wesentliche Bedeutung zu (vgl. D, 1).

Das Hauptanwendungsgebiet liegt bei der Übersichtsmessung von Proben mit kleinen Materialmengen, wie Abdampfrückständen, Membranfiltern oder Dünnschicht- bzw. Papierchromatogrammen (vgl. G, 2.2.4.). Auch hier sind zwei Verfahren zu unterscheiden:

a) Messung von Tritium und Kohlenstoff-14 ohne Filter und nachfolgende Messung, bei der die β-Strahlung von T durch eine dünne Folie abgeschirmt wird [58, 59, 60].

b) Nach TYKVA [61] kann die Messung auch gleichzeitig vorgenommen werden, indem man einen im Proportionalbereich arbeitenden Zähler benutzt und die Strahlung unterschiedlicher Energie in zwei Kanälen registriert (vgl. F, 2.1.2.).

Bei der Methode b umgeht man den Nachteil jede Probe zweimal machen zu müssen. Praktische Bedeutung kommt dem Verfahren bei Proben, die neben einem anderen Nuklid Tritium enthalten, jedoch nur zu, falls geringe Mengen Material in geometrisch reproduzierbarer Form, wie z. B. auf Membranfiltern, anfallen.

Halbleiterdetektoren

Halbleiterdetektoren sind wegen ihres hohen Energie-Auflösungsvermögens zur Analyse von Radionuklid-Gemischen besonders gut geeignet (vgl. B, 3). Die jetzt häufig angewandten Ge(Li)-Detektoren haben für Gammastrahler ein um zwei Größenordnungen höheres Auflösungsvermögen als NaJ(Tl)-Kristalle [62, 63].

Über die gleichzeitige Messung mit Si-Detektoren von T, ^{14}C und ^{32}P beim Studium des Einflusses von 6-Aza-uridin auf die Bildung von Proteinen und Nukleinsäuren in Hühnerembryonen s. l. c. [10a], über die gleichzeitige Messung von ^{14}C- und ^{32}P-doppelmarkierten Ribonukleinsäuren bzw. Adenosintriphosphat s. l. c. [64] und [35a]. Die Bestimmung der Verteilung verschiedener, mit verschiedenen Radionukliden markierten Stoffe in der Semikonduktographie ist in l. c. [65] beschrieben.

3. Literatur

1. GANATRA, R. D., K. SUNDARAM, K. B. DESAI, V. B. GAITOUDE: J. Nucl. Med. **6,** 459 (1965).
2. JEEJEEBHOY, K. N., P. RAMANATH, K. P. MEHAN, S. M. PATHARE, D. V. PAREKH, G. D. NADKARNI, R. D. GANATRA: J. Nucl. Med. **8,** 40 (1967).
3. CHWALINSKI, S., A. MIKULSKI: Acta Physiol. Pol. **18,** 121 (1967).
4. COHEN, J. B., J. L. SETSER, W. D. KELLEY, S. D. SHEARER, jr.: Talanta **15,** 233 (1968).
5. PAČES, V., J. DOSKOČIL, F. ŠORM: Biochim. Biophys. Acta **161,** 352 (1968).
6. RAMM, P. J., E. CASPI: J. Biol. Chem. **244,** 6064 (1969).
7. ULICK, S.: J. Biol. Chem. **236,** 680 (1961).
8. HAMBERG, M., B. SAMNELSON: J. Biol. Chem. **246,** 6713 (1971).
9. WU, R.: Anal. Biochem. **7,** 207 (1964).
10. VEERKAMP, J. H.: Adv. Tracer Methodology, Vol. 3, 251; Herausg.: Rothchild S., New York: Plenum Press, 1966.
10a. TYKVA, R., R. JELÍNEK, M. SEIFERTOVÁ: Experientia, im Druck.
11. CORNFORTH, J. W., J. W. REDMOND, H. EGGERER, W. BUCKEL, C. GUTSCHOW: Eur. J. Biochem. **14,** 1 (1970).
12. ALBERT, S. N., J. SHIBUYA, B. ECONOMOPOULOS, A. RADICE, N. CUEVO, E. V. VARRONE, C. A. ALBERT: Anesthesiology **29,** 908 (1968).
13. WERBIN, H., G. V. LE ROY: J. Amer. Chem. Soc. **76,** 5260 (1954).
14. KANO-SNEOKO, T., S. SPIEGELMAN: Proc. Natl. Acad. Sci. U. S. **48,** 1942 (1962).
15. BASERGA, R.: J. Cell Biol. **12,** 633 (1962).
16. ELLEM, K. O.: Biochim. Biophys. Acta **149,** 74 (1967).

17. PLAMONDON, J. E., J. A. BASSHAM: Plant Physiol. **41,** 1272 (1966).
18. PILGRIM, Ch., W. MAURER: Naturwissenschaften **49,** 544 (1962).
19. GORDON, B. E., W. T. SHEBS: J. Amer. Oil Chem. Soc. **46,** 537 (1969).
20. KLIMAN, B., R. E. PETERSON: J. Biol. Chem. **235,** 1639 (1960).
21. FRANKLIN, M. J., J. MAYER: Atomlight No. 67, Dezember 1968.
22. EIDINOFF, M. L.: Adv. Tracer Methodology, Vol. 1, S. 222, Herausg.: ROTHCHILD, S., New York: Plenum Press, 1963.
23. TYKVA, R.: Chem. Listy **61,** 690 (1967).
24. LÜTHY, J., J. RÉTEY, D. ARIGONI: Nature **221,** 1213 (1969).
25. NEVILLE, H. T.: Proc. Symp. The Determination of Radionuclides in Materials of Biological Origin, Ed. A. Holmes, Harwell, S. 12, 1967.
26. GVOZDANOVIC, D.: Proc. Symp. The Determination of Radionuclides in Materials of Biological Origin, Ed. A. Holmes, Harwell, S. 116, 1967.
27. WEINLÄNDER, W., G. HÖHLEIN: Kerntechnik **10,** 563 (1968).
28. GINBILEO, M., V. CAMERA: Raport EUR-4066i, Centro Comune di Ricerca Nucleare, Stabilimento di Ispra, Italien, Juni 1968.
29. KAWAKAMI, H., K. MANABE, K. HISATAKE: Jap. J. Appl. Phys. **7,** 1397 (1968).
30. SINGER, S., W. P. AIELLO, J. P. CONNER, R. W. KLEBESADEL: Contract W-7405-eng-36, Los Alamos 1968.
31. GRUDSKAYA, L. E., V. F. PODUZHALLO, J. A. TSIRLIN: Prib. Tekh. Eksp. No. 5, **73,** (1968).
32. PSZONA, S.: Health Phys. **16, 9** (1969).
33. OKITA, G. T., J. J. KABARA, F. RICHARDSON, G. V. LE ROY: Nucleonics **15,** No. 6, 111 (1957).
34. TYKVA, R.: Proc. Symp. Radioisotope Sample Measurement Techniques in Medicine and Biology, IAEA, Wien, S. 329, 1965.
35. SIMON, H., H. GÜNTHER, M. KELLNER, R. TYKVA, F. BERTHOLD, W. KOLBE: Z. Anal. Chem. **243,** 148 (1968).
35a. TYKVA, R., V. PÁNEK: Radiochem. Radioanal. Letters **14,** 109 (1973).
36. KAINZ, G., E. WACHBERGER: Z. Anal. Chem. **222,** 10 (1966); Microchem. J. **10,** 114 (1966).
37. GLASCOCK, R. F.: Isotopic Gasanalysis for Biochemists, New York: Academic Press, 1954.
38. SIMON, H., H. DANIEL, J. F. KLEBE: Angew. Chem. **71,** 303 (1959).
39. SIMON, H., F. BERTHOLD: Atomwirtschaft **7,** 498 (1962).
40. PETERSON, J. I., F. WAGNER, S. SIEGEL, W. NIXON: Anal. Biochem. **31,** 189 (1969).
41. PETERSON, J. I.: Anal. Biochem. **31,** 204 (1969).
42. KAARTINEN, N.: Packard, Technical Bulletin No. 18, 1969.
43. POUTHIER, J., J. ROSSI: Rapport CEA-R-3556, Centre de Production de Plutonium de Marcoule, C. E. N. Saclay, September 1968.
44. PLOTKA, E. D., E. G. STANT, jr., F. A. WALTZ, V. A. GARWOOD, R. E. ERB: Int. J. Appl. Rad. Isotop. **17,** 637 (1966).
45. FELTS, J. M., P. A. MAYES: Biochem. J. **105,** 735 (1967).
46. O'TOOLE, J. J., J. O. OSBURN: Int. J. Appl. Rad. Isotop. **19,** 821 (1968).
47. ROBERTS, W. A.: Bio-Med. Eng. **2,** 404 (1967).
48. NINOMIYA, R.: Int. J. Appl. Rad. Isotop. **17,** 355 (1966).
49. McFARLANE, A. S., K. MURRAY: Anal. Biochem. **6,** 284 (1963).
50. HERBERG, R. J.: Anal. Chem. **32,** 1468 (1960).
51. BUSH, E. T.: Anal. Chem. **36,** 1082 (1964).
52. KLEIN, P. D., W. J. EISLER, jr.: Anal. Chem **38,** 1453 (1966).
53. DE WACHTER, R., W. FIERS: Anal. Biochem. **18,** 351 (1967).

54. RAUSCHENBACH, P., H. SIMON: Z. Anal. Chem. **255**, 337 (1971).
55. TYKVA, R.: Int. J. Appl. Rad. Isotop. **18**, 45 (1967).
56. JORDAN, P.: Nucleonics **23**, No. 11, 46 (1965).
56a. MIYATANI, D., T. TAKEUCHI: Int. J. Appl. Rad. Isotop. **24**, 553 (1973).
57. WILZBACH, K. E., L. KAPLAN, W. G. BROWN: Science (Washington) **118**, 522 (1953).
57a. JORDAN, P., Ph. A. P. LYKOURÉZOS: Int. J. Appl. Radiat. Isotop. **16**, 631 (1965).
58. ISBELL, H. S., H. L. FRUSH, N. B. HOLT: J. Res. Natl. Bur. Stand. 64A, 363 (1960).
59. ISBELL, H. S., H. L. FRUSH, L. T. SNIEGOSKI: Proc. Symp. »Detection and Use of Tritium in Physical and Biological Sciences«, Mai 1961, International Atomic Energy Agency, Wien, 2. Teil, S. 93, 1962.
60. WENZEL, M.: Naturwissenschaften **52**, 129 (1965).
61. TYKVA, R.: Collect. Czech. Chem. Commun. **32**, 2001 (1967).
62. COOPER, J. A., R. W. PERKINS, L. A. RANCITELLI, N. A. WOGMAN: Trans. Amer. Nucl. Sci. **12**, 65 (1969).
63. COOPER, J. A., N. A. WOGMAN, H. E. PALMER, R. W. PERKINS: Health Phys. **15**, 149 (1968).
64. TYKVA, R., I. VOTRUBA: Anal. Biochem. **50**, 18 (1972).
65. TYKVA, R.: Advances in Physical and Biological Radiation Detectors, IAEA, Wien, S. 211, 1971.

G. Radiochromatographie

M. WENZEL, Freie Universität Berlin

1. Einleitung

Chromatographie und Tracertechnik ergänzen sich ideal, weil sich beide Methoden durch hohe Empfindlichkeit auszeichnen. Die Hauptziele bei der Anwendung radiochromatischer Methoden sind:

a) Trennung von Substanzgemischen mit quantitativer Bestimmung der Einzelbestandteile
b) Gewinnung sauberer radioaktiver Produkte durch Abtrennung nicht markierter oder radioaktiver Verunreinigungen.

Während für a) eine Vielzahl methodischer Kombinationen zur Verfügung steht, muß zur Reinigung von Radiochemikalien stets eine zerstörungsfreie Meßtechnik ausgewählt werden. Da die regelmäßige Reinheitskontrolle von Radiochemikalien – unabhängig vom Anwendungsgebiet – eine conditio sine qua non darstellt, sollte in jedem mit Radioisotopen arbeitenden Laboratorium diese recht einfache Methodik beherrscht werden (Vgl. G, 8).

Die Technik der chromatographischen oder elektrophoretischen Trennung von markierten und nichtmarkierten Substanzen unterscheidet sich nicht. Daher kann auf die umfangreiche Übersichtsliteratur für Chromatographie verwiesen werden [1–6]. Auch die Verfahren der Disc-Elektrophorese sind hier zu erwähnen [7].

Im allgemeinen kann man davon ausgehen, daß sich markierte und nichtmarkierte Substanzen chromatographisch gleich verhalten. Wie weit in quantitativer Hinsicht, speziell bei Wasserstoff-markierten Verbindungen, Unterschiede auftreten können, wurde intensiv von KLEIN et al. [8, 8a] untersucht. Das unterschiedliche Verhalten wird in Retentionsvolumenprozent ausgedrückt. Man versteht darunter den prozentualen Unterschied zwischen dem Retentionsvolumen, bei dem 50% der nichtmarkierten und dem Retentionsvolumen, bei dem 50% der markierten Substanz eluiert sind. Einige Beispiele sind in Tab. G, 1 angegeben. Negative Werte bedeuten rascheren Lauf der markierten Verbindung.

Tab. G, 1. Isotopeneffekte bei chromatographischen Trennungen (nach [8]).

Verfahren	Verbindung	Isotopeneffekt (in Retentions- volumen-Prozent)
Ionenaustauscher	^{14}C-Aminosäuren	−0,123 bis 0,338
	T-2-Aminopurin	−2,4
	^{14}C-Ameisensäure	0,62 bei 6° C
		0,32 bei 35,4° C
Papier- chromatographie	6,7-T$_2$-Östradiol	0,75
	1,2-T-Aldosterondiacetat	0,2
Säulen- chromatographie	T-Ameisensäure	2,4
	Methyl-T-methoxyessigsäure	1,01
	T-Linoleinsäure	0,41
	T-Cholesterinacetat	bis 0,49
	1,2-T-Aldosterondiacetat	bis 0,73
	1,2-T-Aldosteron	bis 1,63
Gaschromatographie	T-Steroide	bis −1,15
	D-Trimethylsilylierte Kohlenhydrate	bis 2,62

Die Kombination der chromatographischen Verfahren mit quantitativer Erfassung markierter Verbindungen kann verschiedene Grade der Intensität erreichen:

Unabhängige Radioaktivitätsmessung nach Abschluß der Chromatographie
  a) Die Radioaktivitätsverteilung wird auf dem unzerstörten Chromatogramm, z. B. Papier- oder Dünnschicht-Chromatogramm direkt quantitativ gemessen.
  b) Die Radioaktivitätsverteilung wird in Einzelfraktionen des Chromatogramms bestimmt.
  c) Die Radioaktivität wird zuerst auf dem Chromatogramm qualitativ lokalisiert und anschließend das Chromatogramm zerstört und die Einzelbezirke quantitativ vermessen.

Aliquotnahme zur getrennten Radioaktivitätsmessung und Substanzmengen-Bestimmung
  a) Während der chromatographischen Trennung werden automatisch Aliquots abgezweigt und diese diskontinuierlich vermessen.
  So kann z. B. der Ausfluß eines Aminosäure-Analysators in einem gewissen Verhältnis aufgespalten werden. Ein Teil des Stroms fließt durch den Aminosäure-Analysator und ein anderer

auf einen mit Zählfläschchen für die Flüssig-Szintillations-Zählung ausgestatteten Fraktionsschneider.

b) Ein bestimmter Teil des Säuleneluats fließt kontinuierlich durch einen Substanz-spezifischen Detektor und ein anderer durch einen Detektor für die Radioaktivität.

Es hängt von der Problemstellung und der Strahlungsenergie des verwendeten Nuklids ab, welche Methode vorzuziehen ist.

2. Papier- und Dünnschicht-Chromatographie

2.1. Allgemeine Aspekte

Die Messung der Aktivitätsverteilung auf eindimensionalen Chromatogrammen (oder Elektropherogrammen) ist relativ einfach, während bei zweidimensionalen Chromatogrammen oft erst eine qualitative Lokalisation mit nachfolgender quantitativer Messung durchzuführen ist. Es ist immer von Vorteil, wenn das zu trennende Gemisch in Form von kleinen Flecken oder schmalen Streifen auf dem Start des Chromatogramms aufgetragen wird. Daneben hängt die Trennschärfe bekanntlich von Lösungsmittelsystem, Temperatur etc. ab. Alle einschlägigen Erfahrungen sollten genutzt werden, um möglichst scharfe und kleine Flecken zu erhalten, da dann die Auswertung wesentlich günstiger ist.

Bei der Auswertung von Chromatogrammen kann man drei Verfahren unterscheiden [9–11a]:

a) Kontinuierliches oder diskontinuierliches Messen des intakten Chromatogramms durch einen äußeren Detektor wie Endfensteroder Durchfluß-Zählrohr bzw. Halbleiter-Detektor (vgl. B, 2.2. und D, 1). Zu diesem Zweck werden verschiedene Vorrichtungen angeboten. Dabei werden die markierten Substanzen nicht zerstört und stehen daher für andere Untersuchungen zur Verfügung.

Ein weiterer Vorteil: Die Zählausbeute ist unabhängig von einer evtl. Eigenfärbung der chromatographierten Substanzen. Dem steht beim Tritium als Nachteil die recht geringe Zählausbeute gegenüber (vgl. D, 1.1.).

b) Destruktive Methoden. Bei kleinen Aktivitäten weicher β-Strahler kann es nötig sein, die Papierchromatogramme zu zerschneiden bzw. die Dünnschichtplatten abzukratzen, um die Substanzen anschließend empfindlicher messen zu können. Bei Tritium beträgt die Zählausbeute bei der Direktmessung nur 1–3%. Jedoch ist bei der Flüssig-Szintillationsmessung der abgetrennten Fraktionen, die an Trägermaterial (Papier oder Kieselgel) absorbiert sind, besonders bei Tritium mit stark schwankenden und teilweise niedrigen Zählausbeuten zu rechnen (vgl. D, 3.1.1.2.3.).

c) Autoradiographische Methoden. Diese qualitativen Methoden werden hauptsächlich zur Lokalisation radioaktiver Bezirke auf zweidimensionalen Chromatogrammen herangezogen. Die autoradiographische Auswertung von Chromatogrammen ist recht einfach: Radioaktive Areale »belichten« einen aufgelegten Röntgenfilm. Die Wiedergabe feinster geometrischer Einzelheiten ist ausgezeichnet, jedoch die Empfindlichkeit gering. Besonders bei Tritium-markierten Substanzen ist die Methode recht langwierig und wenig befriedigend.

Die quantitative Auswertung ist zwar über die Filmschwärzung oder durch Ausmessen mit einem Photometer möglich, aber nicht zu empfehlen. Empfindlicher und einfacher ist die Aktivitätslokalisation mit der Funkenkammer, oder durch Punktdrucker-Auswertung (Szintigraphie). Vgl. Abschnitt G, 2.4.

2.2. Direktmessung von Chromatogrammen und Elektropherogrammen

2.2.1. Papier-Chromatogramme und Elektropherogramme

Papier-Chromatogramme und Elektropherogramme können mit einem Zählrohr in 2π-Geometrie oder mit einem Doppel-Zählrohr mit 4π-Geometrie gemessen werden. Die Messung mit 4π-Geometrie ist empfindlicher und genauer [12].

Für Papierstreifen mit weichen β-Strahlern werden meist Anordnungen, ähnlich Abb. G, 1 verwendet. Dabei wandert ein Papierstreifen zwischen zwei mit Blenden abgegrenzten, sich gegenüber stehenden Zählrohren hindurch.

Für härtere β-Strahler werden konventionelle Geiger-Müller-Zählrohre benutzt. Für weiche β-Strahler müssen fensterlose Proportional-Zählrohre eingesetzt werden. Das Zählgas, meist Edelgas-Mischungen

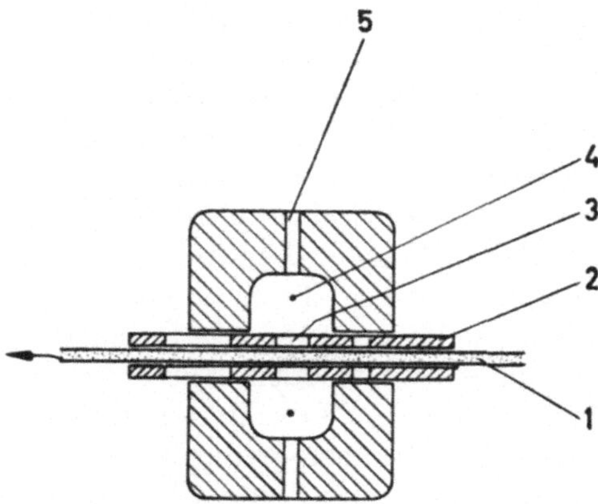

Abb. G, 1. 4-π-Zählrohr für Papierchromatogramme (Querschnitt). Der Papierstreifen (1) wird zwischen der oberen und unteren Schlitzblende (2) transportiert. Die Auflösung wird durch die Blendenöffnung (3) festgelegt. Die negativen Ladungsträger werden am Anoden-Draht (4) abgeschieden. Gaseinlaß (5). Aus [10] (Firma Packard).

mit geringen Mengen eines Kohlenwasserstoffs oder Methan, wird durch einen Einlaßstutzen zugeführt und tritt durch die Blendenschlitze wieder aus.

Das Chromatogramm, das direkt an den Zählrohrblenden liegt, dichtet die Zählrohre gegen Lufteinbruch ab. Die einfachste Anordnung zum Transport des Chromatogramms ist in Abb. G, 2 gezeigt. Der Papierstreifen wird, evt. passend verlängert, an das Schreiberpapier angeklebt, durch das unter dem Schreiber befindliche Doppelzählrohr durchgeführt und mit einem kleinen Gewicht gestrafft. Damit ist eine exakte Synchronisation von Schreiberpapier-Vorschub und Chromatogramm-Vorschub gegeben.

> Es ist zweckmäßig, außerhalb der Laufstrecke des Chromatogramms mit radioaktiver Tinte eine Markierung anzubringen oder den Beginn der Abtastbewegung auf dem Chromatogramm mit einem Bleistiftstrich zu markieren. Dieses erlaubt nach Durchlauf des Papierstreifens eine exakte Zuordnung der Position der markierten Substanzen mit den auf dem Schreiberpapier aufgezeichneten Gipfeln. Sollten mehrere Papierchromatogramme ausgemessen werden, so sortiere man diese zunächst nach ihrem Radioaktivitätsgehalt. Chromatogramme mit ähnlicher Radioaktivität klebt man etwa 5 mm überlappend zusammen. Die Klebestellen werden durch leichtes Hämmern auf glattem Untergrund auf die übrige Papierdicke reduziert.

Fallen radioaktive Papierchromatogramme in großem Umfang an, so empfehlen sich von verschiedenen Firmen speziell zum Auswerten von Papierstreifen konstruierte Geräte.

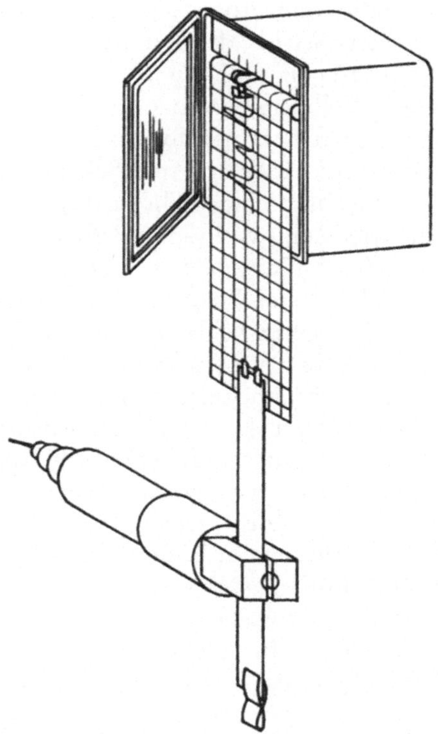

Abb. G, 2. Einfache Synchronisierung des Vorschubs für Chromatogramm und
Schreiber. Der Chromatogrammstreifen wird an dem Schreiberpapier mit Tesafilm
befestigt. Das Chromatogramm läuft zwischen den Zählrohrhälften eines 4-π-
Zählrohres. Aus [10].

Die Auflösung und Empfindlichkeit bei gegebener Strahlungsenergie ist abhängig von der Laufgeschwindigkeit des Papiers und der
Größe der Blendenschlitze (vgl. G, 2.2.5.). WENZEL konnte mit einem
fensterlosen 4π-Zählrohr Tritium (0,1–0,01 μCi) mit einer Ausbeute
von ca. 2% bei einem relativen mittleren Fehler von $\pm$ 2–5% erfassen
[12]. Entsprechend der unterschiedlichen Dicke verschiedener Chro-
matogrammpapiere ist die Selbstabsorption und damit die Zählausbeute unterschiedlich [12]. Die Zählausbeute für ^{14}C liegt bei ca. 30%;
sie wird etwa auf die Hälfte reduziert, falls die Blendenöffnungen mit
einer dünnen Hostaphan-Folie (0,9 mg/cm^2) abgeschlossen werden.
Nach DENEF und DEMOOR [13] ist bei der Auswertung Tritium-
markierter Substanzen die Reproduzierbarkeit bei der Direktmessung
von Chromatogrammen ebenbürtig der Reproduzierbarkeit nach
Zerschneiden in Einzelfraktionen mit nachfolgender Messung durch
die Flüssig-Szintillations-Technik.

Die Direktauswertung von Chromatogrammen oder Elektropherogrammen mit γ-Strahlern ist bei der Reinheitskontrolle von Radiopharmaka in der Nuklearmedizin wichtig.

Ein Beispiel ist die Reinheitskontrolle bei ^{99m}Tc- oder ^{125}J-markierten Mikroaggregaten aus Humanalbumin. Die Direktauswertung erfolgt hier mit Szintillationszählern mit Schlitzkollimator wie im folgenden Abschnitt für Dünnschicht-Chromatogramme beschrieben. Oft ist aber die Direktmessung von γ-Strahlern wie ^{131}Jod durch die gleichzeitig emittierte β-Strahlung oder wie beim ^{125}Jod durch Konversions-Elektronen oder Auger-Elektronen mit einem Dünnschicht-Zählrohr mit wesentlich besserer Zählausbeute möglich.[1]

Eine interessante Variante der Szintillations-Messung wendet diese Methode auch beim Messen von weichen β-Strahlern auf dem Chromatogramm an. Nach SPROTT [14] wird das Chromatogramm mit einer Szintillator-Lösung getränkt und im Dunkeln langsam vor einem Szintillationszähler vorbeitransportiert. Wegen der relativ umständlichen Verfahrensweise hat diese Methode keine weite Verbreitung gefunden, zumal die Zählausbeute z. B. für ^{14}C mit 15–30% auch nicht größer ist, als bei der Direktmessung mit einem 4π-Zählrohr. Zum Auswerten von zweidimensionalen Chromatogrammen verwendet man Vorrichtungen, wie sie für die Dünnschichtchromatogramme Verwendung finden (vgl. hierzu die nachfolgenden Ausführungen).

2.2.2. Dünnschicht-Chromatogramme

Die Auswertung von Dünnschichtplatten erfolgt ähnlich wie die von Papierstreifen. Allerdings kann hierbei nur eine 2π-Zählanordnung angewandt werden, da die β-Teilchen, die die Dünnschicht in Richtung auf die Glasplatte verlassen, von dieser teilweise oder vollständig absorbiert werden.

Bei härteren β-Strahlern wie ^{32}P- aber auch bei ^{14}C – ist die Empfindlichkeit der Direktmessung mit anderen Verfahren vergleichbar, so daß diese Methode ihrer sonstigen Vorteile wegen anderen Verfahren vorzuziehen ist. Das gleiche gilt für das Messen von γ-Strahlern. Hierfür muß ein Szintillationskristall mit Schlitzkollimator kombiniert mit einem SEV statt des üblichen Zählrohres[1] verwendet werden.

---

1 Man beachte, daß viele als γ-Strahler bekannte Isotope gleichzeitig β-Strahlen aussenden (vgl. Tab. A, 1). So ist für ^{131}Jod kein Szintillationskristall als Detektor nötig; ^{131}Jod kann mit Hilfe seiner β-Strahlung, ^{125}Jod mit Hilfe seiner Konversions- und Auger-Elektronen mit dem üblichen Dünnschichtzählrohr mit guter Zählausbeute gemessen werden [116a].

Derartige Zusätze zum normalen Dünnschicht-Scanner sind kommerziell erhältlich. Die Anwendung dieses Prinzips zum Messen von [125]Jod markierten Jod-Aminosäuren (Zählausbeute 50%) beschreiben OSBORN und SIMPSON [15]. Siehe Abb. G, 3.

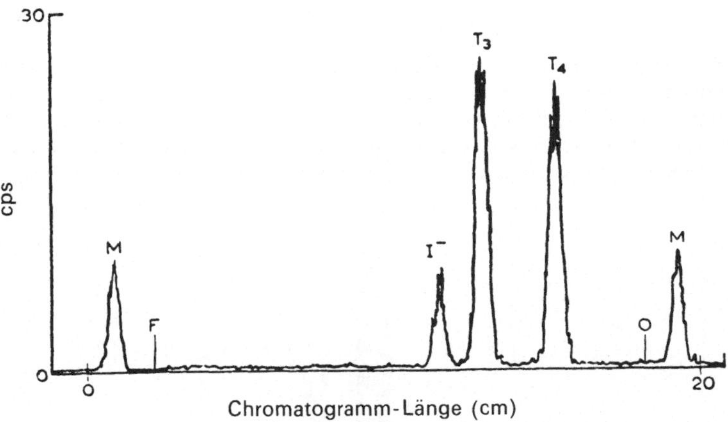

Abb. G, 3. Das Ausmessen von γ-emittierenden Radioisotopen ([125]J) auf Chromatogrammen (Vgl. Fußnote S. 231). Getrennt wurden jodierte Aminosäuren auf einem Dünnschichtchromatogramm im System: Chloroform/Methanol/Ammoniak (50:25:2,5). $I^- =$ Jodid, $T_3 = 3',53$ - Trijodthyronin, $T_4 =$ Thyroxin Abbildung aus [15].

Die Ausmessung von Tritium auf Dünnschichtplatten ist problematischer und nur mit Zählrohren mit fensterloser Blendenöffnung möglich. Darüberhinaus kann man schwache β-Strahler nur erfassen, falls durch besondere Konstruktionsmerkmale bei dem Zählrohr ein Durchgreifen der Feldlinien durch den Zählrohrschlitz bis auf die Oberfläche der Dünnschichtplatte erreicht wird (SCHULZE und WENZEL [16], sowie SCHÜRFELD und WEGNER [17]). Dadurch werden auch extern gebildete Ladungsträger zur Anode hin beschleunigt und damit nachweisbar. Den Querschnitt durch ein derartiges Dünnschichtzählrohr zeigt Abb. G, 4a. (Ein komplettes Auswertegerät, das sich auch für zweidimensionale Chromatogramme eignet, ist in Abb. G, 4b dargestellt.) Dieser Felddurchgriff bewirkt sowohl bei Tritium wie bei ^{14}C eine wesentliche verbesserte Zählausbeute. Dies gilt auch für die sehr energiearmen Auger-Elektronen von γ-Strahlern.

Man rechnet im allgemeinen bei Verwendung von 0,25 mm Fertigplatten (Kieselgel HF Fa. Merck, Darmstadt) mit einer Zählausbeute für ^{14}C von 20–30% und für T von 1–2% [18].

Trotz der geringen Zählausbeute für Tritium ist die Direktmessung die Methode der Wahl bei der Reinheitskontrolle Tritium-markierter

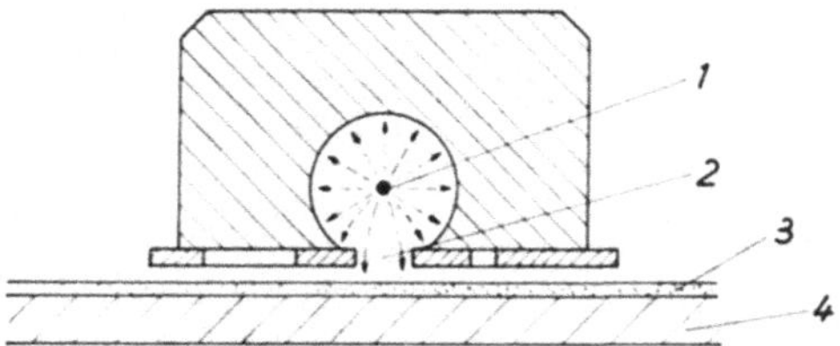

Abb. G, 4a. 2-π-Zählrohr für Dünnschichtchromatogramme. Das elektrische Feld von der Anode (1) greift durch den Blendenschlitz (2) bis zur Adsorbensschicht (3), die sich auf der Glasplatte (4) befindet. Durch β-Teilchen erzeugte negative Ladungsträger, selbst wenn sie außerhalb des eigentlichen Zählrohrvolumens entstehen, gelangen zur Registrierung (Labor Prof. Berthold, Wildbad).

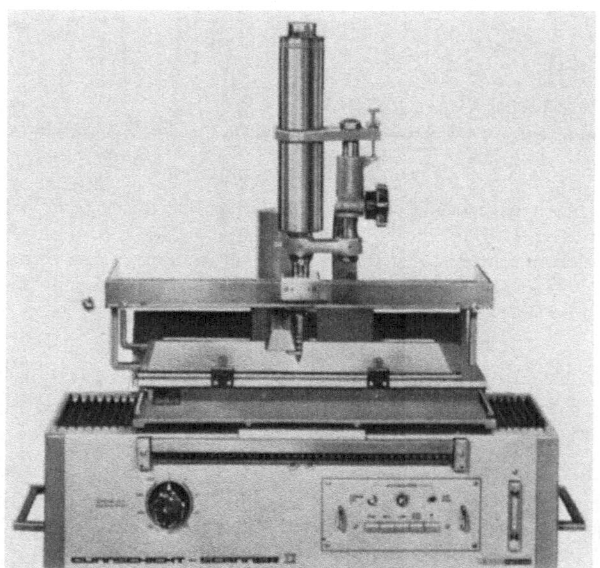

Abb. G, 4b. Anordnung zur Direktmessung von Chromatogrammen. Als Detektor dient ein 2-π-Zählrohr gemäß G, 4a das über einen Vorverstärker (oben) an das Registriergerät angeschlossen ist. Detektor und Vorverstärker werden mittels eines Feintriebs (oben rechts) der Oberfläche der Dünnschichtplatte auf 0,5 mm genähert. Das Dünnschichtchromatogramm liegt auf dem oberen Meßtisch. Darunter befindet sich die Registrierebene mit XY-Schreiber. Auf dem Lineal befinden sich links und rechts verschiebbare Kontakte. Mit diesen und seitlichen Reitern (nicht sichtbar) kann die Scan-Bewegung für eindimensionale und zweidimensionale Chromatogramme programmiert werden. (Labor Prof. Berthold, Wildbad.)

Verbindungen, da bei Reinheitskontrollen meist erhebliche Aktivitätsmengen chromatographiert werden.

Härtere β-Strahler wie ^{32}P oder [103]Ru werden mit 40–50% Zählausbeute erfaßt. Vergleiche auch den Abschnitt »Zählausbeute und
Meßparameter« G, 2.2.5.

Ein Zählrohr zur Auswertung schwacher β-Strahler auf Dünnschicht-Chromatogrammen muß zwar so nah wie möglich (etwa
0,5 mm) an die Oberfläche des Dünnschichtchromatogramms heran-
gebracht werden, soll aber diese nicht berühren. Für diese Justierun-
gen des Zählrohrabstandes von der Oberfläche der Dünnschichtplatten benötigt man daher eine sehr genau regulierbare Mechanik.

Bei Zählrohren mit Felddurchgriff auf die Dünnschichtplatte ist
jedoch die Abhängigkeit der Zählausbeute vom Abstand Zählrohr-
blende-Chromatogrammoberfläche relativ gering, falls der Abstand
im Bereich von 0,3–0,7 mm variiert [19].

Abb. G, 5 gibt die gemessene Peakfläche eines radioaktiven Flecks
als Funktion des Abstandes wieder.

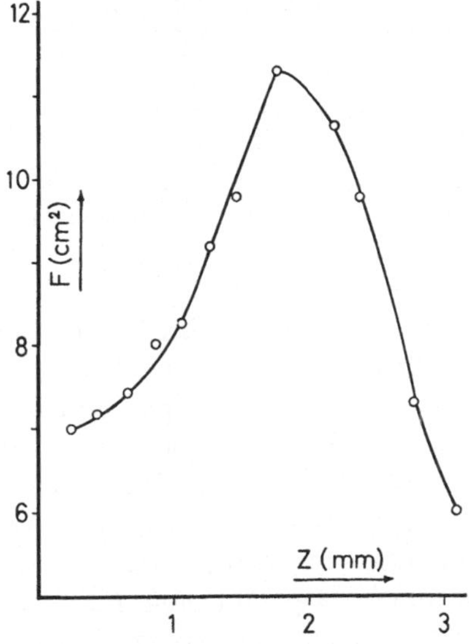

Abb. G, 5. Peakfläche F als Funktion des Abstandes Z zwischen Chromatogrammoberfläche und Blende. Messung mit [14]C. Abbildung aus [19]. Vorschub:
120 mm/h. Blende: 4 × 16 mm.

Ein möglichst enger Abstand zwischen Zählrohrblende und Oberfläche des Dünnschichtchromatogramms ist wegen der optimalen
Zählausbeute und der besseren Auflösung eng benachbarter Maxima
vorteilhaft. Besonders beim Messen von ^{14}C oder härteren Strahlern
ist dieses zu beachten. Hier können bei zu weitem Abstand energiereiche β-Strahlen aus benachbarten Radioaktivitäts-Arealen ebenfalls
die »effektive« Blendenöffnung erreichen (Abb. G, 6).

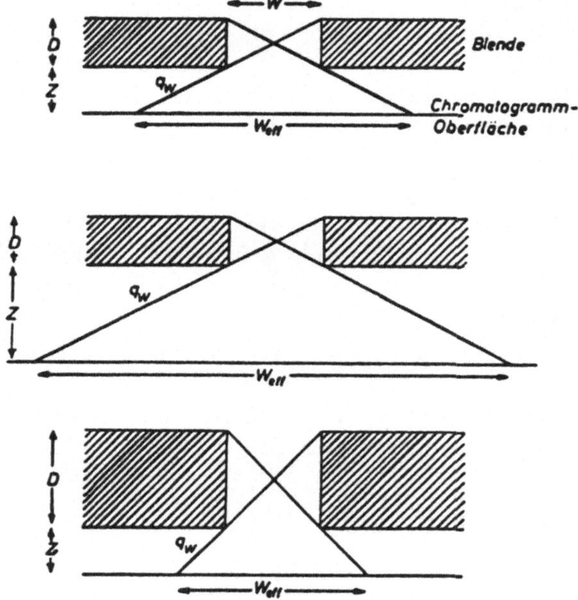

Abb. G, 6. Abhängigkeit der effektiven Blendenbreite W_{eff} vom Abstand Chromatogrammoberfläche – Blende (Z) und Blendendicke (D) (Schematisch). Abbildung aus [19].

Härtere Strahler erfordern zur optimalen Trennung benachbarter Maxima möglichst dicke Blenden (Abb. G, 6).

Zur Direktmessung von Dünnschichtplatten kann nach PRYDZ et al. [20] auch ein SEV nach dem Prinzip der Szintillations-Technik verwendet werden. Man mischt dazu dem Trägermaterial auf der Dünnschichtplatte geeignete Szintillatoren zu, wie Anthracen oder ein Zink-Mangan-Silikat. Das chromatographische Trennverhalten wird nur unwesentlich geändert. Dagegen steigt die Lichtausbeute steil mit steigendem Szintillatorzusatz. Bei einem Zusatz von 75% Zink-Mangan-Silikat zum Kieselgel können noch 2200 dpm an Tritium und 100 dpm an ^{14}C nachgewiesen werden.

Ein verwandtes Verfahren zum Nachweis von ^{14}C, ^{45}Ca und ^{36}Cl auf Dünnschichtplatten beschreiben ROUCAYROL et al. [21].

Zur quantitativen Direktmessung sollte man für die Chromatographie Fertigplatten und nicht selbst gegossene Platten verwenden. Fertigplatten zeigen nämlich eine wesentlich bessere Gleichförmigkeit der Dünnschicht, so daß schwankende Zählausbeuten, verursacht durch unterschiedliche Selbstabsorption im Trägermaterial, vermieden werden. Bei Bezugsmessungen ist das Mitchromatographieren einer radioaktiven Eichsubstanz auf der gleichen Platte vorteilhaft.

2.2.3. Direktmessung von Parallel- und zweidimensionalen Chromatogrammen

Da auf Dünnschichtplatten meist mehrere zu trennende Gemische aufgetragen und auf parallelen Bahnen entwickelt werden, ist es vorteilhaft, wenn automatisch eine Bahn nach der anderen abgefahren werden kann. Hierfür und für die Auswertung zweidimensionaler Chromatogramme gibt es kommerzielle Geräte (Abb. G, 4b). Diese sind auch zur Auswertung von zweidimensionalen Papierchromatogrammen, Elektrophoreseplatten, Gewebeschnitten und bei der Verwendung von γ-Strahlern zum Kleintier-Scannen geeignet.

Parallel-Chromatographie

Das Prinzip der Direktmessung ist das gleiche wie im vorhergehenden Abschnitt beschrieben. Vgl. auch Abb. G, 26 in G, 7.1. Bei der Auswertung von 2 Dünnschichtplatten mit Parallelchromatogrammen mit dem »Dünnschicht-Scanner« sind folgende Tips vorteilhaft:

a) Für das Auftragen von mehreren Bahnen (meist 4–6 Bahnen auf einer 20 × 20 cm Platte) mache man sich eine Schablone, die die Bahnen symmetrisch verteilt. Man erreicht damit eine gradlinige Fortführung der Bahnen von Platte 1 zu Platte 2 beim automatischen Scannen von 2 Platten.

b) Bei sehr geringen Aktivitäten, bei denen kleine Vorschubgeschwindigkeiten benötigt werden, kann das Scannen (beispielsweise 4 Bahnen auf 2 Platten entspricht einer Gesamtlänge von 160 cm) lange dauern. Da oft auf dem Chromatogramm nur ein begrenzter R_F-Bereich interessiert, kann eine erhebliche Zeitersparnis erzielt werden, indem man die interessierenden R_F-Bereiche beider Platten möglichst nahe aneinander legt, z. B. durch Gegeneinanderlegen in Front-Front oder Start-Start Lage und nur in diesem Bereich ausmißt. Dies ist aber nur möglich, falls die Bahnen symmetrisch aufgetragen wurden (siehe Punkt a).

Zweidimensionale Chromatogramme

Ein Dünnschicht-Scanner, der eine Programmierung der Abtast-Bahnen auch in der Y-Achse erlaubt, eignet sich auch zum zeitsparenden Scannen von zweidimensionalen Chromatogrammen. Dazu wird die Probe in einer Ecke (Papier oder Dünnschichtplatte) aufgetragen und zunächst eindimensional im Gemisch A entwickelt (Abb. G, 7 A). Danach wird längs dieser Bahn eindimensional die Aktivitätsverteilung ermittelt (Abb. G, 7 B), und somit die Stellungen der variablen Reiter für die einzelnen Meß-Bahnen nach der zweiten Chromatographie festgelegt. Nach dem Entwickeln im zweiten Laufmittel wird bei den festgelegten Reiterstellungen das Chromatogramm nur an den

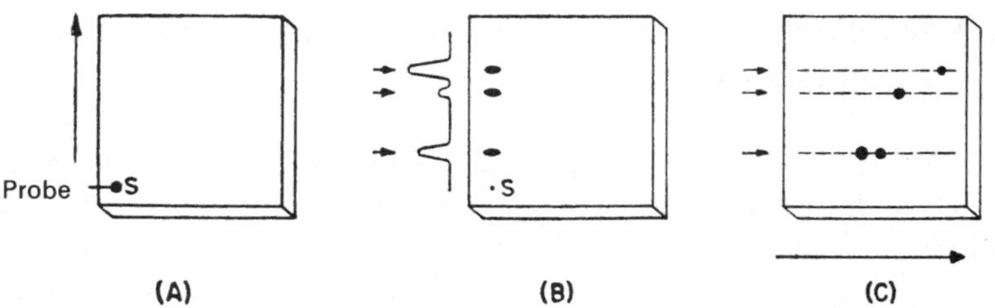

Abb. G, 7. Zeitsparende Auswertung eines zweidimensionalen Chromatogramms.
A. Chromatogramm-Entwicklung im System I.
B. Nach erstem Scan setzen der Reiter für zweites Scan-Programm.
C. Chromatogramm-Entwicklung in zweiter Richtung System II. Anschließend Scanning entsprechend der Programmierung der Reiter in B. Abbildung aus [10].

interessierenden Stellen ausgewertet (Abb. G, 7 C). Die zwischengeschaltete Messung nach der ersten Entwicklung hat den Vorteil, daß – bei entsprechender Reiterstellung – jeder Fleck bei einer Zeilenabtastung erfaßt wird und sich nicht auf mehrere Zeilen aufteilen kann.

Eine interessante Variante dieses Prinzips beschreiben KAHRI et al. [22] bei der doppelten zweidimensionalen Chromatographie der Hydroxylierungsprodukte von Progesteron. Danach wird ein zweidimensionales Chromatogramm im interessierenden Bereich *schräg* zu den Laufrichtungen eindimensional ausgemessen. (Einzelheiten nach Abbildungen in [22].)

Häufig ermöglichen jedoch diese Methoden keine Auflösung nahe beieinanderliegender Flecken. In diesen Fällen wurde bisher meist autoradiographisch gearbeitet. Jetzt wird hierfür auch eine interessante Variation eines Dünnschicht-Scanners angeboten. Dieses Gerät ist zwar primär für das in vivo Scanning von γ-Strahlern bei Kleintieren entwickelt worden, ist aber ohne weiteres zur zweidimensionalen Auswertung von Chromatogrammen geeignet [23].

An das Dünnschicht-Zählrohr werden hierfür Blenden mit quadratischer Öffnung mit Seitenlängen von 2, 4, 5 oder 6 mm gesetzt.

Gleichzeitig wird durch Einsetzen eines verkürzten Zähldrahts das empfindliche Zählrohrvolumen verkleinert und damit der Nulleffekt bis zu 1–2 cpm reduziert. Als Registriergerät dient ein Punktdrucker, der für eine vorwählbare Zahl von Impulsen einen Punkt auf dem Registrierpapier erzeugt. Da das Registrierpapier auf demselben Kreuztisch wie das Chromatogramm liegt, entsteht auf dem Registrierpapier eine maßstabsgetreue Punktverteilung, deren Dichte der Aktivitätsverteilung auf dem Chromatogramm entspricht (Abb. G, 8). Obwohl diese Methode einer Autoradiographie mäßiger Auflösung entspricht, erreicht man das Ergebnis in sehr viel kürzerer Zeit und

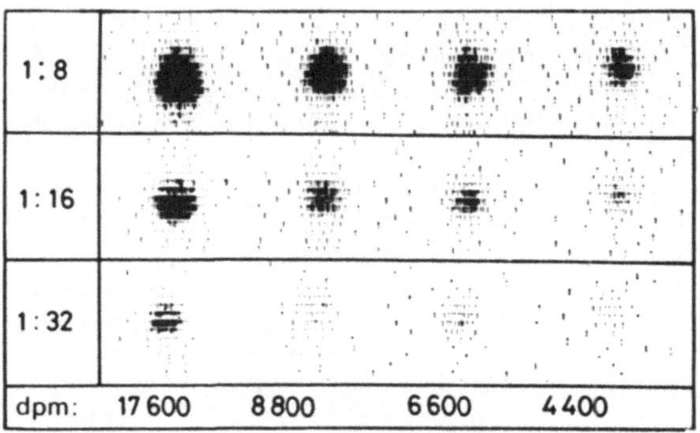

Abb. G, 8. Auswertung zweidimensionaler Chromatogramme mit [14]C. Die Strichdichte kann durch Variation des Untersetzungsfaktors (z. B. oberste Zeile 8 Impulse = 1 Strich) dem Aktivitätsbereich angepaßt werden. Abbildung aus [23].

ohne die Schwierigkeiten der Autoradiographie, wie sie besonders beim Tritium auftreten. Bei der chromatographischen Reinigung größerer Aktivitätsmengen Tritium-markierter Verbindungen ist es möglich, derartige Szintigramme in 30–60 Min. zu erhalten. Bei zweidimensionalen Chromatogrammen mit mittleren Tritium-Aktivitäten (0,1–0,01 µCi) betragen die Meßzeiten etwa 8–24 Std. Selbstverständlich sind auch hier die Verhältnisse bei ^{14}C im Vergleich zu T, wegen der größeren Zählausbeute von ^{14}C, erheblich günstiger. Durch die Selektion der interessierenden Chromatogramm-Areale (Abb. G, 7) und entsprechende Vorwahl des Scan-Programms kann man oft erheblich Zeit sparen.

Die Verwendung des »Dünnschicht-Scanners«, kombiniert mit einem Punktdrucker, ist bei zweidimensionalen Chromatogrammen die einzige Möglichkeit, das Chromatogramm quantitativ auf seine Aktivitätsverteilung zerstörungsfrei zu untersuchen. Abb. G, 8 zeigt, daß durch Wahl eines geeigneten Untersetzungs-Faktors beim Punktdrucker die Anzahl der Punkte pro Aktivitätsfleck auszählbar ist. Die Zahl der Punkte, abzüglich der durch den Nulleffekt verursachten, ist der Aktivität proportional (Tab. G, 2).

Die Anpassungsmöglichkeit an verschiedene Aktivitäts-Verhältnisse durch Wahl des Untersetzungs-Faktors beim Punktdrucker ist besonders vorteilhaft beim Vorliegen eng benachbarter Flecken verschieden großer Radioaktivität (Abb. G, 9). Während diese durch ein »Szintigramm« trennbar sind, da nur die Strahlung direkt unterhalb der Blendenöffnung erfaßt wird, können sie autoradiographisch wegen ihrer starken seitlichen Strahlung schlecht getrennt werden. Dieses »Verschmieren« tritt bereits beim ^{14}C auf, noch stärker natür-

Tab. G, 2. Quantitative Auswertung von zweidimensionalen Chromatogrammen. Die bei der Direktmessung erhaltenen Striche gemäß Abb. G, 8 wurden ausgezählt und zur aufgetragenen Radioaktivität (^{14}C-Östron) in Beziehung gesetzt. Zu große Strichdichte kann durch Verändern des Untersetzungsfaktors aufgelöst werden. Nach [23].

Aufgetragene Radioaktivität		Gemessene Radioaktivität		Gemessene Radioaktivität	
[dpm]	[%]	Strichzahl (Faktor 1:32)	[%]	Strichzahl (Faktor 1:16)	[%]
17 600	100	131	100	–	–
8 800	50	59	45	119	50
6 600	37	44	34	88	37
4 400	25	29	22	55	23

lich bei Strahlern mit höherer Energie. In extremen Fällen wird man neben einer sehr kleinen Blendenöffnung eine große Blendendicke wählen (vgl. auch die Möglichkeiten von Halbleiter-Detektoren, B, 4.3.).

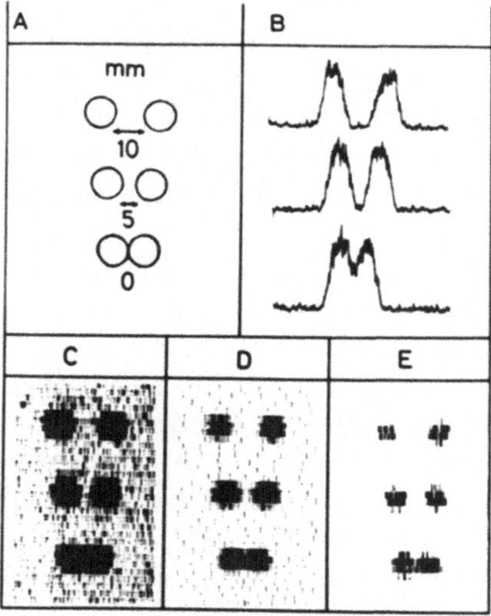

Abb. G, 9. Auflösung eng benachbarter Flecken bei zweidimensionaler Chromatographie mit Tritium.
A. Position der radioaktiven Flecken, (6,7-T)-Östradiol. B. Registrierung der eindimensionalen Aktivitätsverteilung mit Linienschreiber. C-E. Registrierung der zweidimensionalen Aktivitätsverteilung mit Punktdrucker, dabei wurde die Grundaktivität verschieden stark unterdrückt. (»Elektronische Kontrastverstärkung« bzw. Nulleffekt-Unterdrückung). Abbildung aus [23].

2.2.4. Messung von doppelt-markierten Chromatogrammen

Während man bei der Direktmessung Tritium nur mit offenem Zählrohr nachweisen kann, ist bei ^{14}C und ^{35}S ein Nachweis auch mit dünnwandigen Fenstern möglich. Dabei wird die Zählausbeute für diese Isotope etwa halbiert. Bei doppeltmarkierten Proben kann man durch Messungen mit und ohne Fenster zwischen Tritium- und z. B. ^{14}C-markierten Substanzen unterscheiden [24], (Abb. G, 10).

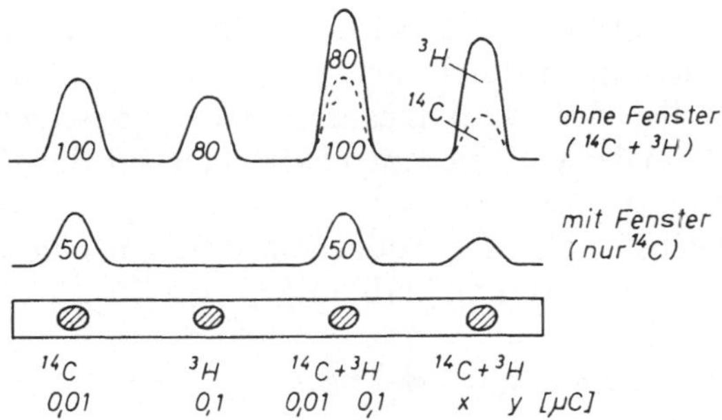

Abb. G, 10. Schema der Chromatogramm-Auswertung bei Doppelmarkierung (T/^{14}C). Oben: Messung ohne Fenster erfaßt T$+^{14}C$; unten: Messung mit Fenster (0,9 mg/cm²) erfaßt nur ^{14}C. Abbildung aus [24].

Ohne Fenster wird die T- und ^{14}C-Aktivität erfaßt, mit Fenster nur die ^{14}C-Aktivität. Die Absorption der ^{14}C-Strahlung im Fenstermaterial (z. B. Hostaphan mit 0,9 mg/cm²) muß durch eine Eichaktivität von ^{14}C bestimmt werden. Damit kann bei doppeltmarkierten Proben (T/^{14}C) aus der Impulszahl der Messung mit Fenster der ^{14}C-Anteil bei fensterloser Messung berechnet werden. Dieser wird von der Gesamtimpulszahl bei fensterloser Messung abgezogen. Die Restimpulse entsprechen dem T-Anteil in der doppeltmarkierten Probe. Die Genauigkeit des Verfahrens ist relativ gering.

Mit dickwandigen Fenstern können selbstverständlich auch T und ^{32}P oder ^{14}C bzw. ^{35}S und ^{32}P separiert werden. Dieses Verfahren kann man zur Identifizierung unbekannter markierter Substanzen anwenden [25]. Dazu setzt man bei der Chromatographie der Mischung den vermuteten Stoff zu, der jedoch mit einem anderen Isotop markiert ist. Bei Identität ist dann bei allen Reinigungsoperationen der Quotient aus den beiden Aktivitäten (z. B. $^{32}P/^{14}C$) konstant [24, 25]. Allerdings muß man dabei auf evtl. auftretende Isotopieeffekte achten (vgl. G, 2.1.).

Ein weiteres Prinzip zur Messung von doppeltmarkierten Proben auf Dünnschichtchromatogrammen geben MELO und PRYDZ [26] an.

Danach wird dem Kieselgel Anthracenpulver als Szintillator zugesetzt (vgl. G, 2.2.2.) und durch Diskriminierung des Impulsspektrums ^{14}C und T getrennt (vgl. B, 4.2. und F, 2.1.2.).

2.2.5. Zählausbeute und weitere Meßparameter bei der Direktmessung

Die Direktmessung von Papier- oder Dünnschichtchromatogrammen wird durch Störeinflüsse bei der Chromatographie wesentlich stärker beeinträchtigt als durch apparative Fehler. Apparative Fehlermöglichkeiten bei der Direktmessung mit Dünnschichtzählrohren sowie der Einfluß der verschiedenen Parameter auf die Messung werden nachfolgend besprochen.

Die ausführlichsten Untersuchungen dazu stammen von FIGGE et al. [19], STEVENSON [26a], WILDE [26b] und WOOD [27].

Selbstabsorption im Chromatogramm-Träger

Da von einer punktförmigen Aktivitätsquelle 50% der Teilchen in einem Raumwinkel von 2π emittiert werden, muß – ohne Selbstabsorption – mit einem 2π-Zählrohr die Zählausbeute etwa 50% betragen. Entsprechend liegen die Zählausbeuten bei harten β-Strahlern auf Dünnschicht-Chromatogrammen bei 40–50% und auf Papier-Chromatogrammen mit einem 4π-Zählrohr bei 80–90%. Bei weichen β-Strahlern bedingt die Selbstabsorption im Chromatogramm-Träger eine erniedrigte Zählausbeute. Da die maximale Reichweite der β-Strahlung des Tritiums nur 0,7 mg/cm² und die Halbwertsdicke nur 0,04 mg/cm² beträgt, ist dieses Isotop am schwierigsten zu messen.

Die Abhängigkeit der Zählausbeute von der Schichtdicke des Papier- oder Dünnschicht-Chromatogramms ist in Abb. G, 11 wiedergegeben. Danach erfaßt ein Dünnschichtzählrohr durch den Felddurchgriff bei Tritium und ^{14}C alle von der Oberfläche tatsächlich emittierten β-Teilchen [10]. Das folgt aus der Zählausbeute von 50% bei unendlich dünner Schichtdicke bei beiden Isotopen.

Ferner zeigt Abb. G, 11, daß für möglichst empfindliche Messungen dünne Absorptionsschichten verwendet werden sollen.

Die Zählausbeute von Tritium und in geringerem Maße auch von ^{14}C kann von der Trocknungsprozedur des Chromatogramms abhängen. Falls dabei die Substanz an der Oberfläche des Papiers oder der Absorptionsschicht angereichert wird, ist die Absorption durch die Schicht geringer, als wenn die Substanz homogen in dieser Schicht verteilt wäre. Bei der Bestimmung der Zählausbeute ist daher

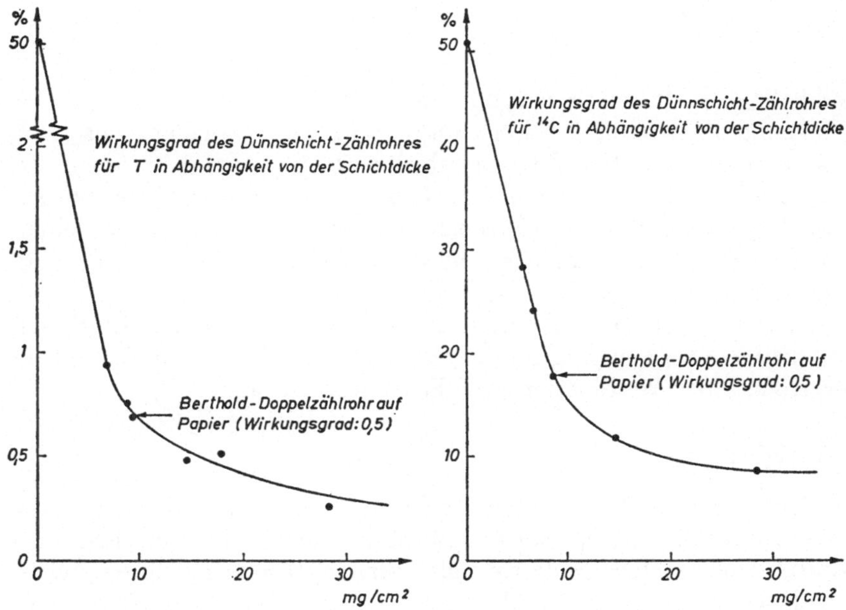

Abb. G, 11. Zählausbeute (%) für Tritium und ^{14}C in Abhängigkeit der Schichtdicke von Chromatogrammen, aus [10].

darauf zu achten, daß die Vorbehandlung der Chromatogramme und insbesondere die Trocknung gleich erfolgt. Derartige Fehler sind bei härteren Strahlern nicht zu erwarten.

Bestimmung der Zählausbeute

Die Zählausbeute E ist durch folgende Gleichung definiert:

$$E\,(\%) = \frac{\text{cpm} - \text{Nulleffekt}}{\text{dpm im Areal der Blendenöffnung}} \times 100 \qquad (G, 1)$$

Man muß aber beim kontinuierlichen Ausmessen von Chromatogrammen beachten, daß die gemessenen Impulse nicht nur von der Zählausbeute und vom Aktivitätsgehalt des Chromatogrammflecks abhängen, sondern von einer Reihe weiterer Parameter. Die Zahl der Impulse c, die ein Chromatogrammfleck ergibt, ist eine Funktion der Zählausbeute E, der Schlitzbreite d (mm), der Geschwindigkeit v (mm/Min.) mit der sich das Chromatogramm unter dem Zählrohr bewegt, der Radioaktivität A des Flecks in dpm und des Nulleffekts B. Er ist gleich dem Nulleffekt pro Zeiteinheit mal der Zeit, die das Zählrohr zum Überstreichen des Flecks benötigt. Es ergibt sich:

$$c = E \times \frac{d}{v} \times A + B \qquad\qquad (G, 2)$$

Falls d, v, B und A bekannt sind, kann E bestimmt werden. Bei bekanntem E kann bei konstant gehaltenen Parametern aus dem gemessenen c der Wert für A errechnet werden.

Bei allen Messungen muß die Länge des Blendenschlitzes so gewählt werden, daß der Chromatogrammfleck auch noch an seiner breitesten Stelle überdeckt wird. Übliche Blendenlängen sind 36–10 mm.

Mit Hilfe der Zählausbeute E läßt sich ferner eine Gütezahl (figure of merit) $= E^2/B$ (vgl. C, 3.) definieren, mit der die Leistungsfähigkeit verschiedener Anordnungen verglichen werden kann.

Nulleffekt

Um minimale Nulleffekte zu erhalten ist es nötig, die Form des Zählrohres dem Meßproblem optimal anzupassen. Dies erreicht man durch eine rechteckige Form mit einer der Blende parallelen Achse und einem Anodendraht über der Mitte des Blendenschlitzes. Zusätzlich kann der Nulleffekt durch eine Bleiabschirmung vermindert werden. Auch ohne Bleiabschirmung kann der Nulleffekt weiter verringert werden, falls das empfindliche Zählrohrvolumen durch Verkürzen des Anodendrahts verkleinert wird [23]. Dies ist bei der zweidimensionalen Auswertung zu empfehlen, da dabei die Blenden-Öffnung nur 4×4 oder 2×2 mm groß ist und ein Nulleffekt von 2–3 cpm ohne Bleiabschirmung zu erreichen ist.

Obwohl erfahrungsgemäß Kontaminationen des Zählrohrinneren selten vorkommen, achte man bei der Auswahl von Meßgeräten auf leichte Dekontaminierbarkeit der die Dünnschichtplatten transportierenden Teile und des Zählrohres.

Effektive Blenden-Breite

Beim Ausmessen von Papierchromatogrammen mit 4π-Zählrohren liegt das Chromatogramm ohne Abstand an den Blenden. Damit ist cum grano salis die effektive Blenden-Breite identisch mit der geometrischen Blenden-Breite.

Bei der Messung von Dünnschicht-Chromatogrammen muß jedoch ein Mindestabstand zwischen Zählrohrblenden und Chromatogramm-Oberfläche eingehalten werden. Somit wird nach Abb. G, 6 die effektive Blenden-Breite (und Länge) größer als die geometrische Blenden-Breite. Die relativen Abweichungen sind bei breiteren Blenden kleiner als bei schmäleren. Um die effektive Blenden-Breite möglichst der geometrischen anzunähern und damit ein gutes Auflösungsvermögen zu erzielen, soll der Abstand zwischen Zählrohrblende und Chromatogramm so gering wie möglich gehalten werden.

Als Maß für die Auflösung bei ^{14}C ist in Abb. G, 12 die Peakbreite (bei halber Peakhöhe) angegeben. Danach vergrößern Abstandsänderungen im Bereich von 0,3–0,5 mm die Peakfläche wesentlich weniger als im Bereich 0,7–2 mm.

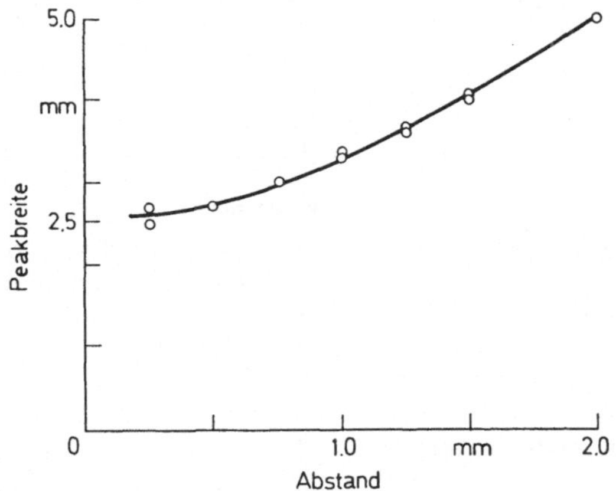

Abb. G, 12. Auflösungsvermögen bei verschiedenem Abstand Chromatogrammoberfläche – Blende. Auf der Ordinate ist die Peakbreite bei halber Peakhöhe für eine gegebene ^{14}C-Aktivität angegeben. Abbildung aus [27].

WOOD [27] untersuchte auch das Auflösungsvermögen verschieden breiter Schlitzblenden für ^{14}C. Abb. G, 13 zeigt bei 1 mm breiten Blenden noch eine gute Auflösung von Flecken, die 2–3 mm getrennt sind. Jedoch scheint die effektive Blenden-Breite größer als 1 mm zu sein, da im aktivitätsfreien Zwischenraum die gemessene Radioaktivität nicht auf den Nulleffekt absinkt. Zum Auflösungsvermögen bei Tritium vgl. Abb. G, 9.

Die effektive Blenden-Breite kann – bei sonst konstanten Bedingungen – weiter verkleinert und das Auflösungsvermögen verbessert werden, falls man zu größerer Blendendicke übergeht (vgl. Abb. G, 6). Allerdings sinkt dabei der Felddurchgriff aus dem Zählrohr zur Chromatogrammoberfläche erheblich [19]. Dies ist bei härteren β-Strahlern und auch noch bei ^{14}C unerheblich, da direkt unter dem Blendenschlitz emittierte β-Teilchen noch das Zählrohrinnere erreichen. Bei Tritium kann auf den Felddurchgriff nur bei hohen Aktivitäten verzichtet werden. Das gleiche gilt für die energieschwachen Auger-Elektronen von γ-Strahlern [28].

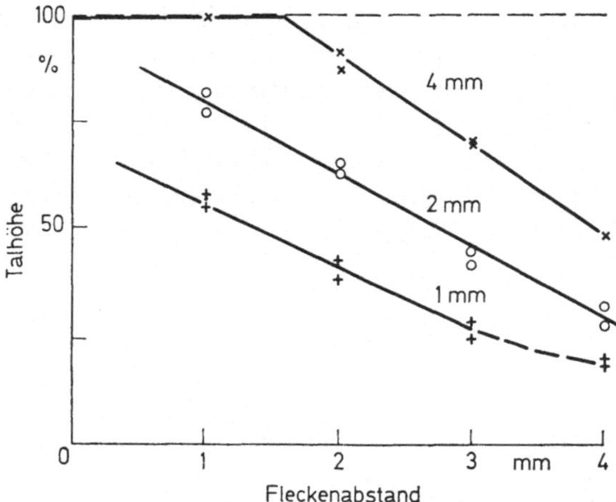

Abb. G, 13. Auflösungsvermögen bei verschiedener Blendenbreite. Auf der Ordinate ist die Höhe des Minimums (Talhöhe) zwischen zwei benachbarten radioaktiven Flecken (^{14}C) in % der Maxima, auf der Abszisse der Abstand der Flecken aufgetragen. Der Abstand zwischen Chromatogramm-Oberfläche und Blende ist vom Autor nicht angegeben. Aus [27].

Dämpfung bzw. Zeitkonstante

Die Zählrate (cpm) einer radioaktiven Quelle schwankt um einen Mittelwert (vgl. C, 1.). Bei einer Ratemeter-Messung kommt es daher zu einer entsprechenden Schwankung der Ratemeter-Kurve. Um diese Schwankungen zu verkleinern, kann man die Dämpfung im Schreiberausgang vergrößern.

Bei einem Ratemeter werden die gemessenen Impulse auf einen Kondensator C gegeben, dem ein Widerstand R parallel geschaltet ist. Die Dämpfung (in sec) entspricht der Zeitkonstante $t = R \cdot C$

Die Wahl einer hohen Dämpfung führt zu einem besseren Ausgleich der statistischen Schwankungen bei der Ratemeter-Messung gleichzeitig aber zu einer trägeren Anzeige, d. h. zu verlängerter Einstell-Zeit.

Schematisch sind diese Verhältnisse in Abb. G, 14a dargestellt. Die große Trägheit des Ratemeters bei hoher Dämpfung führt zu einer verspäteten Anzeige der radioaktiven Maxima auf Chromatogrammen, wie aus Abb. G, 14b hervorgeht.

Als Richtzahl für die verzögerte Anzeige kann gelten, daß ein Aktivitätspeak immer um die Strecke versetzt ist, die – entsprechend dem Vorschub – innerhalb der Zeit t zurückgelegt wird. Z. B. wird bei einem Vorschub von 120 mm/h das Peak-Maximum bei einer Zeitkonstante $t = 30$ sec um 1 mm versetzt aufgezeichnet, beim Vorschub 600 mm/h ist der Peak um 5 mm versetzt (Abb. 14 b).

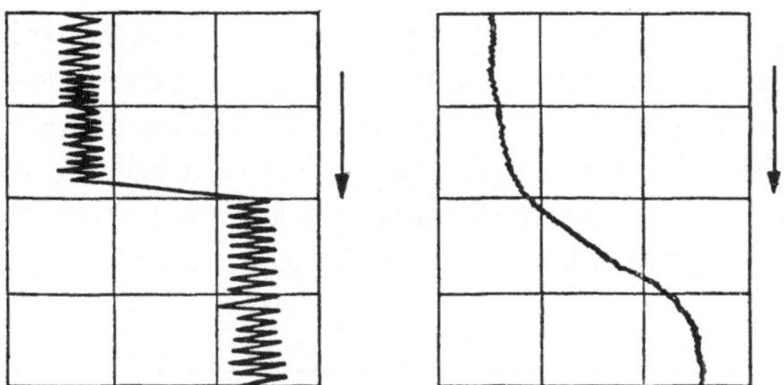

Abb. G, 14a. Einfluß der Dämpfung auf die Ratemeter-Anzeige (schematisch, Vorschub von oben nach unten). Links: Bei geringer Dämpfung starke Schwankung der Anzeige um den Mittelwert, gleichzeitig keine Verzögerung beim Einstellen einer geänderten Zählrate. Rechts: Bei hoher Dämpfung gute Ausmittelung der statistischen Schwankungen, aber starke Verzögerung beim Einstellen einer geänderten Zählrate. Abbildung aus [112].

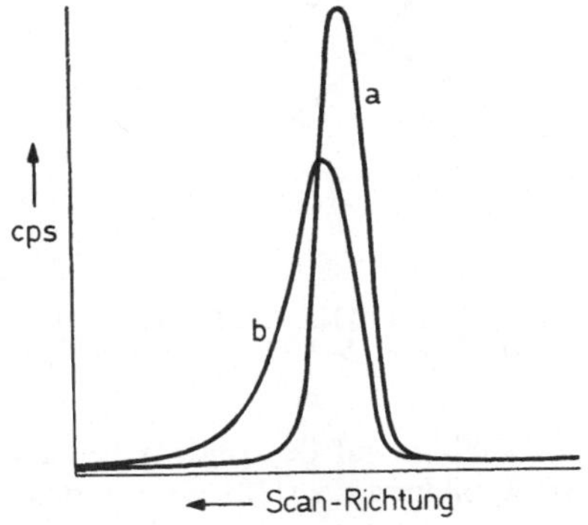

Abb. G, 14b. Einfluß der Dämpfung auf Ratemeter-Anzeige (Peak-Verformung). Mit steigender Dämpfung wird der Peak breiter, besonders in Vorschub-Richtung. Außerdem ist die Lage des Maximums durch verzögerte Ratemeter-Einstellung verschoben. Kurve a: Zeitkonstante 1 Sek. Kurve b: Zeitkonstante 30 Sek. In beiden Fällen Vorschub 300 mm/h. Abbildung aus [27].

Reproduzierbarkeit der Meßergebnisse

Aus dem Zusammenhang zwischen der Standardabweichung von Ratemeter-Messungen (vgl. C, 4) und der Zeitkonstante RC geht hervor, daß große Zeitkonstanten die Genauigkeit erheblich steigern. Dies ist besonders wichtig, falls die gemessene Radioaktivität in der Größenordnung des Nulleffekts liegt. Da aber bei großer Dämpfung der Schreiber-Ausschlag des Ratemeters sehr träge ist und damit radioaktive Peaks verspätet anzeigt, muß man bei hohen Zeitkonstanten mit langsamem Vorschub messen. Diese Verzögerung bei der

Peak-Anzeige ist umso ausgeprägter, je höher die Aktivitätsrate ist. In Abb. G, 15 ist bei gegebener Dämpfung (Zeitkonstante 2,5 sec) der Fehler und die Einstell-Zeit der Ratemeter-Anzeige bei verschieden hohen Zählraten aufgetragen. Danach können zur genauen Lokalisation Maxima hoher Radioaktivität nur mittlere bis niedrige Zeitkonstanten für die Dämpfung verwendet werden.

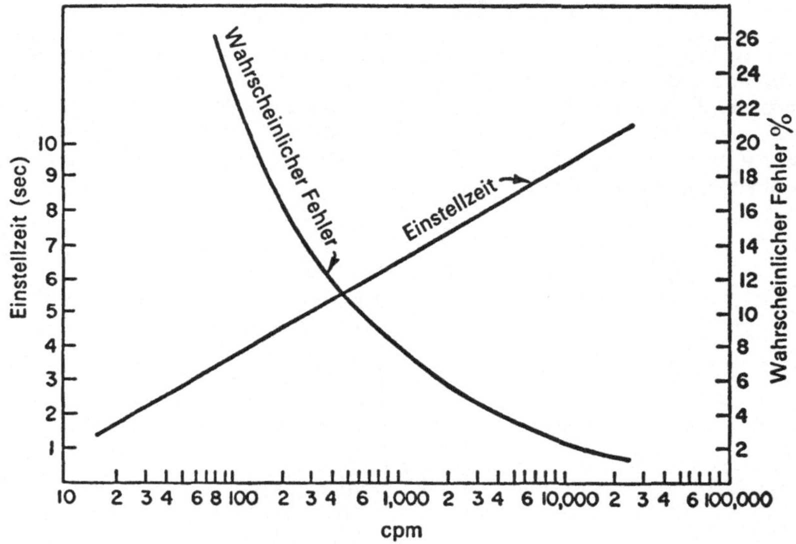

Abb. G, 15. Einfluß der Zählrate auf den statistischen Meßfehler und die Einstell-Zeit des Ratemeters. Abbildung aus [112]. Zeitkonstante: 2,5 Sek.

Die Abhängigkeit des prozentualen Fehlers von der Vorschub-Geschwindigkeit (in cm/sec), der Blenden-Breite (in cm) und der Radioaktivität im Peak (in cpm) kann nach JOHNSON [29] berechnet werden:

$$\sigma\,(\%) = \frac{775 \cdot (\text{Vorschub})^{1/2}}{(\text{Blendenbreite})^{1/2} \cdot (\text{cpm})} \tag{G, 3}$$

GELBKE et al. [30] fanden bei der Auswertung von ^{32}P auf Papierchromatogrammen einen Gesamtfehler für alle Einflüsse von $\pm$ 4,6%, angegeben als mittlerer relativer Fehler. DENNEF und MOOR [13] nennen für die Direktmessung von T-markierten Cortison-Derivaten einen relativen mittleren Fehler von ca. $\pm$ 5%; SCHULZE und WENZEL [16] fanden für ^{14}C auf Dünnschichtplatten einen relativen mittleren Fehler von $\pm$ 3%.

Nach RABITZSCH [31] schaden elektrostatische Aufladungen der
Dünnschichtplatte der Reproduzierbarkeit. Aufladung tritt ein, falls
die Glasplatte elektrostatisch isoliert unter dem offenen Zählrohr
liegt, und mit zu hoher Arbeitsspannung gemessen wird. Daher ist es
zweckmäßig im unteren Bereich des Zählrohrplateaus zu messen.
Liegt die Platte auf einem Metallträger, so wird dieser Fehler vermieden. Eine Abnahme der Zählausbeute durch elektrostatische Aufladungen findet man nur bei schwachen β-Strahlern.

2.2.6. Kombination verschiedener Parameter

Das Auffinden der optimalen Kombination von Vorschubgeschwindigkeit, Dämpfung und Blendenbreite bereitet Schwierigkeiten, weil die einzelnen Parameter entgegengesetzte Wirkungen auf das
Meßergebnis haben. Die Kombination hängt von dem jeweiligen
Hauptziel ab: Maximale Empfindlichkeit, maximale Auflösung oder
kurze Meßzeit. Eine ausführliche Arbeit über dieses Thema stammt
von FIGGE et al. [19].
Die primäre Größe ist stets die auf dem Chromatogramm vorhandene Aktivität. Eine hohe Aktivität läßt immer die gleichzeitige Er-
reichung aller Ziele zu. Ist die Aktivität aber niedrig, so muß eine
genügend große Impulszahl gesammelt, d. h. lange genug gemessen
werden, um einen genügend kleinen Meßfehler zu erzielen. Entsprechend lange muß auch der Nulleffekt gemessen werden. Beides
erfordert bei der Direktmessung von Chromatogrammen einen langsamen Vorschub. Um die statistischen Schwankungen des Nulleffekts
und der Aktivität auszumitteln, muß man dabei eine hohe Dämpfung
anwenden. Durch eine hohe Dämpfung kommt es aber zu einer
Peak-Verformung und zu einer schlechten Auflösung benachbarter
radioaktiver Flecken. Zur Peak-Verformung durch große Dämpfung
vgl. Abb. G, 14b. Die Peak-Verformung bei großer Dämpfung kann
durch einen langsamen Vorschub vermieden werden. Daher lautet die
Grundregel bei der Direktmessung kleiner Aktivitäten:

Niedrige Aktivität =
langsamer Vorschub + hohe Dämpfung + niedriger Nulleffekt

Eine Anleitung für die optimale Kombination der verschiedenen Parameter, je nach dem erstrebten Ziel, gibt Abb. Gl, 16a. Angaben über die
Parameter Vorschub und Dämpfung in Abhängigkeit vom Aktivitätsbereich macht Abb. G, 16b.

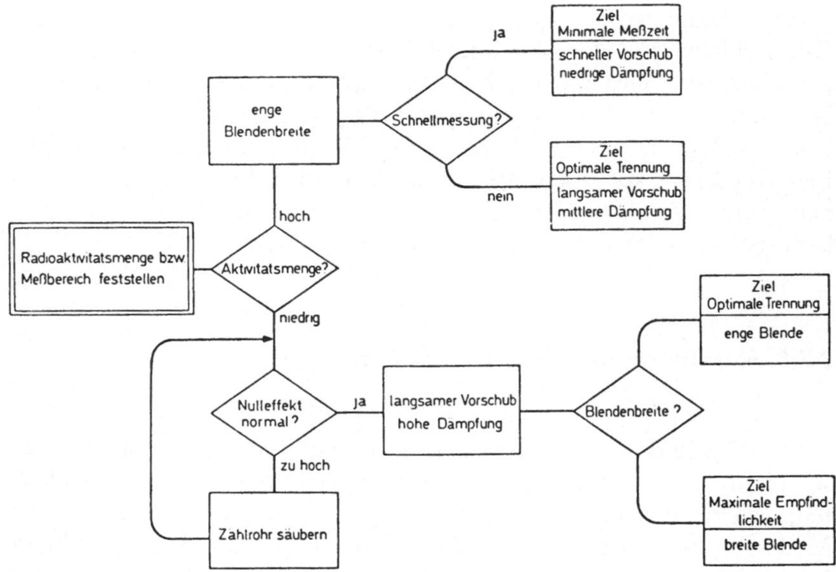

Abb. G, 16a. Wahl der Parameter bei der Direktmessung.

Abb. G, 16b siehe S. 250.

Bei der Punktdrucker-Messung zur Herstellung eines »Szinti-gramms« von zweidimensionalen Chromatogrammen gelten folgende Grundregeln:

Niedrige Aktivität =   langsamer Vorschub + niedriger Nulleffekt + mittlerer Untersetzungsfaktor[2]
Hohe Aktivität =   schneller Vorschub + kleine Quadratblende + großer Untersetzungsfaktor

2 Bei sehr langsamem Vorschub muß der Untersetzungsfaktor erhöht werden, weil sonst die durch den Nulleffekt bedingten Punkte zu dicht liegen, um noch Platz für Aktivitäts-bedingte Punkte zu lassen.

2.3. Diskontinuierliche Messung von Chromatogrammen

Diskontinuierliche Auswerteverfahren werden meist dann ange-wendet, wenn die Direktmessung zu unempfindlich ist. Sie sind jedoch nur möglich, falls die zu messenden Substanzen nicht weiter untersucht werden sollen. Tritium wird besonders häufig diskontinuierlich durch Flüssig-Szintillation gemessen (vgl. D, 3.1.1.2.).

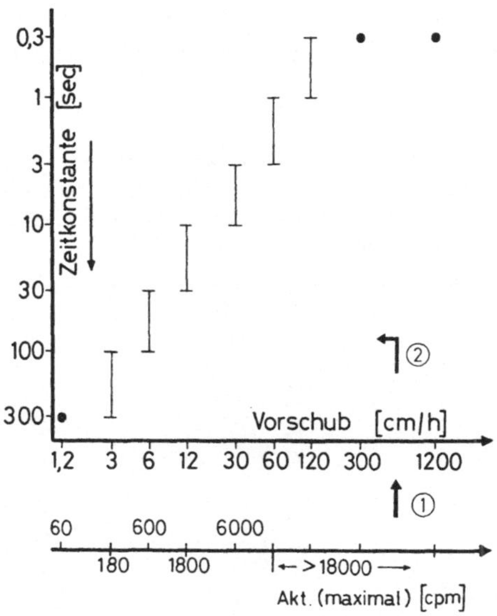

Abb. G, 16 b. Koordination der Parameter bei der Direkt-Messung (vgl. S. 249). 1. Man wählt erst den Radioaktivitäts-Bereich auf dem Chromatogramm entsprechend dem höchsten Aktivitätsmaximum. Geht man anschließend im Diagramm senkrecht nach oben, kann man den dazu gehörenden schnellsten Vorschub ablesen. (Ein langsamerer Vorschub ist immer möglich.) 2. Entsprechend der Vorschub-Geschwindigkeit wählt man die Zeitkonstante der Dämpfung (vgl. Abb. G, 16 a).

2.3.1. Diskontinuierliche Messung von Papier- und Dünnschicht-Chromatogrammen

Hierfür wird das Papier in Streifen zerschnitten bzw. die Zonen von dem Dünnschicht-Träger abgekratzt, entsprechende Verfahren sind unter D, 3.1.1.2.3. angegeben. Dazu wird das Material entweder direkt eingesetzt und die Substanz mehr oder weniger vollständig durch den Szintillator herausgelöst [32, 33] oder es wird z. B. bei Cellulose-Träger durch Verbrennung [34] (vgl. auch D, 3.1.2.3.) bzw. bei Kieselgel durch Auflösen in Flußsäure [35] eine homogene Meßprobe erzielt. Zum Abkratzen von Dünnschicht-Platten sind Automaten konstruiert worden [33, 36]. Wegen evtl. schwerwiegender Störungen dieser Meßtechnik vgl. jedoch D, 3.1.1.2. und [37–39].

Zu den wechselnden und unerwartet geringen Zählausbeuten bei der Flüssig-Szintillations-Messung von markierten Verbindungen zusammen mit dem Chromatogramm-Trägermaterial vergleiche Tab. G, 3. Über erhebliche Fehler, die bei unterschiedlicher Lage von Papierstreifen im Meßfläschchen sogar bei ^{32}P auftreten, berichten Blasius et al. [39a].

Tab. G, 3. Zählausbeute von T und ^{14}C auf verschiedenem Trägermaterial bei Flüssig-Szintillationsmessung. Auf das Trägermaterial wurde die radioaktive Verbindung aufgetropft, dort eingetrocknet und anschließend in 4 ml Toluol-Cocktail gemessen. Tabelle nach [38].

Trägermaterial	Zählausbeute in % T-Acetat	Zählausbeute in % ^{14}C-Arginin
Glasfaser GF 82	11,5	81
Zelluloseacetat	6,3	72
Whatman Nr. 1	2,25	61
Ionenaustauscher:		
(Anion) CM 50	1,42	53
(Kation) DE 81	2,41	61
Silicagel	3,36[a])	–

[a]) T-Arginin

Angesichts des Arbeitsaufwandes und der Fehlermöglichkeiten ist – besonders bei ^{14}C und härteren Strahlern – immer zu überlegen, ob nicht die Direktmessung auf dem unzerstörten Chromatogramm vorzuziehen ist. Der Zeitgewinn kann der eigentlichen Meßzeit zugute kommen, d. h. im gleichen Zeitraum kann die unzerstörte Dünn-schichtplatte – mit langsamerer Scan-Geschwindigkeit – also emp-findlicher gemessen werden.

2.4. Autoradiographische Verfahren

Autoradiographische Verfahren erlauben auf dem unzerstörten Papier- oder Dünnschicht-Chromatogramm eine qualitative Lokalisation radioaktiver Bezirke. Zu quantitativen Aktivitätsbestimmungen sind sie schlecht geeignet. Jedoch erlaubt die Lokalisation der radioaktiven Flecken danach ihre Abtrennung vom Chromatogramm und anschließende quantitative Bestimmung. Das Hauptanwendungs-gebiet ist die Aktivitätslokalisation bei zweidimensionalen Chromatogrammen, während für Einfach- und Parallel-Chromatogramme die Direktmessung oder andere Auswertemethoden bevorzugt werden. Zu den autoradiographischen Verfahren gehört die klassische Autoradiographie und die Auswertung mit der Funkenkammer. Während die Filmautoradiographie für γ-Strahler – wenn auch mit schlechter Auflösung – anwendbar ist, eignet sich die Funkenkammer kaum zur Lokalisation von γ-Strahlern auf Chromatogrammen.

2.4.1. Film-Autoradiographie

Bei der klassischen Autoradiographie nützt man das Schwärzen einer Photoemulsion durch radioaktive Strahlung aus, indem man direkt auf das Chromatogramm einen photographischen Film legt.

Die Hauptvorteile der Autoradiographie sind die Einfachheit des Verfahrens und das sehr gute geometrische Auflösungsvermögen. Bei ^{14}C und besonders bei T kann man kleinste Details in der Form der radioaktiven Flecken erkennen. Dagegen tritt bei härteren β-Strahlern, ihrer großen Reichweite wegen, ein Überstrahlen auch der dem radioaktiven Fleck benachbarten Bezirke ein. Dadurch wird das Auflösevermögen vermindert, besonders bei hohen Aktivitäten. Dies läßt sich schon aus der durchschnittlichen Reichweite der β-Teilchen in Filmemulsionen ablesen: $T \approx 2\,\mu$, ^{14}C und $^{35}S \approx 100\,\mu$ und $^{32}P \approx 3200\,\mu$.

Als Filmmaterial werden hochempfindliche, handelsübliche, grobkörnige Röntgenfilme benutzt. Für weiche β-Strahler darf der Film keine Schutzschicht enthalten. Geeignete Filme sind: Gaevert Strukturix D 10, Agfa-Gaevert SINO-Röntgenfilme, Eastman Kodak »Single Coated, blue-sensitive« X-Ray Film, Eastman Kodak »No Screen« Film, Kodirex X-Ray Film.

Ferner können die Chromatogramme nach CHAMBERLAIN et al. [40] mit einer XK-Ilford-Emulsion überzogen werden. Dies Verfahren ist jedoch für Dünnschichtchromatogramme wegen chemographischer Effekte nicht geeignet. Über Einzelheiten vergleiche die Monographie von FISCHER und WERNER [41]. Die Filme sollen möglichst gleichmäßig auf das Chromatogramm aufgedrückt werden. Um nach der Entwicklung Film und Chromatogramm wieder zuordnen zu können, ist es ratsam, dieses an einigen Stellen mit radioaktiver Tinte zu kennzeichnen. Um die mechanische Widerstandsfähigkeit der Dünnschicht zu erhöhen, kann man diese, vor dem Auflegen des Films, mit einem Fixierungsmittel besprühen. Bei reduzierend wirkenden Substanzen kann es in der Photoemulsion durch Chemographie zu Artefakten kommen. Im Zweifelsfall ist dies mit nichtmarkierten Substanzen zu prüfen.

Weiterhin ist völlige Trocknung der Chromatogramme vor dem Auflegen der Filme nötig, da sonst Lösungsmitteldämpfe in den Film einwandern und diesen beeinträchtigen. Soll das Chromatogramm »halbquantitativ« visuell oder durch Mikrodensitometer ausgewertet werden, so kann es außer durch Chemographie bei weichen β-Strahlern auch durch flüchtige Verbindungen, die in den Film eindiffundieren, zu wesentlichen Fehlern kommen.

Zur optimalen Schwärzung von Röntgenfilmen müssen 10^6–10^8 β-Teilchen pro cm² Film und zur gerade sichtbaren Schwärzung 10^5–10^6 β-Teilchen pro cm² Film auftreffen. Für ^{14}C ergibt sich bei doppellogarithmischem Auftragen von Expositionszeit und Aktivität ein linearer Zusammenhang gemäß Abb. G, 17 [42].

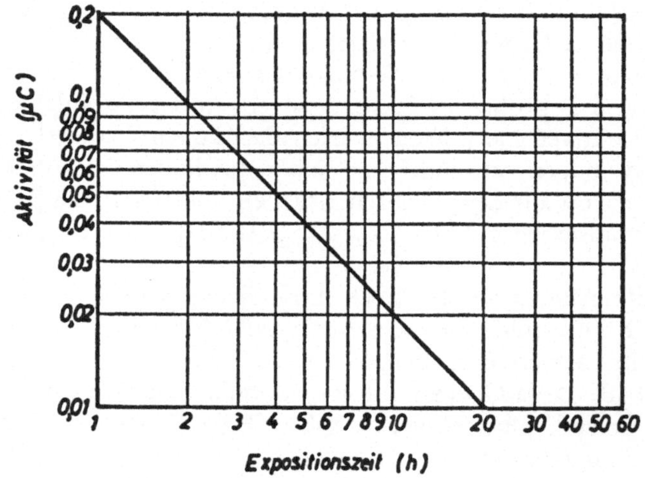

Abb. G, 17. Expositionszeit für Röntgenfilm zur Lokalisation von ^{14}C auf Papier-Chromatogrammen. Abbildung nach [41, 42].

Für Tritium ist das zur sichtbaren Filmschwärzung nötige Produkt »Radioaktivität × Zeit« 60 mal größer als beim ^{14}C. Tab. G, 4 gibt die nötigen Expositionszeiten bei unterschiedlichen Filmmaterialien an [41]. Zur Auswertung von Dünnschichtplatten wird auch die »Fluorographie« empfohlen. Man mischt dabei zu dem Trägermaterial eine Szintillator-Substanz. Die im Szintillator ausgelösten Lichtblitze schwärzen eine lichtempfindliche Schicht. Nach l. c. [43] ist das Verfahren nur bei – 78° effektiv. TYKVA und PAVLŮ [43a] hingegen

Tab. G, 4. Nachweisgrenze für Tritium auf Papier-Chromatogrammen.

Technik	Nachweisempfindlichkeit $\mu C/cm^2 \times Tag$
Kontaktexposition mit Röntgenfilm in flüssigem Szintillator	0,2
Imprägnieren mit flüssiger Emulsion (K 2, Ilford)	0,28
Imprägnieren mit flüssiger Emulsion (G 5, Ilford)	0,3
Kontaktexposition mit NTB (Kodak)	ca. 0,3[a]
Kontaktexposition mit Röntgenfilm	ca. 0,4[a]
Kontaktexposition mit Röntgenfilm	0,28
Imprägnieren mit XK (Ilford)	0,033

[a]) Schätzwerte; Tabelle nach [41]

arbeiten bei Raumtemperatur. Sie stellten fest, daß das Verhältnis der Schwärzung des Röntgenfilms durch T-markiertes Cytidin auf Chromatographiepapier mit Szintillator zu der ohne Szintillator $=$ S_i/S_o stark von folgenden Parametern abhängt: Konzentration des Szintillators (PPO) in toluolischer Lösung, mit der das Papier getränkt wird, Flächengewicht des Papiers und Radioaktivitätsmenge auf dem Papier. Mit einer PPO-Konzentration von 20 g/ltr. läßt sich eine Erhöhung von S_i/S_o von 3,5 bis 5 erzielen. Das Verfahren läßt sich nur anwenden, wenn die Substanzen sich nicht in der Szintillatorlösung lösen.

Vergleiche dazu auch G, 2.2.2. Die Angaben über die Empfindlichkeit bei Chromatogrammen, die Tritium enthalten, gehen sehr auseinander.

Weiterhin ist es zur reproduzierbaren Auswertung der Autoradiogramme wichtig, die Chromatographie und Trocknungstechnik streng vergleichbar durchzuführen. Besonders bei Tritium führt ungleichmäßiges Trocknen zu Fehlern.

> Jedoch kann man manchmal den Nachweis Tritium-markierter Substanzen verbessern. Man trocknet das mit einem Lösungsmittel besprühte Chromatogramm rasch nur von einer Seite. Ein beträchtlicher Teil der radioaktiven Substanz wandert mit dem verdampften Lösungsmittel zur erhitzten Oberfläche des Papiers. Dadurch wird die Absorption der β-Strahlung vermindert. Auf Chromatogrammen, die T-Thymidin enthielten und nach diesem Verfahren behandelt werden (Lösungsmittel: Äthanol, mit einem Föhn getrocknet), war die Radioaktivität an der Oberfläche fünfmal so groß wie auf unbehandelten Chromatogrammen [44].

GRENNEN TSUK et al. [42] weisen auf eine Reihe von Besonderheiten bei der Autoradiographie von spezifisch hochmarkierten Verbindungen hin.

So bleibt z. B. von Säuren, die am Start eines Papierchromatogramms mit Heißluft angetrocknet werden, häufig eine Startaktivität liegen. Dabei handelt es sich nach Meinung der Autoren um Celluloseester. Sollen z. B. Reinheitsprüfungen markierter Verbindungen durchgeführt werden, so wird empfohlen, auf den Startfleck zunächst etwas von der nichtmarkierten Substanz aufzubringen und die markierten Verbindungen nicht heiß anzutrocknen (Beispiel S. 285).

Die quantitative Auswertung von Autoradiogrammen ist zwar möglich, aber ihrer Umständlichkeit wegen nicht zu empfehlen. Dagegen ist eine quantitative Auswertung bei Mikroautoradiogrammen z. B. von histologischen Präparaten durch Silberkornzählung oder bei harten Strahlern durch Bahnspurzählung eine weit verbreitete Methode. Einzelheiten darüber können den Monographien von FISCHER und WERNER [41] sowie von FEINENDEGEN [45] entnommen werden.

2.4.2. Autoradiographie mit der Funkenkammer

Ein neues Verfahren zur Aktivitätslokalisation bei weichen β-Strahlern ergibt sich durch die Funkenkammer [46]. Man legt dazu ein Chromatogramm unter ein enges Netzwerk aus feinen Drähten, die alternierend mit dem positiven oder negativen Pol einer Hochspannungsquelle verbunden sind. Die Spannung beträgt etwa 2000 V.

In diese Kammer wird als Zählgas ein Gemisch aus 10% Methan und 90% Argon geleitet. Durch Spülen der Kammer mit diesem Zählgas vor Einschalten der Hochspannung ist eine Explosionsgefahr auszuschließen. Die von den radioaktiven Chromatogrammbezirken emittierten β-Teilchen lösen innerhalb ihrer Reichweite zwischen den eng benachbarten Elektroden einen Funken aus (Abb. G, 18). Eine Summierung der Einzelfunken über die Zeit geschieht mit Hilfe photographischer Methoden durch entsprechend lange Belichtung. Die Photographie des Funkenbildes erlaubt auch später die Zuordnung der belichteten Filmabschnitte zu den radioaktiven Chromatogramm-Arealen. Die Empfindlichkeit für ^{14}C und T dürfte knapp der Empfindlichkeit bei der Direktmessung mit einem fensterlosen Dünnschicht-Zählrohr entsprechen. Jedoch hat man hier den Vorteil der *gleichzeitigen* Registrierung der gesamten Oberfläche eines Chromatogramms, so daß die gesamte Meßzeit für alle radioaktiven Bezirke zur Verfügung steht. Dementsprechend ist das Verfahren besonders zur Aktivitätslokalisation auf zweidimensionalen Chromatogrammen vorteilhaft. Bei einer Belichtungszeit von 30 Minuten lassen sich noch Aktivitäten von 100 dpm ^{14}C und 6000 dpm T (aufgetropft auf Whatman Nr. 1 mit 0,5 cm ∅) lokalisieren. Die quantita-

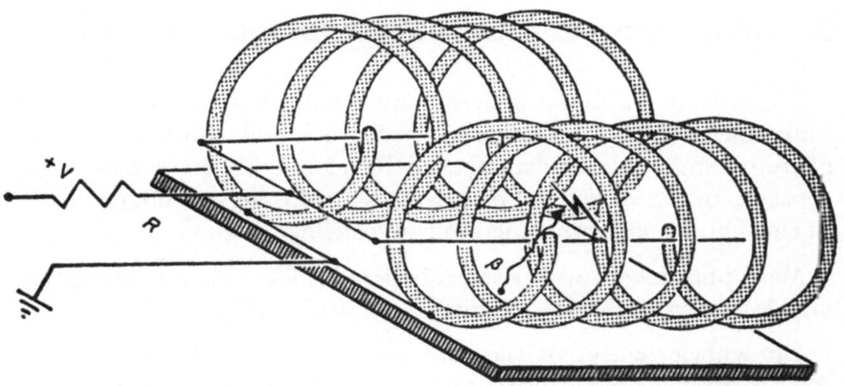

Abb. G, 18. Schema für das Elektroden-Netzwerk in einer Funken-Kammer (vergrößerter Ausschnitt). Die Kathode liegt als Spiraldraht vor, durch die ein dünner Draht als Anode gespannt ist. Die Spannung zwischen den Anodendrähten und den Kathoden beträgt ca. 2000 V. Ein von der Dünnschicht-Platte stammendes β-Teilchen erzeugt einen Funken zwischen Kathode und Anode. Abbildung nach [46].

tive Auswertung der Flecken muß dann – wie bei der Film-Autoradiographie – nach Zerstörung der Chromatogramme durch ein anderes Verfahren erfolgen.

Das räumliche Auflösungsvermögen mit der Funkenkammer ist bei T sehr gut. Dagegen tritt bei höheren Aktivitäten von ^{14}C eine gegenseitige Überstrahlung benachbarten Flecken ein, da die β-Strahlen wegen ihrer größeren Reichweite auch an entfernten Orten Funken erzeugen [46]. Ähnlich wie beim Dünnschichtzählrohr wird die Auflösung besser, wenn die Chromatogrammoberfläche so nahe wie möglich an das Elektroden-Netzwerk gebracht wird.

Da bei der Funkenkammer die Gesamtoberfläche des Chromatogramms erfaßt wird und eine Ausblendung einzelner radioaktiver Bezirke nicht möglich ist, erscheint diese Methode zur Lokalisation härterer β-Strahler weniger geeignet.

3. Auswertung von Gel-Elektropherogrammen

Die meisten Gel-Elektropherogramme enthalten eine Vielzahl von Fraktionen auf kleinster Laufstrecke. Da sich säulenförmige Elektropherogramme schlecht dem ebenen Blendenschlitz eines Zählrohres anpassen und man daher ein schlechtes Auflösungsvermögen erhält, ist eine Direktauswertung meist nicht vorteilhaft (vgl. G, 2.2.2.).

Man muß daher zu diskontinuierlichen Meßverfahren übergehen und das Gel in einzelne Abschnitte zerschneiden [47].

Die einfachste Aktivitätsanalyse der einzelnen Gelscheibchen besteht darin, diese – naß oder trocken – durch ein 2π-Zählrohr auszumessen. Das kann mit Hilfe eines Probenwechslers automatisiert werden oder durch Auflegen der Scheibchen auf den Transporttisch eines Dünnschicht-Scanners. Die Ausbeute hängt dabei von der Strahlungsenergie der Radioisotope und von der Scheibchendicke ab. Zum Abschätzen der Ausbeuten für ^{14}C und Tritium können die Kurven aus Abb. G, 11 verwendet werden. Siehe auch l. c. [48].

Bei anderen Verfahren werden die Gelscheibchen mit der Szintillationstechnik analysiert (vgl. D, 3.1.1.2. und 3.1.2.2.).

Nach LEON und BOHRER [49] wird das Elektropherogramm auf Polyacrylamid-Gel alle 5 mm zerschnitten. Die einzelnen Gelstückchen ($5 \times 6 \times 50$ mm) werden durch ein 200 mesh – Netz aus rostfreiem Stahl (Einzelporen 75 μ) mit Hilfe einer 3 ml Spritze gedrückt. Dieser Gelbrei wird in Szintillationsfläschchen zusammen mit 3 ml Wasser gefüllt. Nach Zugabe von 7 ml Instagel (Packard Instruments, Frankfurt/M.) wird für einige Minuten auf 41–42 °C erhitzt. Nach kräftigem Durchschütteln werden die Proben abgekühlt, einige Stunden im Dunkeln belassen und anschließend im Flüssig-Szintillationszähler gemessen.

Sehr gute Ergebnisse, besonders bei niedrigen Aktivitäten, erhält man durch Verbrennen der einzelnen Gelabschnitte in Sauerstoff mit anschließender Flüssig-Szintillations-Messung [50]. Zum Verbrennen einer Vielzahl von Einzelproben direkt in den Probenfläschchen (Trockengewicht nicht über 6 mg) bewährt sich ein automatisches Verbrennungsgerät (»Mikromat« der Firma Labor Prof. BERTHOLD, Wildbad) (vgl. D, 3.1.2.3.1.).

Eine weitere Methode besteht darin, die Gelstruktur durch Hydrolyse zu zerstören und damit in Szintillatorflüssigkeiten löslich zu machen [51].

Führt man einen Längsschnitt der säulenförmigen Gelelektropherogramme durch, so kann die Radioaktivitäts-Verteilung auch durch Autoradiographie oder durch Direktmessung festgestellt werden [47].

4. Säulen-Chromatographie mit radioaktiven Lösungen

Bei der Säulen-Chromatographie radioaktiver Substanzen kann das Säuleneluat allein auf seine Radioaktivitätsverteilung untersucht werden oder es wird die Radioaktivitätsverteilung gleichzeitig mit der Massenverteilung analysiert. Für die Radioaktivitätsmessung gibt es prinzipiell 2 Möglichkeiten:

a) Kontinuierliche Messung mit dem Gesamt-Volumen oder einem Teil-Volumen des Eluats,

b) Diskontinuierliche Messung des Gesamt- oder Teil-Volumens des Eluats.

4.1. Kontinuierliche Messung

Die kontinuierliche Messung bei der Säulen-Chromatographie harter β-Strahler oder bei γ-Strahlern stellt kein Problem dar. Z. B. kann man das radioaktive Eluat durch Glas- oder Kunststoff-Spiralen leiten, die unter einem geeigneten Zählrohr liegen. Bei γ-Strahlern kann die Spirale in einen Bohrloch-Kristall (vgl. B, 4.4.) eingesetzt werden [51a]. Das kontinuierliche Messen der Radioaktivität von weichen β-Strahlern in Eluaten ist dagegen schwieriger. Man benutzt dazu Durchfluß-Zellen als Zusätze zu Flüssig-Szintillations-Zählern. Diese Zellen haben meist die Größe eines normalen Probenfläschchens, so daß sie statt dieser in den Zähler eingesetzt werden können [52]. Dabei ist streng auf Lichtabschluß zu achten.

4.1.1. Durchfluß-Zellen aus Szintillator-Schläuchen

Zur Messung von ^{14}C können Spiralen aus Plastikmaterial hergestellt werden, in das ein organischer Szintillator einpolymerisiert wurde. Die Lichtblitze in der Schlauchwand erfaßt man mit einem Photoverstärker. Für ^{14}C verwendet man bis zu 100 cm lange Plastik-Szintillator-Schläuche mit einem inneren Durchmesser von 1,7 mm [52]. Jedoch sind die Zählausbeuten für ^{14}C mit 6% relativ niedrig [53].

Die Methode hat aber den Vorteil, daß eine Fluoreszenslöschung durch Eigenfärbung des Eluats ausgeschlossen ist, da die β-Teilchen die Szintillationen nicht im Eluat selbst, sondern in der Wand des Plastikschlauches erzeugen. TKACHUK [54] konnte mit einer Plastik-Szintillatorfüllung bei ^{90}Sr eine Zählausbeute von 74% und bei ^{40}K eine Zählausbeute von 82% erreichen.

4.1.2. Durchfluß-Zellen mit fester Szintillator-Füllung

Man füllt in das Lumen einer Durchfluß-Zelle einen fein verteilten festen Szintillator. Das Eluat strömt an den Partikeln vorbei und löst entsprechend der Radioaktivitäts-Konzentration Lichtblitze aus, die von Szintillations-Zählern registriert werden. Als Szintillatoren für wäßrige Eluate werden Pulver von kristallinem PPO, Stilben und besonders Anthracen verwendet.

> Man füllt in eine Zelle von 3 ml etwa 1 g Anthracen (blau fluoreszierendes Anthracen, Fluka).
> Um eine gute Benetzbarkeit des Anthracen-Pulvers zu erreichen, muß man beim Einschlemmen des Pulvers dem Suspensions-Mittel ein Detergenz zusetzen [52]. Luftblasen entfernt man durch einen Vibrator.

Bei Anthracen als Szintillator liegt die Zählausbeute für Tritium bei 1–3% und für ^{14}C bei 20% [55]. Derartige Durchflußzellen mit Anthracen oder einem anderen organischen festen Szintillator werden als Einsätze für normale Flüssig-Szintillations-Zähler von verschiedenen Firmen angeboten.

TYKVA und GRÜNBERGER [55a] untersuchten u. a. die Abhängigkeit der Zählausbeute für ^{14}C von der Korngröße des Anthracens. Bei einer Korngröße von 60–87 µm wird bei einer Durchflußgeschwindigkeit von 2.4 ml/h eine Zählausbeute von 50% und bei einer Korngröße von 310–430 µm und einem Durchfluß von 10 ml/h ein Wirkungsgrad von 28% erzielt.

Abb. G, 19 zeigt eine mit Anthracen gefüllte Durchflußzelle, die zwischen 2 Photoverstärker gesetzt wird. Da Anthracen oft radioaktives Material absorbiert, kommt es zu einem allmählich steigenden Nulleffekt. Ein weiterer Nachteil der organischen Szintillatoren ist ihre Unbrauchbarkeit für Chromatographie-Systeme mit organischen Lösungsmitteln.

Dieses Problem existiert nicht bei der Füllung der Durchfluß-Zellen mit einem anorganischen Szintillator. Z. B. verwendet man dazu ein feines Pulver von Cer-aktiviertem Lithiumglas. Derartige Glasmaterialien lassen sich auch leichter durch agressive Agentien dekontaminieren, falls der Nulleffekt durch Absorption radioaktiven

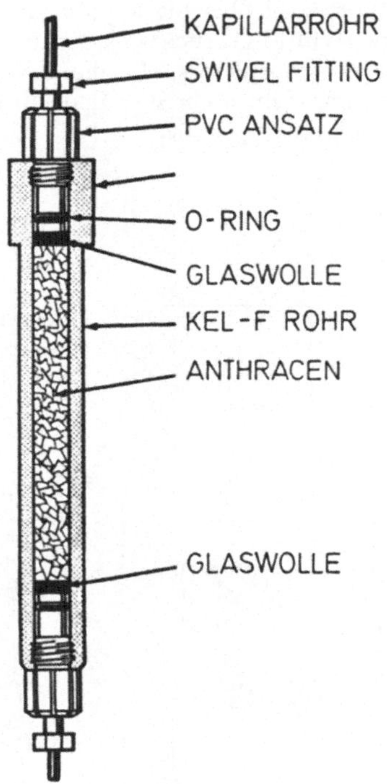

Abb. G, 19. Durchfluß-Zelle für Säulenchromatographie. Die Zelle ist mit Anthracen-Pulver gefüllt und wird zwischen zwei Photoverstärker gesetzt. (Firma Packard Instruments, Frankfurt/Main.)

Materials zu hoch geworden ist. Diese Vorteile gegenüber Anthracen müssen jedoch durch verringerte Zählausbeuten erkauft werden.

Für Tritium: 0,15%, für ^{14}C: 1,6% [52, 56, 57].

FIGGE erhält dagegen bei Glasszintillatoren für ^{14}C Zählausbeuten bis 12% [58] jedoch für Tritium auch nur $< 0,1\%$.

Es sind zwei Arbeitsweisen zu unterscheiden (vgl. Abb. G, 20): A. der Eluatstrom wird nach der Säule in einem gewissen Verhältnis geteilt und ein Teil dient der Massendetektion und der andere wird mit flüssigem Szintillator gemischt. B. Der Eluatstrom wird nicht geteilt und durch eine Zelle mit einer Füllung aus Cer-aktiviertem Lithiumglas-Grieß (effektives Meßvolumen 0,67 ml) geleitet und anschließend wird die Stoffmenge bestimmt. Wie aus Abb. G, 20 zu ersehen, wird das Elutionsmittel aus dem Vorratsgefäß 1 über das Regelventil 2 und die Luftblasenfalle 3 durch eine Kolbendruckpumpe 4 auf die mit dem zu trennenden Gemisch beschickte Chromatographiesäule 6 befördert. Nach Anordnung A fließt ein Teil des Eluats vom Säulenende über den Eluatteiler 7 durch den Massendetektor 8 in den Fraktionssammler 9. Der abgezweigte Eluatstrom und die Szintillatorlösung aus dem Vorratsgefäß 12 werden durch eine

Dosier-Schlauchpumpe 11 über die Mischkammer 13 durch die Meßzelle 14 in das Auffanggefäß 15 gedrückt. 5 stellt ein Manometer dar, 10 ist die Elektronik des Massendetektors, 16 die des Radioaktivitätsdetektors, 17 ist ein Zwei-Kanal-Linienschreiber und 18 ein Steuergerät zur automatisierten Säulenchromatographie.

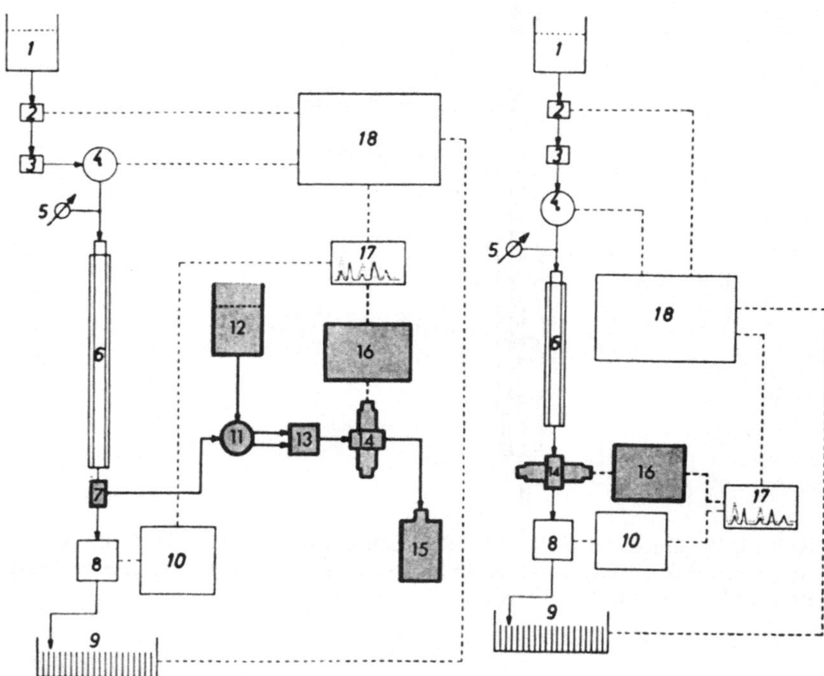

Abb. G, 20. Geräteanordnung zur kontinuierlichen Radioaktivitätsmessung im Säuleneluat. A: unter Zudosierung von Szintillatorlösung. B: unter Verwendung von Glasszintillator. Abbildung nach [58], Erklärung siehe Text.

Das Volumenverhältnis von Teil- zu Gesamteluat und von Teileluat zu Szintillator-Lösung kann durch unterschiedlich kalibrierte Pumpenschläuche bzw. durch die steuerbare Fördergeschwindigkeit der Pumpe in weiten Grenzen variiert werden.

Die einfache und recht betriebssichere Anordnung B mit der mit Glasszintillator gefüllten Durchflußzelle ist besonders günstig, wenn die spezifische Radioaktivität und Durchfluß-Geschwindigkeit in der Chromatographiesäule groß sind.

Einer der Hauptvorteile der Zwei-Phasen-Systeme ist das Fehlen einer Fluoreszenz-Löschung bei unterschiedlicher chemischer Zusammensetzung des Eluats. Dagegen können besonders bei Tritium starke Unterschiede im spezifischen Gewicht – durch Selbstabsorption im Eluat – die Zählausbeute verändern. Auch Färbungen des Eluats führen zu erniedrigten Zählausbeuten. Durchflußzellen müssen natürlich absolut dicht sein. Dies ist besonders wichtig für Zellen, die für die Hochdruck-Säulen-Chromatographie angewendet werden.

Bei allen Durchfluß-Zellen ergibt sich das Problem der optimalen Kombination der Parameter: Durchflußgeschwindigkeit, Volumen der Durchflußzelle und Nulleffekt. Da bei der Säulenchromatographie oft die einzelnen Fraktionen sehr schnell hintereinander erscheinen, muß das Volumen derartiger Durchflußzellen klein sein. Üblicherweise beträgt das aktive Volumen nur 1–4 ml. Wie bei der Direktmessung von Papier- oder Dünnschicht-Chromatogrammen müssen die Parameter je nach den Hauptzielen: Trennschärfe und Meßzeit gewählt werden.

Hierbei gelten sinngemäß die in G, 2.2.5. gemachten Ausführungen.

Die Zählausbeute einer Durchflußzelle errechnet sich nach folgender Formel:

$$E\ (\%) = \frac{\text{Impulse} \times \text{Durchflußrate}}{\text{dpm} \times \text{Zellvolumen}} \times 100 \qquad\qquad (G,\ 4)$$

Das aktive Zellvolumen nach Füllen mit Szintillator-Pulver läßt sich durch Titration bestimmen. Man füllt die Zelle mit 0,1 N Salzsäure, spült die Säurelösung mit Wasser aus und titriert.

4.1.3. Durchfluß-Zellen für homogene Systeme

Da bei Durchfluß-Zellen mit einer Füllung von festen Szintillator-Teilchen für Tritium nur eine Ausbeute von 0,1–0,8% erreicht werden kann, versuchte man mit homogenen Systemen höhere Ausbeuten zu erzielen [52].

Nach dieser Methode wird zu einem Aliquot des Säulen-Eluats kontinuierlich eine Szintillations-Lösung zugemischt und die homogene Mischung durch eine entsprechende Durchfluß-Zelle eines Flüssig-Szintillations-Zählers geleitet.

Man erhält damit nach HUNT [59] Zählausbeuten für Tritium bis 13,6% und für ^{14}C bis 70%.

Es wird durch Zumischen einer Lösung von 100 g Naphthalin, 10 g PPO und 0,25 g POPOP pro Liter Dioxan (Verhältnis Eluat/Szintillations-Lösung 1:10) die höchste Zählausbeute erzielt [59]. Jedoch ist für die Praxis das Zumischen von Bray-Lösung (60 g Naphthalin, 4 g PPO, 0,2 g Dimethyl – POPOP, 100 ml Methanol und 20 ml Äthylenglykol pro 1 Liter Dioxan) mit 2 Vol % einer Mischung aus 2,2 Diäthylhexylamin (11,7 Teile) und Eisessig (2 Teile) günstiger.

Mit dieser Zumischung schwanken die Zählausbeuten bei niedrigen und hohen Salzkonzentrationen (0–0,6 M) am wenigsten.

Weitere Varianten dieses Prinzips beschreiben SCHUTTE [57], sowie FIGGE et al. [58]. Der Aufbau der von FIGGE et al. [58] beschriebenen Apparatur ist aus Abb. G, 20 zu erkennen. Der rechte Teil zeigt das Prinzip beim Verwenden einer Durchfluß-Zelle mit Szintillator-Pulver.

Die Radioaktivitäts-Messung von Eluaten durch Zumischen einer Szintillator-Flüssigkeit führt zwar zu relativ hohen Zählausbeuten, gleichzeitig aber zum Substanzverlust im abgezweigten Aliquot. Dieser Nachteil muß aber bei hohen Durchfluß-Geschwindigkeiten in Kauf genommen werden, weil hohe Geschwindigkeiten zu geringer Verweildauer des Radioaktivitäts-Peaks in der Durchfluß-Zelle und damit zu geringen Impuls-Zahlen führen. Als weiterer Nachteil kommt die Abhängigkeit der Zählausbeute von der chemischen Zusammensetzung des Elutions-Mittels hinzu. Einige dieser Nachteile werden durch eine diskontinuierlich arbeitende Durchfluß-Zelle vermieden (Fa. Beckmann Instruments GmbH, München). Nach kontinuierlichem Zumischen von Szintillator-Lösung zu einem Teil des Säulen-Eluats wird das homogene Gemisch in diskontinuierlichen Intervallen der Meßzelle in einem üblichen Flüssig-Szintillations-Zähler zugeführt. Nach der Radioaktivitäts-Messung wird die Zelle automatisch entleert und mit der folgenden Mischung gefüllt.

4.1.4. Radioaktivitäts-Messung von Eluaten durch Čerenkow-Strahlung

Da das Čerenkow-Licht mit Flüssig-Szintillations-Geräten sehr gut erfaßbar ist (vgl. B, 4.3.), ist damit eine ausgezeichnete Analysen-Methode für energiereiche β- oder α-Strahler gegeben [60]. Der entscheidende Vorteil liegt darin, daß die Radioaktivität in beliebiger Lösung ohne Zusatz eines Szintillators gemessen wird. Alle ungefärbten Flüssigkeiten können als Elutionslösung für die Radio-Nuklide verwendet werden. Da die Lichtemission der Čerenkow-Strahlung hauptsächlich zwischen 300–400 nm liegt, soll das Lösungsmittel in diesem Bereich nicht absorbieren. Für eine evtl. Farblöschung läßt sich im Flüssig-Szintillations-Zähler eine Eichkurve für die Zählausbeuten durch die Kanal-Verhältnis-Methode mit externem Standard (vgl. D, 3.2.3.2.) aufstellen. Die Anwendung der Čerenkow-Strahlung bei der Messung radioaktiver Eluate von Säulen-Chromatogrammen ist bisher nicht beschrieben, aber von BRAUNSBERG und GUYVER [61] vorgeschlagen worden.

Die Zählausbeute in Abhängigkeit von der maximalen Teilchen-Energie beträgt 3–5% bei 1MeV und steigt etwa linear bis 75% bei 3,5 MeV.

4.2. Diskontinuierliche Messung

Bei der Auswertung von Säuleneluaten durch diskontinuierliche Verfahren werden durch einen Fraktionssammler einzelne Fraktionen aufgefangen. Der Radioaktivitätsgehalt dieser Lösungen wird dann in einem Aliquot nach üblichem Verfahren gemessen.

HEIMBUCH und SCHWARZ [62] beschreiben eine interessante Variante durch Abtrennung radioaktiver Verbindungen aus Lösungen mit Hilfe von Ionenaustauschern, in die ein Szintillator einpolymerisiert ist. Das an diesem Ionenaustauscher absorbierte radioaktive Material wird mit dem Ionenaustauscher in einem üblichen Meßgläschen in Toluol aufgeschwemmt und die im Ionenaustauscher erzeugten Szintillationen in einem Szintillationszähler gemessen.

5. Radio-Gaschromatographie

H. SIMON, Technische Universität München

5.1. Einleitung

Der Kombination der trennstarken und hochempfindlichen Gaschromatographie mit der Tracertechnik kommt erhebliche Bedeutung zu [63–106]. Die meisten Anwendungen betreffen wiederum Tritium und Kohlenstoff-14. Aber das Verfahren dient auch zur raschen Trennung von Gemischen nach der Neutronenaktivierung Halogenhaltiger organischer Verbindungen [101]. Von DRAWERT et al. [104, 105] wurde die Reaktions-Radio-Gaschromatographie entwickelt. In Verbindung mit der chemischen Ausscheidungsanalyse erlaubt sie z. B. die Identifizierung der Bestandteile komplexer Gemische, wie Ester, Säuren, Alkohole oder Carbonylverbindungen von Aromastoffen.

Die Verfahren können in zwei Hauptgruppen eingeteilt werden (vgl. Abb. G, 21).

1. Die gaschromatographische Registrierung der Substanzen und die Messung ihrer Radioaktivität erfolgt kontinuierlich und simultan.
2. Auffangen der Fraktionen und nachfolgende Messung.[3]

Die Verfahren der Gruppe 1 sollen hier besprochen werden. Man

---

3 Siehe für solche Verfahren l. c. [106a] und dort angegebene Literatur.

kann zwei Methoden unterscheiden: a) Die aus dem Gaschromatographen austretenden Substanzdämpfe werden direkt gemessen; b) die Substanzdämpfe werden oxidierend oder reduzierend und crackend vorher umgewandelt (Abb. G, 21).

Drei Detektorarten stehen für die Radioaktivitäts-Messung zur Verfügung:

1. Ionisationskammern [71, 72, 75a, 85, 87].
2. Durchflußzählrohre [63, 66–68, 75–81, 87–89, 93–95, 98, 100, 102–105].
3. Szintillationsverfahren [68, 72, 85].

Das CO_2 aus ^{14}C-markierten Verbindungen kann bei oxidativen Arbeitsweisen mit allen drei Detektorsystemen direkt gemessen werden. Bei T-markierten Substanzen muß das HOT in einem zweiten Schritt weiter umgesetzt werden (vgl. Abb. G, 21). Bei reduzierend crackender Arbeitsweise erübrigt sich dieser zweite Schritt.

Das Durchfluß-Proportional-Zählrohr ist bisher am häufigsten angewandt worden. Die Hauptgründe hierfür dürften sein: Hohe Zählausbeuten von 70–90% [67, 75, 84, 87, 89, 95] für Kohlenstoff und Tritium, einfache Elektronik zur Registrierung, geringe Störanfälligkeit durch äußere Einflüsse, günstige Nulleffekte.

5.2. Einfluß verschiedener Parameter auf Ionisations-Detektoren

Die beim Durchgang einer markierten dampf- oder gasförmigen Substanz registrierte Impulszahl bzw. Stromstärkeänderung ist bei Verwendung eines Durchfluß-Zählrohres oder einer Ionisationskammer lediglich eine Funktion des Volumens des Detektors, der Durchflußgeschwindigkeit, der Effektivität der Zählanordnung und schließlich der Radioaktivität der Probe (ausgedrückt z. B. in dpm).

$$c = \frac{v}{f} E \cdot dpm + B = c' + B \qquad (G, 5)$$

Dabei bedeuten:

c = Impulse, die während des Durchgangs des markierten Gases durch das Zählrohr registriert werden
v = Volumen des Detektors
f = Durchflußgeschwindigkeit des Gases
E = Zählausbeute
c' = Impulse ohne Nulleffekt B
(anstelle von c tritt bei Ionisationskammern die Stromstärke)

Abb. G, 21. Methoden der Radiogaschromatographie.

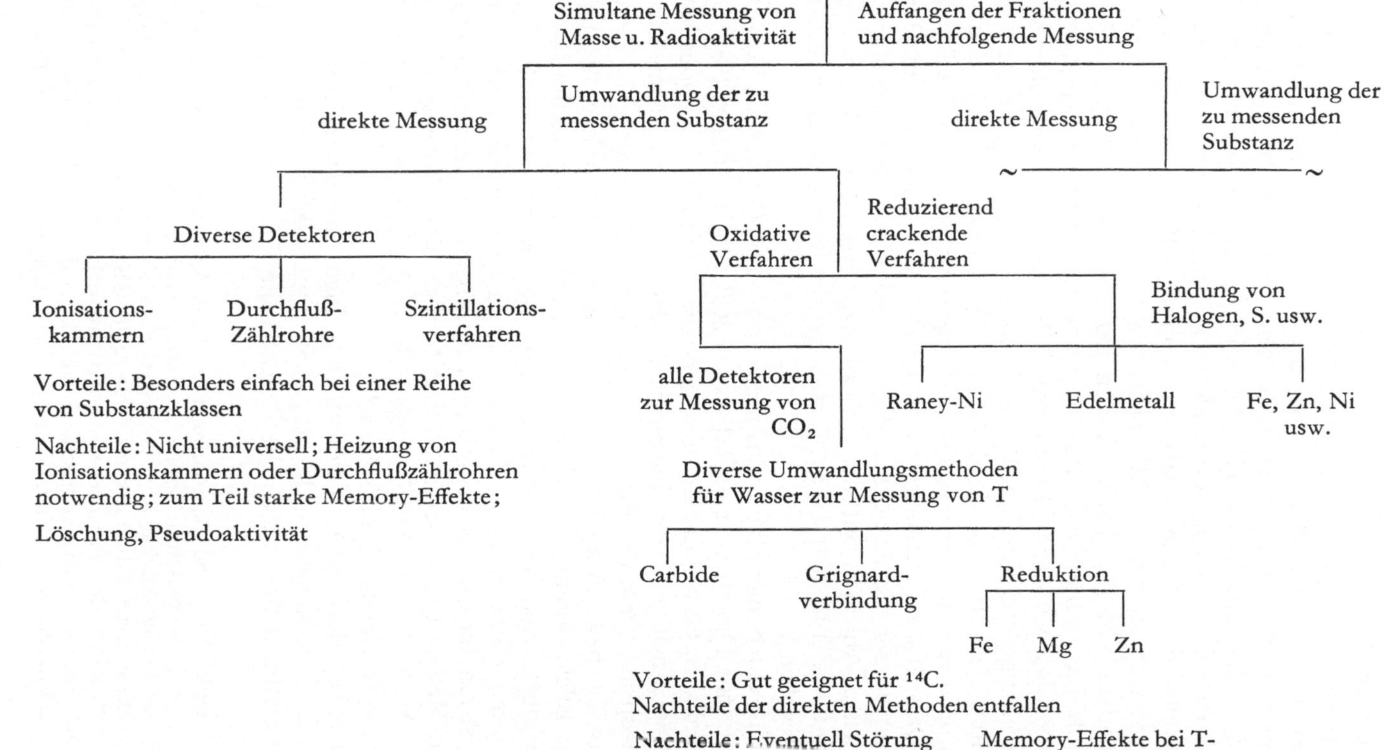

In praxi hängt die reproduzierbare Messung jedoch von weiteren Faktoren ab.

Je nach Siedepunkt der Substanzen müssen Zählrohr oder Ionisationskammer auf höhere Temperatur gebracht werden, um das Kondensieren der Dämpfe zu verhindern. Von der Temperatur aber hängen der Nulleffekt und bei Zählrohren auch die Plateaulage ab.

Weiterhin zeigen die meisten Substanzdämpfe entweder Löschung[4], Pseudoaktivität[5] oder Aktivitätserhöhung[5]. Die Größe der Pseudoaktivität ist sowohl bei Zählrohren wie bei Ionisationskammern auch innerhalb des Plateaus stark von der Spannung abhängig. Da bei Zählrohren weiterhin die Plateaulage vom Trägergas abhängt, werden die Zählausbeute bzw. die optimale Arbeitsweise (neben Volumen und Strömungsgeschwindigkeit) eine Funktion von Trägergas und Verhältnis Trägergas zu Zählgas, Art der Substanz, Temperatur des Zählrohres sowie Plateaulage und Spannung innerhalb des Plateaus.

Da sich die Strömungsgeschwindigkeit im Detektor beim Durchgang einer größeren Substanzmenge ändern kann, hat man noch eine gewisse Abhängigkeit der Zählausbeute von der Substanzmenge. STÖCKLIN et al. [88] haben Vorschläge zur Behebung dieser Störung angegeben.

Untersuchungen hierzu stammen u. a. von WOLFGANG, ROWLAND et al. [66], DRAWERT et al. [71], SIMON et al. [95] und BERRY [98].

Bei allen Gaszusammensetzungen tritt durch Halogen- oder Nitrogruppen-haltige Verbindungen Löschung ein. Deren Ausmaß hängt jedoch innerhalb des Plateaus etwas von der Spannung ab. Pseudoaktivität bzw. Aktivitätserhöhung zeigen insbesondere Aromaten. Der Effekt nimmt von Benzol über Toluol und Naphthalin stark zu. Pseudoaktivität bzw. Aktivitätserhöhung steigen sehr stark mit der Spannung innerhalb des Plateaus, und da die Plateaulage wieder eine Funktion der Gasmischung ist, hat man beim Arbeiten mit Stickstoff und Methan bzw. Wasserstoff und Methan diese Störungen in höherem Maße als beim Arbeiten mit Helium. Am Anfang des Plateaus zu arbeiten bietet daher zwei Vorteile:

1. Die Pseudoaktivität ist wesentlich geringer oder unterbleibt.

2. Die Auflösungszeit ist kürzer, da die Impulse kleiner sind.

Verschiebt sich jedoch das Plateau beim Durchgang der Substanz

---

4 Unterdrückung von Zählrohrimpulsen durch Anlagerung der Sekundär-Elektronen des radioaktiven Zerfalls an elektronegative Gruppen.

5 Unter Pseudoaktivität bzw. Aktivitätserhöhung versteht man, daß Dämpfe nichtmarkierter Substanzen im Zählrohr Impulse erzeugen, die Radioaktivität vortäuschen oder vorhandene Radioaktivität viel zu hoch erscheinen lassen. Ob eine Substanz Aktivitätserhöhung gibt, kann durch Anlegen einer äußeren Strahlenquelle und Injektion von nichtmarkierten Substanzen geprüft werden.

durch das Zählrohr nach höheren Spannungen, so kann die gemessene
Impulszahl wesentlich zu klein sein. Das Phänomen der Löschung
bzw. Pseudoaktivität läßt sich durch Temperaturerhöhung der Zählrohre nicht beseitigen. Trotz der erstaunlichen Leistung, Zählrohre
zu konstruieren, die bis zu 300° C arbeiten [98], sind sie nicht universell zu verwenden.

Aufgrund der Schwierigkeiten ist man dazu übergegangen, die
Substanzen kontinuierlich zu verbrennen [71, 75, 84, 87, 89]. Es
wurde jedoch von den Autoren nicht gezeigt, wie weit diese Arbeitsweise von der Elementarzusammensetzung der Proben unabhängig
ist. Zur Umwandlung von HOT scheint eine auf das Oxidationsmittel
der Apparatur folgende Eisenfüllung am günstigsten zu sein [84,85,89].

JAMES und PIPER [84] ermöglichen durch den Einbau einer Kohlen-
dioxid-Falle die gleichzeitige Messung von ^{14}C und T an doppelmarkierten Substanzen. CACACE et al. [87] erreichen dies, indem
zwischen Reaktionsrohr und Zählrohr eine zweite Gaschromatographiesäule geschaltet wird, auf der Kohlendioxid und Wasser
getrennt werden.

Für die routinemäßige Analyse T-markierter Substanzen sind oxi-
dative Methoden jedoch von Nachteil wegen des langanhaltenden
Memory-Effektes [85, 99], durch den eine rasche Analysenfolge
T-markierter Substanzen unmöglich wird.

Beim Studium der Veröffentlichungen fällt auf, daß immer nur sehr
wenige Substanzklassen untersucht wurden, ohne zu zeigen, wie
verläßlich das Verfahren z. B. bei Substanzen, die Halogen, Stickstoff
oder Schwefel enthalten, ist.

Außerdem werden die Methoden häufig für ^{14}C-markierte Substanzen beschrieben und ohne Belege wird angegeben, daß das Verfahren mit geringen Variationen auch für T-markierte Substanzen
geeignet sei.

Die nachfolgend beschriebene hydrierende Crackung, bei der
Sauerstoff, Halogene, Schwefel usw. chemisch im Reaktor gebunden
werden, ist sowohl für T-markierte Substanzen wie auch für ^{14}C-
markierte Verbindungen geeignet [95, 100, 102, 103].

5.3. Apparatur und Arbeitsweise für hydrierende
Crackung bzw. Oxidation

An einem mit Wärmeleitfähigkeitsdetektor oder Flammenionisationsdetektor arbeitenden Gaschromatographen ist über ein, auf
350–400°C heizbares kurzes Rohr, ein bis 800°C heizbarer U-förmiger

Reaktor angeschlossen, in dem die Substanzen umgewandelt werden. Nach dem Reaktor (0,8 × 27 cm) wird in die Zuleitung zum Zählrohr[6] Methan eingespeist. (Vgl. Abb. G, 22[7].) An den Ausgang des Zählrohrs ist ein Rotameter angeschlossen.

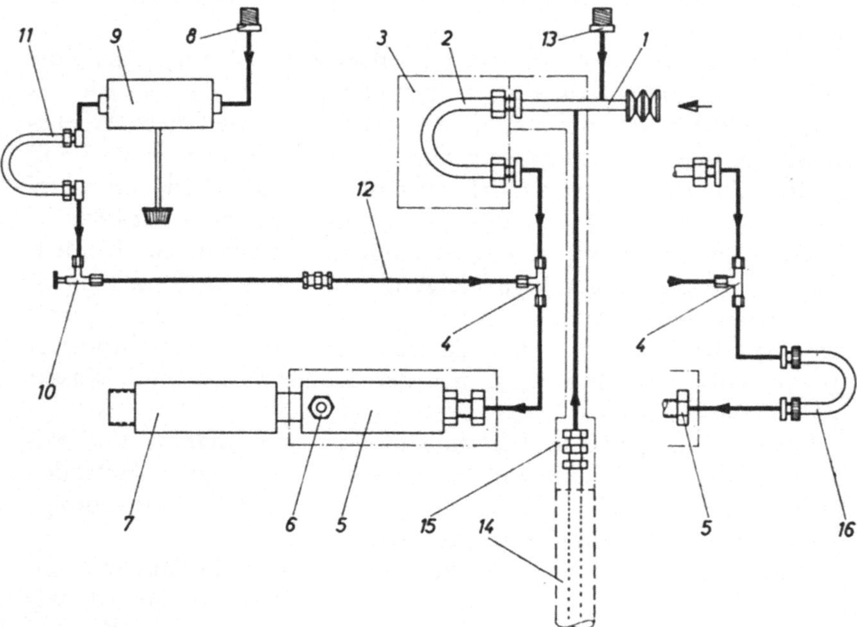

Abb. G, 22. Schema einer an einen Gaschromatographen anschließbaren Einheit zur Radio-Gaschromatographie (Fa. Lab. Prof. Berthold, Wildbad und/oder Fa. Bodenseewerk Perkin-Elmer u. Co. GmbH, Überlingen). 1 Einspritzteil zur Probenaufgabe bei Schnellanalysen bzw. zur Testung der Einheit ohne Gaschromatographen; 2 Reaktorsäule; 3 Reaktorofen für Reaktorsäule; 4 Zuspeisung von Methan; 5 Durchflußzählrohr; 6 Gasaustritt aus dem Zählrohr; 7 Vorverstärker; 8 Eintrittsstutzen für Methan; 9 Strömungsregler für Methanstrom; 10 Ventil zur Vordruckregelung; 11 Filtersäule zur Nachreinigung des Methanstroms; 12 Kapillarwiderstand als Diffusionsbremse; 13 Stutzen für Wasserstoff; 14 Verbindungsrohr zum Gaschromatographen; 15 Anschlußstutzen für 14; 16 Trockensäule zur Bindung des Wassers vor dem Zählrohr, falls nach der oxidativen Methode gearbeitet wird.

Die Arbeitstemperatur im Reaktorraum beträgt 550–640° C. Heizung des Zählrohrs ist nicht nötig. Bei der Analyse sehr hochaktiver

---

6 Durchfluß-Proportional-Gaszählrohre von 10, 80 und 150 ml. Zählrohre und Meßgerät Firma Laboratorium Prof. Berthold.

7 Es handelt sich um ein von der Firma Bodenseewerk Perkin-Elmer u. Co. GmbH entwickeltes Zusatzgerät für die Radio-Gaschromatographie.

Proben bewirkt jedoch ein auf 150–170° C geheiztes Zählrohr ein rascheres Abklingen prozentual geringer Restaktivitäten. Bei der Temperaturerhöhung verschiebt sich das Plateau des Zählrohrs um einige hundert Volt nach niederen Spannungen. Für hydrierendes Cracken ist Wasserstoff als Trägergas notwendig. Falls ^{14}C-markierte Substanzen nach dieser Methode analysiert werden, müssen die Reaktorrohre aus Nickel bzw. vernickelt sein [106].

Mit der Apparatur kann man jedoch auch oxidativ arbeiten. Zur Analyse nur ^{14}C-markierter Substanzen kann das Reaktorrohr mit Kupferoxid gefüllt werden und zwischen Reaktor und Zählrohr ein kleines mit Phosphorpentoxid auf Quarzwolle oder mit Magnesiumperchlorat gefülltes Rohr geschaltet werden. In diesem Fall können Stickstoff, Helium oder Argon als Trägergase verwendet werden. Über die Verwendung von Kobaltoxid siehe [93a].

Zur Analyse T-markierter Verbindungen, nach dem oxidativen Verfahren, kann der mit dem Zählrohr verbundene Schenkel des U-förmigen Reaktors mit Eisenspänen gefüllt werden. Dabei können jedoch Memory-Effekte auftreten. Die Lebensdauer eines solchen Reaktors ist wesentlich kürzer als ein nach der Methode der hydrierenden Crackung arbeitender Reaktor. Wegen der Eisenfüllung kann er nicht durch Luft oder Sauerstoff regeneriert werden.

Zum Prüfen der Apparatur und für eine rasche Übersichtsanalyse der Radioaktivität von Substanzen besitzt der Reaktor über dem Schenkel, der mit dem Gaschromatographen verbunden ist, einen Einspritzblock (vgl. Abb. G, 22). Durch diesen können Flüssigkeiten oder Lösungen direkt injiziert werden. So lassen sich nicht nur verdampfbare, sondern auch völlig unflüchtige T-markierte Verbindungen mit guter Genauigkeit analysieren [106]. Als Beispiele für flüchtige Verbindungen seien genannt: Wasser, Benzol, Toluol, Carbonsäuremethylester von Essigsäure bis Stearinsäure, Nitromethan und Alkyljodide. Folgende nichtflüchtige Verbindungen wurden in Form wäßriger Lösungen analysiert: Saccharose, Natriumlactat, quartäre Ammoniumhalogenide, Dextran, N-Methyltryptophan, Adenin in verdünnter Ammoniaklösung, Uracil in Dimethylformamid. Die dabei auftretenden Fehler (meist weniger als 2% Abweichung der Einzelmessung vom Mittelwert) waren im wesentlichen durch die Aufgabe mit 10 μl Hamiltonspritzen gegeben. Diese Messungen zeigen, daß bei der Radio-Gaschromatographie der T-Gehalt aller T-markierten Substanzen, die den Gaschromatographen verlassen, nach Passieren des Reaktors sehr genau gemessen werden können. Die Genauigkeit ist limitiert durch die Genauigkeit der Probenaufgabe und die statistischen Schwankungen des radioaktiven Zerfalls (vgl. hierzu weiter unten).

Die Radio-Gaschromatographie folgender ^{14}C-markierter Verbindungen gelang mit guter Reproduzierbarkeit: 1-^{14}C- und 2-^{14}C-Bromessigsäuremethylester, 1-^{14}C-Hexadecan, 1-^{14}C-Palmitinsäuremethylester und U-^{14}C-Palmitinsäuremethylester, Toluol, Benzoesäuremethylester, 7-^{14}C-Campher, Nitrotoluol, silylierte Glucose, Saccharose und Allose. Bei langkettigen unverzweigten Verbindungen ergibt die oxidative Arbeitsweise etwas schärfere Radioaktivitätssignale als die Methode der hydrierenden Crackung.

Tritium verläßt den Reaktor in Form von HT sowie CH_3T und der Kohlenstoff in Form von CH_4 mit geringen Anteilen an Äthan und Äthylen.

Die Zuverlässigkeit der hydrierenden Crackung mit diesem System zeigten auch BLOMSTRAND et al. [103] nach einem im Prinzip vorher angegebenen Verfahren [100]. Dabei werden die von der Gaschromatographiesäule getrennt kommenden Substanzen zusammen mit dem als Trägergas dienenden Wasserstoff direkt in den Reaktor geleitet. Anschließend wird der Gasstrom aufgeteilt und in einen Flammenionisationsdetektor (FID) bzw. ein Proportional-Gaszählrohr geleitet. Die Anzeige des FID ist von 0,55 µg Palmitinsäuremethylester bis 128 µg mit s $= \pm 4\%$ völlig proportional der Substanzmenge. Das gleiche gilt für die Radioaktivitätsanzeige. Die Substanzanzeige stimmt mit der überein, die beim direkten Einspeisen des Säuleneluats in einen FID erzielt wird. Die Methode der hydrierenden Crackung hat folgende Vorteile: Sowohl Kohlenstoff- wie Tritium-markierte Substanzen können nach der gleichen Methode analysiert werden. Für letztere ist nur ein Konversionsschritt notwendig. Das Verfahren ist frei von Memory-Effekten, die Lebensdauer der Reaktoren ist sehr viel länger als die von Oxidationsreaktoren.

5.4. Grenzempfindlichkeiten

Um verschiedene Meßanordnungen und -bedingungen miteinander vergleichen zu können (vgl. C, 3.), ist es sinnvoll, eine Gütezahl zu definieren. Für die dazu nötige Zählausbeutebestimmung gilt:

$$y = \frac{c}{dpm} \cdot 100 \qquad\qquad\qquad (G, 6)$$

Dabei ist y das Verhältnis der dpm-Werte der Probe zu den registrierten Impulsen beim Durchgang einer Probe. Daraus ergibt sich, daß in einem 10-ml-Durchflußzählrohr bei einer Strömungsgeschwindigkeit von 60 ml/min y nicht größer als 16,7% sein kann. Aus G, 5 und G, 6 folgt

$$100 \cdot E = \frac{y \cdot f}{v} \qquad\qquad (G, 7)$$

Wird unter den obigen Bedingungen für y 12,8% beobachtet, so ergibt sich für $E = 0,77$ oder 77% des theoretischen Wertes. Daraus ergibt sich als Gütezahl das Verhältnis y^2/B. Für verschiedene Meßbedingungen sind Gütezahlen in Tab. G, 5 dargestellt [100].

Tab. G, 5. Gütezahlen für verschiedene Durchfluß-Zählrohre unter verschiedenen Bedingungen [100].

Volumen des Zählrohrs ml	Durchflußgeschwindigkeit ml/min		Zählausbeute E (%)	Gütezahl y^2/B
	H_2	CH_4		
10[a])	40	20	13	4
10[a])	25	10	22	9
10[a])	20	5	32	14
52[b])	40	20	38	128
52[b])	20	5	106	1812
80[a])	20	5	164	52

[a]) Ohne Abschirmung zur Erniedrigung des Nulleffekts.
[b]) Mit Antikoinzidenz- und 5 cm Bleiabschirmung.

Die Gültigkeit der Beziehung G, 7 hat sich im Strömungsbereich von 10–55 ml/Min. H_2 (oder Ar bzw. He) und 10–30 ml/Min. Methan bestätigt.

Die Grenzempfindlichkeit liegt bei Verwendung einer Antikoinzidenzabschirmung und einem 52-ml-Zählrohr bei einigen 10 pCi. Einzelheiten siehe l. c. [100].

6. Verschiedene der Radiochromatographie verwandte Meßmethoden

Im folgenden sollen Methoden beschrieben werden, bei denen analog zur Messung von Chromatogrammen verfahren wird, obwohl die Meßobjekte keine Chromatogramme darstellen.

6.1. Messung radioaktiver Zellsuspensionen auf Filtrierpapier

Der Einbau von radioaktiven Substanzen in makromolekulare Zellbestandteile kann nach Süss und Volm [107] ohne Isolierung der Makromoleküle untersucht werden. Nach der Inkubationsperiode mit dem radioaktivem Substrat bringt man Aliquots der Zellsuspensionen auf Blättchen von Filterpapier. Danach werden die Zellen auf dem Filtrierpapier fixiert und der Überschuß der radioaktiven Substanz wird ausgewaschen. Die Blättchen aus Filtrierpapier können wie bei der diskontinuierlichen Messung von Chromatogrammen mit einem Szintillations-Cocktail getränkt und gemessen werden (vgl. D, 3.1.2.3.).

Nach [108] kann man diese Methode z. B. für den Thymidin-Einbau in Tumor-Zellen anwenden, ohne einen Flüssig-Szintillations-Zähler zu benutzen. Dazu wird eine Direktmessung der radioaktiven Zellen auf dem Filtrierpapier ausgeführt analog zur Messung eines Chromatogramms.

> Aliquots der Zellsuspension werden auf einem Papierband von 4 cm Breite jeweils auf ein Areal von 2×3 cm aufgetragen. Nach Fixieren und Auswaschen der ungebundenen Radioaktivität wird das Papierband mit den verschiedenen radioaktiven Flecken analog einer Direktmessung bei Papierchromatographie kontinuierlich mit einem 4π-Zählrohr ausgemessen.

Bei ^{14}C-markierten Tumorzellen waren die Zählausbeuten erwartungsgemäß mit der im Flüssig-Szintillationszähler vergleichbar. Erstaunlicherweise war das aber auch bei Untersuchungen mit T-Thymidin der Fall.

Als Ursache wird einerseits das schlechte Eindringen der Szintillatorflüssigkeit in das Zellinnere oder der starke Lösch-Effekt des Zellinhalts angenommen. Andererseits wird bei der Direktmessung die Selbstabsorption der β-Strahlung nur durch den Zellkörper selber erfolgen und nicht wie bei Papierchromatogrammen durch die Zellulosefasern, da sich die Zellen hauptsächlich auf der Oberfläche und nicht im Innern der Papierschicht befinden.

6.2. Messung radioaktiver Gewebe-Schnitte

Um die Anreicherung von Pharmaka in verschiedenen Organen zu untersuchen, werden oft von Ganzkörper-Schnitten der Versuchstiere Autoradiographien angefertigt.

Nach Wegner et al. [109], sowie Patschke [110] kann man die Aktivitätsverteilung in Geweschnitten besonders in Ganzkörper-

Schnitten, auf einfache Weise quantitativ bestimmen, indem man interessierende Teilbereiche ausstanzt und deren Aktivität nach Verbrennen direkt in Fläschchen in üblicher Weise bestimmt. Auch die Direktmessung von Gewebeschnitten analog der Direktmessung von Chromatogrammen ist vorgeschlagen worden.

Neben Aktivitätsdarstellungen analog zur Autoradiographie (vgl. G, 2.2.3.) sind quantitative Aussagen auch durch ein »Profil-Scan« bei Gewebeschnitten möglich. Veröffentlichungen dazu liegen bisher nicht vor.

6.3. In vivo Scanning bei Kleintieren (»Szintigraphie«)

In bezug auf die Scan-Parameter und auf die Datenwiedergabe ist das in vivo Scanning von Kleintieren identisch mit der Direkt-Messung von Chromatogrammen. Die Unterschiede bestehen im Prinzip nur darin, daß die Radioaktivität nicht auf einer Ebene, sondern in einem bestimmten Raumvolumen verteilt ist und daß in der Regel dafür γ-Strahler verwendet werden (Szintigraphie).

Für das in vivo Scanning von Kleintieren gibt es spezielle Geräte, die als Aufsätze zu einem normalen Dünnschicht-Scanner geliefert werden (vgl. G, 4b). Als Detektor dient ein NaJ-Szintillationszähler für γ-Strahlung mit Vielloch-Kollimator. Unter dem Detektor befindet sich ein Operationstisch zum Befestigen der Extremitäten der Versuchstiere mit Narkose-Maske.

Die einfachste in-vivo-Messung ist das Herstellen eines »Profil-Scans«. Abb. G, 23 zeigt ein Profil-Scan einer Maus nach Injektion von 30 μCi ^{99m}Tc (BECK u. CHARLESTON [111]).

In Kombination mit einem Punktdrucker und einem fokussierenden Kollimator kann bei zweidimensionaler Abtastung der Kleintiere wie in der Humanmedizin ein Szintigramm erhalten werden. In Abb. G, 24 sieht man die Darstellung der Lungen bei Ratten mit Hilfe von ^{99m}Tc markierten Eisenhydroxyd-Partikeln. Das Auflösungsvermögen hängt von der Güte der Fokussierung und vom Zeilenabstand ab. Der Zeilenabstand liegt bei einem Dünnschicht-Scanner mit 2,5 mm recht günstig. Zur Fokussierung des Kollimators, vgl. [112].

Zur Kontrasterhöhung kann eine Nulleffekts-Subtraktion – wie bei der zweidimensionalen Auswertung von Chromatogrammen (Abb. G, 9 Bildteil C, D, E) – vorgenommen werden. Dabei sorgt ein Ratemeter mit variabler Schwelle dafür, daß der Punktdrucker nur dann

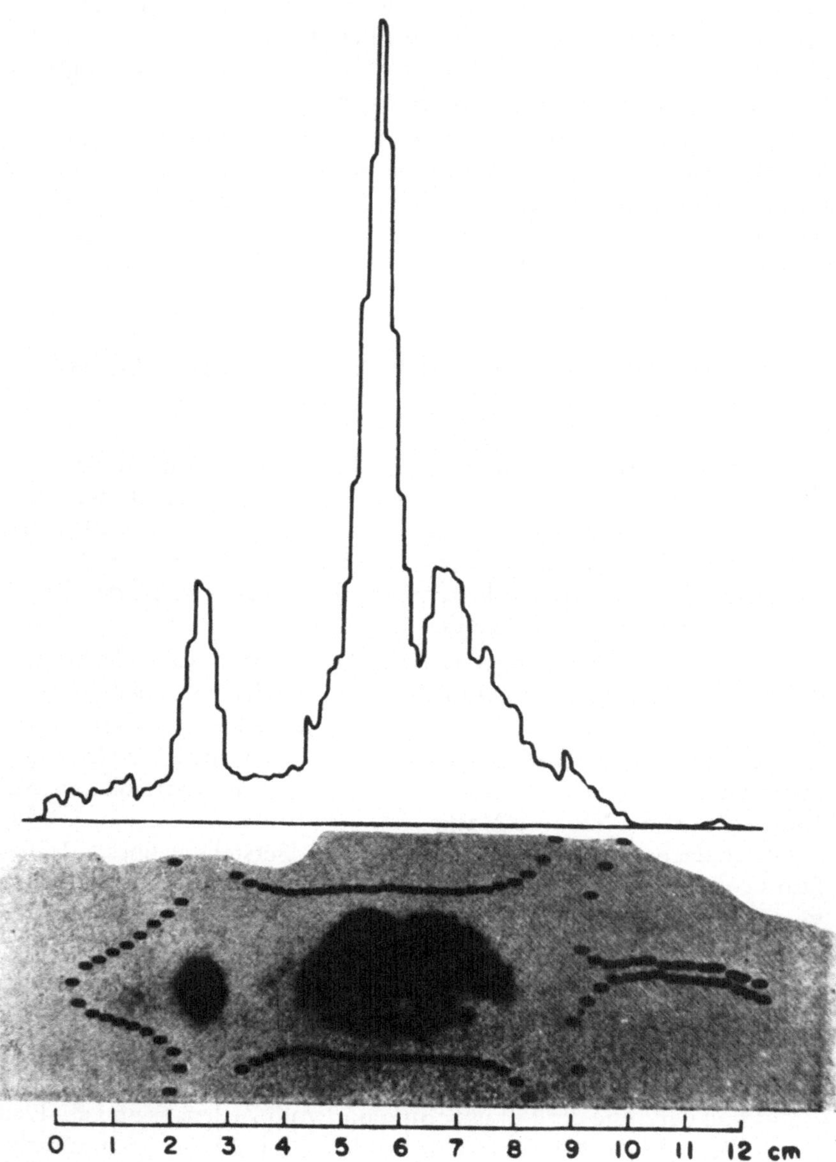

Abb. G, 23. Profil-Scan einer Maus mit ^{99m}Tc. Scanning 4 h nach Injektion von 30 μ Ci Pertechnetat in die Schwanzvene. Oben: Profil-Scan. Unten: Szintigramm-Abbildung aus [111].

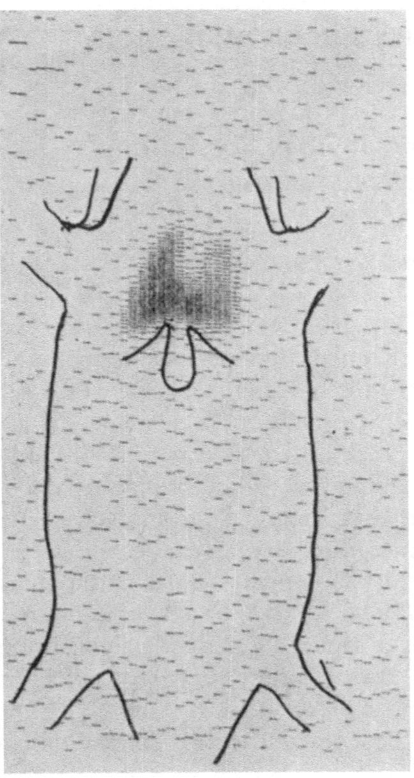

Abb. G, 24. Lungen-Szintigraphie bei einer Ratte mit ^{99m}Tc-Eisenhydrcxid. Szintigramm mit Kleintier-Scanner (Labor Prof. Dr. Berthold, Wildbad).

Punkte druckt, wenn die aktuelle Impulsrate den Schwellenwert, z. B. den Nulleffekt, überschritten hat.

Zur Orientierung beim Einstellen des Untersetzungsfaktors beim Kleintier-Scanning sollen die folgenden Überlegungen beitragen: Falls der Untersetzungsfaktor zu klein gewählt wird, liegen die Punkte zu dicht, so daß das Gesamtbild schwarz erscheint, obwohl starke Aktivitätsschwankungen vorliegen.

Bei zu hohem Untersetzungsfaktor erschwert die geringe Punktdichte das Erkennen der Areale erhöhter Aktivität. Außerdem wird dabei der Aktivitätsort geometrisch in Scan-Richtung versetzt, weil der Scanner einen gewissen Weg gelaufen sein muß, bevor die vorgewählte Impulszahl erreicht wird. Dieser Fehler wird kleiner mit kleinerem Vorschub.

7. Registriermöglichkeiten

7.1. Digitale und analoge Darstellung der Aktivitätsverteilung

Falls die Chromatogramme diskontinuierlich z. B. mit einem Flüssig-Szintillationszähler gemessen werden, erfaßt man die Daten üblicherweise digital mit Hilfe eines Druckers oder Fernschreibers. Mit einem besonderen Rechner der Firma Deutsche Intertechnique, Mainz, kann die Aktivität in den verschiedenen Proben-Gläschen mit einem Fernschreiber durch verschiedene Zeilenlängen – also analog – dargestellt werden (vgl. auch D, 3.3.). Bei der kontinuierlichen Auswertung von Chromatogrammen wird meist eine analoge Darstellung der Aktivitätsverteilung bevorzugt. Die einfachste Analog-Darstellung erhält man mit Hilfe eines Ratemeters kombiniert mit einem Linien-Schreiber. Dabei ist besonders wichtig die genaue geometrische Zuordnung der Ratemeterkurve zu den R_f-Werten auf dem Chromatogramm. Eine einfache, aber zuverlässige Lösung ist in Abb. G, 2 dargestellt. Eine exakte Zuordnung, sogar bei zweidimensionaler Auswertung, wird auch bei dem in Abb. G, 4b gezeigten Gerät erreicht, da die gleiche Transporteinheit sowohl das Chromatogramm –

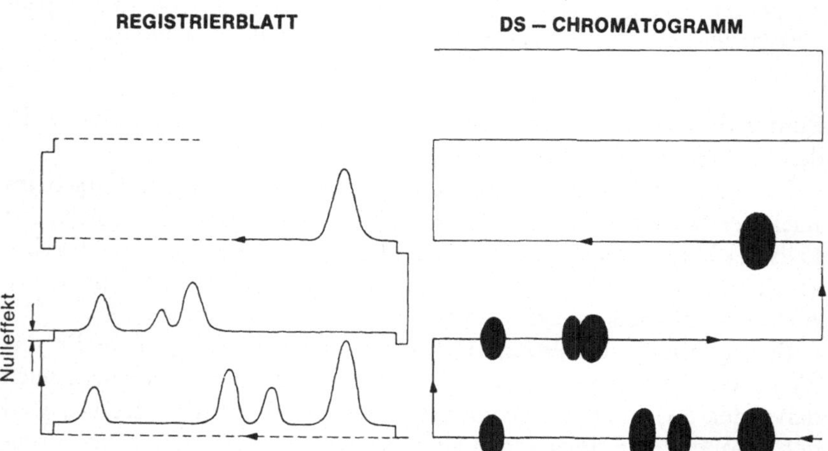

Abb. G, 25. Schema für Analog-Darstellung bei Parallel-Chromatographie. Die Registrierung erfaßt automatisch die Radioaktivität, die Position der Substanzen im Maßstab 1:1 und damit die R_f-Werte, den seitlichen Abstand der abgetasteten Bahnen und den Nulleffekt. Vgl. Abb. G, 4b und Abb. G, 26.

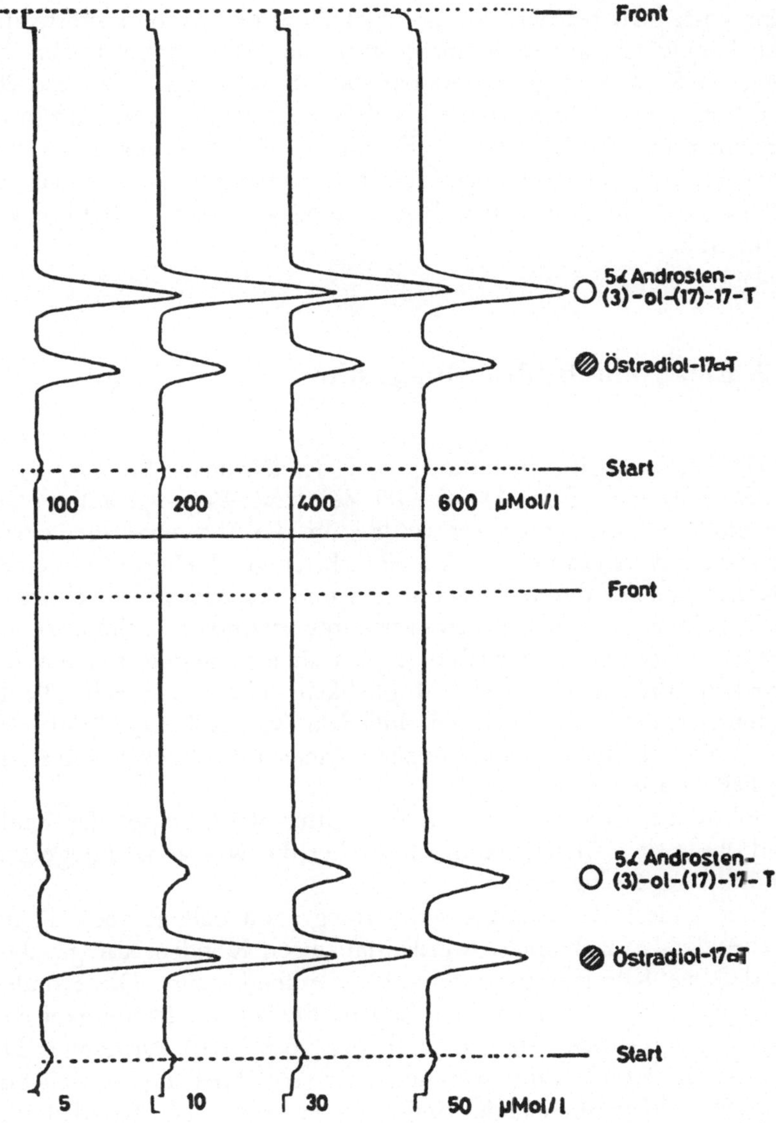

Abb. G, 26. Analog-Darstellung bei Parallel-Chromatographie. Mit dem »Dünn-schicht-Scanner« wurden die Parallel-Chromatogramme auf 2 nebeneinander liegenden Dünnschicht-Platten ausgemessen. Synchrone Registrierung mit »Auto-chron-Schreiber« auf zweiter Ebene (Registrierebene) beim automatischen Abtasten aller 8 Einzelbahnen, entsprechend dem vorgewählten Scan-Programm, vgl. Abb. G, 4b und Abschnitt G 2.2.3. Abbildung aus [112a].

und auf einer zweiten Ebene – das Registrierpapier bewegt. Dies ist sehr vorteilhaft bei der Analog-Darstellung der Aktivitätsverteilung bei Parallel-Chromatogrammen, weil die Aktivitätsrelationen bei gleichen R_f-Werten gut erkennbar sind [112a] (Abb. G, 25 und 26).

Gleichzeitig ist durch diese synchrone Bewegung von Chromatogrammen und Registrierebene eine digitale Registrierung der Aktivitätsverteilung auf zweidimensionalen Chromatogrammen durch verschiedene Strichzahlen pro Fläche möglich, dazu Abb. G, 8 und Tab. G, 2.

7.2. Elektronische Peak-Integration

Da bei einer Ratemeterkurve auf der Ordinate die Impulsrate (z. B. cpm) und auf der Abszisse die Zeit bzw. Weglänge aufgetragen ist, muß die Kurve integriert werden, um die Aktivitäten der einzelnen Maxima zu bestimmen. Am einfachsten geschieht dies mit einem Planimeter oder durch Ausschneiden und Auswiegen der einzelnen Peaks. Üblich sind auch elektronische Integriermöglichkeiten. So kann für eine bestimmte vorgewählte Impulszahl ein Integrator eine Marke drucken. Bei einer anderen Möglichkeit startet eine Schwelle im Ratemeter, die knapp über den Nulleffekt (vgl. Abb. G, 27 Punkte E u. D) eingestellt wird, einen zweiten Zähler mit Drucker, sofern der Nulleffekt überschritten wird.

Sobald der Schwellenwert unterschritten wird, stoppt der Zähler und die in dem Meßzeitraum (d. h. über die Weglänge) integrierten Impulse werden ausgedruckt.

Eine andere Art elektronischer Integration gelingt auf folgende Weise: Die Einzelimpulse werden auf einen Kondensator gegeben, so daß die Kondensatorspannung fortlaufend steigt. Die Kondensatorspannung wird über einen Linienschreiber in Abhängigkeit von der Zeit (entspricht der Abhängigkeit vom Weg) dargestellt. Der Anstieg der Kondensatorspannung ist um so schneller, je schneller die Impulse zeitlich aufeinander treffen. Einer bestimmten Kondensatorspannung, d. h. einem bestimmten Schreiberausschlag, entspricht eine vorher eingestellte Impulszahl. Ein Beispiel gibt Abb. G, 27. Die Diagramme wurden von rechts nach links aufgenommen. Der ungefähr konstante Wert der Nulleffektszählrate bei der Ratemeterkurve ergibt eine gerade Linie mit konstantem Anstieg in der Integraldarstellung. Beim Beginn des ersten Peaks (Punkt A im Ratemeterdiagramm, A′ in der Integralkurve) wird der Anstieg der Integralkurve

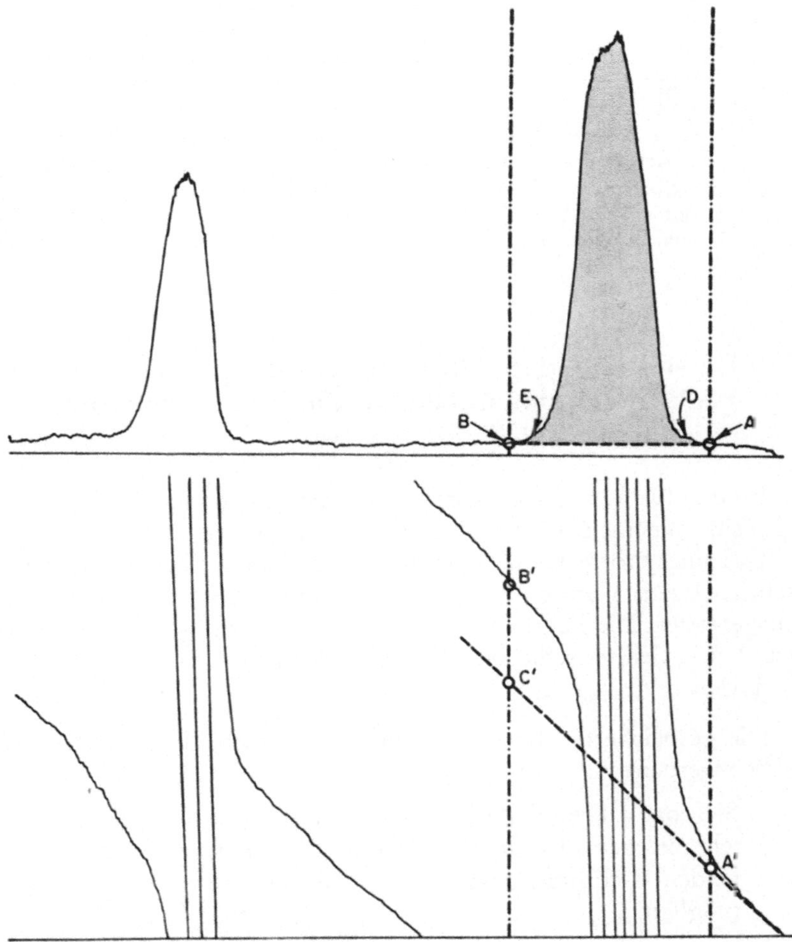

Abb. G, 27. Gleichzeitige Registrierung und Integration von Chromatogramm-Peaks. Oben: Ratemeter-Darstellung. (D und E Schwellenwerte für digitale Integration mit besonderer Elektronik.) Unten: Darstellung als Integrationskurve. (A und B bzw. A′ und B′ trennen den Kurven-Anteil mit Radioaktivität auf dem Chromatogramm vom Kurven-Anteil beim Messen des Nulleffekts.) Interpretation der Kurven vergleiche Text. Beachte den erhöhten Registrierbereich bei der Integrationskurve, besonders wichtig bei der Radio-Gaschromatographie.

größer, bis schließlich Vollausschlag erreicht wird. An diesem Punkt wird der Integrationskreis automatisch auf Null zurückgestellt, und der nächste Zyclus beginnt. Bei den Punkten B bzw. B′ wird wiederum nur der Nulleffekt registriert.

Um über die schraffierte Fläche im Ratemeterdiagramm zu integrieren, wird in der Integrationskurve die Nulleffektsgrade verlängert über den Punkt A' hinaus bis zum Punkt C'. Dann kann die Gesamtzahl der Impulse in folgender Weise abgelesen werden: Zahl der Schnittpunkte der Geraden A' und C' mit der Integrationskurve plus Abstand C' – B'.

Zum besseren Verständnis der quantitativen Zusammenhänge braucht man sich nur vorzustellen, daß beim Erreichen des Vollausschlages der Schreiber nicht auf »0« zurückgestellt wird sondern die Integrationskurve entsprechend der Peak-Aktivität vom Punkt A' aus etwa $7^1/_2$ Schreiberbreiten ansteigen würde.

7.3. Darstellung der Aktivitätsverteilung und Peak-Integration mit einem Vielkanal-Analysator

Eine aufwendige, aber sehr vorteilhafte Registriermöglichkeit ergibt sich mit einem Vielkanal-Analysator (FIGGE et al. [19]).

Das unzerstörte Chromatogramm wird durch Direktmessung bei schrittweisem Vorschub (z. B. alle Minute einen Schritt von a mm) ausgewertet. Die bei dem jeweiligen Einzelschritt gezählten Impulse werden in den verschiedenen Kanälen des Kernspeichers digital aufgenommen.

Die gespeicherten Impulse können auf verschiedene Weise ausgegeben werden:

a) Sichtbarmachen der Aktivitätsverteilung in den einzelnen Kanälen mit der Oszillographenröhre. Dabei ist eine Dehnung in beiden Richtungen und eine photographische Dokumentation möglich.

b) Ausschreiben der Aktivitätsverteilung mit einem Kompensationslinienschreiber.

c) Ausgabe durch eine Additionsmaschine mit Druckwerk, entweder als Impulse pro Kanal oder nach Abgrenzen der einzelnen Peaks im Oszillogramm direkt in Impulsen pro Peak, was eine schnelle quantitative Auswertung ermöglicht.

d) Ausgabe der Impulse pro Kanal auf Lochstreifen.

e) Ausgabe auf Lochstreifen und gleichzeitig im Klartext mit einem Fernschreiber. Die erneute Eingabe in den Kernspeicher und damit die Sichtbarmachung durch den Oszillographen ist so möglich. Über die Schreibmaschinentastatur können weitere Angaben auf den Lochstreifen gestanzt werden. Diese Art der Ausgabe ist bei automatischer, nicht überwachter Ausmessung mehrerer Chromatogramme günstig, weil jedes Chromatogramm in 400 oder mehr Kanälen – mit großem Auflösungsvermögen – gespeichert und zu jedem gewünschten Zeitpunkt sichtbar gemacht werden kann.

Das Ausschreiben des Speicherinhalts gemäß Punkt b und die Dehnung des Aktivitätsbereiches gemäß Punkt a ist in Abb. G, 23 dargestellt.

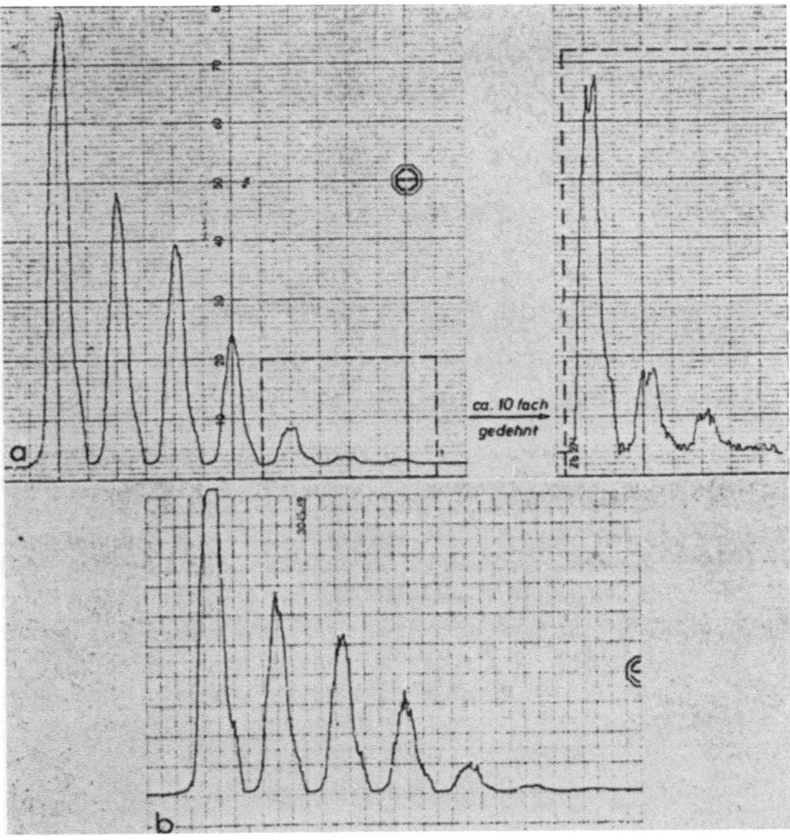

Abb. G, 28. Chromatogramm-Auswertung mit Kernspeicher bei starken Unterschieden der Radioaktivität. Zunächst wird die Radioaktivitäts-Verteilung des Chromatogramms mittels Speicher registriert. Anschließend a) Schreiben des Speicherinhalts mit einem Linienschreiber. Hohe Radioaktivitäten werden erfaßt, niedrige Aktivitäten nach Dehnung (oben rechts) ohne nochmalige Messung. b) Normale Registrierung mit dem Ratemeter, hohe und niedrige Radioaktivitäten lasssen sich in einem Meß-Durchgang nicht registrieren.

Der Vorteil eines Kernspeichers bei der Direktauswertung liegt darin, daß stark unterschiedliche Aktivitäten auf einem Chromatogramm mit *einer* Messung erfaßt und auch integriert werden. Durch die digitale Registrierung werden genaue Aussagen möglich, ohne daß auf die gewohnte Ratemeter-Registrierung verzichtet werden muß. Außerdem ist die Messung unabhängig von der Dämpfung, was zur besseren Auflösung benachbarter Maxima führt. Stark unterschiedliche Aktivitätsbereiche können zunächst auf dem Oszillographen selektiert werden und dann mit unterschiedlicher Empfindlichkeit des Schreibers analog dargestellt werden.

Mit einem 400-Kanalspeicher läßt sich wegen der hohen Speicherkapazität von 10^6 Impulsen pro Kanal theoretisch noch ein Nebenmaximum mit $1 \times 10^{-3}\%$ der Aktivität eines benachbarten Maximums nachweisen.

8. Beispiele für die Anwendung der Radiochromatographie zur Reinheitskontrolle radioaktiver Substanzen

Alle Radiochemikalien und Radiopharmaka werden durch ihre eigene radioaktive Strahlung im Laufe der Zeit zerstört. Zwar bleibt die Radioaktivität entsprechend der physikalischen Halbwertszeit erhalten, die Radiolyse führt aber zu einer ständig steigenden Zunahme von nichtmarkierten und radioaktiven Zersetzungsprodukten. Bei biochemischen und diagnostischen Untersuchungen ist jedoch die chemische Natur der primären radioaktiven Verbindung für die Richtigkeit des Ergebnisses entscheidend. Daher ist eine Reinheitsprüfung und gegebenenfalls die Reinigung von Radiochemikalien und Radiopharmaka, in Zeitabständen von einigen Wochen oder Monaten unbedingt notwendig für zuverlässige Resultate [9, 113–116].

Beispielsweise beschreiben ECKELMAN und RICHARD [113] derartige Probleme und Methoden bei der Reinheitsprüfung von ^{99m}Tc-markierten Radiopharmaka.

Der ideale Schnelltest auf radiochemische Reinheit ist die Chromatographie kombiniert mit der Direktmessung des Radiochromatogramms. Hierfür zwei Beispiele:

8.1. Reinheitskontrolle von [131]J-Hippuran und [131]J-Thyroxin

Für die Reinheitskontrolle von [131]J-Hippuran empfehlen GALATZEANU et al. [116] die Anwendung der Dünnschicht-Chromatographie, da auf Papierchromatogrammen leicht eine Dejodierung des Hippurans einsetzen kann.

> Die Dünnschicht-Chromatographie wird auf Kieselgel-Platten mit n-Butanol, gesättigt mit 1 N Essigsäure, durchgeführt.
> Für die Reinheitskontrolle von [131]J-Thyroxin besteht das Chromatographiesystem aus iso-Propanol/Essigester/Aceton/ 6 N Ammoniak (35:30:25:20).

Das Ergebnis der Reinheitskontrollen ist in Tabelle G, 6 dargestellt. Man erkennt die unterschiedliche Reinheit der [131]J-Thyroxin-Lieferungen von verschiedenen Firmen sowie die Zunahme an radioaktiven Verunreinigungen innerhalb weniger Tage.

Tab. G, 6. Schnelltest auf radiochemische Reinheit von [131]J-Thyroxin (T_4) durch Dünnschicht-Chromatographie, Tabelle nach [116].

Lieferfirma	Tage nach Lieferung	Jodid	$T_4 + T_3$	andere organische radioakt. Verb.	Analoge von Thyro-essigsäure
		%	%	%	%
Firma A	1	4	70	11	14
	14	13	55	12	17
	27	19	46	18	6
Firma B	1	3	75	8	12
	9	11	60	15	13
	16	17	58	11	13

Die chromatographische Reinheitskontrolle von [125]J-markiertem T_3 mittels Messung der Auger-Elektronen wird in [116a] beschrieben.

8.2. Reinheitskontrolle bzw. Reinigung von [6,7-T]-Östradiol

Für Studien über die Bindung von Steroidhormonen an die Receptoren der Erfolgsorgane werden Steroide höchster spezifischer Aktivität (10–100 Ci/mMol) verwendet.

Daher zersetzen sich diese Produkte durch Radiolyse besonders rasch. Somit muß öfter (etwa alle 2–3 Wochen) eine Kontrolle auf radiochemische Reinheit vorgenommen werden.

Reinheitskontrolle

Mittels einer Mikrokapillare werden aus der zu untersuchenden Steroid-lösung etwa 0,1–1 µl mit 0,5–5 µCi auf eine Kieselgel Fertigplatte (E. Merck, Darmstadt) ca. 2 cm vom unteren Plattenrand aufgetragen. Daneben gibt man nichtmarkierte Referenzsubstanz (ca. 50 µg). (Vergl. auch S. 255 oben). Die Dünnschichtplatte wird *sofort!!* im System Cyclohexan/Essigester (1:1) entwickelt. Dauer etwa 1 Std. Die extrem geringen Steroidmengen werden auf der Dünnschichtplatte sehr rasch zersetzt! Anschließend wird die Radio-aktivitätsverteilung längs der radioaktiven Chromatographiebahn mit dem »Dünnschicht-Scanner« gemessen (Vorschub: 120 mm/Std. Dämpfung: 3–10 sec.) und durch UV-Licht auf der Referenzbahn der R_f-Wert des inak-tiven Vergleich-Steroids festgestellt. Eine Abschätzung oder eine plani-metrische Bestimmung der Scanner-Kurve läßt erkennen, ob das Aktivitäts-maximum mit dem R_f-Wert der Vergleichssubstanz etwa 95% der Gesamt-aktivität ausmacht. Welches Ausmaß an Verunreinigung tolerierbar ist, hängt von dem zu bearbeitenden Problem ab. Verunreinigungen, selbst von wenigen Prozenten, können zu schwerwiegenden Fehlern führen.

Reinigung

Die Reinigung erfolgt im präparativen Maßstab z. B. mit 100–1000 µCi. Entscheidend für den Erfolg der Reinigung ist die Chromatographie *sofort* nach dem Auftragen und die Elution des radioaktiven Östradiols vom Kieselgel *sofort* nach der Chromatographie.

Soll nach der Chromatographie das Chromatogramm gemessen werden, so ist die Messung ebenfalls sofort mit hoher Vorschubgeschwindigkeit (z. B. 1200 mm/h; Dämpfung: 0,1 oder 1 sec.) vorzunehmen.

Das Elutionsmittel (hier Äthanol) und sein Volumen soll bei diesen Substanzen extrem hoher spezifischer Aktivität so gewählt werden, daß die erhaltene Lösung für die Versuche ohne weitere Präparation verwendbar ist. Ein Eindampfen der Lösung ist unbedingt zu vermeiden. Es kommt sonst zu Zersetzungen, die durch Spuren von Kieselgel im Eluat katalysiert wer-den. Dies täuscht ein Mißlingen der primären Reinigungsoperation vor. [117].

9. Literatur

1. Hais, I. M., K. Macek: Handbuch der Papierchromatographie, Bd. I Grund-lagen und Technik (1958), Bd. II Bibliographie und Anwendungen, Jena: VEB G. Fischer, 1960.
2. Cramer, F.: Papierchromatographie, 2. Aufl. Weinheim: Vlg. Chemie, 1953.
3. Lisboa, B. P.: Thin-Layer Chromatography of Steroids, Sterols and Related Compounds in Methods of Enzymology Vol. XV (edited by Clayton, R. B.) New York, London: Academic Press, 1969.
4. Stahl, E.: Dünnschicht-Chromatographie, 2. Aufl., Berlin-Heidelberg-New York: Springer 1967.

5. RANDERATH, K.: Dünnschicht-Chromatographie, 1. Aufl. Weinheim: Vlg. Chemie, 1962.

6. BAYER, E.: Gaschromatographie, 2. Aufl., Berlin, Heidelberg: Springer 1952.

7. MAURER, R.: Disk-Elektrophoresis, 2. Aufl., Berlin: W. DE GRUYTER, 1971.

8. KLEIN, P. D.: In »Advances in Chromatographie« (edited by Giddings and Keller) **3**, 3 (1966). New York: M. Dekker, sowie in »Current Status of Liquid Szintillation Counting«, Ed. BRANSOME jr., E. D.; New York, London: Grune and Stratton, 1970.

8a. SIMON, H., D. PALM: Angew. Chem. **78**, 993 (1966); [I. E.] **5**, 920.

9. WENZEL, M., P. E. SCHULZE: Tritium-Markierung, Berlin: Verlag W. De Gruyter 1962.

10. BERTHOLD, F., M. WENZEL: Instrumentation in Nuclear Medicine (ed. by HINE, J. H.) New York, London: Academic Press, 1967.

11. POCCHIARA, F., C. ROSSI: J. Chromatogr. **5**, 377 (1961).

11a. PRYDS, S.: Anal. Chem. **45**, 2317 (1973) Übersichtsarbeit.

12. WENZEL, M.: Atompraxis **7**, 86 (1961).

13. DENEF, C., P. DE MOOR: Pflügers Archiv **295**, 56 (1967).

14. SPROTT, W.: J. Chromatogr. **17**, 355 (1965).

15. OSBORN, R. H., T. SIMPSON: J. Chromatogr. **35**, 436 (1968).

16. SCHULZE, P. E., M. WENZEL: Angew. Chem. **74**, 777 (1962).

17. SCHÜRFELD, H., L. A. WEGNER: Nukleonik **7**, 74 (1965).

18. RABITZSCH, G.: J. Chromatogr. **37**, 476 (1968).

19. FIGGE, K., H. PIATER, H. OSSENBRÜGGEN: Glas und Instrumenten-Technik (GIT) **14**, 900/1013 (1970).

20. PRYDZ, S., B. MELO, E. ERIKSEN, J. F. KOREN: J. Chromatogr. **47**, 157 (1970).

21. ROUCAYROL, J. C., J. A. BERGER, G. MEYNIEL, J. PERRIN: Int. J. Appl. Radiat. Isotop. **15**, 671 (1964).

22. KAHRI, A., S. PEASONEN, A. SAURE: Steroidologia **1**, 25 (1970).

23. WENZEL, M., K. HOFFMANN: Anal. Biochem. **44**, 97 (1971).

24. WENZEL, M.: Naturwissenschaften **52**, 129 (1965).

25. WENZEL, M., P. E. SCHULZE: Fresenius' Z. Anal. Chem. **201**, 349 (1964).

26. MELO, B., S. PRYDZ: Anal. Chem. **42**, 1093 (1970).

26a. STEVENSON, R.: American Laboratory p. 49, May 1970.

26b. WILDE, P. F.: Laboratory Practice August 741, 1964.

27. WOOD, B. A.: In »Quantitative Paper and Thin-Layer Chromatography«, Ed. by SHELLARD, E. J., London, New York: Academic Press 1968.

28. BURSHOP, S. J.: The Auger effect. New York: Cambridge Univ. Press 1952.

29. JOHNSON, M.: Chromatogr. **20**, 100 (1965).

30. GELBKE, W., P. HEITEFUSS, K. FAIT: Atompraxis **8**, 610 (1962).

31. RABITZSCH, G.: J. Chromatogr. **37**, 241 (1968).

32. DE BERSAQUES, J.: Int. J. Appl. Radiat. Isotop. **19**, 166 (1968).

33. SNYDER, F.: Anal. Biochem. **9**, 183 (1964).

34. PHILIPS, R., W. WATERFIELD: J. Chromatogr. **40**, 309 (1969).

35. SHAW, W. A., W. R. HARLAN, A. M. BENETT: Anal. Biochem. **43**, 119 (1971).

36. KASANG, G., G. GÖLDNER, N. WEISS: J. Chromatogr. **59**, 393 (1971).

37. BRANSOME, E. D., GROWER, M. F.: Anal. Biochem. **38**, 401 (1970).

38. GILL, D. M.: Int. J. Appl. Radiat. Isotop. **18**, 393 (1967).

39. HOUX, N. W. H.: Anal. Biochem. **30**, 302 (1969).

39a. BLASIUS, E., SPANNHAKE, N.: Int. J. Appl. Radiat. Isotop. **24**, 301 (1973).

40. CHAMBERLAIN, J., A. HUGHES, A. ROGERS, G. THOMAS: Nature **201**, 774 (1964).

41. FISCHER, H., G. WERNER: Autoradiographie. Berlin: W. De Gruyter 1971.

42. Grennen Tsuk, R., Th. Castro, L. Laufer, D. Schwarz: Proc. Conf. Methods of Preparing and Storing Marked Molecules Brüssel S.497, 1963.
43. Lüthi, U., P. G. Waser: Nature 205, 1190 (1965).
43a. Tykva, R., B. Pavlů: Collection Czechslov. Chem. Commun. 38, 25 (1973).
44. Markman, B.: J. Chromatogr. 11, 118 (1963).
45. Feinendegen, L. E.: Tritium-labeled Molecules in Biology and Medicine. New York, London: Academic Press 1967.
46. Pullan, B. R.: in "Quantitative Paper and Thin-Layer Chromatography" Ed. by Shellard, E. J., London: Academic Press 1968.
47. Maurer, R.: Disk-Elektrophoresis, 2. Aufl. Berlin: W. De Gruyter 1971.
48. Schram, E., H. Roosens: Arch. Int. Physiol. Biochem. 72, 697 (1964).
49. Leon, S., A. Bohrer: Anal. Biochem. 42, 54 (1971).
50. Maurer, R.: Hoppe-Seyler's Z. Physiol. Chem. 349, 115 (1968).
51. Choules, G., B. Zimm: Anal. Biochem. 13, 336 (1965).
51a. Albert, S. N.: J. Amer. Med. Ass. 198, 770 (1966).
52. Schramm, E.: in "Current Status of Liquid-Scintillation", Bransome, Jr., E. D., Ed.; New York, London: Grune and Stratton (1970).
53. Funt, B., A. Hetherington: Science 129, 1429 (1959).
54. Tkachuk, R.: Can. J. Chem. 40, 2348 (1962).
55. Rapkin, E., J. A. Gibbs: Nature 194, 34 (1962).
55a. Tykva, R., R. Grünberger: Chem. Listy 59, 732 (1965).
56. Scharpenseel, H., F. Pietig: Atompraxis 11, 98 (1965).
57. Schutte, L.: J. Chromatogr. 72, 301 (1972).
58. Figge, K., H. Piater, W. Kolbe: Chromatographia (1973). (Siehe da auch frühere Literatur).
59. Hunt, J. A.: Anal. Biochem. 22, 289 (1968).
60. Parker, R., R. Elrick: in "Current Status of Liquid Scintillation Counting", Bransome Jr., E. D., Ed.; New York, London: Grune and Stratton, 1970.
61. Braunsberg, H., A. Guyver: Anal. Biochem. 10, 86 (1965).
62. Heimbuch, A., W. Schwarz: Atompraxis 10, 51 (1964).
63. Kummer, J. T.: Nucleonics 3, 27 (1948).
64. Kokes, R. J., H. Tobin, P. H. Emmett: J. Amer. Chem. Soc. 77, 5860 (1955).
65. Evans, J. B., J. E. Willard: J. Amer. Chem. Soc. 78, 2908 (1956).
66. Wolfgang, R., F. S. Rowland: Anal. Chem. 30, 903 (1958).
67. Wolfgang, R., C. F. Mackay: Anal. Chem. 30, 69 (1958).
68. Popjak, G., A. E. Lowe, D. Moore, L. Brown, F. A. Smith: J. Lipid, Res. 1, 29 (1959).
69. Mason, L. H., H. J. Dutton, L. R. Bair: J. Chromatogr. 2, 322 (1959).
70. Herr, W., F. Schmidt, G. Stöcklin: Fresenius' Z. Anal. Chem. 170, 301 (1959).
71. Drawert, F., A. Rapp, A. Ziegler, O. Bachmann, H. Stephan: Chem.-Ing.-Techn. 35, 853 (1963).
72. Scharpenseel, H. W.: Angew. Chem. 73, 615 (1961).
73. Herr, W., I. H. Ache, A. Thiemann: Fresenius' Z. Anal. Chem. 181, 551 (1961).
74. Cacace, F.: Nucleonics 19, 45 (1961).
75. James, A. T., E. A. Piper: J. Chromatogr. 5, 265 (1961).
75a. Dobbs, H. E.: J. Chromatogr. 5, 32 (1961).
76. Elias, H., H. K. Lieser, F. Sorg: Fresenius' Z. Anal. Chem. 191, 104 (1962).
77. Lee, J. K., E. K. Lee, B. Musgrave, Y. Tang, J. W. Root, F. S. Rowland: Anal. Chem. 34, 741 (1962).
78. Popjak, G., A. E. Lowe, D. Moore: J. Lipid Res. 3, 364 (1962).

79. KARMEN, A., I. McCAFFREY, R. L. BOWMAN: J. Lipid Res. **3**, 372 (1962).

79a. KARMEN, A., I. McCAFFREY, B. KLIMAN: Anal. Biochem. **6**, 31 (1963).

80. HAJRA, A. K., N. S. RADIN: J. Lipid Res. **3**, 131 (1962).

81. MEINERTZ, H., V. P. DOLE: J. Lipid Res. **3**, 140 (1962).

82. WINKELMAN, J., A. KARMEN: Anal. Chem. **34**, 1067 (1962).

83. KARMEN, A., L. GUIFFRIDA, R. L. BOWMAN: J. Lipid Res. **3**, 44 (1962).

84. JAMES, A. T., E. A. PIPER: Anal. Chem. **35**, 515 (1963).

84. JAMES, A. T., E. A. PIPER: Anal. Chem. **35**, 515 (1963); JAMES, A. T.,
     C. HITCHCOCK: Kerntechnik **7**, 5 (1965).

85. KARMEN, A., I. McCAFFREY, J. W. WINKELMAN, R. L. BOWMAN: Anal.
     Chem. **35**, 536 (1963).

86. NELSON, D. C., P. C. RESSLER, R. C. HAWES: Anal. Chem. **35**, 1575 (1963).

87. CACACE, F., R. CIPOLLINI, G. PEREZ: Anal. Chem. **35**, 1348 (1963).

88. STÖCKLIN, G., F. CACACE, A. P. WOLF: Fresenius' Z. Anal. Chem. **194**, 406
     (1963).

89. BRUZZI, L., A. CASTELLI, A. CERVELLATI: Nucl. Instr. and Methods **26**, 305
     (1964).

90. HITCHCOCK, C., A. T. JAMES: J. Lipid Res. **5**, 593 (1964).

91. JAMES, A. T., L. J. MORRIS: New Biochemical Separations. Chapter 1.
     London: D. van Nostrand, 1964.

92. ALIPRANDI, B., F. CACACE, G. CIRANNI: Anal. Chem. **36**, 2445 (1964).

93. AMADESI, P., A. CERVELLATI: Nucl. Instr. and Methods **33**, 45 (1965).

93a. DIEHN, B., A. P. WOLF, F. S. ROWLAND: Fresenius' Z. Anal. Chem. **204**, 112
     (1964).

94. SCHMIDT-BLEEK, F. S. ROWLAND: Anal. Chem. **36**, 1695 (1964).

95. SIMON, H., G. MÜLLHOFER, R. MEDINA: IAEA Symposium SM-61/15
     Wien, Mai 1965.

96. MUHS, M. A., E. L. BASTIN, B. E. GORDON: Int. J. Appl. Radiat. Isotop.
     16, 537 (1965).

97. CRAMER, W. A., J. P. HOUTMAN, R. O. KOCH, G. J. PIET: Int. J. Appl.
     Radiat. Isotop. **17**, 97 (1966).

98. BERRY, D. S.: Internationale Fachmesse für kerntechnische Industrie,
     Technical Meeting No. 7b, 7/26 Sept. 1966.

99. KOCH, G. K.: Unilever Research Laboratorium, Vlaardingen, erhielt bei der
     Analyse T-markierter Fettsäuren über Stunden sich hinziehende Memory-
     Effekte (Privatmitteilung).

100. TYKVA, R., H. SIMON: Chromatographie **2**, 5 (1969).

101. CRAM, S. P., J. L. BROWNLEE, Jr.: J. Gaschromatography **6**, 305 (1968).

102. BLOMSTRAND, R., J. GÜRTLER, L. LILJEQUIST, G. NYBORG: Analyt. Chem.
     44, 277 (1972).

103. KOLB, B., E. WIEDEKING: Fresenius' Z. Anal. Chem. **243**, 129 (1968).

104. DRAWERT, F., R. EMBERGER, R. TRESSL, U. PRENZEL: Chromatographia **5**,
     319 (1972). (Siehe hier auch weitere Arbeiten über Reaktions-Radio-Gas-
     chromatographie).

105. TRESSL, R., F. DRAWERT, U. PRENZEL: Chromatographia **6**, 7 (1973).

106. SIMON, H., H. GÜNTHER: (unveröffentlicht).

106a. GUCHHAIT, R. B., J. W. PORTER: Anal. Biochem. **15**, 509 (1966).

107. SÜSS, R., M. VOLM: Naturwissenschaften **55**, 134 (1968).

108. WENZEL, M., W. STÖHR: Anal. Biochem. **37**, 282 (1970).

109. WEGNER, L. A., H. WINKELMANN: Atompraxis **16**, 1 (1970).

110. PATSCHKE, K.: Münch, Med. W. **110**, 2043 (1968).

111. BECK, R. N., D. CHARLESTON: Int. J. Appl. Radiat. Isotop. **15**, 101 (1954).

112. HINE, G. J.: Instrumentation in Nuclear Medicine. New York, London: Academic Press 1967.

112a. WENZEL, M., W. MÜTZEL: Hoppe-Seyler's Z. Physiol. Chem. **351**, 1221 (1970).

113. ECKELMAN, W., P. RICHARDS: J. Nuclear Med. **13**, 201 (1971).

114. EVANS, E. A.: Tritium and its compounds. London: Butterworths, 1966.

115. CHRIST, W., M. WENZEL, P. E. SCHULZE: J. Label. Compounds **3**, 311 (1967).

115a. SHEPPERD, G.: Radiochromatography of labelled compounds. Review Nr. 14, Amersham-Buchler, Nov. 1972.

116. GALATZZEANU, J., C. B. COOK: in "Analytical Control of Radiopharmaceuticals" Int. Atom Energie Agency IAEA-PL-336-12 Wien, p. 131, 1970.

116a. WENZEL, M., A. ABDUL-WAHID: J. Nuclear Med. in press (1974).

117. DOERR, P.: J. Chromatogr. **59**, 452 (1971).

H. Analyse von stabil-isotop markierten Verbindungen

H.-L. Schmidt, Institut für Chemie und landwirtschaftliche Technologie Weihenstephan, Technische Universität München

1. Anwendungen stabiler Isotope und Grundlagen ihrer Analytik

Massenspektrometrie und Emissions-Spektralanalyse führten zur Entdeckung der stabilen Isotope der Elemente Wasserstoff, Kohlenstoff, Stickstoff, Sauerstoff und Chlor; die beiden Methoden zählen auch heute noch zu den wichtigsten Verfahren für die Bestimmung dieser Isotope. Die Chlor-Isotope ^{35}Cl und ^{37}Cl wurden 1919 von Aston [1] massenspektrographisch nachgewiesen; durch Emissions-Spektralanalyse fanden 1927 King und Birge ^{13}C [2], Naudé 1929 ^{15}N [3] und Giauque und Johnston im gleichen Jahr ^{17}O und ^{18}O [4]. ^{2}H wurde 1932 mit der gleichen Methode von Urey et al. entdeckt [5]; die bald darauf entwickelten gravimetrischen Deuterium-Mikrobestimmungen (1935 Vogt und Hamilton »Fallender Tropfen« [6] und 1938 Linderstrøm-Lang et al. »Schwebender Tropfen« [7]) ermöglichten eine schnelle Zunahme der Tracer-Untersuchungen mit schwerem Wasserstoff.

In ersten Zusammenfassungen über Anwendungen von Isotopen [8, 9] nehmen die stabilen Tracer einen hervorragenden Platz ein. Die immer einfacher und sicherer werdende Methodik der instrumentellen Analytik zur Bestimmung radioaktiver Isotope bedingte jedoch, daß diese etwa ab 1950 als Tracer in der organisch-chemischen und der biologischen Forschung den stabilen vorgezogen wurden; zur Markierung von Molekülen wird man auch heute nur in besonderen Fällen stabile Isotope einsetzen, etwa bei Versuchen an Menschen.

Im allgemeinen bestimmen Versuchsdauer und erforderliche Nachweis-Empfindlichkeit die Wahl des Tracers [10]. Ist die Halbwertszeit eines in Frage kommenden Radioisotopes sehr klein oder sehr groß im Verhältnis zur geplanten Versuchsdauer, so wäre bei seiner Verwendung als Tracer eine sehr hohe spezifische Markierung nötig; diese verbietet sich aus verschiedenen Gründen.

Soll nicht ein ganzes Molekül, sondern nur ein bestimmtes Atom in einem Molekül markiert werden, so ergibt sich die Wahl des Tracers zwangsläufig. Für Stickstoff und Sauerstoff gibt es z. B. keine Radiotracer mit ausreichend langer Halbwertszeit. Phosphor kann als Rein-Element nur durch Radioisotope markiert werden (vgl. Tab. A, 3), und bei Kohlenstoff, Schwefel und Chlor ist wegen der relativ hohen natürlichen Häufigkeit der selteneren stabilen Isotope der Verwendung von radioaktiven Tracern der Vorrang zu geben. Die Wasserstoff-Isotope Tritium und Deuterium können dagegen nebeneinander als Tracer benutzt werden, und beide haben ihre speziellen Anwendungsbereiche.

Obgleich sich die Technik von Tracer-Versuchen mit stabilen Isotopen in der organischen Chemie und der Biochemie nicht prinzipiell von jener mit radioaktiven Isotopen unterscheidet, ist auf einige wesentliche Unterschiede bei der Analyse markierter Verbindungen hinzuweisen. Die untere relative Nachweisgrenze für ^{18}O bzw. ^{15}N liegt um ca. acht Zehnerpotenzen höher als die für ^{14}C; die spezifischen Markierungen bei Tracer-Versuchen mit stabilen Isotopen müssen demnach entsprechend höher sein. Während die Radioaktivität zu jenen Kern-Eigenschaften zählt, die eine Messung der markierten Verbindung in weiten Grenzen (vgl. Tab. C, 1) unabhängig von der vorhandenen Menge an anderen Kernen gestattet, führen alle Analysen-Methoden der Bestimmung stabiler Isotope zu Relativ-Werten; ihre Empfindlichkeit nimmt daher mit steigender Menge an Träger-Isotop ab. Aus diesen Gründen muß die auf stabile Isotope zu untersuchende Substanz vor der Analyse meist in reiner Form isoliert werden. Bei Verdünnungen mit Träger-Substanz ist einerseits zu berücksichtigen, daß die markierte Verbindung nicht in unwägbaren Mengen vorliegt, und daß andererseits auch der Träger das stabile Isotop in natürlicher Häufigkeit enthält. Nicht-markierte Atome der gleichen Art im markierten Molekül bedingen ebenfalls eine Isotopen-Verdünnung. Während die chromatographische Isolierung und Charakterisierung einer mit radioaktiven Isotopen markierten Substanz in Mikromengen mit Hilfe von Scanning-Methoden relativ einfach ist (vgl. Abschnitt G), fehlen entsprechende Verfahren im Bereich der stabilen Isotope. Eine Erkennung solcher markierten Moleküle wird eventuell durch Doppelmarkierung erleichtert [11, 12].

Diese Nachteile der stabilen Isotope als reine Tracer werden durch andere Verwendungsmöglichkeiten voll kompensiert. Da mit stabilen Isotopen eine beliebig hohe Substitution möglich ist, können an hoch markierten intakten Molekülen Kern-Eigenschaften gemessen werden, die Aussagen über die Bindung und die Umgebung dieser Kerne, d. h. über ihre Markierungsposition gestatten. Demgegenüber ist eine positionelle Isotopen-Analyse bei radioaktiv markierten Molekülen nur durch Abbau durchzuführen [13]. Die Möglichkeiten der positionellen Isotopen-Analyse reichen von der direkten Untersuchung von Reaktionsmechanismen bis zur Struktur-Aufklärung von aktiven Zentren bei Enzymen. Die in den letzten Jahren zu einem gewissen Abschluß gekommene Entwicklung von Methoden wie der Molekül-Massenspektrometrie und der kernmagnetischen Resonanz-Messung wird zusammen mit der ständigen Zunahme des Angebotes stabiler Isotope zu erschwinglichen Preisen einen wesentlichen Anstieg ihrer Verwendung in Forschung und Industrie bedingen.

Alle Verfahren zur Analyse einer Markierung durch stabile Isotope beruhen auf der Bestimmung von Isotopen-Effekten, d. h. auf der Messung der Änderung von Molekül-Eigenschaften, die durch Eigenschaften von Kernen bedingt sind (Tab. H, 1 u. Tab. H, 2). Die verschiedenen stabilen isotopen Kerne eines Elementes unterscheiden sich voneinander vornehmlich in Kern-Masse, kernmagnetischem Moment und in der Reaktion mit Elementar-Teilchen.

Bei Isotopen-Analysen, die auf den Unterschied der Kern-Massen zurückgehen, trennt man in einigen Fällen markierte und nicht-markierte Moleküle vor der Bestimmung (Massenspektrometrie, Ultrazentrifugation, Gaschromatographie). Die optischen Verfahren werden an dem Gemisch von markierten und unmarkierten Molekülen durchgeführt, da diese zu getrennten Meß-Signalen führen. Eine dritte Gruppe von Massen-abhängigen Methoden basiert auf der Messung einer der Isotopen-Zusammensetzung proportionalen Mischgröße (Densimetrie und weitere Methoden [17, 18]).

Die bei magnetischen Messungen an einem Kern erhaltenen Resonanz-Signale werden durch Kerne in seiner Umgebung modifiziert. Entsprechende Untersuchungen dienen daher hauptsächlich der Klärung von Strukturfragen. Es ist hervorzuheben, daß die Nuklide ^{13}C, ^{17}O, ^{31}P und ^{33}S jeweils die einzigen stabilen Isotope des entsprechenden Elementes sind, die überhaupt ein magnetisches Moment haben.

Alle kernchemischen Reaktionen sind unabhängig von dem Bindungszustand eines Kernes und weitgehend unabhängig von fremden Kernen in seiner Umgebung. Der Einfangquerschnitt für thermische Neutronen (Reaktion nach einem [n, γ]-Prozeß) ist bei den hier

Tab. H, 1. Eigenschaften der stabilen Kerne einiger Elemente (nach [14–16]).

Element	Stabiles Isotop	Relative natürliche Häufigkeit [Atom-%]	Kern-Masse [Dalton]	Kern-Magnetismus		Kern-Reaktionen	
				Spin-Quantenzahl I	Moment $[\mu_B]$	Einfang-Querschnitt f. therm. Neutronen $((n, \gamma)$-Prozeß) [barn]	andere wichtige Kern-Prozesse
Wasserstoff	^{1}H	99,9855	1,00782522	1/2	2,79268	0,33	
	^{2}H	0,0145	2,0141022	1	0,85738	0,00057	^{2}H(n, d)n
Kohlenstoff	^{12}C	98,892	12,0000000	0	0	0,0032	^{12}C(p, γ)^{13}N
	^{13}C	1,108	13,0033543	1/2	0,70216	0,0009	^{13}C(p, γ)^{14}N
Stickstoff	^{14}N	99,6337	14,0030744	1	0,40357	0,1	^{14}N(n,p)^{14}C
	^{15}N	0,3663	15,0001081	1/2	−0,28304	0,00002	^{15}N(p,$\alpha\gamma$)^{12}C
Sauerstoff	^{16}O	99,7587	15,9949149	0	0	0,0002	^{16}O(n,p)^{16}N
	^{17}O	0,0374	16,9991334	5/2	−1,8930	–	^{17}O(n,p)^{17}N
	^{18}O	0,2039	17,9991598	0	0	0,00022	^{18}O(p,n)^{18}F
Phosphor	^{31}P	100,0000	30,973763	1/2	1,1305	0,20	
Schwefel	^{32}S	95,018	31,972074	0	0	–	^{32}S(n,p)^{32}P
	^{33}S	0,750	32,971460	3/2	0,64274	–	^{33}S(n,p)^{33}P
	^{34}S	4,215	33,967864	0	0	0,26	
	^{36}S	0,017	35,967091	0	0	0,14	
Chlor	^{35}Cl	75,7705	34,968854	3/2	0,82088	30	
	^{37}Cl	24,2295	36,965896	3/2	0,68328	0,56	

Tab. H, 2. Auf Eigenschaften von Atomkernen beruhende Isotopen-Effekte in markierten Molekülen und Methoden zu deren Messung.

Kern-Eigenschaft	Abhängige Größe in Atomen und Molekülen	Meßgröße mit Isotopen-Effekt	Meßmethode	Messung von Nukliden
Masse	Atom- und Molekulargewicht	spezif. Ladung	Massenspektrometrie	quantitativ u. positionell
		Sedimentationsgeschwindigkeit	Ultrazentrifugation	semiquantitativ
		Dichte	Densimetrie	quantitativ
		Bindungs-Energien	Chromatographie	semiquantitativ
	Energie- und Polarisationszustände	Absorption, Emission und Polarisation[1] elektromagnetischer Strahlung	Infrarot-Spektrophotometrie	positionell u. semiquantitativ
			Emissions-Spektralanalyse	quantitativ
			Polarimetrie, Optische Rotationsdispersion, Zirkulardichroismus	semiquantitativ
Magnetismus	Magn.Moment und dessen Wechselwirkung mit dem Magnetismus anderer Kerne u. Elektronen	Kernmagnetische Resonanz	Kernmagnetische Resonanz-Spektroskopie	positionell und semiquantitativ
		Elektronenspin-Resonanz (Feinstruktur)	Elektronenspin-Resonanz-Spektroskopie	
		Hyperfeinstruktur von γ-Absorptionen (Mössbauer-Effekt)	Mössbauer-Spektroskopie	
Absorption von Korpuskular-Strahlung	Absorption von Korpuskular-Strahlung	Kern-Prozeß	Bestimmung von emittierter Strahlung	quantitativ

[1] Wird auch durch den Magnetismus beeinflußt.

betrachteten leichten Kernen im allgemeinen gering. Da außerdem die Kerne ^{1}H, ^{14}N und ^{35}Cl bei dieser Reaktion zu stabilen bzw. sehr langlebigen Kernen führen, sind nur ^{31}P, ^{34}S und ^{37}Cl der Aktivierungs-Analyse mit thermischen Neutronen zugänglich. Zum Nachweis und zur Bestimmung der anderen Kerne werden daher verschiedene Reaktionen mit energiereichen Teilchen benutzt.

Einige der in Tab. H, 2 zusammengestellten Methoden dienen vorwiegend der quantitativen Analyse des Gesamt-Isotopengehaltes einer Verbindung, anderen kommt eine größere Bedeutung für die positionelle Isotopen-Analyse an unveränderten Molekülen zu. Die quantitative Isotopen-Analyse ist mit einer Umarbeitung des organischen Materials in eine für die eigentliche Messung geeignete Form verbunden (Probenchemie); entsprechende Methoden lehnen sich an die organische Elementaranalyse an.

2. Elementaranalytische Isotopen-Bestimmungen

Die quantitative Isotopenverhältnis-Messung wird fast ausnahmslos an einfachen, meist gasförmigen Molekülen durchgeführt. Deuterium wird als Wasserstoff-Gas, ^{15}N als Stickstoff-Gas, ^{13}C bzw. ^{18}O werden als Kohlendioxid und die Schwefel-Isotope als Schwefeldioxid gemessen; Deuterium und ^{18}O können darüber hinaus in Form von Wasser analysiert werden. Aufgabe der Probenchemie ist es daher, die entsprechenden Elemente aus organischen Molekülen quantitativ in diese Substanzen zu überführen; die Isotopenverhältnis-Messung erfolgt dann nach einem passenden Verfahren. Die folgende Übersicht (Schema H, 1, S. 297) soll eine dem jeweiligen Problem und den Meßmöglichkeiten angepaßte Auswahl von Aufschluß und Messung erleichtern.

2.1. Verfahren zum Aufschluß von markierten Verbindungen

Bei allen Methoden zur Umwandlung von organisch gebundenem Wasserstoff, Stickstoff, Kohlenstoff und Sauerstoff ist eine *quantitative*

Schema H, 1. Aufschlußverfahren (H, 2.1.), deren Anwendungsbereiche und geeignete Meßmethoden (H, 2.2.). V = Vakuumapparatur, B = Bombenrohr, DM = Densimetrie, IR = Infrarot-Spektrophotometrie, MS = Massenspektrometrie, ESA = Emissions-Spektralanalyse

Substanz markiert mit	Form, Menge	Aufschluß mit	Produkt	Umarbeitung mit	Meßform	Meßverfahren	Bemerkungen
^{2}H	organ., $> \sim 5$ mg	$CuO-O_2$ (V)			H_2O	DM, IR, (MS)	DM u. IR einfach, für größere H_2O-Mengen
	organ., $< \sim 5$ mg	$CuO-O_2$ (V,B)	H_2O	Zn, U (V,B)	H_2	MS	
	organ., $< \sim 5$ mg	Cr(B)					Cr(B) nicht allgemein brauchbar
^{13}C	organ., fossil	$CuO-O_2$ (V,B)			CO_2	MS	anorg. Mat. H, 2.1.2.2.
^{15}N	biolog., $> \sim 5$ mg	H_2SO_4–Se	NH_3	NaOBr (V)			CuO(B) in Verbindung mit ESA empfindlichstes Verfahren
				CuO(B)	N_2	MS, ESA	
	organ.	CuO (V,B)					
^{18}O	organ., H_2O	Pt–C (V)	CO	J_2O_5			Pt–C(V) zuverlässig, jedoch Isotopen-Verdünnung, $HgCl_2$ (B) sehr variable CO_2-Ausbeuten
	organ., $< \sim 5$ mg	Pyrolyse $\pm$ $HgCl_2$ (B)					
	H_2O, > 5 mg	CO_2 (Austausch)			CO_2	MS	
	$BaSO_4$, $Ba_3(PO_4)_2$	C (V)	CO	Pt (V)			
	Oxide, H_2O	BrF_5 (V)	O_2	C (V)			
^{32}S/^{34}S	organ.	$CuO-O_2$ (V)			SO_2	MS	anorg. Mat. H, 2.1.5.
^{35}Cl/^{37}Cl	organ.	O_2 (V)	AgCl	CH_3J (B)	CH_3Cl	MS	anorg. Mat. H, 2.1.6.

Umarbeitung in eine Meßform anzustreben, da sonst aufgrund von Isotopen-Effekten eine Änderung des Isotopen-Verhältnisses in Ausgangs- und Endprodukt zu befürchten ist.

Die intermediäre Bildung von Wasser in der Deuterium- bzw. der ^{18}O-Analyse sowie von Ammoniak in der ^{15}N-Analyse führt immer wieder zu »Memory-Effekten«, besonders wenn große Glas-Apparaturen verwendet werden. Zur Umgehung dieser Schwierigkeiten versucht man deshalb heute, Aufschlüsse in geschlossenen Ampullen (Bombenrohren) durchzuführen und solche Verfahren zu optimieren. Bei diesen Methoden sind allerdings die aufschließbaren Substanzmengen begrenzt. Nachfolgend werden historische Verfahren nur dann beschrieben werden, wenn es zum Verständnis und zur Erläuterung der angeschnittenen Fragen erforderlich ist (Zusammenstellungen älterer Originalarbeiten s. bei [19–26]).

2.1.1. Aufarbeitung von Proben zur Deuterium-Analyse

Für die Isotopen-Analyse Deuterium-haltiger organischer Verbindungen kommen drei Wege in Frage: a) Verbrennung und Analyse des dabei gebildeten Wassers vornehmlich durch ein nicht-massenspektrometrisches Verfahren (zur direkten Massenspektrometrie von H_2O vgl. H, 2.1.4.3.), b) Verbrennung der Substanz und Reduktion des Verbrennungswassers zu Wasserstoff für die massenspektrometrische Isotopen-Bestimmung und c) direkter Aufschluß der organischen Verbindung nach einem Verfahren, das in einem einzigen Schritt ein für die Massenspektrometrie geeignetes Meßgas liefert.

2.1.1.1. *Verbrennung Deuterium-haltiger organischer Verbindungen und Isolierung des Wassers*

Der Aufschluß Deuterium-markierter Verbindungen nach dem Prinzip der organischen Elementaranalyse geht auf KESTON, RITTENBERG und SCHÖNHEIMER [27] zurück. Die Substanz wird im Quarzrohr bei 700–750° in einem Strom von gereinigtem Sauerstoff an Kupferoxid verbrannt, und das dabei entstehende Wasser wird durch Ausfrieren isoliert. Enthält das Verbrennungswasser Stickoxide und Halogene, so ist es für die densimetrische Isotopen-Analyse (vgl. H, 2.2.3.) ungeeignet. Für eine Deuterium-Bestimmung in Wasser durch Infrarot-Spektrophotometrie (vgl. H, 2.2.4.) ist dagegen eine besondere Reinheit des Wassers nicht erforderlich. Reines Wasser erhält man bei Verwendung geeigneter Füllungen des Verbrennungsrohres; z. B. soll die Oxidation an einem Kontakt aus Kalium- und Silberpermanganat direkt zu einem für die densimetrische Analyse brauchbaren Produkt führen [28].

Voluminöse Füllungen des Verbrennungsrohres erhöhen den »Memory-Effekt«; er scheint aber unabhängig von der Art der Rohrfüllung zu sein [27–30]. Bis heute ist er nur dadurch zu beherrschen, daß man die Proben vor der Verbrennung durch Zugabe von Träger auf etwa konstanten Deuterium-Gehalt bringt (empfohlen wird im Zusammenhang mit einer infrarot-spektrophotometrischen D-Bestimmung die Verdünnung auf 0,3 Atom-% Deuterium [31]), und daß man außerdem Doppel-Verbrennungen durchführt, von denen die erste zum Äquilibrieren der Apparatur dient [29, 31]. Die Dauer einer Verbrennung wird mit 30–40 Min. angegeben [31, 32].

Unter die zu empfehlenden neueren Varianten ist das Verfahren von LAMBERT et al. [31] zu rechnen. Die Probe (entsprechend 15–20 mg Wasser nach Verdünnung mit Träger) wird in gereinigtem Sauerstoff (10–20 ml O_2/Min.) an Kupferoxid bei 700° verbrannt. Zur Bindung von SO_3 dient Bariumcarbonat im Verbrennungsrohr, während Halogene und Stickoxide durch Silberwolle (400°) bzw. Hopcalit (170°) entfernt werden; lästig ist, daß der Hopcalit häufig regeneriert werden muß. Die Absorptionsgefäße werden überbrückt, wenn die Analysensubstanz keine Heteroatome enthält.

Die Verbrennungsapparatur ist im Original [31] nur in Form eines Block-Diagramms dargestellt; auf ihre Wiedergabe wird daher verzichtet. Besonders sei hier auf das genau beschriebene Gefäß zur Isolierung des Wassers hingewiesen. Es besteht aus einem ca. 20 cm langen Glasrohr von 3 mm Außendurchmesser, dessen erster Teil zu einer 7 cm tiefen V-förmigen Kühlfalle gebogen ist, deren Spitze eine kleine einseitige Erweiterung hat, so daß das gesammelte Wasser mit einer Kanüle quantitativ entnommen werden kann.

FROHOFER [32] verwendet neben Kupferoxid zur Verbrennung (2–3 mg Substanz) Körbl-Katalysator (Herstellung aus $AgMnO_4$, s. [32a]), der Schwefeloxide und Halogene bindet; Stickoxide werden durch Kupfer reduziert. Zur Vermeidung explosionsartiger Verbrennungen wird die organische Substanz zunächst in einem Strom von reinem Stickstoff pyrolysiert, dann mit gereinigtem Sauerstoff völlig verbrannt. Eine Verdünnung des Verbrennungswassers erfolgt bei diesem Verfahren erst nach der Verbrennung.

Alle Katalysatoren befinden sich in einem einzigen Rohr (Abb. H, 1). Kupferoxid und Körbl-Katalysator werden bei 750° gehalten, das Kupfer durch einen zweiten Ofen bei 350°. Zwischen den beiden geheizten Zonen befindet sich Silberwolle zur Bindung von restlichem Halogen bzw. Halogenwasserstoff. Das Rohr ist bis zur Mikro-Kühlfalle geheizt, damit sich darin kein Wasser kondensiert. Das in der Kühlfalle gesammelte Wasser wird mit einer Spritze in ein Gefäß gedrückt, das das Wasser zur Verdünnung der Probe enthält (Verdünnungs-Faktor ist durch Wägung zu bestimmen). Das Sauerstoff-Einleitungsrohr ist am Ende als Schaufel ausgebildet, auf die das Schiffchen mit der Einwaage gestellt wird. Während der Stickstoff ständig strömt (10 ml/Min., Strömungsmesser), wird der Sauerstoff-Strom nur für 30 Sek. eingestellt (Magnet-Ventile), nachdem die Substanz 5 Min. hochgeheizt wurde. Nach weiteren 6 Min. ist die Verbrennung beendet.

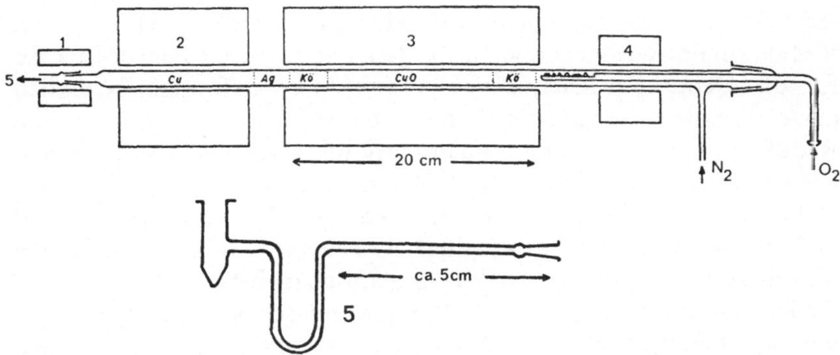

Abb. H, 1. Verbrennungsapparatur nach FROHOFER [32] zur Isolierung von Wasser für die nicht-massenspektrometrische Deuterium-Analyse.
(1) Rohr-Heizung 120° zur Vermeidung einer Kondensation des Verbrennungswassers, (2) Ofen 350°, (3) Ofen 750°, (4) beweglicher Ofen 900°, (5) Mikro-Kühlfalle −76° mit Mischgefäß zur Verdünnung mit normalem Wasser. Kō = Körbl-Katalysator. Durchmesser des Verbrennungsrohres aus Quarz 11 mm.

Die Rohrbeschickung scheint in dem zweiten Verfahren [32] einfacher und wirkungsvoller zu sein. Aufgrund seiner Reinheit wäre das Verbrennungswasser für die densimetrische Isotopen-Analyse (H, 2.2.3.) geeignet; da seine Menge für dieses Verfahren jedoch zu gering ist [31, 32], wird in beiden Fällen die infrarot-spektrophotometrische Isotopen-Messung (H, 2.2.4.) benutzt. LAMBERT et al. [31] erhielten dabei Ergebnisse, die innerhalb einer Streuung von 4–5% rel. mit jenen durch andere Verfahren erhaltenen übereinstimmten. Wegen der »Memory-Effekte« ist die Verdünnung vor der Verbrennung zu empfehlen, bei Präzisions-Analysen sollte außerdem eine Vorverbrennung mit der Analysen-Substanz zur Äquilibrierung der Apparatur durchgeführt werden [31]. – Die Variante, die organische Substanz in einem Bombenrohr zu verbrennen und das Wasser mit Hilfe einer Vakuumapparatur zu isolieren [33, 34], bringt bezüglich des »Memory-Effektes« keinen Vorteil; er beruht also wirklich mehr auf einem Isotopen-Austausch mit Glas-Oberflächen als mit Verbrennungs-Katalysatoren. Ein Proben-Aufschluß im Bombenrohr in Verbindung mit einer »Memory-Effekt«-freien Isolierung des Wassers wird später beschrieben werden (vgl. S. 305).

2.1.1.2. *Verbrennung organischer Substanzen und Reduktion von Wasser für die massenspektrometrische Deuterium-Analyse*

Die massenspektrometrische Deuterium-Analyse wird im allgemeinen an Wasserstoff-Gas durchgeführt (Literatur zur direkten massenspektrometrischen Analyse von Wasser vgl. H, 2.1.4.3.). Wasserstoff kann aus organischen Verbindungen durch Verbrennung und Reduktion des Wassers erhalten werden. Dieser zweite Schritt ist auch für die Deuterium-Analyse von Wasser durchzuführen; bezüglich dessen Reinheit werden keine besonderen Anforderungen gestellt. Die Reduktion des Wassers muß quantitativ sein; bei einem nur 99proz. Umsatz würde das nicht reduzierte Wasser den mehrfachen Deuterium-Gehalt der ursprünglichen Probe haben. Das Reduktionsmittel wird deshalb stets in großem Überschuß verwendet, und bei Reduktionen in Rohrsystemen pumpt man das Gasgemisch mehrfach um.

Größere Substanzmengen (> 10 mg organisches Material, z. B. bei geologischen Fragestellungen) werden in Systemen mit Verbrennungsöfen umgesetzt; Serien kleinerer Proben, z. B. aus Tracer-Untersuchungen, schließt man vorteilhafter in Bombenrohren auf. Zink, Uran und Chrom sind die am häufigsten verwendeten Reduktionsmittel. Wegen seines niedrigen Schmelzpunktes und seines relativ hohen Dampfdruckes kann Zink in Verbrennungsöfen nur unterhalb von 400° verwendet werden; obgleich das Metall ein schwaches Lösungsvermögen für Wasserstoff besitzt, werden bei den normalerweise vorkommenden H_2-Drücken (< 30 Torr in Reduktionsrohren) keine »Memory-Effekte« beobachtet (s. aber S. 302). Uran bildet beim Erkalten in Wasserstoff-Atmosphäre Hydride und ist deshalb nur in ständig geheizten Öfen, nicht jedoch in Bombenrohren zu gebrauchen. Das Metall vermag beim Erhitzen aus verschiedenen organischen Verbindungen direkt Wasserstoff freizusetzen. Das gleiche gilt für Chrom; da Chrom unter den Reaktionsbedingungen keine Hydride bildet, ist es auch in Bombenrohren zu verwenden.

a) Proben-Aufschluß in Vakuumsystemen: GRAFF und RITTENBERG [29] beschreiben eine Apparatur, in der das Verbrennungswasser in einer Kühlfalle isoliert und dann in einem zweiten Rohr durch Zink bei 400° – besser soll eine langsame Steigerung der Temperatur von anfangs 385° auf maximal 410° sein [38] – bzw. durch Uran von 600° reduziert wird. Die Apparatur oder ihr Reduktionsteil werden verschiedentlich unverändert oder in geringfügig abgewandelter Form wiedergegeben [35–38]; eine neuere Variante [39] ist in Abb. H, 2 dargestellt.

Der für die Verbrennung benötigte Sauerstoff wird durch Überleiten über Kupferoxid von 600° und Trocknen (Kühlfalle –76°, Absorptions-

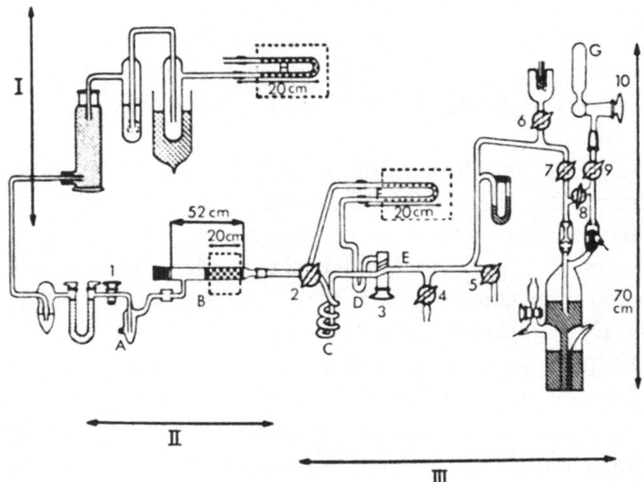

Abb. H, 2. Verbrennungs- und Reduktionsapparatur nach RITTENBERG et al. [29, 39].
I: Sauerstoff-Reinigung, II: Verbrennungsteil, III: Reduktionsteil mit Toepler-Pumpe, Quecksilber-Manometer und Vakuum-Meßgerät (bei Hahn 6). – Einzelheiten s. Text.

gefäße mit konz. Schwefelsäure und Magnesiumperchlorat) gereinigt. Das Mikro-Verbrennungsrohr aus Quarz ist mit Kupferoxid-Draht zwischen zwei Silberwolle-Pfropfen gefüllt; es wird auf 750° erhitzt. Eine kleine Kühlfalle (A) vor diesem Rohr hat ein Gummi-Septum zur direkten Injektion von Wasser oder von flüchtigen Proben. Der Reduktionsteil besteht aus einem mit Uran-Folie gefüllten Quarzrohr von 600° und einer automatischen Toepler-Pumpe. – Zu Beginn einer Verbrennung sind die Hähne 1–4 geöffnet, die Hähne 5–10 geschlossen, so daß der Sauerstoff durch Hahn 4 entweichen kann. Die Falle C wird auf –76° gekühlt und die Probe innerhalb von 5 Min. im Sauerstoff-Strom verbrannt. Man schließt dann Hahn 1 und Hahn 4, pumpt den Rest der Verbrennungsgase über Hahn 5 ab und trennt durch Drehen von Hahn 2 den linken Teil der Apparatur von dem Reduktionsteil ab. Nachdem dieser evakuiert ist, wird zur Reduktion C mit D verbunden und die Kühlung von C auf D gewechselt; im Bedarfs-fall ist zur quantitativen Reduktion die Kühlung ein zweites Mal zu wech-seln. Die Bildung des Wasserstoffs wird manometrisch verfolgt. Das Gas wird mittels der automatischen Toepler-Pumpe im Gefäß G gesammelt; dieses kann zur massenspektrometrischen Analyse des Wasserstoffs abge-nommen werden.

Auftretende »Memory-Effekte« scheinen nicht den Reduktions-schritt zu betreffen, wenn nicht mehr als 5–10 µl Wasser umgesetzt werden ([38], BECKEY in [40]) und die Isotopen-Gehalte der verschie-denen Proben nicht zu stark differieren. Bei der Verarbeitung großer Proben (bis 120 mg) und einer Rohrbeschickung von 40 g Zink-Wolle im Reduktionsofen sind aufgrund von Isotopen-Effekten beim Lösen von Wasserstoff im Zink Verschiebungen des Isotopen-Verhältnisses festzustellen [41]; eine Korrektur mit Eichproben ist dann, besonders bei Präzisions-Messungen im Bereich der natürlichen Häufigkeit, erforderlich.

Zur quantitativen Reduktion wird (Abb. H, 2) der Wasserdampf mit Hilfe der Kühlfallen C und D mehrfach über das Zink geleitet. Eleganter geschieht dies durch Umpumpen mit einer Quecksilber-Diffusionspumpe [40] oder einer rotierenden Pumpe [41] im geschlossenen Kreislauf; die Kontrolle der Reduktion erfolgt manometrisch. Der Umsatz ist nach 15 Min. quantitativ.

Für die Reduktion von Wasser mit Uran-Folie werden Temperaturen zwischen 400 und 700° [42], 570 und 630° [43], bzw. 600° [39] angegeben. Da Uran bei dieser Temperatur sich nicht nur mit Sauerstoff, sondern auch mit anderen Elementen verbindet, können neben Wasser auch Kohlenwasserstoffe, Alkohole sowie Wasserstoff-Verbindungen von Stickstoff, Phosphor und Schwefel direkt unter Bildung von Wasserstoff umgesetzt werden. Von BIGELEISEN et al. [42] wird dies in einer Apparatur durchgeführt, die dem Reduktionsteil in Abb. H, 2 entspricht. Die Umsetzungen mit Uran bilden die Grundlage zu Einstufen-Verfahren für die Gewinnung von Wasserstoff aus organischen Verbindungen sowie für die automatisierte Wasser-Reduktion (vgl. H, 2.1.1.3.).

b) Proben-Aufbereitung in Ampullen: Der relativ große Aufwand bei den vorher beschriebenen Verfahren sowie die Gefahr der »Memory-Effekte« bei Oxidationen in großen Glas-Apparaturen gaben den Anlaß, Oxidation und Reduktion in Ampullen (Bombenrohren) durchzuführen [37, 44]. Bombenrohre sind etwa 15 cm lange Rohre aus Pyrex- oder Supremaxglas (Innen-Durchmesser 5–9 mm), die an einem Ende eine abbrechbare Spitze (Brechsiegel), am anderen eine Verengung (u. U. erst nach Einfüllen der Reagenzien angebracht) und eventuell eine Schlauchtülle haben. Verschiedene Typen solcher Rohre sind in Abb. H, 3 zusammengestellt. In der Abbildung sind auch Teile von Vakuumapparaturen gezeigt, in denen Bombenrohre im Vakuum wieder geöffnet werden können; ihre Verbindung an ein Massenspektrometer zur ^{2}H- oder ^{15}N-Analyse erfolgt meist über eine kleine Kühlfalle.

> Bombenrohr und nach Möglichkeit auch Reagenzien werden durch Erhitzen i. Vak. von adsorbiertem Stickstoff und Wasser befreit. Nachdem die Probe in die Ampulle gefüllt ist, wird diese auf −196° gekühlt, evakuiert (Vakuumschlauch und Hahn) und an der verengten Stelle abgeschmolzen. Der Aufschluß der Substanzen wird im Muffelofen durchgeführt; so können viele Proben nebeneinander verarbeitet werden.

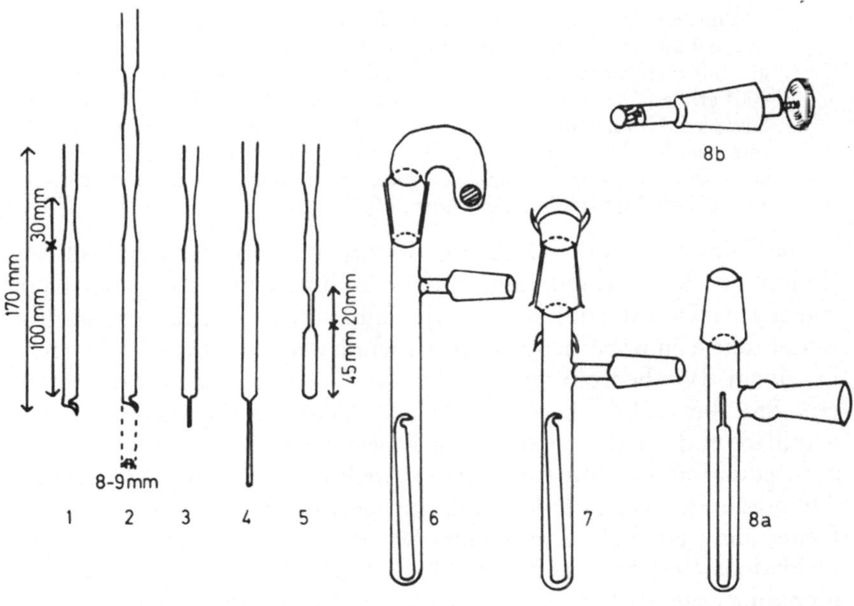

Abb. H, 3. Bombenrohre und Gefäße zu deren Öffnen an Vakuumapparaturen.
(1) u. (3) normale Ampullen, (2) Ampulle zum Wiederverschließen, (4) Ampulle
zur Isolierung von Verbrennungswasser, (5) Ampulle als Entladungsrohr (s. S. 319),
(6) Gefäß zum Öffnen der Ampullen (1) u. (2) durch Eisenkern und Magnet,
(7) Gefäß zum Aufschlagen der Ampullen durch Kippen, (8) Gefäß mit Ampullen-
Brecher für Ampulle (3) [34].

Während zum Aufschluß der organischen Substanzen in Bombenrohren verschiedene Oxidationsmittel vorgeschlagen werden, dient
zur Reduktion des Oxidationswassers nahezu ausschließlich Zink.
Unterschiedliche Erfahrungen über die Brauchbarkeit dieses Metalles
für die quantitative Reduktion von Wasser in Bombenrohren [40]
legen nahe, daß Herkunft, Korngröße, Reinheit und Vorbehandlung
sowie Menge des Reagens von entscheidendem Einfluß sind [45].
Gute Ergebnisse wurden mit platinierten Zink-Granalien (620°) [47]
oder mit einem Gemisch von Zink-Staub und Platin-Schwarz (3 Stdn.
bei 400° [46]) erzielt; Zink-Granulat von Baker Co. kann auch ohne
Vorbehandlung bei 600° [49] eingesetzt werden. Im allgemeinen
empfiehlt es sich aber, das Metall anzuätzen oder zu amalgamieren.

Zur Reduktion von Wasser mit Zink [45] in einem Bombenrohr (ca.
2 ml Inhalt) werden z. B. etwa 850 mg geraspeltes Zink p. a. in dieses
eingefüllt. Die Ampulle wird im Vakuum-Trockenschrank (0,5 Torr)
30 Min. auf 400° erhitzt und anschließend i. Vak. auf Raumtemperatur
abgekühlt. Dann gibt man etwa 100 mg bei 200° getrocknetes Bleibromid

und mittels einer Präzisions-Dosierspritze oder, abgewogen in einer Kapillare, 5,4 mg des zu analysierenden Wassers ein. Die Ampulle wird auf −76° gekühlt, evakuiert, zugeschmolzen und in einem Muffelofen 40 Min. auf 400° erhitzt. Mit Eichproben werden auf diese Weise Meßwerte mit einer Standard-Abweichung von weniger als 0,5% erhalten. − Zur Amalgamierung werden 200 g Zn-Pulver p. a. und 1,5 g $HgCl_2$ in 100 ml 2 N H_2SO_4 ca. 1 Std. geschüttelt. Dann dekantiert man, wäscht 8-mal mit Wasser, zweimal mit Methanol und trocknet [49].

Die Kombination der Oxidation des organischen Materials und der Reduktion des Verbrennungswassers in Bombenrohren versuchten zuerst MAC DONALD und REED [48]; Kaliumdichromat als Oxidationsmittel führte zu unbefriedigenden Ergebnissen. TAMIYA [47] oxidierte in einem Bombenrohr nach Abb. H, 3(4) mit reinem Sauerstoff ($^1/_2$ Std. bei 620°), kondensierte das Verbrennungswasser in die Kapillare und überführte diese mit Inhalt in ein zweites Bombenrohr zur Reduktion. Die Streuung bei der Analyse von 1–2 mg deuterierter Aminosäuren betrug 1–4% rel. im Bereich von 10–40 Atom-% Deuterium; ein »Memory-Effekt« wurde nicht beobachtet. Dieses Oxidations-Verfahren stellt eine Möglichkeit zur Isolierung von Verbrennungswasser für nicht-massenspektrometrische Analysen-Methoden dar (vgl. H, 2.2.3. u. H, 2.2.4.).

Nach SIMON et al. [49] können Oxidation und Reduktion in einem einzigen Bombenrohr nach Abb. H, 3(2) stattfinden; die ebenfalls »Memory-Effekt«-freie Methodik hatte sich bereits in der ^3H-Analyse bewährt [50, 51] (vgl. auch D, 2.), und bei der Deuterium-Bestimmung in organischen Substanzen (Mengen < 10 mg) wurden Streuungen von ca. 1% rel. im Bereich von 1–95 Atom-% D bzw. 2–3% rel. im Bereich unter 1 Atom-% D gefunden.

Die Substanzen werden in die getrockneten Rohre zusammen mit einem ca. 50-proz. Überschuß an Kaliumperchlorat eingewogen (das $KClO_4$ muß fein zerrieben und in einem Quarzrohr bei 10^{-2} Torr und 340° getrocknet werden). Die Ampulle wird an der oberen Verengung i. Vak. abgeschmolzen und dann 60–90 Min. auf 650° (Schutzmantel!) erhitzt. Im Schutzmantel werden die Ampullen aus dem Ofen genommen und dann so abgekühlt, daß das Brechsiegel etwa 1 cm aus diesem herausragt. Das meiste Verbrennungswasser kondensiert dabei in diesem Ende. Nach dem Abkühlen wird die Ampulle einige cm in flüssigen Stickstoff getaucht und oben etwas erhitzt. Dann wird sie oberhalb der zweiten Abschmelzstelle angeritzt und mit einem glühenden Glasstab aufgesprengt. In die offene Ampulle werden 2 g amalgamiertes Zink gegeben. Man wechselt die Kühlung auf −76°, schmilzt i. Vak. ab und reduziert 30 Min. bei 600°.

Auch Quecksilber-II-chlorid wurde als Oxidationsmittel in der Deuterium-Analyse verwendet (vgl. dazu ^{18}O-Analyse H, 2.1.4.1.) [52]; bei dessen Erhitzen mit organischen Substanzen bildet sich HCl-Gas, das in ein zweites Bombenrohr auf Zink kondensiert werden kann. Durch Reduktion bei 450° entsteht Wasserstoff; dieser hat jedoch in der massenspektrometrischen Isotopen-Bestimmung stets einen zu niedrigen und von der aufgeschlossenen Substanz abhängigen Deuterium-Gehalt, so daß empirische Eichkurven benötigt werden.

2.1.1.3. *Einstufen-Verfahren zur Gewinnung von Wasserstoff und automatisierte Wasser-Reduktion*

NIEF und BOTTER [43] benutzten Uran, um direkt Wasserstoffgas aus einfachen flüchtigen Substanzen freizusetzen. Sie verdampften diese hierzu durch eine Kapillare in einen Uran-beschickten Reduktionsofen, der direkt mit einem Massenspektrometer verbunden war; im Ofen wurde ein konstanter Druck von 10^{-3} Torr aufrecht erhalten. Ein Isotopen-Effekt bei der Verdampfung durch die Kapillare (molekulare Strömung, s. H, 2.2.1.1.) bewirkte eine Anreicherung deuterierter Moleküle im Vorratsgefäß und damit sekundär auch im Dampf hinter der Kapillare, bis dieser die gleiche Isotopen-Zusammensetzung wie die ursprüngliche Probe hatte. Im Massenspektrometer wurde dann das gesuchte Wasserstoff-Isotopenverhältnis registriert. Die Genauigkeit ist im Bereich der natürlichen Deuterium-Häufigkeit 0,2 ppm.

THURSTON [53, 53a] baute nach dem gleichen Prinzip ein automatisches Analysen-Verfahren zur serienmäßigen Deuterium-Bestimmung in Wasser auf. Die Proben werden aus Fläschchen auf einem Probenwechsler durch eine Kapillare angesaugt; der Wasserdampf gelangt durch ein kapillares Leck in den Uran-beschickten Konverter, der dem Massenspektrometer vorgeschaltet ist. Auf diese Weise können in einer Std. ca. 70 Proben untersucht werden; die Genauigkeit des Verfahrens beträgt 0,1 ppm. – Die Umarbeitung organischer Verbindungen mit Uran ist auf flüchtige Substanzen begrenzt. Durch systematische Versuche mit anderen Metallen konnten ROLLE et al. [45, 54] zeigen, daß auch Chrom den Wasserstoff organischer Verbindungen quantitativ als H_2-Gas freisetzen kann; Chrom kann in Bombenrohren eingesetzt werden.

> 5–10 mg organische Substanz oder Wasser werden in Supremax-Ampullen eingefüllt, die mit 600 mg Cr (gemahlen auf Korngröße $< 0,125$ mm, 45 Min. bei 10^{-2} Torr auf 400–500° ausgeheizt) beschickt sind. Die Ampullen werden mit flüssigem Stickstoff gekühlt, auf 10^{-2} Torr evakuiert und in einem Muffelofen 15 Stdn. auf 685° erhitzt. Nach dem Erkalten werden sie direkt am Massenspektrometer geöffnet.

Die Zahl der mit der Methode untersuchten Substanzen ist noch relativ klein. Der Erfolg der Umarbeitung scheint auch von Art und

Herkunft des verwendeten Metalles abzuhängen, so daß eine Allgemeingültigkeit dieses Aufschlusses noch nicht gewährleistet ist (H. Simon, Privat-Mitteilung).

2.1.1.4. *Bestimmung von Deuterium in acidem Wasserstoff*

Der Deuterium-Gehalt von acidem Wasserstoff würde bei einem Aufschluß der Analysen-Substanz nach einem der vorher beschriebenen Verfahren durch die anderen H-Atome verdünnt werden. ROLLE [55] schlägt deshalb für die Deuterium-Analyse von acidem Wasserstoff die Umsetzung der markierten Verbindung mit Lithium-Aluminiumhyrid vor.

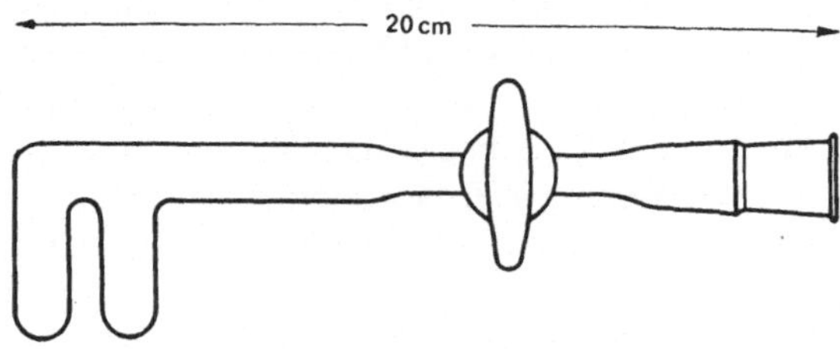

Abb. H, 4. Reaktionsgefäß für die Umsetzung von H-aciden Verbindungen mit LiAlH$_4$ [55].

Das evakuierte Reaktionsgefäß (Abb. H, 4) wird zur Entfernung der anhaftenden Wasserhaut mit freier Flamme abgefächelt. Dann gibt man in einer Trockenbox in einen Schenkel die zu untersuchende Probe, in den anderen einen Überschuß von LiAlH$_4$-Lösung (Lsg. in Äthylenglykoldimethyläther oder in Diäthylenglykoldimethyläther). Das Reaktionsgefäß wird auf –196° gekühlt und evakuiert; der Inhalt der beiden Schenkel wird vereinigt. Nach Ablauf der Reaktion wird das Gefäß gekühlt und direkt an ein Massenspektrometer angeschlossen. Dabei ist zu beachten, daß nur *ein* Wasserstoff-Atom im H$_2$ von der zu untersuchenden Verbindung herrührt. Die LiAlH$_4$-Lösungen entwickeln nach 1–2 Tagen Wasserstoff; es empfiehlt sich daher, sie stets frisch zu verwenden.

Diäthylenglykoldimethyläther kann als Lösungsmittel für die Untersuchung organischer Säuren nicht verwendet werden. Anorganische und organische Säuren sowie Alkohole konnten mit der Methode analysiert werden. Bei Deuterium-Gehalten von 2–95 Atom-% D in der H-aciden Gruppe wurden relative Fehler von 3–1% und sehr gute Übereinstimmungen mit anderen Verfahren erzielt. Zur Bestimmung des Deuterium-Gehaltes von Wasser ist die Methode ungeeignet.

2.1.2. Aufbereitung von Proben zur ^{13}C-Analyse

Der relativ hohe natürliche ^{13}C-Gehalt (1,1 Atom-%) einerseits und die einfache Zugänglichkeit von ^{14}C andererseits sind die Ursachen, daß das stabile Kohlenstoff-Isotop nach 1950 selten bei Tracer-Untersuchungen Verwendung fand. Deshalb gibt es auch kaum Arbeiten, die sich speziell mit der Analytik von ^{13}C bei Tracer-Untersuchungen beschäftigen. Prinzipiell können alle trockenen und nassen Oxidations-Verfahren Verwendung finden, die organisch gebundenen Kohlenstoff in Kohlendioxid überführen (vgl. dazu ^{14}C-Analytik, D, 1., D, 2., D, 3.1.2.2.2., D, 3.1.2.3.); dies gilt auch für Abbau-Verfahren der positionellen Isotopen-Analyse [13]. Nasse Verbrennungen für den Aufschluß ^{13}C-haltiger Substanzen werden in der neueren Literatur nicht beschrieben; ältere Verfahren findet man bei [22] und [37]. Die ältere Literatur über trockene Verbrennungen von ^{13}C-haltigen Verbindungen ist bei [19, 56, 57] zusammengefaßt.

Bereits 1956 empfahlen BAERTSCHI und THÜRKAUF [58] die Verbrennung flüchtiger organischer Substanzen (1–10 mg) zur ^{13}C-Analyse in einem mit Sauerstoff gefüllten Kolben. Im Gegensatz zu der von SCHÖNIGER [59] entwickelten Kolbenverbrennung zur Halogen-Analyse durfte bei der ^{13}C-Analyse kein Trägermaterial (Papier-Lunte) zugegen sein. Die Verbrennung wurde daher durch 1-stdg. Einwirkung einer Hochspannungsentladung auf das Gemisch der Substanz mit Sauerstoff durchgeführt. Das dabei entstandene Kohlendioxid absorbierte man in Barytlauge und setzte es aus dem Bariumcarbonat für die massenspektrometrische Analyse mit Phosphorsäure wieder frei. Die Streuung der Analysenwerte betrug nicht mehr als $\pm 0,02\%$; die Kolbenverbrennung ist also prinzipiell für die ^{13}C-Analyse flüchtiger Verbindungen geeignet, wenn keine explosiven Gemische vorliegen.

Die in den letzten Jahren beschriebenen Verfahren zur ^{13}C-Analyse hängen fast ausnahmslos mit Fragen der Geochemie und der Petrochemie zusammen (Bestimmungen von Variationen der natürlichen Häufigkeit von ^{13}C in fossilem Material mit Reproduzierbarkeiten von $0,1^o/_{00}$ rel.). Daher müssen Isotopen-Effekte bei der Verbrennung völlig ausgeschlossen werden, und es werden hohe Anforderungen an die Reinheit des Kohlendioxids gestellt. Da meist ausreichend große Proben vorliegen, kann die Verbrennung im Bereich der normalen oder der Halbmikro-Elementaranalyse stattfinden.

2.1.2.1. *Verbrennung von Kohlenstoff-haltigem Material nach dem Prinzip der organischen Elementaranalyse*

Im allgemeinen wird an Katalysatoren im Sauerstoff-Strom oxidiert; die Verbrennung flüchtiger Erdöl-Fraktionen erfordert dabei besondere Vorsicht [41]. Häufig ist der Aufschluß von Erdöl und Erdgas zur Analyse des $^{13}C/^{12}C$-Verhältnisses mit einer präparativen gaschromatographischen Auftrennung des Ausgangsmaterials verbunden. Bei direkter Einschleusung der Proben aus dem Gaschromatographen in die Verbrennungsapparatur kann jeweils nur eine einzige Fraktion verbrannt werden [60]. Zur Analyse verschiedener Fraktionen aus einer einzigen Probe ist deren Isolierung vor der Verbrennung erforderlich [61]. Methan kann auch durch fraktionierte Tieftemperatur-Destillation von anderen Bestandteilen eines Erdgases abgetrennt werden [62]. Zur vollständigen Verbrennung muß das Gas mit einer automatischen Toepler-Pumpe mehrfach über Kupferoxid von 700° gepumpt werden [41, 62].

Für die ^{13}C-Analyse von Erdöl, festen Paraffinen, Bitumen und Kohle [60, 63–65] werden Substanzmengen entsprechend 20 bis 25 mg Kohlenstoff in einem Quarzrohr im Sauerstoffstrom (30 ml/Min.) verbrannt. Der Verbrennungsofen ist eine kommerzielle Apparatur zur Halbmikro-Elementaranalyse. Als Verbrennungskatalysator hat sich Kobaltoxid (Co_3O_4 nach VEČEŘA [66]) bewährt. Zur Absorption von Halogenen und Schwefel sowie zur Reduktion von Stickoxiden dient Silberwolle.

Auch Kohlenwasserstoffe aus Erdgas werden am Co_3O_4-Katalysator in Gegenwart von Sauerstoff verbrannt. Die Probengabe erfolgt aus einer Druckflasche in den Gaschromatographen (Abb. H, 5); die Größe der Probe richtet sich nach der relativen Konzentration der zu untersuchenden Komponente. Am Säulenausgang wird der Trägergasstrom (N_2, 50 ml/ Min.) gemeinsam mit dem abgetrennten Kohlenwasserstoff dem ständig durch den Verbrennungsofen strömenden Sauerstoff beigemischt.

Die Verbrennungsprodukte Wasser und Kohlendioxid werden in den Kühlfallen 6a bzw. 6b bei –76° bzw. –160° (Pentan/flüss. Stickstoff) ausgefroren. Ein U-Rohr mit Phosphorpentoxid verhindert das Eindringen von Feuchtigkeit, eine Waschflasche mit Bariumhydroxid-Lösung dient zur Kontrolle des Sauerstoff-Stromes und zeigt ein nicht-quantitatives Ausfrieren von CO_2 an. Der Verbrennungsvorgang dauert 10 bis 20 Min., die Spülzeit beträgt 1 Std. Der zur Verbrennung verwendete Sauerstoff wird in einem Verbrennungsofen mit Co_3O_4-Katalysator (700°) sowie durch Überleiten über $CaCl_2$, Natronasbest und P_4O_{10} gereinigt.

Die Kühlfalle 6b wird nach der Verbrennung auf –196° gekühlt und an einer Vakuumapparatur (Abb. H, 5, unten) evakuiert. Dann wird die Verbindung zur Pumpe geschlossen, die Kühlung auf –76° gewechselt und das CO_2 von 6b über 6c in Kühlfalle 6d kondensiert (30 Min. abwarten). 6d wird dann auf –76° gebracht; man läßt das CO_2 sich 30 Min. durchmischen, expandiert es in die evakuierten Probenröhrchen (ca. 150 Torr) und schmilzt diese ab.

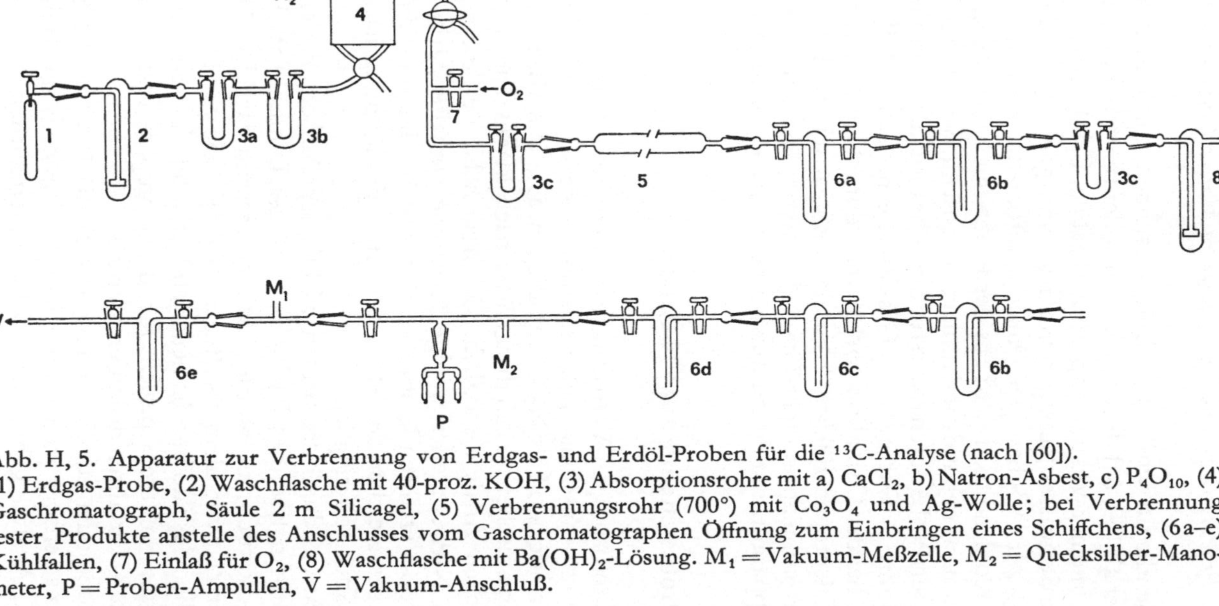

Abb. H, 5. Apparatur zur Verbrennung von Erdgas- und Erdöl-Proben für die ^{13}C-Analyse (nach [60]).
(1) Erdgas-Probe, (2) Waschflasche mit 40-proz. KOH, (3) Absorptionsrohre mit a) $CaCl_2$, b) Natron-Asbest, c) P_4O_{10}, (4) Gaschromatograph, Säule 2 m Silicagel, (5) Verbrennungsrohr (700°) mit Co_3O_4 und Ag-Wolle; bei Verbrennung fester Produkte anstelle des Anschlusses vom Gaschromatographen Öffnung zum Einbringen eines Schiffchens, (6a–e) Kühlfallen, (7) Einlaß für O_2, (8) Waschflasche mit $Ba(OH)_2$-Lösung. M_1 = Vakuum-Meßzelle, M_2 = Quecksilber-Manometer, P = Proben-Ampullen, V = Vakuum-Anschluß.

Auch in der ^{13}C-Analyse hat sich für kleine Substanzmengen die Oxidation im geschlossenen Rohr bewährt. Man verwendet 2 g Kupferoxid-Draht für 2–3 mg C und schließt 15 Stdn. bei 500° auf [60].

2.1.2.2. *Probenbereitung aus anorganischem Material und aus Wässern*

Kohlendioxid wird aus Salzen, Gesteinen und Quellwässern nach MAASS et al. [60, 64] durch chemische oder thermische Zersetzung der Proben in einer Vakuumapparatur erhalten. Kohlenstoff aus größeren Mengen Seewasser kann getrennt nach anorganischer und organischer Bindung zur ^{13}C- bzw. ^{14}C-Analyse aufbereitet werden [67, 68]. Das gelöste Kohlendioxid wird aus der Probe mit Sauerstoff ausgetrieben, der organisch gebundene Kohlenstoff anschließend in der Sauerstoff-gesättigten Probe durch mehrstündige Photooxidation in Kohlendioxid übergeführt. – Der gesamte Gas-Stoffwechsel einer Mikrobenkultur und die bei der Oxidation von Methan durch diese Kultur verursachten ^{13}C-Isotopen-Effekte konnten automatisch und kontinuierlich durch Kombination eines Gaschromatographen und einer Verbrennungsapparatur mit einem Massenspektrometer verfolgt werden [69].

2.1.3. Probenchemie zur ^{15}N-Analyse

Stickstoffisotopen-Verhältnisse werden durch Massenspektrometrie oder durch Emissions-Spektralanalyse gemessen; für beide Methoden muß der Stickstoff als N_2-Gas vorliegen. Die Umarbeitung des Stickstoffs organischer Verbindungen ist nach klassischen Verfahren der organischen Analyse möglich. Da organische Verbindungen häufig nur ein N-Atom oder wenige N-Atome enthalten, tritt bei diesen Aufschluß-Verfahren kaum eine Isotopen-Verdünnung durch andere Atome des gleichen Moleküls auf; eine Verdünnung ist aber durch Fremd-Stickstoff möglich.

Die Anwendung der beiden wichtigsten Aufschluß-Verfahren der Stickstoff-Analyse, des Kjeldahl- bzw. des Dumas-Aufschlusses, für die ^{15}N-Bestimmung wurde zusammenfassend dargelegt [19, 37, 70], in letzter Zeit vor allem von BREMNER [71] sowie von PLATE et al. [72]. Hier sollen deshalb nur die neuesten Varianten der klassischen Methoden sowie weitere, speziell für die Isotopen-Analyse entwickelte Aufschluß-Verfahren diskutiert werden.

Alle Methoden zur Gewinnung von N_2 aus ^{15}N-haltigen Substanzen für die massenspektrometrische bzw. die emissions-spektralanalytische Isotopen-Analyse gehen auf drei Prinzipien zurück: 1. Kjeldahl-Aufschluß und Oxidation des dabei erhaltenen Ammoniaks zu N_2. Das Verfahren eignet sich vor allem für große Mengen inhomogenen und biologischen Materials; der Stickstoff einiger Bindungsarten (Nitrogruppe, heterocyclisch gebundener N) kann aber nicht oder nur schwer erfaßt werden. – 2. Oxidation nach dem Dumas-Verfahren.

Die Methode ist apparativ aufwendig; sie ist jedoch universell anwendbar und bietet die Möglichkeit zur Automation der ^{15}N-Analyse.– 3. Aufschluß im Bombenrohr (Einstufen-Verfahren). Dieses »Memory-Effekt«-freie Verfahren ist für Serienanalysen geeignet und in Verbindung mit der Emissions-Spektralanalyse besonders empfindlich. Die maximal aufschließbare Substanzmenge liegt etwa bei 10 mg, der Anwendungsbereich des Aufschlusses dürfte dem des Dumas-Verfahrens entsprechen. – Darüberhinaus gibt es Methoden zur Gewinnung von Stickstoff in Form von N_2 aus speziellen Verbindungen bzw. Bindungen.

2.1.3.1. *Kjeldahl-Aufschluß und Hypobromit-Oxidation*

Die Kenntnis der allgemeinen Problematik des Kjeldahl-Aufschlusses wird vorausgesetzt; ein zum Aufschluß aller organischen Stickstoff-Verbindungen gleichermaßen geeignetes Oxidationsgemisch gibt es nicht. Zur Diskussion von Verfahren, die auch für den Aufschluß von Nitro- und anderen Nicht-Aminostickstoff-Verbindungen geeignet sind, s. [73].

a) Aufschluß: Obgleich schon Rittenberg et al. [74] beim Kjeldahl-Aufschluß verschiedener Substanzen die Bildung von Nebenprodukten, wahrscheinlich Aminen, festgestellt hatten, die die massenspektrometrische ^{15}N-Bestimmung erheblich störten, wird in der neueren Literatur das von den Autoren angegebene Oxidationsgemisch in kaum veränderter Form immer wieder empfohlen [23]. Sicher ist es für den Aufschluß sehr vieler Verbindungen geeignet, da manchmal auch konz. Schwefelsäure allein, z. B. für den Aufschluß von Humusproben ausreicht [75]. Die Dauer des Aufschlusses bleibt ohne Einfluß auf das ^{15}N/^{14}N-Verhältnis des Ammoniaks [75]; deshalb verläuft der Kjeldahl-Aufschluß ohne Isotopen-Effekt.

Allgemein läßt sich aber die Entstehung störender Nebenprodukte vermeiden, wenn der Aufschluß bei höherer Temperatur, d. h. in Gegenwart großer Kaliumsulfat-Mengen durchgeführt wird [71]. Das Verfahren nach Bremner [71, 76] ist besonders für den Gesamt-Stickstoff aus Bodenproben geeignet; es kann aber auch zum Aufschluß anderer Proben dienen.

Reagenzien: 1. Konz. Schwefelsäure, 2. Kaliumsulfat-Katalysator-Mischung (100 g K_2SO_4, 10 g $CuSO_4 \cdot 5 H_2O$ und 1 g Se werden für sich fein gepulvert, dann gemischt und noch einmal gemörsert). – Eine Probe entsprechend 1–0,05 mg Stickstoff wird in einen trockenen Mikro-Kjeldahl-Kolben gegeben. Man fügt 2 ml Wasser zu, schüttelt um, läßt 30 Min. stehen, gibt dann 1,1 g der Katalysator-Mischung sowie 3 ml konz. Schwefelsäure zu und beginnt vorsichtig mit dem Erhitzen. Wenn das Wasser entfernt ist und die Probe nicht mehr schäumt, wird stärker erhitzt, bis die

Lösung klar wird. Anschließend erhitzt man noch 5 Stdn. zum Sieden, wobei die Schwefelsäure bis zu etwa $^1/_3$ der Höhe des Kolbens destillieren soll.

Soll Nitrat-Stickstoff mitbestimmt werden, so wird die Probe mehrere Stdn. bei 20° mit Salicylsäure/Schwefelsäure (25 g Salicylsäure/l konz. Schwefelsäure, davon 4 ml/mg N) gehalten; dann gibt man 0,5 g Natrium-thiosulfat/mg N zu und führt nach einiger Zeit den Aufschluß wie oben beschrieben durch. Für Nitrat und Nitrit wird eine wäßrige Suspension der Probe mit 5-proz. Kaliumpermanganat-Lösung (1 ml/mg N) und 2 ml halb-konz. Schwefelsäure oxidiert, anschließend mit Ferrum reductum (0,5 g/mg N) reduziert und dann wie zuvor aufgeschlossen.

Diese Methode bewährte sich nicht nur zum Aufschluß von Boden-proben, sondern auch zur Oxidation ganzer Pflanzenteile [77]. BREMNER [71] faßt darüberhinaus Sekundär-Literatur über die unab-hängige Isolierung und Isotopen-Analyse von Stickstoff aus biolo-gischem Material in verschiedenen Bindungs-Formen zusammen. Auch tierisches Gewebe (z. B. Autopsie-Material) kann – u. U. nach Auf-trennung in Fraktionen (unlösliches Protein, Trichloressigsäure – fällbares Protein, Überstand) [78] – nach dem Kjeldahl-Verfahren aufgeschlossen werden [79]. JACOBS [80] diskutiert den Einfluß von Temperatur (Kaliumsulfat-Konzentration) und von Oxidationskataly-satoren auf den Aufschluß tierischen Materials und befürwortet be-sonders Quecksilber als Oxidationskatalysator. Der von ihm vorge-schlagene Kjeldahl-Aufschluß im geschlossenen Rohr [81] gelingt in besonders kurzer Zeit, da relativ hohe Temperaturen erreicht werden können. Obgleich mit dieser Variante des Kjeldahl-Aufschlusses keine Erfahrungen bei der Isotopen-Analyse bestehen, dürfte sie dafür geeignet sein, da keine Isotopen-Effekte bzw. »Memory-Effekte« zu befürchten sind.

0,01–0,1 ml Serum bzw. 0,5–1 mg Stickstoff-haltige Substanz werden in eine 5-ml-Pyrex-Ampulle mit 0,25 ml konz. Schwefelsäure und 2–3 mg Oxidationskatalysator $(K_2SO_4/CuSO_4/HgO/Se = 15:5:5:1)$ 30 Min. auf 460–480° im Muffelofen erhitzt (Schutzmantel!). – Zur Untersuchung des Stickstoffisotopen-Verhältnisses in Erdöl [72] werden 15 g Rohöl mit 100 ml konz. Schwefelsäure in einem 1000-ml-Kolben mehrere Tage bis zur vollständigen Oxidation erhitzt (Zusätze 1,3 g Quecksilber und 10 g Calciumsulfat).

b) Destillation des beim Kjeldahl-Aufschluß erhaltenen Ammoniaks: Üblicherweise wird bei Kjeldahl-Bestimmungen das Ammoniak mit Alkali-Lauge freigesetzt und in eine Vorlage mit Säure übergetrieben (10 N Carbonat-freie Kalilauge [76]: 420 g KOH in 400 ml Wasser lösen, unter Verschluß mehrere Tage absitzen lassen, vom Nieder-schlag abhebern und mit Kohlendioxid-freiem Wasser auf 1 l auf-füllen). Dieser Vorgang ist mit »Memory-Effekten« verbunden, die von der Adsorption des NH_3 an den Glaswänden der Destillationsapparatur herrühren. Eine Apparatur normaler Größe vermag etwa 3–4 µg Stickstoff in Form von NH_3 zu binden [82]. Bleiben von einer Probe, die 1 mg N mit 50 Atom-% ^{15}N enthalten soll, nur diese 0,3–0,4 Prozent im Destillationsapparat zurück, so wird der ^{15}N-Gehalt einer anschließend analysierten nicht-markierten Probe (natürliche Häufigkeit 0,366 Atom-% ^{15}N) durch Austausch um ca. 0,2 Atom-% zu hoch. In Wirklichkeit werden unter solchen Bedingungen noch höhere Abweichungen gefunden [75], und die Kontamination durch ^{15}N aus einer Substanz mit hohem Isotopen-Gehalt ist noch bis auf die dritte nachfolgende nicht-markierte Probe nachzuweisen. »Sorgfältiges Reinigen« [74] oder 1-stündiges Ausdampfen der Apparatur [75] ist zeitraubend und nicht sehr erfolgreich.

Der »Memory-Effekt« läßt sich verhindern, wenn nach jeder Probe 15–20 ml Äthanol durch die Apparatur destilliert werden [71] (nachweislich können Glasoberflächen durch Behandlung mit Methanol »methyliert« werden; sie binden dann wesentlich weniger NH_3 [82]). Für Präzisionsanalysen oder Analysen mit häufig wechselndem ^{15}N-Gehalt empfiehlt es sich jedoch, eine Destillationsapparatur zu verwenden, deren inneres Kühlerrohr aus Silber ist [82] (vgl. Tab. H, 3).

Tab. H, 3. Einfluß von verschiedenen Reinigungstechniken auf die Retention von Ammoniak durch das Destillationsgerät. Proben von jeweils 350 µg Stickstoff, davon 1 u. 2 mit 30,4 Atom-% ^{15}N-Überschuß, 3–5 mit natürlicher Häufigkeit. – Versuche A–E Glas-Kondensor, F–G Silber-Kondensor. Destilliert wurden in Versuch A jeweils 35 ml, in allen anderen 50 ml/Probe. In Versuch C waren die Proben 3–5 nur Wasser, die Träger-Zugabe erfolgte im Destillat. Bei Versuch D wurde zwischen Proben 2 u. 3 mit Chromschwefelsäure gereinigt, bei Versuchen E u. D 5 Min. ausgedampft. – Standard-Abweichungen der Bestimmungen ± 0,0045 Atom-% Überschuß ^{15}N (nach [82]).

Versuch	Überschuß ^{15}N[Atom-%] bei Destillation Nr.					Gesamte Retention [µg N]
	1	2	3	4	5	
A	29.4	29.6	0.256	0.022	–	3.3
B	30.0	30.0	0.237	0.025	–	3.1
C	30.0	30.0	0.192	0.082	0.032	3.6
D	29.8	30.0	0.179	0.027	–	2.4
E	30.0	30.0	0.111	0.009	–	1.4
F	30.3	30.4	0.024	0.001	–	0.3
G	30.4	30.4	0.001	0.003	–	0.0

Eine Stickstoff-Bestimmung ist in einem aliquoten Teil der sauren Destillationsvorlage z. B. mittels Neßler's Reagenz möglich; will man Stickstoff-Verluste vermeiden, so destilliert man das NH_3 in eine neutrale Vorlage und bestimmt das Ammoniak durch Titration mit Salzsäure [84]. Für die Hypobromit-Oxidation soll das Destillat etwa 1–0,05 mg Stickstoff in 2–0,2 ml Lösung enthalten; ein Einengen ist nur in Gegenwart eines Säure-Überschusses möglich. – Die Destillation des Ammoniaks ist ganz zu umgehen, wenn die für den Aufschluß verwendete Lösung so wenig Säure enthält [85], daß diese durch die zur Ammoniak-Oxidation eingesetzte Hypobromit-Lösung neutralisiert wird; dies kann im Falle des zuvor erwähnten Aufschlusses im Bombenrohr ([81] vgl. unter a)) möglich sein.

c) Oxidation des Ammoniaks mit Natriumhypobromit: Die Oxidation des beim Kjeldahl-Aufschluß erhaltenen Ammoniaks mit Natriumhypobromit führten SPRINSON und RITTENBERG [79] in einem Y-förmigen Zweischenkelrohr an einem Vakuumsystem durch; hieran hat sich, ebenso wie an der Herstellung der alkalischen Hypobromit-Lösung, bis heute wenig geändert [86]. In einer Hypobromit-Lösung kann sich bei längerem Stehen Sauerstoff entwickeln. Dieses Gas täuscht bei der massenspektrometrischen Stickstoff-Analyse einen Lufteinbruch vor. Die Prüfung auf eine Kontamination der Analysenprobe durch Luft soll deshalb nicht bei der Masse 32 (O_2^+), sondern bei der Masse 40 (Ar^+) erfolgen [87]. Die Bildung von Sauerstoff in der Hypobromit-Lösung geht wahrscheinlich auf eine Kupfer-katalysierte Zersetzung zurück, da sie durch Zugabe von Jodid weitgehend unterbunden werden kann [88]. Deshalb enthalten heute verwendete Hypobromit-Lösungen meistens Jodid [71].

200 g Natriumhydroxid werden in 300 ml Wasser unter Kühlung auf 0° gelöst. Die Hälfte der Lösung gibt man in einen 500-ml-Weithals-Erlenmeyerkolben, tropft unter starkem Rühren bei 0–5° 60 ml Brom im Verlaufe von 30 Min. zu, verdünnt mit dem Rest der Natronlauge und bewahrt den Kolben 4–6 Tage im Kühlschrank auf. Das ausgeschiedene Natriumbromid wird über eine Glasfilter-Nutsche abgetrennt und das Filtrat mit einer volumengleichen Menge Kaliumjodid-Lösung (2 g KJ/ 1 H_2O) versetzt. Die Lösung ist bei 4° aufzubewahren. – Ross und MARTIN [89] empfehlen, zu 60 ml einer 10-proz. Lithiumhydroxid-Lösung (LiOH · H_2O, Gew./Vol.) 2 ml Brom zuzutropfen und die Lösung zu schütteln, bis sie klar ist.

Für die Oxidation von NH_3 entsprechend 1 mg Stickstoff werden etwa 2 ml der Natriumhypobromit-Lösung benötigt. Die Ammoniumsalz-Lösung wird in einen Schenkel des Y-förmigen Reaktionsgefäßes (Abb. H, 6), die Oxidationslösung in den anderen pipettiert. Das Reaktionsgefäß wird auf −196° gekühlt und evakuiert; dann schließt man die Verbindung zur Vakuumpumpe, läßt auftauen, friert erneut ein und evakuiert wieder. Zur völligen Entgasung der Lösungen wiederholt man diesen Vorgang ein zweites Mal. Dann vereinigt man die Lösungen, kühlt das Gefäß nach Ablauf der Reaktion wieder und kann jetzt den Stickstoff in das Massenspektrometer bzw. ein Vorratsgefäß expandieren. Die Ausbeute entspricht nicht immer dem berechneten Wert [75, 86].

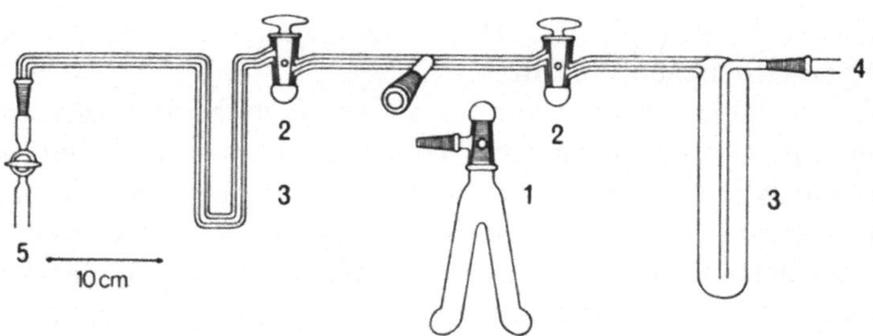

Abb. H, 6. Kapillarsystem zur Hypobromit-Oxidation von Ammoniak und zum Einlaß von Stickstoff in ein Massenspektrometer (nach [71]).
(1) Rittenberg-Gefäß, (2) Vakuumhähne, (3) Kühlfallen, (4) Anschluß für Vakuum-Meßgerät und Pumpe, (5) Anschluß zum Massenspektrometer; Schliffe NS 10, am Reaktionsgefäß NS 19.

Bei einer neuen Modifikation der Hypobromit-Oxidation [89] gibt man das Ammoniumsalz in fester Form in Proben-Fläschchen, die über einen Schraubverschluß mit einem Vakuumsystem verbunden werden. Zum Vakuumsystem gehört ein Vorratsgefäß mit entgaster Oxidationslösung, die i. Vak. auf das Salz getropft wird. Der Kontakt von intermediär auftretendem freien Ammoniak mit Glaswänden ist dadurch sehr kurz; da die Reaktionsgefäße nur einmal benutzt werden, ist ein »Memory-Effekt« ausgeschlossen. Die Methode ist für Serien-Analysen geeignet. Die technischen Einzelheiten des etwas aufwendigen Vakuumapparates sind der Originalarbeit zu entnehmen. Die für das Verfahren benötigten Substanzmengen sowie die Analysen-Ergebnisse entsprechen jenen des »klassischen« Verfahrens.

Eine Apparatur zur Füllung von Entladungsrohren (s. Abb. H, 3 (5), S. 300 sowie H, 2.2.2.) muß ein möglichst kleines Totvolumen haben. Die zur Oxidation kommende Ammoniumsalz-Menge soll so bemessen sein, daß im Entladungsrohr ein Druck von 2–4 Torr N_2

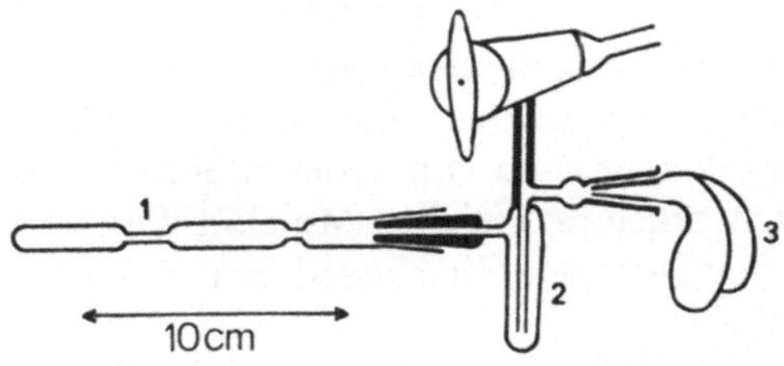

Abb. H, 7. Vakuumsystem zur Hypobromit-Oxidation von Ammoniumsalzen für die spektralanalytische Isotopen-Analyse [84].
(1) Entladungsrohr (Uviol- oder Rasothermglas), konisch aufgeweitet zum Befestigen an der Apparatur mit Picein, (2) Kühlfalle, (3) Reaktionskolben; Schliffe NS 7,5.

erreicht wird [84] (vgl. Abb. H, 7). Die Handhabung entspricht dem vorher beschriebenen Verfahren.

Bei der Oxidation von Ammoniak mit Hypobromit können u. a. geringe Mengen Distickstoffoxid entstehen. Dies stört die emissionsspektralanalytische ^{15}N-Analyse nicht, würde aber bei der Massenspektrometrie $^{15}N_2$ vortäuschen (Masse $^{14}N\,^{16}O^+ =$ Masse $^{15}N_2{}^+$, [90]). Eine mathematische Korrektur des Massenspektrums hinsichtlich störender Fremdgase ist möglich [87]; empfehlenswerter ist jedoch eine Reinigung des Meßgases: Stickoxide werden bei $-196°$ ausgefroren, würden also in den hier gezeigten Anordnungen automatisch eliminiert. Andere Verunreinigungen wie CO oder O_2, die z. B. in Stickstoff-Proben aus Erdgas vorkommen, können durch mehrfaches Überleiten des Meßgases über Kupferoxid und Kupfer bei $680-750°$ entfernt werden [91, 92].

2.1.3.2. *Oxidation nach dem Dumas-Verfahren*

Die Oxidation Stickstoff-haltiger organischer Substanzen mit Kupferoxid in einer Kohlendioxid-Atmosphäre in Verbindung mit der volumetrischen Stickstoff-Messung (Dumas-Verfahren) ist die gebräuchlichste Methode zur Bestimmung organisch gebundenen Stickstoffs [73]. Mit wenigen Ausnahmen (Purine, Pyrimidine) lassen sich fast alle organischen Substanzen nach diesem Verfahren analysieren, darunter auch solche, für die der Kjeldahl-Aufschluß ungeeignet ist (z. B. Nitroverbindungen). Unter besonderen Umständen ist auch der Aufschluß von Heterocyclen möglich; der Aufschluß von Pyridin gelang z. B. in der Form des Cadmiumchlorid-Komplexes [98].

Bei der Anwendung des Dumas-Verfahrens auf die Stickstoffisotopen-Analyse ist zu beachten: 1. Die Isolierung des Stickstoff-Gases kann nicht in einem normalen Azotometer erfolgen, da von dort seine Überführung in ein Massenspektrometer nicht möglich ist, und da außerdem aufgrund der Löslichkeit von Stickstoff in Kalilauge hohe »Memory-Effekte« zu erwarten sind. 2. Der Aufschluß von Azoverbindungen [93], aber auch von anderen Substanzen mit zwei oder mehr Stickstoff-Atomen im gleichen Molekül [94], ergibt ein N_2-Gas, das nicht immer im Isotopen-Gleichgewicht ($^{15}N_2 + {}^{14}N_2 \rightleftharpoons 2\,{}^{14}N^{15}N$) ist (vgl. H, 2.2.1.2.).

Holt und Hughes [93] benutzten als erste das Dumas-Verfahren zur Gewinnung von Stickstoff-Proben für die massenspektrometrische Isotopen-Analyse. Der bei ca. 700° erhaltene Stickstoff war jedoch nicht sehr rein; mit Nickeloxid von 1050° konnte ein reineres Gas erhalten werden [95]. Da Temperaturen in dieser Höhe aus verschiedenen Gründen unerwünscht sind, mischte ZONOV die Analysenprobe mit Kohlenstoff oder Schwefel, krackte sie durch Hochfrequenz-Entladungen und leitete dann die Krackgase über Kupferoxid [96].

Eine für die Isotopen-Analyse brauchbare Methode wurde aus dem Dumas-Verfahren, als BARSDATE und DUGDALE [97] das Azotometer eines kommerziellen Stickstoff-Analysators (Coleman Nitrogen Analyzer) durch eine Kühlfalle und eine Toepler-Pumpe ersetzten.

> Die mit Kupferoxid-Pulver gemischte Probe wird in einem Quarz-Verbrennungsrohr in einer Atmosphäre von reinem Kohlendioxid auf 700–800° erhitzt. Nach der Pyrolyse werden die Gase mit Kohlendioxid durch ein mit Kupferoxid und Kupfer gefülltes Nachverbrennungsrohr getrieben. Von hier aus gelangen sie über Ventile in den aus einer Kühlfalle (–196°) und einer Toepler-Pumpe bestehenden evakuierten Teil der Apparatur, in dem Träger- und Fremdgase[1] ausgefroren werden und der Stickstoff in ein kleines Vorratsgefäß gepumpt wird. – Ein von DESATY et al. [94] entwickelter Zusatz erlaubt, das zur Verbrennung benötigte Kupferoxid zu entgasen und unter Ausschluß von Luft zu der Probe in das Verbrennungsrohr zu geben. Die Autoren empfehlen, dem Träger-Kohlendioxid eine Spur Argon als inneren Standard zur Kontrolle der Anordnung auf Dichtigkeit beizumischen.

Die teilautomatisierte Dumas-Verbrennung erlaubt eine schnelle und »Memory«-freie Isotopen-Analyse bei ^{15}N-Gehalten zwischen 0,37 und 100 Atom-%. Einschließlich der massenspektrometrischen Analyse können zwei Personen in einer Stunde fünf Proben untersuchen. Die minimale Probengröße (bei Verwendung eines Flugzeit-Massenspektrometers) wird mit 10 µl (ca. 12 µg) N_2 oder weniger als 1 µMol Substanz angegeben; die Reproduzierbarkeit der Analysenwerte soll dabei 0,01 Atom-% ^{15}N betragen.

2.1.3.3. *Oxidation von Ammoniak und organischen Substanzen im Bombenrohr (Einstufen-Verfahren)*

Ammoniumchlorid kann durch heißes Kupferoxid zu Stickstoff oxidiert werden. Die Sublimation des Salzes durch ein entsprechend gefülltes Verbrennungsrohr [90, 99] verläuft jedoch nicht ohne »Memory-Effekt«. ROLLE [100] untersuchte deshalb diese Oxidation im Bombenrohr und erhielt zufriedenstellende Analysenergebnisse im Bereich zwischen 0,6 und 93 Atom-% ^{15}N. Ein Zusatz von Calciumoxid zur Bindung saurer Reaktionsprodukte [101–103] brachte die

---

1 Mit Kupferoxid als Oxidationskatalysator entstehen Spuren von Stickoxiden und Methan. Diese Gase stören die volumetrische Stickstoff-Bestimmung; deshalb sind dort andere Katalysatoren und höhere Verbrennungstemperaturen angebracht [80]. Die genannten Nebenprodukte beeinträchtigen die Isotopen-Analyse jedoch nicht, da sie ausfrierbar sind.

Möglichkeit, auch Stickstoff-haltige organische Verbindungen wie Amine, Aminosäuren, Proteine, Amide, Nitroverbindungen und Heterocyclen aufzuschließen.

Nach GÜNTHER et al. [103] wird die organische Substanz (etwa 2–5 mg) mit Kupferoxid-Pulver und Calciumoxid-Pulver (je etwa 300 mg) in einem Supremax-Bombenrohr, das vorher bei 650° ausgeheizt wurde, i. Vak. eingeschmolzen. Das Bombenrohr wird 1 Std. auf 650° erhitzt; nach dem Erkalten wird es in einem evakuierten Rohr (Abb. H, 3(7)) geöffnet. Die Reaktionsgase werden durch eine Kühlfalle (–196°) in das Massenspektrometer eingelassen. – CORNIDES et al. [104] mischen 5–7 mg Probe (Protein) mit 200 mg Kupferoxid-Pulver und 300 mg Kupferoxid-Draht und überschichten das Gemisch im Bombenrohr mit Lagen von 120 mg Kupfer-Draht, 120 mg Calciumoxid und 300 mg Kupferoxid-Draht. Das evakuierte Rohr wird 100 Min. auf 620° erhitzt.

An Glasoberflächen und Oxidationsmitteln adsorbierter Luft-Stickstoff verdünnt das Reaktionsprodukt, so daß die ^{15}N-Werte, besonders bei kleinen Proben, bis zu 15% zu niedrig werden [105]. Bombenrohr und Oxidationsgemisch sollen daher i. Vak. ausgeheizt werden, wobei die Analysenprobe in einer Kapillare in einem Seiten-Ansatz des Vakuumsystems aufbewahrt wird [100, 105] (Abb. H, 8).

Mit der Calciumoxid-Kupferoxid-Methode können auch organische Proben für die spektralanalytische ^{15}N-Bestimmung direkt in Entladungsrohren aufgeschlossen werden. Befinden sich Probe und Oxidationsgemisch im untersten Teil eines aus drei Kammern bestehenden Entladungsrohres [106], so kann dieser nach dem Aufschluß abgeschmolzen werden, und man behält ein gefülltes zweikammeriges Entladungsrohr zurück. Da die Reagenzien die Gas-Entladung nicht stören, genügt bereits ein aus zwei Kammern bestehendes Entladungsrohr zum Aufschluß, s. Abb. H, 3(5); hierbei entfällt aller Totraum. Für normale Aufschlüsse wird eine Substanzmenge entsprechend 5–50 μg Stickstoff, in Mikro-Entladungsrohren bis 0,5 μg Stickstoff benötigt.

Das Rohr ([105], Abb. H, 3(5)) wird mit 10 mg CuO/CaO (1:1) beschickt und an der Apparatur (Abb. H, 8) über einen Konus mit Picein befestigt. Die Probe wird in eine Kapillare gefüllt (Eindunsten einer Lösung bekannten Gehaltes). Nachdem das Entladungsrohr i. Vak. ausgeheizt ist, läßt man die Kapillare hineinfallen, schmilzt ab und erhitzt 3 Stdn. auf 500°.
Mikro-Entladungs- und Aufschlußrohre bestehen aus 8–10 cm langem Quarzrohr vom Innen-Durchmesser 2 mm [107]; man füllt die Substanz ein und gibt das Oxidationsgemisch (CuO/CaO 1:1) in Form einer Pille von 1,5 mm Durchmesser zu. Die Entgasung gelingt besonders gut, wenn anstelle der CuO/CaO-Pille eine Pille mit CaO/Al$_2$O$_3$ (1:1) und eine zweite aus CuO eingefüllt werden [108]: Hält man diese voneinander und von der Substanz getrennt, so kann man das CaO bis auf 1000°, das CuO bis auf 600° mit der Flamme ausheizen. – Zur längeren Aufrechterhaltung der Entladung empfiehlt es sich, das Röhrchen nach dem Ausheizen mit

Xenon (5 Torr) zu spülen und vor dem Zuschmelzen mit einem Gemisch aus Xenon (0,15 Torr) und Helium (10 Torr) zu beschicken (vgl. H, 2.2.2.).

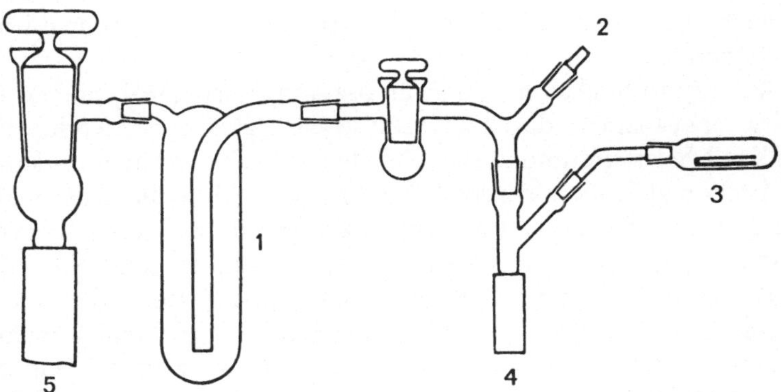

Abb. H, 8. Vakuumapparatur zum Beschicken von Bombenrohren für die massenspektrometrische bzw. optische ^{15}N-Analyse [100].
(1) Kühlfalle, (2) Anschluß für Vakuum-Meßzelle, (3) Kipp-Schenkel mit Probe in einer Kapillare, (4) Anschluß für Ampulle bzw. Entladungsrohr, (5) Vakuumanschluß.

In Verbindung mit der Massenspektrometrie werden beim Aufschluß in Bomben etwa gleiche Substanzmengen wie bei anderen Aufschlüssen benötigt (minimale Mengen bei der Hypobromit-Oxidation 50 µg, beim Dumas-Verfahren 15 µg, in Ampullen 50 µg Stickstoff). Der Mikro-Ampullenaufschluß für die emissions-spektralanalytische Analyse bedarf jedoch nur einer minimalen Probenmenge von 0,5 µg Stickstoff. Wie alle Ampullen-Verfahren ist auch diese Methode »Memory-Effekt«-frei. Für den Aufschluß größerer Mengen inhomogenen Materials kommt nur das Kjeldahl-Verfahren in Frage; durch die Oxidation des dabei erhaltenen Ammoniumchlorids in Bombenrohren können beide Methoden sinnvoll miteinander kombiniert werden.

2.1.3.4. *Gewinnung von Stickstoff aus speziellen Bindungen*

Die ^{15}N-Analyse von Nitraten kann durch deren Reduktion zu Ammoniak (z. B. mit Devarda-Legierung) und dessen anschließende Oxidation zu N_2 erfolgen. Dieser Weg ist umständlich und schließt die Gefahr einer Kontamination der Probe durch Fremd-Stickstoff aus dem Reduktionsmittel sowie »Memory-Effekte« bei der Destillation des Ammoniaks ein. ROLLE [109] empfiehlt daher als einstufiges Verfahren zur Analyse von Salpetersäure die thermische Zersetzung ihrer Schwermetallsalze in Gegenwart von Nickel. Im Bereich zwischen 0,7 und 70 Atom-% ^{15}N liegt der relative Fehler der Isotopen-Bestimmung nach diesem Verfahren unter 1%; entsprechend ist auch die Übereinstimmung der Analysenwerte mit unabhängig gewonnenen.

Der Amino-Stickstoff von Aminosäuren (2–50 μMol) ist mit Ninhydrin abzuspalten; durch Hydrolyse des dabei entstehenden Farbstoffs mit Salzsäure und anschließende alkalische Destillation kann er als Ammoniak isoliert werden [110]. Mit dieser Methode ist es möglich, den α-Amino-Stickstoff von Aminosäuren mit mehreren Stickstoff-Atomen getrennt zu analysieren. Demgegenüber setzt die Nitrit-Oxidation nach Van Slyke auch Amid-Stickstoff frei; hierbei ist zu beachten, daß im N_2 ein Stickstoff-Atom vom Oxidationsmittel stammt. – Bei der Untersuchung von Stickstoff in Bodenproben interessiert die getrennte Analyse von Stickstoff in verschiedenen Formen (Nitrat, Nitrit, Ammonium, Harnstoff und andere Amide); hierzu vgl. [71, 111, 112, 112a].

2.1.4. Aufschluß zur Sauerstoff-Isotopenanalyse

^{17}O und ^{18}O sind die einzigen stabilen Isotope, über deren Verwendung und Analytik seit vielen Jahren die gesamte Literatur gesammelt und in Form von Stichwort-Verzeichnissen zugänglich gemacht wird [113–116]. Zusammenfassende Arbeiten zur Analytik der Nuklide [19, 37, 117, 118] diskutieren zwar ältere Verfahren z. T. erschöpfend, bringen aber selten für die Praxis ausreichende Arbeitsvorschriften.

In der Form von Wasser ist ^{18}O densimetrisch (H, 2.2.3.), eventuell auch direkt massenspektrometrisch zu bestimmen (s. H, 2.1.4.3.); ^{17}O kann selbst im Bereich der natürlichen Häufigkeit durch kernmagnetische Resonanz-Spektroskopie gemessen werden. Das am häufigsten verwendete Verfahren ist jedoch die Massenspektrometrie geeigneter Gase. Der Sauerstoff markierter Verbindungen ist daher möglichst quantitativ und ohne Isotopen-Verdünnung in ein solches Gas zu überführen. Für die ^{18}O-Analyse eignet sich am besten Kohlendioxid, wenn auch dieses Gas im Massenspektrometer geringfügig zu »Memory-Effekten« führt. Kohlenmonoxid zeigt zwar diese Neigung nicht [119], wird aber kaum benutzt, da seine Analyse in nicht-hochauflösenden Massenspektrometern durch Stickstoff gestört würde. – Für die ^{17}O-Analyse sind beide Gase ungeeignet, denn die Massen $^{12}C^{17}O$ bzw. $^{12}C^{16}O^{17}O$ sind jenen von $^{13}C^{16}O$ bzw. $^{13}C^{16}O^{16}O$

gleich, und die im Vergleich zu der natürlichen ^{17}O-Häufigkeit (0,037 Atom-%) hohe natürliche ^{13}C-Häufigkeit (1,11 Atom-%) würde eine solche Analyse bei niedrigen ^{17}O-Gehalten unmöglich machen. ^{17}O findet außerdem als Tracer praktisch keine Verwendung; wenn nötig, wird das Isotop in der Form O_2 oder, unter Anwendung entsprechender Korrekturen, in der Form CO_2 analysiert.

Für die Überführung des an Wasserstoff, Kohlenstoff und Stickstoff gebundenen Sauerstoffs in Kohlendioxid stehen Modifikationen der organischen Elementaranalyse zur Verfügung. Im Falle der Bindung von Sauerstoff an Schwefel oder Phosphor handelt es sich häufig um Ester der Schwefel- bzw. der Phosphorsäure. Diese Säuregruppen können nach Hydrolyse in Form unlöslicher Salze isoliert werden; sie werden mit den anorganischen Stoffen abgehandelt. Methodische Gründe bedingen eine Einteilung der Probenchemie zur Sauerstoff-Isotopenanalyse in die für organische Substanzen, für anorganische Substanzen, für Wasser und für Sauerstoff-Gas.

2.1.4.1. *Aufschluß-Methoden zur Analyse von ^{18}O in organischen Verbindungen*

Alle Methoden zur Überführung des Sauerstoffs organischer Verbindungen in die Form von Kohlendioxid sind Pyrolyse-Verfahren. Die Pyrolyse kann in einem Verbrennungsofen oder in einem Bombenrohr ablaufen, sie kann ohne Reagens oder in Gegenwart Sauerstoff-freier Oxidationsmittel durchgeführt werden.

Die Pyrolyse im Verbrennungsofen entspricht dem Unterzaucher-Aufschluß der organischen Elementaranalyse. In der ^{18}O-Analyse eignet sie sich zur Präzisions-Untersuchung auch großer Proben (bis 30 mg) mit niedrigem Isotopen-Gehalt. Sie ist das bisher einzige Verfahren, mit dem organisch gebundener Sauerstoff quantitativ in die Form von CO_2 übergeführt werden kann; in diesem CO_2 stammt allerdings nur eines der Sauerstoff-Atome aus der Probe. Die Methode verläuft nicht ganz ohne »Memory-Effekt«. – Aufschlüsse mit oder ohne Reagens in Bombenrohren sind davon frei. Bei praktisch allen derartigen Pyrolysen erhält man aber nur einen mehr oder weniger großen Teil des Sauerstoffs der organischen Verbindung in Form von Kohlendioxid. Wenn auch dessen Isotopen-Gehalt dem der Ausgangssubstanz entspricht, muß die Eignung eines Verfahrens für den Aufschluß einer bestimmten Substanz von Fall zu Fall geprüft werden. – Der für die Sauerstoff-Isotopenanalyse von Oxiden sehr geeignete Aufschluß mit Brompentafluorid ist bei organischen Substanzen nicht zu gebrauchen.

a) Aufschluß nach dem Unterzaucher-Verfahren: Das zur Sauerstoff-Elementaranalyse übliche Verfahren nach SCHÜTZE und UNTERZAUCHER [120–122] wurde erstmalig von DOERING und DORFMAN [123] für die Sauerstoff-Isotopenanalyse eingesetzt. Der hierbei beobachtete »Memory-Effekt« rührt offenbar wie im Falle der Deuterium-Analyse von einem Austausch der OH-Gruppen des Verbrennungswassers mit solchen der Glaswand des Verbrennungsrohres her [124]; er läßt sich vermindern, wenn die Substanz nicht mit einfacher Aktivkohle, sondern mit platinierter Kohle vermischt wird, so daß die Reaktionstemperatur von 1100 auf 900° herabgesetzt werden kann [125]. Eine andere Möglichkeit zur Verminderung des Sauerstoff-Austausches besteht darin, mittels Induktionsheizung nur das Reaktionsgemisch selbst, nicht aber das Quarzrohr des Ofens zu erhitzen [126, 127]. – Auch in neueren Bearbeitungen der Unterzaucher-Methode für die ^{18}O-Analyse [128, 129] werden Geräte benutzt, die in der Elementaranalyse für die Sauerstoff-Bestimmung üblich sind [73, 130]. In der Isotopen-Analyse werden lediglich anstelle von Absorptionsmitteln Kühlfallen für die Isolierung der Produkte verwendet.

Nach RUNGE [128] bringt man 5–10 mg Substanz in einem Platin-Schiffchen in das Verbrennungsrohr (Abb. H, 11) ein. Nachdem das Rohr mit reinem Stickstoff gespült ist, wird die Probe durch einen Magnetkern an den Kontakt herangeschoben und langsam mittels eines Brenners auf Rotglut erhitzt. Die Krack-Gase werden durch den Stickstoff über den auf 960° erhitzten Kontakt (Gasruß CK 3 mit 10% Pt und 10% Pd, Degussa) getrieben. Dann passieren sie eine auf –196° gekühlte Falle, anschließend ein Rohr mit Jodpentoxid, das mittels siedenden Chlorbenzols auf 132° gehalten wird. Bei der Oxidation des Kohlenmonoxids zu Kohlendioxid entstehendes Jod wird anschließend durch Silberwolle gebunden. Das Kohlendioxid isoliert man durch Ausfrieren bei –196°; es ist direkt zur massenspektrometrischen Isotopen-Analyse geeignet. Die Dauer eines Aufschlusses beträgt 20–25 Min., davon entfallen 5 Min. auf das Vorerhitzen, 10 Min. auf die eigentliche Pyrolyse.

TAYLOR et al. [129] benutzen als Trägergas Helium (10–20 ml/Min.), das durch Überleiten über Kupferoxid von 550°, Natronasbest (Ascarite), Anhydrit (Drierite) und Tierkohle (–196°) gereinigt wird. Der Kontakt im Pyrolyserohr ist Platin-Tierkohle (50% Pt) bei 940–950°. An das Rohr schließen sich eine Kühlfalle von –196°, das Jodpentoxid-Oxidationsrohr (117°, siedendes n-Butanol), eine Kühlfalle von –76° und eine Falle von –196° an. Wegen der Übereinstimmung beider unabhängig voneinander entwickelter Verfahren sind die experimentellen Bedingungen als optimal anzusehen.

RUNGE [128] betont, daß bei dem Aufschluß kein Isotopen-Austausch der Krack-Gase mit dem Jodpentoxid stattfindet. Isotopen-Analysen von Schwefel-, Phosphor- oder Fluor-haltigen Substanzen wurden nicht durchgeführt. Es können Proben entsprechend 30 mg

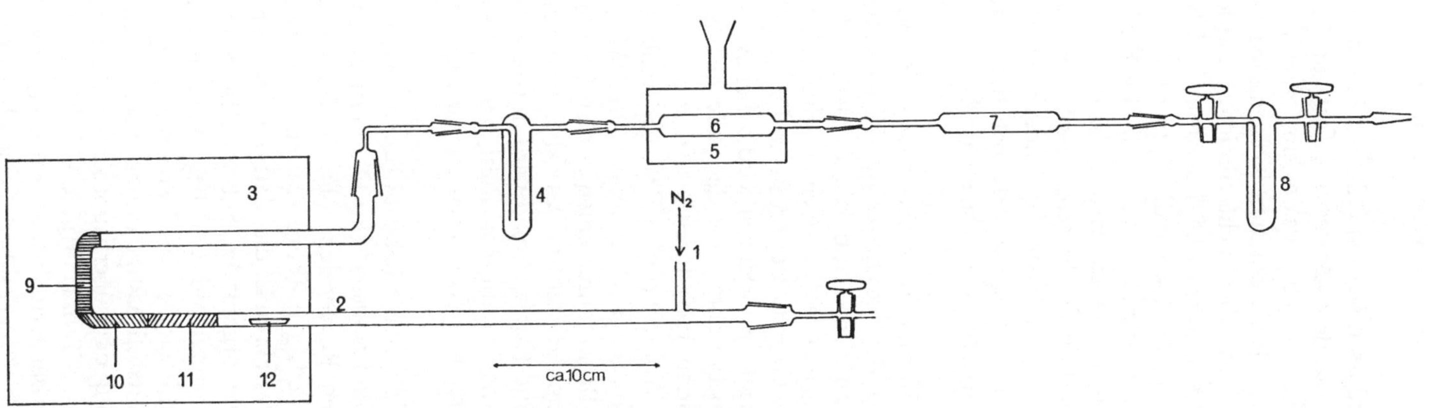

Abb. H, 9. Pyrolyse-Apparatur zum Unterzaucher-Aufschluß für die ^{18}O-Analyse (nach [128]).
(1) Einlaß von gereinigtem Stickstoff, (2) Reaktionsrohr aus Quarz, (3) Ofen 960°, (4) Kühlfalle, (5) Heizpatrone mit Chlorbenzol, (6) Rohr mit J_2O_5, (7) Rohr mit Ag-Wolle, (8) Probengefäß (Kühlfalle), (9) Quarzwolle, (10) Kontakt, (11) Pt-Drahtnetz, (12) Schiffchen.

Kohlendioxid aufgeschlossen werden [129]. – Taylor et al. [129] befaßten sich eingehend mit dem »Memory-Effekt« und Möglichkeiten zu seiner Unterbindung. Durch Auskleidung der Innen-Wand des Pyrolyserohres mit Platin-Folie konnten Kohlendioxid-Leerwert und »Memory-Effekt« reduziert, aber nicht eliminiert werden. Die Analysen-Ergebnisse bei Eichproben (0,4–1,5 Atom-% Überschuß ^{18}O) lagen um ca. 2% rel. zu niedrig, wenn die Apparatur nicht äquilibriert war; der berechnete Wert wurde erst nach vier bis fünf Aufschlüssen erreicht. Für Präzisionsmessungen wird deshalb eine vorgeschaltete Pyrolyse zur Äquilibrierung des Systems empfohlen. Das nach dem Unterzaucher-Verfahren gewonnene Kohlendioxid enthält immer ein Sauerstoff-Atom aus dem Jodpentoxid; bei der Berechnung des Isotopen-Gehaltes aus dem Massenspektrum ist das zu berücksichtigen (vgl. H, 2.1.1.2.) [131].

Dem Unterzaucher-Verfahren stehen andere Pyrolyse-Methoden nahe. Zur Vermeidung des Kontaktes der Krack-Gase mit heißen Glasoberflächen erhitzen z. B. Lauder und Zerner [132] flüchtige organische Verbindungen (1 mMol) an einem glühenden Platin-Draht in einem Glaskolben in Gegenwart von Brom-Dampf. Der organisch gebundene Sauerstoff vieler Substanzen wird dabei nahezu quantitativ in Kohlenmonoxid übergeführt, von dem alle anderen Reaktionsprodukte (Brom-Verbindungen) durch Ausfrieren abgetrennt werden können. – Bei der von Aggett et al. [133] vorgeschlagenen Pyrolyse werden flüchtige organische Verbindungen (0,1 mMol), gegebenenfalls unter Zusatz von Brom, durch einen hohlen Graphit-Stab destilliert, der durch Induktion erhitzt ist. Das dabei entstehende Gemisch von Kohlenmonoxid und Kohlendioxid wird in einem zweiten Reaktionsgefäß durch Hochspannungsentladung zu Kohlendioxid und Kohlenstoff konvertiert. Das Verfahren ist umständlich und nicht »Memory«-frei.

b) Pyrolyse ^{18}O-haltiger Substanzen im Bombenrohr in Gegenwart von Sauerstoff-freien Oxidationsmitteln: Die Verwendung von Sauerstoff-freien oxidierenden Reagenzien sollte in Bombenrohren einen Aufschluß bei relativ niedrigen Temperaturen gestatten. Das hierher gehörende klassische Verfahren ist die Methode von Rittenberg und Ponticorvo [134]. Die organische Substanz wird mit trockenem Quecksilber-II-chlorid erhitzt und das dabei entstehende Kohlendioxid durch fraktionierte Sublimation von Verunreinigungen abgetrennt. Aus verschiedenen Sauerstoff-haltigen Substanzen konnte mit diesem Verfahren nur sehr wenig oder überhaupt kein Kohlendioxid erhalten werden [135–137] (s. dazu Tab. H, 4); die ^{18}O-Werte des Gases lagen z. T. auch zu tief [138]. Bei partiellem oder totalem Ersatz des Quecksilber-II-chlorids durch Quecksilber-II-cyanid (4–6fache Menge,

Tab. H, 4. Kohlendioxid-Ausbeuten bei der Pyrolyse organischer Substanzen in Gegenwart von Quecksilber-II-chlorid (nach [137]).

Verbindung	CO_2/CO	gefundenes O_2 bei CO_2 [%]	Gesamt-O_2 gefunden [%]
Methylbenzoat	0,31	32,6	85,7
n-Amylacetat	0,41	26,6	59,3
Benzoesäure	82,3	98,9	99,5
m-Tolylsäure	7,76	87,5	93,1
Valeriansäure	0,45	48,0	101,5
2-Naphthol	0,00	0,0	1,3
1-Pentanol	0,08	12,1	85,8
Butanal	0,03	5,6	106,3
Benzamid	25,1	80,6	82,2
Phthalsäureanhydrid	1,45	56,7	76,2
Propionsäureanhydrid	0,69	50,9	88,1
Diphenyläther	0,05	0,9	9,0
Methylphenyläther	0,03	1,8	31,7
Benzophenon	0,21	5,8	19,4
Acetophenon	0,29	14,2	38,6
3-Pentanon	0,01	2,2	91,1
Nitrobenzol	0,92	56,6	87,3
1-Nitropropan	0,53	42,8	83,0

500–550°) wurden bessere Ausbeuten an Kohlendioxid und bessere Analysen-Ergebnisse erzielt [136, 138]; es ist jedoch nicht erwiesen, daß dies für alle organischen Verbindungen zutrifft.

Fong et al. [137] zeigten, daß manche Substanzen bei der Pyrolyse ohne Zusatz ebensoviel Kohlendioxid ergeben wie in Gegenwart von Quecksilber-II-chlorid; auch hier ist jedoch keine Verallgemeinerung möglich. Beim Vergleich verschiedener Schwermetallchloride ergab Zinn-IV-chlorid die besten Ausbeuten an Kohlendioxid; dieses Reagens ist allerdings nicht einfach zu manipulieren. Es soll in Ampullen aufbewahrt werden und jeweils in einer Vakuumapparatur auf die Probe kondensiert werden. Als optimale Bedingungen für die Verwendung von Quecksilber-II-chlorid stellten sich ein 1:1-Verhältnis zwischen Probe und Reagens und eine Reaktionsdauer von einer Std. bei 500° heraus. Wenn eine Substanz unter diesen Bedingungen nicht genügend Kohlendioxid ergibt, muß das Kohlenmonoxid zur massenspektrometrischen Analyse verwendet werden.

Die Probe (zwischen 5 und 30 mg) wird mit dem Reagens ($HgCl_2$ 1:1, $SnCl_4$ 1:0,25, $Hg(CN)_2$ 1:4) in ein Bombenrohr mit Brechsiegel (vgl. Abb. H, 3) eingefüllt. Nach dem Evakuieren (unter Kühlung) und Abschmelzen wird 1 Std. auf 500° erhitzt. Das Bombenrohr wird nach dem Erkalten in einem Aufschlagrohr (Abb. H, 3) unter Vakuum aufgeschlagen. Wurden Chloride verwendet, so enthält das Aufschlagrohr 1 g 5,6-Benzochinolin an der Glaswand, das zur Bindung des HCl-Gases vorsichtig zum Schmelzen erhitzt wird. Man kühlt das Aufschlagrohr auf $-196°$ und pumpt die nicht kondensierbaren Gase ab (CO eventuell in ein anderes Gefäß expandieren). Anschließend verbindet man das Aufschlaggefäß mit einer evakuierten Kühlfalle von $-196°$ und wechselt seine Kühlung auf $-76°$. Zur weiteren Reinigung des Kohlendioxids empfiehlt sich eine Sublimation bei $-126°$ (vgl. H, 2.1.4.5.).

c) Pyrolyse organischer Substanzen im Bombenrohr ohne Reagens: SIMON et al. [49] pyrolysierten organische Substanzen im Bombenrohr (ca. 12 Stdn. bei 650°) ohne jeden Zusatz (vgl. [137]); unter den genannten Bedingungen war bei den meisten untersuchten Substanzen die entstandene Kohlendioxid-Menge dem Sauerstoff-Gehalt der eingesetzten Probe proportional. Bei der ^{18}O-Analyse von Proben mit 40–800 µg Sauerstoff wurden einschließlich der massenspektrometrischen Messung Fehlerbreiten zwischen 5 und 0,5 % rel. erhalten. Analysen von Gemischen markierter und unmarkierter Substanzen zeigten, daß eine totale Äquilibrierung aller vorhandenen Sauerstoff-Atome stattfindet (Tab. H, 5, S. 328); eine ^{18}O-Analyse von Wasser wird daher durch dessen gemeinsames Erhitzen mit Naphthalin möglich.

Die Substanz wird in den vorher ausgeheizten Bombenrohren i. Vak. mehrere Stdn. auf 650–700° erhitzt. Nach dem Erkalten wird die Ampulle in einem evakuierten geschlossenen Aufschlagrohr am Massenspektrometer geöffnet. Aus dem auf $-196°$ gekühlten Aufschlagrohr werden nicht-kondensierbare Gase abgepumpt. Dann wechselt man die Kühlung auf $-76°$ und kondensiert das Kohlendioxid in eine Kühlfalle, aus der es in das Massenspektrometer eingelassen werden kann.

d) Austausch-Verfahren mit Kohlendioxid: Zur Bestimmung des ^{18}O-Gehaltes organischer Verbindungen wurden auch Austausch-Verfahren beschrieben. Schwefelsäure katalysiert z. B. die direkte Äquilibrierung des Sauerstoffs der Hydroxylgruppe von Alkoholen mit Kohlendioxid [139, 140]. Benzamid spaltet beim Erhitzen im Bombenrohr Wasser ab, das sich mit Kohlendioxid ins Isotopen-Gleichgewicht setzt [141, 142]. – Universeller ist das Verfahren von DAHN et al. [135, 143]: Alkohole, Carbonylverbindungen, Carbonsäuren und deren Derivate sowie einige andere Verbindungen kondensieren in Ampullen (3 Stdn. bei 300°) quantitativ mit o-Phenylendiaminhydrochlorid; das dabei freiwerdende Wasser tauscht unter den genannten Bedingungen seinen Sauerstoff mit zugesetztem Kohlendioxid aus. Bei Verwendung von 10–30 mg Substanz werden durch massenspektrometrische Analyse des Kohlendioxids gute Isotopen-Bestimmungen möglich. Wie bei allen Austausch-Methoden ist bei diesem Verfahren eine genaue Bestimmung der Mengen von Analysensubstanz und Kohlendioxid (hier volumetrisch) erforderlich; eine Isotopen-Verdünnung muß in Kauf genommen werden.

Tab. H, 5.　Bestimmung des ^{18}O-Gehaltes unmarkierter und markierter Verbindungen durch Pyrolyse bei 650° [49].

Substanz	Zahl der Bestimmungen	Bereich der Einwaagen [μg Atom O]	Intensität der Masse 44 (1 V)*)	Mittelwert [Atom-% ^{18}O]	wahrscheinlicher Fehler der Einzelmessung [%]
Glucose	8	217–806	237–700	0,205	1,6
Vanillin-2,4-dinitrophenylhydrazon	7	97–600	66–350	0,206	1,5
Salicylsäure	6	102–594	250–2175	0,203	1,0
Benzoesäure	8	32–200	198–1196	0,201	2,6
Alanin	7	101–602	282–471	0,206	4,0
Brenzcatechin	9	113–548	12–206	0,204	1,2
Stearylalkohol	6	31–50	13–56	0,201	5,3
Dibenzyläthylendiamin-lactat	9	–	94–233	0,201	2,3
H_2O–^{18}O/Naphthalin	6	500	20–28	1,177	1,7
H_2O–^{18}O/Naphthalin	3	500	11–25	3,267	1,2
Benzoesäure	12	40–200	700	1,624	0,6
H_2O–^{18}O/Äthanol	5	–	–	1,073	3,0
Dicyclohexylharnstoff–^{18}O/Glucose	4	–	400–800	0,656	1,4

*)　Höhe der Peaks in cm bei einer Empfindlichkeit von 1 V auf einem 12 cm breiten Schreiber.

e) Analyse von Sauerstoff aus speziellen Bindungen: Unter Umständen ist es notwendig, Sauerstoff aus definierten Molekülpositionen in Kohlendioxid zu überführen. Hierzu gehören Abbaumethoden wie die Decarboxylierung von organischen Säuren und der Abbau von Aminosäuren durch Ninhydrin (vgl. S. 144 u. [13]). In einigen Fällen sind enzymatische Verfahren von Vorteil. – Vor der ^{18}O-Analyse von Substanzen mit mehreren Sauerstoff-Atomen kann es zweckmäßig sein, Sauerstoff-Atome oder Molekülteile zu entfernen, die eine Isotopen-Verdünnung bedingen würden. Der ^{18}O-Gehalt von Ribose-1-phosphat im Phosphorsäurerest des Moleküls wurde z. B. nach (eindeutig verlaufender) hydrolytischer Abspaltung des Zucker-Restes durchgeführt [144]. Zur Ermittlung des ^{18}O-Gehaltes in der phenolischen Gruppe von p-Nitrophenol war es vorteilhaft, die Substanz zu veräthern und die beiden Sauerstoff-Atome der Nitrogruppe durch Reduktion zur Aminogruppe zu eliminieren [145]. Sauerstoff aus Nitro-, Nitroso- oder Sulfonylgruppen läßt sich durch Umsetzung der entsprechenden Verbindungen mit Triphenylphosphin in Form von Triphenylphosphinoxid isolieren [146]. Über die Isotopen-Analyse in bestimmten Molekülpositionen durch Molekül-Massenspektrometrie vgl. H, 3.2.3.

2.1.4.2. *Überführung von molekularem Sauerstoff in Kohlendioxid*

Die direkte Analyse von Sauerstoff im Massenspektrometer ist möglich. Das Gas schädigt jedoch die Ionenquelle; seine quantitative Umsetzung zu Kohlendioxid ist deshalb für die massenspektrometrische Analyse erforderlich. Die Methode von HERING et al. [147] (s. a. [148]) ist hierzu geeignet.

> Etwa 5 Nml O_2 werden in einer Vakuumapparatur mittels einer Toepler-Pumpe über reinsten, völlig entgasten Graphit von 900° gepumpt, wobei Kohlendioxid und Kohlenmonoxid entstehen. Das Kohlendioxid wird durch Ausfrieren abgetrennt, Kohlenmonoxid und nicht umgesetzter Sauerstoff passieren eine Platin-Spirale von 750°, wobei sich weiteres Kohlendioxid bildet. Das Rest-Gas wird bis zur quantitativen Umwandlung in den Prozeß zurückgeführt (Umwandlung 99% in 20 Min.).

2.1.4.3. *Umarbeitung von Wasser für die massenspektrometrische* ^{18}O-*Isotopen-Analyse*

Wegen der hohen »Memory-Effekte« im Massenspektrometer ist eine direkte massenspektrometrische Wasser-Analyse schwer möglich (s. aber [149–152]). Deshalb muß der Sauerstoff aus dem Wasser in Kohlenmonoxid oder Kohlendioxid übergeführt werden. Prinzipiell ist eine entsprechende Umsetzung mit allen Methoden möglich, die für die ^{18}O-Analyse anorganischer Substanzen gebräuchlich sind (vgl. H, 2.1.4.4.). Es gibt aber weitere Verfahren, die verschiedene Anwendungsbereiche haben. Viele von ihnen sind allerdings in Glas-Apparaturen mit »Memory-Effekten« behaftet.

Zur ersten Art von Umarbeitungsmethoden für Wasser gehört die Reduktion mit Kohlenstoff. Ein speziell für die ^{18}O-Wasser-Analyse bei geologischen Fragestellungen entwickeltes Verfahren stammt von MAJZOUB [148].

> 4 µl Wasser werden an einem glühenden Graphit-Stab zu Kohlenmonoxid und Wasserstoff umgesetzt. Der Wasserstoff wird durch Diffusion (Palladium-Rohr von 400°) abgetrennt und das Kohlenmonoxid über einem Nickel-Kontakt in Kohlendioxid und Kohlenstoff konvertiert. Dadurch wird der Sauerstoff des Wassers in ca. 45 Min. ohne Isotopen-Verdünnung quantitativ in Kohlendioxid übergeführt. Das Verfahren hat einen sehr geringen »Memory-Effekt«; die Reproduzierbarkeit im Bereich der natürlichen ^{18}O-Häufigkeit wird mit $\pm$ 0,2⁰/₀₀ angegeben. Mit der Methode wurde z. B. die Gleichgewichtskonstante der Verteilung von ^{18}O zwischen Wasser und Kohlendioxid bestimmt. – Zur Umarbeitung von Wasser mit Naphthaline im Bombenrohr s. H, 2.1.4.1. c).

Die zweite Möglichkeit zur ^{18}O-Analyse von Wasser ist seine Oxidation zu Sauerstoff und die anschließende Verbrennung des Sauerstoffs zu Kohlendioxid. Auch dieses Verfahren, das praktisch keine »Memory-Effekte« haben soll, wird für geologische und meteorologische Präzisions-Untersuchungen empfohlen [153]. Als Oxidationsmittel dient Brompentafluorid; die benötigte Apparatur besteht im Hauptteil aus Nickel (Abb. H, 10). Der bei der Oxidation von einigen mg Wasser erhaltene Sauerstoff wird mit Graphit in Kohlendioxid umgesetzt.

Eine weitere Methode zur Überführung von ^{18}O aus Wasser in Kohlendioxid ist der ^{18}O-Austausch mit diesem Gas [154] (Gleichgewichtskonstante bei 25°: $[H_2{}^{18}O] \cdot [C^{16}O_2] / [H_2{}^{16}O] \cdot [C^{16}O^{18}O]$ $= 1{,}0417 \pm 0{,}0003$ [148]). Die Methode bringt eine Isotopen-Verdünnung mit sich; darüber hinaus gehen in die Ergebnisse der ^{18}O-Analyse die Fehler der Mengenbestimmungen von Wasser und von Kohlendioxid ein. Das Verfahren scheint in der letzten Zeit nur bei Serienanalysen größerer Wasserproben benutzt worden zu sein.

Ohne Katalyse stellt sich das Isotopen-Gleichgewicht zwischen Wasser und Kohlendioxid erst im Verlaufe von Tagen ein [155]; die Reaktionsdauer kann aber durch Katalyse auf wenige Minuten reduziert werden. Als Katalysatoren wurden Natriumbicarbonat und Natriumbisulfit [156], glühender Platin-Draht [157], Tesla-Entladungen [158] oder Carboanhydrase empfohlen [159, 160]. Zur Umsetzung an glühendem Platin in einem Glasballon werden 20 mg Wasser benötigt; bei dem Verfahren beobachtete »Memory-Effekte« hängen von der verwendeten Glassorte und der Form des Reaktionsgefäßes ab [158] (Apparatur vgl. Abb. H, 11). Eine partielle Automation des Austausch-Verfahrens zur Analyse von vielen Proben (1–10 ml Wasser, natürliche Isotopen-Häufigkeit) beschrieb ROETHER [161].

Schließlich ist die Umsetzung von Wasser mit chemischen Reagenzien unter Bildung von Kohlendioxid möglich; ein solches Reagenz ist N,N'-Carbonyl-diimidazol in Adipinsäuredinitril [162]. Da die Löslichkeit von Wasser in diesem Lösungsmittel relativ gut ist, genügt es, Wasserdampf-haltige Gase, die z. B. aus der Verbrennung einer organischen Substanz herrühren, durch die Lösung zu leiten. Das beim Umsatz mit dem Reagenz entstehende Kohlendioxid wird durch Ausfrieren isoliert. Theoretisch dürfte es nur ein Sauerstoff-Atom aus dem Wasser enthalten; die Entstehung merklicher Mengen von $C^{18}O_2$ aus $H_2^{18}O$ deutet jedoch auf Austausch-Reaktionen hin. Diese Tatsache schränkt die Anwendung der sonst einfachen Methode ein; ob »Memory-Effekte« vorkommen, wurde nicht untersucht.

2.1.4.4. ^{18}O-Analyse von anorganischen Stoffen

Viele der Verfahren zur ^{18}O-Analyse von Salzen und Oxiden können auch zur Analyse von Wasser benutzt werden; bei einigen entsteht nämlich intermediär Wasser. Chemisch kann zwischen Reduktions-, Oxidations-, Austausch- und Pyrolyse-Verfahren unterschieden werden. Die beiden erstgenannten sind apparativ aufwendig; sie werden vor allem bei geologischen Untersuchungen gebraucht. Von ihnen ist der oxidierende Aufschluß der universellste und präziseste. Die Pyrolyse- und Austausch-Verfahren werden vornehmlich in Bombenrohren durchgeführt; wie im Falle des Aufschlusses organischer Verbindungen wird hierbei jedoch nur ein Teil des Sauerstoffs der Probe in Kohlendioxid übergeführt, und die Ausbeuten an diesem Gas hängen von der zu analysierenden Substanz ab.

a) Reduktionen und Oxidationen in Vakuumapparaturen: Schwerlösliche Sulfate (15 mg und mehr) können im Verbrennungsrohr bei 1000–1100° (Induktionsheizung) mit der fünffachen Menge an Graphit reduziert werden [163–165, 165a]; dabei entsteht ein Gemisch von Kohlendioxid und Kohlenmonoxid. Das Kohlendioxid wird durch Ausfrieren abgetrennt, das Kohlenmonoxid muß durch eine Hochspannungs-Entladung zwischen zwei Platin-Elektroden in Kohlendioxid und Kohlenstoff konvertiert werden.

Der Aufschluß von Oxiden und Gesteinen mit Brompentafluorid [166, 167] (s. a. [153]) führt quantitativ zu Sauerstoff; dieser wird zu Kohlendioxid umgesetzt. Der Sauerstoff aus Phosphat – in der Form von Wismutphosphat – wird durch das Reagens ebenfalls quantitativ erhalten. Aus Sulfaten entsteht neben Sauerstoff SO_2F_2. Entsprechend bildet sich aus organischen Verbindungen u. a. COF_2 [167a]. SHEFT und KATZ erhielten bei der Einwirkung von $BrF_3 \cdot SbF_5$ auf organische Substanzen quantitativ deren Sauerstoff [167b]; eine Variante ihrer Methode ($KBrF_4$ als Reagens) in der ^{18}O-Analyse von Zuckern ergab unbefriedigende Resultate [168].

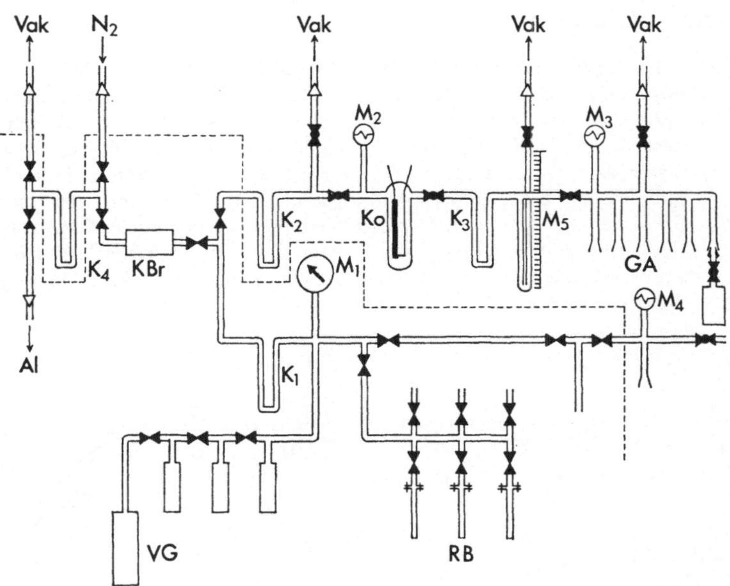

Abb. H, 10. Apparatur zum Aufschluß von anorganischem Material mit Brompentafluorid für die ^{18}O-Analyse [167].
M = Manometer, RB = Reaktionsbomben, VG = Vorratsgefäß, K = Kühlfallen, Vak = Vakuumanschlüsse, Ko = O_2/CO_2-Konverter, KBr = Kaliumbromid bei 120° zur Bindung von aggressiven Fluorverbindungen unter Bildung von Br_2, Al = Abluft, GA = Anschlüsse für Gas-Ampullen. Unterhalb der gestrichelten Linie Edelstahl, oberhalb Glas; Glashähne ▶●◀, Metallventile ▶◀.

Die Aufschluß-Apparatur (Abb. H, 10) besteht z. T. aus Edelstahl-Rohr. Die sorgfältig zerkleinerten und getrockneten Proben werden in die Reaktionsbomben aus Nickel eingewogen. Diese flanscht man an die Apparatur (Teflon-Dichtung) und evakuiert sie. Aus dem Vorratsgefäß wird ein Überschuß (volumetrisch abgemessen) Brompentafluorid auf die Proben kondensiert. Aufgeschlossen wird bis zu 12 Stdn. bei maximal 550°. Die Reaktionsprodukte werden durch die Kühlfalle K_1 (−196°) expandiert, wobei die Sauerstoff-Ausbeute manometrisch bestimmt werden kann. Den Sauerstoff setzt man in dem Konverter Ko an einem glühenden Graphit-Stab (mit H_2PtCl_6 aktiviert, elektrisch beheizt) in Kohlendioxid um und friert dieses in der Falle K_3 aus. Nach quantitativer Reaktion kann das Kohlendioxid bei GA in eine Gas-Ampulle abgefüllt werden (volumetrische Mengen-Bestimmung in M_5).

b) Austausch- und Pyrolyse-Verfahren: Die ersten Analysen des ^{18}O-Gehaltes von Phosphat bestanden in einer Kondensation von primärem Kaliumphosphat zu Polyphosphat und Wasser und dessen Äquilibrierung mit Kohlendioxid [163, 169]. Die hierfür verwendete Apparatur kann auch zur direkten Wasser-Analyse benutzt werden [158] (vgl. H, 2.1.4.3.). Die Methode liefert sehr gute Ergebnisse und soll weitgehend »Memory-Effekt«-frei sein, wenn die Apparatur aus Borsilicat-Glas hergestellt ist.

Die gewogene Probe (2–10 mg KH_2PO_4) wird in Rohr 8 (Abb. H, 11) eingefüllt, und das System wird evakuiert. Etwa 10 µMol Kohlendioxid werden in der Volumen-kalibrierten Gasküvette 7 manometrisch abgemessen. Das KH_2PO_4 wird mit einer Gasflamme erhitzt, dann werden Wasserdampf und Kohlendioxid in Gefäß 9 sublimiert und dort durch Einwirkung einer Hochspannungsentladung (2,5 Min.) ins Isotopen-Gleichgewicht gebracht. Nach Einfrieren und erneutem Auftauen wird die Hochspannungsentladung für weitere 2,5 Min. gezündet. Anschließend trennt man die Gase, indem man das Wasser im Reaktionsgefäß 9 bei –76° einfriert und das Kohlendioxid in das Gefäß 10 kondensiert.

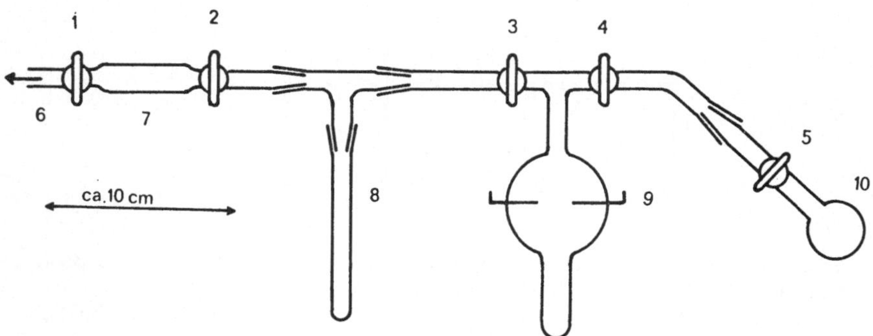

Abb. H, 11. Gerät zur Wasserabspaltung aus primärem Kaliumphosphat und zur Isotopen-Äquilibrierung zwischen Wasser und Kohlendioxid [158].
(1–5) Vakuumhähne, (6) Vakuumanschluß, (7) Gasküvette, (8) Pyrolyse-Rohr, (9) Kolben mit Elektroden für Tesla-Entladung, (10) Proben-Gefäß.

Zum Aufschluß von primärem Kaliumphosphat und von Wasser hat sich auch deren Umsetzung mit Guanidin-Hydrochlorid bewährt [170]. Obgleich die Ausbeute an CO_2 unter 50% der berechneten liegt [171], werden mit der Methode genaue Analysen-Ergebnisse erzielt ($\pm 1\%$ rel. Fehler im Bereich von 1 Atom-% ^{18}O). Mit dem Reagens wird auch aus Bariumphosphat in geringer Ausbeute Kohlendioxid erhalten [172, eigene Erfahrungen]; reicht dessen Menge für eine massenspektrometrische Analyse nicht aus, so muß in primäres Kaliumphosphat umgearbeitet werden [163, 173].

Eine Probe von 1–2 mg KH_2PO_4 bzw. von ca. 5 mg $Ba_3(PO_4)_2$ wird mit etwa 5–10 mg gut getrocknetem Guanidin-Hydrochlorid in einem evakuierten Bombenrohr eingeschmolzen. Das Rohr wird 15–20 Sek. über einer schwachen Gasflamme erhitzt, so daß der Inhalt zum Schmelzen und zur Reaktion kommt. Eine andere Möglichkeit ist, die Ampulle 2 Stdn. bei 350° im Bombenofen zu erhitzen. Anschließend wird das Bombenrohr in einem Aufschlagrohr geöffnet, das zur Absorption vom Ammoniak in einem seitlichen Ansatz etwa 0,5 ml konz. Schwefelsäure enthält. Das Kohlendioxid wird durch fraktionierte Kondensation isoliert.

Schwerlösliche Phosphate suspendiert man in wenig Wasser und schüttelt die Suspension mit einem geringen Überschuß eines Kationen-Austauschers (z. B. Dowex 50) in der H^+-Form [173]. Man filtriert vom Harz ab, wäscht dieses mit etwas Äthanol und bringt die Lösung mit 5 N KOH auf pH 4,0. Durch Zugabe von Äthanol und Aceton fällt man das KH_2PO_4 und trocknet es anschließend im Exsikkator.

WILLIAMS und HAGER [174] erhitzten primäres Kaliumphosphat mit Quecksilber-II-cyanid und erhielten Kohlendioxid. ANBAR und GUTTMANN [175] setzten 0,1–0,3 mMol Wasser, Salze oder Oxide mit 100–200 mg Quecksilber-II-cyanid/Quecksilber-II-chlorid (1 : 1) in evakuierten Ampullen mehrere Stdn. bei 400° um. Die gasförmigen Reaktionsprodukte mußten in einem zweiten Bombenrohr mit 1,5–2 g amalgamiertem Zink (2 Stdn. bei 200°) von sauren Bestandteilen befreit werden. Die Kohlendioxid-Ausbeute entsprach meistens 20–50% der Theorie, der Isotopen-Gehalt des Gases war bis auf wenige Ausnahmen identisch mit dem der analysierten Substanzen. Beim Aufschluß mit Silbercyanid [176] (0,1–0,2 mMol/0,1 mMol Sauerstoff) erübrigt sich die Umsetzung mit Zink.

Mit allen vorher genannten Reagenzien werden aus Bariumsulfat oder Bariumphosphat nur dann ausreichende Mengen Kohlendioxid erhalten, wenn diese Substanzen frisch gefällt sind [164]. Die gealterten Salze und einige Oxide sind aber durch Pyrolyse mit Kaliumferrocyanid aufzuschließen [177]. Mit dem Reagens wurden ausgezeichnete Ergebnisse erhalten. Ein Sauerstoff-Austausch mit dem Keramikmaterial des bei der Pyrolyse verwendeten Schiffchens wurde bei der Reaktionstemperatur nicht beobachtet.

10–20 mg Substanz werden in einem Porzellanschiffchen mit einer äquiv. Menge bei 100° entwässerten Kaliumferrocyanids in einem horizontalen Quarzrohr (ca. 10 cm Länge, 2 cm Durchmesser) an einer Vakuumapparatur bei 10^{-3}–10^{-4} Torr von Wasser und adsorbierter Luft befreit (20 Min. bei 150–200°). Dann wird bei geschlossener Apparatur auf 600° erhitzt. Oberhalb von 400° bildet sich eine Schmelze, aus der sich innerhalb von wenigen Min. Stickstoff und Kohlendioxid entwickeln. Die Gase werden in einem evakuierten Vorratskolben aufgefangen; das Kohlendioxid kann von dort in ein Massenspektrometer überführt werden.

2.1.4.5. *Reinigung von Kohlendioxid zur massenspektrometrischen Analyse*

Vor allem das bei den zuvor beschriebenen Aufschluß-Verfahren in Ampullen entstehende Kohlendioxid ist noch mit Fremdgasen verunreinigt. Propan (Masse 44) und andere Kohlenwasserstoffe, Acetaldehyd (Masse 46) sowie Schwefeldioxid (Bildung von SO^+, Masse 48) können die massenspektrometrische Analyse des Gases (Massen 44, 46 und 48) direkt oder durch H^+-Übertragung stören. Zu den erwähnten Reagenzien für die Bindung von HCl-Gas (5,6-Benzochinolin, Zn/Hg) oder von Ammoniak (konz. H_2SO_4) tritt als einfachste Abtrennung anderer Fremdgase eine fraktionierte Sublimation im Vakuum. Normalerweise werden zunächst alle bei $-196°$ nicht kondensierbaren Gase abgepumpt, dann trennt man das Kohlendioxid von den bei $-76°$ festen Verunreinigungen. Wirkungsvoller ist eine Sublimation beim Gefrierpunkt von Methylcyclohexan ($-126,4°$, mit flüssigem Stickstoff auf den Erstarrungspunkt gebracht [176]); hier beträgt der Dampfdruck von Kohlendioxid etwa 4 Torr, während viele in Frage kommende Verunreinigungen nicht verdampfbar sind. Zum gleichen Zweck eignen sich auch entsprechend gekühlter Petroläther [164] oder ein Gemisch von Chloroform/Methylenchlorid (2:1). Das durch Sublimation aus einem solchen Kältebad gereinigte Kohlendioxid ist meistens ausreichend rein für die massenspektrometrische Analyse.

Bei sehr hohen Anforderungen an die Reinheit ist die gaschromatographische Reinigung des Kohlendioxids zu empfehlen [178]; die Proben müssen frei von HCl-Gas bzw. Ammoniak sein. Als stationäre Phase bewährte sich sek.-Butylphthalat (10% auf Chromosorb), als Trägergas Helium (30 ml/Min.). Zum Einschleusen des Gases bzw. zum Isolieren des Kohlendioxids nach der Reinigung dient ein mit dem Gaschromatographen verbundenes Vakuumsystem, durch dessen Kühlfallen der Trägergas-Strom geleitet werden kann. Das Verfahren soll frei von »Memory-Effekten« sein.

2.1.4.6. *Herstellung von Sauerstoff als Meßgas (^{17}O-Bestimmung)*

Wegen der relativ hohen natürlichen ^{13}C-Häufigkeit ist Kohlendioxid als Meßgas zur Analyse des meist in sehr niedrigen Konzentrationen vorliegenden ^{17}O nicht geeignet. Deshalb muß der Sauerstoff von ^{17}O-markierten Verbindungen zu O_2 umgesetzt werden. Wasser wird außer mittels Elektrolyse auch durch Oxidationsmittel wie Hypobromit in Gegenwart von Cobaltoxid zu Sauerstoff oxidiert [179]; man benötigt hierzu jedoch 20–50 mg, minimal 5 mg Wasser [175]. Nach der Stöchiometrie der Reaktion sind nur 50% des Sauerstoffs als O_2 zu erwarten. – Auch für die Oxidation von Wasser (20 mg) mit Kaliumpersulfat (5 mg) [180] benötigt man einen Überschuß von Wasser. Die Reaktion dauert bei 25° nur 10 Min.; ein Austausch von Sauerstoff mit dem Oxidationsmittel wurde nicht beobachtet. – Den Sauerstoff von Wasser (100 µl) kann man auch mit dem von Kaliumpermanganat quantitativ zum Austausch bringen (30 Stdn. bei 100°); aus dem Salz läßt sich durch thermische Zersetzung O_2 erhalten [181]. Zur Freisetzung von Sauerstoff aus Phosphat eignet sich die thermische Zersetzung des Silbersalzes [182]. – Auch die Reaktion von Wasser und Oxiden mit Brompentafluorid sollte für die ^{17}O-Analyse geeignet sein; eine entsprechende Anwendung ist bisher nicht bekannt (vgl. H, 2.1.4.3. u. H, 2.1.4.4.).

2.1.5. Aufschluß zur Isotopen-Analyse des Schwefels

Schwefel kommt in der Natur als ein Gemisch von vier Isotopen vor, von denen drei relativ hohe natürliche Häufigkeit haben. Diese Tatsache und die verhältnismäßig lange Halbwertszeit des radioaktiven Isotops ^{35}S machen verständlich, daß stabile Schwefel-Isotope selten zu Tracer-Versuchen benutzt werden.

SAUNDERS jr. et al. [183, 184] sowie SWAIN und THORTON [185] studierten Isotopen-Effekte bei der Zersetzung von Sulfoniumsalzen. Sie bestimmten das $^{32}S/^{34}S$-Verhältnis des dabei freiwerdenden Dimethylsulfids durch direkte Massenspektrometrie bei den Massen 62 und 64 (zur ^{13}C-Korrektur, vgl. H, 3.2.1.2.). Die Verbrennung von organischem Schwefel-haltigen Material im Sauerstoff-Strom »in einem Ofen bei 1000°« [186] führt zu Wasser, Kohlendioxid und Schwefeldioxid; in dem getrockneten Gasgemisch können Schwefeldioxid und Kohlendioxid durch fraktionierte Sublimation getrennt werden, da der Dampfdruck von Kohlendioxid bei –76° ca. 790 Torr, von Schwefeldioxid ca. 10 Torr beträgt. Die Trennung durch Aceton/ Trockeneis [186] bedingt Verluste an Schwefeldioxid; in Analogie zur Reinigung von Kohlendioxid bei der ^{18}O-Analyse (vgl. H, 2.1.4.5.) könnte sie mittels eines Kältebades von ca. –110° verbessert werden.

Häufiger als Isotopen-Analysen Schwefel-haltiger organischer Substanzen sind Bestimmungen der Schwefel-Isotope in Sulfiden, elementarem Schwefel und Sulfaten im Zusammenhang mit geologischen Fragestellungen. Elementarer Schwefel wird im Sauerstoff-Strom zu Schwefeldioxid verbrannt [187], Sulfide werden bei 1000° abgeröstet [188]. Durch Umsetzung von Sulfiden mit Fluor bei 150° entsteht Schwefelhexafluorid, das zur Massenspektrometrie geeigneter sein soll als Schwefeldioxid [189, 189a]. Sulfate reduziert man mit Graphit bei 1000° [190], eventuell auch in Lösung mittels Jodwasserstoff und unterphosphoriger Säure [191]; der Schwefelwasserstoff wird als Blei- oder Silbersulfid gefällt, die Sulfide röstet man wie oben beschrieben ab. Bariumsulfat kann auch mit Quarzpulver bei 1400° zu Barium- silikat und Schwefeldioxid zersetzt werden [192], Natriumsulfat ist im Gemisch mit Natriumsilikat direkt in der Ionenquelle eines Massen- spektrometers pyrolisiert worden [193].

2.1.6. Probenchemie für $^{35}Cl/^{37}Cl$-Bestimmungen

Auch bei Chlor stehen die hohen natürlichen Häufigkeiten der stabilen Isotope (76 Atom-% ^{35}Cl, 24 Atom-% ^{37}Cl) und der bequeme Zugang zu dem Radioisotop ^{36}Cl einer Verwendung stabiler Isotope als Tracer entgegen; analytische Verfahren sind deshalb selten. Die natürliche Häufigkeit der Isotope kann durch direkte Massenspektro- metrie von Natriumchlorid [194] bzw. von Bariumchlorid [195] be- stimmt werden. Bei Untersuchungen von Chlor-Isotopeneffekten ist die Massenspektrometrie organischer Halogen-Verbindungen üblich [196]; schließlich wird auch freies Chlor zur massenspektrometrischen Isotopen-Analyse verwendet [197].

Ausgangsprodukt zur Darstellung der genannten Verbindungen ist immer das Chlorid-Ion; organische Verbindungen müssen deshalb verbrannt werden, z. B. nach dem Kolben-Verbrennungsverfahren von SCHÖNIGER [59] (vgl. auch D, 3.1.2.3.1.). – Für die Gewinnung von Chlor isoliert man das Chlorid als Silberchlorid, löst dieses in wäßrigem Ammoniak wieder auf und fällt das Silber als Silbersulfid. Die verbleibende Ammoniumchlorid- Lösung wird eingedampft, das zurückbleibende Salz mit konz. Schwefel- säure zersetzt und das dabei freiwerdende HCl-Gas mit Stickstoff in wenig Wasser übergetrieben. Die Salzsäure läßt sich mit Persulfat bei 75° in fast 100-proz. Ausbeute zu Cl_2 oxidieren, das nach Trocknen massenspektro- metrisch analysiert wird (Bereich des Verfahrens 1 mMol).

Gebräuchlicher ist die Umwandlung des Silberchlorids in Monochlor- methan (Bereich 0,5 mMol) [198, 199]. Die Ausbeute an Monochlormethan hängt stark von den Bedingungen der Fällung des Silberchlorids ab [200]: Am günstigsten ist eine Chlorid-Fällung in 0,4 M Kaliumnitrat-Lösung mit Silbernitrat-Lösung bei pH 6,0. Der Silberchlorid-Niederschlag wird mit ver- dünnter Salpetersäure (2 ml konz. Salpetersäure/l H_2O) gewaschen und an- schließend 2 Stdn. bei 100° getrocknet. Dann wird er in einem Bombenrohr mit der etwa 8fachen Menge an Monojodmethan 48 Stdn. auf 120° erhitzt.

Aus dem Reaktionsgemisch wird das Monochlormethan gaschromatogra- phisch abgetrennt. Die Isotopen-Analyse des gereinigten Produktes kann durch Massenspektrometrie der positiven [198, 199] oder der negativen [200] Molekül-Ionen erfolgen. Im letztgenannten Falle werden Fehlerbreiten von weniger als 0,01% erreicht.

2.2. Quantitative instrumentelle Ermittlung des Isotopen-Verhältnisses in Meßproben

Durch die vorher beschriebenen Aufschlußmethoden werden die Isotope aus den markierten organischen Verbindungen in die Form einiger einfacher Moleküle übergeführt, an denen eine einheitliche Isotopenverhältnis-Messung durchführbar ist. Dabei handelt es sich um die Gase Wasserstoff, Stickstoff, Kohlendioxid, Schwefeldioxid und Monochlormethan sowie um Wasser; mit der Ausnahme von Kohlendioxid und von Wasser dienen sie jeweils der Bestimmung eines einzigen Isotops. In der Regel liegen sie in Mengen von 0,001 bis 0,1 mMol in gereinigtem Zustand in kleinen Ampullen oder in Vakuumkolben vor.

Die Analysen-Methoden, mit denen der Isotopen-Gehalt dieser Proben bestimmt wird, sind fast ausnahmslos Relativ-Verfahren. Die universellste Methode ist die Massenspektrometrie; sie eignet sich zur Analyse aller oben genannten Substanzen (die direkte Massenspektrometrie von Wasser findet in der Isotopen-Geologie Verwendung, s. dazu [149–152]). Zur ^{2}H- und ^{18}O-Analyse von Wasser eignen sich auch Dichtebestimmungen; die Infrarot-Messung dient vor allem der Deuterium-Analyse von Wasser. Die Emissions-Spektralanalyse hat bisher nur in der ^{15}N-Analyse praktische Anwendung gefunden; sie ist in diesem Falle aber der Massenspektrometrie mindestens gleichwertig.

2.2.1. Massenspektrometrische Analyse gasförmiger Proben

2.2.1.1. *Massenspektrometer zur Isotopenverhältnis-Analyse*

Wirkungsweise, Aufbau und Anwendungsbereich verschiedener Massenspektrometer werden in einschlägigen Monographien beschrieben [201–206]. Werden keine extremen Ansprüche an das Auflösungsvermögen gestellt (z. B. Trennung von N_2 und CO), so genügen zur Isotopen-Analyse der o. g. Gase einfach fokussierende Geräte mit Permanentmagnet. Besonders häufig finden Geräte vom sog. Nier-Typ [207, 208] mit 60°-Sektormagnet Verwendung, daneben aber auch Geräte mit 180°-Ablenkung. Die Ionen werden in diesen Geräten durch Elektronenstoß erzeugt, durch ein variables elektrisches Feld beschleunigt und nach Ablenkung im Magnetfeld auf eine Faraday-Elektrode, in Einzelfällen auch auf einen Sekundärelektronen-Vervielfacher fokussiert (zur quantitativen Analyse mit Sekundär-elektronen-Vervielfachern vgl. [209]). Der auf den Fänger treffende Ionenstrom wird nach Verstärkung für jede Masseneinheit (Funktion der Beschleunigungsspannung) registriert. Das Isotopen-Verhältnis ergibt sich als Quotient der Ionenströme bei zwei verschiedenen Massen.

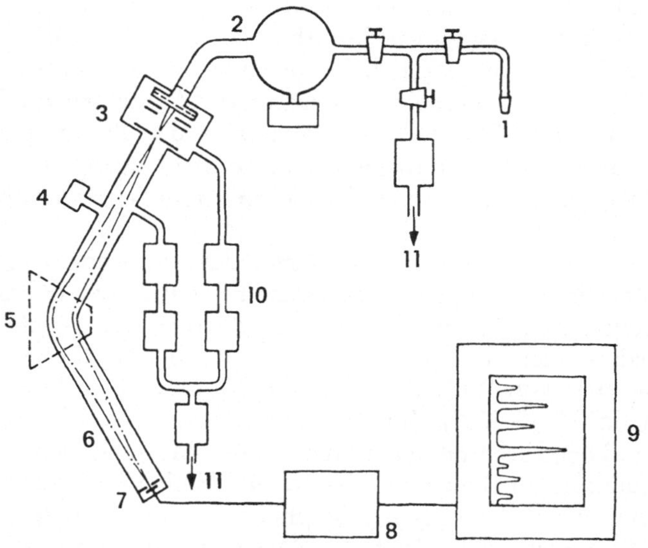

Abb. H, 12. Prinzipielle Darstellung eines Massenspektrometers vom Nier-Typ [210].
(1) Einlaß, (2) Vorratsgefäß und Manometer, (3) Ionenquelle, (4) Manometer, (5) (Elektro-) Magnet, (6) Trennrohr, (7) Auffänger, (8) Verstärker, (9) Kompensationsschreiber, (10) Hochvakuumsystem, (11) Vakuumanschluß.

Geräte mit doppeltem Auffänger-System können bei fest eingestellter Beschleunigungsspannung die Ionenströme bei beiden zu registrierenden Massen (z. B. $M = 28$ für $^{14}N^{14}N^{+}$ und $M = 29$ für $^{14}N^{15}N^{+}$) gleichzeitig messen; der Quotient ist dann elektrisch zu bilden (Ableitung über verschiedene Widerstände in Verbindung mit einem Kompensationsschreiber). Eine solche Quotienten-Bildung kann auch mit einem einzigen Ionenfänger durchgeführt werden, wenn die zu den beiden Massen gehörenden Ionen automatisch abwechselnd auf den Fänger gelenkt und die entsprechenden Ionenströme getrennt verstärkt werden [211].

Ein wichtiges Bauelement der Massenspektrometer zur Isotopenverhältnis-Messung ist das Einlaßsystem. Es handelt sich im wesentlichen um eine feine Kapillare, die einen viskosen Gaseinlaß garantiert [212], d. h. die mittlere freie Weglänge der Gasmoleküle in der

Kapillare ist kleiner als deren Durchmesser. Bei einer molekularen, d. h. vom Molekulargewicht abhängigen Strömung der Gasmoleküle würde eine Änderung des Verhältnisses der isotopomeren Molekülarten erfolgen. Für genaue Isotopenverhältnis-Bestimmungen sowie zur Kompensation von methodischen Fehlern und von Geräte-

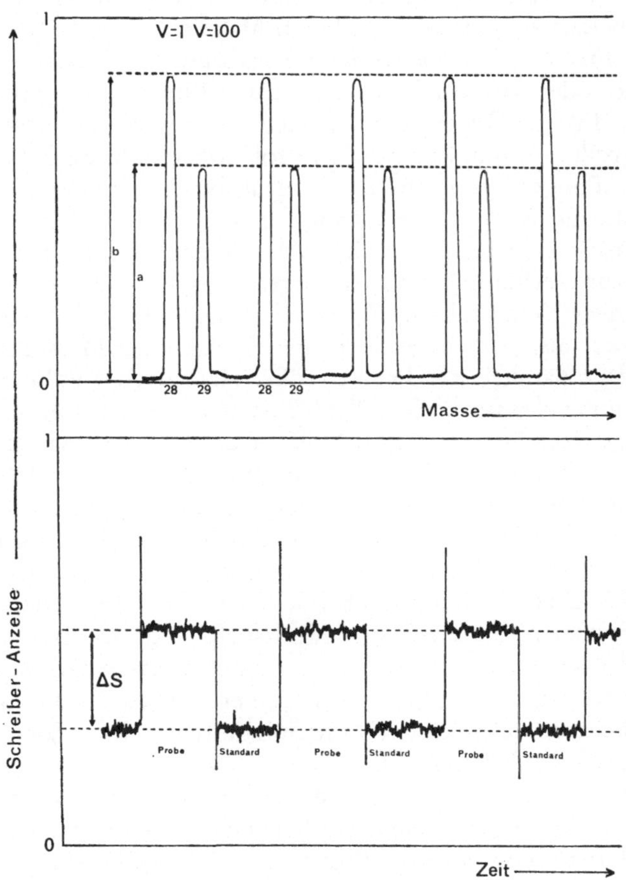

Abb. H, 13. Schematische Darstellung von Registrierkurven der massenspektrometrischen Isotopenverhältnis-Messung.
Oben: Massen-abhängige Registrierung (Scan) für die Bestimmung der ^{15}N-Häufigkeit in Stickstoff. – Verschiedene Verstärkung V bei den Massen 28 und 29. Intensitäts-Verhältnis $I_{28}/I_{29} = R = b/(a/100)$.
Unten: Doppelfänger-Verfahren mit Leitprobe zur Bestimmung der ^{18}O-Häufigkeit in Kohlendioxid (Analog-Registrierung). – Intensitäts-Verhältnis $I_{44}/I_{46} = R = V_{MS} + V_S = V_{MS} + f \cdot \Delta S$. V_{MS} u. V_S sind die Verstärkungs-Verhältnisse am Massenspektrometer bzw. am Schreiber, f ist der durch Eichung zu bestimmende Proportionalitäts-Faktor zwischen Schreiberausschlag und Änderung des Verstärkungs-Verhältnisses.

Variablen (Nullpunktsdrift) ist es ratsam, das Ionenstrom-Verhältnis in der Meßprobe auf das eines Standards (Leitprobe) zu beziehen; dies geschieht bei Geräten mit doppeltem Einlaßsystem. Die abwechselnde Messung von Probe und Standard nennt man das Leitproben-gebundene Meßverfahren. Die auf den Standard bezogenen Isotopen-Verhältnisse ergeben sich aus den Faktoren der Verstärkung für die beiden Ionenströme und dem Meßwert eines Anzeigegerätes. Geräte für die Isotopenverhältnis-Messung[2] können zur Scan-Methode oder zur direkten Quotienten-Bildung ausgerüstet sein (Abb. H, 13); der Quotient wird analog oder digital angezeigt.

Die große Genauigkeit der Leitproben-gebundenen Messung mit Doppelauffänger-System wird vor allem bei Bestimmungen der Varianz natürlicher Isotopen-Häufigkeiten und bei Messungen von Isotopen-Effekten benötigt; hier stehen meistens ausreichend große Proben zur Verfügung. Im Falle organisch-chemischer oder biologischer Tracer-Untersuchungen werden weniger Anforderungen an die Genauigkeit als vielmehr an die Empfindlichkeit der Messung gestellt; häufig liegt nämlich die Probengröße, auch nach Verdünnung mit Träger, unter der für übliche Einlaß-Systeme geforderten minimalen Gasmenge $(0,5 \text{ Nml} = 0,022 \text{ mMol})$. Während der massenspektrometrischen Messung darf sich der Gasdruck im Vorratsgefäß vor der Einlaßkapillare nicht ändern, da der Meßwert unterhalb eines bestimmten Primärdruckes von diesem abhängig wird (s. Abb. H, 14; zur mathematischen Korrektur bei Druckabfall vgl. [214]). Wie der viskose Gaseinlaß bedingt dies bei den vorher beschriebenen Geräten einen minimalen Gasdruck im Vorratsgefäß von ca. 100 Torr (die minimale Gasmenge kann bei Massenspektrometern mit besonderen Einlaßsystemen, mit Ionenquellen hoher Ionenausbeute oder mit empfindlicheren Detektoren um mindestens eine Zehnerpotenz niedriger sein [167, 215–217]).

Da die relative Nachweisgrenze auch bei kleinen Massenspektrometern sehr niedrig ist (etwa $1:10^5$ entspr. 10 ppm) kann aber der Gesamt-Druck von kleinen Proben durch Verdünnen mit einem Inert-Gas (Stickstoff oder Helium bei der Messung von Kohlendioxid, Krypton bei der Isotopen-Analyse an Wasserstoff [218–220]), das bis zu 98% der Probe ausmachen kann, erhöht werden. Dadurch wird wieder ein Druck-unabhängiges System erhalten (Abb. H, 14). Eine Erhöhung der Empfindlichkeit durch statische Messung [221] (geschlossener Massenspektrometer-Kreislauf) ist bei den hier in Frage kommenden Gasen nicht möglich.

---

2 Beispiele: Isotopen-GD 150 [213] von Varian-MAT oder Isotopen-MS 10 von AEI.

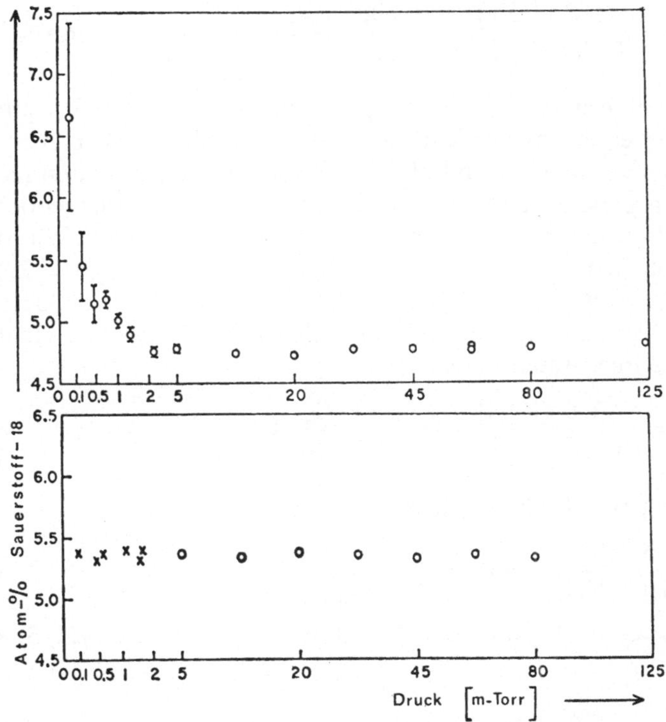

Abb. H, 14. Abhängigkeit des gemessenen ^{18}O-Gehaltes in Kohlendioxid-Proben vom absoluten CO_2-Druck im Vorratsgefäß (oben). ^{18}O-Gehalt einer Kohlendioxid-Probe (5,34 Atom-% ^{18}O) als Funktion des CO_2-Partialdruckes (unten). O——O reines CO_2, x——x CO_2/He-Gemisch [219].

2.2.1.2. *Berechnungen von Isotopen-Häufigkeiten aus Massenspektren einfacher Moleküle*

Bei der massenspektrometrischen Isotopen-Analyse werden als Meßsignale Ionenströme für verschiedene Massen bzw. deren Quotienten (Doppelauffänger-Verfahren) erhalten. Aus diesen Meßwerten müssen für die einzelnen Isotope relative Häufigkeiten h_i (100 · [Isotop$_i$] /Σ [Isotope] in [Atom-%]) oder Isotopen-Verhältnisse ([Isotop$_1$]/ [Isotop$_2$] bzw. h_1/h_2) berechnet werden.

Im Falle eines einatomigen Gases ist die Isotopen-Konzentration der Linienintensität bei der entsprechenden Masse I_{Mi} (Massenbelegung) direkt proportional. Die relative Häufigkeit h von ^3He ist daher:

$$h_{3He} = \frac{100 \cdot [^3He]}{[^3He] + [^4He]} = \frac{100 \cdot I_3}{I_3 + I_4} = \frac{100}{1 + I_4/I_3} \quad [\text{Atom-\%} \ ^3He]$$

$$(H, 1)$$

Das Intensitäts-Verhältnis I_4/I_3 wird meistens mit R (ratio) bezeichnet; es ist im vorliegenden Fall identisch mit dem reziproken Isotopen-Verhältnis $[^3He]/[^4He]$. – Zu zweiatomigen Gasen mit zwei Isotopen gehören drei Molekül-Ionen, deren Verhältnis jedoch definiert ist, wenn sie miteinander im Isotopen-Gleichgewicht stehen. Stickstoff hat die Ionen $^{14}N_2^+ (M = 28)$, $^{14}N^{15}N^+ (M = 29)$ und $^{15}N_2^+ (M = 30)$, von denen $^{14}N^{15}N^+$ ein Atom ^{15}N, $^{15}N_2^+$ zwei Atome ^{15}N enthält. Man berechnet daher für die relative Häufigkeit aus den Linien-Intensitäten:

$$h_{15N} = \frac{100 \cdot [^{15}N]}{[^{14}N] + [^{15}N]} = \frac{100 \, (I_{29} + 2 \, I_{30})}{2 \, (I_{28} + I_{29} + I_{30})} \quad [\text{Atom-\%} \ ^{15}N]$$

$$(H, 2)$$

Bei Isotopen-Gleichgewicht gilt:

$$\frac{[^{14}N^{15}N]^2}{[^{14}N_2] \cdot [^{15}N_2]} = K = \frac{I_{29}^2}{I_{28} \cdot I_{30}} \approx 4$$

$$(H, 3)$$

Die Zusammenfassung der Gleichungen (H, 2) und (H, 3) ergibt für ^{15}N:

$$h_{15N} = \frac{100}{2\,R + 1} \ [\text{Atom-\%}] \ \text{mit} \ R = \frac{I_{28}}{I_{29}} \ \text{und} \ [^{15}N] \leqq 10 \ \text{Atom-\%}$$

$$(H, 4a)$$

$$h_{15N} = \frac{100}{\sqrt{R} + 1} \ [\text{Atom-\%}] \ \text{mit} \ R = \frac{I_{28}}{I_{30}} \ \text{und} \ [^{15}N] \geqq 10 \ \text{Atom-\%}$$

$$(H, 4b)$$

Die Gleichung (H, 4a) wird für den Bereich unter 10 Atom-% ^{15}N angewandt, die Gleichung (H, 4b) für den Bereich darüber, da bei höherem ^{15}N-Gehalt die Massen-Belegungen bei den Massen 28 und 30 besser auszuwerten sind. – Die Verwendung von R-Werten entspricht der Praxis mit Doppelfänger-Systemen; es versteht sich von allein, daß sie nur dann gerechtfertigt ist, wenn die Moleküle im Isotopen-Gleichgewicht vorliegen (vgl. S. 317). R-Werte können nach Tabellen direkt in relative Häufigkeiten umgerechnet werden [222].

Wird eine Deuterium-Analyse an Wasserstoff-Gas durchgeführt, so ist zu berücksichtigen, daß wegen des Auftretens von einatomigen und dreiatomigen Ionen verschiedene Massen mehrfach belegt sind. Zur Häufigkeits-Berechnung ist daher zunächst eine »H_3^+-Korrektur« durchzuführen (s. S. 347). Aus den korrigierten Peak-Intensitäten ist dann die relative Häufigkeit von Deuterium völlig analog der von ^{15}N zu berechnen.

Sehr viel komplizierter ist die Berechnung von Isotopen-Häufigkeiten aus den Spektren mehratomiger Moleküle, z. B. der ^{18}O-Häufigkeit aus dem Spektrum von Kohlendioxid. Wegen des natürlichen Vorkommens mehrerer Isotope von Kohlenstoff und von Sauerstoff gibt es nicht weniger als zwölf verschiedene CO_2-Molekül-Arten im Bereich der Massen 44 ($^{12}C^{16}O^{16}O$) bis 49 ($^{13}C^{18}O^{18}O$); verschiedene Massen sind dabei mehrfach belegt, so daß Molekül-Konzentrationen nicht mehr direkt durch Peak-Intensitäten beschrieben werden. Korrekturen sind aufgrund der bekannten natürlichen Häufigkeiten möglich, die in der Verbindung »normal« sein müssen. Die Berechnungen werden dadurch vereinfacht, daß bei natürlicher Isotopen-Häufigkeit sehr seltene Moleküle (z. B. $^{13}C^{17}O^{17}O$ in ^{18}O-markiertem CO_2) vernachlässigt werden können. In Tab. H, 6 sind Formeln zur Berechnung von relativen Häufigkeiten verschiedener Isotope bei unterschiedlichen Voraussetzungen zusammengestellt.

Neben der relativen Häufigkeit (Atom-%) wird auch der Isotopen-Überschuß (Atom-%-Überschuß) angegeben; es ist die um die natürliche Häufigkeit verminderte relative Häufigkeit.

Die natürliche Häufigkeit ist auch bei der Berechnung von Verdünnungen markierter Substanzen durch Träger zu beachten. Verdünnt man z. B. a Mol markierte Substanz (Isotopen-Häufigkeit h [Atom-%]) mit b Mol Träger (natürliche Isotopen-Häufigkeit h_o [Atom-%]), so hat das Gemisch ((a + b) Mol) die Isotopen-Häufigkeit

$$h_x = \frac{a \cdot h + b \cdot h_o}{a + b} \; [\text{Atom-\%}] \qquad\qquad (H, 5)$$

Isotopen-Verhältnisse lassen sich als Quotienten der relativen Häufigkeiten von zwei Isotopen berechnen; im Falle eines Elementes mit zwei Isotopen entsprechen sie dem Intensitäts-Verhältnis der Ströme für die beiden Atom-Ionen ($^3He^+$ und $^4He^+$) bzw. für die reinen Molekül-Ionen ($^{14}N_2^+$ und $^{15}N_2^+$). Schließlich ist – vor allem in der Isotopen-Geologie – die Angabe von δ-Werten üblich; der δ-Wert ist ein Maß für die Abweichung des Isotopen-Verhältnisses der Probe von dem eines international festgelegten Standards. Sind h_1 bzw. h_2 die Häufigkeiten des leichten bzw. des schweren Isotops, so gilt

$$\delta = 1000 \cdot \left(\frac{(h_2/h_1)_{\text{Probe}}}{(h_2/h_1)_{\text{Standard}}} - 1 \right) \; [^0/_{00}] \qquad\qquad (H, 6)$$

2.2.1.3. *Fehlerquellen und Korrekturen*

Nur mit hochauflösenden Massenspektrometern sind Ionen wie $^{12}C^{16}O^+$ (M = 27,994 9149) und $^{14}N_2^+$ (M = 28,006 1488) zu trennen.

Tab. H, 6. Formeln zur Berechnung von relativen Häufigkeiten einiger Isotope aus Intensitäten I oder Intensitäts-Verhältnissen R in Massenspektren von Gasen (nach [86, 94, 95, 205, 223-225, 225a]). Bei Deuterium muß die »H_3^+-Korrektur« (s. S. 347) durchgeführt sein; die Häufigkeiten aller nicht zu bestimmenden Kerne in einem Molekül sind als normal vorausgesetzt. Verhältnis $[^{32}S]/[^{34}S]$ in $SO_2 = 1/(I_{66}/I_{64} - 0{,}004088)$; $[^{35}Cl]/[^{37}Cl]$-Verhältnis s. [195, 200].

Zu bestimmendes Isotop	Relative Häufigkeiten h [Atom-%] aus Peak-Intensitäten I bzw. R-Werten			
	kein Isotopen-Gleichgewicht	Isotopen-Gleichgewicht niedrige Markierung	Isotopen-Gleichgewicht hohe Markierung	Sonderverfahren kein Isot.-Glgw.
D in H_2	$\dfrac{(I_3 + 2\,I_4) \cdot 100}{2\,(I_2 + I_3 + I_4)}$	$\dfrac{100}{2R+1}$; $R = \dfrac{I_2}{I_3}$	$100 - \dfrac{100}{2R+1}$; $R = \dfrac{I_4}{I_3}$	$\dfrac{100}{R+1}$; $R = \dfrac{I_2}{I_3}$ (acider Wasserstoff, H, 2.1.1.4.)
^{13}C in CO_2	$\left(\dfrac{I_{45} + I_{47} + I_{49}}{\sum\limits_{I=44}^{I=49} I} + 0{,}0909 \right) \cdot 100$	$\dfrac{100}{R+1}$; $R = \dfrac{I_{44}}{I_{45} - \dfrac{I_{44}}{1333{,}67}}$		
^{15}N in N_2	$\dfrac{(I_{29} + 2\,I_{30}) \cdot 100}{2\,(I_{28} + I_{29} + I_{30})}$	$\dfrac{100}{2R+1}$; $R = \dfrac{I_{28}}{I_{29}}$	$\dfrac{100}{\sqrt{R}+1}$; $R = \dfrac{I_{28}}{I_{30}}$	$\dfrac{100}{R+1}$; $R = \dfrac{I_{28}}{I_{29}}$ (Van Slyke-Stickstoff, H, 2.1.3.4.)
^{18}O in CO_2	$\left(\dfrac{I_{46} + I_{47} + 2I_{48} + 2I_{49}}{2\sum\limits_{I=44}^{I=49} I} - 0{,}0405 \right) \cdot 100$	$\dfrac{100}{2R+1}$; $R = \dfrac{I_{44}}{I_{46}}$ (< 2 Atom-%)	$R = \dfrac{I_{44} + 0{,}0627 \cdot I_{45}/2}{I_{46}}$ $R = \dfrac{I_{44} + {}^1\!/_2\,(I_{45} - \dfrac{I_{44}}{89{,}253})}{I_{46}}$ Häufigkeit h wie nebenan	$\dfrac{100}{R+1}$; R wie nebenan (Unterzaucher-Verfahren, H, 2.1.4.1.)
^{17}O in O_2		$\dfrac{100}{2R+1}$; $R = \dfrac{I_{32} + I_{34}/2}{I_{33}}$		
^{34}S in SO_2			$100 / \left(\dfrac{I_{64} + 0{,}93395 \cdot I_{65}}{I_{66} - I_{64}/244{,}26} + 1 \right)$ oder $100 / \left(\dfrac{I_{64} + I_{65} - I_{64}/1333{,}7}{I_{66} - I_{64}/244{,}63} + 1 \right)$	

Bei den zur Isotopen-Analyse verwendeten Geräten würde deshalb die Stickstoff-Isotopenanalyse durch Kohlenmonoxid bzw. die ^{13}C-Analyse an Kohlenmonoxid durch Stickstoff verfälscht werden. Die massenspektrometrische Isotopen-Analyse stören besonders auch Wasser, Wasserstoff und Kohlenwasserstoffe, da diese Moleküle neben Molekül-Ionen auch Fragment-Ionen ergeben und/oder durch H^+-Übertragung andere Moleküle um eine Masseneinheit verschieben [226]. Wasser ist wegen der »Memory-Effekte« im Massenspektrometer besonders unerwünscht. Aus diesen Gründen sollen also möglichst reine Gase zur Analyse eingesetzt werden.

Auf Methoden zur Reinigung der Analysengase wurde bereits hingewiesen (vgl. z. B. H, 2.1.4.5.). Es gibt darüber hinaus eine Möglichkeit zur massenspektrometrischen Kontrolle der Reinheit dieser Gase, wenn nach der Methode ihrer Darstellung vorausgesetzt werden kann, daß sie im Isotopen-Gleichgewicht vorliegen. In erster Näherung muß dann das Verhältnis der Intensitäten im Massenspektrum dem Isotopen-Gleichgewicht entsprechen. Trifft dies nicht zu, so sind die fraglichen Massen-Peaks zusätzlich durch Fremd-Ionen belegt. Es muß also gelten:

$$^{14}N_2 + {}^{15}N_2 \rightleftarrows 2\ {}^{14}N^{15}N \tag{H, 7a}$$

$$\frac{[^{14}N^{15}N]^2}{[^{14}N_2] \cdot [^{15}N_2]} = \frac{I_{29}^2}{I_{30} \cdot I_{28}} \approx 4 \tag{H, 7b}$$

$$^{12}C^{18}O_2 + {}^{12}C^{16}O_2 \rightleftarrows 2\ {}^{12}C^{16}O^{18}O \tag{H, 8a}$$

$$\frac{[^{12}C^{16}O^{18}O]^2}{[^{12}C^{18}O_2] \cdot [^{12}C^{16}O_2]} = \frac{I_{46}^2}{I_{48} \cdot I_{44}} \approx 4 \tag{H, 8b}$$

Bei niedrigen Markierungen (< 3fache natürliche Häufigkeit) versagt die Methode, da dann die Signale für die hohen Massen (I_{30} bzw. I_{48}) dem Rauschpegel des Instrumentes nahekommen.

Die massenspektrometrische Isotopen-Analyse von Stickstoff kann durch Kontamination der Meßprobe mit Luft verfälscht werden. Die Prüfung auf einen Luft-Einbruch soll am ^{40}Ar-Peak erfolgen, da Sauerstoff auch aus anderen Quellen herrühren kann (vgl. H, 2.1.3.1.). Für die Deuterium-Analyse bedingt der relativ große Massenunterschied der Wasserstoff-Isotope ein besonderes Fänger-System im Massenspektrometer. Die »Memory-Effekte« von Wasserstoff im Massenspektrometer beruhen auf einer Bindung des Gases an Oberflächen sowie auf seiner Lösung auch in tieferen Metallschichten; sie sind durch häufiges Ausheizen und Kühlen des Gerätes zu eliminieren.

Das besondere Problem der Deuterium-Isotopenanalyse ist die H^+-Übertragung in der Ionenquelle, die zur Bildung von ein- und dreiatomigen Ionen führt. So kann das Spektrum von Wasserstoff/ Deuterium alle Massen zwischen 1 (H^+) und 6 (D_3^+) enthalten, wobei die meisten Massenzahlen mehrfach belegt sind ($H_2^+ = D^+$, $H_3^+ = H^+D$, $H_2D^+ = D_2^+$). Der Anteil der Atom-Ionen (H^+ und D^+) ist allerdings gering und kann vernachlässigt werden. Die Konzentration der zweiatomigen Ionen (H_2^+, HD^+, D_2^+) nimmt linear mit dem Partialdruck des Gases zu, während die der dreiatomigen Ionen (H_3^+, H_2D^+, HD_2^+ und D_3^+) mit dem Quadrat dieses Druckes steigt (Produkte von Zweier-Stößen).

Auf dieser Beobachtung basiert ein Extrapolations-Verfahren zur Ermittlung des gesuchten Verhältnisses H_2^+/HD^+:

> Man bestimmt das zugehörige Intensitätsverhältnis I_2/I_3 in Abhängigkeit vom Gesamtdruck und extrapoliert die dabei erhaltene Funktion auf einen Druck Null. Bei geringem Deuterium-Gehalt ist die Intensität I_2 selbst ein Maß für den Gesamtdruck; er nimmt durch den Gasverbrauch während der Messung von allein ab oder kann durch Änderung des Volumens im Vorratsgefäß variiert werden. Der Schnittpunkt einer Geraden $I_2/I_3 = f(I_2)$ mit der Ordinate (Abb. H, 15) ergibt das Verhältnis $R = I_2/I_3$ ohne H_3^+-Anteil, das zur Berechnung der Deuterium-Häufigkeit benötigt wird (Tab. H, 6).

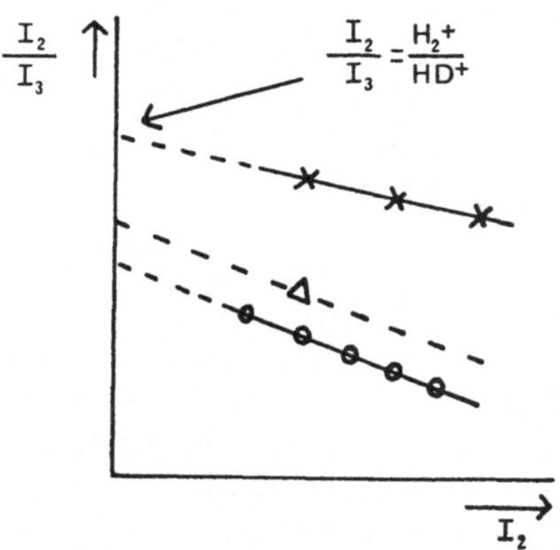

Abb. H, 15. Extrapolations-Verfahren für die Ermittlung des H_2^+/HD^+-Verhältnisses bei der massenspektrometrischen Deuterium-Analyse (H_3^+-Elimination, nach [227–229]); Erklärung s. Text.
x———x Probe ohne Standard, △———△ Probe bei Benutzung eines Standards, O———O Standard.

> Die Korrektur wird einfacher, wenn man, z. B. bei einer Meßreihe mit mehreren ähnlichen Proben, auf einen entsprechenden Standard beziehen kann. Dabei kann man implizieren, daß die Geraden für alle unbekannten Proben zu der Geraden für diesen Standard parallel verlaufen. Unter dieser Voraussetzung genügt eine einzige Messung der unbekannten Probe; eine Parallele durch den hierbei erhaltenen Meßpunkt zur Geraden für den Standard ergibt als Schnittpunkt mit der Ordinate das gesuchte Intensitäts-Verhältnis.

Eine Korrektur dieser Art ist für Messungen von Proben mit 0–3 Atom-% Deuterium geeignet. Bei höherem Deuterium-Gehalt ist u. U. eine Verdünnung oder eine Messung bei den Massen 3 (HD^+) und 4 (D_2^+) angebracht. – Neuerdings sind eigens für die H/D-Messung geeignete Ionenquellen im Handel (Varian-MAT); die Ionisation in diesen soll mit einem so geringen H_3^+-Anteil verlaufen, daß eine Korrektur überflüssig wird (s. a. [229a]).

2.2.2. Emissions-Spektralanalyse von Gasen zur Isotopen-Bestimmung

Bei thermischer, elektrischer oder bei Laser-Anregung [209] von Atomen und Molekülen erhält man Emissions-Spektren, deren Linien für die Isotope eines Elementes bei verschiedenen Wellenlängen liegen (Übersichten und Theorie s. [18, 230, 231]); diese spektralen Isotopen-Effekte sind mit guten Gitterspektrographen leicht nachzuweisen. Wie in der Einleitung erwähnt, wurden die stabilen Isotope ^2H, ^{13}C, ^{15}N, ^{17}O und ^{18}O durch Emissions-Spektralanalyse entdeckt; die Methode konnte sich aber zur Routine-Bestimmung von Isotopen-Verhältnissen leichter Elemente nur bei Stickstoff durchsetzen. Versuche der Analyse von ^2H [209, 232–234], ^{13}C [235, 236], ^{18}O [237–239] und von ^{34}S [240] haben keine oder eine vorläufig nur geringe praktische Bedeutung.

Zur spektralanalytischen Bestimmung der Häufigkeit von ^{15}N entwickelten HOCH und WEISSER 1950 [90] die erste Routinemethode; sie regten N_2-Gas in einem Rohr durch Hochfrequenz-Entladung an, photographierten die spektrographisch getrennten Emissionslinien und bestimmten deren relative Schwärzung. Die Empfindlichkeit der Methode erreichte oder übertraf schon damals die der massenspektrometrischen ^{15}N-Analyse. Die quantitative photographische Auswertung wurde durch Verwendung von Sektorblenden [241] bzw. von Stufenfiltern [242, 243] verbessert, so daß das Verfahren auch noch in den letzten Jahren routinemäßig betrieben wurde [106, 244]. Die Einführung der photoelektrischen Registrierung [245, 246] brachte eine wesentliche Vereinfachung der spektralanalytischen ^{15}N-Bestimmung und machte sie als Serienmethode geeignet.

Prinzipiell kann jeder gut auflösende Prismen- oder Gitter-Spektrograph für das Verfahren umgerüstet werden [247–249, 249a]. Die Isotopen-Verschiebung bei dem für die Stickstoffisotopen-Messung in Frage kommenden Bandenkopf 2976,8 Å ($\lambda_{14N\,14N}$) beträgt +6,1 Å für $^{14}N^{15}N$ und +11,82 Å für $^{15}N^{15}N$. Auf der Abbildungsebene soll der Abstand der entsprechenden Linien mindestens 0,2 mm betragen, d. h. die lineare Dispersion des Gerätes muß mindestens 30 Å/mm sein [250]. Für Übersichts-Messungen genügt bereits das Auflösungsvermögen eines normalen Spektralphotometers [251].

Bei dem von MEIER und MÜLLER entwickelten Gerät[3] [250] wird das vom Entladungsröhrchen [UV-durchlässiges Glas oder Quarz, vgl. Abb. H, 3(5) u. H, 7] ausgestrahlte Licht fokussiert, in einem Monochromator zerlegt und mittels eines Sekundärelektronen-Vervielfachers gemessen. Ein Wellenlängenantrieb sorgt dafür, daß ein bestimmter Wellenlängenbereich periodisch abgetastet wird. Die Intensitäten bei den verschiedenen Banden werden – meistens nach unterschiedlicher Verstärkung – analog registriert. Unter Berücksichtigung der Verstärkungsfaktoren und des Untergrundes erhält man aus den Maxima der Schreiberausschläge I (genauer aus der Höhe der Mittelsenkrechten im Peak-Maximum auf die interpolierte Peak-Basis [108]) Isotopen-Häufigkeiten h, die jedoch noch mit Hilfe einer Eichkurve (Messung von Standard-Proben) zu korrigieren sind.

$$h_{15N} = \frac{100}{2\,R+1}\ [\text{Atom-}\%]\ \text{mit}\ R = \frac{I_{2976,8}}{I_{2982,9}} \qquad (\text{H, }9\text{a})$$

$$\text{und}\ [^{15}N] \leqq 10\ \text{Atom-}\%$$

$$h_{15N} = \frac{100}{\sqrt{R}+1}\ [\text{Atom-}\%]\ \text{mit}\ R = \frac{I_{2976,8}}{I_{2988,6}} \qquad (\text{H, }9\text{b})$$

$$\text{und}\ [^{15}N] \geqq 10\ \text{Atom-}\%$$

Es wäre auch bei diesem Verfahren, ähnlich wie bei der Massenspektrometrie, eine direkte elektrische Quotientenbildung möglich; dies ist aber bisher nicht realisiert worden.

Der günstigste Gasdruck in den Entladungsröhrchen beträgt etwa 3 Torr, d. h. in einem Volumen von 3 ml benötigt man für eine Analyse ca. 0,01 Nml (10 µg) N_2, bei Mikroröhrchen nur etwa $^1/_{10}$ davon. Im Bereich von 0,3–1 Atom-% ist die Genauigkeit der Bestimmung ±0,01 Atom-%; oberhalb von 1 Atom-% wird der relative Fehler mit 1,5 % angegeben. Damit übertreffen Empfindlichkeit und Genauigkeit des Verfahrens die der massenspektrometrischen ^{15}N-Analyse. Für eine Messung werden etwa 15 Min. benötigt. Vorteilhaft ist auch, daß die Entladungsröhrchen direkt für den Aufschluß der organischen Substanzen benutzt werden können (vgl. H, 2.1.3.3.).

Schon HOCH und WEISSER [90] haben festgestellt, daß Fremdgase, wie z. B. das bei der Hypobromit-Oxidation von Ammoniak entstehende Distickstoffoxid, die Messung nicht beeinträchtigen; auch

---

3 Vertrieb: Isocommerz-GmbH, Berlin-Buch, DDR.

Spuren von Wasser und von Sauerstoff stören kaum [247]. Bei längerer Entladungsdauer (>15 Min.) nimmt aber der Stickstoff-Druck in den Röhrchen ab, da Stickstoff von der Glaswand adsorbiert wird; die Entladung erlischt unterhalb eines Stickstoff-Druckes von ca. 1 Torr. Der »Wand-Effekt« kann weitgehend kompensiert werden, wenn man den Proben Edelgase zumischt [252]. Die Wirkung einzelner Edelgase scheint verschieden zu sein. Xenon ist offenbar in der Lage, die den Stickstoff bindenden Stellen an der Glasoberfläche teilweise zu blockieren, Helium hält dagegen die Entladung selbst aufrecht (optimale Füllung s. H, 2.1.3.3. [107]).

Nach dem Aufschluß muß ein minimaler Stickstoff-Partialdruck von 0,5 Torr vorliegen; das entspricht in den Mikro-Entladungsröhrchen (vgl. H, 2.1.3.3.) einer Gesamtmenge von 0,2 μg Stickstoff. Damit ist es möglich, den ^{15}N-Gehalt von Eluaten aus Dünnschicht-Chromatogrammen zu analysieren. In Entladungsröhrchen mit Edelgas-Füllung kann eine Entladung über 10 Min. aufrecht erhalten werden; diese Zeit reicht für eine mehrfache Messung aus. Der relative Fehler im Bereich der natürlichen ^{15}N-Häufigkeit soll unter diesen Bedingungen ca. 1% betragen.

2.2.3. Densimetrische Isotopen-Analyse von Wasser

Wasser kann Lösungsmittel, Reaktionspartner sowie Produkt des Aufschlusses organischer Deuterium- bzw. ^{18}O-markierter Substanzen sein (vgl. H, 2.1.1.1.). Der Isotopen-Analyse von Wasser kommt deshalb eine hervorragende Bedeutung zu. Wegen der umständlichen und mit »Memory-Effekten« behafteten Reduktion von Wasser und wegen der Schwierigkeiten der massenspektrometrischen Deuterium-Analyse (vgl. H, 2.1.1.2. bzw. H, 2.2.1.3.) ist die Existenz einfacher, direkter Verfahren zur Isotopen-Analyse von Wasser wichtig. Grundlage der densimetrischen Wasser-Isotopenanalyse sind die verschiedenen Dichten der einzelnen Wasserarten (d bei 25°:H_2O 0,997074, D_2O 1,10446 und $H_2{}^{18}O$ 1,109378 g/ml, [253]) und deren Additivität. Die Dichte von reinem Wasser ist daher ein Maß für seinen Gehalt an schweren Nukliden.

Für die densimetrische Isotopen-Bestimmung in Wasser im Mikrobereich kommt vor allem die Methode des fallenden Tropfens [6] in Frage. Das Verfahren basiert auf dem Stokesschen Viskositätsgesetz: Fällt ein kugelförmiger Körper (Radius r) eines Stoffes (Dichte d) durch eine Flüssigkeit (Dichte d', Viskosität η), so erreicht er nach einiger Zeit eine konstante Fallgeschwindigkeit v, bei der Reibungskraft und Schwerkraft einander kompensieren. Diese Geschwindigkeit v kann durch Messung der Fallzeit t durch eine Meßstrecke s ermittelt werden; aus der Fallzeit ist dann auf die Dichte des kugelförmigen Körpers zu schließen (g = Erdbeschleunigung):

$$v = \frac{2gr^2\,(d\text{-}d')}{9\,\eta} = \frac{s}{t} \qquad\qquad (H,\ 10)$$

$$d = d' + \frac{9\,\eta\,s}{2\,gr^2} \cdot \frac{1}{t} \qquad\qquad (H,\ 11)$$

Bestimmt man die reziproke Fallgeschwindigkeit eines Wassertropfens von bekanntem Radius in einem mit Wasser nicht mischbaren Lösungsmittel, so kann man seine Dichte und damit seinen Gehalt an schweren Isotopen ermitteln.

Die Größen d, d' und η sind temperaturabhängig; deshalb ist bei der Messung eine genaue Thermostatisierung der Meßanordnung notwendig ($\pm 0{,}001°$). Da das Stokessche Gesetz streng nur für Festkörper in einer Flüssigkeit gilt, und da außer der Dichte des Wassertropfens andere Parameter wie Länge und Lumen der Flüssigkeitssäule die Fallzeit beeinflussen, ist eine absolute Dichtemessung von Wasser auf diese Weise nicht möglich; vielmehr muß auf Eichkurven mit Vergleichsproben bekannten Isotopen-Gehaltes bezogen werden.

Als mit Wasser nicht mischbare Flüssigkeit passender Dichte (Fallmedium) führten KESTON et al. [27] o-Fluortoluol ein; die Substanz eignet sich für die Bestimmung von Deuterium im Bereich von 0–1,5 Atom-% [254]. Ausschlaggebend für die Reproduzierbarkeit der Meßergebnisse ist die Qualität des Präparates. Käufliches o-Fluortoluol ist möglicherweise wegen eines Isomeren-Gehaltes auch nach sorgfältiger Destillation (Siedebereich 114–115°) weniger geeignet als aus reinem o-Toluidin durch Diazotierung und Verkochen mit Borfluorwasserstoffsäure hergestelltes (Dichte d' = 0,99558 g/cm³ bei 26,85° [255]). Auch solche Präparate sind höchstens einige Monate benutzbar [255, 256]; andere Medien [254, 257, 258] sind u. U. stabiler, konnten o-Fluortoluol jedoch nicht verdrängen.

Die Fallzeit von Wasser in o-Fluortoluol ändert sich bei einer Änderung der Temperatur von 0,2° um mehr als 100%. Die günstigste Temperatur für die Messungen ist 26,5–26,6°, da hier die Fallzeit für reines normales Wasser ca. 300 Sek./20 cm beträgt. Der Bau von Thermostaten mit der erforderlichen Konstanz von ± 0,001° sowie von kompletten Meß-Anordnungen für die Tropfen-Fallmethode wurde in den letzten Jahren mehrfach beschrieben [255, 260, 261].

Im Thermostatenbad solcher Geräte befindet sich das Fallrohr mit dem o-Fluortoluol. Es besteht aus einem geraden oder U-förmigen Glasrohr von 45–50 cm einfacher Länge und 9–12 mm Innendurchmesser. 15 cm seiner Füllung dienen der Temperierung des Wassertropfens, die eigentliche Meßstrecke ist ca. 20 cm lang. In das Fallmedium taucht die Spitze der Kapillare, die das Wasser enthält (Durchmesser 0,5–1,0 mm). Die Kapillare

gehört zu einer Quecksilber-gefüllten Dosierspritze, deren Kolben mittels
einer Mikrometerschraube bewegt wird [254, 255, 257, 259, 262].

Beim Hochziehen der Spritze reißt der Tropfen ab (Größe 12–20 mm³,
empirisch zu optimieren). Seine Fallzeit durch die Meßstrecke wird mittels
einer Stoppuhr oder automatisch über eine Lichtschranke [258] bzw. eine
Impedanzschranke [260] gemessen. Eine neue Füllung des Fallrohres muß
vor Beginn von Messungen mit Wasser äquilibriert werden (ca. 30 Tropfen
im Verlauf von 2–4 Tagen). – Zur Eichung der Meßanordnung wird die
Fallzeit von Wasser mit bekanntem Deuterium- bzw. ^{18}O-Gehalt bestimmt;
bei der Herstellung von Eichproben ist der natürliche Isotopen-Gehalt des
Wassers zu berücksichtigen. Die Fallzeit oder ihr Reziprokwert wird als
Funktion des Isotopen-Gehaltes graphisch dargestellt. Mit Hilfe der so
erhaltenen Eichkurve ist der Isotopen-Gehalt unbekannter Proben zu
ermitteln.

Das für die Isotopen-Bestimmung nach der Tropfen-Fallmethode
einzusetzende Wasser muß besonders rein sein, da alle darin gelösten
Stoffe seine Dichte verändern. Von gelösten Feststoffen ist es durch
mehrfache Sublimation abzutrennen [256] (Isotopen-Effekte und
»Memory-Effekte« berücksichtigen!); zur Bindung von Stickoxiden,
Halogenen oder Schwefeltrioxid vgl. H, 2.1.1.1. Enthält die Probe
flüchtige organische Bestandteile wie z. B. Alkohol, so ist sie für eine
Dichtemessung nicht zu gebrauchen.

Zur Dichte von reinem Wasser tragen die schweren Isotope von
Wasserstoff und von Sauerstoff bei. Deshalb ist die Meßprobe für eine
Deuterium-Bestimmung in ^{18}O-haltigem Wasser bzw. für eine ^{18}O-
Bestimmung in Deuterium-haltigem Wasser jeweils bezüglich des
anderen Isotops zu normalisieren, d. h. auf die natürliche Häufigkeit
zu bringen. Die hierfür angegebenen Methoden (^{18}O-Austausch
durch Äquilibrierung mit Kohlendioxid oder Schwefeldioxid, Deute-
rium-Austausch mit Ammoniak oder Schwefelwasserstoff) sind
meistens nur bei Mengen von mehreren ml Wasser durchzuführen.
Miteinander kombiniert erlauben sie eine gleichzeitige Bestimmung
von Deuterium und von ^{18}O [263].

Die Dichtemessung nach dem Verfahren des fallenden Tropfens ist
als empfindliche und preiswerte Methode zur Deuterium- bzw.
^{18}O-Bestimmung bei Serienmessungen geeignet. Für eine Analyse
werden 60–100 µl Wasser benötigt (4–5 Tropfen à 12–20 µl); da die
Messungen unterhalb von 0,5 Atom-% Deuterium bzw. ^{18}O bereits
sehr genau sind, kann die eigentliche Analysen-Probe häufig verdünnt
werden, so daß die relativ große Probenmenge bei vielen Untersuchungen erreichbar wird. Für Messungen im Bereich der natürlichen
Häufigkeit bis hinauf zu ca. 5 Atom-% Deuterium bzw. ^{18}O werden
Standard-Abweichungen von 0,01 Atom-% angegeben, was einem
relativen Fehler von 1–0,1% entspricht; damit wird die Genauigkeit
der massenspektrometrischen Isotopen-Analyse erreicht. Der Meß-

bereich der Methode ist nicht nur durch Verdünnen der Probe, sondern auch durch Variation der Zusammensetzung des Mediums (vgl. S. 351) sowie durch Änderung der Temperatur zu erweitern; auf diese Weise ist Deuterium zwischen 0 und 100 Atom-% direkt bestimmbar. Benutzt man schließlich nicht ein senkrecht stehendes, sondern ein schräg gestelltes Fallrohr [264], so ändert sich die Fallzeit der Tropfen (sie rollen an der hydrophob gemachten Glaswand entlang) je nach Neigung des Rohres. Die Genauigkeit dieser Variante soll die der normalen Meßmethode noch übertreffen.

2.2.4. Infrarot-Spektrophotometrie in der quantitativen Analyse von stabilen Isotopen

Die quantitative Isotopen-Analyse durch Infrarot-Spektrophotometrie hat nur zur Bestimmung von Deuterium in Wasser eine allgemeinere Bedeutung bekommen; ihre Genauigkeit reicht hier allerdings an die der Massenspektrometrie heran. Deshalb wird die Methode zur Analyse von Verbrennungswasser aus organischen Verbindungen [31–34], (vgl. H, 2.1.1.1.), zur Routine-Untersuchung von biologischen Flüssigkeiten [265], zur direkten Bestimmung von acidem, also austauschenden Wasserstoff [265a] und zur Untersuchung von hochgereinigtem D_2O [276a] verwendet. Da die Infrarot-Absorption keine Mischgröße ist, muß das zur Messung eingesetzte Wasser nicht besonders rein sein.

Die IR-Spektren von H_2O, D_2O und HDO diskutieren FALK und FORD [266]. Die schnelle Einstellung des Isotopen-Gleichgewichtes zwischen diesen Molekülen bedingt, daß außer bei unverdünntem H_2O bzw. D_2O immer ein additives Spektrum aller drei Molekülarten zu beobachten ist. Zur Durchführung von Analysen ist die jeweils am besten geeignete Absorptionsbande auszuwählen; meistens handelt es sich um eine Absorption des HDO.

Sowohl OH- als auch OD-Valenzschwingungen bedingen starke Absorptionen. Für Messungen von Deuterium-Gehalten in Wasser bis 0,7 Atom-%, maximal auch bis zu 3 Atom-%, eignet sich die OD-Valenz-Absorption des HDO bei 3,98 μm (2520 cm^{-1}), während bei hohen Deuterium-Gehalten ($D_2O > 98\%$) die OH-Valenz-Absorption von HDO bei 2,95 μm (3400 cm^{-1}) bestimmt werden muß. Der Isotopen-Gehalt von Proben mit etwa 50 Atom-% Deuterium kann bei 6,06 μm (1647 cm^{-1}) gemessen werden [267]. Messungen an Oberschwingungen (1,44 bzw. 1,66 μm) sind über den ganzen Deuterium-Bereich möglich. Sie sind nicht so empfindlich, dafür aber

Tab. H, 7. Anwendungsbereiche, Empfindlichkeiten und Fehlerbreiten von Methoden zur infrarot-spektrophotometrischen Deuterium-Bestimmung.

Meßbereich [Atom-% D]	Absorptions-messung bei λ [μm]	Küvette Länge [μm]	Fenster-Material	Benötigte Wassermenge [μl]	Rel. Meßfehler [%]	Bemerkungen	Literatur-zitat
0,014–0,04	3,98	350	Quarz	ca. 25	3	Küvetten leicht konstruierbar	269
0,014–0,8	3,98	200	Quarz	ca. 15	1		
0,09–0,24	3,98	$\leqq$ 500	CaF_2	(0,15?)[a]	3,3	Thermostatisierbare Küvette	268
0–2	3,98	50–100	CaF_2 u. a.	–[b]	4		270
99–100	2,95/2,62	100	CaF_2 u. a.	–[b]	4		270
0–20	1,44/1,66	800–2000	Quarz	15–30	(1–2)[c]	Messung gegen CCl_4 [d]	265
10–100	1,66						
0–50	1,06 u. 1,19	10^4	Quarz	ca. 10^3	(ca. 0,5)[c][d]		271
52$\pm$5	6,06	15	CaF_2	–[b]	0,12		267
0–100	1,9–2,1	10^4	Quarz	10	(ca. 1)[c]	Lösung in Dioxan/H_2O[d]	272
0–70 bzw. 100–30	2,83/3,90	30	BaF_2	20	(2)[c]	Lösung in Aceton	273
5–50	1,40/1,60	25	CaF_2	< 200	5	Lösung in Dimethylsulfoxid	274

[a] Diese Angabe in der Original-Literatur ist wahrscheinlich ein Druckfehler.
[b] Keine Angabe.
[c] Absoluter Fehler in Atom-%.
[d] Meßgerät DK (Spektralphotometer für sichtbaren bis nahen ultraroten Bereich).

besonders wenig durch Verunreinigungen des Wassers zu beeinflussen, so daß hier der Deuterium-Gehalt von nativen Urin- oder Serumproben untersucht werden kann [265]. Die wichtigsten Daten aus neueren Arbeiten über die infrarot-spektrophotometrische Deuterium-Bestimmung in Wasser sind in Tab. H, 7 zusammengestellt; ältere Arbeiten finden sich bei [25, 268].

Als Meßgeräte kommen fast alle Infrarot-Spektrophotometer mit Prismen- oder Gitter-Optik in Frage sowie Spektralphotometer für sichtbares Licht mit einem Meßbereich im nahen Infrarot. Eine besondere Beachtung muß den Küvetten geschenkt werden; obgleich es kommerzielle Küvetten gibt (z. B. Fa. Beckman oder Perkin-Elmer), wird häufig der Selbstbau empfohlen [265, 268, 269]. Im Prinzip handelt es sich meistens um zwei Quarz- oder Calciumfluorid-Fenster, die gegen Abstandsscheiben aus Teflon oder Aluminium gepreßt werden. Nach eigenen Erfahrungen hat CaF_2 bessere Durchlässigkeit.

Das Isotopen-Gleichgewicht zwischen den Molekülen H_2O, D_2O und HDO ist temperaturabhängig; daher variiert die Intensität der Infrarot-Absorptionsbanden mit der Temperatur [268, 275]. Zur Kompensation des durch die Erwärmung der Probe während der Messung bedingten Fehlers werden in Einzelfällen thermostatisierbare Küvetten empfohlen [268]; im allgemeinen genügt jedoch die Kompensation des Temperaturfehlers durch Referenz-Proben. Eine völlig gleiche Arbeitstechnik bei Eichung und Messung sowie das Abwarten eines Temperatur-Ausgleichs (maximal 30 Min.) sind auf jeden Fall geboten [267]. Weniger empfindlich bezüglich der Erwärmung scheint die Isotopen-Messung an Wasser in Lösung zu sein [272–274].

Die quantitative Spektrophotometrie im infraroten Bereich ist problematischer als die Photometrie im sichtbaren oder im ultravioletten. Zwar gilt auch hier das Lambert-Beersche Gesetz, doch da nicht bei einer festen Wellenlänge, sondern über eine ganze Absorptionsbande gemessen wird, ist die Reproduktion einer Null-Linie notwendig. Dies wird mit Hilfe einer Vergleichsküvette variabler Länge oder durch Einstellung einer Blende im Vergleichsstrahl möglich. Die Null-Linie muß nicht 100% Durchlässigkeit entsprechen. Spaltbreite, Empfindlichkeit und Verstärkung des Meßgerätes sind für alle Messungen empirisch zu optimieren.

Eichwerte für den in Frage kommenden Meßbereich werden dadurch erhalten, daß man die Extinktionen von Eichproben bekannten Deuterium-Gehaltes einschließlich einer Probe normalen Wassers (Normal-Probe) gegen eine Vergleichs-Probe (ebenfalls normales Wasser) über die gesamte Absorptionsbande registriert. Die Differenzen der Banden im Maximum zur Absorption der Normal-Probe ergeben als Funktion des zugehörigen Deuterium-Gehaltes die Eichgerade. Bei der Messung des Deuterium-Gehaltes einer unbekannten Probe wird dementsprechend außer dieser selbst eine Normal-Probe zur Bestimmung der Null-Linie in der gleichen Küvette gegen die Vergleichsprobe gemessen. Zu der Differenz der Extinktionen entnimmt man aus der Eichkurve den Deuterium-Gehalt.

Im Bereich von 99 Atom-% Deuterium kann die Messung einer Normal-Probe entfallen. Hier benutzt man die schwache und im betrachteten Bereich praktisch unveränderte D_2O-Absorptionsbande bei 2,62 µm als inneren Standard. Als Meßwert wird deshalb die Differenz der Extinktionen bei 2,95 und 2,62 µm ($E_{2,95} - E_{2,62}$) gegen den Gehalt der Eichproben an Protium aufgetragen [210]. Die Eichkurven sind reproduzierbar, aber Geräte-spezifisch; sie sind öfters zu überprüfen [267].

Auch die gegenüber Verunreinigungen des Wassers besonders unempfindlichen Messungen im nahen Infrarot [265] sind Differenz-Messungen. Im Bereich von 0–20 Atom-% Deuterium bestimmt man z. B. die Differenz der HOH-Extinktion bei 1,44 µm gegen die HOD-Extinktion bei 1,66 µm; als Kompensationsprobe befindet sich im Vergleichsstrahl normales Wasser. Da die Differenz der Extinktionen positiv oder negativ sein kann, wird das Gerät vor der Messung auf einen Extinktionswert 0,5 eingestellt. Im Bereich von 10–100 Atom-% Deuterium wird dagegen die Extinktion bei 1,66 µm gegen Chloroform gemessen; hier wird für den Bereich 10–70 Atom-% eine Küvette der Länge 800 µm, für den Bereich über 70% eine Küvette der Länge 2000 µm benötigt.

Für die empfindlichsten Varianten der in Tab. H, 8 zusammengefaßten infrarot-spektrophotometrischen Deuterium-Bestimmungen werden relative Fehler von 1–2% im Bereich der natürlichen Deuterium-Häufigkeit angegeben, d. h., es ist 1 ppm Deuterium in Wasser zu erfassen. Im Bereich von 0,1–1% Deuterium ist die infrarot-spektrophotometrische Deuterium-Bestimmung in biologischen Proben auch automatisierbar [276]. Bei sehr genauen Messungen an reinstem D_2O kann der Isotopen-Austausch mit OH-Gruppen des Küvetten-Materials zu Fehlern führen [276a]. – Geringe praktische Bedeutung haben die IR-spektrophotometrische Deuterium-Bestimmung von Wasser in der Form von Eis [277] oder nach Einbau des Deuteriums in Methan [278].

Der Infrarot-Isotopeneffekt bei anderen Elementen ist wesentlich kleiner; hier empfiehlt sich stets eine Messung kristalliner Proben. Für eine ^{18}O-Bestimmung in Wasser setzten LAPIDOT et al. [279] $H_2{}^{18}O$ mit Di-p-tolylcarbodiimid zum entsprechenden Harnstoff um. Die Carbonyl-Absorption des markierten Reaktionsproduktes war im Vergleich zu derjenigen der nicht-markierten Verbindung um 20 cm^{-1} bathochrom verschoben; dieser Isotopen-Effekt reichte für eine semiquantitative ^{18}O-Bestimmung. Wegen der unbefriedigenden Ausbeuten bei der Umsetzung des genannten Reagens mit Wasser untersuchten SCHMIDT et al. [280, 281] verschiedene andere Kondensationsmittel, erzielten aber keine zufriedenstellenden Ergebnisse. Auch die Umsetzung von Dichlordiphenylmethan mit Wasser ist als Routine-Verfahren zur $H_2{}^{18}O$-Analyse ungeeignet [282].

Eine Bestimmung von ^{15}N in Kaliumnitrat durch Infrarot-Spektrophotometrie gelang mit 1,5 mg [283] über den gesamten Bereich (absoluter Fehler $\pm$ 0,6 Atom-%). Allgemeinere Bedeutung scheint die Substitution von Halogen-Atomen organischer Verbindungen wie 2,4-Dinitrofluorbenzol durch Ammoniak (z. B. aus Kjeldahl-Aufschlüssen) zu haben; dabei entstehen infrarot-aktive Aminoverbindungen, deren scharfe NH-Valenzabsorptionen (Isotopen-Verschiebung um 5–10 cm^{-1}) besonders in Differenzspektren für eine ^{15}N-Analyse geeignet sind [280, 281]. Für das Verfahren werden 0,3 mMol Ammoniak benötigt, die Fehlerbreite liegt bei $\pm$ 3 Atom-%; eine wesentliche Steigerung der Empfindlichkeit durch Mikro-Infrarottechnik ist möglich.

^{13}C-Bestimmungen durch Infrarot-Spektrophotometrie wurden bisher nur an Gasen durchgeführt. In einer 10 cm langen Gasküvette gelang die Isotopen-Analyse von Kohlenmonoxid (100 Torr) vom Bereich natürlicher Häufigkeit bis zu etwa 20 Atom-% ^{13}C mit $\pm$ 2% rel. Fehler [284]. Häufiger ist die nicht-dispersive Absorptionsmessung an infrarot-aktiven Gasen zur Isotopen-Analyse (URAS-Verfahren). Infrarot-Licht wird periodisch (Sektorblende) durch zwei Gasküvetten (Probe und Vergleichsprobe) gestrahlt; nur das den Absorptionsbanden der Gase entsprechende Licht wird absorbiert und bewirkt eine Erwärmung. Die dieser entsprechende Ausdehnung wird als alternierender Druck auf eine Membran gemessen und mit der Ausdehnung eines Bezugsgases bekannter Zusammensetzung verglichen. Die Methode wurde zur Bestimmung von ^{13}C in Kohlendioxid [285, 286] und von ^{15}N in Distickstoffoxid [285] verwendet (Fehler: $\pm$ 0,005 Atom-% ^{13}C in 20 mg CO$_2$ bzw. $\pm$ 0,015 Atom-% ^{15}N in 8 mg N$_2$O).

3. Intermolekulare, intramolekulare und positionelle Isotopen-Analyse

Die elementaranalytische Isotopen-Analyse ergibt den genauen mittleren Isotopen-Gehalt einer markierten Verbindung, sie liefert aber keine Information über den Substitutionsgrad und den Substitutionsort einzelner Moleküle eines Kollektivs. Aus dem Deuterium-Gehalt von 50 Atom-% D für ein Äthan-Präparat kann z. B. nicht erkannt werden, ob es alleine aus D$_3$C-CH$_3$-Molekülen, einem äquimolekularen Gemisch der Moleküle C_2D_6 und C_2H_6 oder einem Gemisch beliebig markierter Moleküle besteht. Mechanistische Untersuchungen und Klärungen von Strukturproblemen erfordern jedoch häufig eine Bestimmung intermolekularer und intramolekularer Isotopen-Verteilungen.

Intermolekulare Isotopen-Verteilungen können durch Massenspektrometrie und in beschränktem Umfang durch Gaschromatographie bestimmt werden; beide Verfahren sind nämlich mit einer Trennung der Moleküle nach Massen verbunden. Die Massenspektrometrie dient darüberhinaus der intramolekularen Isotopen-Analyse, während die optischen und magnetischen Verfahren auch zur Untersuchung von Strukturfragen herangezogen werden. Einige der Methoden verlaufen ohne Zerstörung der untersuchten Moleküle, nicht alle führen zu quantitativen Aussagen.

3.1. Gaschromatographische intermolekulare Isotopen-Analyse

Die intermolekulare Isotopen-Analyse durch Gaschromatographie ist auf kleine Moleküle beschränkt. Auf gaschromatographischen Säulen mit verschiedenem Füllmaterial [287–289b] sowie in angeätzten Kapillarsäulen ohne Füllung [290] gelangen bei –196° die Trennung und die Bestimmung der Moleküle H_2, HD, D_2, HT, DT und T_2 (0,01–0,5 Nml in Neon oder anderen Träger-Gasen). – Die Moleküle $^{14}N_2$ und $^{15}N_2$ konnten ebenfalls gaschromatographisch in Träger-gefüllten Säulen [291] oder in geätzten Kapillarsäulen [292] mit dem Trägergas Kohlenmonoxid/Helium voneinander getrennt werden; ihre Trennung von dem Molekül $^{14}N^{15}N$ gelang bisher jedoch nicht. Entsprechend ist eine Trennung der Moleküle $^{16}O_2$ und $^{18}O_2$ möglich [293]. Isotopen-Effekte bei der Gaschromatographie von Methan und Kohlendioxid lassen die Möglichkeit einer Abtrennung der ^{13}C- bzw. ^{18}O-haltigen Moleküle von den übrigen erwarten [294]. Auch die partielle Trennung der Kohlenstoff- bzw. Schwefel-Isotope in Form der Fluoride CF_4 bzw. SF_6 [295] gelang.

BRUNER et al. [296] konnten alle denkbaren Protium-, Deuterium- und Tritium-markierten Methan-Moleküle auftrennen; andere kleine organische Deuterium-markierte Moleküle sind ebenfalls gaschromatographisch von den entsprechenden Wasserstoff-Verbindungen trennbar [15, 297, 297a, 298]. Über die gaschromatographische

Abtrennung deuterierter Glucose in Form ihres Trimethylsilyl-Derivates von der entsprechenden Protium-Verbindung berichten WALLER et al. [298a]; zu Isotopen-Effekten in der Gaschromatographie größerer Moleküle vgl. auch H, 3.2.2.

Die gaschromatographische intermolekulare Isotopen-Analyse größerer Moleküle ist sicher noch ausbaufähig. Von analytischer Bedeutung dürften vorerst jedoch nur die Trennungen von Wasserstoff, Stickstoff, Sauerstoff, Kohlendioxid und deuterierten Kohlenwasserstoffen sein. In allen Fällen ist darüberhinaus auch eine präparative Anwendung der Gaschromatographie in der Isotopen-Trennung denkbar.

3.2. Massenspektrometrie organischer Moleküle zur Isotopen-Analyse

Die Molekül-Massenspektrometrie mit hochauflösenden Massenspektrometern hat als Methode zur Struktur-Aufklärung und Charakterisierung organischer Moleküle – häufig in Verbindung mit der Gaschromatographie – breiteste Anwendung gefunden [19, 201–205]. Grundlagen dazu sind die Erfahrungen über Fragmentierungs-Vorgänge in Massenspektrometern und die Erkennung von Molekül-Fragmenten. Zu deren Identifizierung bedient man sich u. a. der »shift-technique«: Man markiert eine funktionelle Gruppe der unbekannten Substanz durch einen Substituenten und vergleicht das Massenspektrum des Substitutionsproduktes mit jenem der ursprünglichen Substanz. Alle den Substituenten tragenden Ionen sind um dessen Masse im Massenspektrum verschoben. Eine entsprechende Substitution kann auch mit einem schweren Isotop erfolgen [299–301a] (Sekundär-Literatur bei [302]). Acider oder enolisierbarer Wasserstoff ist z. B. durch Deuterium, Carbonyl-Sauerstoff durch ^{18}O zu ersetzen; auf einfache Weise gelingt ein Isotopen-Austausch bei der Chromatographie der Substanz über eine mit D_2O bzw. $H_2{}^{18}O$ beladene Säule [303].

Sind andererseits Struktur und massenspektrometrische Fragmentierung einer Verbindung bekannt, so lassen sich aus ihrem Massenspektrum Ausmaß und Ort einer Isotopen-Substitution erkennen. Entsprechendes gilt für die Analyse von Molekül-Gemischen. – Zur Klärung vieler Probleme genügen Relativ-Werte, d. h. relative Peak-Intensitäten im gleichen Spektrum. Hierzu benötigt man Substanzmengen im μg-Bereich, wie sie bei chromatographischen Reinigungsverfahren anfallen. Quantitative Messungen mit Bezug auf Vergleichsspektren ($\pm$ 1% rel. Fehler) erfordern eine besonders stabile Meßanordnung; zur Optimierung werden einige mg Substanz benötigt.

3.2.1. Auswertung von Massenspektren und intermolekulare Isotopen-Bestimmungen

Bei der Massenspektrometrie von markierten organischen Molekülen müssen alle Möglichkeiten zum Isotopen-Austausch und zur Bildung von »Memory-Effekten« vor und während der Analyse vermieden werden.

Vor allem ist die Möglichkeit eines Austausches mit Trägermaterial bei chromatographischen Verfahren zu bedenken. Die Auswertung der Massenspektren selbst erfordert die Korrektur einiger mit der Methode verbundener Fehler. Sie gehen zurück auf Isotopen-Effekte der Fragmentierung, Wasserstoff-Übertragungen bei Ionen-Bildungen und Massen-Erhöhungen durch den natürlichen Isotopen-Gehalt der in dem untersuchten Molekül vorkommenden Elemente.

3.2.1.1. *Isotopen-Effekte bei der Massenspektrometrie*

Alle Bestimmungen der Ionenstrom-Intensitäten in Massenspektren sind relativ, d. h. sie beziehen sich auf andere Intensitäten im gleichen oder in einem anderen Massenspektrum. Das Verhältnis zweier Ionenströme gibt jedoch das der isotopomeren Moleküle einer Verbindung nur dann wieder, wenn die Ionen-Bildung bei diesen qualitativ und quantitativ völlig gleich verläuft [201, 304]. Gehen insbesondere Ionisation oder Fragmentierung mit einer Spaltung der durch ein schweres Isotop substituierten oder einer dieser benachbarten Bindung einher, so ist dies nicht mehr der Fall, vor allem bei Deuterium-markierten Substanzen (Beispiele s. bei [302]). Im Bereich des Molekular-Peaks betrifft dies besonders die Bildung von (M $+$ 1)- und (M $-$ 1)-Ionen (Korrektur s. H, 3.2.1.3.). Der Markierungsgrad Deuterium-markierter Verbindungen sollte daher an Ionen bestimmt werden, deren Zustandekommen nicht mit der Spaltung einer Wasserstoff-Bindung einhergeht. – Isotopen-Effekte beim Einlaß einer Substanz in das Massenspektrometer sind bei Präzisions-Analysen durch Verwendung eines viskosen Einlaß-Systems zu vermeiden (s. H, 2.2.1.1.); im Falle der Massenspektrometrie organischer Moleküle liegt aber der durch einen molekularen Einlaß bedingte Fehler häufig innerhalb der erforderlichen oder möglichen Meßgenauigkeit.

3.2.1.2. *Rechnerische Korrektur der natürlichen Isotopen-Häufigkeit*

Auch in den Massenspektren nicht-markierter Verbindungen kennt man die »Isotopen-Satelliten«; das sind Neben-Peaks, die durch den natürlichen Gehalt der zugehörigen Ionen an schweren Isotopen zustande kommen. Aufgrund der natürlichen Häufigkeit von ^{13}C (ca. 1,1 Atom-%) enthält z. B. bei Benzol (6 C-Atome, $M = 78$) etwa jedes 15. Molekül ein Atom ^{13}C (resultierende Molekül-Masse $M + 1 = 79$) und etwa jedes 225. Molekül zwei solche Atome (Molekül-Masse $M + 2 = 80$); zur Bildung der Massen $M + 1$ und $M + 2$ trägt außerdem Deuterium bei. Die Bestimmung eines künstlichen Markierungs-Grades aus Peak-Höhen erfordert deshalb eine Korrektur bei markierten bzw. nicht-markierten Ionen; selbstverständliche Voraussetzung ist, daß der mittlere natürliche Isotopen-Gehalt beider Molekül-Arten gleich ist.

Die relative Intensität des »Isotopen-Satelliten« I_{M+1}/I_M einer Verbindung $C_wH_xN_yO_z$ berechnet sich aus den relativen natürlichen Häufigkeiten c, d, n, o_1 und o_2 der Kerne ^{13}C, ^2H, ^{15}N, ^{17}O und ^{18}O [19] nach

$$I_{M+1}/I_M = w\,\frac{c}{100\text{-}c} + x\,\frac{d}{100\text{-}d} + y\,\frac{n}{100\text{-}n} + z\,\frac{o_1}{100\text{-}(o_1+o_2)}$$
$$(\text{H, 12})$$

Einen entsprechenden Ausdruck findet man für das Verhältnis I_{M+2}/I_M. Es gibt Zusammenstellungen von numerischen Werten dieser Intensitäts-Verhältnisse für viele Kombinationen von C, H, N und O [19, 305]; für die meisten praktischen Probleme genügt jedoch eine Tabelle mit den Vielfachen der Isotopen-Verhältnisse der einzelnen Elemente, durch deren Addition die Korrektur selbst zu berechnen ist (Tab. H, 8, nach [306]). Die Analyse Schwefel- und Halogen-haltiger Substanzen sollte wegen der hohen relativen Häufigkeiten der selteneren Isotope dieser Elemente an Schwefel- bzw. Halogen-freien Ionen vorgenommen werden; ein Korrektur-Faktor ist jedoch notfalls analog der oben gezeigten Formel aus den relativen natürlichen Häufigkeiten zu berechnen.

Der Gebrauch der Tab. H, 8 soll an Hand von zwei Beispielen erläutert werden [307]:

Aus dem Massenspektrum eines mit ^{15}N markierten Pyridin-Präparates ist der Anteil der ^{15}N- bzw. der ^{14}N-haltigen Moleküle zu berechnen; da Pyridin nur ein einziges Stickstoff-Atom enthält, ist der Anteil der ^{15}N-markierten Moleküle identisch mit dem mittleren ^{15}N-Gehalt der Verbindung. Die Korrektur bezüglich des natürlichen Deuterium- und ^{13}C-Gehaltes ergibt den Gesamt-^{15}N-Gehalt, eine Korrektur auch des natürlichen ^{15}N-Gehaltes den ^{15}N-Überschuß der Verbindung.

Tab. H, 8. Faktoren F zur Berechnung der Intensitäten von »Isotopen-Satelliten« einer Verbindung $C_wH_xN_yO_z$ bei den Massen $M+1$ und $M+2$. Die Werte basieren auf den relativen natürlichen Häufigkeiten $c = 1,069$ für ^{13}C (*mittlere* natürliche Häufigkeit), $d = 0,0145$ für ^2H, $n = 0,3663$ für ^{15}N, $o_1 = 0,0374$ für ^{17}O und $o_2 = 0,2039$ für ^{18}O (nach [306]), z. B. Berechnung für ^{13}C: $F = c/(100\text{-}c)$.

Atomzahlen	^{13}C-Korrektur bei		^2H-Korrektur bei	^{15}N-Korrektur bei		$(^{17}O + ^{18}O)$-Korrektur bei	
w, x, y, z	M+1 $[F \cdot 10^2]$	M+2 $[F \cdot 10^2]$	M+1 $[F \cdot 10^2]$	M+1 $[F \cdot 10^2]$	M+2 $[F \cdot 10^2]$	M+1 $[F \cdot 10^2]$	M+2 $[F \cdot 10^2]$
1	1,081	–	0,015	0,368	–	0,037	0,204
2	2,161	0,012	0,029	0,735	0,001	0,075	0,409
3	3,242	0,035	0,044	1,103	0,004	0,112	0,613
4	4,322	0,070	0,058	1,471	0,008	0,150	0,818
5	5,403	0,117	0,073	1,838	0,014	0,187	1,022
6	6,484	0,175	0,087				
7	7,564	0,245	0,102				
8	8,645	0,327	0,116				
9	9,725	0,420	0,131				
10	10,806	0,526	0,145				
11	11,887	0,642	0,160				
12	12,967	0,771	0,175				

Mit der Summenformel C_5H_5N ($M = 79$) für Pyridin errechnet sich nach Tab. H, 8 für $M+1$ ein Korrekturfaktor von $5,403/100 + 0,073/100 = 0,0548$ und für $M+2$ ein Faktor $0,00117$. Zu allen Molekül-Peaks im Massenspektrum der Verbindung (Schema H, 2) ist in aufsteigender Reihenfolge der zugehörige $(M+1)$- und $(M+2)$-Anteil zu berechnen und von dem nächsthöheren Peak zu subtrahieren. Aus den so korrigierten Intensitäten lassen sich die Molverhältnisse und der mittlere ^{15}N-Gehalt berechnen.

Schema H, 2. ^{13}C- und D-Korrektur von ^{15}N-markiertem Pyridin (nach [307]).

Masse	79	80	81
Gemessene Intensität (beliebige Einheiten)	11,2	113,2	6,2
$(M+1)$-Korrektur		$-0,6$	$\to -6,2$
$(M+2)$-Korrektur	$\times 0,00117$		$\to (-0,01)$
Korrigierte Intensität	11,2	112,6	---
Mol-%	9,05	90,95	
Atome ^{15}N/Molekül	0	1	
Mittlerer ^{15}N-Gehalt		90,95 Atom-%	

An der Korrektur des Massenspektrums eines Deuterium-haltigen Pyridin-Präparates sei die Analyse eines Gemisches isotopomerer Moleküle demonstriert. Das Spektrum ist bezüglich der natürlichen ^{13}C- und ^{15}N-Gehalte zu korrigieren. Als Faktor ergibt sich für den $(M+1)$-Anteil aus Tab. H, 8 $5{,}403/100 + 0{,}368/100 = 0{,}05771$, für den $(M+2)$-Anteil wieder $0{,}00117$. Die fortlaufende Korrektur ist wie vorher, von den niedrigen Massen beginnend durchzuführen, und zwar immer für bereits korrigierte Werte (Schema H, 3); auch hier führt sie schließlich zu den Verhältnissen der verschiedenen markierten Moleküle sowie zum mittleren Markierungs-grad.

Schema H, 3. ^{13}C- und ^{15}N-Korrektur eines Deuterium-markierten Pyridin-Präparates (nach [307]).

Masse	81	82	83	84	85
Gemessene Intensität (beliebige Einheiten)	2,7	17,9	88,6	179,9	10,3
$(M+1)$-Korrektur ($\times 0{,}05771$)		$\rightarrow$ $-0{,}2$	$\rightarrow$ $-1{,}0$	$\rightarrow$ $-5{,}1$	$\rightarrow$ $-10{,}1$
$(M+2)$-Korrektur ($\times 0{,}00117$)					$\rightarrow$ $-0{,}1$
Korrigierte Intensität	2,7	17,7	87,6	174,8	(0,1)
Mol-%	0,95	6,26	30,98	61,81	
Atome D/Molekül	2	3	4	5	

$$\text{Mittlerer D-Gehalt}\qquad \frac{2 \cdot 0{,}95 + 3 \cdot 6{,}26 + 4 \cdot 30{,}98 + 5 \cdot 61{,}81}{5} =$$

$$90{,}73 \text{ Atom-\% D oder } 4{,}54 \text{ Atome D/Molekül}$$

Wie die Beispiele zeigen, liegt die $(M+2)$-Korrektur meistens bereits unter der Meßgenauigkeit. Korrekturen über den $(M+2)$-Wert hinaus sind daher nur bei sehr großen Molekülen nötig; sie können nach dem Verfahren von RIEDEL [308] vorgenommen werden.

Bei bekanntem mittlerem Isotopen-Gehalt lassen sich die relativen Peak-Höhen für eine statistische Isotopen-Verteilung vorausberechnen [308, 309], z. B. nach einem Binominal-Verfahren; der Vergleich zwischen berechneten und gemessenen Intensitäten erlaubt Rück-schlüsse auf Art und Mechanismus der Markierungs-Methode.

3.2.1.3. *Korrektur der natürlichen Isotopen-Häufigkeit mit Hilfe von Vergleichs-Spektren*

Sind die instrumentellen Bedingungen zur Aufnahme von Massen-spektren absolut reproduzierbar (s. a. H, 3.2.3.), so ist eine empirische Korrektur des Spektrums der markierten Verbindung mit Hilfe des

Spektrums der unmarkierten Verbindung möglich. Die hierbei verwendete Subtraktionsmethode [201] ergibt den Isotopen-Überschuß der Verbindung, nicht ihren Isotopen-Gehalt; im Falle einer Deuterium-Markierung besteht allerdings zwischen den beiden Angaben nur ein unwesentlicher Unterschied.

Beispiel ([202], vgl. Schema H, 4): Im Massenspektrum nicht-markierter Benzoesäure ($C_7H_6O_2$, $M = 122$) verhalten sich die relativen Intensitäten bei den Peaks $M/(M + 1)/(M + 2)$ wie $100/8,8/0,83$. Die Multiplikation der Intensität des Molekular-Peaks einer Deuterium-markierten Benzoesäure mit den Werten $8,8/100$ bzw. $0,83/100$ liefert die zugehörigen $(M + 1)$- bzw. $(M + 2)$-Werte ($11,2$ bzw. $1,1$). Um diese Werte werden die Belegungen der Massen 123 und 124 vermindert; dabei ergibt sich bei der Masse 123 die Intensität des Molekular-Peaks der mit Deuterium einfach substituierten Moleküle. Von dieser ausgehend wird die gleiche Korrektur für die folgenden Massen durchgeführt. Man erhält schließlich die korrigierten Intensitäten, aus denen wie vorher die gesuchten Verteilungen zu berechnen sind.

Schema H, 4. Korrektur von Massenspektren nach dem Subtraktionsverfahren [201, 202].

	122	123	124	125	126
Masse	122	123	124	125	126
Gemessene Intensität (beliebige Einheiten)	127,8	169,7	68,7	6,3	0,4
1. Subtraktion (Faktoren 8,8/100 bzw. 0,83/100)		−11,2	−1,1		
	127,8	158,5	67,6	6,3	0,4
2. Subtraktion (Faktoren 8,8/100 bzw. 0,83/100)			−13,9	− 1,3	
	127,8	158,5	53,7	5,0	0,4
3. Subtraktion (Faktoren 8,8/100 bzw. 0,83/100)				− 4,7	− 0,4
Korrigierte Intensität	127,8	158,5	53,7	0,3	---
Mol-%-Überschuß	37,5	46,5	15,8	0,1	
Atome D-Überschuß/ Molekül	0	1	2	3	

Mittlerer D-Überschuß
$$\frac{0 \cdot 37,5 + 1 \cdot 46,5 + 2 \cdot 15,8 + 3 \cdot 0,1}{6} =$$

13,1 Atom-%-Überschuß D oder 0,785 Atome D-Überschuß/Molekül

Korrigiert man die Massen-Belegungen des hier gezeigten Beispiels entsprechend H, 3.2.1.2., so erhält man als Mol-% bei den Massen 122–125 die Werte 37,0, 46,6, 16,1 und 0,3. Damit ist – abgesehen von dem hier zu vernachlässigenden Unterschied zwischen Mol-% und Mol-%-Überschuß – eine gute Übereinstimmung der nach beiden Methoden erhaltenen Werte festzustellen.

3.2.1.4. *Eliminierung des (M-1)-Anteiles*

Die Molekül-Ionen mancher Substanzen bilden durch Abgabe bzw. durch Aufnahme eines Wasserstoff-Atomes $(M-1)$- bzw. $(M+1)$-Ionen; diese beeinträchtigen die quantitative Auswertung im Bereich der Molekül-Peaks. $(M+1)$-Ionen kommen durch Zweierstöße von Ionen zustande (vgl. dazu Bildung von H_3^+-Ionen in der Deuterium-Analyse von Wasserstoff, H, 2.2.1.3.); ihr Auftreten ist durch Verminderung des Gasdruckes in der Ionen-Quelle weitgehend zu vermeiden. – Da die Abspaltung von Wasserstoff bevorzugt bei einer Ionisation durch Elektronen höherer Energie eintritt [304, 309], kann eine Senkung der Ionisationsspannung zur Verminderung des $(M-1)$-Anteiles führen. Durch diese Maßnahme nimmt aber die Ionen-Ausbeute insgesamt ab, und Empfindlichkeit und Reproduzierbarkeit der Messung sinken. Deshalb ist eine Korrektur der Spektren bezüglich der $(M-1)$-Ionen vorzuziehen. Die Bildung von $(M-1)$-Ionen kann bei Deuterium-markierten Substanzen mit Isotopen-Effekten verbunden sein. In diesem Falle sowie bei erheblicher Störung der auszuwertenden Peaks durch fremde Fragment-Ionen sollte die intermolekulare Isotopen-Analyse an Hand metastabiler Ionen durchgeführt werden. Für ein entsprechendes Verfahren wird ein doppelt fokussierendes Massenspektrometer benötigt; die Grundlagen und die Methodik sind der Original-Literatur zu entnehmen [310, 311].

Die mathematische Korrektur für $(M-1)$-Ionen, deren Bildung ohne Isotopen-Effekt und absolut gleich für alle Molekül-Ionen verläuft, beruht auf einer sukzessiven Approximation [312]. Das Verfahren soll an Hand eines Beispiels erläutert werden ([307], Schema H, 5): Im Spektrum von Dimethylformamid (C_3H_7NO, $M = 73$) gehört die Intensität bei der Masse 72 zu dem nicht-markierten $(M-1)$-Ion. Das entsprechende Ion eines ^{15}N-markierten Präparates trägt zur Belegung der Masse 73 (normales Molekül-Ion) bei. Der zur Masse 74 gehörende $(M-1)$-Anteil berechnet sich in erster Näherung aus dem nicht-markierten Molekül zu $(3,3/80,2) \cdot 79,7 = 3,3$. Zu der korrigierten Intensität 76,9 bei der Masse 73 gehört dann ein $(M-1)$-Anteil von $(3,3/80,2) \cdot 76,9 = 3,16$, der etwas zu klein ist; eine Erhöhung des Korrekturfaktors um den Faktor $3,3/3,16$ ist deshalb notwendig. Mit dem neuen Korrekturfaktor ($[3,3/80,2] \cdot [3,3/3,16]$) berechnet sich jetzt der $(M-1)$-Anteil zur Belegung bei der Masse 74 (79,7) zu 3,4. Die neue korrigierte Masse bei 73 (76,8) führt mit dem verbesserten Faktor zum richtigen $(M-1)$-Anteil bei der Masse 72 (3,3). Der $(M-1)$-Wert aus der Belegung der Masse 75 ergibt sich entsprechend zu 0,1. Die um den $(M-1)$-Anteil korrigierten Intensitäten sind anschließend noch um den natürlichen Isotopen-Anteil zu korrigieren.

Schema H, 5. Korrektur des (M–1)-Anteiles in Massenspektren durch sukzessive Approximation (nach [307]).

Masse	72	73	74	75
Gemessene Intensität (beliebige Einheiten)	3,3	80,2	79,7	2,7
1. Approximation (Faktor 3,3/80,2)	–3,16	–3,3 76,9		
2. Approximation (Faktor (3,3/80,2) · (3,3/3,16))	–3,3	–3,4	–0,1	
Intensität ohne (M–1)-Anteil	---	76,8	79,6	2,7
(M + 1)-Korrektur (× 0,0338)			–2,6	–2,6
(M + 2)-Korrektur (× 0,0024)				–0,2
Korrigierte Intensität	---	76,8	77,0	---
Mol-%		49,93	50,07	
Atome ^{15}N/Molekül		0	1	
Mittlerer ^{15}N-Gehalt		50,07 Atom-%		

3.2.2. Direkte massenspektrometrische Isotopen-Bestimmung

Die direkte Ermittlung eines Isotopen-Verhältnisses ist eine Bestimmung der relativen Mengen von markierten und nicht-markierten Molekülen. Die vorher demonstrierten Auswerte-Verfahren in der intermolekularen Isotopen-Analyse (H, 3.2.1.) gelten deshalb auch für alle direkten Isotopen-Analysen. Die Auswertung der Spektren am Molekül-Peak erfordert eine hohe Ausbeute an Molekül-Ionen, die durch Elektronenstoß-Ionisation bei möglichst niedriger Elektronenenergie oder durch andere geeignete Ionisierungsverfahren erreicht wird. Das Einlaßsystem muß eine Verdampfung der Proben auf einen konstanten Druck ermöglichen. Von nicht-flüchtigen Substanzen sind flüchtige Derivate herzustellen [313]; am häufigsten wird die Substitution durch den Trimethylsilyl-Rest verwendet. Vielfach werden auch direkt Eluate aus Gaschromatographen massenspektrometrisch auf ihren Isotopen-Gehalt untersucht; die Ergebnisse solcher Untersuchungen sind semiquantitativ (5–10% rel. Fehler).

LONG und FRIEDMAN [314] führten 1950 als erste eine direkte massenspektrometrische Isotopen-Analyse durch; sie untersuchten den Isotopen-Gehalt der Produkte einer Esterspaltung in $H_2^{18}O$. SWAIN et al. [312] faßten die bis 1963 erschienene Literatur zusammen und entwickelten die direkte Molekül-Massenspektrometrie markierter Substanzen zu einem quantitativen Verfahren. SCHRÖDER und LÜTTKE [315] klärten durch Molekül-Massenspektrometrie ^{15}N-markierter Substanzen den Bildungsmechanismus des Phenyl-rosindulins auf. TROPP et al. [316] wiesen die Übertragung einer intakten Methyl-gruppe aus Methionin bei der Biosynthese von Thymidin nach; die zur Bildung verzweigter Fettsäuren führende C-Methylierung verläuft dagegen unter Verlust eines Wasserstoff-Atoms der Methionin-Methylgruppe [317].

Recht zahlreich sind die Untersuchungen über Mechanismen biologischer Oxidationen mit Hilfe ^{18}O-markierter Substanzen. Die Bildung von cis,cis-Muconsäure aus Brenzkatechin unter der Ein-wirkung von Pyrocatechase, einer Dioxygenase, verläuft unter Einbau beider Sauerstoff-Atome aus dem gleichen O_2-Molekül [318, 319]; bei der enzymatischen Oxidation des Substrates in einer Atmo-sphäre, die $^{16}O_2$- und $^{18}O_2$-Moleküle, jedoch keine $^{16}O^{18}O$-Moleküle enthielt, entstanden nämlich nur völlig unmarkierte oder doppelt markierte Produkt-Moleküle. – Durch kombinierte Gaschroma-tographie-Massenspektrometrie (GCMS) wurden analoge Ergebnisse für die Biosynthese der Prostaglandine gefunden [320].

Mischfunktionelle Oxidasen (Monooxygenasen) führen nur ein Atom Sauerstoff aus O_2 in ihr Substrat ein. McMAHON et al. [321] wiesen dies mit Hilfe der GCMS für die oxidative N-Entalkylierung, SCHMIDT et al. (unveröffentlicht) für die Sulfoxidation von Pharmaka durch Lebermikrosomen nach. Molekül-massenspektrometrische Untersuchungen bewiesen auch, daß die Oxidation von Methan zu Methanol durch verschiedene Mikroorganismen [322] unter Einbau eines Sauerstoff-Atomes aus molekularem Sauerstoff verläuft. Carbon-säuren und aus diesen Aminosäuren können in Pflanzen über eine direkte Oxigenierung von Ribulose-1,5-diphosphat entstehen; der Einbau von Sauerstoff aus O_2 im Verlaufe dieser Reaktion wurde durch GCMS der Trimethylsilyl-Derivate dieser polaren Substanzen in Mengen unter 1 μg nachgewiesen [322a, b].

Die kombinierte Gaschromatographie/Molekül-Massenspektro-metrie in der Isotopen-Analyse wird eine quantitative Methode, wenn die Auswertung der Ionenströme nicht durch Peakhöhen-Vergleich in analog geschriebenen Spektren, sondern durch automatische alternierende Ionenstrom-Messung bei den beiden zu vergleichenden Massen geschieht [323] (vgl. [211], H, 2.2.1.1.). Die Speicherung der Meßdaten sowie die Quotienten-Bildung durch einen Computer ermöglichen eine mehrfache Bestimmung des Isotopen-Verhältnisses in einer einzigen Fraktion des Gaschromatogrammes; Unterschiede innerhalb einer solchen Fraktion sind auf den Isotopen-Effekt der gaschromatographischen Trennung der organischen Moleküle zurückzuführen (vgl. H, 3.1.).

Als Umkehr der bisher diskutierten Messungen kann man die massenspektrometrische Isotopen-Verdünnungsanalyse mit stabil-markierten Molekülen bezeichnen. Bei der Bestimmung organischer Substanzen in Gemischen durch Massenspektrometrie ist das entsprechende markierte Molekül ein idealer innerer Standard [324, 325].

3.2.3. Molekül-Massenspektrometrie zur positionellen Isotopen-Analyse

Eine strenge Trennung der intermolekularen und der positionellen massenspektrometrischen Isotopen-Analyse ist nach Anwendung und Methode nicht immer möglich; zur positionellen Analyse gehört jedenfalls die Bestimmung der Markierung von Molekül-Fragmenten. Die massenspektrometrische intramolekulare und positionelle Isotopen-Analyse wird vorteilhaft zum Studium von Umlagerungs-Mechanismen, von Fragen des Intermediär-Stoffwechsels und von Biosynthesen benutzt. Während eine Molekül-Fragmentierung bei der intermolekularen Analyse unerwünscht ist, wird sie bei der positionellen Analyse angestrebt. Alle mit dem schweren Isotop substituierten Fragmente eines Moleküls werden durch entsprechende Satelliten im Massenspektrum angezeigt; deshalb ist auf die Position der Markierung zu schließen, wenn Struktur und Fragmentierung der untersuchten Verbindung bekannt sind. Die Fragmentierung organischer Moleküle im Massenspektrometer wird in Monographien behandelt [201–205, 301a, 326]; spezielle Hinweise findet man in Literatur-Sammlungen [302, 327] und in Zusammenfassungen massenspektrometrischer Untersuchungen [299, 304, 328], die z. T. direkt auf die Anwendung in der positionellen Isotopen-Analyse eingehen.

Die Möglichkeiten und die Praxis seien an einigen Beispielen demonstriert: Nach Ergebnissen mit ^{14}C-markierten Substanzen dienen Phenylalanin und Serin oder Glycin zum Aufbau des Kohlenstoff-Gerüstes des Antibiotikums Gliotoxin (I). Die Untersuchungen von Bose et al. [329] mit ^{13}C- und ^{15}N-markierten Substraten ergaben, daß Phenylalanin fast ohne Isotopen-Verdünnung direkt in den Indolin-Teil des Moleküls eingebaut wird; Glycin dient dagegen nur als indirekte Stickstoff- und Kohlenstoff-Quelle.

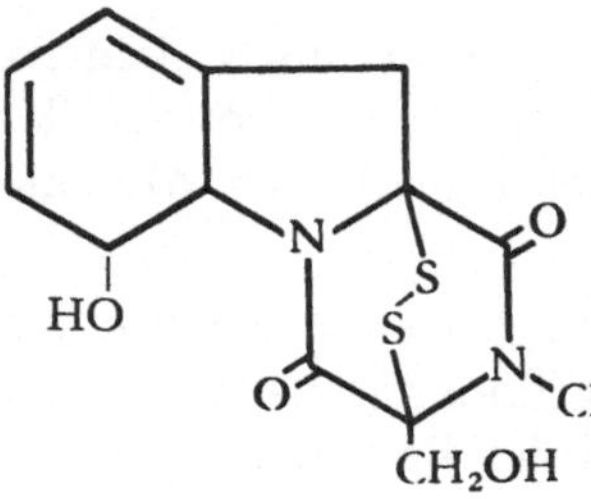

I

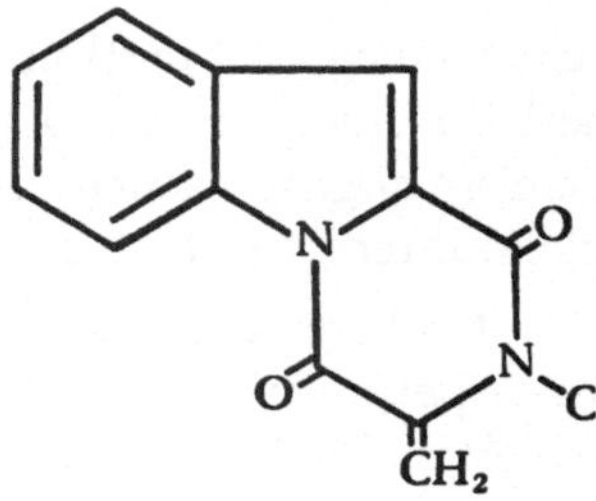

II

Besonders bei niedriger Markierung der Probe kann eine quantitative Auswertung von Fragment-Peaks im gleichen Spektrum nach einem der vorher beschriebenen Verfahren problematisch sein, da viele Massen mehrfach belegt sind; man muß in diesem Fall auf das Spektrum der nicht-markierten Verbindung beziehen. Die Notwendigkeit einer absoluten Reproduktion von Massenspektren erfordert eine sorgfältige Standardisierung der experimentellen und instrumentellen Bedingungen mit Hilfe der nicht-markierten Substanz. Die Probe muß als Dampf von konstantem Primär-Druck ($10^{-2} - 10^{-3}$ Torr) in das Massenspektrometer eingelassen werden; deshalb ist ein thermostatisierbares Einlaßsystem mit einem Gas-Reservoir von mehreren Litern Inhalt erforderlich.

Im Falle des Gliotoxins [329] führte man die massenspektrometrischen Untersuchungen nicht an dem Antibiotikum selbst, sondern an dessen Desulfurierungsprodukt II durch, das durch Überleiten einer Lösung von I über Aluminiumoxid darzustellen war. Schwefel würde ein sehr viel komplizierteres Spektrum bedingen. Die Substanz II hatte bei 150° einen konstanten Dampfdruck von 10^{-3} Torr; maximal zwei Stdn. wurden benötigt, bis reproduzierbare Spektren erhalten wurden. Optimale Temperatur in der Ionenquelle war 250°; die Elektronenenergie betrug 70 eV und der Ionisationsstrom hatte eine Intensität von 10 μA. Zur Optimierung der Meßbedingungen und zur Identifizierung der wichtigsten Fragmente – u. a. trat ein Indol-Ion mit M/e = 115 auf – waren etwa 20 mg an nicht-markierter Substanz erforderlich. Von den markierten Produkten benötigten die Autoren ca. 1 mg; die Ergebnisse wurden aus den Mittelwerten mehrerer Spektren erhalten.

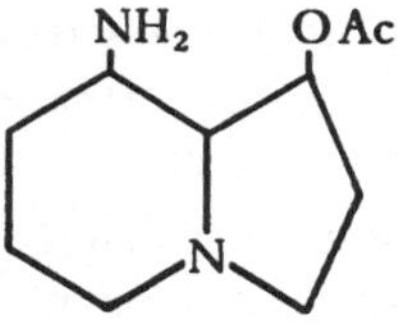

III

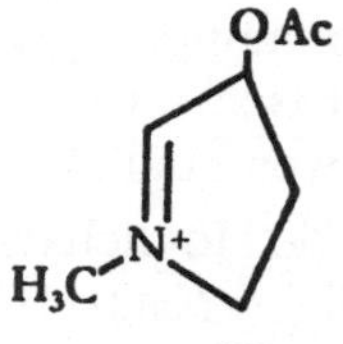

IV

Biologisches Vorprodukt des Pilz-Alkaloids Slaframin (III) ist Lysin. Im Massenspektrum des Alkaloids wird ein Fragment IV gefunden, das nur noch eines der beiden Stickstoff-Atome von III enthält (nach [328]). Durch Molekül-Massenspektrometrie des aus

^{15}N-markiertem Lysin erhaltenen Alkaloids war nachzuweisen, daß dieser Brücken-Stickstoff ausschließlich aus der α-Aminogruppe der Aminosäure stammte, während sich das Stickstoff-Atom der ε-Aminogruppe auf beide Positionen des Alkaloids verteilte. – CAPRIOLI und RITTENBERG [330–332] untersuchten die Biosynthese der Pentosen in den Nucleinsäuren von E. coli; Ausgangsprodukte waren ^{18}O-markierte Glucose und Fructose. Die massenspektrometrische Positions-Bestimmung der ^{18}O-Atome in den Pentosen ergab, daß sie vornehmlich auf nicht-oxidativem Wege entstehen. FOLLMANN und HOGENKAMP [333] führten ähnliche Untersuchungen durch; sie kombinierten die Molekül-Massenspektrometrie zur positionellen Isotopen-Analyse mit Aufschluß-Verfahren zur quantitativen Analyse. – Entsprechend wurden die Biosynthese weiterer Naturstoffe [334, 335], der sterische Verlauf der enzymatischen Hydratation von Epoxiden [336, 337] und Fragen der massenspektrometrischen Fragmentierung organischer Moleküle untersucht [338].

3.3. Kernmagnetische Resonanz und Elektronenspin-Resonanz als Methoden der Isotopen-Analyse

Atomkerne mit unsymmetrisch verteilter Ladung oder ungepaarte Elektronen stellen aufgrund ihrer Eigenrotation (Spin) elementare Kreisströme dar, zu denen entsprechende Magnetfelder gehören. Abgesehen von einer gegenseitigen Beeinflussung können sich die atomaren Magnetfelder relativ zu einem künstlich erzeugten äußeren Magnetfeld in wenigen energetisch voneinander verschiedenen Richtungen orientieren. Das Potential der entsprechenden Energie-Niveaus hängt von der Stärke des äußeren Magnetfeldes ab, und ihre Besetzung ist durch die Boltzmann-Verteilung gegeben. Der Übergang eines Kern-Magneten von einem Energieniveau auf ein höheres kann durch Resonanz mit einem überlagerten äußeren elektromagnetischen Wechselfeld erzwungen werden. Die Resonanzbedingungen sind typisch für einen gegebenen Kern bzw. für ein ungepaartes Elektron; die meßbare gesamte Resonanzenergie ist mit Einschränkungen der Anzahl der elementaren Magnete proportional.

Das Magnetfeld in der Nähe eines Kernes oder Elektrons wird durch die umgebende Ladungswolke und durch Wechselwirkungen mit benachbarten anderen magnetischen Kernen beeinflußt. Messungen der kernmagnetischen Resonanz und der Elektronenspin-Resonanz gestatten also qualitative und quantitative Aussagen über ein magnetisches Teilchen sowie über seine Bindung und seine Bindungspartner.

Tab. H, 9. Einige Konstanten von magnetischen Kernen (nach [14, 15, 339–339c]); Kopplungskonstanten für nicht-vicinale Atome findet man in der angegebenen Literatur. Die relative Empfindlichkeit gilt für konstante Meß-Frequenz. Die Kopplungskonstanten bei ^{1}H und ^{2}H gelten für Bindungen über zwei C-Atome, bei ^{19}F über ein C-Atom; bei den anderen Kernen ist eine direkte Bindung vorausgesetzt.

Kern	Spin-Quantenzahl I	Magnet. Moment μ [μ_B]	Larmor-Frequenz bei Feldst. $H_0 = 14,09$ kG [MHz]	Relative Nachweisempfindlichkeit bei gleicher Kernzahl	bei natürlicher Häufigkeit	Kopplungskonstante J mit ^{1}H [Hz]	Kopplungskonstante J mit ^{13}C [Hz]
^{1}H	$^1/_2$	2,79270	60,00	1,00	1,00	0–16	120–250
^{2}H	1	0,85738	9,21	$9,64 \cdot 10^{-3}$	$1,40 \cdot 10^{-6}$	0–2	
^{13}C	$^1/_2$	0,70216	15,08	$1,59 \cdot 10^{-2}$	$1,755 \cdot 10^{-4}$	120–250	10–175
^{14}N	1	0,40357	4,33	$1,01 \cdot 10^{-3}$	$1,00 \cdot 10^{-3}$	40–70	
^{15}N	$^1/_2$	–0,28304	6,08	$1,04 \cdot 10^{-3}$	$3,73 \cdot 10^{-6}$	50–100	0–18
^{17}O	$^5/_2$	–1,8930	8,13	$2,91 \cdot 10^{-2}$	$1,09 \cdot 10^{-5}$	~ 90	~ 20
^{33}S	$^3/_2$	0,64274	4,60	$2,26 \cdot 10^{-3}$	$1,69 \cdot 10^{-5}$		
^{19}F	$^1/_2$	2,6273	56,4	$8,39 \cdot 10^{-1}$	$8,39 \cdot 10^{-1}$	45–90	160–400
^{31}P	$^1/_2$	1,1305	24,2	$6,64 \cdot 10^{-2}$	$6,64 \cdot 10^{-2}$	200–700	10–80

Normalerweise dienen daher kernmagnetische Resonanz (KMR oder NMR von »nuclear magnetic resonance«) und Elektronenspin-Resonanz (ESR) der Struktur-Aufklärung unbekannter Verbindungen. Für die positionelle Isotopen-Analyse werden dagegen meistens die Kenntnis der Struktur der untersuchten Verbindung und der Zuordnung von Resonanz-Signalen vorausgesetzt (vgl. Ausführungen zur Fragmentierung bei der Massenspektrometrie, H, 3.2.).

3.3.1. Kernmagnetische Resonanz[4]

Ein magnetischer Kern (Spin-Quantenzahl I, Kernmoment μ, s. Tab. H, 1, S. 294 u. Tab. H, 9) kann zu einem homogenen statischen Magnetfeld der Stärke H_0 insgesamt $(2\,I+1)$ verschiedene Orientierungen einnehmen, in denen er um dieses Feld präzediert. Der gequantelte Energie-Unterschied zwischen den Orientierungen ist

$$\Delta E = h\,\nu_0 = \mu \cdot H_0/I \qquad\qquad \text{(H, 13)}$$

Das magnetische Kernmoment μ ist durch den Kern-g-Faktor und das Bohrsche Magneton μ_B bestimmt, die ihrerseits mit dem gyromagnetischen Verhältnis γ (Verhältnis von magnetischem Kernmoment und Kernspin-Moment) und der Planckschen Wirkungskonstanten h zusammenhängen:

$$\mu = g \cdot \mu_B = \gamma \cdot h \cdot I/2\pi \qquad\qquad \text{(H, 14)}$$

Ein Übergang zwischen zwei Kern-Orientierungen tritt dann ein, wenn dem System die in Gl. (H, 13) angegebene Energie zugeführt wird; dies kann durch Resonanz der Präzessions-Bewegung mit einem elektromagnetischen Feld der gleichen Frequenz ν_0 (Larmor-Frequenz) geschehen:

$$\nu_0 = \gamma \cdot H_0/2\,\pi \qquad\qquad \text{(H, 15)}$$

Zur Aufnahme eines entsprechenden Resonanz-Spektrums kann man das äußere Feld oder die eingestrahlte Wechselfrequenz ändern. Ein geringer Überschuß der vorhandenen Kern-Magnete befindet sich normalerweise im Grundzustand (Boltzmann-Verteilung der Energie), so daß bei Resonanz eine Absorption eingestrahlter Energie beobachtet wird; die Intensität des Absorptionssignales ist der Zahl der vorhandenen Kerne proportional. Eine Zufuhr der Resonanz-Strahlung in hoher Intensität führt – besonders bei Kernen mit langer

---

4   Mitbearbeitet von H.-J. SCHNEIDER.

Relaxationszeit wie ^{13}C – zu einer Sättigung des angeregten Zustandes, und eine auswertbare Absorption ist nicht mehr zu beobachten. In diesem Fall können registrierbare Resonanz-Signale durch Spektren-Akkumulation erhalten werden, besonders zeitsparend durch Puls-Fourier-Transform(PFT)-Kernresonanz-Spektroskopie [339 d]. Bei dieser Meß-Methode strahlt man breitbandige Hochfrequenz-Impulse ein, registriert die nach Ende der Impulse auftretenden Induktions-zerfälle und rechnet diese durch Fourier-Transformation in Absorptionsspektren um, die zur Auswertung akkumuliert werden.

Auf einen chemisch gebundenen Kern wirkt ein lokales Feld H, das außer dem Feld H_0 noch Anteile σ enthält, welche durch Bindungs-Elektronen und deren Verteilung sowie durch Nachbaratome bedingt sind; eine Resonanz tritt infolgedessen bei einer von ν_0 verschiedenen Frequenz ν auf. Die »chemische Verschiebung« wird als relative Abweichung δ vom Resonanz-Signal eines Standards (Tetramethylsilan, TMS) angegeben.

$$\nu = \frac{\gamma \cdot H_0 \, (1-\sigma)}{2\pi} \qquad\qquad (H, 16)$$

$$\delta = \frac{(\nu - \nu_{TMS}) \cdot 10^6}{\text{Betriebs-Frequenz}} \; [\text{ppm}] \qquad\qquad (H, 17)$$

Die Spin-Wechselwirkungen (Kopplungen) mit magnetischen Nachbarkernen bedingen zusätzliche Energie-Niveaus und damit die Aufspaltung eines Resonanz-Signales in ein Multiplett (Abstand = Kopplungskonstante J [Hz]), dessen Multiplizität von der Zahl der äquivalenten Nachbaratome und deren Spin-Quantenzahl abhängt.

Strahlt man zusätzlich zu der Meß-Frequenz die Resonanz-Frequenzen für gekoppelte Spins ein, sättigt also die entsprechenden Übergänge, so erhält man ein »Spin-entkoppeltes« Spektrum, das einfacher und zum Nachweis bestimmter Kerne empfindlicher ist. Bei Signal-Überlappungen, die besonders in ^{1}H- und ^{2}H-Spektren vorkommen können, kann durch Zusatz von »Shift-Reagenzien« (Verbindungen der Lanthaniden) eine Spektren-Spreizung erreicht werden.

Die Probe – zu Messungen der Protonen-Resonanz 1–10 mg – wird in einem Lösungsmittel gelöst, das nach Möglichkeit den zu messenden Kern nicht enthält. Die Nachweis-Empfindlichkeit ist primär von der Art des Kernes selbst abhängig; sie steigt aber mit der Feldstärke des verwendeten Gerätes. Die quantitative Auswertung der Spektren geschieht meistens durch Integration der Meß-Signale während der Registrierung; sie ist bei Spin-entkoppelten Spektren problematisch (s. u. Overhauser-Effekt in der einschlägigen Literatur).

3.3.1.1. *Quantitative und intermolekulare Isotopen-Analyse durch kernmagnetische Resonanz*

Unter Berücksichtigung der oben erwähnten Vorbehalte ist die Zahl bestimmter Kerne der Intensität des zugehörigen Kernresonanz-Signales proportional; zur Bestimmung wird das Flächen-Integral über das Signal ausgewertet. Analysen zur absoluten Isotopen-Bestimmung durch NMR erfordern eine äußere oder eine innere Standardisierung der Meßanordnung; innerer Standard kann ein anderes Signal der gleichen Verbindung sein.

Die Protonen-Resonanz eignet sich sehr gut zur Bestimmung von HDO in hochprozentigem D_2O [340, 341]; auch die Protonen-Signale organischer Basen in schwerem Wasser (es findet sofortige Isotopen-Äquilibrierung statt) wurden zur Bestimmung von dessen Deuterium-Gehalt benutzt (2% Fehler im Bereich von 2–80 Atom-% D, [342]). Kinetische Messungen, z. B. des Isotopen-Austausches von Heterocyclen [343–345] und anderen Verbindungen [346, 347], waren ebenfalls durch Messung der Protonen-Resonanz möglich.

Direkte quantitative Isotopen-Analysen an anderen Kernen wurden selten durchgeführt (Beispiel für ^{31}P [346]); die Aufspaltung der Resonanz-Signale durch die Spin-Spin-Kopplung ermöglicht nämlich eine indirekte Messung im Bereich und mit der Empfindlichkeit der Protonen-Resonanz. Voraussetzung ist allerdings, daß die Multiplizität des auszuwertenden Signals nicht zu hoch ist, und daß die Isotopen-Satelliten nicht durch andere Signale überlagert werden; normalerweise ist das Verfahren auf einfache Verbindungen beschränkt (s. aber Satelliten-Methode bei ^{13}C, S. 377). Als Beispiel einer indirekten quantitativen ^{13}C-Analyse ist in Abb. H, 16 das Spektrum von markiertem Methyljodid wiedergegeben [348]. Die Fläche unter den Signalen der ^{13}C-Satelliten entspricht, bezogen auf die Gesamt-Fläche des Signals, dem relativen Isotopen-Gehalt der Verbindung.

Eine entsprechende Analyse gelang an ^{13}C-angereichertem und an natürlichem Methan mit 0,2% rel. Fehler [349]. Für eine indirekte ^{15}N-Analyse an Azoverbindungen wird ein Fehler von 0,3% angegeben [350]. – Trotz der kleinen Kopplungskonstanten $J_{H-C-D} = 1,4\,Hz$ konnten LAVALLY et al. [351] durch hochauflösende Protonen-Resonanz die intermolekulare Analyse eines partiell deuterierten Methyljodid-Gemisches durchführen. Das Molekül CH_3J führt zu einem Singulett, die D-haltigen Moleküle verursachen Multipletts entsprechend der Zahl und der Spin-Quantenzahl ihrer mit den Protonen koppelnden Deuterium-Atome; der Anteil der verschiedenen Moleküle ergibt sich aus den Flächen unter den zugehörigen Signalen und ihrer Protonenzahl. Eine Diskussion und Weiterentwicklung der

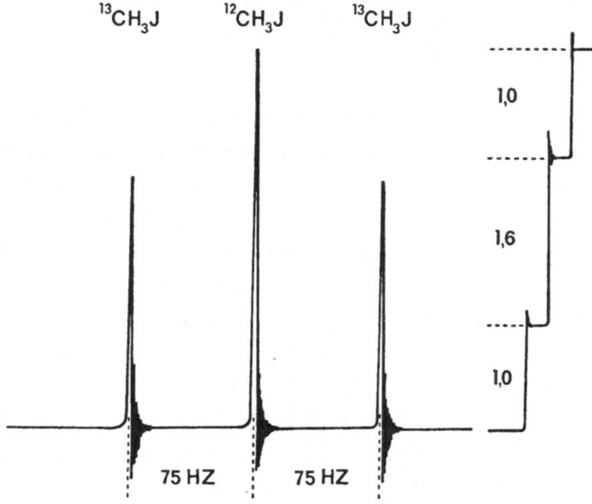

Abb. H, 16. Indirekte Bestimmung des ¹³C-Gehaltes von markiertem Methyljodid durch Protonen-Resonanz (nach [348]); das Verhältnis der Intensitäten der Isotopen-Satelliten zur Gesamt-Intensität ergibt einen ¹³C-Gehalt von 55 Atom-% (Kopplungskonstante $J_{13C-H} = 150$ Hz).

intermolekularen Isotopen-Analyse durch Kernresonanz bringen MARTIN et al. [352].

3.3.1.2. *Positionelle Isotopen-Analyse durch kernmagnetische Resonanz*

Der Struktur einer chemischen Verbindung entspricht ein bestimmtes NMR-Spektrum. Aus qualitativen und quantitativen Veränderungen dieses Spektrums sind Ort und Ausmaß einer Isotopen-Markierung auszumachen. Der Ersatz von Protium durch Deuterium führt neben einem Verschwinden von Signalen im Protonen-Bereich auch zu einer scheinbaren Vereinfachung des Rest-Spektrums, da wegen der kleinen Kopplungskonstanten bei nicht zu hoher Auflösung eine Aufspaltung scheinbar unterbleibt. Die Signale von Protonen, die mit Deuterium koppeln, können dementsprechend unscharf werden; erst durch Spin-Entkopplung erhält man wirklich vereinfachte Spektren.

In Abb. H, 17 ist an Hand eines schematischen Spektrums von Äthylbenzol die positionelle Isotopen-Analyse durch NMR demonstriert. Die unmarkierte Substanz [15, 339 b] hat bei $\delta = 7,13$ ppm ein Signal für fünf aromatisch gebundene Protonen, deren »long range«-Aufspaltung nicht wiedergegeben ist. Das Signal der beiden Methylen-Protonen bei $\delta = 2,63$ ppm wird durch Kopplung mit den drei Protonen der Methylgruppe zu einem Quartett aufgespalten, während das Signal der Methyl-

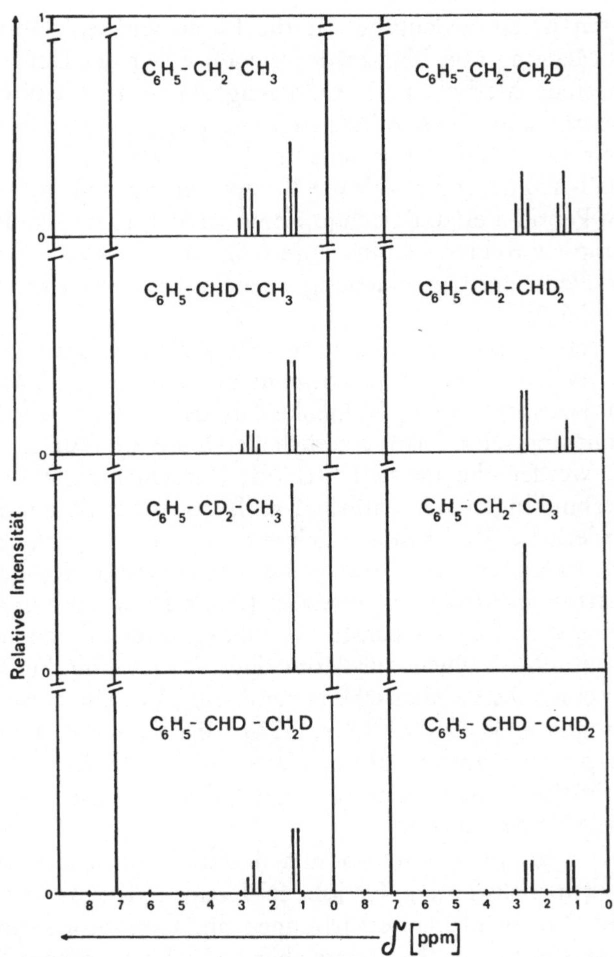

Abb. H, 17. Schematisierte Protonen-Spektren von verschieden deuteriertem Äthylbenzol bei H-D-Entkopplung. Die Kopplungen der Aromaten-Protonen sind vernachlässigt; die Darstellung der Kopplungskonstanten ist nicht maßstabgerecht.

Protonen bei 1,21 ppm unter dem Einfluß der beiden Methylen-Protonen als Triplett erscheint. Diese beiden Signale werden bei verschiedenen Deuterium-Substitutionen der Verbindung so charakteristisch verändert, daß zwischen den angenommenen Isotopen-Positionen leicht unterschieden werden kann.

Die positionelle Wasserstoff-Isotopenanalyse ist meistens eine Protonen-Analyse an Deuterium-substituierten Verbindungen. Katz et al. [353] lokalisierten z. B. auf diese Weise an voll deuteriertem Chlorophyll die Molekül-Orte austauschbaren Wasserstoffs und diskutierten deren Bedeutung für die Photosynthese. Durch Kernresonanz-Messung und Massenspektrometrie war der Deuterierungsgrad einzelner Methyl- und Methylengruppen in Gemischen von biosynthetisch gewonnenen Substanzen mit 1,5% Fehler festzustellen [354]. Mit der Methode konnte auch der Austausch α-ständiger Wasserstoff-Atome und damit die Racemisierung definierter Aminosäuren im Peptid-Verband nachgewiesen werden [355]; die Protonen-Markierung einzelner Aminosäuren in sonst total deuterierten Enzymen diente der Untersuchung ihrer Funktion im nativen Makromolekül [356, 357].

In den vergangenen Jahren hat die magnetische Resonanz-Messung von ^{13}C stark an Bedeutung gewonnen [339, 339a, 339e, 357a]. Obgleich die Nachweisempfindlichkeit für diesen Kern nur 1,6% der des Protons und seine relative natürliche Häufigkeit nur 1,1 Atom-% betragen, werden die meisten Struktur-Untersuchungen an organischen Verbindungen mit natürlichem Isotopengehalt durchgeführt. Die erforderliche Meß-Empfindlichkeit wird durch Spektren-Akkumulation, besonders aber mit Hilfe der Puls-Fourier-Transform-Kernresonanz-Spektroskopie erreicht. Durch Entkopplung aller Protonen-Spins vom ^{13}C (Rausch-Entkopplung) erreicht man außerdem, daß jedes einzelne Kohlenstoff-Atom einer Verbindung durch ein Singulett bei einer charakteristischen chemischen Verschiebung (Zusammenstellungen [339, 339a, 339e, 357a, 358]) angezeigt wird. Die Zuordnung von Signalen, deren relative Intensität durch künstliche ^{13}C-Substitutionen in bestimmten Molekül-Positionen erhöht ist, ist daher besonders begünstigt.

REUTOV et al. [359] untersuchten durch ^{13}C-Resonanz eine Umlagerung am markierten Cyclohexyl-Kation; KARABATSOS et al. führten entsprechende Untersuchungen am Cyclopropanring durch [360]. Experimente mit ^{13}C-angereicherten Kohlenhydraten [361] und Aminosäuren [362] dienten der Klärung von Konformationsfragen. – NMR-Messungen mit ^{13}C-markierten Verbindungen eignen sich besonders gut für Tracer-Untersuchungen zu Biosynthesen. Obgleich bei solchen Versuchen bereits die Messung der ^{13}C-Satelliten im Protonen-Spektrum zu wesentlichen Erfolgen führte [363–367] (Diskussion des Verfahrens bei [366]), ist die direkte ^{13}C-Kernresonanz mit Spin-Entkopplung und Spektren-Akkumulation bzw. Puls-Fourier-Transformation die sicherste und eleganteste Methode. Ein instruktives Beispiel ist die von MCINNES et al. [368] aufgeklärte Biosynthese des Tropolons Sepedonin.

Sepedonin, 3,6,9-Trihydroxy-3-methyl-1,3,4,7-tetrahydrocyclohepta-[c]-pyran-7-on, wird von dem Pilz *Sepedonium chrysospermum* aus Acetatresten synthetisiert. Im Protonen-entkoppelten ^{13}C-Kernresonanz-Spektrum der

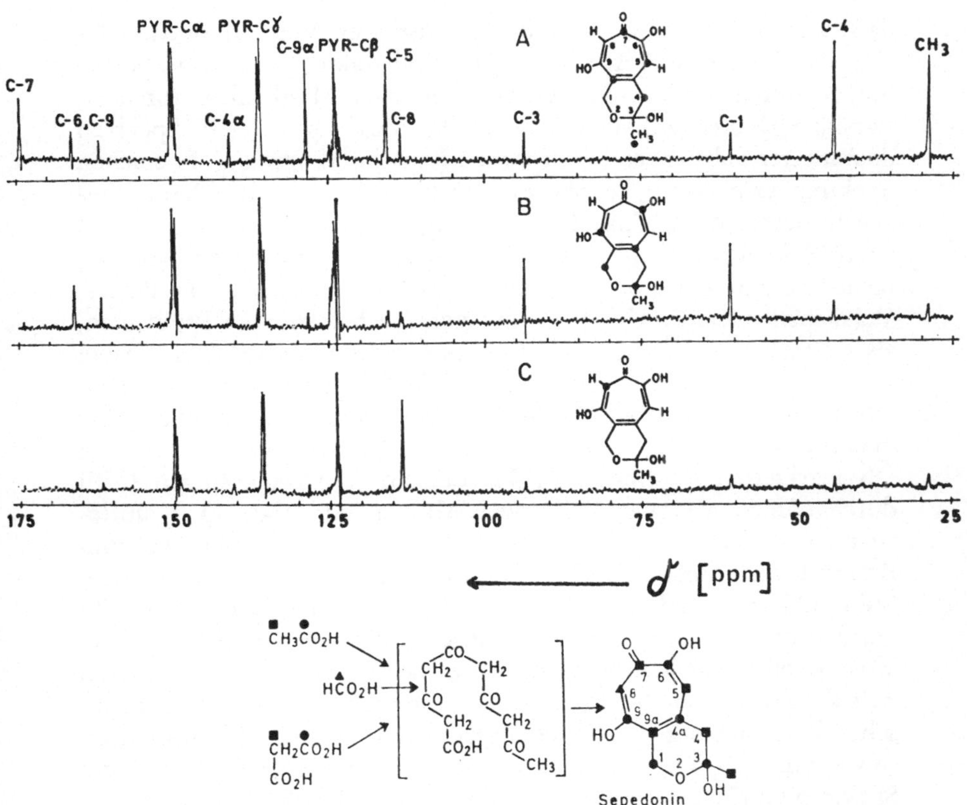

Abb. H, 18. [368]: ^{13}C-NMR-Spektren (Spektren-Akkumulation und Protonen-Rauschentkopplung) von Sepedonin, das durch Biosynthese aus ^{13}CH$_3$-COONa (A), CH$_3$-^{13}COONa (B) bzw. H-^{13}COONa (C) erhalten wurde. Lösung von 142 bzw. 80 bzw. 85 mg Substanz in 1 ml Pyridin (PYR). – Unterer Teil: Aus den Spektren abgeleitete Biosynthese von Sepedonin.

Substanz konnten sämtliche Signale bestimmten Kohlenstoff-Atomen zugeordnet werden. Die bei der Biosynthese des Tropolons aus Acetat-[2-^{13}C], Acetat-[1-^{13}C] bzw. Formiat-[^{13}C] in 4-, 5- bzw. 20-facher Isotopen-Anreicherung erhaltenen Produkte ergaben Spektren mit intensiven Signalen für die jeweils markierten Kohlenstoff-Atome (Abb. H, 18). Daraus konnte ihre Herkunft bei der Biosynthese hergeleitet werden.

Monographien über die ^{13}C-NMR-Spektroskopie [339a, 357a], eine Zusammenstellung über ^{13}C-Resonanz-Untersuchungen an Naturstoffen [339] sowie allgemeine Literatur-Sammlungen über NMR-Spektren [369, 370] können bei der Interpretation von Spektren bisher nicht vermessener Substanzen helfen. Wegen der großen chemischen Verschiebungen in ^{13}C-Resonanz-Spektren ist zu erwarten, daß auch bei der Vermessung komplizierter Verbindungen jedes einzelne Kohlenstoff-Atom zu einem charakteristischen isolierten Signal führen wird. – Eine vielversprechende Möglichkeit zur positionellen Deuterium-Analyse bietet die Messung von ^{13}C-Spektren deuterierter Substanzen bei Protonen-Rauschentkopplung. In solchen Spektren erscheinen die Signale der C-Atome, welche Deuterium-substituiert sind, als Multipletts [370a, b].

NMR-Untersuchungen an ^{15}N-markierten Substanzen dienten bisher weniger der Isotopen-Analyse im Zusammenhang mit Tracer-Versuchen oder der Untersuchung von mechanistischen Problemen, als vielmehr der Klärung von Bindungs- und Strukturfragen. Dabei wurden gleichermaßen die Protonen-Spektroskopie als auch die direkte ^{15}N-Resonanz-Spektroskopie markierter Substanzen verwendet. Eine quantitative und positionelle Isotopen-Analyse wurde z. B. an ^{15}N-markierten Pyrimidinen [371] und an Azoverbindungen [350] durchgeführt. MESTER [372] sowie MESTER und VASS [373] untersuchten Chelat-Strukturen bei Osazonen. N-H-Kopplungen und Basizität von Aminen [374, 375] sowie Kopplungen zwischen dem Stickstoff-Atom und dem α-Wasserstoff-Atom von Aminosäuren [376] wurden mit ^{15}N-markierten Substanzen untersucht; mit Fragen von Wasserstoffbrücken-Bindungen in solchen Verbindungen befaßten sich PAOLILLO und BECKER [377]. Zusammenstellungen von chemischen Verschiebungen in Stickstoff-haltigen (^{14}N und ^{15}N) Substanzen sowie von Kopplungskonstanten findet man bei [377–381b]; die Spektren von Heterocyclen im Resonanz-Bereich von ^{13}C, ^{15}N und ^{17}O beschrieben LIPPMAA et al. [381c, d].

Auch die ^{17}O-Resonanz-Messung dient vornehmlich der Klärung von Struktur- und Bindungsfragen. Anwendungen der Methode sind in Literatursammlungen über die Sauerstoff-Isotope [113–116] sowie in speziellen Übersichten zusammengestellt [382, 382a] (chemische Verschiebungen s. a. [383, 383a]). Nach SILVER [383b] ist ^{17}O z. B. in Wasser durch NMR selbst bei natürlicher Häufigkeit meßbar; bei Substanzen mit höherem Molekulargewicht sind jedoch Anreicherungen auf 3–4 Atom-% erforderlich. Aus chemischen Verschiebungen und aus Kopplungskonstanten wurden Aussagen über Bindungsart und Bindungspartner des Sauerstoffs in markierten Verbindungen erhalten. So konnten Fragen der Koordination von Metallen in wäßriger Lösung sowie Probleme des Austausches kovalent gebundenen Sauerstoffs untersucht werden. Darüberhinaus waren Untersuchungen zur Bindung Sauerstoff-haltiger Gase an Oberflächen und von Sauerstoff an O_2-Trägern möglich; eine endgültige Klärung der Fixierung von O_2 durch Hämoglobin [384–386] steht jedoch noch offen.

Die sehr häufigen ^{19}F-Resonanz-Messungen werden kaum im Zusammenhang mit Tracer-Untersuchungen durchgeführt; entsprechendes gilt für Messungen an ^{31}P [346, 387–389 b], ^{3}H [390] und ^{33}S [391]. Struktur-Untersuchungen durch kernmagnetische Resonanz sind an nahezu allen behandelten stabilen Kernen mit geeigneten Meßanordnungen ohne Anreicherung, d. h. im Bereich ihrer natürlichen Häufigkeit möglich.

3.3.2. Stabile Isotope und Elektronenspin-Resonanz

Die prinzipiellen Erörterungen und die experimentellen Grundlagen zur Messung der Elektronenspin-Resonanz entsprechen jenen für die kernmagnetische Resonanz. Jedes ungepaarte Elektron eines Metall-Kations oder eines organischen Radikals hat mit seiner Spin-Quantenzahl $S = {}^1/_2$ zwei Möglichkeiten der Einstellung zu einem äußeren Magnetfeld H_o; der Energie-Unterschied dieser Orientierungen ist

$$\Delta E = h\nu_o = \mu \cdot H_o = g_L \cdot \mu_B \cdot H_o \qquad (H, 18)$$

Der Landé-Faktor oder spektroskopische Aufspaltungsfaktor g_L entspricht wie im Falle der kernmagnetischen Resonanz einem Verhältnis verschiedener Momente. Im Falle des freien Elektrons hat er Werte nahe $g_L = 2$ und nimmt, wenn das Elektron zu einem bestimmten Metall-Kation gehört, für dieses typische Werte an. In einem Feld von 10000 G liegt die Resonanz-Frequenz des Elektrons bei $\nu_o = 27{,}944$ GHz, d. h. im Mikrowellen-Bereich, ist also um den Faktor 10^3 höher als Resonanz-Frequenzen in der kernmagnetischen Resonanz. Die Meß-Empfindlichkeit der Elektronenspin-Resonanz ist im Vergleich zur Protonen-Resonanz um den Faktor $2{,}85 \cdot 10^8$ höher.

Auch im Falle der ESR bedingt eine Veränderung des Magnetfeldes in der Nähe des präzedierenden Elementar-Magneten eine Verschiebung und eine Aufspaltung des Signales; man erhält Multiplizitäten und Kopplungskonstanten, die für Spin und magnetisches Moment des koppelnden Kernes typisch sind. Damit lassen Feinstruktur und Hyperfeinstruktur von ESR-Signalen auf die Art und die Zahl von magnetischen Kernen sowie auf Liganden-Felder schließen, die dem freien Elektron benachbart sind; sie informieren über Strukturen und Ladungsverteilungen in Metall-Komplexen und Radikalen. ESR-Messungen an Isotopen-substituierten Verbindungen dienen daher vornehmlich der Untersuchung von Struktur- und Bindungs-Fragen.

Im Bereich der Biochemie wurden vor allem Eisen-, Kupfer- oder Molybdän-haltige Komplexe von Proteinen untersucht. Substitutionen von Nicht-Häm-Eisen-Proteiden mit magnetischen Kernen wie ^{57}Fe oder ^{33}S führten zur Klärung des Wirkungsmechanismus dieser wichtigen Klasse von Metall-Proteiden [392–395]. – Wie NMR- so ändern sich auch ESR-Signale beim Ersatz von Wasserstoff durch Deuterium; Untersuchungen über die Austauschbarkeit von Wasserstoff und über die Lokalisation von Radikal-Stellen sind daher möglich [396, 397]. An Deuterium- und ^{15}N-substituierten Molekülen wurde die Ladungs-Verteilung in Flavin- und Pteridin-Radikalen bestimmt [398–401a]. – Semichinone tauschen sehr schnell Sauerstoff mit Wasser aus; an Lösungen dieser Verbindungen in $H_2{}^{17}O$ sind daher direkt ^{17}O-ESR-Messungen möglich [383b, 402]. Mit ^{17}O-markiertem Sauerstoff wurden schließlich Untersuchungen über die Bindung des O_2-Moleküls durch Hämoglobin [384] sowie über die Struktur von enzymatisch aktiviertem Sauerstoff ($O_2{}^-$-Radikal) durchgeführt [403]. Bezüglich weiterer Beispiele sei auf Sekundär-Literatur verwiesen [113–116, 382, 404, 405].

3.4. Infrarot-Spektrophotometrie in der Analytik Isotopen-markierter Moleküle

Die Absorption elektromagnetischer Strahlung des infraroten Bereiches (0,8–200 μm) durch organische Moleküle ist mit einer Erhöhung der Schwingungs-Energie ihrer Atome verbunden. Eine Ableitung vom Modell des harmonischen Oszillators ergibt, daß die Energiezustände zweier gegeneinander schwingender Atome von ihren Massen abhängen [280]. Wird ein an ein Atom der Masse M_2 gebundenes Atom der Masse M_1 durch sein schwereres Isotop mit der Masse $M_1{}^*$ ersetzt, so ändert sich die Resonanz-Energie, und die der Schwingung zugehörige Absorptionsbande wird bathochrom verschoben. In erster Näherung ist der theoretische Isotopen-Effekt der Infrarot-Absorption (IR-Absorption), d. h. der Quotient der Resonanz-Frequenzen ν^*/ν oder der entsprechenden Wellenzahlen $\bar\nu^*/\bar\nu$ für die markierte und die nicht-markierte Verbindung der Wurzel der reduzierten Massen μ bzw. μ^* umgekehrt proportional:

$$\frac{\nu^*}{\nu} = \frac{\bar\nu^*}{\bar\nu} = \sqrt{\frac{\mu}{\mu^*}}; \; \mu = \frac{M_1 \cdot M_2}{M_1 + M_2}; \; \mu^* = \frac{M_1{}^* \cdot M_2}{M_1{}^* + M_2} \quad (H, 19)$$

Für die Deuterium-Substitution des Wasserstoffs einer N-H-Bindung ($M_1 = 1$, $M_1{}^* = 2$, $M_2 = 14$) errechnet sich z. B. $\bar\nu^*/\bar\nu = 0{,}730$; das entspricht der Verschiebung der N-H-Valenz-Absorption von

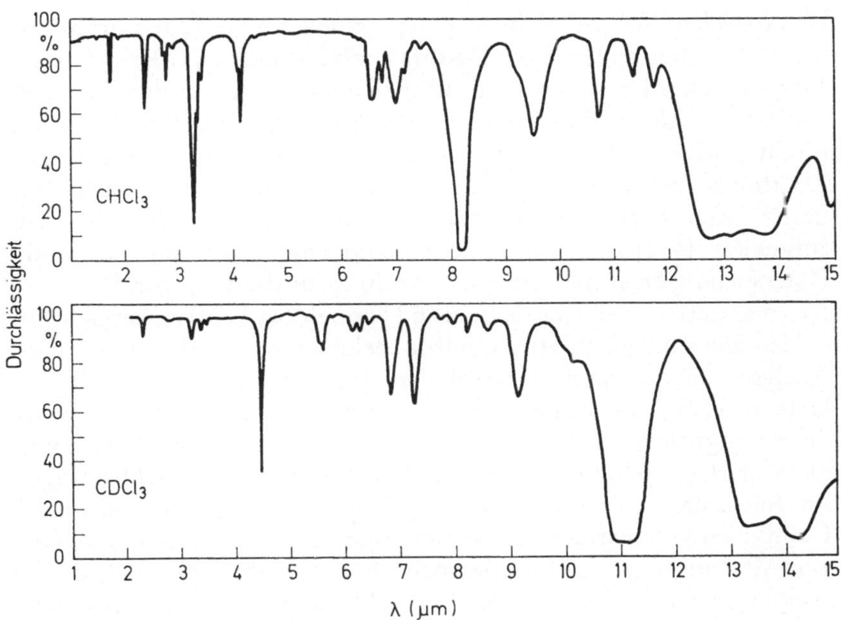

Abb. 19. Infrarot-Spektren von Chloroform und von Deutero-Chloroform (nach Merck-Prospekt »Uvasole«, s. a. [406]).

$\sim$ 3360 cm^{-1} auf $\sim$ 2450 cm^{-1}. Die ^{18}O-Substitution des Sauerstoff-Atomes in einer Carbonyl-Gruppe bedingt einen Isotopen-Effekt $\bar{\nu}^*/\bar{\nu} = 0{,}976$ und eine theoretische Verschiebung der entsprechenden Absorptionsbande von $\sim$ 1700 cm^{-1} auf $\sim$ 1660 cm^{-1}.

Im Infrarot-Spektrum von Chloroform liegt die zur C-H-Valenz-Schwingung gehörende Absorption bei 3050 cm^{-1} (3,28 μm); die entsprechende C-D-Valenz-Absorption im Spektrum der deuterierten Verbindung findet sich bei 2260 cm^{-1} (4,42 μm, s. Abb. H, 19). Andere Banden sind aufgrund sekundärer Isotopen-Effekte verschoben. In den meisten Fällen liegen jedoch die Absorptionsbanden nicht so frei wie in dem hier gezeigten Beispiel. Besonders bei partieller Substitution mit ^{13}C, ^{15}N oder ^{18}O erscheint die Absorption der Isotopen-markierten Moleküle nur als Schulter in der Hauptbande.

Die Isotopen-Markierung von organischen Molekülen in definierten Positionen ist die sicherste Methode der Infrarot-Spektrophotometrie zur Zuordnung von Absorptionsbanden (vgl. »shift-technique« in der Massenspektrometrie, H, 3.2.). Der Isotopen-Effekt einer Infrarot-Absorption erlaubt außerdem Rückschlüsse auf Art und Energie der zugehörigen Bindung. Durch Isotopen-Substitution gelang z. B. die nahezu komplette Zuordnung der Banden in den Spektren von

Heterocyclen [407, 408] oder Polypeptiden [409] (Literatur hierzu bis 1971 s. Monographie von PINCHAS und LAULICHT [410]).

In Umkehr dieses Verfahrens ist man in der Lage, aus der Verschiebung einer Absorptionsbande auf die Substitution der zugehörigen Bindung durch ein schweres Isotop zu schließen. So wurde z. B. der Reaktionsmechanismus der Diazoamino-Umlagerung vornehmlich durch infrarot-spektrophotometrische positionelle Isotopen-Analyse aufgeklärt [411]. Als positionelle Isotopen-Analyse sind auch die Untersuchungen von ALBEN und CAUGHEY zur Bindung von ^{13}C- bzw. ^{18}O-markiertem Kohlenmonoxid an Hämoglobin [424] zu bezeichnen.

Häufiger sind quantitative infrarot-spektrophotometrische Isotopen-Analysen an organischen Molekülen. Eine intermolekulare Analyse kann an Hand von Infrarot-Spektren nicht durchgeführt werden, da die Meßsignale durch Addition der Absorptionen aller markierten und nicht-markierten Moleküle zustande kommen. Quantitative Messungen im Infraroten erfordern eine sorgfältige Eichung mit bekannten Gemischen von markierten und nicht-markierten Molekülen. Liegt die zur Messung benutzte Bande nicht frei, so empfiehlt es sich, die Amplituden in Differenz-Spektren als abhängige Variable zu benutzen [281] (vgl. Analyse von Wasser, H, 2.2.4.; mathematische Ableitung der Flächen-Integrale in Infrarot-Absorptionen s. [412]).

An C-H- bzw. C-D-Valenz-Schwingungen wurde infrarot-spektrophotometrisch der Deuterium-Gehalt verschieden substituierter Stearinsäuremethylester [413], deuterierter Kohlenwasserstoffe [278, 414] und Aldehyde [415] bestimmt. Die Amidbande bei 1,43 µm wurde zur Bestimmung der Kinetik des Deuterium-Austausches der N-H-Bindung von Lactamen benutzt [416]. Besondere Bedeutung hat die kinetische und quantitative Bestimmung eines solchen Austausches in der Konformations-Analyse von Proteinen gefunden (Amidbande II bei 1550 bzw. 1450 cm^{-1}, Literatur s. bei [417]). Untersuchungen über Wasserstoff-Brücken bei Ionen [418] und Phenolen [419] wurden ebenfalls infrarot-spektrophotometrisch durchgeführt.

Die meist isoliert liegende Absorption der Carbonyl-Bindung eignet sich gut für ^{18}O-Bestimmungen; auf eine entsprechende Anwendung in der Analyse von $H_2{}^{18}O$ war bereits hingewiesen worden (vgl. H, 2.2.4.). An dieser Bande wurden der ^{18}O-Gehalt von p-Nitrobenzoesäurecinnamylester [420] und von Benzophenon [282] sowie die Kinetik des Sauerstoff-Austausches zwischen Carbonyl-Verbindungen und Wasser bestimmt [421, 422]; über entsprechende Messungen zur Kinetik des Sauerstoff-Austausches von Disilyl-Äthern s. [423]. – Schließlich sei erwähnt, daß die N-H-Valenz-Schwingung zur ^{15}N-Analyse von Aminen geeignet ist [280, 281].

4. Kernchemische Verfahren in der Analyse einiger stabiler Nuklide

Empfindlichste Nachweis- und Bestimmungsmethode für viele Kerne ist ein kernchemischer Prozeß. Die von einem bestimmten Kern absorbierte, besonders aber die bei einer Kernreaktion unmittelbar emittierte Strahlung ist für ihn charakteristisch. Entsteht bei dem Prozeß ein radioaktiver Kern, so kann dessen Radioaktivität für die Bestimmung des Mutter-Kernes verwendet werden. Alle Kern-Reaktionen sind von der Bindung des untersuchten Kernes unabhängig, und sie verlaufen in vielen Substanzen zerstörungsfrei. Kernchemische Isotopen-Analysen können nur durch andere, mit der gleichen Primär-Strahlung reagierende Kerne sowie durch Effekte von Selbstabsorption innerhalb der Probe beeinträchtigt werden. Die Intensität der Sekundär-Strahlung und damit die Empfindlichkeit der kernchemischen Isotopen-Analyse hängt nicht nur von der Zahl der vorhandenen Kerne, ihrem Einfang-Querschnitt und der Halbwertszeit der entstandenen radioaktiven Kerne, sondern auch von der Intensität und der Einwirkungsdauer der Primär-Strahlung ab. Strahlungs-Quellen ausreichender Aktivität sind Reaktoren und Van de Graaff-Beschleuniger.

Die Möglichkeiten kernchemischer Verfahren bei der Spuren-Analyse im biologischen, medizinischen und forensischen Bereich sind mehrfach zusammengefaßt (Literatursammlungen s. [425–426a]). Im vorliegenden Zusammenhang sei nur darauf hingewiesen, daß die Verwendung von stabilen Metall-Isotopen in Verbindung mit ihrem kernchemischen Nachweis, vor allem durch Aktivierungs-Analyse ([n,γ]-Prozeß) erlaubt, Tracer-Experimente ohne eine durch die Lebensdauer eines Radionuklids bedingte zeitliche Einschränkung und ohne Strahlenbelastung für das Versuchsobjekt durchzuführen [427, 428].

Für die Bestimmung leichter Kerne kommen vor allem Reaktionen mit energiereichen geladenen Partikeln in Frage [428a]; einige davon enthält Tab. H,10. Zur Information über die Anordnungen für die Erzeugung der Primär-Strahlung und die Messung der Sekundär-Strahlung wird auf die Original-Literatur verwiesen.

Die Umsetzung mit thermischen Neutronen ([n, γ]-Prozeß) hat in der Analytik der meisten leichten Kerne keine praktische Bedeutung (vgl. Einfang-Querschnitte Tab. H, 1, S. 294; z. T. entstehen durch die Reaktion auch stabile Kerne); Ausnahmen bilden lediglich ^{31}P, ^{37}Cl und eventuell ^{34}S. Zur Neutronen-Aktivierung werden die Proben gemeinsam mit Vergleichsproben bekannten Kern-Gehaltes

Tab. H, 10. Kern-Reaktionen zur Bestimmung einiger leichter stabiler Nuklide.

Stabiles Isotop	Aktivierendes Teilchen und dessen Energie	Kern-Reaktion	Gemessenes Teilchen u. Energie; gegebenenfalls Halbwertszeit	Empfindlichkeit und/oder Genauigkeit	Bemerkungen	Literatur
D	n; 14 MeV	^{2}H(n,d)n ^{16}O(d,n)^{17}F; ^{16}O(n,p)^{16}N	ß$^+$/ß$^-$ (^{17}F/^{16}N)[a], 1,75 MeV, 66 Sek., bzw. verschiedene, 7,35 Sek.	2,8% Standard-Abweichung bei 2,5–95% D	Messung nur für Wasser	[430]
D	d; 3 MeV	^{2}H(d,n)^{3}He	n; 5,738 MeV	$2,5 \times 10^{-8}$ g/cm^2, 3,4%	^{13}C, ^{14}N, ^{18}O stören	[431]
^{13}C ^{15}N	p; 0,7 MeV p; 0,7 MeV	^{13}C (p,γ)^{14}N ^{15}N(p,αγ) ^{12}C	γ; 8,06 MeV γ; 4,43 MeV	5–8% Standard-Abweichung im Bereich d. nat. Häufigkeit	–	[433,434]
^{18}O	p; 2,7 MeV	^{18}O (p,n) ^{18}F	K,ß$^+$(^{18}F), 0,65 MeV, 112 Min.	10^{-6} mg ^{18}O bestimmbar	^{13}C, ^{14}N, Metalle stören	[437, 438, 438a]
^{18}O	p; 5,0 MeV	^{18}O (p, n) ^{18}F	n; 2,49 MeV	$7,2 \times 10^{-8}$ g/cm^2, 3,8%	Reaktion auch für ^{13}C u. ^{15}N	[432]
^{18}O	p; 0,6 MeV	^{18}O(p, α)^{15}N	α; 2 MeV	10^{-9} mg ^{18}O bestimmbar	–	[428a, 439, 440]
^{18}O	d; 0,6 MeV	^{18}O(d, α)^{16}N	α; 2,5 MeV	10^{-7} mg ^{18}O bestimmbar	^{14}N, ^{19}F, ^{16}O stören	[428a, 439, 440]
^{31}P	n; thermisch	^{31}P(n, γ)^{32}P	β$^-$(^{32}P), 1,71 MeV, 14,2 d	0.005 ppm	–	[429]
^{34}S	n; thermisch	^{34}S(n, γ)^{35}S	β$^-$(^{35}S), 0,167 MeV, 87 d	qualitativ	–	[429]
^{37}Cl	n; thermisch	^{37}Cl(n, γ)^{38}Cl	β$^-$ u. γ(^{38}Cl), 2,15 MeV, 37,3 Min.	5 ppm	–	[429]

[a]) Gemessen wird das Verhältnis ^{17}F/^{16}N.

einige Stunden den thermischen Neutronen eines Kern-Reaktors (10^{12} n/cm$^2 \cdot$ Sek.) exponiert. Über die induzierte Radioaktivität der Kerne ^{32}P bzw. ^{38}Cl können ^{31}P und ^{37}Cl, u. U. nach Abtrennung von störenden fremden Kernen, im ppb- bzw. im ppm-Bereich gemessen werden [429].

Deuterium kann in schwerem Wasser im Bereich von 2,5–95 Atom-% durch energiereiche Neutronen bestimmt werden [430]: Mit diesen Partikeln entstehen Rückstoß-Deuteronen, die sekundär mit dem Sauerstoff des Wassers unter Bildung von ^{17}F reagieren. Das Verhältnis dieses Radionuklids zu dem durch die Neutronen nach der Reaktion ^{16}O(n,p)^{16}N gleichzeitig gebildeten ^{16}N ist ein Maß für die Deuterium-Konzentration der Probe. Da es sich um eine Relativ-Methode handelt, ist das Ergebnis von der Intensität des primären Neutronenstrahles unabhängig. PEISACH [431] bzw. PEISACH et al. [432] bestimmten Deuterium, ^{13}C, ^{15}N und ^{18}O durch Neutronen-Flugzeitspektrometrie. Die Energie der bei (d,n)- bzw. (p,n)-Reaktionen entstehenden Neutronen ist charakteristisch für den umgewandelten Kern. Mit der Methode konnten die angegebenen Nuklide in einfachen Gasen über den gesamten Häufigkeitsbereich mit einer Empfindlichkeit von $2,5 \cdot 10^{-8}$ g/cm^2 und einer rel. Genauigkeit von 3–4% bestimmt werden.

Die Reaktion von ^{12}C, ^{13}C bzw. ^{15}N mit Protonen der Energie 0,7 MeV wurde von RICCI [433, 434] zu einem schnellen und einfachen Verfahren für die Bestimmung dieser Kerne in nativem biologischen Material ausgearbeitet. Die Verhältnisse ^{13}C/^{12}C bzw. ^{15}N/^{12}C wurden im Bereich der natürlichen Häufigkeit mit einer Standard-Abweichung von 5–8% gemessen. – Der Kernprozeß ^{15}N(α,n)^{18}F eignet sich zur Bestimmung von ^{15}N; er wurde in Verbindung mit einer autoradiographischen Lokalisation des ^{18}F bei Tracer-Untersuchungen von Nitriden und Nitrid-Einschlüssen in Metallen benutzt [435].

Relativ häufig sind Methoden zur Bestimmung von ^{18}O durch Kern-Reaktionen. FRITZ et al. [436] wandten dazu die Aktivierung mit thermischen Neutronen an; sie benötigten jedoch mindestens 0,5 µg ^{18}O in Form von Ammoniumcarbonat. – Um einige Zehner-potenzen empfindlicher ist die ^{18}O-Umsetzung mit schnellen Protonen [437–438a]; diese können außer in Beschleunigern auch durch Neutronen-Rückstoß in Wasserstoff-haltigen Substanzen erzeugt werden. Die Reaktion wird allerdings durch einige andere leichte Kerne gestört; gegebenenfalls ist daher eine Abtrennung des ^{18}F nötig. Die Methode kann für autoradiographische Untersuchungen verwendet werden.

Nach SAMUEL [439] sowie AMSEL et al. [428a, 440] sind die emp-findlichsten Kern-Prozesse zur ^{18}O-Bestimmung die Reaktionen

^{18}O $(p,\alpha)^{15}N$ bzw. $^{18}O(d,\alpha)^{16}N$; in beiden Fällen wird die unmittelbar emittierte α-Strahlung gemessen. Die Autoren beschreiben eine Meß-anordnung [428a, 440], mit der ^{18}O noch in absoluten Mengen von 10^{-9} mg bestimmbar ist. ^{16}O gibt keine entsprechende Reaktion; für die Durchführung von Relativ-Messungen ist daher ein weiterer Kern-Prozeß ($^{16}O(d,p)^{17}O$) erforderlich. Die Anwendung des Verfahrens beschränkte sich zunächst auf Untersuchungen an Oxidschichten auf Metall-Oberflächen (erfaßbar 10^{14} Atome $^{18}O/cm^2$). Eine wesentliche Erweiterung des Anwendungsbereiches wurde dadurch möglich, daß man Ta-Plättchen oder -Drähte in einem auf ^{18}O zu untersuchenden wäßrigen Medium (Gewebe u. ä.) einige Sekunden anodisch oxidierte und dann den Isotopen-Gehalt der Oxidschicht bestimmte [441]; es konnten dabei 0,1 µg Sauerstoff mit 1% ^{18}O erfaßt werden.

^{18}O in Oxidschichten wurde auch durch die vergleichsweise un-empfindliche Reaktion $^{18}O(^3He,p)^{18}F$ untersucht [442]. Die Reaktion $^{18}O(\alpha,n)^{21}Ne$ (6 MeV-α-Partikel aus einer Thorium-Quelle) diente dem Nachweis von ~ 50 µg $^{18}O/cm^2$ auf Papierchromatogrammen [443, 444]; die geringe Empfindlichkeit und die Störung durch den ^{18}O-Gehalt des immer im Vergleich zur Probe in sehr großem Über-schuß vorliegenden chromatographischen Trägermaterials lassen je-doch eine breitere Anwendung des Verfahrens nicht zu. Auch der Kern-Prozeß $^{18}O(\gamma,p)^{17}N$ [445] erlaubt die Messung von ^{18}O bis 10^{-9} g. – Für weitere umfassende Information sei auf einschlägige Zusammen-fassungen [438, 440, 446] verwiesen.

5. Literatur

1. ASTON, F. W.: Isotopes. London: Edward Arnold & Co., 1922; ASTON, F. W.: Mass Spectra and Isotopes. New York: Longmans, Green & Co., 1933.
2. KING, A. S., R. T. BIRGE: Nature **124,** 127 (1929).
3. NAUDÉ, S. M.: Phys. Rev. **34,** 1498 (1929).
4. GIAUQUE, W. F., H. L. JOHNSTON: J. Amer. Chem. Soc. **51,** 1436, 3528 (1929); Nature **123,** 318, 821 (1929).
5. UREY, H. C., F. G. BRICKWEDDE, G. M. MURPHY: Phys. Rev. **40,** 1 (1932).
6. VOGT, E., W. F. HAMILTON: Amer. J. Physiol. **113,** 135 (1935); TENGER-ERIKSON, K., A. KROGH, H. USSING: Biochem. J. **30,** 1264 (1936).
7. LINDERSTRØM-LANG, K., O. JACOBSEN, G. JOHANSEN: Compt. Rend. Trav. Lab. Carlsberg **25,** 17 (1938); LINDERSTRØM-LANG, K., H. LANZ: Mikro-chim. Acta **3,** 210 (1938).
8. KAMEN, M. D.: Annu. Rev. Biochem. **16,** 631 (1947).
9. WILSON, D. W., A. O. C. NIER, S. P. REIMANN: Preparation and Measure-ment of Isotopic Tracers, Ann Arbor, Michigan: Edwards, J. W., 1946.

10. HINTENBERGER, H.: Advan. Mass Spectrosc. **3,** 517 (1966).
11. SCHÜTTE, H. R., H. HINDORF, K. MOTHES, G. HÜBNER: Justus Liebigs Ann. Chem. **680,** 93 (1964).
12. SCHÜTTE, H. R., G. SEELIG: Justus Liebigs Ann. Chem. **711,** 221 (1968).
13. SIMON, H., H.-G. FLOSS: Anwendung von Isotopen in der Organischen Chemie und Biochemie, Bd. I, Bestimmung der Isotopenverteilung in markierten Verbindungen, Berlin: Springer 1967.
14. VIALLARD, R.: Bull. Soc. Chim. Fr. **1966,** 3695.
15. MÜLLER, G., K. MAUERSBERGER, H. SPRINZ: Analyse stabiler Isotope durch spezielle Methoden, S. 290. Berlin: Akademie Vlg., 1969.
16. BIRKENFELD, H., G. HAASE, H. ZAHN: Massenspektrometrische Isotopenanalyse (Bd. 5 der Reihe KRELL, E., Physikalisch-chemische Trenn- und Meßmethoden), S. 296. Berlin: VEB Deutscher Vlg. d. Wissensch., 1969.
17. SCHATENSTEIN, A. I., S. S. KASAKOWA: Isotopenanalyse des Wassers, Berlin: VEB Deutscher Vlg. d. Wissensch., 1960.
18. MÜLLER, G.: Kernenergie **8,** 265 (1965).
19. BEYNON, J. H.: Mass Spectrometry and its Applications to Organic Chemistry, S. 71f. Amsterdam–London–New York–Princeton: Elsevier Pub. Comp. 1960.
20. BRODSKY, A. E.: Isotopenchemie (in deutscher Sprache bearb. und herausg. MÜHLENPFORDT, J.), S. 129. Berlin: Akademie Vlg., 1961.
21. MURRAY III., A., D. L. WILLIAMS: Organic Syntheses with Isotopes, Part I, S. 11. New York: Interscience Publ. Inc., 1958.
22. GLASCOCK, R. F.: Isotopic Gas Analysis for Biochemists, S. 148. New York: Academic Press Inc., 1954.
23. LINSER, H., K. KAINDL: Isotope in der Landwirtschaft, S. 223 ff. Hamburg und Berlin: Paul Parey, 1960.
24. KIRSHENBAUM, I.: Physical Properties and Analysis of Heavy Water. New York: McGraw Hill, 1951.
25. THOMSON, J. F.: Biological Effects of Deuterium (International Series of Monographs on Pure and Applied Biology, Div.: Modern Trends in Physiological Sciences, Ed.: ALEXANDER, P. und BACQ, Z. M., Vol. 19). Oxford: Pergamon Press, 1963.
26. SCHACHINGER, L.: Das Arbeiten mit stabilen Isotopen. in: HOPPE-SEYLER-THIERFELDER, Handbuch der Physiologisch- und Pathologisch-Chemischen Analyse, Bd. II, 10. Auflage, S. 695. Berlin: Springer, 1955.
27. KESTON, A. S., D. RITTENBERG, R. SCHOENHEIMER: J. Biol. Chem. **122,** 227 (1937).
28. HORÁČEK, J.: Collect. Czech. Chem. Commun. **26,** 772 (1961).
29. GRAFF, J., D. RITTENBERG: Anal. Chem. **24,** 878 (1952).
30. CORVAL, M., R. VIALLARD: Mikrochim. Acta **1954,** 231.
31. LAMBERT, J. L., J. H. HAMMONS, J. A. WALTER, A. NICKON: Anal. Chem. **36,** 2148 (1964).
32. FROHOFER, H.: Fresenius' Z. Anal. Chem. **253,** 97 (1971).
32a. HORÁČEK, J., J. KÖRBL: Chem. Ind. (London) **1958,** 101.
33. TRENNER, N. R., B. H. ARISON, R. W. WALKER: Anal. Chem. **28,** 530 (1956).
34. JONES, R. N., M. A. MACKENZIE: Talanta **3,** 356 (1960).
35. loc. cit. 22, S. 148.
36. loc. cit. 20, S. 129.
37. SAN PIETRO, A.: The Measurement of Stable Isotopes in: COLOWICK, S. F. und KAPLAN, N. O., Methods in Enzymology, Vol. IV, S. 473. New York: Academic Press, 1957.

38. Garnett, J. L., W. A. Sollich-Baumgartner: Anal. Chim. Acta **35**, 540 (1966).

39. Caprioli, R. M.: Use of Stable Isotopes. in: Waller, G. R., Biochemical Applications of Mass Spectrometry, S.735. New York: Wiley-Interscience, 1972.

40. Hallaba, E., M. S. Hamza: Isotopenpraxis **2**, 458 (1966).

41. Schiegl, W. E., J. C. Vogel: Earth Planet. Sci. Lett. **7**, 307 (1970).

42. Bigeleisen, J., M. L. Perlman, H. C. Prosser: Anal. Chem. **24**, 1356 (1952).

43. loc. cit. 16, S.148.

44. Chinard, F. P., T. Enns: Anal. Chem. **25**, 1413 (1953).

45. Rolle, W., F. Bigl, G. Haase, A. Runge, H. Hübner: Isotopenpraxis **5**, 35 (1969).

46. Tamiya, N.: Anal. Chem. **32**, 724 (1960).

47. Tamiya, N.: Bull. Chem. Soc. Jap. **35**, 863 (1962).

48. MacDonald, A., R. I. Reed: Analyst (London) **81**, 401 (1956).

49. Simon, H., H. Günther, M. Kellner, R. Tykva, F. Berthold, W. Kolbe: Fresenius' Z. Anal. Chem. **243**, 148 (1968).

50. Simon, H., F. Berthold: Atomwirtschaft **7**, 498 (1962).

51. Simon, H., H. Daniel, J. F. Klebe: Angew. Chem. **71**, 303 (1959).

52. Eisenberg Jr., F.: Anal. Biochem. **17**, 93 (1966).

53. Thurston, W. M.: Rev. Sci. Instrum. **41**, 963 (1970).

53a. Thurston, W. M.: Rev. Sci. Instrum. **42**, 700 (1971).

54. Rolle, W., H. Hübner: Fresenius' Z. Anal. Chem. **232**, 328 (1967).

55. Rolle, W.: Abh. dtsch. Akad. Wiss. Berlin, Kl. Chem., Geol. Biol. **1964**, 391, Berlin: Akademie Vlg. 1965.

56. loc. cit. 16, S.84.

57. loc. cit. 20, S.135.

58. Baertschi, P., M. Thürkauf: Helv. Chim. Acta **39**, 79 (1956).

59. Schöniger, W.: Mikrochim. Acta **1955**, 123; **1956**, 869.

60. Maass, I., C. Geissler: Isotopenpraxis **7**, 14 (1971).

61. Welte, D. H.: Naturwissenschaften **56**, 133 (1969).

62. Stahl, W. J.: Erdöl, Kohle, Erdgas, Petrochem. **20**, 556 (1967); **21**, 514 (1968).

63. Maass, I.: Glas-Instrumente-Technik **4**, 494 (1960); **5**, 1 (1961).

64. Maass, I.: Isotopentechnik **2**, 111 (1962).

65. Geissler, C., I. Maass: Isotopenpraxis **4**, 280 (1968).

66. Večeřa, M., L. Synek: Collect. Czech. Chem. Commun. **23**, 1202 (1958); Chem. listy **51**, 2266 (1957).

67. Williams, P. M.: Nature **219**, 152 (1968).

68. Williams, P. M., H. Oeschger, P. Kinney: Nature **224**, 256 (1969).

69. Silverman, M. P., V. I. Oyama: Anal. Chem. **40**, 1833 (1968).

70. loc. cit. 20, S.135.

71. Bremner, J. M.: Isotope-Ratio Analysis of Nitrogen in Nitrogen-15 Tracer Investigations, Black, C. A., Methods of Soil Analysis, Part 2, Chemical and Microbiological Properties, Agronomy **9**, 1256 (1965), American Society of Agronomy, Inc. Madison, Wisconsin 1965.

72. Plate, A., R. Eichmann, W. Behrens, H. Kroepelin: Erdöl, Kohle, Erdgas, Petrochem. **24**, 141 (1971).

73. Pregl, F., H. Roth: Herausg. Roth, H.: Quantitative Organische Mikroanalyse, 7. Aufl., S.109 ff. Wien: Springer, 1958.

74. Rittenberg, D., A. S. Keston, F. Rosebury, R. Schoenheimer: J. Biol. Chem. **127**, 291 (1939).

75. Hüser, R.: Fresenius' Z. Anal. Chem. **197,** 16 (1963).

76. Bremner, J. M.: Total Nitrogen in loc. cit. 71, S. 1149.

77. Gasser, J. K. R., D. J. Greenland, R. A. G. Rawson: J. Soil Sci. **18,** 289 (1967).

78. Fürst, P., A. Jonsson: Acta Chem. Scand. **25,** 930 (1971).

79. Sprinson, D. B., D. Rittenberg: J. Biol. Chem. **180,** 707 (1949).

80. Jacobs, S.: in Glick, D.: Methods of Biochemical Analysis, Vol. 13, S. 241. New York: Interscience Publishers, J. Wiley & Sons, Inc., 1965.

81. Jacobs, S.: Analyst (London) **85,** 257 (1960).

82. Newman, A. C. D.: Chem. Ind. (London) **1966,** 115.

83. Fiat, D., M. Folman, U. Garbatski: Proc. Roy. Soc., Ser. A **260,** 409 (1961).

84. Faust, H.: Isotopenpraxis **1,** 62 (1965).

85. Cheng, H. H., J. M. Bremner: Soil Sci. Soc. Amer. Proc. **30,** 450 (1966).

86. Hüser, R., K. Habfast, M. v. Bradke: Fresenius' Z. Anal. Chem. **176,** 429 (1960).

87. Capindale, J. B., D. H. Tomlin: Nature **180,** 701 (1957).

88. Sims, A. P., E. C. Cocking: Nature **181,** 474 (1958).

89. Ross, P. J., A. E. Martin: Analyst (London) **95,** 817 (1970).

90. Hoch, M., H.-R. Weisser: Helv. Chim. Acta **33,** 2128 (1950).

91. Ayrey, G., A. N. Bourns, V. A. Vyas: Can. J. Chem. **41,** 1759 (1963).

92. Behrens, W., R. Eichmann, A. Plate, H. Kroepelin: Erdöl, Kohle, Erdgas, Petrochem. **24,** 76 (1971).

93. Holt, P. F., B. P. Hughes: J. Chem. Soc. **1953,** 1666.

94. Desaty, D., R. McGrath, L. C. Vining: Anal. Biochem. **29,** 22 (1969).

95. Holt, P. F., B. P. Hughes: J. Chem. Soc. **1955,** 95.

96. Zonov, Yu. A.: J. Analyt. Chem. **20,** 205 (1965).

97. Barsdate, R. J., R. C. Dugdale: Anal. Biochem. **13,** 1 (1965).

98. Farjo, K.: Isotopenpraxis **4,** 285 (1968).

99. Faust, H.: Isotopentechnik **1,** 13 (1960/61).

100. Rolle, W.: Kernenergie **5,** 403 (1962).

101. Floss, H.-G., H. Günther: Z. Naturforsch. **19** b, 784, 1106 (1964).

102. Rolle, W.: Abh. dtsch. Akad. Wiss. Berlin, Kl. Chem., Geol. Biol. Nr. 7, 395 (1964), Berlin: Akademie-Vlg., 1965.

103. Günther, H., H.-G. Floss, H. Simon: Fresenius' Z. Anal. Chem. **218,** 401 (1966).

104. Cornides, I., H. Medzihradsky, I. Bernat: Haematologica **4,** 21 (1970); ref.: C. A. **73,** 95290 p (1970).

105. Faust, H.: Isotopenpraxis **3,** 100 (1967).

106. Munsche, D.: Isotopenpraxis **1,** 32 (1965).

107. Goleb, J. A., V. Middelboe: Anal. Chim. Acta **43,** 229 (1968).

108. Perschke, H., E. A. Keroe, G. Proksch, A. Muehl: Anal. Chim. Acta **53,** 459 (1971).

109. Rolle, W.: Z. Chem. **4,** 396 (1964).

110. Kennedy, I. R.: Anal. Biochem. **11,** 105 (1965).

111. Keeney, D. R, J. M. Bremner: Soil Sci. Soc. Amer. Proc. **31,** 34, 317 (1967).

112. Bremner, J. M., D. R. Keeney: Soil Sci. Soc. Amer. Proc. **29,** 504 (1965) und **30,** 577 (1966).

112a. Wilson, R. P., R. A. Bloomfield: Anal. Biochem. **43,** 1 (1971).

113. Samuel, D., F. Steckel: Bibliography of the Stable Isotopes of Oxygen (O^{17} and O^{18}), London: Pergamon Press, 1959.

114. Samuel, D., F. Steckel: Int. J. Appl. Radiat. Isotop. **11,** 190 (1961).

115. BOROWITZ, J. L., D. SAMUEL, F. STECKEL: Int. J. Appl. Radiat. Isotop. **16,** 97 (1965).
116. SAMUEL, D., F. STECKEL: Int. J. Appl. Radiat. Isotop. **19,** 175 (1968).
117. TAUBE, H.: Annu. Rev. Nucl. Sci .**6,** 277 (1956).
118. SAMUEL, D.: Methodology of Oxygen Isotopes. in: HAYAISHI, O., Oxygenases, S. 32. New York: Academic Press, 1962.
119. LAUDER, I.: Australian J. Chem. **12,** 630 (1959).
120. SCHÜTZE, M.: Fresenius' Z. Anal. Chem. **118,** 241 (1939).
121. UNTERZAUCHER, J.: Ber. **73,** 391 (1940).
122. SCHÜTZE, M., J. UNTERZAUCHER: Anal. Chem. **23,** 530 (1951).
123. DOERING, W. VON E., E. DORFMAN: J. Amer. Chem. Soc. **75,** 5595 (1953).
124. BENDER, M. L., K. C. KEMP: J. Amer. Chem. Soc. **79,** 116 (1957).
125. DENNEY, D. B., M. A. GREENBAUM: J. Amer. Chem. Soc. **79,** 979 (1957).
126. HALPERIN, J., H. TAUBE: J. Amer. Chem. Soc. **74,** 375 (1952).
127. BUNTON, C. A., J. L. WOOD: J. Chem. Soc. **1955,** 1522.
128. RUNGE, A.: Isotopenpraxis **4,** 287 (1968).
129. TAYLOR, J. W., I. CHEN: Anal. Chem. **42,** 224 (1970).
130. OITA, I. J., H. S. CONWAY: Anal. Chem. **26,** 600 (1954).
131. MILLER, W. G., L. ANDERSON: Anal. Chem. **31,** 1668 (1959).
132. LAUDER, I., B. ZERNER: Australian J. Chem. **12,** 621 (1959).
133. AGGETT, J., C. A. BUNTON, T. A. LEWIS, D. R. LLEWELLYN, C. O'CONNOR, A. L. ODELL: Int. J. Appl. Radiat. Isotop. **16,** 165 (1965).
134. RITTENBERG, D., L. PONTICORVO: Int. J. Appl. Radiat. Isotop. **1,** 208 (1956).
135. DAHN, H., H. MOLL, R. MENASSÉ: Helv. Chim. Acta **42,** 1225 (1959).
136. HALMANN, M., S. PINCHAS: J. Chem. Soc. **1958,** 3264.
137. FONG, B. J., S. R. SMITH, J. TANAKA: Anal. Chem. **44,** 655 (1972).
138. LEE, J. S.: Anal. Chem. **34,** 835 (1962).
139. ANBAR, M., I. DOSTROVSKY, F. S. KLEIN, D. SAMUEL: J. Chem. Soc. **1955,** 155.
140. BOYD, R. H., R. W. TAFT Jr., A. P. WOLF, D. R. CHRISTMAN: J. Amer. Chem. Soc. **82,** 4729 (1960).
141. WIBERG, K. B.: J. Amer. Chem. Soc. **75,** 3961 (1953).
142. BENDER, M. L., R. D. GINGER: J. Amer. Chem. Soc. **77,** 348 (1955).
143. DAHN, H., H. MOLL: Chem. Ind. (London) **1959,** 399.
144. HALMANN, M., H.-L. SCHMIDT: J. Chem. Soc. C **1970,** 1191.
145. SCHMIDT, H.-L., E. SCHMELZ: (unveröffentlicht).
146. SCHMIDT, H.-L., H. KEXEL, N. WEBER: Biochem. Pharmacol. **21,** 1641 (1972).
147. HERING, H., H. LE BAIL, J. SUTTON, A. VANDERSCHMITT, R. BOTTER, G. DUCHEYLARD, M. MAJZOUB: Pure Appl. Chem. **8,** 281 (1964).
148. MAJZOUB, M.: J. Chim. Phys. **63,** 563 (1966).
149. MAJZOUB, M., G. NIEF: Advan. Mass Spectrometry **4,** 511 (1968).
150. WALISCH, W., O. JAENICKE: Privatmitteilung.
151. GAEBLER, O. H., H. C. CHOITZ: Clin. Chem. **6,** 549 (1960).
152. LOHEZ, P., R. HAGEMANN, R. BOTTER: Method. Phys. Anal. **6,** 291 (1970).
153. O'NEIL, J. R., S. EPSTEIN: J. Geophys. Res. **71,** 4955 (1966).
154. COHN, M., H. C. UREY: J. Amer. Chem. Soc. **60,** 679 (1938).
155. GERSTER, R.: Int. J. Appl. Radiat. Isotop. **22,** 339 (1971).
156. HARRISON, W. H., P. D. BOYER, A. B. FALCONE: J. Biol. Chem. **215,** 303 (1955).
157. DOSTROVSKY, I., F. S. KLEIN: Anal. Chem. **24,** 414 (1952).
158. FALCONE, A. B.: Anal. Biochem. **2,** 147 (1961).
159. FRITZ, G. J., I. HAN, W. H. ELLIS: Int. J. Appl. Radiat. Isotop. **16,** 431 (1965).

160. JOHNSON, J. A., H. M. CAVERT, N. LIFSON, M. B. VISSCHER: Amer. J. Physiol. **165**, 87 (1951).
161. ROETHER, W.: Int. J. Appl. Radiat. Isotop. **21**, 379 (1970).
162. WARF, J. C.: Anal. Chem. **40**, 1370 (1968).
163. COHN, M.: ^{18}O Containing Phosphate and Related Compounds in: COLOWICK, S. P. und KAPLAN, N. O., Methods in Enzymology IV, S.905. New York: Academic Press, 1957.
164. MAASS, I.: Kernenergie **5**, 402 (1962).
165. LONGINELLI, A., G. CORTECCI: Rend. Soc. Ital. Mineral. Petrologia **26**, 733 (1970); ref.: C.A. **74**, 94083 g (1971).
165a. SAKAI, H., H. R. KROUSE: Earth Planet. Sci. Lett. **11**, 369 (1971).
166. CLAYTON, R. N., T. K. MAYEDA: Geochim. Cosmochim. Acta **27**, 43 (1963).
167. FRIEDRICHSEN, H.: Vortrag G 34, Arbeitstagung über stabile Isotope (Asti), Leipzig 1969.
167a. FRIEDRICHSEN, H., H.-L. SCHMIDT, B. DOLABDJIAN: (unveröffentlicht).
167b. SHEFT, I., J. J. KATZ: Anal. Chem. **29**, 1322 (1957).
168. BANKS, B. E. C., Y. MEINWALD, A. J. RHIND-TUTT, I. SHEFT, C. A. VERNON: J. Chem. Soc. **1961**, 3240.
169. COHN, M.: J. Biol. Chem. **201**, 735 (1953).
170. BOYER, P. D., D. J. GRAVES, C. H. SUELTER, M. E. DEMPSEY: Anal. Chem. **33**, 1906 (1961).
171. JAENICKE, O.: Privatmitteilung.
172. ILIN, L. A.: Vestn. Leningrad Univ. **21** (3) Ser. Biol. No.1, 85 (1965); ref.: C.A. **64**, 20188 (1966).
173. DEGANI, CH., M. HALMANN: J. Amer. Chem. Soc. **88**, 4075 (1966).
174. WILLIAMS, F. R., L. P. HAGER: Science **128**, 1434 (1958).
175. ANBAR, M., S. GUTTMANN: Int. J. Appl. Radiat. Isotop. **5**, 233 (1959).
176. SHAKHASHIRI, B. Z., G. GORDON: Talanta **13**, 142 (1966).
177. FINIKOV, V. G.: Zh. Anal. Khim. **16**, 499 (1961).
178. JORDAN, R. B., A. L. ODELL: Anal. Chem. **39**, 681 (1967).
179. ANBAR, M.: Int. J. Appl. Radiat. Isotop. **3**, 131 (1958).
180. BRODSKY, A. E., I. W. GOLDENFELD, I. P. GRAGEROW: Zh. Anal. Khim. **17**, 893 (1962).
181. WOLNOW, I. I., W. N. CHAMOWA, K. M. SALIMOWA: Zh. Anal. Khim. **21**, 1252 (1966).
182. ANBAR, M., M. HALMANN, B. SILVER: Anal. Chem. **32**, 841 (1960).
183. SAUNDERS Jr., W. H., S. AŠPERGER: J. Amer. Chem. Soc. **79**, 1612 (1957).
184. SAUNDERS Jr., W. H., A. F. COCKERILL, S. AŠPERGER, L. KLASINC, D. STEFANOVIČ: J. Amer. Chem. Soc. **88**, 848 (1966).
185. SWAIN, C. G., E. R. THORTON: J. Org. Chem. **26**, 4808 (1961).
186. SHEPPARD, W. A., A. N. BOURNS: Can. J. Chem. **32**, 4 (1954).
187. ZLOTOWSKI, I., A. STROKA: Kernenergie **3**, 879 (1960).
188. SCHRAGE, I.: Kernenergie **5**, 405 (1962).
189. LESKOVSEK, H., J. MARSEL, J. SLIVNIK: Isotopenpraxis **5**, 72 (1969).
189a. PUCHELT, H., B. R. SABELS: Geochim. Cosmochim. Acta **35**, 625 (1971).
190. THODE, H. G., J. MACNAMARA, C. B. COLLINS: Can. J. Research **27**B, 361 (1949).
191. HARRISON, A. G., H. G. THODE: Trans. Faraday Soc. **53**, 1648 (1957).
192. HOLT, B. D., A. G. ENGELKEMEIR: Anal. Chem. **42**, 1451 (1970).
193. ZMBOV, K. F.: Isotopenpraxis **1**, 29 (1965).
194. loc. cit. 16, S.77.
195. ZMBOV, K. F.: Appl. Spectr. **22**, 576 (1968).

196. Meyerson, S.: Anal. Chem. **33,** 964 (1961).
197. Bartholomew, R. M., F. Brown, M. Lounsbury: Can. J. Chem. **32,** 979 (1955); Nature **174,** 133 (1954).
198. Langvad, T.: Acta Chem. Scand. **8,** 526 (1954).
199. Hill, J. W., A. Fry: J. Amer. Chem. Soc. **84,** 2763 (1962).
200. Taylor, J. W., E. P. Grimsrud: Anal. Chem. **41,** 805 (1969).
201. Biemann, K.: Mass Spectrometry, Organic Chemical Applications, McGraw-Hill Series in Advanced Chemistry, New York: McGraw-Hill, 1962.
202. Benz, W.: Massenspektrometrie organischer Verbindungen, Bd. 8 der Reihe: Hecht, F. u.a.: Methoden der Analyse in der Chemie, Frankfurt a.M.: Akademische Verlagsges., 1969.
203. Budzikiewicz, H., C. Djerassi, D. H. Williams: Structure Elucidation of Natural Products by Mass Spectrometry, Vol. 1, San Francisco: Holden-Day Inc., 1964.
204. Spiteller, G.: Massenspektrometrische Strukturanalyse organischer Verbindungen, Eine Einführung, Weinheim: Vlg. Chemie, 1966.
205. Kienitz, H.: Hrsg., Massenspektrometrie, Weinheim: Vlg. Chemie, 1968.
206. Willard, H. H., L. L. Merritt Jr., J. A. Dean: Instrumental Methods of Analysis, 4th Ed., S. 428 ff. London: van Nostrand Comp. Princeton, New Jersey, Toronto, New York, 1965.
207. Nier, A. O. C.: Rev. Sci. Instrum. **18,** 398 (1947).
208. McKinney, C. R., J. M. McCrea, S. Epstein, H. A. Allen, H. C. Urey: Rev. Sci. Instrum. **21,** 724 (1950).
209. Mercea, V.: Isotopenpraxis **2,** 313 (1966).
210. loc. cit. 16, S. 29.
211. Dodson, M. H.: J. Sci. Instrum. **44,** 775 (1967).
212. Bigl, F.: Isotopenpraxis **4,** 35 (1968), s.a. **4,** 104 (1968).
213. Schuy, K. D., K. Brachmann, L. Delgmann, E. Wegner: Varian-MAT-Berichte 1967.
214. Birkenfeld, H., H.-J. Dietze, H. Zahn: Isotopenpraxis **2,** 121 (1966).
215. Shackleton, N. J.: J. Sci. Instrum. **42,** 689 (1965).
216. Allenden, M.: Method. Physic. Anal. **1967,** 213; ref.: C.A. **68,** 119003x (1968).
217. Létolle, R., A. Marce, J.-C. Fontes: Bull. Soc. Franc. Mineral. Crist. **88,** 417 (1965).
218. Fritz, G. J.: Plant Physiol. **40,** Suppl. 58 (1965).
219. Han, I., G. J. Fritz: Anal. Chem. **37,** 1442 (1965).
220. Anbar, M., D. Meyerstein: J. Phys. Chem. **68,** 1713 (1964).
221. Hintenberger, H.: Naturwissenschaften **51,** 473, 497 (1964).
222. loc. cit. 16, S. 228 ff.
223. Haase, G.: Kernenergie **3,** 915 (1960).
224. Dattner, J., J. Fischler: Brit. J. Appl. Phys. **14,** 728 (1963).
225. loc. cit. 16, S. 197, 203.
225a. Thibault, P.: Proceedings of Oxygen Isotopes Summer Course, Cadarache/France, Sept. 1972: Im Druck.
226. Haase, G.: Kernenergie **5,** 419 (1962).
227. Foster, K. W., J. W. Burns: Bull. Amer. Phys. Soc. (Ser. 2) **5,** 466 (1960).
228. loc. cit. 16, S. 165.
229. loc. cit. 205, S. 665.
229a. Schott, R., G. Beau: Method. Phys. Anal. **7,** 165 (1971).
230. Lwow, B. W., W. J. Mositschew: Abh. Deut. Akad. Wiss. Berlin, Kl. Chem., Geol. Biol. **1964,** 415.

231. loc. cit. 15, S.140 ff.
232. Jäger, G., W. Mikkeleit: Kernenergie **5,** 426 (1962).
233. Dunken, H., W. Mikkeleit, G. Haucke: Abh. Deut. Akad. Wiss. Berlin, Kl. Chem., Geol. Biol. **1964,** 435.
234. Nedumova, E. S., B. M. Andreev, M. M. Domanov, Yu. S. Labachev, D. Maslov: Isotopenpraxis **6,** 412 (1970).
235. Ferguson, R. E., H. P. Broida: Anal. Chem. **28,** 1436 (1956).
236. Berseneva, Z. N., N. T. Zhadkova, W. M. Nemets, L. I. Obolenskaya, A. A. Petrov: Agrokhimiya **1968,** 129.
237. Diecke, G. H.: US Patent 2, 585, 901 (Feb.19, 1952).
238. Ungureanu, Č.: Rev. Roumaine Phys. **10,** 547 (1965).
239. Ungureanu, Č.: Isotopenpraxis **3,** 237 (1967).
240. Müller, G., G. Meier: Spectrochim. Acta **24 B,** 45 (1969).
241. Hürzeler, H., H. U. Hostettler: Helv. Chim. Acta **38,** 1825 (1955).
242. Faust, H.: Fresenius' Z. Anal. Chem. **175,** 9 (1960).
243. Faust, H.: Kernenergie **3,** 902 (1960).
244. Sommer, K., H. Kick: Fresenius' Z. Anal. Chem. **220,** 21 (1966).
245. Broida, H. P., M. W. Chapman: Anal. Chem. **30,** 2049 (1958); s. Fresenius' Z. Anal. Chem. **171,** 43 (1959).
246. Meier, G.: Kernenergie **3,** 903 (1960).
247. Leicknam, J. P., V. Middelboe, G. Proksch: Anal. Chim. Acta **40** (3), 487 (1968).
248. Leicknam, J. P., H. C. Figdor, E. A. Keroe, A. Muehl: Int. J. Appl. Radiat. Isotop. **19,** 235 (1968).
249. Pascalau, M., Č. Ungureanu, L. Constantinescu: Stud. Cercet. Fiz. **22,** 453 (1970); ref.: C. A. **73,** 115971 s (1970).
249a. Ferraris, M. M., G. Proksch: Anal. Chim. Acta **59,** 177 (1972).
250. Meier, G., G. Müller: Isotopenpraxis **1,** 53 (1965).
251. Seiler, N., G. Werner: Fresenius' Z. Anal. Chem. **243,** 169 (1968).
252. Cook, G. B., J. A. Goleb, V. Middelboe: Nature **216,** 475 (1967).
253. loc. cit. 15, S. 54.
254. Tschang Tsing-Lien: Kernenergie **3,** 892 (1960).
255. Hallaba, E., E. Abdel-Wahab, A. Islam, M. S. Hamza: Fresenius' Z. Anal. Chem. **247,** 283 (1969).
256. Hytten, F. E., N. Taggart, W. Z. Billewicz, A. C. Jason: Phys. Med. Biol. (London) **6,** 415 (1962).
257. Krell, E.: Kernenergie **3,** 898 (1960).
258. Jason, A. C., A. Lees: J. Sci. Instrum. **39,** 162 (1962).
259. Blaga, L., Lu. Blaga, A. Chifu: Abh. Deut. Akad. Wiss. Berlin, Kl. Chem., Geol. Biol. 1964, 475.
260. Pascalau, M., L. Blaga, Lu. Blaga: J. Sci. Instrum. **43,** 310 (1966).
261. Ionovicin, M.: Isotopenpraxis **4,** 302 (1968).
262. Popják, G.: Biochem. J. **46,** 558 (1950).
263. loc. cit. 20, S.157.
264. Proksch, E., H. Bildstein: Fresenius' Z. Anal. Chem. **206,** 1 (1964).
265. Crespi, H. L., J. J. Katz: Anal. Biochem. **2,** 274 (1961).
265a. Olson, P. B., J. G. Gagnon, A. Mendel: Anal. Chem. **44,** 182 (1972).
266. Falk, M., T. A. Ford: Can. J. Chem. **44,** 1699 (1966).
267. Krohner, P.: Perkin-Elmer-Tips 1968.
268. Fydelor, P. J., D. S. Rawson: Spectrochim. Acta **21 A,** 1957 (1965).
269. Hallaba, E., M. S. Hamza: Isotopenpraxis **2,** 394 (1966).
270. Göhring, I.: Beckman Application Report IR-67-14 (1967).

271. KREEVOY, M. M., T. S. STRAUB: Anal. Chem. **41,** 214 (1969).
272. KEDER, W. E., D. R. KALKWARF: Anal. Chem. **38,** 1288 (1966).
273. FOCHLER, H. S.: Appl. Spectr. **17,** 105 (1963).
274. MAHADEVAN, E. G.: Analyst (London) **92,** 717 (1967).
275. ODER, R., D. A. I. GORING: Spectrochim. Acta **27A,** 2149 (1971).
276. ROBBINS, R. C.: Clin. Chem. **15,** 56 (1969).
276a. GLASOE, P. K., C. N. BUSH: Anal. Chem. **44,** 833 (1972).
277. SUBRAMANIAM, C. R., S. B. KARTHA: India. At. Energy Comm., Bhabha At. Res. Centre B. A. R. C. – 281 (1967), ref.: C. A. **68,** 100925 c (1968).
278. BROWN, T. L., R. B. BERNSTEIN: Anal. Chem. **23,** 673 (1951).
279. LAPIDOT, A., S. PINCHAS, D. SAMUEL: Proc. Chem. Soc. **1962,** 109.
280. SCHMIDT, H.-L., E. SCHMELZ, G. ROHNS: Isotopenpraxis **4,** 133 (1968).
281. SCHMIDT, H.-L., E. SCHMELZ, G. ROHNS: Fresenius' Z. Anal. Chem. **243,** 59 (1968).
282. LAULICHT, I., S. PINCHAS: Anal. Chem. **36,** 1980 (1964).
283. KNEŽEVIĆ, Ž. V.: Isotopenpraxis **3,** 452 (1967).
284. McDOWELL, R. S.: Anal. Chem. **42,** 1192 (1970).
285. KLUYVER, J. C.: Rec. Trav. Chim. **74,** 322 (1955).
286. MEIER, G., H.-D. HERMANN: Abh. Deut. Akad. Wiss. Berlin, Kl. Chem., Geol. Biol. **1964,** 407.
287. GÄUMANN, T., O. PIRINGER, A. WEBER: Chimia **24,** 112 (1970).
288. YASUMORI, I., S. OHNO: Bull. Chem. Soc. Jap. **39,** 1302 (1966).
289. GENTY, C., R. SCHOTT: Anal. Chem. **42,** 7 (1970).
289a. VAN URK, P., L. LINDNER: Int. J. Appl. Radiat. Isotop. **23,** 239 (1972).
289b. SATO, T., S. OHKOSHI, T. TAKAHASHI: J. Chromatogr. **65,** 413 (1972).
290. MOHNKE, M., O. PIRINGER, E. TATARU: J. Gas Chromatogr. **6,** 117 (1968).
291. BRUNER, F., A. DI CORCIA: J. Chromatogr. **45,** 304 (1969).
292. CARTONI, G. P., M. POSSANZINI: J. Chromatogr. **39,** 99 (1969).
293. BOCOLA, W., F. BRUNER, G. P. CARTONI: Nature **209,** 200 (1966).
294. GUNTER, B. D., J. D. GLEASON: J. Chromatogr. Sci. **9,** 191 (1971).
295. BAYER, E., G. NICHOLSON, R. E. SIEVERS: J. Chromatogr. Sci. **8,** 467 (1970).
296. BRUNER, F., G. P. CARTONI, M. POSSANZINI: Anal. Chem. **41,** 1122 (1969).
297. DI CORCIA, A., D. FRITZ, F. BRUNER: J. Chromatogr. **53,** 135 (1970).
297a. BRUNER, F., P. CICCIOLI, A. DI CORCIA: Anal. Chem. **44,** 894 (1972).
298. FODOR, E., E. CONSTANTIN: Rev. Roumaine Chim. **18,** 749 (1970).
298a. WALLER, G. R., S. D. SASTRY, K. KINNEBERG: J. Chromatogr. Sci. **7,** 577 (1969).
299. VAN LEAR, G. E., F. W. McLAFFERTY: Annu. Rev. Biochem. **38,** 289 (1969).
300. DJERASSI, C.: Pure Appl. Chem. **9,** 159 (1964).
301. BOMMER, P., K. BIEMANN: Annu. Rev. Phys. Chem. **16,** 481 (1965).
301a. HAMMING, M. C., N. G. FOSTER: Interpretation of Mass Spectra of Organic Compounds, S. 367 ff. New York: Academic Press, 1972.
302. DE JONGH, D. C.: Anal. Chem. **42,** 169 R (1970).
303. RICHTER, W. J., M. SENN, A. L. BURLINGAME: Tetrahedron Lett. **1965,** 1235.
304. CORVAL, M., R. VIALLARD: Bull. Soc. Chim. Fr. **1966,** 3710.
305. BEYNON, J. H., A. E. WILLIAMS: Mass Abundance Tables for Use in Mass Spectrometry, Amsterdam: Elsevier, 1963.
306. loc. cit. 16, S. 174.
307. loc. cit. 16, S. 178.
308. RIEDEL, O.: Fresenius' Z. Anal. Chem. **217,** 1 (1966).
309. BIRKENFELD, H.: Kernenergie **5,** 421 (1962).

310. BEYNON, J. H., J. E. CORN, W. E. BAITINGER, J. W. AMY, R. A. BENKESER: Org. Mass Spectrom. **3**, 191 (1970).
311. BEYNON, J. H., R. M. CAPRIOLI: In WALLER, G. R.: Biochemical Applications of Mass Spectrometry S. 157. New York: Wiley-Interscience, 1972.
312. SWAIN, C. G., G. I. TSUCHIHASHI, L. J. TAILOR: Anal. Chem. **35**, 1415 (1963).
313. VAN DEN HEUVEL, W. J. A., J. L. SMITH, J. S. COHEN: J. Chromatogr. Sci. **8**, 567 (1970).
314. LONG, F. A., L. FRIEDMAN: J. Amer. Chem. Soc. **72**, 3692 (1950).
315. SCHROEDER, G., W. LÜTTKE: Justus Liebigs Ann. Chem. **723**, 83 (1969).
316. TROPP, B. E., J. H. LAW, J. M. HAYES: Biochemistry **3**, 1837 (1964).
317. LEDERER, E.: Experientia **20**, 473 (1964).
318. HAYAISHI, O., M. KATAGIRI, S. ROTHBERG: J. Biol. Chem. **229**, 905 (1957).
319. ITADA, N.: Biochem. Biophys. Res. Commun. **20**, 149 (1965).
320. RYHAGE, R., B. SAMUELSSON: Biochem. Biophys. Res. Commun. **19**, 279 (1965).
321. McMAHON, R. E., H. W. CULP, J. R. OCCOLOWITZ: J. Amer. Chem. Soc. **91**, 3389 (1969).
322. HIGGINS, I. J., J. R. QUAYLE: Biochem. J. **118**, 201 (1970).
322a. TOLBERT, E.: Proceedings of Oxygen Isotopes Summer Course, Cadarache/ France, Sept. 1972: Im Druck.
322b. LORIMER, G.: Proceedings of Oxygen Isotope Summer Course, Cadarache/ France, Sept. 1972: Im Druck.
323. KLEIN, P. D., J. R. HAUMANN, W. J. EISLER: Anal. Chem. **44**, 490 (1972).
324. WEYGAND, F., R. OBERMEIER: Z. Naturforsch. B **23**, 1390 (1968).
325. GAFFNEY, T. E., C.-G. HAMMAR, B. HOLMSTEDT, R. E. McMAHON: Anal. Chem. **43**, 307 (1971).
326. WALLER, G. R.: Hrsg., Biochemical Applications of Mass Spectrometry, New York: Wiley-Interscience, 1972.
327. BURLINGAME, A. L., G. A. JOHANSON: Anal. Chem. **44**, 337R (1972).
328. RINEHART, K. L., T. H. KINSTLE: Annu. Rev. Phys. Chem. **19**, 301 (1968).
329. BOSE, A. K., K. G. DAS, P. T. FUNKE, I. KUGAJEVSKY, O. P. SHUKLA, K. S. KHANCHANDANI, R. J. SUHADOLNIK: J. Amer. Chem. Soc. **90**, 1038, (1968).
330. CAPRIOLI, R., D. RITTENBERG: Proc. Nat. Acad. Sci. U. S. **60**, 1379 (1968).
331. CAPRIOLI, R., D. RITTENBERG: Proc. Nat. Acad. Sci. U. S. **61**, 1422 (1968).
332. CAPRIOLI, R., D. RITTENBERG: Biochemistry **8**, 3375 (1969).
333. FOLLMANN, H., H. P. C. HOGENKAMP: J. Amer. Chem. Soc. **92**, 671 (1970).
334. WALLER, G. R., R. RYHAGE, S. MEYERSON: Anal. Biochem. **16**, 277 (1966).
335. SHAW, P. D., J. A. McCLOSKEY: Biochemistry **6**, 2246 (1967).
336. MILBORROW, B. V., R. C. NODDLE: Biochem. J. **119**, 727 (1970).
337. NIEHAUS, W. G., G. J. SCHROEPFER: J. Amer. Chem. Soc. **89**, 4227 (1967).
338. COROLLEUR, C., S. COROLLEUR, F. G. GAULT: Bull. Soc. Chim. Fr. **1970**, 158.
339. BREITMAIER, E., G. JUNG, W. VOELTER: Angew. Chem. **83**, 659 (1971).
339a. STOTHERS, J. B.: Carbon-13 NMR Spectroscopy, New York: Academic Press, 1972.
339b. BOVEY, F. A.: Nuclear Magnetic Resonance Spectroscopy, New York: Academic Press, 1969.
339c. JACKMAN, L. M., S. STERNHELL: Applications of Nuclear Magnetic Resonance Spectroscopy in Organic Chemistry (BARTON, D. H. R., W. VON E. DOERING: International Series of Monographs in Organic Chemistry, Vol. 5), 2nd edit., Oxford: Pergamon Press, 1969.
339d. ERNST, R. R., W. A. ANDERSON: Rev. Sci. Instrum. **37**, 93 (1966).

339e. STOTHERS, J. B.: Appl. Spectr. **26,** 1 (1972).
340. GOLDBLATT, M., W. M. JONES: Anal. Chem. **36,** 431 (1964).
341. JOHNSON, W., R. A. KELLER: Anal. Lett. **2,** 99 (1969).
342. LEYDEN, D. E., C. N. REILLEY: Anal. Chem. **37,** 1333 (1965).
343. STAAB, H. A., H. IRNGARTINGER, A. MANNSCHRECK, M. T. WU: Justus Liebigs Ann. Chem. **695,** 55 (1966).
344. ZOLTEWICZ, J. A., C. L. SMITH: J. Amer. Chem. Soc. **88,** 4766 (1966).
345. BATTERHAM, T. J., D. J. BROWN, M. N. PADDON-ROW: J. Chem. Soc., B **1967,** 171.
346. SUHR, H.: Naturwissenschaften **53,** 417 (1966).
347. FRAENKEL, G., Y. ASAHI: J. Phys. Chem. **71,** 1706 (1967).
348. Varian Technical Information Bulletin, NMR at Work, No. 71, Varian-MAT.
349. ECKSTEIN, R. R., A. ATTALLA: Anal. Chem. **38,** 1965 (1966).
350. BOSE, A. K., I. KUGAJEWSKY: J. Amer. Chem. Soc. **88,** 2325 (1966).
351. LAVALLEY, J. C., B. THIAULT, B. BRAILLON: Bull. Soc. Chim. Fr. **1967,** 1875.
352. MARTIN, G. J., M.-T. QUEMENEUR, M. L. MARTIN: Bull. Soc. Chim. Fr. **1970,** 4082.
353. KATZ, J. J., R. C. DOUGHERTY, W. A. SVEC, H. H. STRAIN: J. Amer. Chem. Soc. **86,** 4221 (1964).
354. SAUR, W., H. L. CRESPI, L. HARKNESS, G. NORMAN, J. J. KATZ: Anal. Biochem. **22,** 424 (1968).
355. FRIDKIN, M., M. WILCHEK, M. SHEINBLATT: Biochem. Biophys. Res. Commun. **38,** 458 (1970).
356. MARKLEY, J. L., I. PUTTER, O. JARDETZKY: Fresenius' Z. Anal. Chem. **243,** 367 (1968).
357. PUTTER, I., A. BARRETO, J. L. MARKLEY, O. JARDETZKY: Proc. Nat. Acad. Sci. U. S. **64,** 1396 (1969).
357a. LEVY, G. C., G. L. NELSON: ^{13}C-NMR-Spectroscopy for Organic Chemists, New York: J. Wiley Co., 1972.
358. LIPPMAA, E., T. PEHK, J. PAASIVIRTA, N. BELIKOVA, A. PLATÉ: Org. Magn. Resonance **2,** 581 (1970).
359. REUTOV, O. A., T. N. SHATKINA, E. LIPPMAA, T. PEHK: Tetrahedron **25,** 5757 (1969).
360. KARABATSOS, G. J., J. L. FRY, S. MEYERSON: J. Amer. Chem. Soc. **92,** 614 (1970).
361. PERLIN, A. S., B. CASU: Tetrahedron Lett. **34,** 2921 (1969).
362. HORSLEY, W., H. STERNLICHT, J. S. COHEN: J. Amer. Chem. Soc. **92,** 680 (1970).
363. TANABE, M., G. DETRE: J. Amer. Chem. Soc. **88,** 4515 (1966).
364. TANABE, M., H. SETO: Biochim. Biophys. Acta **208,** 151 (1970).
365. BOSE, A. K., K. S. KHANCHANDANI, P. T. FUNKE: J. Chem. Soc. D **1969,** 1347.
366. DESATY, D., A. G. MCINNES, D. G. SMITH, L. C. VINING: Can. J. Biochem. **46,** 1293 (1968).
367. WRIGHT, J., D. G. SMITH, A. G. MCINNES, L. C. VINING, D. W. S. WESTLAKE: Can. J. Biochem. **47,** 945 (1969).
368. MCINNES, A. G., D. G. SMITH, L. C. VINING: J. Chem. Soc. D **1971,** 325.
369. HEESCHEN, J. P.: Anal. Chem. **42,** 418 R (1970).
370. CORIO, P. L., S. L. SMITH, J. R. WASSON: Anal. Chem. **44,** 407 R (1972).
370a. STOTHERS, J. B., C. T. TAN, A. NICKON, F. HUANG, R. SRIDHAR, R. WEGLEIN: J. Amer. Chem. Soc. **24,** 8581 (1972).
370b. SCHNEIDER, H.-J.: (unveröffentlicht).
371. FRISCHLEDER, H., H. SPRINZ, M. WAHREN: Isotopenpraxis **5,** 273 (1969).

372. Mester, L.: Chimia **23,** 133 (1969).
373. Mester, L., G. Vass: Tetrahedron Lett. **1969,** 3847.
374. Alei Jr., M., A. E. Florin, W. M. Litchman, J. F. O'Brien: J. Phys. Chem. **75,** 932 (1971).
375. Axenrod, T., P. S. Pregosin, M. J. Wieder, G. W. A. Milne: J. Amer. Chem. Soc. **91,** 3681 (1969).
376. Lichter, R. L., J. D. Roberts: Spectrochim. Acta **26A,** 1813 (1970).
377. Paolillo, L., E. D. Becker: J. Magn. Resonance **2,** 168 (1970).
378. Becker, E. D., R. B. Bradley: J. Magn. Resonance **4,** 136 (1971).
379. Becker, E. D.: J. Magn. Resonance **4,** 142 (1971).
380. Liler, M.: J. Magn. Resonance **5,** 333 (1971).
381. Bose, A. K., I. Kugajevsky: Tetrahedron **23,** 1489 (1967).
381a. Fitzky, H. G., D. Wendisch, R. Holm: Angew. Chem. **84,** 1037 (1972).
381b. Lichter, R. L., J. D. Roberts: J. Amer. Chem. Soc. **93,** 5218 (1971).
381c. Lippmaa, E., M. Mägi, S. S. Novikov, L. I. Khmelnitzki, A. S. Prihodko, O. V. Lebedev, L. V. Epishina: Org. Magn. Resonance **4,** 153 (1972).
381d. Lippmaa, E., M. Mägi, S. S. Novikov, L. I. Khmelnitzki, A. S. Prihodko, O. V. Lebedev, L. V. Epishina: Org. Magn. Resonance **4,** 197 (1972).
382. Silver, B. L., Z. Luz: Quart. Rev. (London) **21,** 458 (1967).
382a. Emsley, J. W., J. Feeney, L. H. Sutcliffe: In: High Resolution NMR Spectroscopy, Vol. II, S. 1042, Oxford: Pergamon Press, 1966.
383. De Jeu, W. H.: Mol. Phys. **18,** 31 (1970).
383a. Christ, H. A., P. Diehl, H. R. Schneider, H. Dahn: Helv. Chim. Acta **44,** 865 (1961).
383b. Silver, B. L.: Proceedings of Oxygen Isotopes Summer Course, Cadarache/ France, Sept. 1972: Im Druck.
384. Maričić, S., J. S. Leigh, D. E. Sunko: Nature **214,** 462 (1967).
385. Pifat, G., S. Maričić, M. Petrinović, V. Kramer, J. Marsel, K. Bonhard: Croat. Chem. Acta **41,** 195 (1969).
386. Velenik, A., R. M. Lynden-Bell: Croat. Chem. Acta **41,** 205 (1969).
387. Schmidpeter, A., H. Brecht, J. Ebeling: Chem. Ber. **101,** 3902 (1968).
388. Siddal III, T. H., W. E. Stewart: Spectrochim. Acta **24A,** 81 (1968).
389. Horn, H.-G., K. Sommer: Spectrochim. Acta **27A,** 1049 (1971).
389a. Robinson, E. A., D. S. Lavery: Spectrochim. Acta **28A,** 1099 (1972).
389b. Sarma, R. H., R. J. Mynott: Org. Magn. Resonance **4,** 577 (1972).
390. Bloxsidge, J., J. A. Elvidge, J. R. Jones, E. A. Evans: Org. Magn. Resonance **3,** 127 (1971).
391. Schultz, H. D., C. Karr Jr., G. D. Vickers: Appl. Spectr. **25,** 363 (1971).
392. Shethna, Y. I., P. W. Wilson, R. E. Hansen, H. Beinert: Proc. Nat. Acad. Sci. U. S. **52,** 1263 (1964).
393. Der Vartanian, D. V., W. H. Orme-Johnson, R. E. Hansen, H. Beinert, R. L. Tsai, J. C. M. Tsibris, R. C. Bartholomaus, I. C. Gunsalus: Biochem. Biophys. Res. Commun. **26,** 569 (1967).
394. Gunsalus, I. C.: Hoppe-Seyler's Z. Physiol. Chem. **349,** 1610 (1968).
395. Beinert, H., W. H. Orme-Johnson: Ann. N. Y. Acad. Sci. **158,** 336 (1969).
396. Moulton, G. C., M. P. Cernansky: J. Chem. Phys. **51,** 2283 (1969).
397. Yao, H. C., H. C. Heller: Anal. Chem. **41,** 1540 (1969).
398. Eriksson, L. E. G., A. Ehrenberg: Acta Chem. Scand. **18,** 1437 (1964).
399. Ehrenberg, A.: Recent Applications of Electron Spin Resonance in Biochemistry, in: Goodwin, T. W., Instrumentation in Biochemistry, S. 41. London, New York: Academic Press, 1966.

400. MÜLLER, F., P. HEMMERICH, A. EHRENBERG, G. PALMER, V. MASSEY: Eur. J. Biochem. **14,** 185 (1970).

401. EHRENBERG, A., P. HEMMERICH, F. MÜLLER, W. PFLEIDERER: Eur. J. Biochem. **16,** 584 (1970).

401a. CRESPI, H. L., J. R. NORRIS, J. J. KATZ: Biochim. Biophys. Acta **253,** 509 (1971).

402. SILVER, B. L.: Proceedings of Oxygen Isotopes Summer Course, Cadarache/France, Sept. 1972: Im Druck.

403. BRAY, R. C., F. M. RICK, D. SAMUEL: Eur. J. Biochem. **15,** 352 (1970).

404. EARGLE Jr., D. H.: Anal. Chem. **40,** 303 R (1968).

405. JANZEN, E. G.: Anal. Chem. **44,** 113 R (1972).

406. McNIVEN, N. L., R. COURT: Appl. Spectr. **24,** 296 (1970).

407. CHRISTENSEN, D. H., T. STROYER-HANSEN: Spectrochim. Acta **26A,** 2057 (1970).

408. PINCHAS, S.: Spectrochim. Acta **22A,** 1889 (1966).

409. SUZUKI, S., Y. IWASHITA, T. SHIMANOUCHI: Biopolymers **4,** 337 (1966).

410. PINCHAS, S., I. LAULICHT: Infrared Spectra of Labelled Compounds, London, New York: Academic Press, 1971.

411. WECKHERLIN, S., W. LÜTTKE: Justus Liebigs Ann. Chem. **700,** 59 (1967).

412. RICHARDS, R. E., W. R. BURTON: Trans. Faraday Soc. **45,** 874 (1949).

413. ROHWEDDER, W. K., C. R. SCHOLFIELD, H. RAKOFF, I. NOWAKOWSKA, H. J. DUTTON: Anal. Chem. **39,** 821 (1967).

414. ROCHKIND, M. M.: Anal. Chem. **40,** 762 (1968).

415. WIBERG, K. B.: J. Amer. Chem. Soc. **76,** 5371, (1954).

416. KLOTZ, I. M., P. L. FEIDELSEIT: J. Amer. Chem. Soc. **88,** 5103 (1966).

417. PARKER, F. S.: Application of Infrared Spectroscopy, S. 232f., London: Adam Hilger, 1971.

418. PINCHAS, S.: J. Phys. Chem. **51,** 2284 (1969).

419. SIMAONYI, M., S. HOLLY: Vortrag C 8, Arbeitstagung über stabile Isotope (Asti), Leipzig 1969.

420. BRAUDE, E. A., D. W. TURNER: J. Chem. Soc. **1958,** 2404.

421. BYRN, M., M. CALVIN: J. Amer. Chem. Soc. **88,** 1916 (1966).

422. AKSNES, G., D. AKSNES, P. ALBRIKTSEN: Acta Chem. Scand. **20,** 1325 (1966).

423. McKEAN, D. C.: Spectrochim. Acta **26A,** 1833 (1970).

424. ALBEN, J. O., W. S. CAUGHEY: Biochemistry **7,** 175 (1968).

425. LYON, W. S., E. RICCI, H. H. ROSS: Anal. Chem. **42,** 123 R (1970).

426. LYON, W. S., E. RICCI, H. H. ROSS: Anal. Chem. **44,** 438 R (1972).

426a. LUTZ, G. J.: Anal. Chem. **43,** 93 (1971).

427. LUX, F.: Fresenius' Z. Anal. Chem. **243,** 107 (1968).

428. WEŹRANOWSKI, E., B. KOŚCIUKOWA, T S. URBAŃSKI, M. RADWAN: Isotopenpraxis **5,** 287 (1967).

428a. AMSEL, G., J. P. NADAI, E. D'ARTEMARE, D. DAVID, E. GIRARD, J. MOULIN: Nucl. Instrum. Methods **92,** 481 (1971).

429. SCHULZE, W.: Neutronenaktivierung als analytisches Hilfsmittel (JANDER, G., Die chemische Analyse, Bd. 5), Stuttgart: F. Enke, 1962.

430. PRETORIUS, R., R. E. WAINERDI: Talanta **17,** 51 (1970).

431. PEISACH, M., R. PRETORIUS: Anal. Chem. **39,** 650 (1967).

432. PEISACH, M., R. PRETORIUS, P. J. STREBEL: Anal. Chem. **40,** 850 (1968).

433. RICCI, E.: Nucl. Instrum. Methods **94,** 565 (1971).

434. RICCI, E.: Anal. Chem. **43,** 1866 (1971).

435. CONDIT, R. H., J. B. HOLT, L. HIMMEL: J. Electrochem. Soc. **114** (11), 1100 (1967).

436. FRITZ, G. J., I. HAN, W. H. ELLIS: Int. J. Appl. Radiat. Isotop. **16,** 431 (1965).
437. HUNT, L. H., W. W. MILLER: Anal. Chem. **37,** 1269 (1965).
438. AUMANN, D. C., H. J. BORN: Int. J. Appl. Radiat. Isotop. **16,** 727 (1965).
438a. HOLT, J. B., L. HIMMEL: J. Electrochem. Soc. **116,** 1569 (1970).
439. SAMUEL, D.: In: HESS, B. und STAUDINGER, Hj.: Biochemie des Sauerstoffs (19. Colloquium der Gesellschaft für Biologische Chemie, Mosbach/Baden), S. 6. Berlin: Springer, 1968.
440. AMSEL, G., D. SAMUEL: Anal. Chem. **39,** 1689 (1967).
441. AMSEL, G.: Proceedings of Oxygen Isotopes Summer Course, Cadarache/ France, Sept. 1972: Im Druck.
442. LAMB, J. F., D. M. LEE, S. S. MARKOWITZ: Anal. Chem. **42,** 209, 212 (1970).
443. AMIEL, S., A. NIR: Analysis of O^{18} Based on the Reaction O^{18} (α,n) Ne^{21}, in: Radiochemical Methods of Analysis, Vol. I, IAEA, S. 287. Wien, 1965.
444. ROSENSTEIN, A. W., A. NIR: (unveröffentlicht).
445. ENGELMANN, C., A. C. SCHERLE: J. Radioanal. Chem. **6,** 235 (1970).
446. AMSEL, G.: In: Nuclear Microanalysis, New York: Academic Press, 1972.

Namenverzeichnis

Die nicht in Klammern stehenden Zahlen geben die Seiten an, auf denen das Zitat einer Arbeit genannt ist, an der der Autor beteiligt ist. Die darauf folgende Zahl in Klammer gibt die Nummer des Zitats an, das in der Literatur des entsprechenden Abschnitts aufgeführt ist. (Umlaute ä, ö und ü werden wie a, o und u behandelt.)

Sachverzeichnis (incl. Abkürzungen)

Hier finden sich in der Regel keine Begriffe bzw. Seitenangaben für Begriffe, die im Inhaltsverzeichnis stehen und im angegebenen Abschnitt behandelt werden.

H. Simon, H. G. Floss:

Bestimmung der Isotopenverteilung in markierten Verbindungen

5 Abb., X, 247 Seiten, 1967
(Anwendung von Isotopen in der Organischen Chemie und Biochemie, Band I)
Gebunden DM 59,–/US $ 22.80. ISBN 3-540-03726-8

Preisänderungen vorbehalten

Die rasche Entwicklung der Organischen Chemie und der Biochemie in den letzten Jahren war nur möglich durch die Einführung neuer Arbeitsmethoden und ihre Verbesserung. Unter diesen Methoden ist die Verwendung isotopenmarkierter Verbindungen besonders hervorzuheben. Eine sinnvolle Anwendung der Isotopentechnik erfordert jedoch, in den Reaktionsprodukten die Verteilung der Isotope in den einzelnen Positionen des Moleküls möglichst genau festzustellen. Es ist das große Verdienst der Autoren, die bisher in der Literatur weitverstreuten und teilweise schwierig auffindbaren experimentellen Angaben gesammelt sowie übersichtlich und kritisch dargestellt zu haben.

Das Buch enthält vorwiegend chemische und enzymatische Abbaureaktionen zur Lokalisation der Wasserstoff- und Kohlenstoff-Isotope, während für Sauerstoff-, Schwefel- und Phosphorisotope auf Übersichtsreferate verwiesen wird.

Nach einer Übersicht der Prinzipien von Abbauverfahren werden einige allgemeine Reaktionen (Kuhn-Roth-Reaktion, Jodoformreaktion usw.) sowie die Handhabung der wichtigsten bei Abbaureaktionen anfallenden Bruchstücke (CO_2, $HCOOH$ etc.) geschildert. In den folgenden neun Kapiteln werden die besten Abbauverfahren für Carbonsäuren, aliphatische Kohlenwasserstoffe, Alkohole und Amine, Aldehyde und Ketone, Kohlenhydrate, Aromaten, Cycloaliphaten, Heterocyclen sowie mehrere Gruppen von Naturstoffen aus Pflanzen und Mikroorganismen eingehend beschrieben. Die Schwierigkeiten, Fehlerquellen und Tücken der Abbaureaktionen werden dabei besonders beachtet. Dadurch bietet das Buch eine sehr nützliche Sammlung sorgfältig überprüfter Arbeitsvorschriften. Strenge Gliederung und ein nach Summenformeln geordnetes Formelregister, das zugleich die isolierbaren Molekülteile aufführt, erleichtern die Orientierung. Die Absicht der Autoren, »eine besonders auffallende Lücke im Schrifttum über die Isotopenmethoden zu schließen«, ist voll verwirklicht worden, und so wird man mit großem Interesse dem zweiten (Isotopeneffekte) und dem dritten Band (Analytik) der vorliegenden Reihe entgegensehen dürfen.

(Angewandte Chemie)

W. Barz

Springer-Verlag Berlin · Heidelberg · New York

Anleitungen für die chemische Laboratoriumspraxis

Herausgeber: F. Boschke

Band 12
G. Habermehl, S. Göttlicher, E. Klingbeil:

Röntgenstrukturanalyse organischer Verbindungen

Eine Einführung

136 Abb., XII, 268 Seiten, 1973
Gebunden DM 76,– / US $ 29.30
ISBN 3-540-06091-X

Die Röntgenstrukturanalyse liefert auch von komplizierten organischen
Molekülen anschauliche Bilder. Ihre methodischen Grundlagen gelten vielfach als „schwierig", doch gelingt es den Verfassern, zu zeigen, daß nicht
nur die Methode, sondern auch die mathematisch-physikalische Auswertung der Meßresultate in unseren Tagen zu einem Routineverfahren
geworden sind. Das Werk vermittelt Grundlagen, beschreibt die experimentelle Technik, zeigt Beispiele und gibt eine Anleitung für mathematisch
Ungeübte.

Band 13
K. Cammann:

Das Arbeiten mit ionenselektiven Elektroden

Eine Einführung

61 Abb., XII, 226 Seiten, 1973
Gebunden DM 56,– / US $ 21.60
ISBN 3-540-06278-5

Ionenselektive Elektroden erlauben die spezifische und quantitative Bestimmung einer kaum absehbaren Anzahl anorganischer, organischer und
biochemisch-klinisch wichtiger Stoffe. Einfachheit der Messung, geringer
Substanzbedarf und die Möglichkeit rascher Serienuntersuchungen lassen
sie zu der Verwirklichung des Wunschbildes vieler Analytiker in Forschung
und Industrie werden. Das Buch vermittelt einem breiten Interessentenkreis
Grundlagen und Praxiserfahrungen in leichtverständlicher Form.

Preisänderungen vorbehalten

Springer-Verlag Berlin · Heidelberg · New York